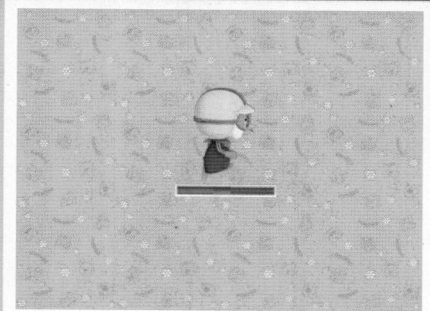

制作网站 Loading

自定义图案绘制图像

使用代码片段面板制作动画

在页面中添加 Flash 动画

制作商品淡出效果

U0249636

使用相对定位布局页面

新建标签 CSS 样式调整页面

制作文字滚动条效果

制作简单的页面图标

制作广告弹出窗口

使用 AP Div 制作容器文本

使用 "通道" 面板抠图

在页面中添加背景音乐

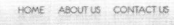

优化 Web 图像

制作图框

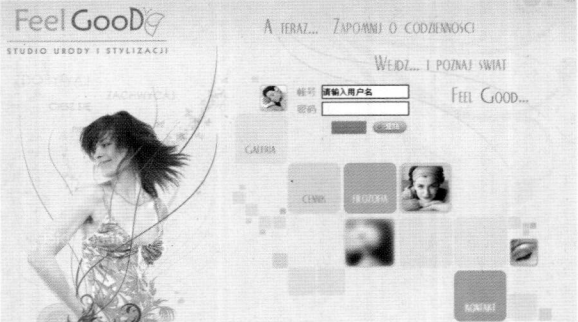

设置文本域文字

置入 EPS 文件

设置页面文字链接效果

制作网站留言界面

制作不同颜色的按钮

贴入文本

制作自定义动画

创建文字超链接

制作闪耀救护车

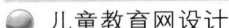
儿童教育网设计

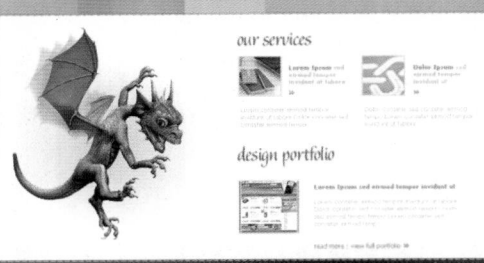

在网页中加入文字选区

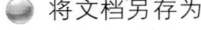
将文档另存为

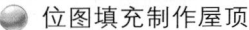
位图填充制作屋顶

为元件添加骨骼

制作游戏网站首页

制作绚烂都市夜景

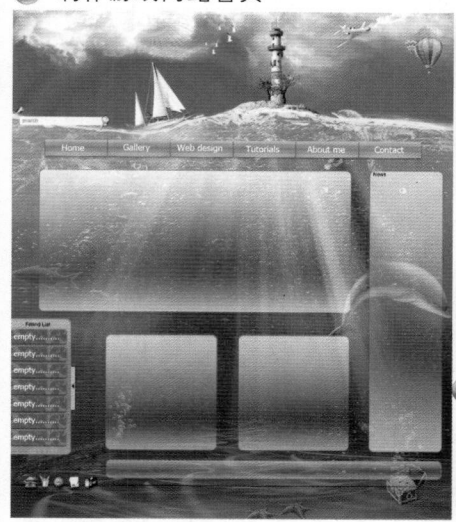

制作动画的缓动效果

制作 3D 动画

网页设计中的叠加应用

制作神奇的按钮

使用文件夹管理文件

复制满天热气球

使用外部类代码制作动画

制作网页内容

使用"发布"命令发布动画

制作简单按钮

制作淡入淡出动画　　制作网站横幅　　制作网页广告

在页面上插入时间

制作可爱卡通动画

制作由远及近动画

使用浮动定位布局页面

在元件上使用代码制作动画

制作化妆品横幅条

在页面中添加图像

光盘内容

全书所有操作实例均配有操作过程演示，共 135 个近 260 分钟视频（光盘\视频）

全书共包括 135 个操作实例，读者可以全面掌握使用 Photoshop+Dreamweaver+Flash 进行网站设计与制作的方法。

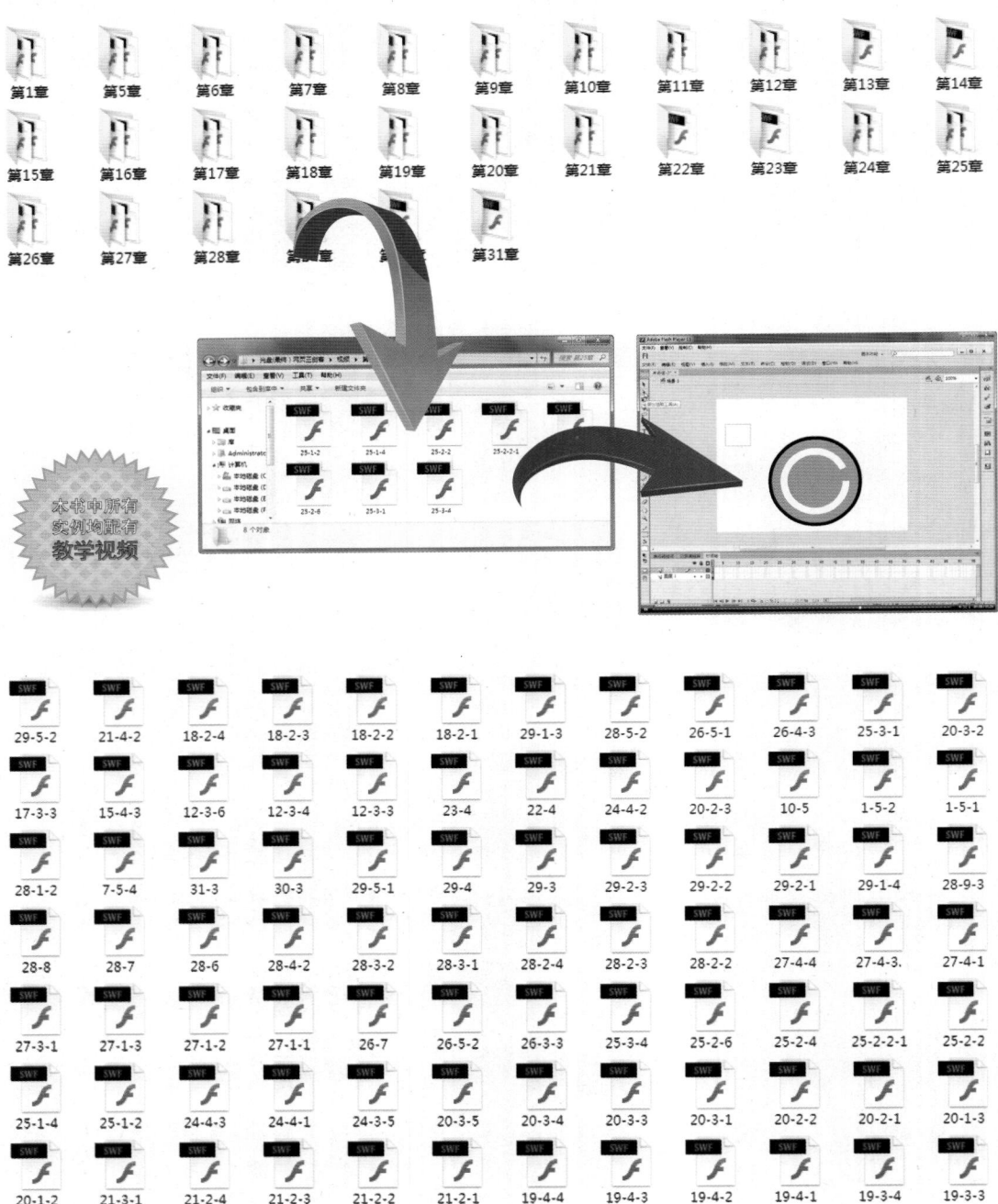

光盘中提供的视频为 SWF 格式，这种格式的优点是体积小，播放快，可操控。除了可以使用 Flash Player 播放外，还可以使用暴风影音、快播等多种播放器播放。

网页设计殿堂之路

李万军 编著

Photoshop+Dreamweaver+Flash 网站设计与制作全程揭秘

清华大学出版社
北京

内 容 简 介

本书以目前最受设计人员欢迎的Photoshop、Dreamweaver和Flash为设计工具,对主流网页制作流程和技术进行了全面、细致的剖析。

本书首先从网站建设的基础进行介绍,其中对整个行业进行了多方面的详细讲解。然后介绍了网页设计工具在网站建设中的实际应用,将最实用的技术、最快捷的操作方法、最丰富的内容呈现给读者,使读者在掌握软件功能的同时,迅速提高网页制作效率,并极大地提高从业素质。

本书附赠1张DVD光盘,其中包含书中所有实例的素材、源文件以及教学视频,以方便读者学习和参考。

本书结构清晰、由简到难、案例精美实用、分解详细,文字阐述通俗易懂,与实践结合非常密切,具有很强的实用性,适合网页设计爱好者以及从业人员使用。

本书封面贴有清华大学出版社防伪标签,无标签者不得销售。

版权所有,侵权必究。侵权举报电话:010-62782989 13701121933

图书在版编目(CIP)数据

　Photoshop+Dreamweaver+Flash网站设计与制作全程揭秘 / 李万军　编著.—北京:清华大学出版社,2014(2015.3 重印)

　(网页设计殿堂之路)

　ISBN 978-7-302-35795-7

　Ⅰ.①P…　Ⅱ.①李…　Ⅲ.①网页制作工具　Ⅳ.①TP393.092

中国版本图书馆CIP数据核字(2014)第060884号

责任编辑:李　磊
封面设计:王　晨
责任校对:成凤进
责任印制:王静怡

出版发行:清华大学出版社
　　　　　网　　　址:http://www.tup.com.cn, http://www.wqbook.com
　　　　　地　　　址:北京清华大学学研大厦 A 座　　　　邮　　　编:100084
　　　　　社　总　机:010-62770175　　　　　　　　　　邮　　　购:010-62786544
　　　　　投稿与读者服务:010-62776969,c-service@tup.tsinghua.edu.cn
　　　　　质　量　反　馈:010-62772015,zhiliang@tup.tsinghua.edu.cn
印　刷　者:清华大学印刷厂
装　订　者:北京市密云县京文制本装订厂
经　　　销:全国新华书店
开　　　本:190mm×260mm　印　张:31.5　彩　插:4　字　数:767 千字
　　　　　(附 DVD 光盘 1 张)
版　　　次:2014 年 10 月第 1 版　　　　　　印　　　次:2015 年 3 月第 2 次印刷
印　　　数:3501～5000
定　　　价:69.00 元

产品编号:059418-01

　　在如今这个互联网飞速发展的时代，网络已经成为人们生活中不可或缺的一部分。同时网站的建设也开始被众多的企事业单位所重视，这就为网页设计人员提供了很大的发展空间。而作为从事相关工作的人员则要掌握必要的操作技能，以满足工作的需要。

　　作为目前流行的网页设计软件——Photoshop、Dreamweaver 和 Flash，凭借着其强大的功能和易学易用的特性深受广大设计人员的喜爱。其中 Dreamweaver 自问世以来就一直备受广大网页制作人员的推崇，而 Flash 强大的动画处理功能是广大设计人员有目共睹的，至于 Photoshop 更是平面设计领域的龙头软件。这三者的有效结合，对于网页设计人员来讲，将会很轻松地完成各类页面的设计和制作。

本书内容

　　第 1 章　网站建设概述，主要介绍网站建设的术语、申请商业域名和虚拟主机、常见网站的类型等。

　　第 2 章　网站建设的基本流程，主要介绍网站策划、网站的设计与制作，网站项目的实施、推广及维护等。

　　第 3 章　网页设计中色彩的应用，主要介绍色彩基础知识、网页色彩设计的特性、配色方法等。

　　第 4 章　网页设计基础，主要介绍网页的基本构成元素、网站标志的应用等网页设计知识。

　　第 5 章　Photoshop 基础知识，主要对 Photoshop 进行了一些基础知识及工具的介绍。

　　第 6 章　Photoshop 中的选择、变形与绘制，主要介绍 Photoshop 中的这几种实用功能。

　　第 7 章　修复工具和调色命令，主要介绍修复工具和调色命令的使用。

　　第 8 章　图层的使用，主要介绍图层的基本操作、特殊混合、如何使用图层样式等。

　　第 9 章　蒙版和通道的应用，主要介绍图层蒙版的种类、通道的功能等。

　　第 10 章　滤镜和动作，主要介绍滤镜的基础知识和如何使用动作命令。

　　第 11 章　网页的切片输出，主要介绍如何创建和编辑切片、优化 Web 图像以及创建 GIF 动画等。

　　第 12 章　Fireworks 的使用技巧，以知识点配合实例的形式介绍如何使用 Fireworks，并对比与 Photoshop 的相似和不同之处。

　　第 13 章以实例的形式介绍如何使用 Photoshop 设计和制作一款质感强烈的网站设计图。

　　第 14 章以实例的形式介绍如何使用 Photoshop 设计和制作一款儿童教育网站设计图。

　　第 15 章　Dreamweaver 基础，主要介绍 Dreamweaver 操作界面和工作流程。

　　第 16 章　掌握网页的本质 HTML，主要介绍 HTML 技术、常用的重要标签、HTML 与 CSS 等。

　　第 17 章　构造基本网站，主要介绍如何新建站点、设置网页的基本属性等。

　　第 18 章　掌握 CSS 样式表，主要介绍如何创建和编辑 CSS 样式表、CSS 的语法结构、CSS 规则的属性效果等。

　　第 19 章　掌握 DIV+CSS 布局，主要介绍 CSS 的布局方式和如何 CSS 布局定位等。

　　第 20 章　使用 AP Div 和 Spry 构件，主要介绍如何使用 AP Div 和 Spry 构件等。

　　第 21 章　构建动态网站和发布网站，主要介绍如何为页面添加 JavaScript。

　　第 22 章以实例的形式介绍如何使用 Dreamweaver 制作时尚高档网页。

　　第 23 章以实例的形式介绍如何使用 Dreamweaver 制作儿童教育网站页面，本章内容是第 14 章的延续。

第 24 章 Flash 动画基础，主要介绍 Flash 的基本术语、工作界面和基本操作等知识。

第 25 章 Flash 的绘图技法，主要介绍 Flash 中各种绘图工具的使用。

第 26 章 Flash 的对象操作，主要介绍 Flash 中的一些基本操作，如选择、移动、复制、合并对象等。

第 27 章 Flash 的元件和库，主要介绍在 Flash 中如何创建元件和库面板的使用。

第 28 章 Flash 动画的制作，主要介绍逐帧动画、补间动画、形状补间动画、传统补间动画、遮罩动画、引导动画、骨骼动画和 3D 动画的制作方法。

第 29 章 ActionScript 的应用和动画的发布，主要介绍 ActionScript 的概念、如何使用 ActionScript 以及 Flash 动画的发布。

第 30 章以实例的形式介绍如何使用 Flash 设计制作时尚高档网站页面中的 Flash 动画，本章内容是第 22 章的延续。

第 31 章以实例的形式介绍如何使用 Flash 设计制作儿童教育网站页面中的 Flash 动画，本章内容是第 23 章的延续。

本书特点

本书以 CS6 版本进行讲解，全面而细致地讲解了 Photoshop、Dreamweaver 和 Flash 在网页设计与制作领域的相关知识，对于网页设计的初学者来说，是一本难得的实用型自学教程。

• 紧扣主题

本书全部章节均围绕着网页设计与制作的主题进行展开，所制作的实例也均与网页设计相关，书中案例精美，并且内容实用性较强。

• 易学易用

书中采用基础知识与实例相结合的书写方式，使读者在学习后立即通过实例对学习的内容进行巩固，使学习的成果达到最大化。

• 多媒体光盘辅助学习

为了增加读者的学习渠道，增强读者的学习兴趣，本书配有多媒体教学光盘，在光盘中提供了本书中所有实例的相关素材、源文件以及教学视频，使读者可以得到仿佛老师亲自指导一样的学习体验，并能够快速应用于实际工作中。

本书作者

本书由李万军编著，另外李晓斌、张晓景、解晓丽、孙慧、程雪翮、王媛媛、胡丹丹、刘明秀、陈燕、王素梅、杨越、王巍、范明、刘强、贺春香、王延楠、于海波、肖阁、张航、罗廷兰等人也参与了部分编写工作。本书在写作过程中力求严谨，由于水平有限，疏漏之处在所难免，望广大读者批评指正。

编　者

第 1 章　网站建设概述

当我们准备要建设一个属于自己的个人网站时，首先需要了解一些与网站建设有关的知识，其中包括网站的概念、制作网站的流程、网站建设中的术语等内容，也要对网站中域名和空间申请知识有所了解。

1.1　了解网站

在开始学习设计和制作网站之前，先来了解有关网站的一些基本概念。

1.1.1　网站是什么

使用 HTML 等工具制作的用于展示特定内容并应用到国际网络上的页面，称为网页。网页的集合称为网站。在网站中包含了整个站点中所有的网页、图片、动画、文字等内容。

在网站中，人们可以发布自己想要公开的信息，收听或收看各种音频和视频节目，通过浏览不同的网站获得各种资讯或享受丰富的网络服务。

一个完整的网站除了有用户可以看到的前端内容——网页以外，还包括了用户看不到的后台数据，例如空间服务器、独立 IP 和域名等。

1.1.2　互联网的起源

互联网也就是我们常说的 Internet 网，它最早起源于 1969 年美国实施的 ARPAnet 计划，其目的是建立分布式的、存活力极强的全国性信息网络。1972 年 ARPAnet 第一次公开向人们展示。直到 1980 年，ARPnet 成为 Internet 最早的主要框架。1984 年，美国国家科学基金会 NSF 规划建立了 13 个国家超级计算中心及国家教育科研网，替代了 ARPAnet 的主干地位。随后互联网开始接受其他国家和地区接入。

在网络应用范围上，互联网放宽了对商业活动的限制，朝着商业化的方向发展。现在互联网早已从最初的学术科研网络变成了一个拥有众多商业用户、政府部门、机构团体和个人的综合计算机信息网络。

未来互联网的发展趋势不再是上亿条信息的发送与接收，而是上亿件物品之间在其所有者和其他服务方的协助下彼此之间相互连接和交流的“物联网”。

本章知识点

- ☑　网站建设的基础

- ☑　网站建设常用术语

- ☑　域名和虚拟主机

- ☑　网站备案

- ☑　网站的分类

1.1.3 网站的基本组成部分

一个可以正常浏览的网站通常包括域名、空间和网页三部分。

● 域名

域名就是互联网上的一个服务器或一个网络系统的名称。域名具有唯一性，也就是说全世界没有重复的域名。可以把域名理解成网站的门牌号，作用就是方便用户查找和浏览网页。

● 空间

网站制作完成后，需要放到互联网上才能被全世界的用户浏览，那么就需要一个地方保存网站。这个地方就是网站空间。

● 网页

网页分成前台页面和后台程序两部分，是网站最重要的组成部分。其中包含了文字、图片、声音和视频等内容，并通过后台程序实现用户与网站的交互，实现信息传递、商品购买等行为。

1.2 网站建设的流程

网站建设是一个复杂的过程，通常会受到客户要求的影响。一般情况下可以按照下面的步骤进行开发制作。

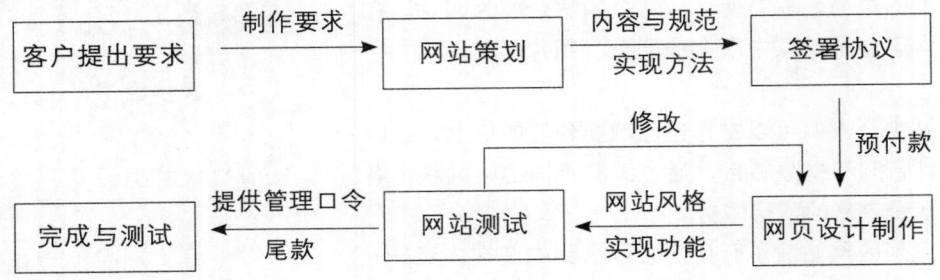

网站建设流程图

1. 提出建设网站要求

无论是个人或公司，在开始建设网站之前都要针对网站的内容进行详细的统筹，确定网站的类型和内容。同时对网站的设计要求、栏目和页面数量、网站功能都要有清晰的定位和规范，避免在网站制作过程中频繁修改网站功能。

2. 完成网站策划

网站制作要求提出后，制作方要主动针对各项内容给出实现方法，并提供咨询服务。同时针对建设方案和具体的内容确定网站建设的费用。

3. 签署制作协议

确定最终的网站策划后，双方签订《网站建设合同》，同时客户支付网站建设费用的一部分预付款。在制作合同内详细罗列了网站的功能和内容，同时要对网站的进度和完成时间有明确的规定。在此阶段需要客户提供网站的域名和空间地址。

4. 网站设计制作

网站的制作分为前台设计和后台开发两部分，这两部分同时进行。首先将网站的首页设计出来，在获得客户认可后，才能继续设计制作其他页面，以确保整个网站的风格一致。将网站页面和后台程序合并在一起，初步完成网站的制作，并在本地反复测试。

5. 测试

网站制作完成后，上传到远端服务器，由客户测试验收。如果测试发现问题就及时修改，直至完全达到客户的要求。

6. 完成与维护

客户测试完成后，将支付剩余的制作费用。同时制作者要将网站的管理口令、FTP 登录口令一并交付客户，并向客户提交网站使用说明书。在维护期内制作方要根据网站建设协议和网站维护说明书对客户的网站进行维护与更新。

1.3　了解网站建设的术语

网站是一种崭新的媒体平台，对于初学者来说有很多知识点需要学习。下面介绍一些与网页设计相关的术语，了解这些术语，有利于制作出具有艺术性和技术性的网页。

互联网

英文为 Internet（音译为因特网），整个互联网是由许许多多遍布全世界的计算机组织而成的，当一台计算机在连接上网的一瞬间，它就已经是互联网的一部分了。网络是没有国界的，通过互联网，随时可传递文件信息到世界上任何互联网所能覆盖的角落。

在互联网上查找信息，"搜索"是最好的办法。Google 搜索引擎提供了强大的搜索能力，用户只需要在文本框中输入几个查找内容的关键字，就可以找到成千上万与之相关的信息。

浏览器

浏览器是安装在计算机中用来查看互联网中网页的一种工具，每一个网络用户都要在计算机上安装浏览器来"阅读"网页中的信息。目前大多数用户所用的 Windows 操作系统中已经内置了浏览器。

Microsoft Internet Explorer 浏览器和 Netscape Navigator 浏览器是目前最流行的浏览器。

由于浏览器的种类很多，而且同一个浏览器又有多个不同的版本。这就会造成使用不同浏览器浏览相同页面时，显示不同的效果。所以在制作网页时要充分考虑到不同版本浏览器的兼容问题。

网页

当用户接入互联网后，要做的第一件事就是打开浏览器浏览，输入网址后，一个网页就出现在用户面前。

网页一般是由文字、图像、动画和影片等元素组成，可以给人们带来丰富而生动的网络体验。

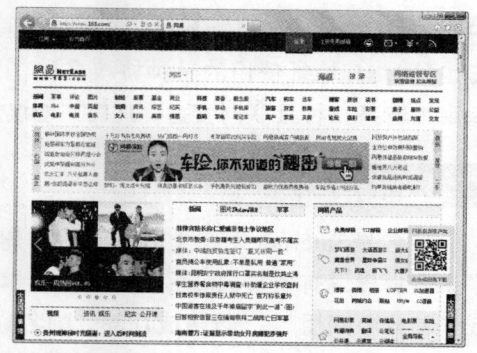

HTML

HTML 是 Hyper Text Makeup Language 的缩写，中文为"超文本标记语言"。它是制作网页的一种标准语言，以代码的方式来进行网页的设计，和 Dreamweaver 这种可视化的网页设计软件对比，它们设计过程上可以说是截然不同，但本质和结果却是基本相同的。所以学好 HTML 语言，对于从根本上了解网页设计和使用 Dreamweaver 是十分有益的。

● URL

URL 是 Uniform Resource Locater 的缩写，中文为"统一资源定位器"。它就是网页在互联网中的地址，要访问该网站是需要 URL 才能够找到该网页的地址的。例如"网易"的 URL 是 www.163.com，也就是它的网址。

● HTTP

HTTP 是 Hypertext Transfer Protocol 的缩写，中文为"超文本传输协议"，它是一种最常用的网络通信协议。若想链接到某一特定的网页时，就必须通过 HTTP 协议，无论你使用哪一种网页编辑软件，在网页中加入什么资料，或是使用哪一种浏览器，利用 HTTP 协议都可以看到正确的网页效果。

● FTP

FTP 是 File Transfer Protocol 的缩写，中文为"文件传输协议"。与 HTTP 协议相同，它也是 URL 地址使用的一种协议名称，以指定传输某一种互联网资源，HTTP 协议用于链接到某一网页，而 FTP 协议则是用于上传或是下载文件的情况。

● IP 地址

IP 地址是分配给网络上计算机的一组由 32 位二进制数值组成的编号，以对网络中的计算机进行标识，每个数值小于等于 225，数值中间用"."隔开，例如（255.255.0.0）。一个 IP 地址对应一台计算机并且是唯一的，这里提醒大家注意的是所谓的唯一是指在某一时间内唯一，如果使用动态 IP，那么每一次分配的 IP 地址是不同的，这就是动态 IP，在使用网络的这一时段内，这个 IP 是唯一指向正在使用的计算机的；另一种是静态 IP，它是固定将这个 IP 地址分配给某计算机使用的。网络中的服务器就是使用静态 IP。

● 静态网页

静态网页是相对于动态网页而言的，并不是说网页中的元素都是静止不动的。静态网页是指浏览器与服务器端不发生交互的网页，网页中的 GIF、Flash 动画，以及 Flash 按钮等都会发生变化。

● 动态网页

动态网页除了静态网页中的元素外，还包括一些应用程序，这些程序需要浏览器与服务器之间发生交互行为，而且应用程序的执行需要服务器中的应用程序服务器才能完成。

1.3.1 关于域名

域名是 Internet 网络上的一个服务器或一个网络系统的名称。域名具有唯一性，也就是说全世界没有重复的域名。域名是能够和 IP 地址对应起来的由若干个英文字母或数字组成，并且中间用"."分隔成几部分的名称，这样做的主要目的是为了方便记忆。

域名可以分为顶层、第二层和子域等。顶层分为以下几种类型。

● 商业机构或公司，其顶层为".com"。
● 非盈利的组织、团体，其顶层为".org"。
● 政府部门，其顶层为".gov"。
● 军事部门，其顶层为".mil"。

● 从事 Internet 相关的网络服务的机构或公司，其顶层为".net"。

在顶层后紧跟着的是由两个字母组成的国家代码，如中国为 .cn，日本为 .jp，韩国为 .kr，美国为 .us 等。一般来说，大型或有国际业务的公司或机构不使用国家代码。这种不带国家代码的域名也叫国际域名。这种情况下，域名的第二层就是代表一个机构或公司的特征部分，如 adobe.com 中的 adobe。对于具有国家代码的域名，代表一个机构或公司的特征部分则是第三层，如 sina.com.cn 中的 sina。

- .biz：取意为 business，即为商业。
- .inf：一般的信息服务使用。
- .tv：电视机构。
- .cc：是位于澳大利亚西北部印度洋中

cocos 和 keeling 岛的官方授权的域名。在美国，是继 .com 和 .net 之后的第三大顶级域名。

- .sh：是 St.Helena 岛（圣海伦岛）国家代码顶级域名。

1.3.2 了解 URL

URL 即统一资源定位符，是 Internet 的文件命名系统。用户通过 URL 可以在 Internet 上查找任何资源，如图片、文本、视频或音频等。由于不同网络资源使用的传输协议不同，所以其 URL 也略有不同。常见的几种协议使用格式如下表所示。

格 式	解释说明
file://	位于硬盘驱动器或局域网上的文件
http://	超文本传输协议
ftp://	文件传输协议
mailto://	电子邮件（E-mail）
news://	Usenet 新闻（新闻组）
telnet://	Telnet 协议
gopher://	Gopher 协议

1.4 申请商业域名和虚拟主机

网站制作完成后只能在本地访问，如果想被全世界访问，就需要为该网站申请一个域名和空间。没有域名用户将无法访问网站，没有空间将无法在网络上找到网站的内容。

1.4.1 申请域名

域名就是一个网站的门牌号，具体的内容已经在"1.3.1 关于域名"中介绍过了。下面介绍一下如何申请域名。

申请域名首先需要登录一个服务商的网站，比较著名的有万网、新网等。

首先访问万网（www.net.cn），在"域名查询"文本框中输入要申请的域名，然后选择后缀（.com、.net 或 .cn）进行查询。

如果查询结果是域名没有被注册，就可以登录注册该域名了；如果结果是域名已经被注册了，就只能选择其他的域名来注册。

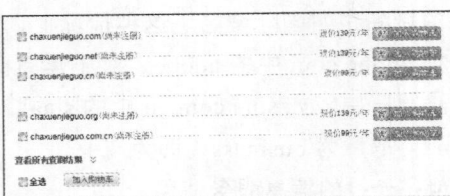

已经注册　　　　　　　　　　　　没有注册

英文国际域名可以使用 26 个英文字母和 10 个阿拉伯数字以及 "-" 横杠作为域名。但是 "-" 不可以用于域名的首位和最后一位。字母没有大小写之分。每个域名最长支持 65 个字符。

通过查询可以看到结果，www.chaxunjieguo.com 没有被注册，单击 "加入购物车" 按钮后，继续单击 "去购物车结算" 按钮，根据提示选择不同的套餐类型，登录账号并付费后，即可获得该域名的使用权。

在注册域名前，需要在网站中注册个人信息。此处要输入真实的个人信息，以避免为了管理域名时带来不必要的麻烦。

1.4.2 申请虚拟主机

互联网上连接着几亿台的计算机，这些计算机无论是什么机型，运行什么操作系统，使用什么软件，都可以归为两大类：客户机和服务器。

客户机是访问别人信息的机器。当用户通过不同的方式上网时，计算机会被临时分配一个 IP 地址，利用这个临时身份，用户就可以在 Internet 中获得各种信息。当计算机断线后，会退出互联网，IP 地址也被收回。

服务器是提供信息让别人访问的设备，通常也被称为主机。服务器一般都是 24 小时连接在互联网上，拥有永久的 IP 地址。服务器一般除了拥有极高配置的硬件以外，还要租用昂贵的数据专线，再加上各种维护的费用，例如房租、电费和人工费用等，需要较高的开销，一般的个人或中小型企业无力承担，为此就出现了虚拟主机的技术。

利用虚拟主机技术，可以把一台真正的服务器分成若干 "虚拟" 的主机，每一个主机都具有独立的域名和 IP 地址，同时具有完整的 Internet 服务器功能，而且虚拟主机之间完全独立。在外界看来，每一台虚拟主机和一台独立的主机完全一样。但是由于是多台虚拟主机共享一台服务器，所以每一个虚拟主机用户的费用就大大降低了。

选择虚拟主机要选择诚信度较高的公司。不要轻易选择一些看似价格很便宜的小公司，以免付费后得不到相应的服务。

现在互联网上有很多的机构和公司都提供域名申请和虚拟主机租赁的服务，例如前面提到的"万网"，以及"中国频道（www.china-channel.com）"，都可以购买到高质量的虚拟主机。但是这种大型的网络服务商一般价格都相对较高。互联网上还有一些规模相对较小，价格便宜，服务也有保障的服务商，例如虎翼网（www.51.net）。

虎翼网

 虚拟主机的另外一个重要参数就是网站的访问速度。这个一般取决于服务商的带宽和服务器的配置高低等。因此要经过多次测试后再决定最终选择。

申请虚拟主机和申请域名类似。首先访问一个提供虚拟主机服务，例如"虎翼网"。选择"虚拟主机"服务，网站提供了很多不同类型的服务，以满足不同的用户。

选择合适的主机类型，要注意以下几点。

● 网站需要的服务器技术。例如 PHP、JSP 或者 .NET。技术不同，虚拟主机所使用的操作系统也不同。目前主流的操作系统是 Linux 和 Windows。两种操作系统各有所长，主要针对不同的程序类型。

● 需要的空间容量。如果只是制作一个简单的企业网站，100MB 就足够了。如果网站中有大量的图片、音频、视频或论坛类内容，则需要相对较大的空间。

● 服务器的位置。服务器的位置也会对网站访问的速度和稳定性有一定的影响。当然相对于北京的价格来说，外地的服务器价格较便宜。

● 上传方式。网站需要随时更新和维护，提供 FTP 的方法在主机上上传或下载文件也很重要。

 在同一个网站购买域名和空间有利于获得一个较好的价格，同时对于后期的维护和更新都有一定的好处。

1.5 申请免费域名和虚拟主机

对于个人用户或初学者来说，是不太可能每年花费一定的费用用来申请域名或租赁虚拟主机的。这时免费的域名和虚拟主机就成了最好的选择。

在互联网初步繁荣的阶段，免费的域名和虚拟主机在网络上非常普及，各大门户网站都提供了免费域名和虚拟主机的服务。但是由于互联网泡沫的迅速破灭，这种模式很难找到盈利的模式，提供这种服务的网站也就越来越少。

但是免费的午餐还是有的，时下比较流行的微博其实就可以看做个人网站的一种。免费的虚拟主机一般在功能和容量上进行一定的限制。主机的容量一般都在 100MB 以下。而且免费的虚拟主机所提供的域名一般都是二级的域名，例如 http：//" 用户名 ".wanw.net。

1.5.1　申请免费虚拟主机

接下来通过实际的操作为大家介绍申请免费空间的方法。用户需要注意，免费空间一般不太稳定，并且有随时关闭的可能。

➡ 实例 01+ 视频：申请免费虚拟主机

免费的虚拟主机在功能上也受到限制，通常只支持静态页面，不支持数据库服务器技术，例如 ASP 和 PHP 等。这样网站上就不能制作动态的功能。有的网站甚至不支持 FTP 上传文件。

🏠 源文件：无　　　　🔊 操作视频：视频 \ 第 1 章 \1-5-1. swf

01 ▶ 启动浏览器，在地址栏中输入 http://3v.cm/，进入"3V 免费空间"。

02 ▶ 单击页面导航栏中的"免费注册"按钮，进入网站"免费注册"页面。

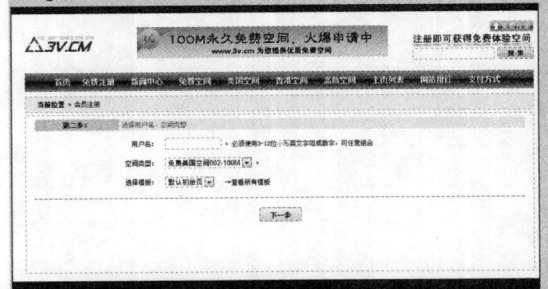

03 ▶ 输入用户名，并且选择空间类型单击"下一步"按钮。

04 ▶ 根据提示完成注册信息的填写，单击"提交"按钮。

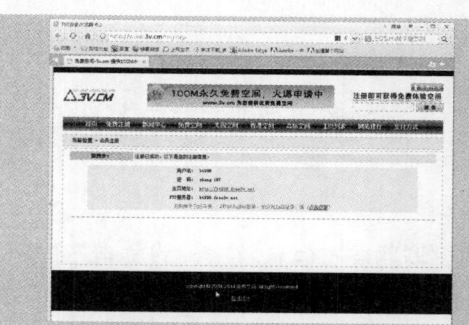 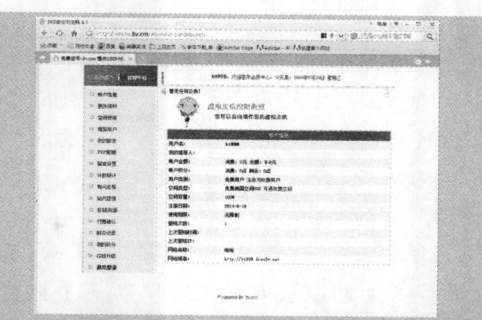

05 ▶ 页面跳转到如图所示的页面。

06 ▶ 稍等片刻，即可看到注册信息，包括域名和 FTP 地址，此时就完成了免费虚拟主机的申请。

1.5.2　使用免费的虚拟主机

申请好免费的虚拟空间后，用户可以通过下载 FTP 工具实现对网站的上传和下载操作。接下来通过实例演示虚拟主机的使用方法。

⇒ 实例 02+ 视频：使用免费虚拟主机

在使用免费虚拟主机时，首先要考虑空间大小和后台技术，其次是网站所提供的域名长短。较大的空间和最新的后台支持技术，可以大大提高网站的访问速度，简短且便于记忆的域名，更方便用户的使用。

源文件：无

操作视频：视频 \ 第 1 章 \1-5-2. swf

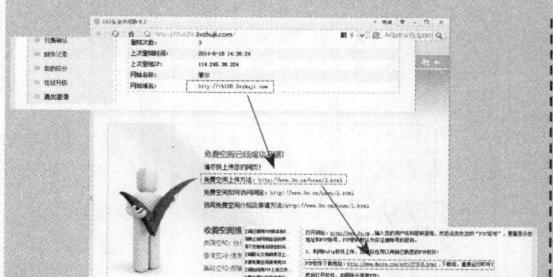

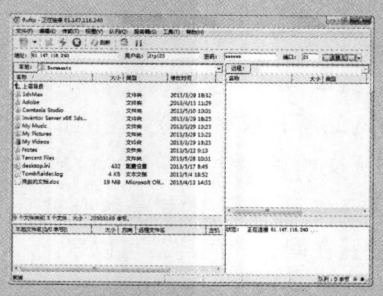

01 ▶ 在管理中心单击网站域名，在下一页面单击免费空间上传方法地址，接下来的页面会提供免费的 FTP 软件下载地址，将其下载到本地，并打开软件。

02 ▶ 输入 FTP 用户和密码。单击"连接"按钮，即登录空间。通过拖动的方式实现左（本地）右（远端服务器）内容的交换。

提示　用户要将"用户名"和"密码"详细记录，以避免丢失。同时要将 FTP 上传地址和登录用户和密码牢牢记住。有必要记在本子上，以防止忘记。

1.6 经营性网站备案

所有的经营性网站都必须向当地的工商行政管理局申请备案，备案的过程分为两部分，申请 ICP 备案和申请经营性网站备案。

1.6.1 什么是经营性网站

经营性网站，是指企业和个体工商户为实现通过互联网发布信息、广告、设立电子信箱、开展商务活动以及向他人提供实施上述行为所需互联网空间等经营性目的，利用互联网技术建立的并拥有向域名管理机构申请的独立域名的电子平台。

1.6.2 网站备案流程

首先登录北京市工商行政管理局的网站，单击"网站备案"按钮，进入网站备案页面。

 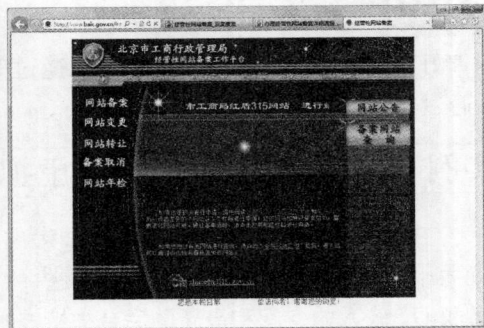

单击"网站备案"按钮，根据页面的提示逐步完善网站信息。单击"提交"按钮，完成网站备案的登记工作，用户还需要提供以下内容。

（1）加盖网站所有者公章的《企业法人营业执照》或《个体工商户营业执照》的复印件。

（2）如网站有共同所有者，应提交全部所有者《企业法人营业执照》或《个体工商户营业执照》的复印件。

（3）加盖域名所有者或域名管理机构、域名代理机构公章的《域名注册证》复印件，或其他对所提供域名享有权利的证明材料。

（4）对网站所有权有合同约定的，应当提交相应的证明材料。

（5）所提交的复印件或下载的材料，均应加盖申请者的公章。

做好以上工作后，剩下的就是耐心等待了。一旦备案成功，网站将拥有一个红盾的图标，将这个图标放置在网站的底部就可以了。

1.7 常见网站的类型

网站就是把一个个网页系统地链接起来的集合，例如我们所常见的网易、新浪、搜狐等。网站按照其内容和形式可以分为很多种类型，下面就向读者简单介绍一下各种不同类型的网站。

1.7.1 个人网站

个人网站是以个人名义开发创建的具有较强个性的网站。一般是个人为了兴趣爱好或为了展示自己等目的而创建，具有较强的个性化特点，无论是从内容、风格还是样式上，都形色各异、包罗万象。

个人网站一般不具有商业性质，规模也不大。每个人制作个人网站的目的可能不尽相同，有的人希望把自己的作品放在网上，以方便展示自己、寻求发展机遇，而有的人则想把自己某一方面的特长或者特别的东西介绍给大家。

1.7.2　企业网站

随着网络的普及和飞速发展，企业拥有自己的网站已经是必然的趋势。企业网站作为电子商务时代企业对外的窗口，起着宣传企业、提高企业知名度、展示和提升企业形象、方便用户查询产品信息和提供售后服务等重要作用，因而越来越受到企业的重视。

1.7.3　行业信息类网站

随着 Internet 的发展，网民人数的增多以及网上不同兴趣群体的形成，门户网站已经明显不能满足不同上网群体的需求。

一批能够满足某一特定领域上网人群的特定需要的网站应运而生。这类网站只专注于某一特定领域，并通过提供特定的服务内容，有效地把对这一特定领域感兴趣的用户与其他网站区分开来，并长期持久地吸引住这些用户，从而为其发展电子商务提供理想的平台。

1.7.4　影视音乐类网站

影视类网站具有很强的时效性，重视视觉性的布局，要求具有丰富信息。在这类网站中，经常运用 Flash 动画、生动的图像及视频片段等。影视类网站的色彩设计多用透明度和饱和度高的颜色，以给人的视觉带来强烈的刺激。音乐类网站需要能够展现音乐所带来的精神上的自由、感动和趣味。歌手、乐队网站需要根据音乐的不同安排有区别的图像。其他与音乐有关的网站都比较重视个性，利用背景音乐或制作可以听到的音乐来表现音乐网站的特性。

1.7.5　休闲游戏类网站

对于那些已经被复杂的现实生活和物质文明搞得焦头烂额、疲惫不堪的现代人来说，休闲游戏就像是一种甜蜜的休息，因此受到了越来越多人的喜爱。休闲游戏网站就是需要能够给浏览者带来快乐、欢笑和感动。网站通常运用鲜艳、丰富的色彩，夸张的卡通虚拟形象和丰富的 Flash 动画，勾起浏览者对网站内容的兴趣，从而达到推广该休闲游戏的目的。

1.7.6　电子商务类网站

随着网络与计算机技术的发展，信息技术作为工具被引入商务活动领域，从而产生了电子商务。电子商务就是利用信息技术将商务活动的各实体即企业、消费者和政府联系起来，通过因特网将信息流、商流、物流与资金流完整地结合，从而实现商务活动的过程。由于电子商务网站的内容以商品交易为主，因此内容主要是商品目录信息和交易方式等信息，且图文比例适中。在页面设计上，多采用分栏结构，设计与配色简洁明了。

1.7.7　门户类网站

门户网站将信息整合、分类，通常门户网站涉及的领域非常广泛，是一种综合性的网站，如新浪、搜狐、网易等。此外这类网站还具有非常强大的服务功能，例如电子邮箱、搜索、论坛、博客等。

门户类网站比较显著的特点是信息量大，内容丰富，多为简单的分栏结构。此类网站的页面通常都比较长，页面布局简洁，图文排列对称，导航位于页面顶部，清晰明了，这也是很多大型门户类网站通用的导航形式。如何让浏览者在面对大量繁杂的信息时，能够快速地找到所需要的信息，是一个值得首要考虑的问题。

1.8　本章小结

本章主要针对网页建设中遇到的一些问题进行了学习。通过学习读者应该了解网站建设中常见的术语，懂得如何购买域名和虚拟主机，如何对网站进行备案。同时对网站建设的基础知识也要有一定的了解，并能够将这些知识应用到网页建设中。

第 2 章　网站建设的基本流程

在开发网站过程中，一个完整的流程会使用户清晰地了解网站的制作进度，有助于提高网站建设的质量和网站开发的速度。网站建设可以分为网站策划、网站设计开发、网站测试与发布、网站维护和项目总结 5 个阶段。

2.1　网站策划

在最初开始设计网站的时候，最大的误区就是确定网站类型后迫不及待地开始动手制作。当制作一些页面后，才发现网站的结构特别混乱，内容分布不合理，这就导致将来维护网站的时候相当困难，所以在开始制作网站之前，要先对网站的开发内容进行规范。

2.1.1　网站项目的定义

在准备制作网站前，首先要与客户进行详细的沟通交流。通过交流了解要制作网站公司的行业特点和发展方向。同时要对公司领导者的喜好充分了解，这样可以保证网站设计风格符合最主要决策者的喜好。

通过与客户的多次沟通，最终要得到以下几点信息。

● 客户需要实现的功能和建站目的

了解客户建站的目的后，可以更有针对性地为客户制定服务。同时更不会遗漏客户对网站功能的要求。在这一点上要有足够的耐心，多方听取不同人的阐述后，再最终确定网站功能。

● 客户希望上线的时间

要了解客户对完成网站制作的时间要求。从制作时间到测试和上线的时间都包含在内，这样可以很好地控制制作进度。

● 制作费用的底线

这里说的底线是客户最多可以承担的网站制作费用。了解这点可以充分了解制作这个网站的利润是多少，可以更好地安排后面的制作人员。

● 客户对网络技术的了解程度

如果客户对网站建设有一定的了解，在沟通一些细节部分时很容易达成共识，形成共同的方案。如果客户对网站一窍不通，那就要多花些时间向客户解释网站表现形式和实现手法。这样的客户更要在最初的时候出具详细的网站策划书，以防止最后出现扯皮的现象。

本章知识点

☑ 网站项目的策划

☑ 网站的设计与制作

☑ 网页的常见布局方法

☑ 网站项目的实施

☑ 网站的测试与发布

2.1.2 网站策划方案

与客户沟通，并了解客户的喜好及要求后，接下来就要开始讨论并为网站出 2~3 套策划方案。一个网站的成功与建站前的网站规划有着极其重要的关系。在建立网站前应进行必要的市场分析，明确建立网站的目的，确定网站的功能和规模。只有详细地规划，才能避免在网站制作时漏洞百出，保证网站项目顺利完成。

确立目标

在策划之初，要对相关行业的市场特点，如何在互联网上开展公司业务，以及竞争对手网站情况及其网站规划、功能和作用进行了解。同时还要对公司自身条件进行分析，了解公司概况、市场优势以及哪部分可以与网络结合以提升企业竞争力。收集这些信息后可以有针对性地确立建站的目标。

立足用户策划网站

清楚了用户建站的目的后，就可以根据公司的需要和计划，确定网站的功能：产品宣传型、网上营销型、客户服务型、电子商务型等。根据网站功能，确定网站应达到的目的和作用。有些公司还涉及企业内网的建设，也应分析其基本情况和网站的可扩展性。

网站定位综合反映了企业对市场、顾客、产品和服务诸多关系的理解及其经营理念等。所以即使同一行业的企业网站，定位不同，在浏览者的眼中也会有极大的差别。网站立意不清、定位不明是其失败的最主要因素。

根据不同的客户规划不同风格的网站，也非常重要。网站风格是非常抽象的概念，也是网站主题的一种表现形式，它是配合着主题而产生的。如果主题的要求是新颖，那么风格更应该是独树一帜的，一个网站的风格就相当于一个人的性格。

风格设定主要来自两个方面的内容，一个就是网站的视觉效果，另一个就是网站的功能内容。前者就像是一个人的外观感受，后者就相当于一个人的内涵。对于一个优秀的人来说，自然是内外兼修的，所以网站风格设定也需要这样。

主题和风格的确定是网站设计与制作的重要前提。值得再次强调的是，无论是主题的确定，还是风格的设定，都不能脱离企业整体的营销和宣传目的，脱离了宣传目的而建立的网站，即使再好、再华丽，也是没有意义的。

2.1.3 网站内容规划

了解网站的需求后，就可以开始对网站的内容进行规划。合理的网站内容规划有利于浏览者清楚、快捷、准确地找到所需要的信息。常见的规划步骤如下。

栏目内容设计

栏目内容设计是将网站中要表示的同类别的信息划分为不同的栏目。栏目的名称最好不要超过四个字，尽量简洁、明了。但是设计时要保持每一个栏目所占的宽度基本一致，给人整齐划一的感觉。

● 设计网站内容结构

网站中内容很多，信息量也很大。如果没有对内容进行分类整理，会非常不方便用户浏览。因此在页面中采用什么样的方式摆放是非常重要的工作。一般情况下都是以标题或者摘要的形式将各个栏目中的主要内容放置在页面的内容区域。通常会使用下划线或底色加以区分。

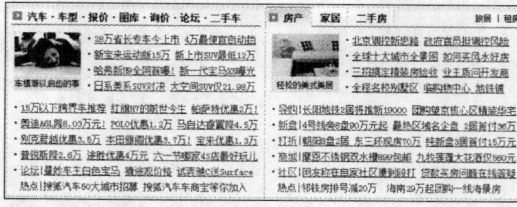

● 设计站点结构

网站的站点结构通常是指网站页面之间的关系。按照功能的不同，网站页面分为一级页面、二级页面和三级页面。超过三级的页面不推荐使用，因为会影响浏览者的积极性。

站点结构一般采用金字塔的结构。首页位于站点的最上面，然后按照栏目依次向下划分。在开始制作网站之前，要将所有的二级页面罗列出来，并标注它们之间的关系。

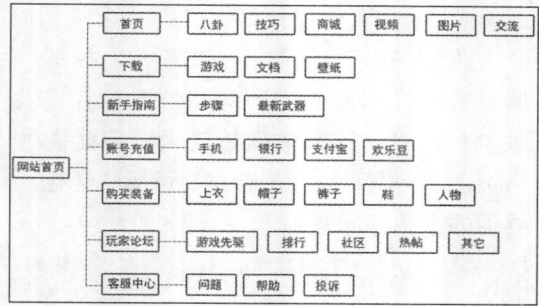

2.1.4　获得网站资源

在对网站内容规划的同时就可以收集与网站建设有关的资料。这些资料包括客户需要发布到网络中的所有文字和图形。

在实际的工作中，客户常常不能及时提供网站资料，从而影响整个网站的进度。为了避免这种情况的出现，首先在合同中明确责任，如果客户不能及时提供网站资料，则后果由客户承担。在策划网站的同时要催促客户提供资料。

一个网站的建设通常由策划、设计和程序三部分构成。策划负责整个网站的规范和进度；设计负责网站的设计以及图片处理；程序则要实现网站全部的交互功能。只有三部分的成员合作才可以完成网站的建设。

2.2　网站的设计与制作

网站建设是一个复杂的过程，通常会受到客户要求的影响。一般情况下可以按照下面的步骤进行开发和制作。

2.2.1　网页的设计构思

许多人认为网页设计就是网页制作，认为只要能够熟练使用网页制作软件，就已经有能力胜任网页设计的工作了。其实网页设计与制作是完全不同的两种工作。网页设计是一个感性思考与理性分析相结合的复杂过程，它的方向取决于设计的任务，它的实现依赖于网页的制作。

网页设计中最重要的东西，并不是在于软件的应用上，而是在于设计者对网页设计的理解以及设计制作的水平，在于设计者自身的美感以及对页面的把握上。软件对于网页设计来说，只是工具。

设计的任务

设计是一种审美活动，成功的设计作品一般都比较艺术化，但艺术只是设计的手段，而并非设计的任务。网页设计的任务，是指设计者要表现的主题和需要实现的功能。设计的任务是要实现设计者的意图，并非创造美。网站的性质不同，设计的任务也不同，从形式上可以将站点分为以下三类。

（1）资讯类网站，例如新浪、搜狐、网易等门户网站，这类网站为浏览者提供大量的信息，而且访问量较大，因此需注意页面的分割、结构的合理、页面的优化、界面的亲和等问题。

（2）资讯和形象相结合的网站，像一些较大的公司、国内的高校等。这类网站在设计上要求较高，既要保证资讯类网站的上述要求，同时又要突出企业、单位的形象。

（3）形象类网站，例如一些中小型的公司或单位。这类网站一般较小，有的只有几页，需要实现的功能也较为简单，网页设计的主要任务是突出企业形象，这类网站对设计者的美工水平要求较高。

设计的实现

设计的实现可以分为两个部分，第一部分为网站的规划及草图的绘制，这一部分可以在图纸上完成；第二部分为网页的制作，这一过程需要在计算机上完成。

设计首页的第一步是设计版面布局，可以将网页看做传统的报刊或杂志来编辑，这里面有文字、图像和动画，设计者要做的工作就是以最适合的方式将图片、文字和动画排放在页面的不同位置。

接下来设计者需要做的就是通过软件的使用，将设计的蓝图变为现实，最终的集成一般是在 Dreamweaver 里完成的。虽然在草图上定出了页面的大体轮廓，但是灵感一般都是在制作过程中产生的。设计作品一定要有创意，这是最基本的要求，没有创意的设计是失败的。在制作的过程中，会遇到许多问题，其中最敏感的莫过于页面的颜色了。

造型的组合

在网页设计中，设计者主要通过视觉传达来表现主题。在视觉传达中，造型是很重要的一个元素，抛去是图还是文字的问题，画面上的所有元素可以统一作为画面的基本构成要素点、线、面来进行处理，在一幅成功的作品里，是需要点、线、面的共同组合与搭配来构造整个页面的。

通常可以使用的组合手法有秩序、比例、均衡、对称、连续、间隔、重叠、反复、交叉、节奏、韵律、归纳、变异、特写和反射等，它们都有各自的特点，在设计中应根据具体情况，选择最适合的表现手法，

这样有利于主题的表现。

通过点、线、面的组合，可以突出页面上的重要元素，突出设计的主题，增强美感，让浏览者在感受美的过程中领会设计的主题，从而实现设计的任务。

造型的巧妙运用不仅能带来极大的美感，能较好地突出企业形象，而且能将网页上的各种元素有机地组织起来，甚至还可以引导浏览者的视线。

2.2.2　网页设计的特点

与最早的纯文字和数字的网页相比，现在的网页无论是在内容上，还是在形式上都已经得到了极大的丰富，网页设计主要具有以下特点。

● 交互性

网络媒体不同于传统媒体的地方就在于信息的动态更新和即时交互性。即时的交互是网络媒体成为热点媒体的主要原因，也是设计网页时必须考虑的问题。传统媒体都以线性方式提供信息，即按照信息提供者的感觉、体验和事先确定的格式来传播，而信息接收者只能被动地接受。而在网络环境下，人们不再是一个传统媒体方式的被动接受者，而是以一个主动参与者的身份加入到信息的加工处理和发布中。这种持续的交互，使网页艺术设计不像印刷品设计那样，出版之后就意味着设计的结束。网页设计人员可以根据网站各个阶段的经营目标，配合网站不同时期的经营策略，以及用户的反馈信息，经常对网页进行调整和修改。例如，为了保持浏览者对网站的新鲜感，很多大型网站总是定期或不定期地进行改版，这就需要设计者在保持网站视觉形象统一的基础上，不断创作出新的网页作品。

● 版式的不可控性

网页的版式设计与传统印刷的版式设计有着极大的差异。

（1）印刷品设计者可以指定使用的纸张和油墨，而网页设计者却不能要求浏览者使用什么样的计算机或浏览器。

（2）网络正处于不断发展中，不像印刷那样基本具备了成熟的印刷标准。

（3）网页设计过程中有关 Web 的每一件事都可能随时发生变化。

网络应用尚处于发展过程中，网络应用也很难在各个方面都制订出统一的标准，这必然导致网页版式设计的不可控制性，其具体表现如下。

（1）网页页面会根据当前浏览器窗口大小自动格式化输出。

（2）网页的浏览者可以控制网页页面在浏览器中的显示方式。

（3）不同种类、不同版本的浏览器观察同一网页页面时效果会有所不同。

（4）浏览者的浏览器工作环境不同，显示效果也会有所不同。

把所有这些问题归结为一点，即网页设计者无法控制页面在用户端的最终显示效果，这正是网页版式设计的不可控性。

● 技术与艺术结合的紧密性

设计是主观和客观共同作用的结果，是在自由和不自由之间进行的，设计者不能超越自身已有经验和所处环境提供的客观条件来进行设计。优秀的设计者正是在掌握客观规律的基础上进行自由的想象和

创造。网络技术主要表现为客观因素，艺术创意主要表现为主观因素，网页设计者应该积极主动地掌握现有的各种网络技术规律，注重技术和艺术的紧密结合，这样才能发挥技术之长，实现艺术想象，满足浏览者对网页的高质量需求。

例如浏览者欣赏一段音乐或电影，以前必须先将这段音乐或电影下载到自己的计算机上，然后再使用相应的程序来播放，由于音频或视频文件都比较大，需要较长的下载时间。但当媒体技术出现以后，网页设计者充分、巧妙地应用此技术，让浏览者在下载过程中就可以欣赏这段音乐或电影，实现了实时网上视频直播服务和在线欣赏音乐服务，这无疑会大大增强页面传播信息的表现力和感染力。

● 多媒体的综合性

目前网页中使用的多媒体视听元素主要有文字、图像、声音、动画和视频等。随着网络带宽的增加、芯片处理速度的提高以及跨平台的多媒体文件格式的推广，必将促使设计者综合运用多种媒体元素来设计网页，以满足和丰富浏览者对网页不断提高的要求。目前，国内网页已出现了模拟三维的操作界面，在数据压缩技术的改进和流技术的推动下，互联网上出现了实时音频和视频服务，例如在线音乐、在线广播、在线电影等。因此，多种媒体的综合运用已经成为网页艺术设计的特点之一，也是网页设计未来的发展方向之一。

● 多维性

多维性源于超链接，它主要体现在网页设计中导航的设计上。由于超链接的出现，网页的组织结构更加丰富，浏览者可以在各种主题之间自由跳转，从而打破了以前人们接受信息的线性方式。例如，可以将页面的组织结构分为序列结构、层次结构、网状结构和复合结构等。但页面之间的关系过于复杂，不仅增加了浏览者检索和查找信息的难度，也会给设计者带来更大的挑战。为了让浏览者在网页上迅速找到所需的信息，设计者必须考虑快捷而完善的导航以及超链接设计。

在为浏览者考虑得很周到的网页中，提供了足够的、不同角度的导航链接，以帮助浏览者在网页的各个部分之间任意跳转，并告知浏览者现在所在的位置、当前页面与其他页面之间的关系等。而且每页都有一个返回主页的按钮或链接，如果页面是按层次结构组织的，通常还有一个返回上级页面的链接。对于网页设计者来说，面对的不是按顺序排列的印刷页面，而是自由分散的网页，因此，必须考虑更多的问题。例如怎样构建合理的页面组织结构，让浏览者对提供的大量信息感到有条理，怎样建立包括站点索引、帮助页面和查询功能在内的导航系统，这一切从哪开始，到哪结束。链接关系的处理，对于信息类门户网站来说尤为重要。

2.3　网站项目的实施

　　网站项目的实施也就是网站的实际制作过程，即根据前期与客户的沟通，用技术来制作网站，这是整个网站项目实施中必不可少的阶段。在项目的实施阶段，首先为客户设计页面效果图，交给客户负责人确认，确认页面效果图后就可以开始制作。同时网站程序员也开始网站功能的程序开发工作。

2.3.1　网页效果图设计

　　效果图设计是网站项目实施阶段首先要完成的部分。通过效果图可以将客户的要求和设计者的设计意图统统展现出来，并且方便客户对网页的设计风格和内容提出修改。

　　网站的效果图要根据网站的建设类型、运营模式、信息内容和访问群体等诸多因素进行规划和设计。无论网站的配色和版式都要与所宣传的内容相符。一般的设计流程如下。

　　（1）首先根据网站的类型和内容确定网站的主色，同时确定网站的布局类型。

　　（2）制作网站的背景，烘托整个网站的风格。

　　（3）为网站添加主题图片和文字内容。

　　（4）最后添加辅助内容和完善页面细节。

2.3.2　页面制作与程序设计

　　确定最终网站效果图后，接下来就是要把效果图切片输出制作网页了。如果页面的用途只是一个静态页面，将效果图直接上传网页即可。如果是添加了很多功能的动态网页就需要按以下步骤进行。

● 切片输出网页模板

　　为了方便程序员在页面中添加代码，需要美工把网站效果图转换成 HTML 格式的网站页面。这个过程可以通过 Photoshop 和 Dreamweaver 来完成。在 Photoshop 中对设计效果图切片输出，再由 Dreamweaver 将切片的图片重新排列，从而生成网页文件。这种页面一般用做程序的模板文件。

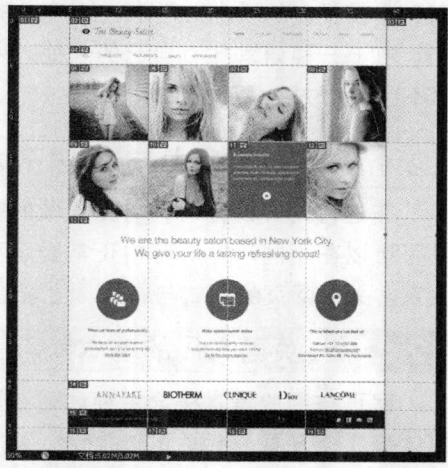

切片的目的是为了得到网页中的素材，例如按钮、背景和产品图片。在 Dreamweaver 中使用布局技术将图片素材按照效果图的设计排列整齐。

● 网站后台程序设计

通过后台程序可以实现网站的各种功能，包括新闻发布、留言板、论坛、电子商务和微博等。目前比较流行的动态网站主要使用的脚本语言有 ASP、PHP 和 JSP。

1. ASP（Active Server Pages）

这是一个 Web 服务器端的开发环境，利用它可以产生和执行动态的、互动的和高性能的 Web 服务应用程序。ASP 是 Microsoft 公司开发的动态网页语言，它继承了微软产品的一贯传统，只能执行于微软的服务器产品 IIS 和 PWS 上。最新的 ASP.NET 技术将 Web 程序设计提升到了一个全新的层次。但是需要了解更多相关的开发技术，对于普通的网页设计师来说非常困难。

2. PHP（Hypertext Preprocessor）

这是一种跨平台的服务器端的嵌入式脚本语言。它大量借用了 C、JAVA 和 Perl 语言的语法，并加入了 PHP 自己的特性，使 Web 开发者可以很快写出动态的页面。它支持目前绝大多数数据库类型，并且 PHP 完全是免费的，可以直接从 PHP 官方站点自由下载，并且可以不受限制地获得源码，还可以对源码进行修改，以满足个人的需求。PHP 在 Windows、Unix 和 Linux 的系统上都可以正常执行，并且还支持 IIS 和 Apache 等一般的 Web 服务器。用户更换了服务器平台，却无须变换 PHP 代码。

3. JSP（Java Server Pages）

JSP 是 Sun 公司推出的一种全新的网站开发语言，Sun 公司借助 JSP 技术在互联网技术上完成了华丽的转身。JSP 可以在 Servlet 和 JavaBean 的支持下，完成功能强大的站点程序。JSP 和 PHP 类似，几乎可以执行于所有平台，例如 Windows、Linux 和 Unix。在 Windows 下 IIS 通过外加一个服务器，例如 JRUN 或 ServletExec，就能支持 JSP。知名的 Web 服务器 Apache 也可以很好地支持 JSP。由于 Apache 被广泛应用在 Windows、Unix 和 Linux 上，因此 JSP 获得了更广泛的执行平台。

对于比较大型的网站，例如对事务处理和负载均衡要求比较高的站点，采用 JSP 和 ASP 比较多，从成本上考虑，比较经济的站点采用 PHP 应该是最好的选择。

由于三种语言各有自己的长处，所以都有一定的支持者，在今后相当长一段时间内，都不会被对方所淘汰。

2.4 网页的版式与布局分析

在进行网页设计时，首先要做的就是设计网页的版式与布局。一个网页的浏览速度，是否可以在不同尺寸屏幕中正常显示和网页浏览是否安全，这些都与网页的布局有直接的关系。关于网页的版式与布局，主要有以下几个方面的内容。

2.4.1 页面布局的基本概念

网页布局的基本概念主要体现在页面尺寸、整体造型、页头、文本、页脚、图片和多媒体等几个方面，下面逐一进行介绍。

页面尺寸

由于页面尺寸和显示器大小及分辨率有关系，网页的局限性就在于无法突破显示器的范围，而且因为浏览器也将占去不少空间，所以留给页面的空间会更小。一般分辨率在 800×600 像素的情况下，页面的显示尺寸为 780×428 像素；分辨率在 1024×768 像素的情况下，页面的显示尺寸为 1007×600 像素。

在网页设计过程中，向下拖动页面是唯一为网页增加更多内容的方法。但有必要提醒大家的是除非你能肯定站点的内容能吸引大家拖动，否则不要让访问者拖动页面超过三屏。如果需要在同一页面显示超过三屏的内容，那么最好是在页面上创建内部链接，方便访问者浏览。

整体造型

显示器和浏览器都是矩形，但对于页面的造型，可以充分运用自然界中的其他形状以及它们的组合：矩形、圆形、三角形、菱形等。

对于不同的形状，它们所代表的意义是不同的。例如矩形代表着正式、规则，很多 ICP 和政府网页都是以矩形为整体造型；圆形代表着柔和、团结、温暖、安全等，许多时尚站点喜欢以圆形为页面整体造型；三角形代表着力量、权威、牢固、侵略等，许多大型的商业站点为显示它的权威性常以三角形为页面整体造型；菱形代表着平衡、协调、公平，一些交友站点常运用菱形作为页面整体造型。虽然不同形状代表着不同意义，但目前的网页制作多数是结合多个图形加以设计，在这其中某种图形的构图比例可能占得多一些。

页头

页头又可称为页眉，页眉的作用是定义页面的主题。例如一个站点的名称多数都显示在页眉里。这样访问者能很快知道这个站点是什么内容。页头是整个页面设计的关键，它将牵涉下面的更多设计和整个页面的协调性。页头常放置站点名称的图片和公司标志。

文本

文本在页面中多数以行或段落形式出现，它们的摆放位置决定着整个页面布局的可视性。在过去，因为页面制作技术的局限，文本放置的灵活性非常小，而随着 CSS 技术的完善，文本已经可以按照制作者的要求放置到页面的任何位置。

页脚

页脚和页头相呼应，页头是放置站点主题的地方，而页脚是放置制作者或公司信息的地方。可以看到，许多制作信息都是放置在页脚的。

图片

图片和文本是网页的两大构成元素，缺一不可。如何处理好图片和文本的位置是整个页面布局的关键，而制作者的布局思维也将体现在这里。

多媒体

除了文本和图片，还有声音、动画、视频等其他媒体。虽然它们不是经常被使用到，但随着动态网页的兴起，它们在网页布局上的作用也将变得更重要。

2.4.2　页面布局方法

网页布局的方法有两种：纸上布局和软件布局。下面将分别对这两种布局方式进行介绍。

纸上布局法

许多网页设计师不喜欢先画出页面布局的草图，而是直接在网页设计软件中边设计布局边添加内容。这种不打草稿的方法很难设计出优秀的网页来，所以在开始制作网页时，要先在纸上画出页面的布局草图。

● **软件布局法**

如果制作者不喜欢用纸来画出布局图，那么还可以利用软件来完成这些工作，例如可以使用 Photoshop。该软件所具有的对图像的编辑功能正适合设计网页布局。利用 Photoshop 可以方便地运用颜色、图形，并且可以利用图层的功能设计出用纸张无法实现的布局概念。

2.4.3 页面布局技术

网页布局的技术主要有表格布局、CSS 布局和 DIV+CSS 布局三种。

● **表格布局技术**

表格布局页面方法目前已经基本被淘汰了。这种方法首先利用表格将页面分割成若干部分，然后再通过表格控制不同部分中元素的位置，从而实现丰富的网页效果。同时过多的代码也降低了网页的浏览速度，增加了安全隐患，而且也不适合现在各式各样的网络终端浏览。

● **CSS（层叠样式表）技术**

使用 CSS 可以完全精确地定位文本和图片。CSS 对于初学者来说显得有点复杂，但它的确是一个好的布局方法。目前在许多站点上，层叠样式表的运用都是一个站点是否优秀的体现。

● **DIV+CSS 布局技术**

目前，国内外越来越多的大中型网站都使用这种方式来进行网页制作和网站重构。例如，国际互联网领先门户 YAHOO、MSN，以及国内知名门户网站网易等。国际网络标准组织 W3C 已经正式将 DIV+CSS 标准化为网页制作的标准方式。这种布局技术具有如下优点。

（1）提高页面载入速度。网站的访问速度是网站提高用户体验非常关键的一个因素，DIV+CSS 由于将数据和格式分开使网页文件的数据量大大缩减，从而达到提高页面访问速度的目的。

（2）降低浏览者的流量费用。现在的网站开始逐渐考虑到日渐增多的无线访问浏览者，而他们的上网费用很多是按照流量计费的，因而有效解决网页数据量问题是吸引这批浏览者的重要因素之一。

（3）修改网页时，更有效率而且代价更低。单独的样式表文件使修改更加方便和有效。

（4）使整个站点保持视觉的一致性。由于样式表文件使用单独调用的方式，大大保证了整个网站样式的一致性。

（5）提高站点被搜索的成功率。一般网站的浏览量有相当一部分来源于搜索引擎，而关键字占页面的数据比重是搜索引擎的显示排序的主要依据之一，由于网页文件中剔除了原来繁多的排版和样式信息，使得有效内容的数据比大大增加，因而使网站更容易被搜索引擎搜索到。

（6）使网站对浏览者和浏览器更具亲和力。由于各大网站对同样的代码解释不尽相同，使得同样的网站展现在不同浏览用户面前的样式可能完全不同，而遵循 W3C 的网页标准页面将最大程度避免这种情况的产生。

2.5 网站的测试与发布

网站制作完成后，首先需要通过一个内部的测试过程。测试的主要目的是看网站在设计上有没有什么错误。例如内容的错误，链接的错误或程序上的错误等，及时发现并及时修改。要保证交到客户手中的网站是一个功能完善、没有任何问题的网站。测试完毕后，就可以将最终文件上传到服务器上，供用户测试。

2.5.1　测试网站项目

网站制作完成后，可以通过模拟服务器环境对网站的各项功能进行测试。测试过程中发现的问题要及时记录并反馈给相关部分，然后及时修改。主要的测试内容如下。

- 网站服务器的稳定性、安全性。
- 各种插件、数据库、图像和超链接等是否正常。
- 网站的各种功能是否能够正常使用。
- 在不同网速的情况下测试网页下载速度。
- 在不同浏览器中浏览页面，检查网站页面的兼容性。
- 选择不同尺寸的显示器浏览页面，检查在不同显示模式下页面的表现是否合理。
- 为了方便留出时间对网站制作时出现的问题作出调整，策划网站时，在制作时间中就应该包括相应的测试时间，以避免由于时间仓促，错上加错，造成严重的后果。

2.5.2　发布网站项目

整个网站测试完毕后，就可以进行发布了。所谓网站的发布就是将制作好的网站上传到服务器上。上传可以使用 FTP 软件来完成，常用的有 CuteFTP 和 flashFXP。由于 FTP 软件的使用基本相同，此处只对 flashFXP 的使用进行介绍。

首先可以通过，网络下载得到 flashFXP 软件的试用版本，可以通过付费的方式获得正版授权。按照提示安装 flashFXP 后启动软件。按下 F8 键启动“快速连接”对话框，输入网站的 IP 地址、用户名和口令。

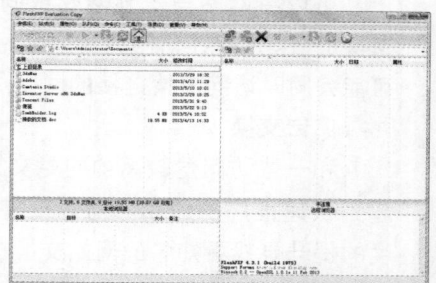 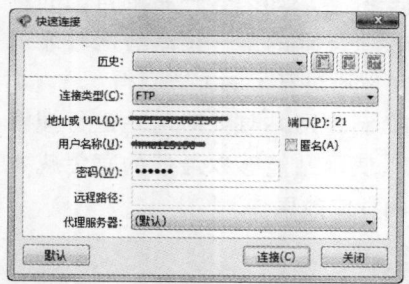

单击“连接”按钮，稍等片刻在窗口的右侧将显示远端服务器的内容。此时可以在左侧本地文件夹中选中文件，单击“传输队列”按钮，即可完成上传操作。同理选择右侧远端服务器中的文件，单击“传输队列”按钮，即可完成文件的下载操作。也可以通过按住文件然后拖动的形式，实现文件的上传和下载。

本地文件 ← 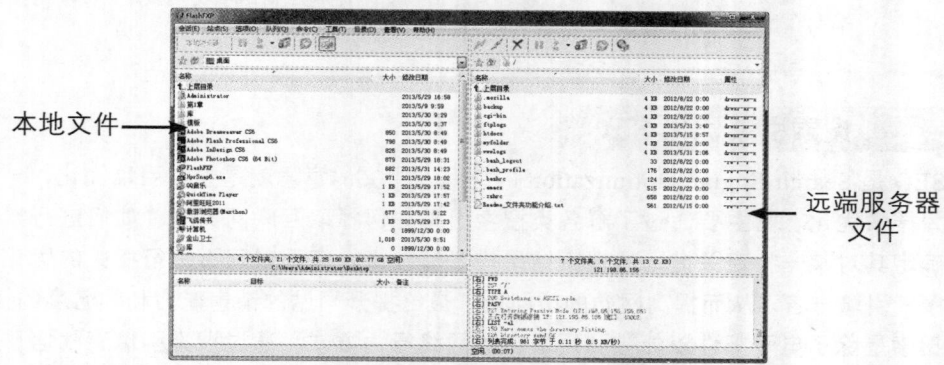 → 远端服务器文件

> **提示** 网站服务器的 IP 地址、用户名和密码都是在申请网站空间时由网络公司提供的。如果丢失这些内容，可以向提供服务的网络公司查询。

2.6 网站的推广

互联网上的网站数以万计，要想在众多同类网站中脱颖而出，并带来经济效益，就需要对网站进行推广。网站推出后很快拥有高知名度，进而成为一个品牌，是每个网站想要达到的目标。网站推广除了需要大量的资金投入外，同时还要充分利用自己的资源，按照科学的方法一步步实现。

2.6.1 网站宣传的推出手段

网站宣传的手段有很多，最常见的有搜索引擎、网站链接、友情链接、广告交换和利用网吧推荐等。

● **搜索引擎**

在制作网站时，都会将网站的搜索关键字添加到页面中。网民如果在搜索引擎中输入相关的关键字，就可以快速查找到搜索结果。常见的搜索引擎有百度、Google 和一搜等。如果客户希望自己的网站出现在搜索结果的第一位或者比较靠前的位置，可以通过竞价的方式获得。

所以在制作网站时要对网站进行搜索引擎优化，使网站能够以最低的宣传成本得到最好的宣传效果。

● **网站链接**

通过链接的方式，可以进入网站。可以将网站的链接添加到一些索引页面或相关行业论坛中，吸引用户点击访问。

● **友情链接**

可以将网站与本地网站或同一类网站交换链接。用户在访问另一个网站的时候，可能会同时访问友情链接的网站。

● **广告交换**

和一些访问量较高的网站交换广告位，起到快速推广的作用。可以随着网站知名度的提升寻找更知名的网站交换广告。

● **网吧推荐**

利用网吧的推荐，将网吧所有的机器首页设为该网站的首页，可以很快起到推广作用。但是这种方式有一定的局限性。一般休闲网站和游戏网站效果较好。

2.6.2 搜索引擎优化 SEO

SEO 是 Search Engine Optimization 的缩写，中文的意思就是搜索引擎优化，一般可以简称为搜索优化。它主要通过了解各类搜索引擎如何抓取互联网页面、如何进行索引以及如何确定其对某一特定关键词的搜索结果排名等技术，实现对网页进行相关的优化，使其提高搜索引擎排名，从而提高网站的访问量，最终提升网站的销售能力和知名度的技术。

搜索是除了电子邮件以外被利用最多的网络行为方式。通过搜索引擎查找信息是当前网络中寻找网络资源的主要手段，也是网络营销最重要的组成部分。现在的 SEO 处于高速发展的阶段。有很多专业的人员甚至专业的公司在从事这方面的研究，已经发展成为一种行业。

2.7　网站的维护

维护是指对网站运行状况进行监控，发现问题及时解决，并将网站运行的相关情况进行统计，及时向客户或领导汇报。对于任何一个网站来说，始终保持对客户吸引力的方法就是定期进行内容的更新。网站的维护更新服务包括以下内容：内容的更新（例如日常的企业动态和新闻）、网页风格的更新（例如特殊节日或改版）、网页重大页面设计制作（例如重大事件页面）和网站系统维护服务（例如空间维护）等。

一般网页设计公司也提供网站维护的工作，客户只需要支付很少的费用，就可以保证网站一年的维护工作。如果客户公司有固定的编辑或网管，那网站的维护工作也可以由他们自己完成。

2.8　本章小结

本章主要针对网站项目的建设流程进行学习，带领读者从网站最初的策划开始，到网站的设计制作，再到网站的测试发布进行了全面的介绍，使读者可以清楚地了解开发一个网站的全过程。同时针对网站设计中的布局方式也进行了分析介绍，为以后章节的学习打下良好的基础。

第 3 章　网页设计中色彩的应用

色彩的魅力是无限的，它可以让本身很平淡的东西瞬间变得漂亮，就如同一个人的着装，如果穿着一套色彩搭配漂亮的衣服，这个人就显得比较光鲜亮丽。网页也是如此，随着网络时代的迅速发展，只是简单的文字与图片的网页，已经不能满足人们的需要，当代的设计者除了需要掌握基本的网站制作技术以外，还必须能够很好地应用色彩，搭配色彩，掌握一些基本的色彩搭配技巧。

本章知识点

- ☑ 了解色彩基础
- ☑ 掌握网页色彩设计特性
- ☑ 掌握网页配色的基本方法
- ☑ 理解色彩选择标准
- ☑ 了解辅助配色工具

3.1　色彩基础

色彩和生活一样丰富多变，如果要很好地理解和运用色彩，必须掌握进行色彩归纳整理的原则和方法。色彩一直刺激我们最为敏感的视觉器官，而且色彩也往往是各种作品给我们的第一印象。

3.1.1　色彩学

日常生活中充满着各种各样的色彩，无论平常所看到的或是所接触的东西全都具有色彩，既有难以感觉到的，也有鲜艳耀眼的。其实这些颜色都来自于光的存在，没有光就没有色彩，这是人类依据视觉经验得出的一个最基本的结论，光是人类感知色彩存在的必要条件。

光是电磁波的一部分。在电磁波中，包含了无线电、广播、电视以及雷达所使用的电波、紫外线、X 光以及来自宇宙光线的短波，这些电磁波通常无法被人的眼睛所见，只有可见光这一部分可以通过光的形式被人眼辨认出来。

17 世纪末期，英国科学家牛顿进行了著名的色散实验，他发现太阳光经过三棱镜折射，透射到白色屏幕上，会显出一条美丽的彩带，依次为红、橙、黄、绿、青、蓝、紫七色。这种现象被称为光谱，其中波长 380 纳米到 780 纳米的区域为可见光谱。日光中包含有不同波长的可见光，当它们混合在一起时，看到的就是白光；在分别刺激人类的视觉时，由于可见光谱的波长不同，就会引起不同的色彩感知。

光谱中不能再分解的色光叫单色光；由单色光混合而成的光叫做复色光，自然界中的太阳、白炽灯和日光灯发出的光都是复色光。

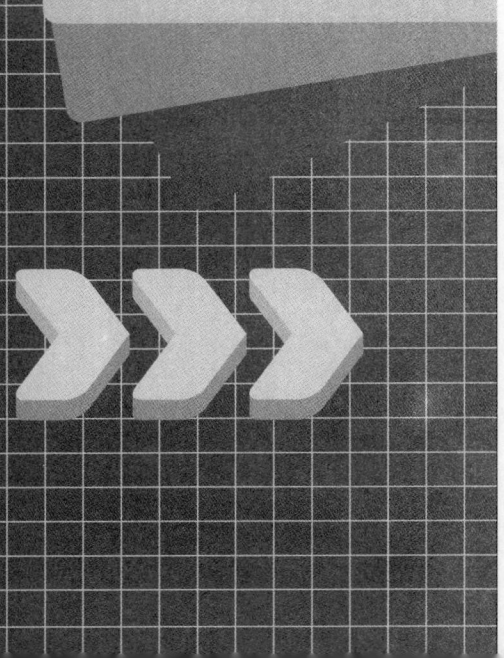

在黑暗中，我们看不到周围景物的形状和色彩，这是因为没有光线。如果在光线很好的情况下，有人却看不清色彩，这是因为视觉器官不正常，或是眼睛过度疲劳的缘故。在同一种光线条件下，我们会看到同一种景物具有各种不同的颜色，这是因为物体的表面具有不同的吸收光与反射光的能力，反射光不同，眼睛就会看到不同的色彩。因此，色彩的发生，是光对人的视觉和大脑发生作用的结果，是一种视知觉。由此看来，需要经过光——眼——神经才能看到色彩。

通常设计师们在处理颜色的时候有两种方法：①加色法；②减色法。传统的艺术家所使用的色盘和 CMYK 系统都是减色法模式。网上使用的是加色法模式，我们称之为 RGB 模式。

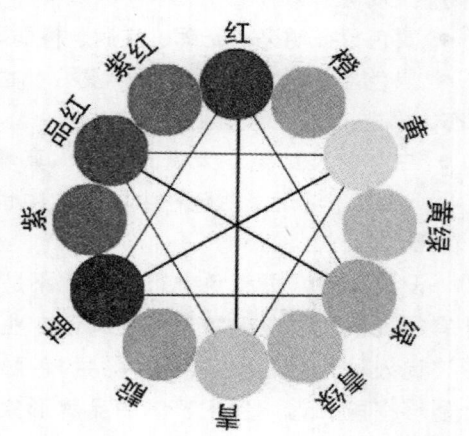

加色法

在大自然中，我们所看到的光是经过物体反射进入视网膜的，舞台灯光是利用白光穿过有色滤镜来产生不同的色光。计算机 CRT 显示方式是通过电子投射到含磷的屏幕上产生的色光。红、绿、蓝 3 种颜色的不同组合可以产生各种颜色，这就是大家所熟知的 RGB 模式。

在 RGB 系统中，混合两种原色，会产生 3 种次原色：青、洋红、黄。将光的三原色加在一起就会产生白光。如果一个 RGB 的值为（255、255、255），则表示为白色。如果 RGB 的值为（0、0、0），则表示为黑色。

减色法

RGB 模式的相反模式就是 CMYK 模式，CMYK 模式是利用三原色来吸收物体的红、绿或蓝光。如果减少了红光，那么多余的绿色波和蓝色波就会产生青色。

CMYK 模式中所使用的三原色是 RGB 模式中的次颜色，红、绿、蓝光混合在一起形成白色，青、洋红、黄混合在一起就会产生黑色，因为三原色的光波都将被颜料吸收。然而受颜料和印刷系统的影响，混合青、洋红、黄三色并无法完全吸收掉所有的光波。因此还必须加上一个黑色才能完成，所以就产生了 CMYK 中的 K 元素。

3.1.2　色彩管理

由于有这两套不同的复制颜色方式，设计师要想同时创作数字影像与印刷作品可就伤脑筋了。对于跨媒体设计师而言，拥有一套可根据输出设备进行色系转换的色彩管理系统可以减少很多令人头痛的问题。色彩管理系统可以包含在操作系统或某些应用软件之中。

视觉设计最大的挑战之一便是找出有效的调和色彩的方法，使色彩既不过于单调，也不过于夸大。要想了解色彩平衡之间的关系，可以从了解色环开始着手。色

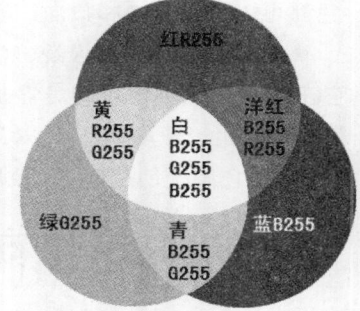

环呈现出某一色彩模式中所有可能的色相。

每个色彩模式都包含一组三原色，三原色的相互混合产生不同的颜色。在传统色彩学中，三原色指的是红、黄、蓝；而

在 RGB 色彩模式中，三原色是指红、绿、蓝，任意两个原色组合会产生一组次颜色，用色环可以呈现颜色的逻辑性。

无彩色中的明和暗，称为色调。有彩色中具备光谱上某种色相和，称为彩调。

有彩色表现非常复杂，可以用 3 组特征值确定：①明暗，即明度；②色强，即纯度；③彩调，即色相，这 3 组又被称为色彩的 3 种属性。

3.1.3　色彩传达的意义

在了解色彩的科学本质和色彩调和的美学考量的同时，我们发现人的感官在色彩运用上扮演了很重要的角色。除了感官反应与辨识调和色彩外，人类内在对色彩的反应还有更深的一层。色彩能引发强烈的生理或心理共鸣，这就是色彩所传达的意义。当选定某些颜色组合时，一定要确定所选择的颜色是否能引起适当的反应。

● 色彩的生理反应

颜色能够引起人生理上的反应。例如：红色是一种非常刺激的颜色，往往会令人心跳加快、呼吸急促。所以红色非常适合用在需要引起注意和强调的时候。如果将红色作为背景颜色，可能会显得过于强烈。同样黄色也能引起注意，但因其反射性太强，容易造成眼睛的疲劳和不舒服。蓝色对神经系统有放松的效果，但如果与产品或食物有关，最好不要用蓝色作为包装物颜色，因为蓝色可能会抑制人的食欲。

● 色彩的象征

色彩所传达的意义有时候与大自然中的事物有关。然而大部分的色彩意义也与民族文化有关，同一颜色在不同文化背景下，会产生不同的效果。另外大部分的颜色都可以产生正面和负面的联想。

● 红色象征热情、浪漫、火焰、暴力、侵略。它在很多文化中代表的是停止的信号，用于警告或禁止一些动作。

● 紫色象征创造、谜、忠诚、神秘、稀有，紫色在某些文化中与死亡有关。

● 蓝色象征忠诚、保守、宁静、冷漠、悲伤。

● 绿色象征自然、稳定、成长、嫉妒，与环保有关，也经常被用到有关财政方面的事物。

● 黄色象征明亮、光辉、疾病、懦弱。

● 黑色象征能力、精致、现代感、死亡、病态、邪恶。

● 白色象征纯洁、天真、洁净、真理、和平、冷淡、贫乏，白色在中国文化中也代表着死亡。

设计师对网页颜色进行搭配并不是一件容易的事，很多公司还特别聘请专业色彩咨询人员为网站配色，使网站的色彩组合能够搭配和谐、强化整体的品牌形象。如果已经具有色彩调和感，并且了解颜色可能会引起的反应，那么就可以照着自己的想法进行配色，开发出有效的色彩组合。在清楚网站所要传达的信息和目标后，就可以开始进行配色工作了，要不断试验混合颜色，这是一个极具创意的过程。

3.2　网页色彩设计的特性

色彩的应用并不像想象中的那样容易，在网页上，显示器画面看到的色彩会随着显示器环境的变化而变化。特别是在网页这个特殊环境里，色彩的使用就更加困难，但是又必须要做到能够自由地使用色彩制作出漂亮的网页。首先必须理解网页的特殊环境，在了解色彩原理的基础上逐步掌握配色的要领，才能制作出使人心旷神怡的美丽画面。

3.2.1　网页色彩的特性

色彩在网页中会随着用户的计算机显示器环境的变化而变化，所以无论多么一样的颜色看起来也会有细小的差异。但这不是说关于色彩的基本概念不同，只不过是在网页的环境下使用色彩要多费些脑筋。

8 位元色彩能够表现出 256 种色彩，经常说到的真彩是指 24 位元色彩，也就是 256 的 3 次方，即为 16777216 种色彩。

在网页中指定色彩时，主要运用 16 进制数值的表示方法，为了用 HTML 表现 RGB 色彩，使用十六进制数 0 ～ 255，改为 16 进制值的话就是 00 ～ FF，用 RGB 的顺序罗列就成为 HTML 色彩编码。例如：在 HTML 编码中 000000 就是 R（红）G（绿）B（蓝）都没有的 0 状态，就是黑色。相反，FFFFFF 就是 R（红）G（绿）B（蓝）都是 255 的状态，就是在 R（红）G（绿）B（蓝）最明亮的状态进行科学合成的色彩。

3.2.2　网页色彩的表现原理

计算机显示器是由一个个被称为像素的小点构成的，利用电子束表现色彩。像素把光的三原色红、绿、蓝组合成的色彩按照科学的原理表现出来。每个像素包含 8 位的信息量，有从 0 到 255 的 256 个单元，0 是完全无光的状态，255 是最明亮的状态。

3.2.3　网页安全色

网页安全色是指计算机显示器以 256 色模式运行时，无论在 Windows 还是 Macintosh 系统中，在 Netscape Navigator 和 Microsoft Internet Explorer 中显示相同的颜色。传统经验是，有 216 种常见颜色，而且任何结合了 00、33、66、99、CC 或 FF 对的十六进制值都代表网页安全色。

了解了网页色彩的特性后，就会知道网页中的颜色会受到各种不同环境的影响。即使网页使用了非常合理、非常漂亮的配色方案，但是如果每个人浏览的时候看到的效果都各不相同，那么你的配色方案的意愿就不能非常好地传达给浏览者。

那么怎么才能解决这个问题？要解决这个问题，可以在网页设计的时候，使用网页安全色设置页面。"网页安全色"是在不同硬件环境、不同操作系统、不同浏览器中都能够正常显示的色彩集合。在设计网页作品的时候，尽量使用网页安全色，这样才不会让浏览者看到的效果与设计制作时相差太多，否则原稿和浏览者看到的页面可能出现偏色很严重的情况。

网页安全色是当红色（Red）、绿色（Green）、蓝色（Blue）的颜色数字信号值（DAC Count）为 0、51、102、153、204、255 时构成的颜色组合，它一共有 6×6×6=216 种颜色（其中彩色为 210 种，非彩色为 6 种）。

216 种网页安全色在需要实现高精度的渐变效果或显示真彩图像或照片时，会有一定的欠缺，但在显示徽标或者二维平面效果时，却是绰绰有余的。不过可以看到很多站点利用其他非网页安全色制作了新颖独特的设计风格，所以设计者并不需要刻意地追求使用局限在 216 种网页安全色范围内的颜色，而是应该更好地搭配使用安全色和非安全色。

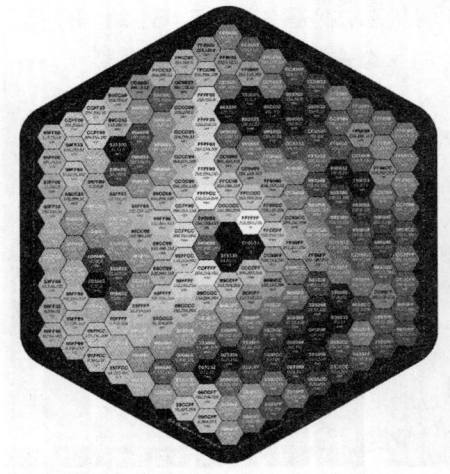
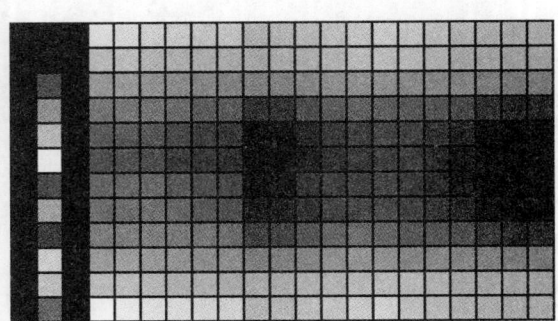

3.2.4 色彩模式

如果使用诸如 Photoshop 之类的图标程序绘图，首先得理解并制定模式。如果在 Photoshop 中用 CMYK 色彩模式来制作图片，为了使制作出的图片能够在网页中使用，需要存为 JPG 格式。但直接保存是不行的，如果想存为 JPG 格式，就要把模式转换为 RGB 色彩之后再保存。而且在 Photoshop 中，RGB 色彩模式的作品如果想转换为双色调模式的某种图像要怎么做呢？方法是首先要转换为灰度模式，然后再单击双色调模式的一种就可以了。当然，做好的双色调模式图像要想在网页中使用时，还要再次转换为 RGB 色彩模式并保存。所以为了能在计算机图形中使用色彩，就必须了解图像的模式和明暗。

RGB 色彩模式

RGB 色彩模式是光的三原色红、绿、蓝相加混合产生的色彩。在网页中使用的图片，大多数是在 RGB 色彩模式中制作的。RGB 色彩是颜色相加混合产生的色彩。这样的混合被称为加色混合。加色混合中，补色是指相关的两个颜色混合时，成为白色的情况。

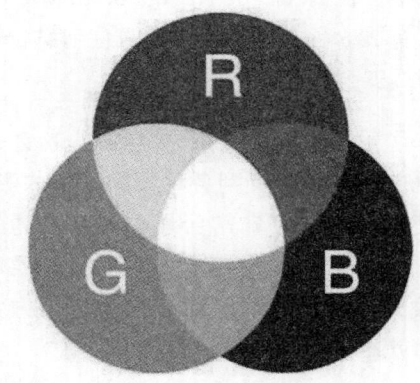

- **CMYK 色彩模式**

CMYK 色彩模式是指墨水或颜料的三原色青色、洋红、黄色加上黑色这四种颜色减色混合表现出的色彩，主要用于出版印刷时制作图像的一种模式。减色混合是指颜色混合后出现的色彩比原来的颜色暗淡。这样与补色相关的两种颜色混合就会出现彩色的情况。

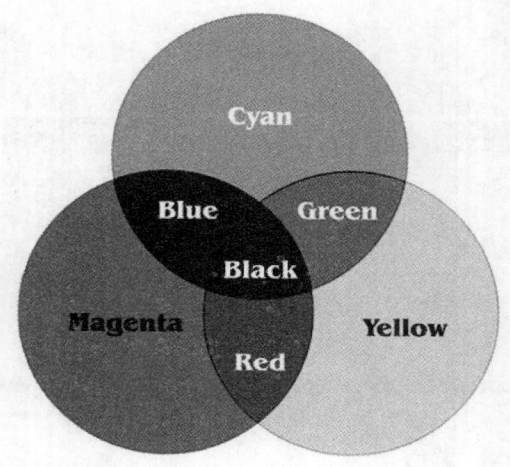

- **索引色彩模式**

索引色彩模式使用的颜色是已经被限定在 256 种颜色以内的一种模式，主要在使用网页安全色彩和制作透明的 GIF 图片时使用。在 Photoshop 中制作透明的 GIF 图片时，一定要使用索引色彩模式。

- **灰度模式**

灰度模式是无色彩模式，是制作黑白图片时使用的模式，主要用于处理黑、白、灰色图片。

- **双色调模式**

双色调模式是在黑白图片中加入颜色，使色调更加丰富的模式。RGB、CMYK 等颜色模式都不可以直接转换为双色调模式，必须将色彩模式先转换为灰度模式后，才能够转换为双色调模式，用双色调模式可以用很小的空间制作出漂亮的图片。

- **位图模式**

位图模式是用白色和黑色共同处理图片的模式。它与双色调一样，除双色调模式和灰度模式外，其他色彩模式都需要转换为灰度模式后，再转换位图模式。

位图模式可以选定 5 种图片处理方法：50％阈值，是在 256 种颜色中，当颜色值大于 129 便处理为白色，反之则处理为黑色。图案仿色，是按一定的模式处理图片的。扩散仿色为最常用的选项，是按黑色和白色的阴影自然地使其分布。半调网屏与自定义图案，是利用盲点的各种形态和密度与用户自己设置样式的处理方式。

3.3　色彩与联想作用配色

在网页中，使用什么颜色首先是根据网站的目标而决定的。不同的颜色，不同的色调能够引起人们不同的情感反应，这就是所谓的色彩联想作用。根据网站的目标而选择颜色，这些对于一个网页设计者来说都是很重要的事情。在网站中，可以用强烈而感性的颜色，也可以用冷静的无彩色的颜色，或用一下平时不太使用但可以产生美妙效果的颜色。但是盲目地使用颜色会使色彩显得杂乱，成为一个令人厌烦的网站。

一般来说，在网页上使用的颜色，其组合都有一定的连贯性和共同点。使用一系列类似的颜色，或者同一种但饱和度和明度不同的颜色等，都是遵照一定原则的。灵活地应用色彩的感觉和象征效果，这样才能给用户留下良好的印象。还有通过显示器看东西时，人们的眼睛容易感到疲倦。所以为了很好地传递网页信息，最好选择让用户眼睛舒服的颜色。

要想更好地使用颜色就必须了解色彩对人产生的心理效果。如红、黄等颜色给人温暖的感觉，绿、蓝等颜色给人清爽、凉快的感觉。颜色不但会给你温度感，还会给人重量感、安全感等。

红色

红色对人眼睛的刺激效果最显著，最容易引人注目，是一种备受瞩目和吸引人的颜色。红色除了具有较佳的明视效果之外，也被用于传达有活力、积极、热情、温暖、前进等含义的企业形象与精神。红色减弱色调就变成了粉红，粉红和红色不同，它会有一种温和的感觉。另外，红色也常用于作为警告、危险、禁止、防火等标示用色，人们在一些场合或物品上看到红色标示时，不用仔细看内容就能了解其警告、危险之意。在工业安全用色中，红色即是警告、危险、禁止、防火的指定色。

橙色

橙色是欢快活泼的色彩，是暖色系中最温暖的颜色，它使人联想到金色的秋天、丰硕的果实、跳动的火苗，因此是一种富足的、欢乐而幸福的颜色。由于橙色非常明亮，有时会使人有负面、低俗的意象，这种状况尤其发生在服饰的运用上。

橙色稍稍混入黑色或白色，会变成一种稳重、含蓄又明快的暖色，但混入较多的黑色，就成为一种烧焦的颜色，会给人

以悲观、拘谨的心理感受；橙色中加入较多的白色会给人以细嫩、温馨、暖和、柔润、细心、轻巧的感觉。

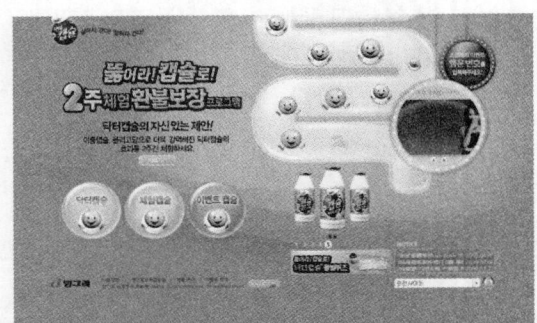

黄色

黄色可以给人一种温暖和充满活力的感觉。纯净的黄色既象征着智慧之光，又象征着财富和权利，它是骄傲的色彩。在工业用色上，黄色常用来警告危险或提醒注意，如交通标志上的黄灯，工程上用的大型机器，学生用的雨衣、雨鞋等，都使用黄色。黄色加入白色后给人以单薄、娇嫩、可爱、幼稚、不高尚、无诚意等心理感受；加入黑色后给人以失望、多变、贫穷、粗俗、秘密等心理感受。

🟢 绿色

纯净的绿色明视度不高，刺激性不大，对生理作用和心理作用都极为温和，给人以宁静、安逸、安全、可靠、信任之感，使人精神放松、不易疲劳。在商业设计中，绿色所传达的清爽、理想、希望、生长的意象，符合了服务业、卫生保健业的诉求。在工作中为了避免操作时眼睛疲劳，许多工作的机械也采用了绿色，一般的医疗机构场所，也是采用绿色来作为空间色彩规划，即标示医疗用品。

🔵 蓝色

由于蓝色沉稳的特性，具有理智、准确的意象，在商业设计中，强调科技、效

率的商品或企业形象，大多选用蓝色当标准色、企业色，如计算机、汽车、影印机、摄影器材等。另外，受了西方文化的影响，蓝色也代表忧郁，这个意象也运用在文学作品或感性诉求的商业设计中。

🟣 紫色

紫色是非知觉的颜色，神秘，令人印象深刻，有时给人以压迫感，并且因对比的不同，时而富有威胁性，时而又富有鼓舞性。由于具有强烈的女性化色彩，紫色在商业设计用色中受到相当的限制，除了和女性有关的商品或企业形象之外，其他类的设计不常采用为主色。

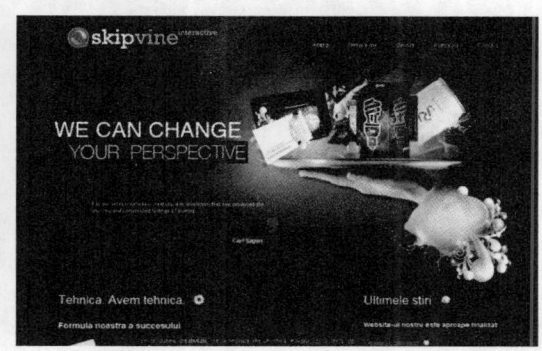

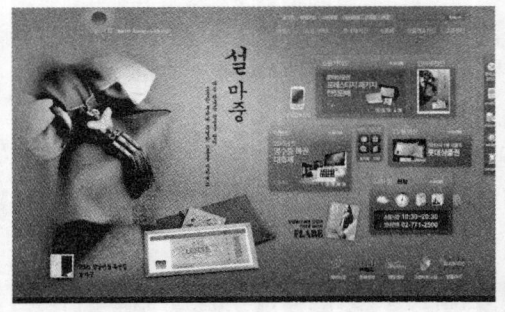

● 黑色

在商业设计中，黑色具有高贵、稳重、科技的意象，科技产品如电视、跑车、摄影机、音响、仪器的色彩，大多采用黑色。黑色还具有庄严的意象，因此也常用在一些特殊场合的空间设计中，生活用品和服饰大多利用黑色塑造高贵的形象。黑色也是一种永远流行的主要颜色，适合与大多数色彩搭配使用。

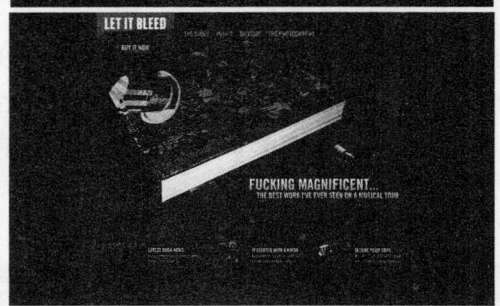

● 白色

在商业设计中，白色具有高级、科技的意象，通常需和其他色彩搭配使用。纯白色给人寒冷、严峻的感觉，所以在使用白色时，都会掺入一些其他的色彩，如象牙白、米白、乳白、苹果白等。在生活用品和服饰用色上，白色是永远流行的主要色，可以和任何颜色搭配。

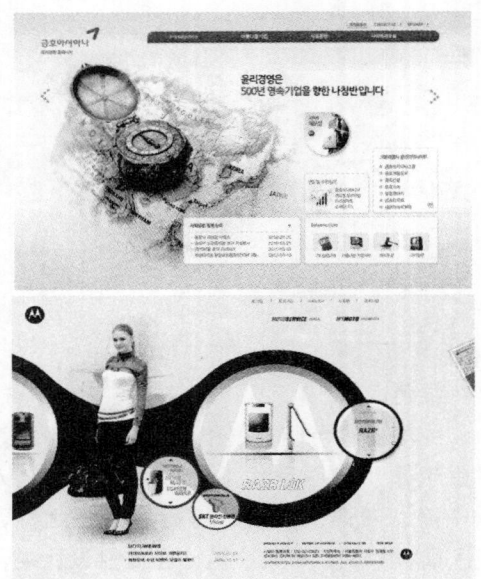

● 灰色

灰色具有柔和、高雅的意象，随着配色的不同可以很动人，相反也可以很平静。灰色较为中性，象征知性、老年、虚无等，使人联想到工厂、都市、冬天的荒凉等。在商业设计中，许多高科技产品都会采用灰色来传达高级、科技的形象。由于灰色过于朴素和沉闷，在使用时大多利用不同的层次变化组合或搭配其他色彩，消除其呆板和僵硬感。

3.4　色彩的搭配

生活中的色彩总是千变万化、多姿多彩的，在习惯了彩色电影后，人们不愿意再回到黑白影像的时代。尽管黑白搭配确实在某些时候能起到非同凡响的效果，但也仅仅适用于有限的场合，更多的时候还需要综合搭配其他色彩，这就涉及色彩搭配的原则。

3.4.1　色彩搭配基础

色彩本身没有任何含义，但色彩确实可以在不知不觉间影响人的心理，左右人的情绪。不同色彩之间的对比会有不同的效果。当两种颜色同时在一起时，这两种颜色可能会各自走向自己色彩表现的极端。例如，红色与绿色对比，红的更红，绿的更绿；黑色与白色对比，黑的更黑，白的更白。由于人的视觉不同，对比的效果通常也会因人而异。当大家长时间看一种纯色，例如红色，然后再看看周围的人，会发现周围的人脸色变成了绿色，这正是因为红色与周围颜色的对比，形成了人们视觉的刺激。色彩的对比还会受很多其他因素影响，例如色彩的面积、亮度等。

色彩的对比有很多方面，色相的对比就是其中的一种。例如，当湖水蓝与深蓝色对比时，会发觉深蓝色带点紫色，而湖水蓝则带点绿色。各种纯色的对比会产生鲜明的色彩效果，很容易给人带来视觉与心理上的满足。例如，红色与黄色对比，红色会使人想起玫瑰的味道，而黄色则会使人想起柠檬的味道。绿色与紫色对比，很有鲜明特色，令人感觉到活泼、自然。

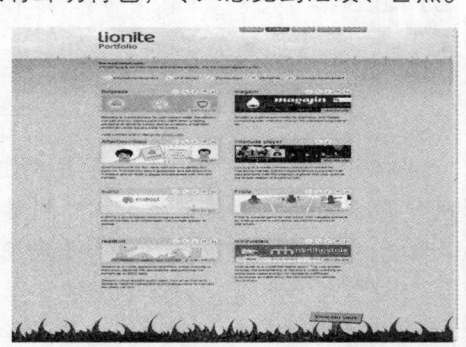

红、黄、蓝三种颜色是最极端的色彩，它们之间对比，哪一种颜色也无法影响对方。

纯度对比也是色彩间对比的一种，例如，黄色是比较夺目的颜色，但是加入灰色会失去其夺目的光彩，通常可以混入黑、白、灰色来对比纯色，以减低其纯度。纯度的对比会使色彩的效果更明确肯定。除了色相对比、纯度对比之外，色彩搭配还会受到下面一些因素的影响。

⚫ **色彩的大小和形状**

有很多因素可以影响色彩的对比效果，色彩的大小就是其中最重要的一项。如果两种色彩面积相同，那么这两种颜色之间的对比就十分强烈，但是当两者大小变得不一样时，小面积色彩就会成为大面积色彩的补充。色彩的面积大小会使色彩的对比有一种生动的效果，例如，在一大片绿色中加入一小点红色，可以看到红色在绿色的衬托下很抢眼，这就是色彩的面积大小对比效果的影响。在大面积的色彩陪衬下，小面积的纯色会突出特别的效果，但是如果这小面积的色彩是较淡的色彩，则会使人感觉不到这种色彩的存在。例如，在黄色中加入淡灰色，人们根本不会注意到淡灰色。

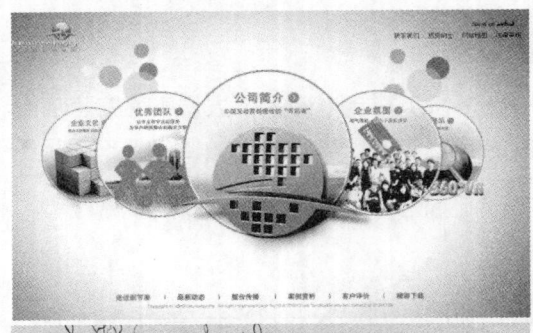

在不同的形状上面使用同一种色彩也会有不同的效果。例如，在一个正方形和一条线上用红色，就会发现，正方形更能表现红色稳重、喜庆的感觉。所以不同的形状也会影响色彩的表现效果。

● **色彩的位置**

色彩所处的位置不同也会造成色彩对比的不同。例如，把两个同样大小的色彩放在不同的位置，如前后位置，就会觉得后面的颜色要比前面的颜色暗一些。正是由于所处的位置不同，导致视觉感受的不同。很多的软件中都有渐变工具，使用这个工具，则使人觉得多种色彩在一起会有一种不同的效果，色相相同但纯度不同的色彩组合在一起常常会产生令人吃惊的效果。

不要认为色彩的渐变很简单，它是色彩运用的一种技巧。色彩的渐变中有一种如同乐曲旋律一样的变化，暗色中含有高亮度的对比，会给人清晰的感觉，如深红中间是鲜红；中性色与低高度的对比，给人模糊、朦胧、深奥的感觉，如草绿中间是浅灰；纯色与高亮度的对比，给人跳跃舞动的感觉，如黄色与白色的对比；纯色与低亮度的对比，给人轻柔、欢快的感觉，如浅蓝色与白色的对比；纯色与暗色的对比，给人强硬、不可改变的感觉。

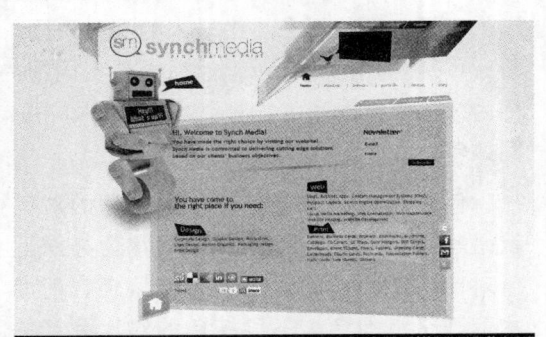

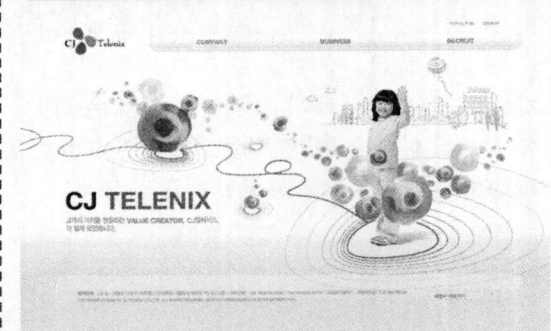

色彩的搭配是一门艺术，灵活运用色彩搭配能让设计的网页更具亲和力和感染力。当然，前面讲述的内容多偏重于理论，要制作出漂亮的网页，还需要灵活运用色彩，并在制作网页的时候加上自己的创意。

3.4.2 色彩搭配的原则

色彩搭配在网页设计中是相当重要的，色彩的选用更多的只是个人的感觉和经验，当然也有一些是视觉上的因素。

背景与前景文字应尽可能避免色彩的亮度、色调及饱和度的接近，这样可以让页面信息能够被正确地阅读，同时要避免高饱和度的文字与明亮的背景配合，否则会使页面看起来比较刺眼，如果背景比较暗淡，使用很亮的文字有很好的效果。在使用表格背景色或网页背景色这类大面积的色块时，最好使用低饱和度的颜色，如果是为表格边框设置颜色，就没有必要像处理大面积色块那样去处理了，但是起码要看起来舒服。

整体色调统一

如果要使设计充满生气，或具有冷清、温暖、寒冷等感觉，就必须从整体色调的角度来考虑。只有控制好构成整体色调的色相、明度、纯度关系和面积关系等，才可能控制好整体色调。

首先，要在配色中确定占大面积的主色调颜色，并根据这一颜色来选择不同的配色方案，从中选择最合适的。如果用暖色系作为整体色调，则会呈现出温暖的感觉，反之亦然。如果用暖色和纯度高的色彩作为整体色调，则会给人以火热、刺激的感觉；以冷色和纯度低的色彩为主色调，则会给人清冷、平静的感觉；以明度高的色彩为主色调，则会给人亮丽、轻快的感觉；以明度低的色彩为主色调，则会显得比较庄重、肃穆；如果取色相和明度对比强烈的主色调，会显得活泼；如果取类似或同一色系，则会显得稳健；如果主色调中色相数多，则会显得华丽；如果主色调中色相少，则显得淡雅、清新。整体色调的选择都要根据网站所要表达的内容来决定。

配色的平衡

颜色的平衡就是颜色强弱、轻重、浓淡这几种关系的平衡。即使网页使用的是相同的配色，也要根据图形的形状和面积的大小来决定其是否成为调和色。一般来说，同类色配色比较平衡，而处于补色关系且明度也相似的纯色配色，例如红和蓝、绿的配色，会因为过分强烈而感到刺眼，成为不调和色。但如果把一个色彩的面积缩小，或加白、黑色调和，或者改变其明度和彩度并取得平衡，则可以使这种不调和色变得调和。纯度高而且强烈的色彩与同样明度的浊色或灰色配合时，如果前者的面积小，而后者的面积大，也可以很容易地取得平衡。将明色与暗色上下配置时，如果明色在上暗色在下，则会显得安定。反之，如果暗色在明色上，则会有一种动感。

配色时要有重点色

配色时，我们可以将某种颜色作为重点色，从而使整体配色平衡。在整体配色的关系不明确时，需要突出一个重点色来平衡配色关系。选择重点时要注意以下几点：重点色应该使用比其他的色调更强烈的颜色；重点色应该选择与整体色调相对比的调和色；重点色应该用于极小的面积上，而不能大面积使用；选择重点色必须考虑配色方面的平衡效果。

● 配色的节奏

颜色配置产生整体色调，这种配置关系反复出现、排列就产生了节奏。这种节奏和颜色的排放、形状、质感等因素有关。由于逐渐地改变色相、明度、纯度会使配色产生有规则的变化，所以就产生了阶调的节奏。将色相、明暗、强弱等变化反复应用，就会产生反复的节奏，也可以通过色彩赋予的网页跳跃和方向感，从而产生动的节奏等。

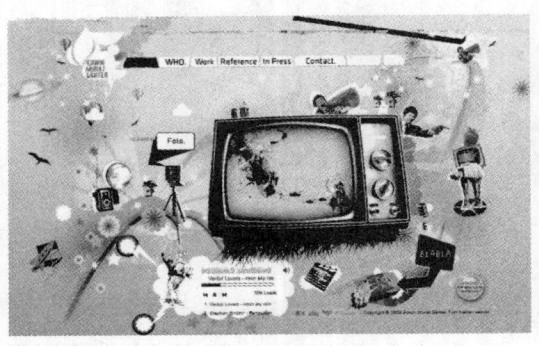

● 渐变色的调和

当有两个或两个以上的颜色不调和时，在其中间插入阶梯变化的几个渐变色，就可以使之调和。一般主要有下面几种渐变形式：①色环的渐变，色相的渐变像色环一样，在红、黄、绿、蓝、紫等色相之间配以中间色，就可以得到渐变的效果；②明度的渐变，从明色到暗色的阶梯变化；③纯度的渐变，从纯色到浊色或黑色的阶梯变化。根据色相、明度、纯度组合的渐变，把各种各样的变化作为渐变来处理，从而构成复杂的效果。这些渐变色都是调和的。

● 在配色方面的分割

两种颜色如果互相处于对立关系，具有过分强烈的对比效果，就会成为不调和色。为了调节它们，可以用其他颜色把它们划分开来，这就是分割，用于分割的颜色叫做分割色。可用于分割的颜色不多，最常用的是白、灰、黑三色。金色和银色也具有分割的效果，但在计算机中很难调出这两种质感的颜色，所以在计算机中几乎用不到这两种色，但在印刷中经常用到金、银色。使用其他色彩进行分割也是可以的，但是分割色的明度要和原来颜色的明度有明显区别，同时也应该考虑分割色的色相和纯度。

以上这些原则是在配色时应该注意的一些问题及基本解决方法。当然还有更多的色彩问题，例如色彩的味觉、距离感、音乐感等，读者可以参考其他的色彩专业书籍。

3.5　网页配色的基本方法

色彩不同的网页给人的感觉会有很大的差异，可见网页的配色对于整个网站的重要性。一般在选择网页色彩时，会选择与网页类型相符的颜色，而且尽量少用几种颜色，调和各种颜色，使其有稳定感是最好的。把鲜明的色彩用来作为中心色彩时，以这个颜色为基准，主要使用与它相邻的颜色，使其有统一性。需要强调的部分使用别的颜色，或利用几种颜色的对比，这些都是网页配色的方法。

如果想要把各种各样的颜色有效地调和起来，那么定下一个规则，再按照它去做比较好。例如，用同一色系的色彩制作某种要素时，按照种类只变换背景色的明度和饱和度，或者维持一定的明度和饱和度只变换颜色，利用色彩三要素——颜色、饱和度和明度来配色是比较容易的。例如，使用同样的颜色，变换饱和度差异或明度差异，是简单而又有效的方法。

3.5.1　文本配色

比起图像或图形布局要素来，文本配色就需要更强的可读性和可识别性。所以文本的配色与背景的对比度等问题就需要多费些脑筋。很明显，字的颜色和背景色有明显的差异，其可读性和可识别性就很强。这时主要使用的配色是明度的对比配色或者利用补色关系的配色。使用灰色或白色等无彩色背景，其可读性高，和别的颜色也容易配合。但如果想使用一些比较有个性的颜色，就要注意颜色的对比度问题。多试验几种颜色，要努力寻找那些熟悉的、适合的颜色。另外，在文本背景下使用图像，如果使用对比度高的图像，那么可识别性就要降低。这种情况下就要考虑降低图像的对比度，并使用只有颜色的背景。

3.5.2　网页配色关系

实际上，想在网页中恰当地使用颜色，就要考虑各个要素的特点。背景和文字如果使用近似的颜色，其可识别性就会降低，这是文本字号大小处于某个值时的特征，即各要素的大小如果发生了改变，色彩也需要改变。标题字号大小如果大于一定的值，即使使用与背景相似的颜色，对其可识别性也不会有太大的妨碍。相反，如果与周围的颜色互为补充，可以给人整体上协调的感觉。如果整体使用比较接近的颜色，那么就对想强调的内容使用它的补色，这也是配色的一种方法。

 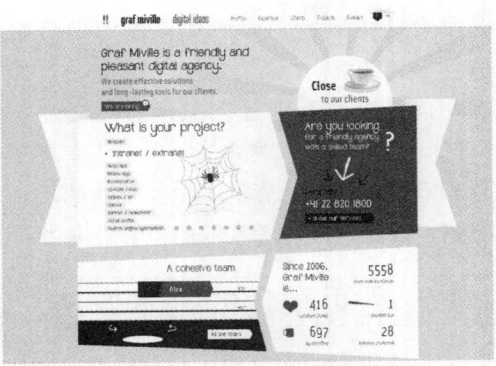

3.5.3　文本配色平衡

在网页配色中，最重要的莫过于整体的平衡。例如，为了强调标题，使用对比强烈的图像或色彩，而正文过暗或到处使用补色作为强调色，就会使注意力分散，使整体效果不佳，这就是没有很好地考虑整体的平衡而发生的问题。如果标题的背景使用较暗的颜色，用最容易引人注意的白色作为标题的颜色，正文也使用与之相同的颜色，或者标题用很大的字，在很暗的背景下用白色作为扩张色压倒其他要素，这样画面就会互相冲突而显得很杂乱。

如果把网页的局部截图反转过来，尽管这些内容看起来很奇怪，但色彩还是很均衡。色彩调和非常好的网页即使全部反转过来，看起来还是很调和的。对网页配色设计来说，尽管作为中枢色的基本色和剩下的一个个颜色都很重要，但最重要的还是页面色彩间的调和均衡问题，所以设计网页时，要仔细考虑色彩间的各种对比现象的一贯性。

统一的配色，给人一贯性的感觉，可以方便配色，但是需要注意可能产生的腻烦感。像使用紫色和蓝色这样的相近色进行配色时，就要充分考虑明度差和饱和度差进行配色。像红色和蓝色的配色互相构成对比，色彩差强烈而又华丽，给人一种

很强的动感。此外，利用明度差和饱和度差可以做出多种感觉的配色。

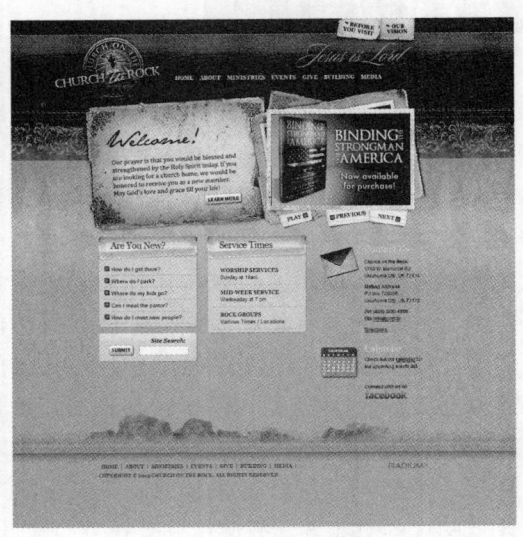

3.5.4　确定网页的主题色

色彩是网站艺术表现的要素之一。在网页设计中，根据和谐、均衡和重点突出的原则，将不同的色彩进行组合，来构成美丽的页面。同时应该根据色彩对人们心理的影响，合理地加以运用。

按照色彩的记忆性原则，一般暖色比冷色的记忆性强，色彩还具有联想与象征的特质，如红色象征激烈、渴望；蓝色象征安静、清洁等。网页的颜色应用并没有数量的限制，但不能毫无节制地运用多种颜色。

一般情况下，先根据总体风格的要求定出一到两种主色调，有 CIS（企业形象识别系统）的，更应该按照其中的 VI 进行色彩运用。

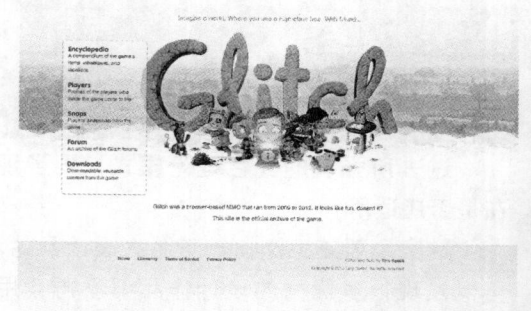 

3.5.5　网页配色常见问题

尽管对色彩理论有了一定的了解，但是在实际进行配色时，难免会产生一些问题，总是觉得少了些什么。下面就将一般在进行网页配色时常常会遇到的问题集合起来，以供读者参考。

● **在进行网页配色前的注意事项**

（1）必须先了解有关色彩与配色的基础知识及理论。

● 色彩的三属性：色相、明度、彩度。

● 色彩与色相环。

● 色彩的功能，如色彩联想、色彩的心理感受、色彩味觉等。

（2）在配色之前，必须先考虑以下因素。

● 针对的对象以及目的。

● 商品的形象。

● 所需要传达的含义与机能。

（3）确认应用网页配色要领。

● 先决定主要的色调，如暖或寒、华丽或朴实感所代表的色调意义。

● 依照色调选择一种主要的颜色。

● 思考主要颜色应用在网页中的哪些位置比较合适，以营造出最佳的视觉效果。

● 在主要色调中，再选择第二、第三的辅助色彩。

● 在选择辅助色彩时，需要注意颜色的明暗、对比、均衡关系，同时在与主色调相互配合使用时，需要考虑其面积大小的分配。

● 在配色的过程中，最好能思考色彩间的关系，同时使用色盘作为对照工具，以确定大致的色彩，再依照个人美感与经验进行微调即可。

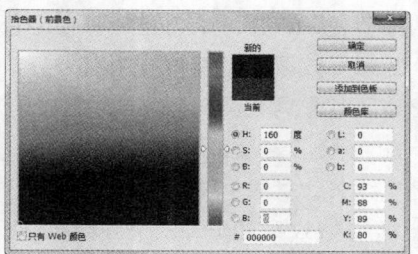

如何才能培养对色彩的敏感度

想要对色彩运用自如，不单单只能靠敏锐的审美观，即使没有任何美术基础，只要做到常收集、记录，一样能够有敏锐的色彩感。

首先，可以尽量多收集生活中喜欢的色彩，无论是数码的、平面的、立体的、各式各样的材质，然后将所收集的素材，依照红、橙、黄、绿、蓝、靛、紫、黑、白、灰、金、银等不同的色系分门别类归档，这就是最好的色彩资料库，以后在需要配色时，就可以从色彩资料库中找到适当的色彩与质感。

其次，也要训练自己对色彩明暗的敏感度，色相的协调虽然也是重点，但要是没有明暗度的差异，配色也会不美。在收集色彩素材时，可以同时测量一下它的亮度，或者制作从白色到黑色的亮度标尺，记录该素材中最接近的亮度值。

运用提供的这两种方法来训练，日积月累，对色彩的敏锐度也就会越来越强了。

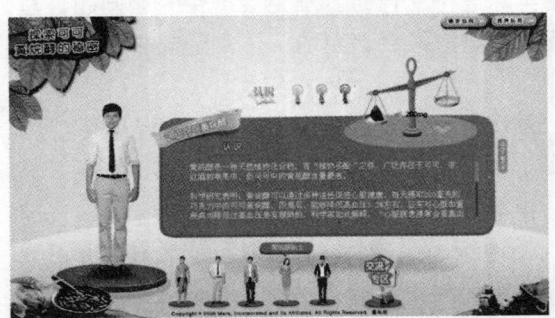

使用和别人一样的配色，但是感觉就是怪怪的

在理论上属于好的配色原则，当实际应用时，或多或少都会有不满意的情况出现，这都是很正常的，即使选择使用认为极具美感的配色色票，并且认为已经符合配色的理论，却感觉效果并没有预期的那么好，这就是忽略了色彩具有灵活运用的特性。

配色除了着重原则以外，色相、面积比例、线条、材质、图片等种种配置方法，也会影响到效果的好坏，所以除了理论、模仿、学习以外，要活用色彩，还需要多去观摩、实际应用、不断训练，增加自己对色彩的了解程度，就算理论原则讲得再详细，都不如自己实际操作一次，因而面对同样的色彩时，也能掌握自己的风格。

过去所强调的配色理论模式，到了现在是否还适用

其实只要随意浏览一下各大设计网站，可以发现很多优秀的设计作品都不再套用过去的配色原则。单色、双色、多色的组合比比皆是，特立独行的风格形象主题更令人印象深刻。

即使是不为传统配色理论所认同的设计，但现在看来，可能极具强烈的视觉美感与冲击力，甚至觉得有新鲜感，这都是因为时代变迁所引起的不同变化，有的设计师会将完全不符合搭配原则的色彩搭配在一起，却也能够创造出与众不同的视觉感，更深受人们所喜爱，这种案例也是屡见不鲜的。

但也不是说可以完全摆脱传统的配色模式，而是当在了解了属于美的范畴的原则时，也能够跳脱过去的突兀，不必将自己局限住，因为与其斤斤计较所调配出来的色彩合不合配色理论，不如重视实际上看到的感觉。

在进行配色时，选择双色好？还是选择多色的组合好

配色时，到底要用几种颜色？单色好？双色好？多色好？特殊色好？这些都需要根据想给人什么样的形象概念来决定。

单个颜色的明暗度组合，给人的冲击力会较强，也容易让人产生印象；而双色的组合运用则令人一目了然，也容易产生新鲜感。另外，多色的组合则较能让人有愉悦感，丰富的色彩也容易被一般人所接受，而在色彩的排列上，也会因顺序的变化，给人截然不同的感觉。

如果想要给人新奇感、科技感、时尚感，那么采用特殊色，如金色、银色，就能够产生吸引人的效果。

为什么有的颜色会大受欢迎

色彩是很主观的东西，在生活中会发现，有些色彩之所以会流行起来，就是深受人们所喜爱，其实这并不是偶然的，因为它符合了以下几个要素。

● 顺应了政治、经济、时代的变化与发展趋势，和人们的日常生活息息相关。

● 明显和其他有同样诉求的色彩不一样，跳脱传统的思维，特别与众不同。

● 浏览者看到的感觉是不会感到厌恶的，因为不管是多么与概念、诉求、形象相符合的色彩，只要是不被浏览者所接受，那么就是失败的色彩。

● 与图片、照片或商品搭配起来，没有不协调感，或有任何怪异之处。

● 能让人感受到色彩背后所要强调的故事性、情绪性和心理层面的感觉。

● 在页面上的色彩有层次，由于不同内容或主题，所适合的色彩也就不尽相同，因此，在配色时，也要切合网页中的内容主题，表现出层次感。

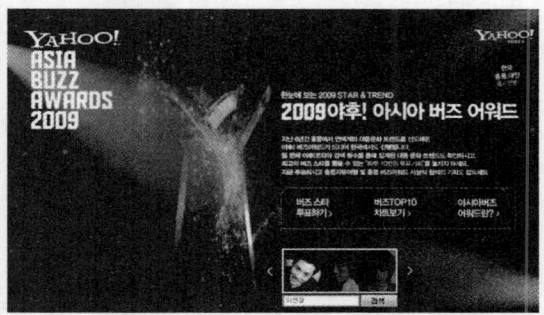

关于配色，有没有什么重要的关键点可以快速上手

在进行配色时，最好多少有些对色彩的观念和基本知识，但要是觉得理论太抽象，不知道该如何运用时，最简单的方法就是尽量避免使用多种颜色的配色，而是尽量予以简化，锁定在 2~3 种色彩的组合即可。

因为人的眼睛和记忆一次只能储存 2~3 种色彩，越少的色彩在搭配上越容易，也更令人印象深刻，过多的色彩反而会觉得繁杂，眼睛也会容易感到疲倦，只会分散焦点，让效果大打折扣。反之，简单的几种色彩，不仅好记忆、好搭配，更容易让人们所接受。而要是配了很长时间，都觉得怪怪的，那么就逐渐减少色彩，越简洁越好，或是用同一种色彩，以不同色调、明度来调配，但仍要以看上去有 2~3 种颜色的层次差异为原则，这样比较不容易出错。

🔵 **没有美术基础的人，可以用哪几种方法进行完美的配色**

如果是不擅长配色，从色彩的形象基础着手，是最简单的方式。可以使用以下几种方法。

● 从容易让人联想到的色彩中选择几种色彩，例如提到现代化时，脑海中会浮现高楼大厦、繁忙的都市，而且代表颜色有灰色、蓝色、桔色、黑色、白色，就可以把这些颜色从色票中挑选出来。

● 在选定的色彩里面，再挑选一个主色调，例如想要呈现浪漫、可爱的感觉，就以淡粉色为主。

● 当选定了主色调之后，再选择其他可以搭配的色彩，不过也要注意各种色彩在明亮度上的差异。

● 即使是同样的配色，只要面积、比例、位置稍有不同，给人的感觉也就完全不同，因此，可以多做几种组合，再从中挑选出效果最佳者。

3.6 网页设计中的色彩选择标准

在网页设计中，关于色彩的应用，并没有固定的色彩设计模式，但是可以遵循一些设计原则，根据网页的内容、网站的定位和网站的气氛来选取色彩，做到对待具体项目有针对性地进行设计。

3.6.1 根据行业选择网页颜色

通常人们对色彩的印象并不是绝对的，会根据行业的不同产生不同的联想，如提起医院，人们常常在脑海中联想到白色，说到邮局，往往会想到绿色，这是从时代与社会中逐渐固定下来的知觉联想，充分利用好这些职业色彩的印象，在设计网页时所挑选的颜色更能引起人们的共鸣。

在选定网页配色的时候，除了要以主观意识作为基础的出发点，还需要辅以客观的分析方法，如市场调查或消费者调查，在确定颜色之后，还要结合色彩的基本要素，加以规划，以便可以更好地应用到设计中。

以下是依照行业的特点所归纳出来的行业形象色彩表。

色　系	符合的行业形象
红色系	食品、电器、计算机、电器电子、餐厅、眼镜、化妆品、宗教、消防军警、照相、光学、服务、衣帽百货、医疗药品

（续表）

色 系	符合的行业形象
橙色系	百货、食品、建筑、石化
黄色系	房屋、水果、房地买卖、中介、秘书、古董、农业、营养、照明、化工、电气、设计、当铺
咖啡色系	律师、法官、机械买卖、土产业、土地买卖、丧葬业、鉴定师、会计师、石板石器、水泥、防水业、企业顾问、秘书、经销代理商、建筑建材、沙石业、农场、人才事业、鞋业、皮革业
绿色系	艺术、文教出版、印刷、书店、花艺、蔬果、文具、园艺、教育、金融、药草、作家、公务界、政治、司法、音乐、服饰纺织、纸业、素食业、造景
蓝色系	运输业、水族馆、渔业、观光业、加油站、传播、航空、进出口贸易、药品、化工、体育用品、航海、水利、导游、旅行业、冷饮、海产、冷冻业、游览公司、运输、休闲事业、演艺事业、唱片业
紫色系	美发、化妆美容、服饰、装饰品、手工艺、百货
黑色系	丧葬业、汽车业
白色系	保险、律师、金融银行、企管、证券、珠宝业、武术、网站经营、电子商务、汽车界、交通界、科学界、医疗、机械、科技、模具仪器、金属加工、钟表

3.6.2 根据浏览者的色彩偏好选择颜色

设计者如果想在网页中恰当地使用色彩，就要从多个方面考虑色彩的实用性，首先，在设计网页之前必须要确定目标群体，即网页的浏览者，对浏览者有一些最基本的了解，如年龄段、生活形态等，根据其特性找出目标群体对色彩的喜好以及可运用的素材，做好充分的选择，这对网页设计者来说是十分有帮助的。

在同样的目标群体中，也会因职业、年龄、生活环境等各项因素对颜色的偏爱有所不同，或是因国家、民族的不同而有所差异。同样的颜色，在不同的时代或流行的趋势下，浏览者也会对其产生不同的观感，例如在过去，大多数人不喜欢黑色，认为它是不吉利、暗沉的象征，只有丧事才会使用，但是随着时代的变化，黑色已经成为高雅、品味的代表。

● 根据性别的不同，浏览者所喜欢的颜色

性 别	喜欢的颜色		
男性	喜欢的色相	蓝色 深蓝色 绿色 黑色	
男性	喜欢的色调	暗色调 深色调 钝色调	
女性	喜欢的色相	红色 粉红色 紫色 紫红色 浅蓝色	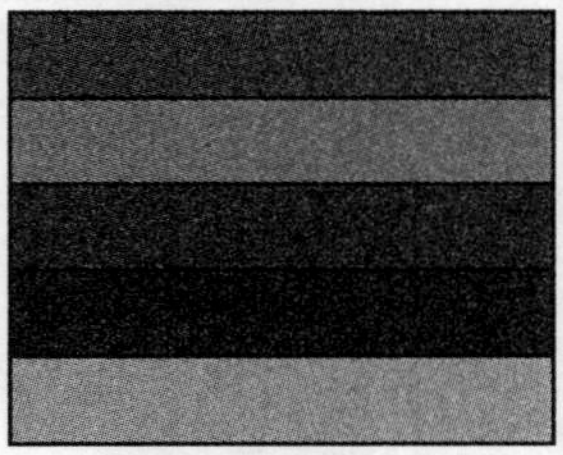
女性	喜欢的色调	淡色调 明亮色调 粉色调	

● 根据年龄层次的不同，浏览者所喜欢的颜色

年龄层次	年 龄	喜欢的颜色	
儿童	0~12 岁	红色、橙色、黄色等偏暖色系的纯色	
青少年	13~20 岁	以纯色为主，也会喜欢其他的亮色系或淡色	

（续表）

年龄层次	年 龄	喜欢的颜色	
青年	21~40 岁	红、蓝、绿等鲜艳的纯色	
中老年	41 岁以上	稳重、严肃的暗色系或暗灰色系、灰色系、冷色系	

● 根据国家民族的不同，浏览者所喜欢的颜色

洲 名	国 家	喜欢的颜色	
亚洲	中国	鲜艳的红色、黄色	
	日本	白色、粉色等柔和的色彩	
	韩国	红色、黄色、绿色	
	泰国	红色、黄色	
	马来西亚	绿色、红色、橙色	
	新加坡	红色、绿色、蓝色	
	缅甸	番红、黄色等鲜明的色彩	
	巴基斯坦	绿色、银色、金色	
	阿富汗	红色、绿色	
	印度	红色、黄色、蓝色、绿色、橙色	
	阿拉伯	白色、绿色	
	菲律宾	红色、绿色、蓝色、深紫色、橙色、黄色	

（续表）

洲 名	国 家	喜欢的颜色	
非洲	埃及	绿色	
	摩洛哥	绿色、红色、黑色、鲜艳色	
	毛里塔尼亚	绿色、黄色、浅绿色	
	利比亚	绿色	
欧洲	荷兰	橙色、蓝色	
	法国	蓝色、粉红色	
	爱尔兰	绿色	
	希腊	蓝色、白色	
	英国	蓝色、红色、金色、银色、白色	
	瑞士	红色、白色	
美洲	美国	粉红色、象牙色、浅蓝色、浅绿色、黄色、浅黄褐色	
	加拿大	素色	
	墨西哥	红色、白色、绿色	
	古巴	鲜明色系	
	秘鲁	红色、红紫色、黄色、鲜明色系	
	哥伦比亚	红色、蓝色、黄色、明亮色系	
	阿根廷	黄色、绿色、红色	

3.6.3 根据色彩个性选择颜色

个性色彩是适合个人所使用的色彩，它的分析方法称为个性色彩分析。

个性色彩分析虽然并不具有什么科学依据，也从未获得过学术上的验证，在色彩学上也没有相关的理论描述，但在日本却活跃了 20 多年，并被人们广泛应用。因此，我们也可以将其作为选择颜色时的一种参考方法。

个性色彩是基于人们的出生日期来确定自己的"个性色彩数"，再由"个性色彩数"对照所属的色彩。"个性色彩数"只有 9 个，分别为 1~9，如果是 1~9 日出生的人，则其出生日就是其"个性色彩数"。如果是 11~31 日出生的人，可以通过将出生日两两相加，直到变为个位数为止，例如，12 日出生的人，"个性色彩数"为 3（1+2=3），而 28 日出生的人，"个性色彩数"为 1（2+8=10，1+0=1）。

清楚如何计算自己的"个性色彩数"后，就可以从下面表格中找到属于自己的个性色彩。

个性色彩数	分类日期	主色彩		常用辅色
1	1 日、10 日、19 日、28 日	黄色		绿色系 蓝色系 黄色系
2	2 日、11 日、29 日	深蓝色		黄色系 红色系
3	3 日、12 日、21 日、30 日	红色		灰色系 绿色系
4	4 日、13 日、22 日、31 日	橙色		蓝色系 绿色系
5	5 日、14 日、23 日	蓝色		黄色系 绿色系 红色系
6	6 日、15 日、24 日	浅绿色		灰色系 黄色系

（续表）

个性色彩数	分类日期	主色彩		常用辅色	
7	7 日、16 日、25 日	深绿色		红色系 橙色系	
8	8 日、17 日、26 日	粉蓝色		黄色系 红色系 蓝色系	
9	9 日、18 日、27 日	灰色		红色系 绿色系	

3.6.4 根据色彩形象联系分析选择颜色

设计者想让所制作出的网页传达什么样的形象，给人什么样的感觉，与色彩的选择有很大的关系。

色彩有各种各样的心理效果和情感效果，会引起各种各样的感受和遐想。例如看见绿色的时候会联想到树叶、草地；看到蓝色时，会联想到海洋、水。不管是看见某种色彩或是听见某种色彩名称的时候，心里就会自动描绘出这种色彩带给我们的或喜欢、或讨厌、或开心、或悲伤的情绪。这种对色彩的心理反应、联想到的东西多半与每个人过去的经验、生活环境、家庭背景、性格、职业等有着密切的关系，虽然每个人都会有所差异，但在设计网页时，仍需要以大多数人的联想为依据，这样可以避免产生较大的形象误差。

颜 色		具体联想	抽象联想
红色		火焰、太阳、血色、苹果、草莓、玫瑰花	热情的、危险的、愤怒的、炎热的、勇气的、兴奋的
橙色		夕阳、南瓜、橘子、柿子	积极的、活力的、快乐的
黄色		月亮、星星、向日葵、鲜花、柠檬、香蕉、黄金	活泼的、醒目的、光明的、幸福的
绿色		自然、植物、叶子、西瓜、邮局、蔬菜	悠闲的、环保的、放松的、健康的、协调的、年轻的、新鲜的

（续表）

颜 色		具体联想	抽象联想
蓝色		天空、大海、清水、湖泊、山川	清凉的、寒冷的、冷静的、庄严的、诚实的、清爽的、神圣的
靛色		制服、茄子	认真的、严格的、沉着的、顺从的、孤立的
紫色		藤花、紫罗兰、葡萄、紫水晶	神秘的、高贵的、富有灵性的、忧郁的、浪漫的、女性魅力的
黑色		夜晚、黑暗、乌鸦、黑发、墨、礼服、丧服、墨水	死亡的、神秘的、高级的、厚重的、恐怖的、邪恶的、绝望的、孤独的、大气磅薄的
白色		雪、云、兔子、纸、婚纱、白衣、天鹅、白米、盐、砂糖、牛奶	清洁的、纯真的、新鲜的、正义的、圣洁的、寒冷的
灰色		云、烟雾、阴沉的天空、水泥、沙子、老鼠	朴素的、优柔寡断的、模糊的、忧郁的、消极的、暗沉的

3.6.5　根据生命周期选择颜色

每一种产品都有它的生命周期，所谓的生命周期，是指当一种产品从进入市场开始，一直到被市场淘汰的整个过程。

通常，企业会根据产品所处的生命周期阶段而制订不同的行销策略，以商业性购物网站来说，是以销售商品为主，无论商品的生命周期是属于哪个阶段，都必须能够吸引浏览者的购买欲，因此就会有不同生命周期的色彩选择。

下面介绍一下在产品生命周期的各个阶段，色彩所扮演的作用与重要性。

● **新品上市期**

在一些购物网站所销售的商品，如果是新的商品，并且还没有被一般消费者所认识，为了加强宣传效果，增加消费者对商品的记忆度，就需要以单色色彩为设计主色，以不模糊产品的诉求为重点，以此来突出产品的特点和增强产品的宣传力度。

● **产品扩展期**

在这个阶段中，消费者对产品已经逐渐熟悉，开始有了很好的市场占有率，然后竞争者也纷纷出现，同性质的商品逐渐增多，为了与竞争对手有所区别，所使用的色彩也必须和对方有所差异，这时就必须以较鲜明、鲜艳的色彩作为设计的重点。

● **产品衰退期**

产品到了这一阶段，销售量也会逐渐下滑，消费者对商品不再产生新鲜感，随着更新、更流行的商品出现，消费者也会开始转向，这时候要维持消费者对商品的新鲜感，便是最大的重点，因此，所采用的颜色，必须是具有新意义的独特色彩或流行色，这需要做一个整体的更新。

● **稳定销售期**

当产品进入成熟期，消费者已经十分了解该商品，也有了稳定的忠诚度，虽然也会有竞争者出现，但市场已接近饱和，可以开发的新顾客较少，相对来说，维持现有顾客对商品的信赖就变得更为重要，所使用的色彩，必须是让消费者感到安心，与产品概念相同或相符合的色彩。

3.7 网页配色辅助工具

为了使设计师摆脱关于配色的困扰，越来越多的辅助配色工具开始出现，例如 Colorkey、Kuler 和 ColorImpact 等，这些软件都可以为设计师在色彩的搭配上提供帮助，使得设计师可以将更多的精力放在设计的其他部分，从而设计出更多精美的作品。

3.7.1 使用 ColorKey XP 配色

ColorKey 是由 Quester 主导开发，Blueedea.com 软件开发工作组测试开发的配色辅助工具，最新版本为 ColorKey Xp Beat 5，下载地址为 http://pic1.blueidea.com/2003/09/627/CKXP.zip。它可以使用户的配色工具变得更加轻松，使用户的配色方案得以延伸和扩展，使用户的作品更加丰富和绚丽。

ColorKey 所采用的色彩体系（Color System），是以国际标准的"蒙塞尔（Munsell）色彩体系"配色标准和 Adobe 标准的色彩空间转换系统为基准的。程序采用了和标准图形图像设计软件兼容的色彩分析模式和独创的配色生成公式，使得一切色彩活动都严格控制和有据可循。程序在合理配色范围内也允许用户发挥自我调控能动性，使配色方案的生成更特色化，适应不同的需求。

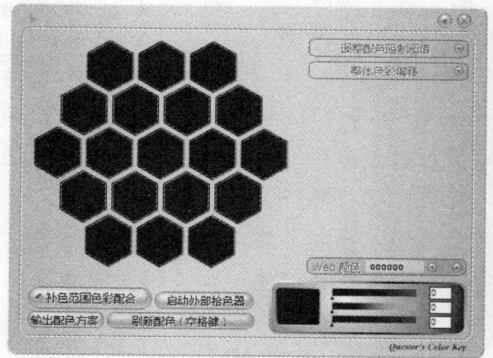
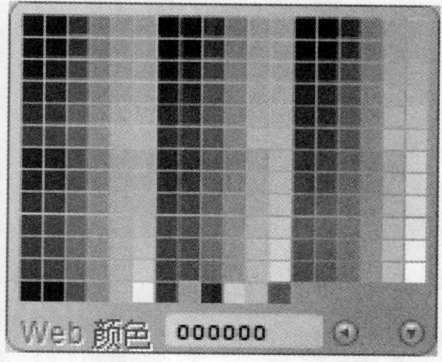

3.7.2　使用 Kuler 配色

在 Photoshop 的 Kuler 面板中可以访问由在线人员社区所创建的颜色组和主题。在 Kuler 面板中，单击"浏览"按钮，可以浏览 Kuler 上的数千个主题，还可以下载其中一些主题进行编辑或应用到自己的项目中。单击"创建"按钮，还可以使用 Kuler 面板来创建和存储主题，然后通过上传与 Kuler 社区共享这些主题。

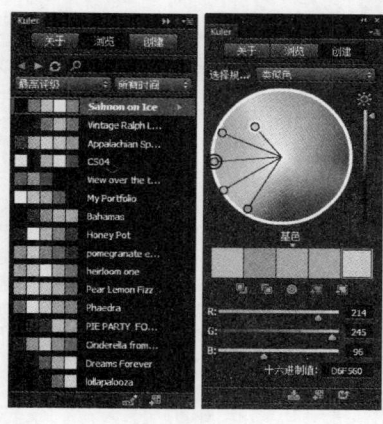

3.8　本章小结

本章从色彩的基础、色彩的应用以及从所属行业、浏览对象、色彩个性、色彩联系和产品生命周期的角度出发，讲解网页设计中的色彩应用。通过学习，读者可以了解和掌握色彩的运用和搭配。

第4章　网页设计基础

网页设计是一项综合性很强的工作。在设计的过程中既要考虑页面的美观性，又要顾及将来页面在制作过程中是否符合规范，同时还要考虑设计的页面功能是否实用。本章将针对网页设计中的一些基础知识进行介绍。

4.1　网页的基本构成元素

与传统媒体不同，网页除了文字和图像以外，还包含动画、声音和视频等新兴多媒体元素，更有由代码语言编程实现的各种交互式效果，这些极大地增加了网页页面的生动性和复杂性，同时也使网页设计者需要考虑更多的页面元素的布局和优化。

本章知识点

- ☑ 了解网页的基本构成元素
- ☑ 标志的作用和设计技巧
- ☑ 网页中文字的使用
- ☑ 网页中图片的使用
- ☑ 掌握网页的不同版式

● 文字

从网页最初的纯文字界面发展至今，文字仍是其他任何元素所无法取代的重要构成。这是因为文字信息既符合人类的阅读习惯又不会占用过多的空间，节省了下载和浏览的时间。

网页中的文字主要包括标题、信息和文字链接等几种主要形式。标题是内容的简要说明，一般比较醒目，应该优先编排。文字作为占据页面重要比例的元素，同时又是信息的重要载体，其中字体、大小、颜色和排列对页面整体设计影响极大，应该多花心思去处理。

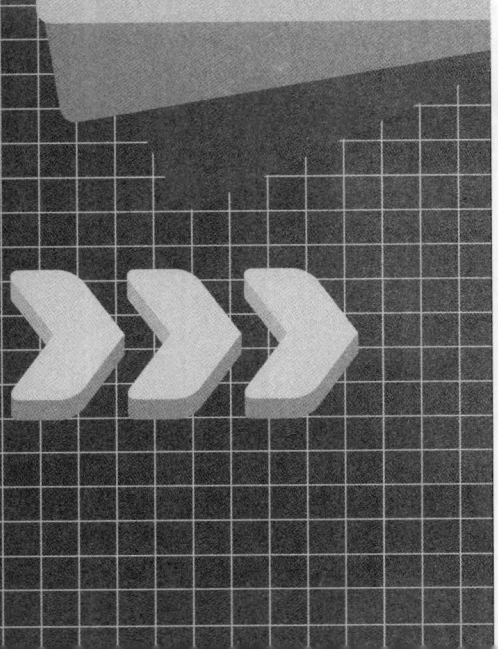

● 图像

在很多网页中，图像占据了页面的大部分区域，甚至占了全部页面，图像往往能够引起人们的注意，并激发阅读兴趣，图像给人的视觉印象要优于文字，合理地运用图像，可以生动、直观、形象地表现设计主题。

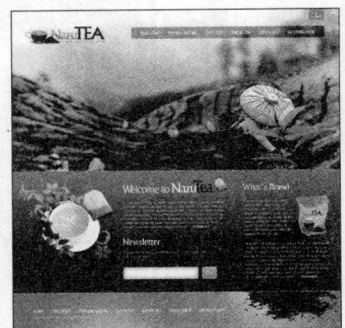

网页中常用的图像格式包括 JPG 和 GIF，这两种图像格式的压缩比高，被所有浏览器支持，下载速度快，具有跨平台的特性，不需要浏览器安装插件即可直接阅览。

● 多媒体

网页构成中的多媒体元素主要包括动画、声音和视频，这些都是网站页面构成中最吸引人的元素，但是网页还是应该坚持以内容为主，任何技术和应用都应该以信息的更好传达为中心，不能一味追求视觉化的效果。

● 色彩

网站页面中的配色可以为浏览者带来不同的视觉和心理感受，它不像文字、图像和多媒体等元素那样直观、形象，它需要网页设计师凭借良好的色彩基础，根据一定的配色标准，反复试验、感受之后才能够确定。有时候，一个好的网页版式往往因为选择了错误的配色而影响整个页面的设计效果，如果色彩使用得恰到好处，就会得到意想不到的效果。

色彩的选择取决于"视觉感受"，例如，与儿童相关的网站可以使用绿色、黄色或蓝色等一些鲜亮的颜色，让人感觉活泼、快乐、有趣、生气勃勃；与爱情交友相关的网站可以使用粉红色、淡紫色和桃红色等，让人感觉柔和、典雅；与手机数码相关的网站可以使用蓝色、紫色、灰色等体现时尚感的颜色，让人感觉时尚、大方，具有时代感。

4.2 网站标志的应用

网页实际上就是一个文件。文字和图片是构成网页的两个最基本的元素。可以这样理解，文字是网页的内容部分，图片则是为了更好地充实内容部分或装饰网页的外观。除了文字和图片外，网页中还包括动画、声音、视频、表达和程序等。

4.2.1　网站中的标志

在网站设计中，标志是网站特点和内涵的集中体现，是将企业精神导入网站的基础和最直接的表现形式，也是将企业推向市场的重要部分，可以使人们通过网站对企业有更深层次的了解。

传统标志设计，重在传达一定的形象与信息，真正吸引我们目光的不是标志，而是其背后的图像信息。例如一本时尚杂志的封面，相信很多读者首先注意到的是漂亮的女生或是精致的服装，如果感兴趣才会进一步去了解其他相关的信息。网站标志的设计与传统设计有着很多的相通性，但由于网络本身的限制以及浏览习惯的不同，它还有一些与传统标志设计不同的特点：网站标志一般要求简单醒目，虽然只占方寸之地，但是除了要表达出一定的形象与信息外，还得兼顾美观与协调。

作为独特的传媒符号，标志一直是传播特殊信息的视觉文化语言。无论是古代繁杂的龙纹，还是现代洗练的抽象纹样、简单字标等都是在实现着表示被标识体的目的，即通过对标识的识别、区别，引发联想、增强记忆，促进被标识体与其对象的沟通与交流，从而树立并保持对被标识体的认同，达到提高认识度、美誉度的效果。作为网站标识的设计，更应该遵循 CIS 的整体规律并有所突破。

构成标识要素的各部分，一般都具有一种共通性及差异性，这个差异性又称为独特性，或叫做变化。而统一是将多样性提炼为一个主要表现体，称为多样统一的原理。统一在各部分的要素中，有一个大小、材质和位置等具有支配全体作用的要素，被称为支配。精确把握对象的多样统一，并突出支配性要素，是设计网站标识必备的技术因素。

网站标识强调辨别性及独特性。所以相关图案字体的设计也要和被标识体的性质有适当的关联，并具备类似风格的造型。

网站标识设计更应该注重对事物张力的把握，在浓缩了文化、背景、对象、理念及各种设计原理的基调上，实现对象最直观的视觉效果。

在张力不足的情况下，精心设计的标志常会因为不理解、不认同、不艺术和不朴实等相互矛盾的理由而被用户拒绝或为受众排斥、遗忘。所以恰到好处地理解用户及标识的应用对象，是非常有必要的。

4.2.2　网站标志的表现形式

作为具有传媒特性的网站标志，为了在最有效的空间内实现所有的视觉识别功能，一般是通过特定的图案及特定的文字组合，达到对被标识体的出示、说明、沟通和交流，从而引导浏览者的兴趣，达到增强美誉、记忆等目的。

网站标志的表现形式一般可以分为特定图案、特定字体和合成字体。

特定图案

特定图案属于表象符号，具有独特、醒目、易被区分和记忆的特点。通过隐喻、联想、概括和抽象等绘画表现方法表现被标识体，对其理念的表达概括而形象，但与被标识体关联性不够直接。虽然浏览者容易记忆图案本身，但对其与被标识体的关系的认知需要相对较曲折的过程，一旦建立联系，印象就会比较深刻。

特定字体

特定文字属于表意符号。在沟通与传播活动中，反复使用被标识体的名称或是其产品名用一种文字形态加以统一，含义明确、直接，与被标识体的联系密切，容易被理解和认知，对所表达的理念也具有说明的作用。但是因为文字本身的相似性，很容易使浏览者对标识本身的记忆产生模糊。

所以特定文字一般作为特定图案的补充，要求选择的字体应与整体风格一致，应该尽可能做全新的区别性创作。完整的标识设计，尤其是有中国特色的标识设计，在国际化的要求下，一般都应考虑至少有中英文、单独的图案、中文和英文的组合形式。另外，还要兼顾标识或文字展开后的应用是否美观，这一点对背景的制作十分必要，有利于追求符号扩张的效果。

合成字体

合成文字是一种表象表意的综合，指文字与图案结合的设计，兼具文字与图案的属性，但都导致相关属性的影响力相对弱化。其综合功能为：一是能够直接将被标识体的印象通过文字造型让浏览者理解；二是造型化的文字，比较容易使浏览者留下深刻的印象和记忆。

4.2.3 网站标识的设计规范

现代人对网站的要求越来越高，也使得网站标识的设计越来越追求独特性，以便于用户区别与记忆。通过设计一些更独特、理解的图案来吸引用户，并强化用户的理解记忆。也可以通过采用文字特征明显的合成文字来表现标志，通过现代媒体的大量反复出现来强化、保持容易被模糊的记忆。

● 尺寸尽可能小

由于网络的特性，大的图像一般显示的速度较慢，所以要尽可能控制标志的尺寸大小，使其可以第一时间出现在页面中的醒目位置，通过低成本的反复浏览，使用户保持印象和记忆。网站标志中结合文字可以很好地满足这种要求。使用图片和文字结合制作标志的方法已渐渐成为网站标志设计的一种规范。

● 尝试标志的多样性

随着管理人员、设计人员和策划人员介入网络，标志设计也得到良好的探索，尤其是一些设计网站对标志设计做了很多有意义的尝试。如针对网站标志的数字特性、3D 的标志和动态的标志等，其中达成共识的做法是为保护标志作为整体形象的代表，只适宜在标志整体不缺损性变形的条件下进行动态变化，即只呈比例放大、缩小、移动等，而不适宜进行翻滚、倾斜等变化。

● 注意制作的规范性

网站标志对指导网站的整体建设有着极现实的意义。一般来说，需要进行规范的有：标志的标准色、恰当的背景配色体系、反白、清晰表现标志的最小显示尺寸和标志的配色及辅助色等。另外应该注意文字与图案边缘应该清晰，文字与图案不宜相互交叠，还可以考虑标志的竖排效果以及作为背景时的排列方式等。

● 标志的扩展

一个网络 Logo 不应该只考虑在设计师高分辨率屏幕上的显示效果，应该考虑到网站整体发展到一个高度时相应推广活动所要求的效果，使其在应用于各种媒体时，也能发挥充分的视觉效果；同时应该使用能够给予多数浏览者好感而受欢迎的造型。另外，还有标志在报纸、杂志等纸介质上的单色效果、反白效果、在织物上的纺织效果、在车体上的油漆效果和墙面立体造型效果等。

4.3　网页中的字体

文字是网页中最重要的组成部分，用户主要通过阅读文字在网页中获得相应的资讯，所以网页中文字的运行非常重要，将直接影响到网页的美观度和操作性。

4.3.1　文字的基本设置

文字的参数设置有很多。但是网页设置中由于浏览器和字体的限制，首先需要考虑的是字号、字体和行距。

● 字号

网页中字号的大小可以使用磅（pt）或像素（px）来表示，最适合于网页正文的字号大小为 9pt 或者 12px。现在很多的综合性站点，由于一个页面中需要安排的内容较多，通常采用 12px 的字号。较大的文字可用于标题或其他需要强调的地方，小一些的文字可以用于页脚和辅助信息。需要注意的是，小字号可以将网站整体的结构显示得很精致，但是可读性较差。

● 字体

设计者可以用字体来充分体现设计中要表达的内容。字体选择是一种直观的行为。但是无论选择什么字体，都要依据网页总体设想和浏览者的需要。

正文内容最好采用默认或通用的字体。因为浏览器是用本地机器上的字库显示页面内容的。作为网页设计者必须考虑到大多数浏览者的机器里只装有一些计算机默认自带的字体。而设计者指定的字体在浏览者的机器里并不一定能够找到，这给网页设计带来很大的局限。解决问题的方法是，在使用特殊字体的地方，将文字制作成图像，然后插入到页面中。

随着网络技术的发展，现在制作的网站也可以将特殊字体同时上传到服务器中供页面显示。但还是建议在设计页面时尽量采用默认字体。

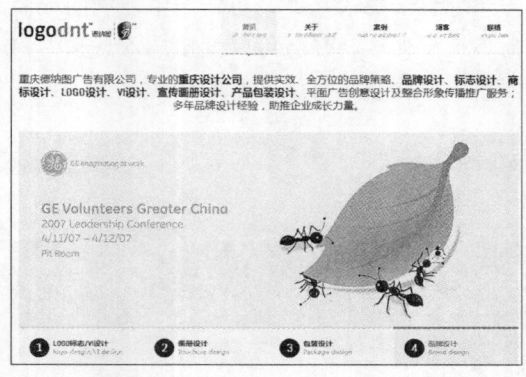

● 行距

行距的变化也会对文本的可读性产生很大影响。一般情况下，略大文字字号的行距设置比较适合正文。行距的常规比例为 10∶12，即用字 10 点，则行距 12 点。适当的行距会形成一条明显的水平空白，以引导浏览者的目光，行距过宽会使一行文字失去较好的延续性，行距过密，会使言文字全部"堆"在一起，这样的文字，浏览的时间稍长，就会带来视觉疲劳。

4.3.2　文字的整体编排

关于文字，接下来要考虑的是文字的整体编排。页面里的正文部分是由许多单个文字经过编排组成的群体，只有充分发挥这个群体形状在版面整体布局中的作用才可能使页面条理清晰、美观和谐。

● 标题与正文

标题与正文的编排，可以先考虑将正文作双栏、三栏或四栏的编排，再进行标题的置入。将正文分栏，是为了避免通栏的呆板以及标题插入方式的单一性。标题虽然是整段或整篇文章的标题，但不一定千篇一律地置于每段之上，可作居中、横向或竖向等编排处理，甚至可以直接插入正文中，以新颖的版式来打破旧有的规律。

● 文字的叠放

文字与图像之间或文字与文字之间在经过叠放后，能够产生空间感、跳跃感、透明感和叙事感，从而成为页面中活跃的、令人注目的元素。虽然叠放手法影响了文字的可读性，但是能造成页面独特的视觉效果。这种不追求易读，而可以追求"独特"的表现手法，体现了一种艺术思潮。

文字的叠放大量运用于传统的版式设计，使得图片和文字组合在一起产生更加丰富的视觉效果，可以很好地凸显网站的主题。在网页设计中也被广泛采用。

● 图形化文字

文字具有两方面的作用：一是实现字意与语义的功能，二是美学效应。所谓图形化文字，即是强调文字的美学效应，把记号性的文字作为图形元素来表现，同时又强化了原有的功能。作为网页设计者，既可以按照常规的方式来设置字体，也可以对字体进行艺术化的设计。无论怎样，一切都应围绕如何更出色地实现自己的目标而设计。

将文字图形化、意象化，以更富创意的形式表达出深层的设计思想，能够克服网页的单调与平淡，从而打动人心。

4.3.3　文字编排的形式

● 左对齐或右对齐

左对齐或右对齐使正文行首或行尾自然形成一条清晰的垂直线，很容易与图形配合。这种编排方式有松有紧，有虚有实，跳动而飘逸，产生节奏与韵律的形式美感。左对齐符合人们阅读时的习惯，显得自然，右对齐因不太符合阅读习惯而较少采用，但显得新颖。

● 居中排列

在字距相等的情况下，以页面中心为轴线排列，这种编排方式使文字更加突出，产生对称的形式美感。

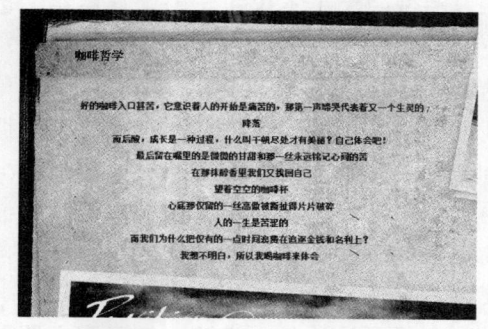

● 两端均齐

文字从左端到右端的长度均齐，正文显得端正、严谨、美观。

> 从前，有一个小男孩非常渴望寻找到成功的秘诀。一天，他走进深山，前往拜见一位住在那儿的哲人。在一座茅舍里，他找到了那位哲人。"哲人，"他问道，请问您能告诉我如何才能获得成功？它的秘诀是什么？"

● 文本绕图

将文字绕图像边缘排列，如果将透底图插入文字中，会令人感到融洽、自然。

4.4　网页中的图像

为了使网页既不单调又能够更好地表达网页中的内容，在网站页面的设计过程中通常使用图像来美化页面，一方面，图像的应用可以使网页更加美观、有趣；另一方面，图像本身也是传达信息的重要手段之一。与文字相比，图像更加直观、生动，可以很容易地把那些文字无法表达的信息表达出来，方便浏览者的理解和接受。

● 图像的格式

在网站页面中通常使用的两种图像格式为：GIF 和 JPEG。此外，还有 PNG 格式的图像也适合在网络传播，但是由于浏览器的兼容性问题，在网络上运用时会出现不能正确显示的情况。

PNG　　　　　JPG　　　　　GIF

● 图像的形状

图像的外形能够使页面的效果发生变化，并直接影响浏览者的兴趣。一般来说，方形稳定、严肃；三角形锐利；圆形或曲

线外形柔软亲切；透底图及一些不规则或不带边框的图像则显得活泼。

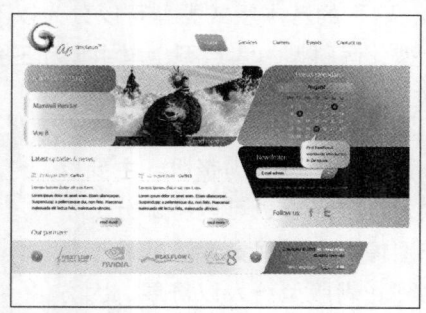

● 图像的面积

图像在网页中占据的面积大小能够直接显示其重要程度。一般大的图像容易形成视觉焦点，感染力强，传达的情感较为强烈。

图像的大小

图像的大小不仅决定着主从关系，也控制着页面的均衡与运动。大小对比强烈，给人跳跃感，使主角更突出；大小对比减弱，则页面稳定、安静。这是因为在浏览页面时，首先会注意到大的图像，然后再看到较小的图像，这种由大到小的引导，使浏览者的视线在页面上流动，便造成一种动势，使页面活泼起来。

在网页设计时，应该首先确定主要形象与次要形象，扩大主要图像的面积，使次要角色缩小到从属地位。只有大小图像主次得当地穿插组合，才能构成最佳的页面视觉效果。

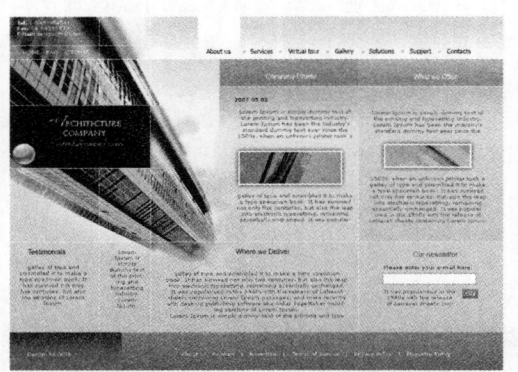

图像的数量

图像的数量是根据内容决定的，只用一幅图像，会使内容突出、页面安定。增加一幅图像，页面会因为有了对比和呼应而活跃起来，再增加一幅，则更加热闹、活泼。但是限于网络的传输速度，使用图像时一定要谨慎，大的图像会降低页面显示速度，即使是小图像，如果运用数量过多，同样会使页面下载速度变慢。

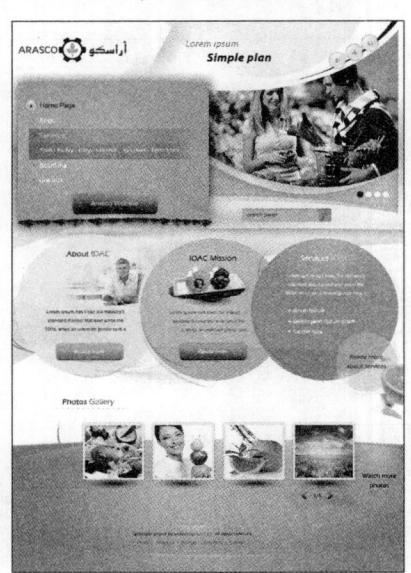

4.5 网页的版式类型

网页的版式非常重要，除了可以拥有更多的信息量外，还可以更好地突出网站的核心内容。网页的基本版式类型可以分为以下几种：满版型、分割型、骨骼型、曲线型、中轴型、对称型、倾斜型、焦点型、自由型和三角型。

满版型

页面以图像充满整版，主要以图像为诉求点，也可以将部分文字置于图像之上。视觉传达效果直观而强烈。满版型给人以舒展、大方的感觉。随着互联网的飞速发展，这种版式在网页设计中的运用越来越多。

分割型

把整个页面分成上下或左右两部分，分别安排图像和文本。两部分形成对比：有图像的部分感觉生动、具有活力，文字部分则平静且具有理性。

可以调整图像和文字所占的面积，来调节对比的强弱。如果图像所占比例过大，文本使用的字体过于纤细，字距、行距、段落的安排又很稀疏，则很容易造成心理的不平衡，显得生硬。如果通过文字或图像将分割线虚化处理，就会产生自然和谐的效果。

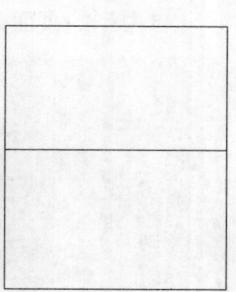

骨骼型

网页版式的骨骼型是一种规范的、理性的分隔方法，类似于报刊的版式。常见的骨骼有竖向通栏、双栏、三栏、四栏和横向通栏、双栏、三栏和四栏等。一般以竖向分栏居多。这种版式给人以和谐、理性的美。几种分栏方式结合使用，页面既理性又有条理性，同时又显得很活泼。

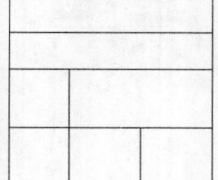

曲线型

文字、图像在页面上进行曲线的分隔或编排，产生韵律与节奏。也可以通过结合背景实现曲线的页面效果。

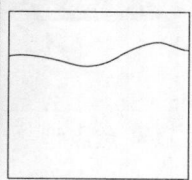

中轴型

沿浏览器窗口的中轴将图像或文字进行水平或垂直方向的排列。水平排列的页面给人稳定、平静、含蓄的感觉。垂直排列的页面给人以舒畅的感觉。

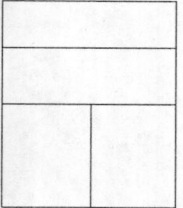

对称型

对称的页面给人稳定、严谨、庄重、理性的感觉。对称分为绝对对称和相对对称。一般采用相对对称的手法，以避免呆板，左右对称的页面版式比较常见。

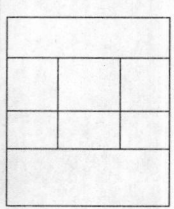

倾斜型

页面主题形象或多幅图像、文字进行倾斜编排，形成不稳定感或强烈的动感，引人注目。一般比较适合制作运动类、娱乐类网站。

 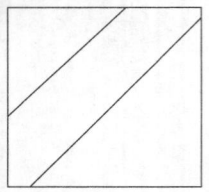

● 焦点型

焦点型的网页版式通过对视线的诱导，使页面具有强烈的视觉效果，焦点型分为中心、离心和向心三种情况。

1. 中心

以对比强烈的图像或文字置于页面的视觉中心，整个页面显得动感十足，主题突出。

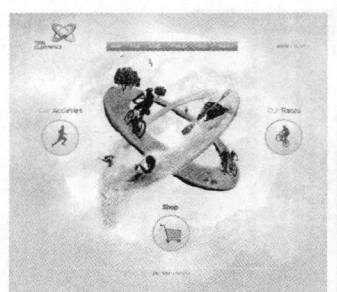 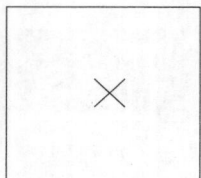

2. 离心

视觉元素引导浏览者视线向外辐射，形成一个离心的网页版式。离心版式是外向的、活泼的，更具现代感。同时可以引导浏览者看到页面的重点内容。

 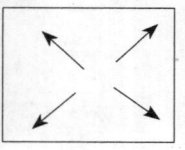

3. 向心

视觉元素引导浏览者视线向页面中心聚拢，就形成了一个向心的版式。向心版式是集中的、稳定的，是一种传统的手法，往往给人以神秘、稳定的感觉。

 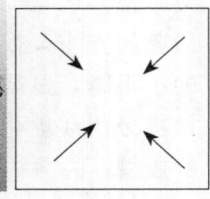

● 自由型

自由型的页面具有活泼、轻快的风格。

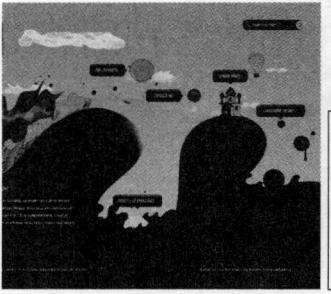 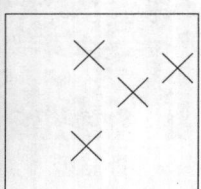

● 三角型

网页各种视觉元素呈三角形排列。正三角形最具稳定性，倒三角形则产生动感。侧三角形构成一种均衡版式，既安定又有动感。

 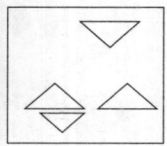

4.6 本章小结

本章主要讲解了网页设计中的一些方法和技巧，并针对网页中的各种元素进行了详细介绍，包括在网页中如何使用文字和图片，网页标志在网页中所起的作用，以及网页标志的设计技巧。还对网页的版式进行了分析和介绍，为以后的设计工作打下基础。

第 5 章　Photoshop 基础知识

Photoshop 是 Adobe 公司推出的一款专业的图像编辑软件，主要处理像素所构成的数字图像。作为图像处理软件，该软件应用非常广泛，在平面广告设计、数码照片处理和网页设计等领域发挥着不可替代的重要作用。

5.1　了解 Photoshop

Photoshop 主要用于处理位图图像，不但可以完成图像格式和模式的转换，还可以实现图像色彩的调整，新版本的 Photoshop 还可以完成 3D 对象的贴图绘制和视频的优化编辑。

5.2　Photoshop的操作界面

在新版本的 Photoshop 操作界面中，图像处理区域更加开阔，文档的切换也更加快捷，为用户创造了更加方便的工作环境。

菜单栏

标题栏　　　　　　　　　　　　　　　　选项栏

工具箱　　　　　　　　　　　　　　　　面板

　　　　　　　　　　　　　　　　　　　文档窗口

状态栏

本章知识点

- ☑ 了解 Photoshop
- ☑ 掌握 Photoshop 基本操作
- ☑ 了解图像查看方式
- ☑ 掌握图像的修改方法
- ☑ 认识辅助工具

5.2.1　菜单栏

菜单栏是 Photoshop 中的重要组成部分，几乎所有的命令都按照类别排列在这些菜单中。Photoshop 中一共包含了 11 个主菜单，分别是文件、编辑、图像、图层、文字、选择、滤镜、3D、视图、窗口和帮助。

● **使用菜单**

单击菜单名称，即可打开该菜单，带有黑色三角的命令表示其包含扩展菜单。

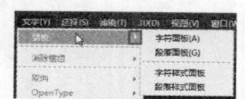

● **执行菜单中的命令**

选择菜单中的一个命令即可执行该命令。

快捷键执行命令

如果命令后面带有快捷键，按其对应的快捷键即可快速执行命令。如果命令后面只带有一个字母，则先按住 Alt 键，再按主菜单的字母键，然后按命令后面的字母键。

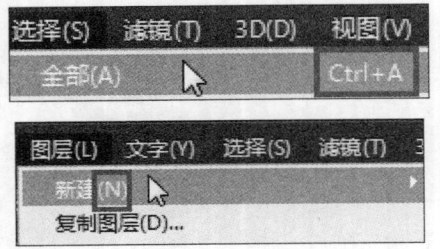

使用右键快捷菜单

在文档窗口空白处或任何一个对象上单击鼠标右键，即可显示快捷菜单。

5.2.2　工具选项栏

Photoshop 中的工具选项栏用来设置所选工具的选项，根据所选工具的不同，工具选项栏中的内容也不同。

使用工具选项栏

在工具选项栏中，可以在特定的文本框中选择选项，或输入参数值。

使用工具预设

单击工具图标右侧的三角按钮，打开工具预设面板，即可使用各种工具预设。

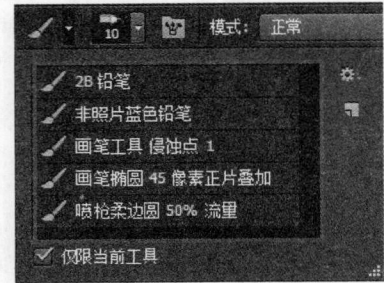

新建工具预设

选择一个工具，在工具选项栏中设置选项，单击"创建新的工具预设"按钮，即可创建一个基于当前设置的工具预设。

重命名和删除工具预设

使用鼠标右击任何一个工具预设，在弹出的快捷菜单中选择"重命名工具预设"选项或"删除工具预设"选项即可。

复位工具预设

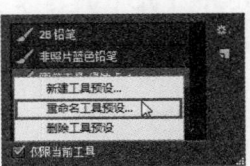

使用鼠标右击工具选项栏中的三角按钮，在弹出的快捷菜单中选择"复位工具"选项，即可复位工具预设。

移动工具选项栏

将光标放置在工具选项栏的左侧，单击并拖动，即可成为浮动的工具选项栏，当出现蓝色条时，即可重置工具选项栏的位置。

显示／隐藏工具选项栏

默认情况下，工具选项栏是显示的，执行"窗口 > 选项"命令，即可隐藏或显示工具选项栏。

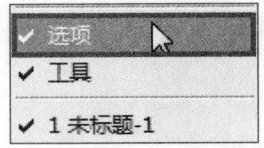

5.2.3　工具箱

Photoshop 中的工具箱一共提供了 65 种工具，其中包含了用于创建和编辑图像、图稿和页面元素等工具。由于工具太多，因此工具箱中只显示部分工具，一些工具被隐藏。单击工具箱左侧的双箭头，可以切换工具箱的显示方式，分为单排显示和双排显示。

● **移动工具箱**

将光标放置在工具栏的上方，单击并拖动，即可成为浮动的工具选项栏，当出现蓝色条时，即可重置工具箱的位置。

● **选择工具**

单击工具箱中的任何一个按钮，即可选择该工具。右下角带有三角的工具，表

示这是一个工具组，单击鼠标右键，即可显示工具组中的工具。

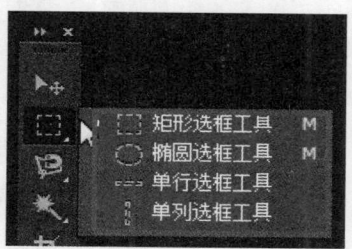

5.2.4　面板

面板是用来设置颜色、工具参数以及执行编辑命令的。Photoshop 中包含了 26 个面板，默认情况下，面板以选项卡的形式成组出现，显示在窗口的右侧。用户可以根据需要打开、关闭或自由组合面板。

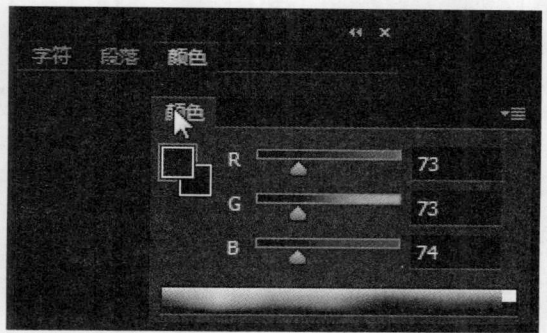

5.2.5　图像文档窗口

在 Photoshop 中每打开一张图像，便会创建一个文档窗口，当同时打开多个图像时，文档窗口就会以选项卡的形式显示。

💡
提示

当打开的图像数量较多，标题栏中不能显示所有的文档时，可以单击标题栏右侧的按钮 ≫，在弹出的菜单中即可选择需要的文档。

5.2.6　状态栏

状态栏位于文档的底部，它可以显示文档的缩放比例、文档大小和当前工具等信息，单击状态栏中的 ▶ 按钮，在弹出的菜单中一共有 11 个选项可供选择，用户可以根据不同的需求选择不同的显示内容。

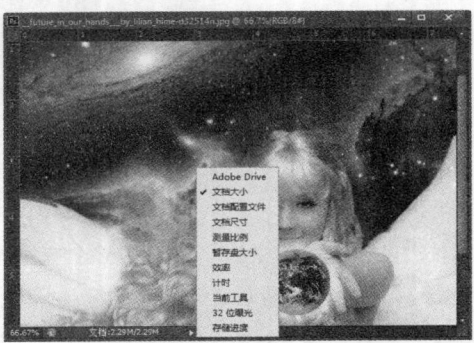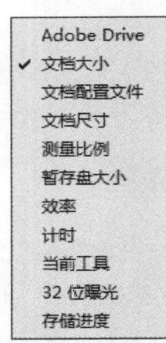

💡
提示

在文档信息区域上按住鼠标左键，可以显示图像的宽度、高度、通道等信息，按住 Ctrl 键，再按住鼠标左键，可以显示图像的拼贴宽度等信息。

5.3　Photoshop 基本操作

如果想要真正掌握一个软件，首先需要对软件有所了解，然后从基本操作入手，逐步学习和掌握软件。

5.3.1　新建文件

在 Photoshop 中除了可以对图像进行编辑外，还可以新建一个空白文件，执行"文件 > 新建"命令，在弹出的"新建"对话框中进行设置，单击"确定"按钮，即可创建一个空白文件，可以使用各种工具进行各种操作，也可以将多张图像素材合并到新建文件中。

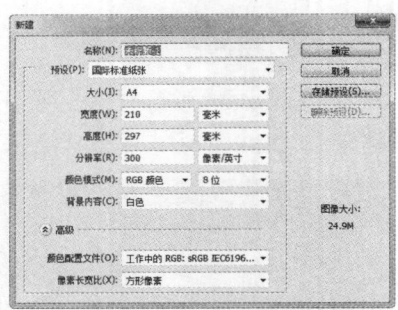

💡
提示

"位深度"表示颜色的最大数量。位深数越大，颜色数越大。其中 1 位模式只能用于位图图像；32 位模式只能用于 RGB 图像；8 位和 16 位模式可以用于除位图模式以外的任何一种色彩模式，通常情况下用 8 位模式即可。

5.3.2　打开文件

在 Photoshop 中，可以通过执行"文件"菜单中的命令打开多种格式的图像文件，用来编辑处理，也可以将未完成的 Photoshop 文件打开，继续进行各种操作处理。

在 Photoshop 中有多种打开文件的方法，执行"文件 > 打开"命令、"文件 > 在 Bridge 中浏览"命令、"文件 > 打开为"命令、"文件 > 打开为智能对象"命令或"文件 > 最近打开文件"命令都可以打开文件。

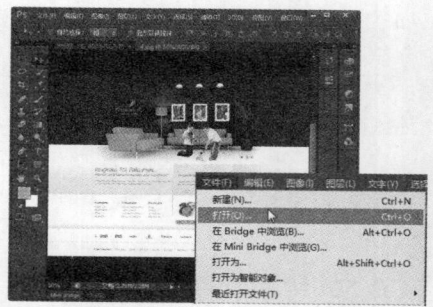 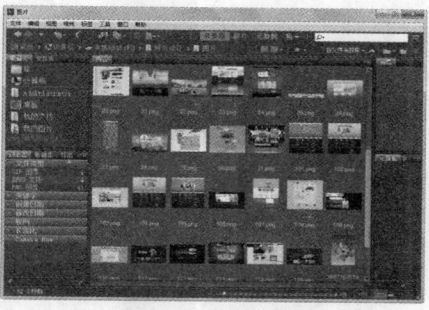

 要打开连续的文件，可以单击第一个文件，按住 Shift 键的同时单击需要选中的最后一个文件。若要打开不连续的文件，可以按 Ctrl 键。

5.3.3　置入文件

在 Photoshop 中，可以将图像、照片或 EPS、PDF 和 AI 等矢量格式的文件作为智能对象置入到文档中，对其进行编辑或其他处理。

➡ 实例 03+ 视频：置入 EPS 文件

在 Photoshop 中制作网页时，有时候需要置入其他矢量格式的文件，本实例将通过置入 EPS 格式文件进行详细讲解。

🏠 源文件：源文件 \ 第 5 章 \5-3-3. psd　　📶 操作视频：视频 \ 第 5 章 \5-3-3. swf

 AI 格式是 Adobe Illustrator 特有的图形格式，将 AI 文件置入到 Photoshop 中，可以保留图层、蒙版、透明度、复合形状、切片和图像映射等。

01 ▶ 打开 Photoshop 软件，执行"文件 > 打开"命令，在弹出的"打开"对话框中选择"素材\第 5 章\53301.psd"。

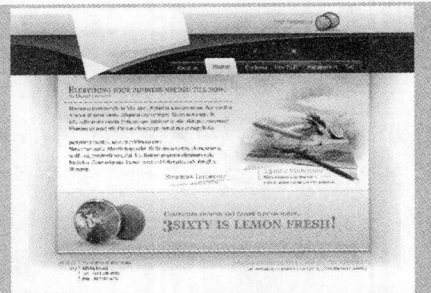

02 ▶ 单击"打开"按钮，在 Photoshop 中打开"53301.psd"素材。执行"文件 > 置入"命令，弹出"置入"对话框。

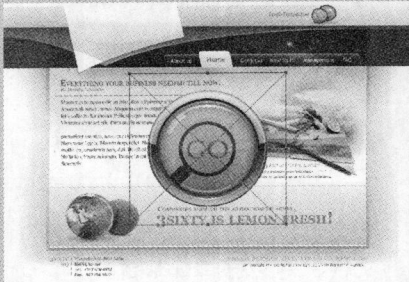

03 ▶ 在弹出的对话框中选择"素材\第 5 章\53302.eps"，单击"确定"按钮，置入 EPS 格式文件。

04 ▶ 拖动图像四周的控制点调整图像的大小，并拖动调整图像的位置，按 Enter 键确认置入。

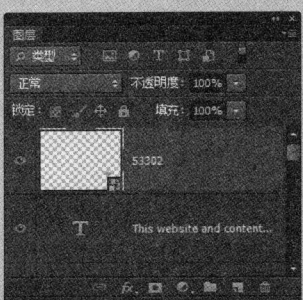

05 ▶ "图层"面板显示如图所示。执行"文件 > 存储为"命令，弹出"存储为"对话框。

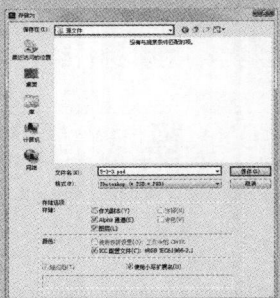

06 ▶ 在弹出的对话框中进行设置，单击"保存"按钮，完成实例的制作。

提问：如何变换置入的文件？

答：当置入文件后，按 Enter 键确认置入之前，可以执行"编辑 > 自由变换"命令对置入的对象进行类似旋转、变形等各种操作。

5.3.4 导入导出文件

在 Photoshop 中，执行"文件 > 导入"命令，可以导入"变量数据组"、"视频帧到图层"和"注释"3 种文件类型进行编辑。为了不同的使用目的，执行"文件 > 导出"命令，可以导出"数据组作为文件"、"Zoomify"、"路径到 Illustrator"和"渲染视频"，从而获得不同的文件格式。

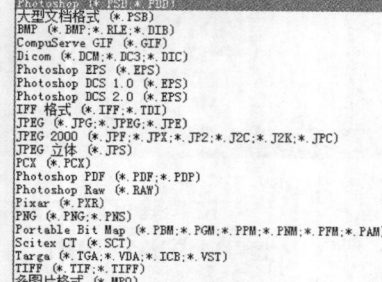

5.3.5　存储文件

　　无论是创建的新文件，还是打开以前的文件进行编辑或修改，在操作完成后，都需要将其保存，在 Photoshop 中可以使用"存储"命令、"存储为"命令、"签入"命令和"存储为 Web 所用格式"命令进行保存。

　　Photoshop 支持多种文件格式，如 PNG、JPEG 和 TIF 等，在使用"存储"和"存储为"命令时，可以选择文件的保存格式。

　　用户可以在"首选项"对话框中设置 Photoshop 的自动存储恢复信息时间间隔，避免发生由于计算机死机或忘记保存而造成数据丢失的情况。

5.3.6　还原与恢复

　　在编辑图像的过程中，通常会出现操作失误或对操作效果不满意的情况，在 Photoshop 中可以使用"还原"命令，将图像还原到操作前的状态。如果已经执行了多个操作步骤，可以使用"恢复"命令直接将图像恢复到最后一次保存的图像状态。

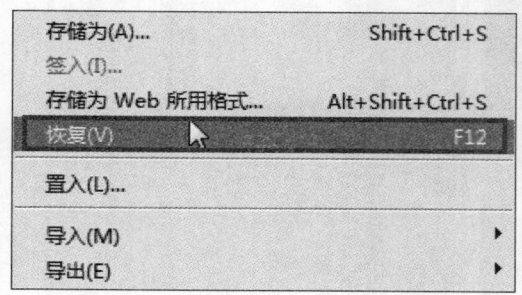
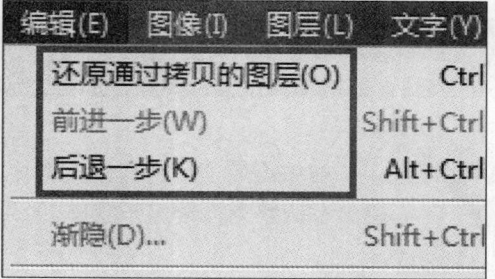

5.4　图像的查看

　　在进行图像编辑时，常常需要执行放大图像、缩小图像和移动图像等操作，以便更好地观察处理效果。Photoshop 提供了"缩放工具"、"抓手工具"和"导航器"面板等多种查看图像的方式。

5.4.1 专家模式

Photoshop 根据不同用户的不同制作需求，提供了不同的屏幕显示模式。单击工具箱底部的"更改屏幕模式"按钮，可以选择 3 种不同的显示模式。

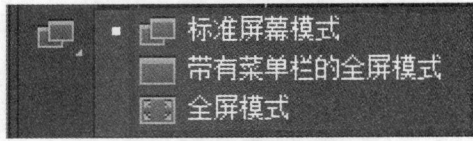

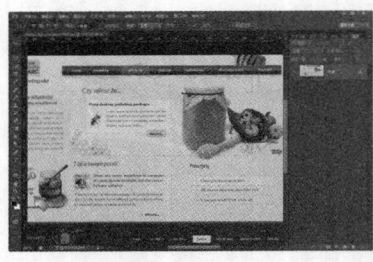 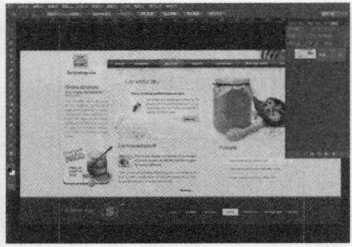 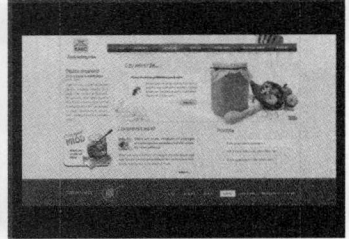

 **提示**　　　按 F 键可以在 3 种模式之间快速切换，在全屏模式下，按 F 键或 Esc 键可以退出全屏模式，按 Tab 键可以隐藏 / 显示工具箱、面板和选项栏。按快捷键 Shift+Tab 可以隐藏 / 显示面板。

5.4.2 多窗口查看图像

如果在 Photoshop 中同时打开了多张图像，为了更好地观察比较，执行"窗口 > 排列"命令，即可在菜单中选择不同的命令来控制各个文档在窗口中的排列方式。

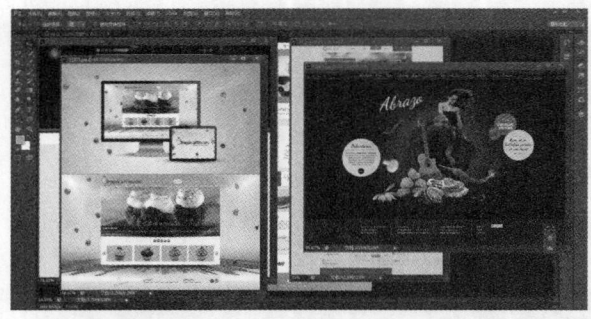 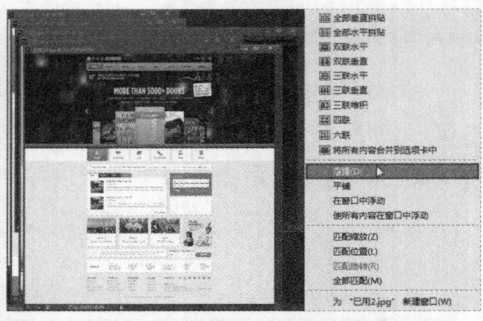

 **提示**　　　如果需要使用"排列"命令中的"层叠"显示模式，需要先将每个文档窗口都调整为浮动显示状态。

5.4.3 使用缩放工具

Photoshop 提供了一个"缩放工具"，可以帮助用户完成对图像的放大或缩小。单击工具箱中的"缩放工具"按钮，即可对图像执行放大或缩小操作。

使用"缩放工具"对图像进行操作时，按 Alt 键，可以在放大和缩小间任意切换，也可以使用快捷键 Ctrl+"+"和快捷键 Ctrl+"－"缩放窗口。

5.4.4　使用抓手工具

在编辑图像的过程中，如果图像较大，不能在画布中完全显示，可以使用"抓手工具"移动画布，以查看图像的不同区域。

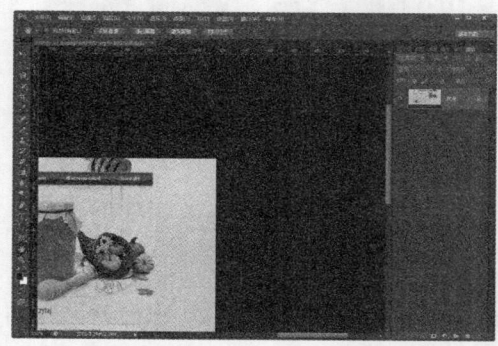
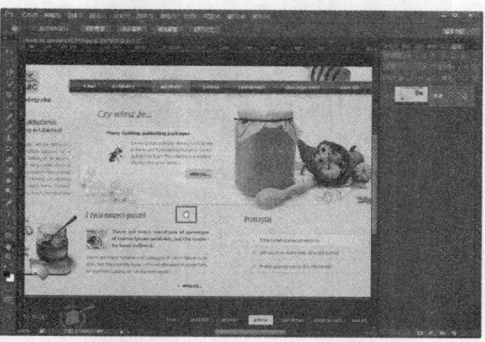

双击"抓手工具"的按钮可以将窗口中的图像全部显示出来；按住 Alt 键的同时，使用"抓手工具"在窗口中单击，可以缩小窗口；按住 Ctrl 键的同时，使用"抓手工具"在窗口中单击，可以放大窗口。

5.4.5　使用旋转视图工具

在 Photoshop 中使用"旋转视图工具"，可以在不破坏原图像的前提下旋转画布，通过拖动鼠标可以从不同的角度观察图像。旋转图像后，可以双击"旋转视图工具"按钮将旋转的图像恢复原始状态。

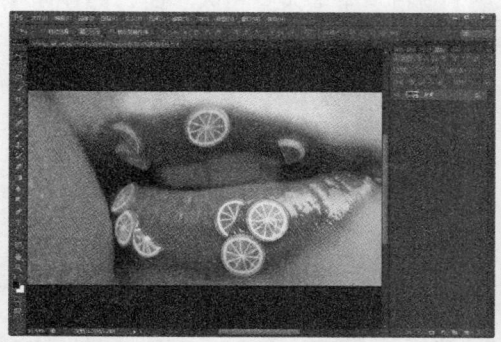
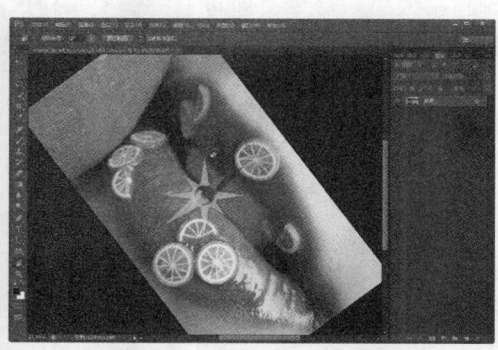

使用"旋转视图工具"之前，需要先在"首选项"面板的"性能"选项卡中勾选"使用图形处理器"复选框。

5.4.6 使用导航器面板

对于图像的缩放操作，除了使用以上方法之外，还可以使用"导航器"面板。执行"窗口 > 导航器"命令，在打开的"导航器"面板中通过拖动"缩放滑块"可以实现图像的缩放操作，在预览框中单击并拖动鼠标还可以移动画布。当画布中无法完整显示图像时，使用"导航器"面板查看图像是最好的选择。

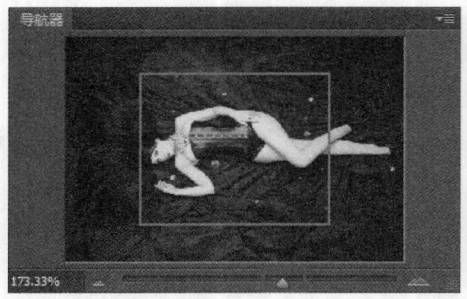 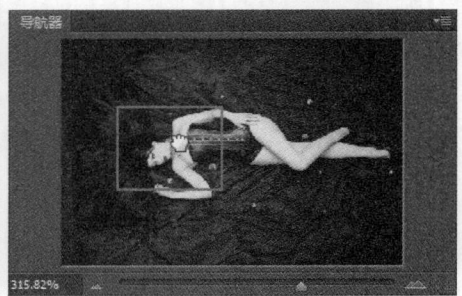

5.5 图像的修改

在 Photoshop 中进行图像编辑时，常常需要对图像的大小、画布的大小以及图像的旋转角度等进行调整，虽然这些操作很简单，但却是最常用的功能。

5.5.1 修改图像大小

图像质量的好坏与图像的分辨率、尺寸有直接的关系。执行"图像 > 图像大小"命令，在弹出的"图像大小"对话框中即可设置图像的像素大小（即屏幕显示大小）、文档大小（即打印尺寸）和分辨率。

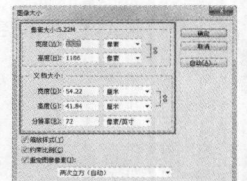

5.5.2 修改画布大小

画布是指整个文档的工作区域，也就是图像的显示区域。在处理图像时，用户执行"图像 > 画布大小"命令，即可根据需要来增大或减小画布。当增大画布大小时，即在图像周围添加空白区域；当减小画布大小时，即裁剪图像。

➡ 实例 04+ 视频：制作图框

在 Photoshop 中不仅可以使用"图像大小"命令修改图像，还可以使用"画布大小"命令调整画布大小，本实例将通过实例进行详细讲解。

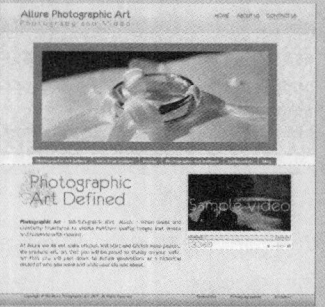 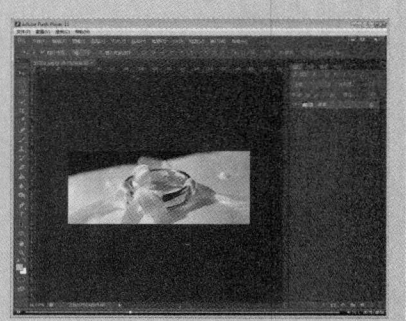

🏠 源文件：源文件 \ 第5章 \5-5-2. psd 🔊 操作视频：视频 \ 第5章 \5-5-2. swf

01 ▶ 打开 Photoshop 软件，执行"文件 > 打开"命令，在弹出的"打开"对话框中选择"素材 \ 第 5 章 \55201.jpg"。

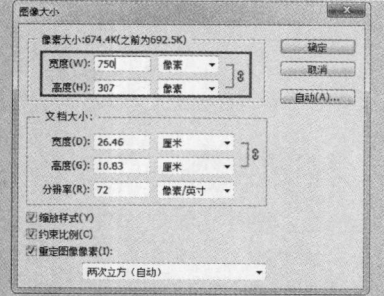

02 ▶ 执行"图像 > 图像大小"命令，在弹出的"图像大小"对话框中进行设置，单击"确定"按钮。

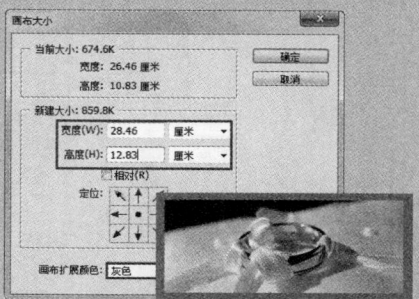

03 ▶ 执行"图像 > 画布大小"命令，在弹出的"画布大小"对话框中进行设置。

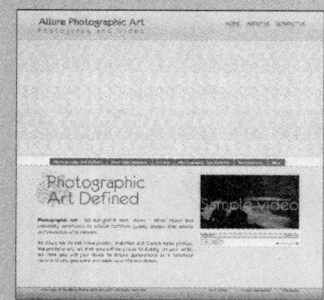

04 ▶ 使用相同的方法，打开"素材 \ 第 5 章 \55202.jpg"。

05 ▶ 使用"移动工具"将刚刚制作好的图像拖入素材"55202.jpg"中，并调整其位置和大小。

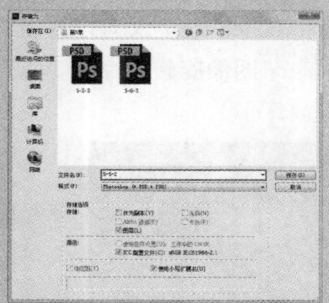

06 ▶ 执行"文件 > 存储为"命令，在弹出的"存储为"对话框中进行设置，单击"保存"按钮，完成实例的制作。

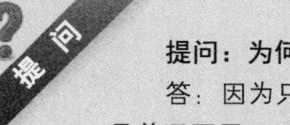

提问：为何有些图像无法设置"画布扩展颜色"？
答：因为只有"背景"图层可以设置"画布扩展颜色"，如果选择的是普通图层，"画布扩展颜色"为灰色状态不可用。

5.5.3　裁剪图像

裁剪图像可以调整图像的大小，删除不需要的内容，从而获得更好的构图。单击工具箱中的"裁剪工具"按钮，拖动在图像上显示的裁剪框，按 Enter 键即可对图像进行裁剪操作。

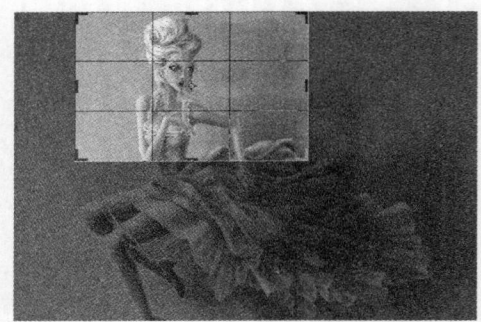 

　　工具箱中的"透视裁剪工具"添加了"拉直"功能，同时提供了更多的辅助裁剪视图方式，如三角形、对角、黄金比例和金色螺线等。

5.5.4　调整图像的方向

　　在 Photoshop 中不仅可以对画布大小进行调整，还可以对图像进行旋转和翻转，通过执行"图像 > 图像旋转"命令，即可将图像旋转不同的角度。

| 180 度(1) |
| 90 度(顺时针)(9) |
| 90 度(逆时针)(0) |
| 任意角度(A)... |
| 水平翻转画布(H) |
| 垂直翻转画布(V) |

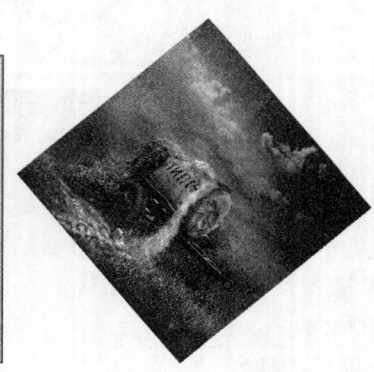

5.5.5　使用裁剪命令和裁切命令

　　除了可以使用"裁剪工具"实现对图像的裁剪以外，Photoshop 还提供了"裁剪"命令和"裁切"命令方便对图像的操作。

● **"裁剪"命令**
　　"裁剪"命令只能在图像中绘制了选区或正在使用"裁剪工具"的前提下才能

够激活，执行该命令，可以立即将选区以外或裁剪框以外的图像和画布清除掉，并且选区也会被取消。

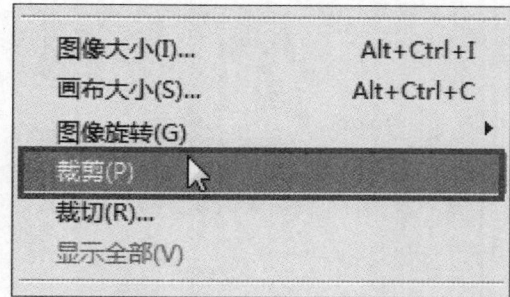

现空白内容时，使用"裁切"命令可以直接将其去除。

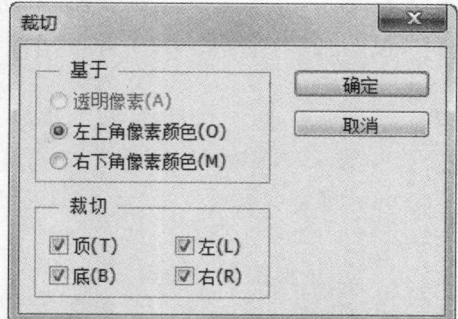

● "裁切"命令

　　"裁切"是一种特殊的裁剪方法，可以裁剪图像的空白边缘，即当图像周围出

提示

　　　　"裁切"命令可以将图像中边缘的透明区域删除，留下包含非透明像素的最小图像。

➡ 实例 05+ 视频：裁切图像

　　在 Photoshop 中通过"裁切"命令可以直接裁剪图像的空白边缘，下面将通过实例的形式进行详细讲解。

🏠 源文件：源文件 \ 第 5 章 \5-5-5. psd

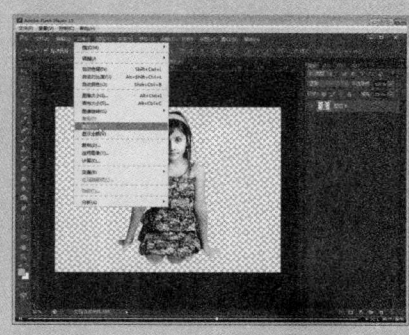

📡 操作视频：视频 \ 第 5 章 \5-5-5. swf

01 ▶ 执行"文件>打开"命令，在弹出的对话框中选择"素材 \ 第 5 章 \55501.jpg"。

02 ▶ 使用相同的方法，将"素材 \ 第 5 章 \55202.png"打开，效果如图所示。

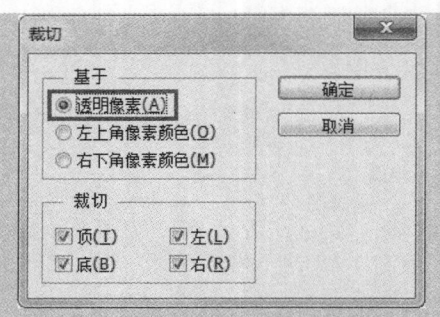

03 ▶执行"图像 > 裁切"命令，在弹出的"裁切"对话框中进行设置。

04 ▶单击"确定"按钮，图像效果显示如图所示。

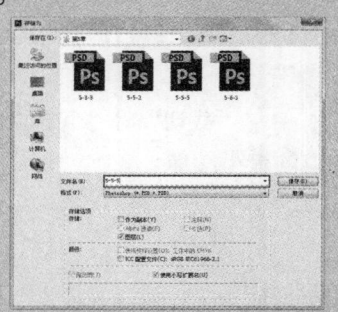

05 ▶使用"移动工具"将裁切后的图像拖入到素材"55501.jpg"中，并调整其位置和大小，效果如图所示。

06 ▶执行"文件 > 存储为"命令，在弹出的"存储为"对话框中进行设置，单击"保存"按钮，完成实例的制作。

提问：为什么有时候不能基于"透明像素"进行裁切？

答：因为基于"透明像素"选项只有在图像中没有"背景"图层的时候才能激活该选项。

5.6 使用辅助工具

在 Photoshop 中提供了很多编辑图像的辅助工具，其中包括"标尺"、"参考线"和"网格"等。这些辅助工具不能编辑图像，但能帮助用户更好地完成选择、定位或编辑图像。

5.6.1 使用标尺

Photoshop 中的标尺可以帮助确定图像或元素的位置，起到辅助定位的作用。执行"视图 > 标尺"命令，即可在窗口的顶部和左侧显示标尺。

在使用标尺的过程中，常常需要选择不同的测量单位，使用鼠标右击标尺，在弹出的快捷菜单中选择测量单位，即可实现标尺单位的转换。

5.6.2　使用网格

在 Photoshop 中，网格可以起到一个对准线的作用，可以把画布平均分成若干同样大小的区块，有利于作图时的对齐。执行"视图 > 显示 > 网格"命令，即可显示网格。

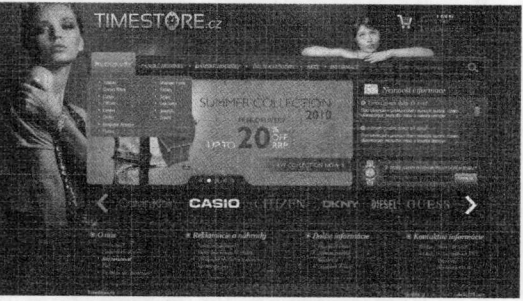

5.6.3　使用参考线

在 Photoshop 中，执行"视图 > 标尺"命令，显示标尺后，可以从标尺中拖出参考线，实现更为精确的定位。

➡ 实例 06+ 视频：参考线辅助定位

在 Photoshop 中经常会使用到参考线，它可以帮助用户更好地精确定位对象，使得操作变得更加便捷。

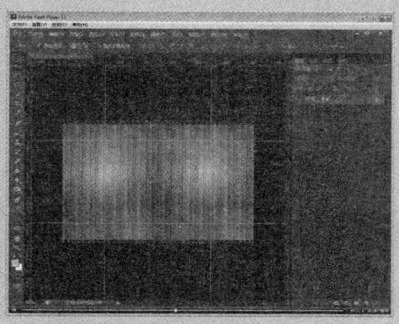

源文件：源文件 \ 第 5 章 \5-6-3.psd　　　　操作视频：视频 \ 第 5 章 \5-6-3.swf

01 ▶ 打开 Photoshop 软件，执行"文件 > 打开"命令，在弹出的"打开"对话框中选择"素材 \ 第 5 章 \56301.png"。

02 ▶ 执行"视图 > 标尺"命令，显示标尺。将鼠标光标移动到横向标尺上，单击并拖动鼠标创建参考线。

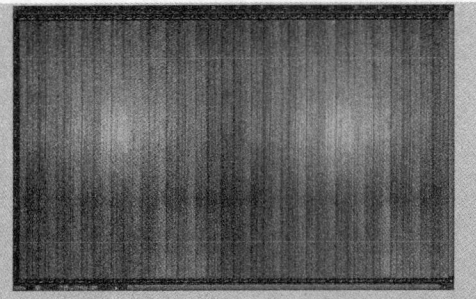

03 ▶ 使用相同的方法，完成其他部分参考线的制作。

04 ▶ 执行"文件 > 置入"命令，置入文件"素材 \ 第 5 章 \56302.png"。

05 ▶ 拖动图像四周的控制点，调整图像的大小，执行"视图 > 清除参考线"命令，清除参考线。

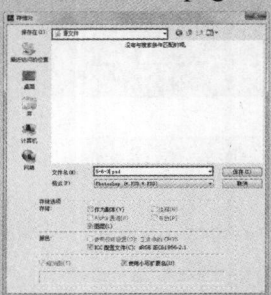

06 ▶ 执行"文件 > 存储为"命令，在弹出的"存储为"对话框中进行设置，单击"保存"按钮，完成实例的制作。

提问：如何移动和锁定参考线？

答：使用"移动工具"可以随意移动参考线的位置。当确定好所有参考线的位置，执行"视图 > 锁定参考线"命令可以锁定参考线，以防错误移动。

5.6.4 智能参考线

智能参考线是一种智能化的参考线，它只在需要时出现。在使用"移动工具"进行移动操作时，通过智能参考线可以对齐形状、切片和选区。

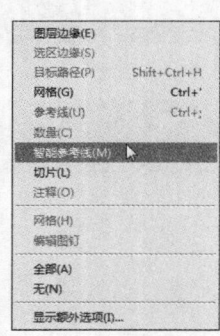

5.6.5 使用注释

使用"注释工具"可以在图像的任何位置添加文本注释，标记一些制作信息或其他有用的信息。单击工具箱中的"注释工具"按钮，再在需要添加注释的图像位置单击，在弹出的"注释"面板中输入内容，即可完成注释的添加。

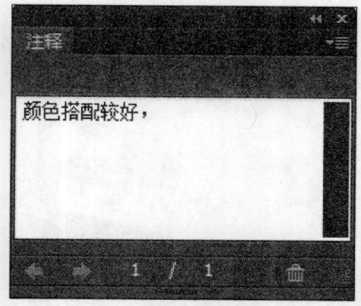

5.7　本章小结

　　本章主要针对 Photoshop 的工作环境和基本操作进行详细介绍，通过本章的学习，读者可以掌握一些 Photoshop 中的操作方法和技巧，以及一些辅助工具的使用，可以对 Photoshop 有初步的认识。

第6章 Photoshop中的选择、变形与绘制

在Photoshop中用户可以对图像的局部进行选择，然后通过"变换"等命令对其进行变形操作。除此之外，还可以使用软件中自带的工具进行图形的绘制等操作。

本章知识点

- ☑ 掌握创建选区的方法
- ☑ 熟悉选区的操作
- ☑ 掌握粘贴的技巧
- ☑ 了解变形命令
- ☑ 掌握画笔工具

6.1 创建选区

在Photoshop中很多操作都是基于选区进行的，具有多种选区的创建方式。选取选区后对图像进行操作，不会影响选区外的部分。在Photoshop中有多种创建选区的工具和方法，以供用户根据不同的情况使用不同的方式创建选区。

6.1.1 选区工具创建选区

使用选区工具创建的选区形状可以分为两类，分别为规则选区创建工具和不规则选区创建工具。

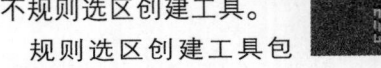

规则选区创建工具包括"矩形选框工具"、"椭圆选框工具"、"单行选框工具"和"单列选框工具"4种。

● **矩形选框工具**

选择"矩形选框工具"，在画布中单击并拖动鼠标，即可创建一个矩形选区。

● **椭圆选框工具**

"椭圆选框工具"与"矩形选框工具"同属于选框工具，使用方法基本

相同。

● **单行选框工具／单列选框工具**

"单行选框工具"与"单列选框工具"只能创建1像素高或宽的选区。

　　不规则选区创建工具包括"套索工具"、"多边形套索工具"、"磁性套索工具"、"快速选择工具"和"魔棒工具"5 种选择工具。

● 套索工具

　　"套索工具"比创建规则形状选区的工具自由度更高。单击"套索工具"按钮，在画布中单击并拖动鼠标即可绘制出一条实线。绘制完成后，释放鼠标，此时绘制的实线会立即转换为选区。

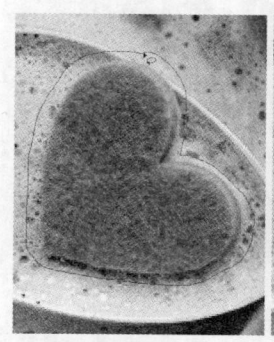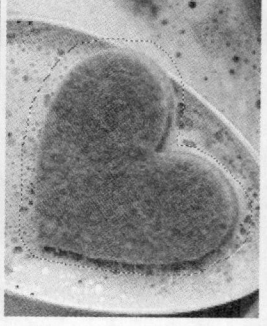

● 快速选择工具

　　"快速选择工具"能够利用可调整的圆形画笔快速创建选区，在拖动鼠标时，选区会向外扩展并自动查找和跟随图像中定义的边缘。

● 魔棒工具

　　"魔棒工具"是一种比较快捷的抠图工具，对于一些分界线比较明显的图像，"魔棒工具"可以自动感知所点击位置的颜色，并自动捕捉附近区域相同的颜色，所以在使用"魔棒工具"时，直接在图像中单击即可快速选择图像。

● 磁性套索工具

　　"磁性套索工具"具有自动识别绘制对象边缘的功能。如果对象的边缘较为清晰，与背景颜色对比明显，使用"磁性套索工具"进行选择会比较容易。

● 多边形套索工具

　　"多边形套索工具"适合创建一些由直线构成的多边形选区。使用该工具在画布中单击，即可创建一个锚点，拖动鼠标就会从锚点位置延伸出一条直线，重复该操作就可以创建一个不规则的多边形选区。

> **提示**　　在使用"多边形套索工具"创建选区时，按 Shift 键可以绘制以水平、垂直或 45°角为增量的选区边线；按住 Ctrl 键的同时，单击鼠标左键相当于双击鼠标左键。

➡ 实例 07+ 视频：制作简单的页面图标

在网页设计中，并不是只有经过复杂处理操作才能得到好的效果，有时候利用简单的工具、好的创意一样可以实现简洁漂亮的图像效果。下面将通过实例的形式向用户介绍选区工具在网页设计中的一些简单应用。

🏠 源文件：源文件 \ 第 6 章 \6-1-1. psd

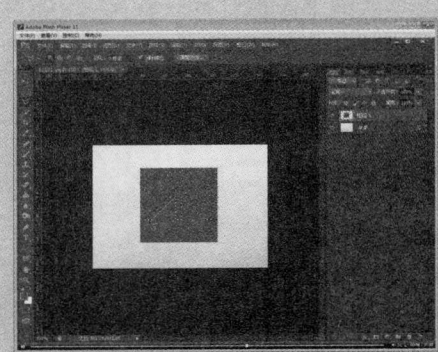

📡 操作视频：视频 \ 第 6 章 \6-1-1. swf

01 ▶ 执行"文件 > 新建"命令，在弹出的"新建"对话框中进行设置。

02 ▶ 单击"矩形选框工具"按钮 ▨，按住 Shift 键在画布中绘制一个正方形选区。

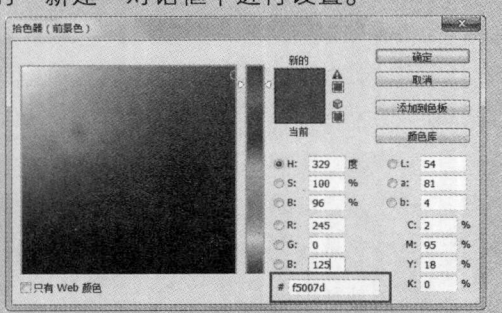

03 ▶ 在工具箱中单击"前景色"色块，打开"拾色器（前景色）"对话框，在该对话框中设置颜色值为 #f5007d。

04 ▶ 执行"窗口 > 图层"命令，打开"图层"面板，在该面板中单击"创建新图层"按钮 ▣，新建一个图层。

05 ▶ 单击工具箱中的"油漆桶工具"按钮，在选区中单击，对选区进行填色。

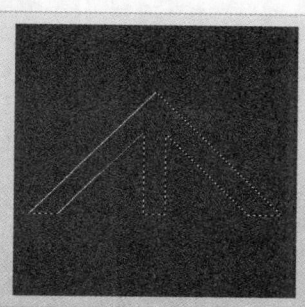

06 ▶ 按快捷键 Ctrl+D 取消选区。使用"多边形套索工具"在色块上绘制一个箭头。

07 ▶ 按键盘上的 Delete 键将选区中的色块部分删除，按快捷键 Ctrl+D 取消选区。

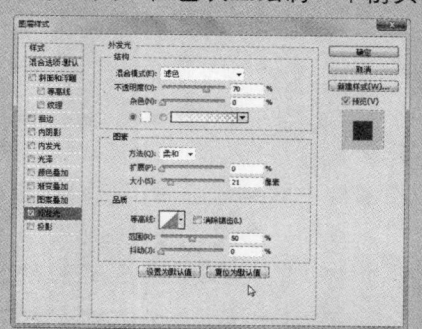

08 ▶ 双击"图层 1"的名称处，弹出"图层样式"对话框，设置"外发光"参数。

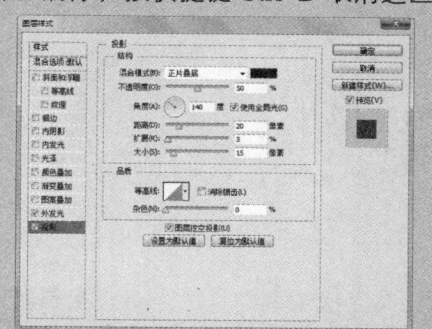

09 ▶ 继续在"图层样式"对话框中设置"投影"参数。

10 ▶ 使用"多边形套索工具"，在第一个色块上绘制一个箭头。

提问：为什么绘制选区的时候要按住 Shift 键？

答：在绘制选区的同时按住 Shift 键，是为了绘制出等比例的选区，也就是正方形或正圆等，如果在使用"多边形套索工具"时按住 Shift 键，则可以使绘制的线条与水平方向成 45° 或 45° 倍数的角度。

6.1.2　选区的基本操作

选择命令创建选区的方法包括全选、反向、取消选择以及重新选择 4 种，下面将为用户逐一介绍这些命令的使用方法和效果。

● 全选

该命令通常在复制图像时使用，执行"选择 > 全部"命令，或按快捷键 Ctrl+A，即可将当前图层的全部画布选中。

● 反选

在图像中创建选区后，可以通过执行"选区 > 反向"命令，将选区反选，也就是将图像中的选择区域和未选择区域交换。

● 取消选择

创建选区，并将所需的操作执行完毕后，就需要将选区取消掉，此时即可执行"选择 > 取消选择"命令将选区撤销。

● 重新选择

在操作中有时可能会不小心将需要的选区取消掉，这时候如果重新进行选择，又非常浪费时间。此时执行"选择 > 重新选择"命令就可以恢复最近一次所创建的选区。

6.1.3　快速蒙版创建选区

快速蒙版通常用于创建一些无法通过常规选区工具直接创建的选区。单击工具箱中的"以快速蒙版模式编辑"按钮 ▣ 、按快捷键 Q 以及执行"选择 > 在快速蒙版模式下编辑"命令都可以进入快速蒙版编辑模式。

 　如果用户需要修改快速蒙版涂抹时的效果，可以双击工具箱中的"以快速蒙版模式编辑"按钮，打开"快速蒙版选项"对话框，在该对话框中可以修改快速蒙版的涂抹颜色和不透明度等。

6.1.4　钢笔工具创建选区

使用"钢笔工具"的"路径"绘制模式可以绘制出开放或封闭的路径，绘制完成后，在选项栏中单击"选区"按钮 ，弹出"建立选区"对话框，在该对话框中，用户可以为即将创建的选区添加"羽化"等效果，单击"确定"按钮，即可将路径转换为选区。

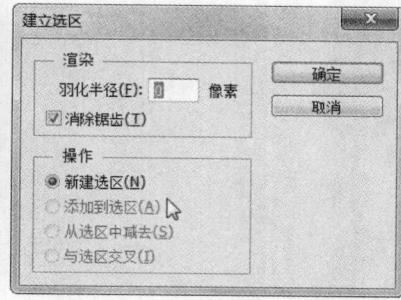

6.2　选区的操作

在图像中创建选区时，有时需要对选区进行编辑和调整，如进行缩小、放大和旋转等操作，有时还需要填充和描边选区，这些操作可以辅助用户更加灵活地使用选区。

6.2.1　移动变换选区

创建选区后，在选项栏中单击"新选区"按钮 ，此时即可将绘制的选区移动到其他的位置，单击并拖动鼠标即可移动选区。

如果用户在完成选区的绘制后，需要再次对选区进行调整，可以执行"选择 > 变换选区"命令，此时即可像使用"自由变换"命令调整图像一样对选区进行缩放、旋转和变形等操作，该命令只针对选区，对选区中的图像没有任何影响。

6.2.2 调整选区边缘

在 Photoshop 中提供了多种调整选区边缘的命令以供用户使用，执行"选择 > 修改"命令，即可打开这些命令，而且这些命令只针对选区起作用，并不会影响到选区中的图像边缘。

边界(B)...
平滑(S)...
扩展(E)...
收缩(C)...
羽化(F)...   Shift+F6

● **"边界"选区**

"边界"命令可以将选区的边界沿着当前选区范围向内部和外部扩展，并且在扩展后会形成一个新的选区。

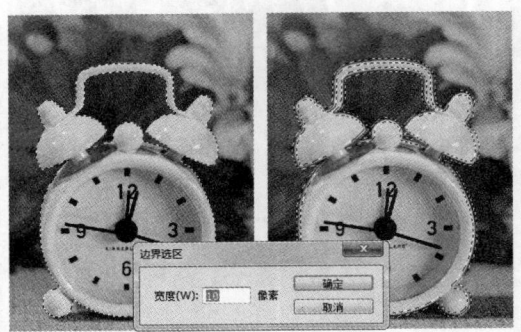

● **"平滑"选区**

在使用不规则选区工具创建选区时，选区的边缘会有些生硬，此时就可以使用"平滑"命令对选区进行调整。

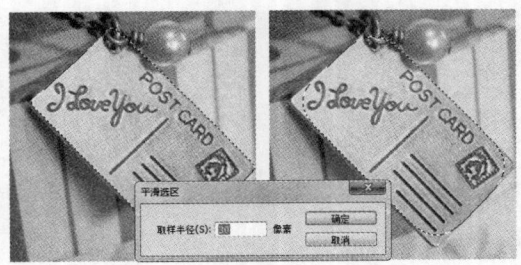

● **"扩展"选区**

如果希望在已经创建选区的基础上扩展选区的范围，可以使用"扩展"命令。

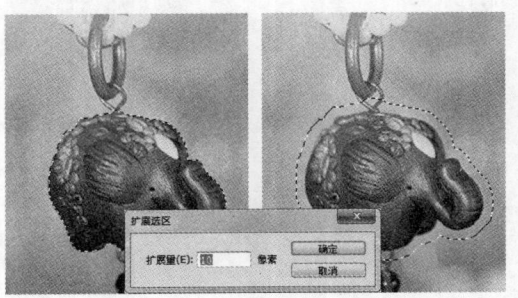

● **"收缩"选区**

使用"收缩"命令可以在已经创建的选区基础上收缩选区的范围。

● **"羽化"选区**

"羽化"命令可以使选区内外衔接的部分虚化，起到模糊渐变的作用，从而达到自然衔接的效果。羽化值越大，颜色渐变越柔和；羽化值越小，虚化范围越窄。

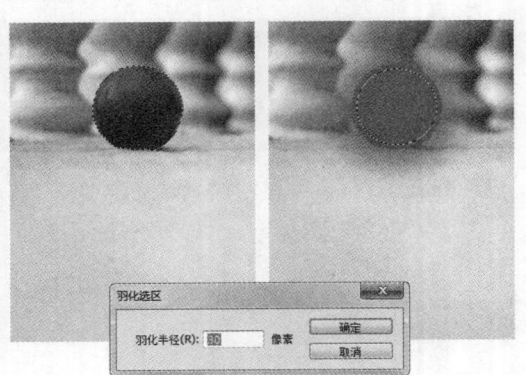

6.2.3　选区的运算

选区的运算方式有 4 种，分别为"新选区" 🔲、"添加到选区" 🔲、"从选区减去" 🔲 和"与选区相交" 🔲。通过使用这些运算模式，可以绘制出一些特殊的选区。

羽化： 0 像素　　消除锯齿　样式：正常 ‹›　宽度：　　　　高度：　　　调整边缘…

● **新选区**

使用这种运算模式只能在画布中绘制一个选区，如果绘制其他的选区会将当前的选区替换。

● **添加到选区**

使用这种运算模式可以使用户在画布中新绘制的选区与原来的选区共同存在，如果两个选区是接触的，那么两个选区将会相加。

● **从选区减去**

使用这种运算模式可以绘制一个选区减去画布中其他的选区，如果绘制的位置并不存在其他的选区，那么所绘制的选区将无法建立。

● **与选区相交**

使用这种运算模式在画布中的其他选区上绘制选区，将会只保留两个选区相交的部分。

 用户可以使用快捷键更方便地实现选区的运算。按下 Shift 键创建选区可以实现选区相加的效果。按下 Alt 键可以实现选区相减的效果。按快捷键 Shift+Alt 可以实现选区相交的效果。

6.2.4　填充选区

在 Photoshop 中创建选区后，可以执行"编辑 > 填充"命令，在弹出的"填充"对话框中设置填充内容和混合模式填充选区。

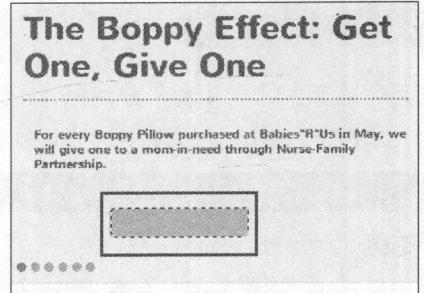

The Boppy Effect: Get One, Give One

For every Boppy Pillow purchased at Babies"R"Us in May, we will give one to a mom-in-need through Nurse-Family Partnership.

实例08+ 视频：使用填充设计登录界面

在网页设计中，常常会用到填充选区，灵活掌握选区的基本填充方法有助于网页设计时的自由发挥。

源文件：源文件 \ 第6章 \6-2-4. psd

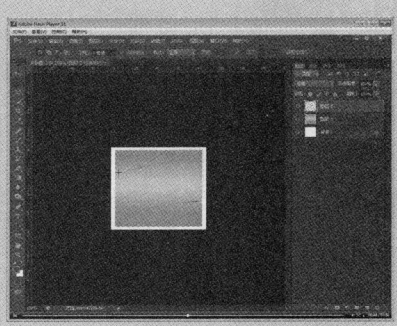

操作视频：视频 \ 第6章 \6-2-4. swf

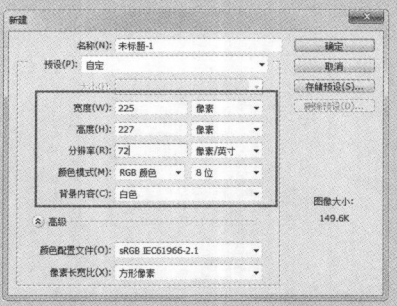

01 ▶ 执行"文件>新建"命令，在弹出的"新建"对话框中进行设置。

02 ▶ 单击"确定"按钮，新建"图层1"，使用"矩形选框工具"绘制矩形选区。

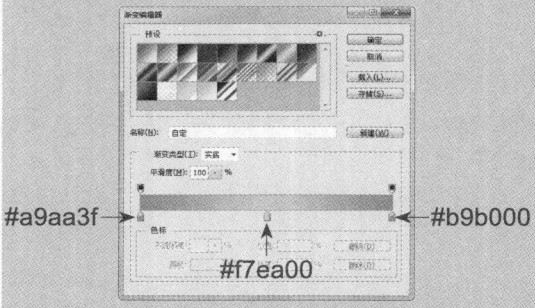

#a9aa3f　#b9b000　#f7ea00

03 ▶ 选择"渐变工具"，单击选项栏中的渐变条，在弹出的对话框中设置渐变颜色。

04 ▶ 在画布中单击并拖动鼠标，为选区填充渐变，按快捷键 Ctrl+D 取消选区。

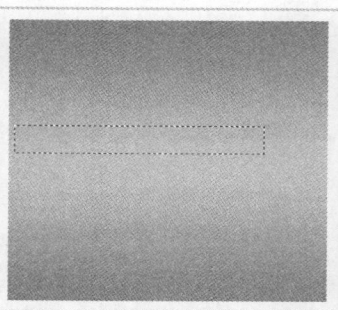

05 ▶ 新建一个图层，使用"矩形选框工具"在画布中绘制一个选区。

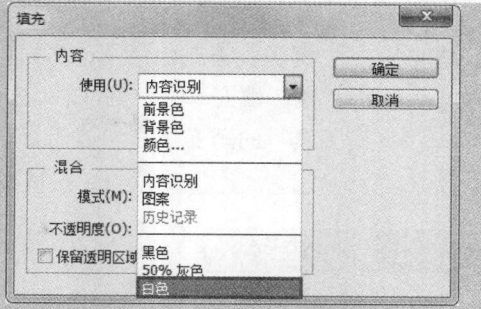

06 ▶ 执行"编辑 > 填充"命令，在弹出的"填充"对话框中进行设置。

07 ▶ 单击"确定"按钮，完成矩形选区的填充。按快捷键 Ctrl+D，取消选区。

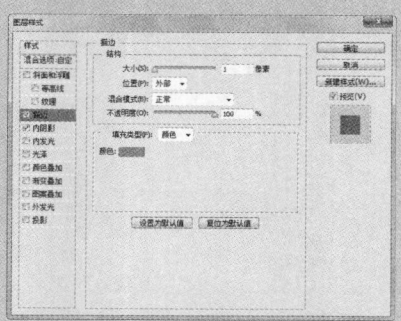

08 ▶ 双击该图层的名称处，在弹出的"图层样式"对话框中添加"描边"图层样式。

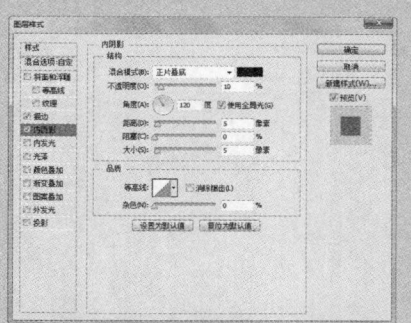

09 ▶ 再次勾选"内阴影"选项，并设置该选项的各项参数。

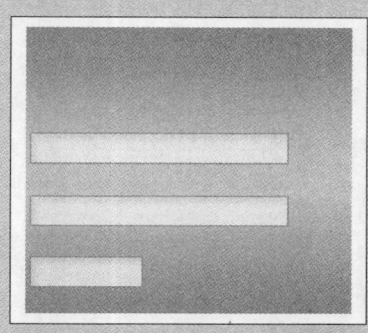

10 ▶ 单击"确定"按钮。使用相同的方法再次制作其他文本框。

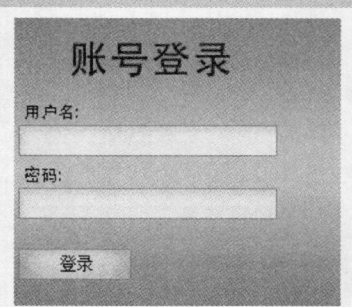

11 ▶ 执行"文件 > 打开"命令，将"素材 \ 第6 章 \62301.jpg"图像打开并拖入文档中。

12 ▶ 执行"文件 > 存储"命令，将制作的文档进行保存。

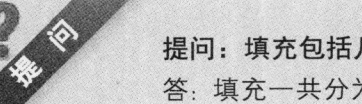

提问：填充包括几种方式？

答：填充一共分为 3 种，分别是使用"填充"命令的实色填充、使用"渐变工具"的渐变填充和使用"填充"命令或"油漆桶工具"的图案填充。

6.2.5　描边选区

在 Photoshop 中创建选区后，可以执行"编辑 > 描边"命令，在弹出的"描边"对话框中设置描边颜色和混合模式描边选区。

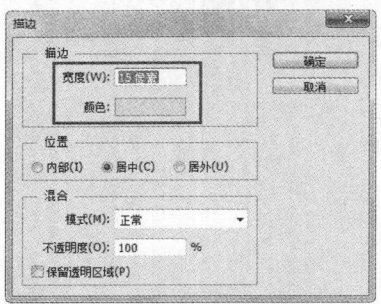 

实例 09+ 视频：为按钮描边

在网页设计中，有时候需要为图像描边，本实例通过实现按钮的描边效果详细介绍实现选区描边效果的方法和技巧。

 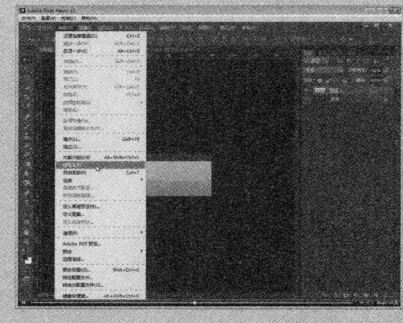

源文件：源文件 \ 第 6 章 \6-2-5.psd　　　操作视频：视频 \ 第 6 章 \6-2-5.swf

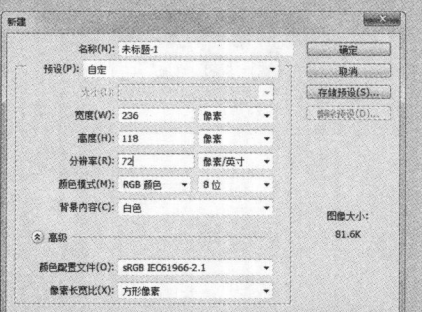 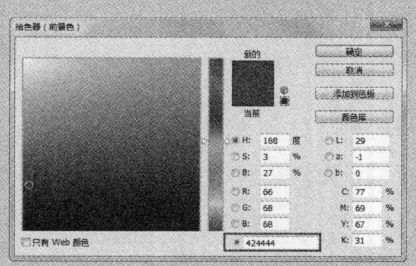

01 ▶ 执行"文件 > 新建"命令，在弹出的"新建"对话框中进行设置。

02 ▶ 单击"确定"按钮，新建空白文档，并设置"前景色"为 #424444。

03 ▶按快捷键 Alt+Delete，将设置的前景色填充到"背景"图层上。

04 ▶将"素材 \ 第 6 章 \62401.png"图像打开，并拖入新建文档中。

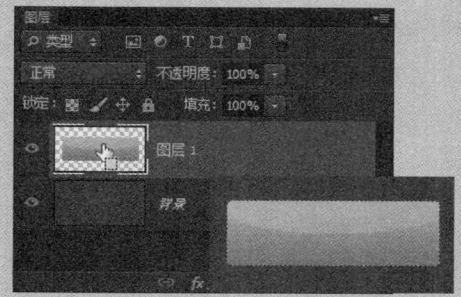

05 ▶按住键盘上的 Ctrl 键，单击"图层 1"缩览图，调出该图层的边界选区。

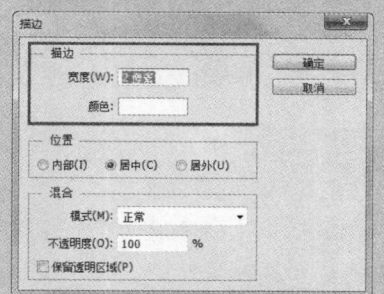

06 ▶执行"编辑 > 描边"命令，在弹出的"描边"对话框中进行设置。

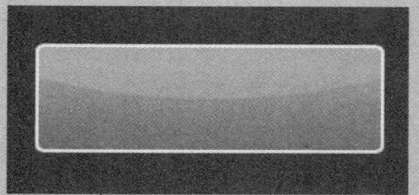

07 ▶单击"确定"按钮，完成矩形选区的描边。按快捷键 Ctrl+D，取消选区。

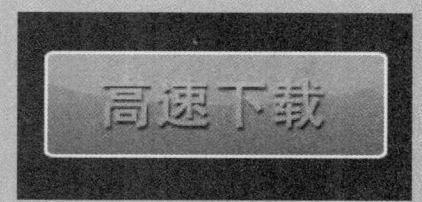

08 ▶将"素材 \ 第 6 章 \62402.png"图像打开，并拖入到文档中放置在合适的位置。

提问：还有其他描边方法吗？

答：除了执行"编辑 > 描边"命令对选区进行描边操作外，使用创建选区工具在图像中创建选区后直接单击鼠标右键，同样可以在弹出的快捷菜单中找到"描边"命令。

6.3　粘贴的技巧

"复制"和"粘贴"对于计算机用户来说太熟悉不过了，在 Photoshop 中除了执行最基本的复制、粘贴操作以外，还可以实现一些具有特殊指向的操作。

6.3.1　拷贝和粘贴

使用选择工具选中需要拷贝的图像，执行"编辑 > 拷贝"命令，将图像复制到剪贴板上，即可完成拷贝操作；执行"编辑 > 粘贴"命令，即可完成粘贴操作。

6.3.2 剪切

执行"拷贝"命令只是将原图像中选中的区域复制到剪贴板中，这样并不会对原图有任何影响。在实际工作中，有时需要将选中的区域从图像中删除，使用"剪切"命令即可完成删除操作。

6.3.3 合并拷贝

使用"拷贝"命令只能将选区中当前图层的图像拷贝，但是有时候可能需要将文档中所有可见图层的某一区域内容复制到剪贴板中。

在画布中创建一个选区，执行"编辑>合并拷贝"命令，虽然在"图层"面板中，只选中了一个文字图层，但是在执行"粘贴"命令时，却会因为使用了"合并拷贝"命令，而将选区中所有的可见图像进行粘贴。

 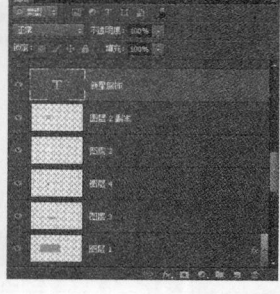 

6.3.4　选择性粘贴

执行"编辑>选择性粘贴"命令，在弹出的菜单中可以选择"原位粘贴"、"贴入"和"外部粘贴"3个命令。

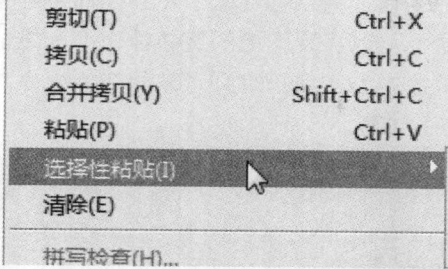

剪切(T)	Ctrl+X
拷贝(C)	Ctrl+C
合并拷贝(Y)	Shift+Ctrl+C
粘贴(P)	Ctrl+V
选择性粘贴(I) ▶	原位粘贴(P)　Shift+Ctrl+V
清除(E)	贴入(I)　Alt+Shift+Ctrl+V
拼写检查(H)...	外部粘贴(O)

● 原位粘贴

使用该命令，可以将复制的图像粘贴在相同的位置上，如果要粘贴在其他的文档中，同样可以将复制的图像粘贴到目标文档中与其在源文档中所处位置相同的位置上。

● 贴入

使用该命令可以将复制的图像粘贴到任意的其他选区之中。

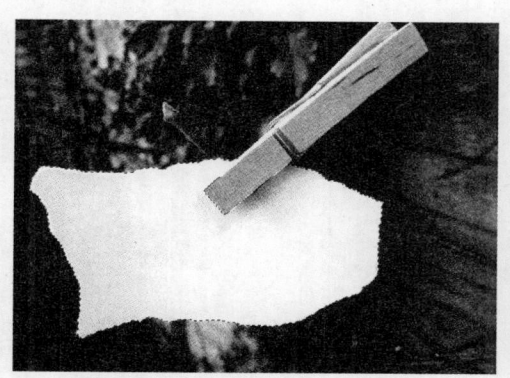

● 外部粘贴

使用该命令可以将复制的图像粘贴到任意的其他选区之外。

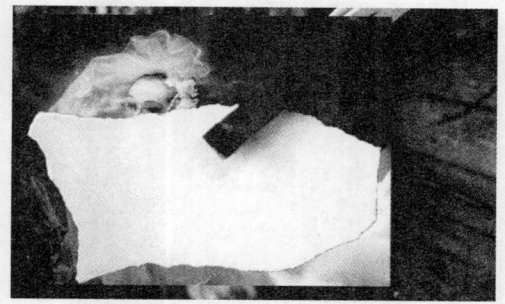

> **提示**　通过"合并拷贝"命令可以将当前选区中所有可见图层的图像合并，并添加到剪贴板中；粘贴到的选区将会转换为图层蒙版。

6.4　基本变形

将图像复制到新的位置后，可以通过"编辑"命令对图像进行旋转、缩放、变形和扭曲等各种操作。

6.4.1　自由变换

在图像的编辑过程中，用户可能经常需要对图像进行大小缩放和旋转等操作，这时用户就可以执行"编辑 > 自由变换"命令或者按快捷键 Ctrl+T，显示图像的定界框、中心点和控制点，对图像进行自由变换。

　　定界框四周的小方块是控制点，将鼠标放置于定界框四角的某一位置，当鼠标光标变换为曲线双向箭头时，拖动鼠标可以实现图像的旋转操作；直接拖动控制点可以进行图像的变换操作。中心点位于对象的中心，用于定义对象的变换中心，用户可以使用鼠标对它进行拖动，以此来改变中心点的位置。

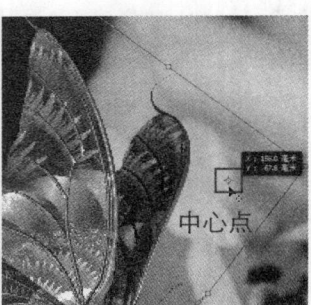

6.4.2　变换

　　在 Photoshop 中执行"编辑 > 变换"命令，可以对图像进行缩放、旋转、斜切、扭曲和透视等各种变换操作。

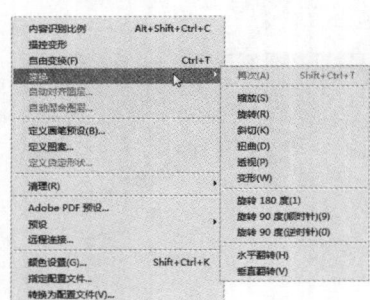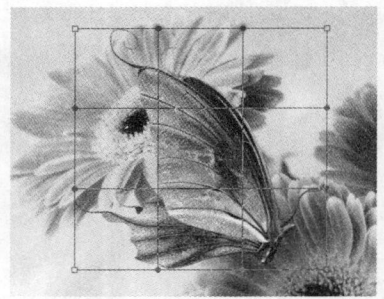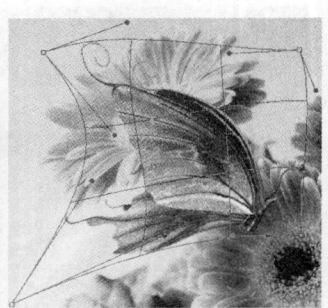

➡ 实例 10+ 视频：变化页面中的图像

　　在进行网页设计时，有时需要对网页中的图形进行变形，以使整个网页更加美观、更加和谐，本实例将针对如何变换图像进行详细讲解。

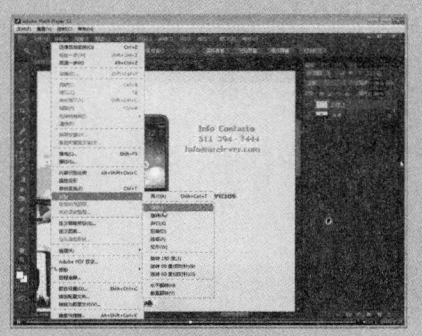

🏠 源文件：源文件 \ 第 6 章 \6-4-2.psd　　　📡 操作视频：视频 \ 第 6 章 \6-4-2.swf

01 ▶ 执行"文件 > 打开"命令，在弹出的对话框中选择"素材 \ 第 6 章 \64201.jpg"。

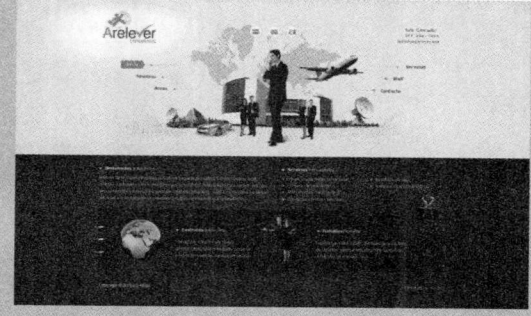

02 ▶ 单击"打开"按钮，将"素材 \ 第 6 章 \64201.jpg"图像打开。

03 ▶ 使用相同的方法，打开"素材 \ 第 6 章 \64202.png"。

04 ▶ 使用"移动工具"将"64202.png"素材拖入到刚刚打开的文档中。

05 ▶ 执行"编辑 > 变换 > 缩放"命令，调整图像的位置和大小。

06 ▶ 按 Enter 键确认调整。执行"编辑 > 变换 > 旋转"命令，调整图像的旋转角度。

07 ▶ 按 Enter 键确认变换，图像效果如图所示。

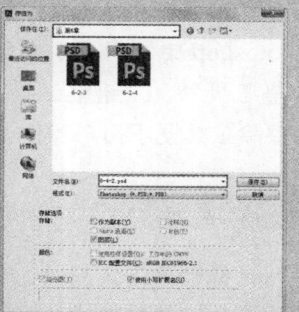

08 ▶ 执行"文件 > 存储为"命令，在弹出的对话框中进行设置，完成实例的制作。

提问：如何准确对图像进行旋转？

答：如果用户需要对图像进行非常精准的旋转或变换，可以在执行"变换"命令后，在选项栏中以数值的形式对图像进行精确变换。

| X: 450.00 像 △ Y: 337.50 像 | W: 100.00% ⟷ H: 100.00% △ 0 度 H: 0.00 度 V: 0.00 度 |

如果用户正在执行"自由变换"操作，可以通过右击变换框，将"自由变换"修改为任意一种"变换"类型。

6.4.3 操控变形

执行"编辑 > 操控变形"命令可以对图像进行更丰富的变形操作，使用该命令可以精确地将任何图像元素重新定位或变形。

 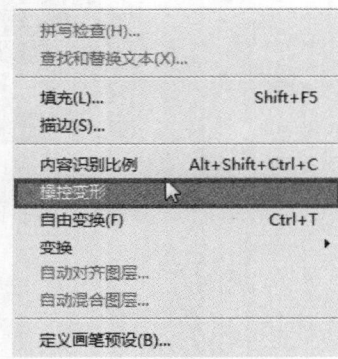 

"操控变形"命令不能应用到"背景"图层，如果需要使用，可以双击"背景"图层将其转换为"图层 0"，或者在一个独立的图层中使用该命令。

6.5 绘制与擦除

在 Photoshop 中不仅可以编辑图像，还可以绘制图像。它提供了多种绘图工具，其中包括"画笔工具"、"铅笔工具"和"混合器画笔工具"等。同时 Photoshop 还提供了 3 种类型的擦除工具便于用户操作。

6.5.1 设置颜色

在绘制一幅精美的作品时，首先需要掌握最基本工具的使用方法和颜色的选择，然而颜色的选择更是绘图的关键所在。在 Photoshop 中提供了各种绘图工具，这就不可避免地需要对颜色进行选择设置。

● "前景色"和"背景色"

在默认情况下，"前景色"和"背景色"分别为黑色和白色，"前景色"决定了使用"绘图工具"绘制图像以及使用"文字工具"创建文字时的颜色；"背景色"则决定了背景图像区域为透明时所显示的颜色。

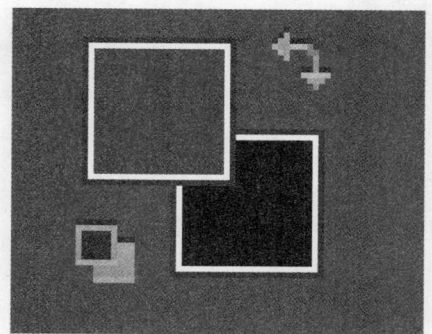

● "拾色器"对话框

"拾色器"是定义颜色的对话框，用户可以在对话框中单击需要的颜色进行设置，同时也可以使用颜色值进行准确的颜色设置。

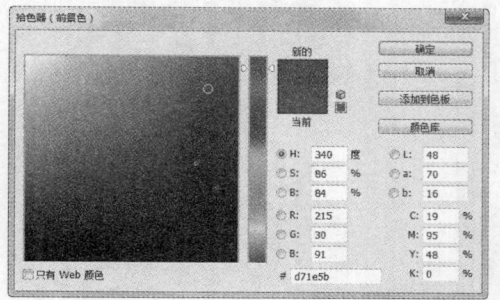

● 吸管工具

"吸管工具"可以吸取当前文档中指定位置图像的"像素"颜色。如果用户需要文档中某个位置的颜色时，使用"吸管工具"单击该位置，即可直接获取该颜色。

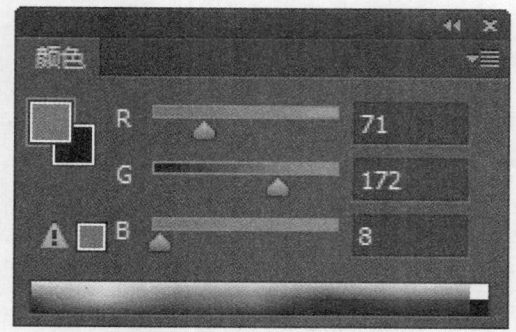

● "颜色"面板

使用"颜色"面板选择颜色，如同在"拾色器"对话框中选色一样轻松，并且使用"颜色"面板还可以使用不同的颜色模式进行颜色选择。

● "色板"面板

"色板"面板可存储用户经常使用的颜色，也可以在面板中添加和删除预设颜色，或者为不同的项目显示不同的颜色库。

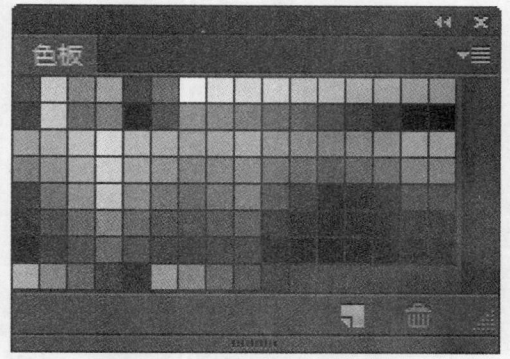

 提示　在默认情况下，"颜色"面板提供的是 RGB 颜色模式的滑块，如果想使用其他模式的滑块进行选色，单击右上角的三角形按钮，在弹出的菜单中即可进行设置。

6.5.2　使用画笔工具绘图

使用"画笔工具"可以绘制出比较柔和的前景色线条，类似于用真实画笔绘制的线条。通过在"画笔预设"面板中对相关选项进行设置，可以使用画笔绘制出不同的线条，其真实度可以和现实中的画笔效果相媲美。

单击"画笔工具"按钮，在"画笔预设"面板 中即可设置画笔的样式、大小和硬度。

 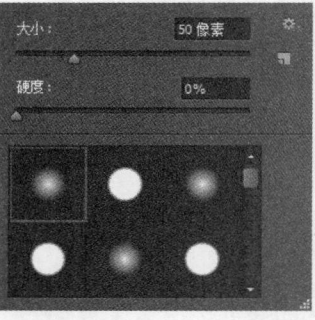 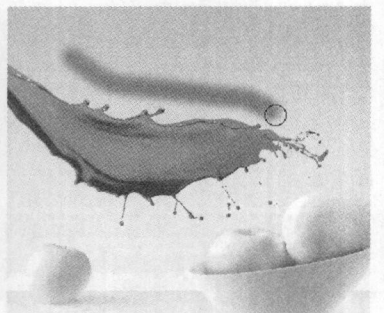

提 示 在使用"画笔工具"时，在英文状态下，按 [键可以减小画笔的直径，按] 键可以增加画笔的直径；按键盘上的数字键，可以调整工具的不透明度。

实例 11+ 视频：绘制网站标志

在 Photoshop 中，可以使用"画笔工具"绘制各种各样的图像。本实例通过绘制网站标志讲解"画笔工具"的使用方法和技巧。

🏠 源文件：源文件 \ 第 6 章 \6-5-2. psd

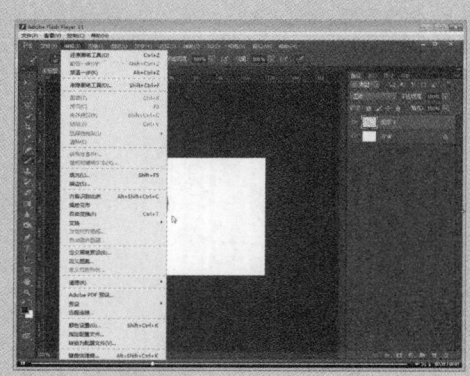

🔊 操作视频：视频 \ 第 6 章 \6-5-2. swf

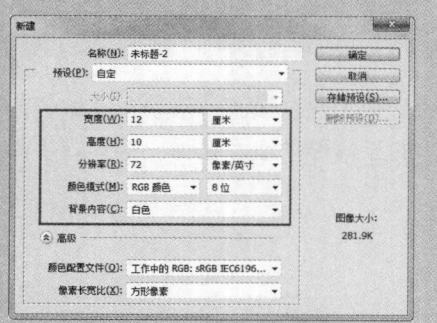

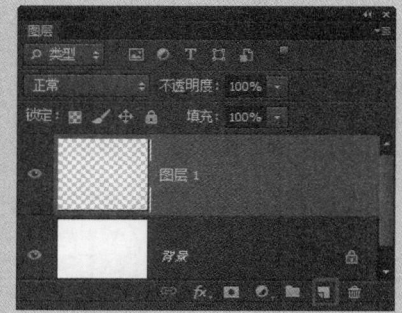

01 ▶ 执行"文件 > 新建"命令，在弹出的"新建"对话框中进行设置。

02 ▶ 单击"图层"面板中的"创建新图层"按钮，新建"图层 1"。

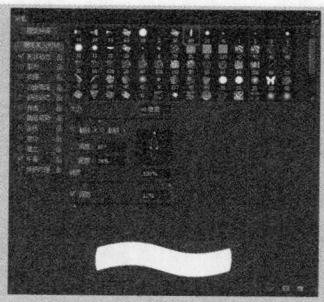

03 ▶ 选择工具箱中的"画笔工具"，在选项栏中单击"切换画笔面板"按钮，在面板中进行设置。

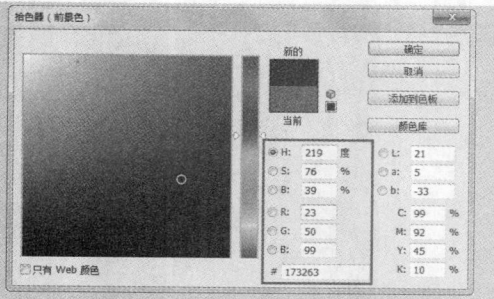

04 ▶ 单击工具箱中的"设置前景色"按钮，在弹出的"拾色器"面板中进行设置，单击"确定"按钮。

05 ▶ 完成设置后，在画布中单击绘制出所需要的图形。

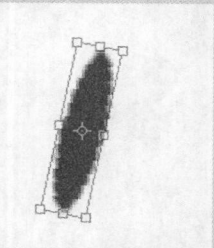

06 ▶ 按快捷键 Ctrl+T，调整图形的旋转角度。

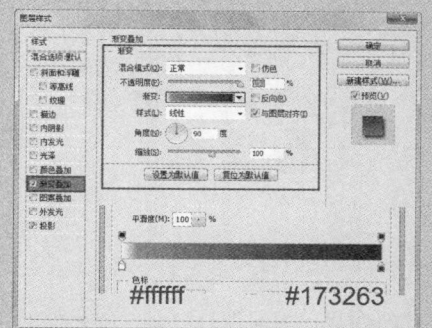

07 ▶ 双击"图层 1"，在弹出的"图层样式"对话框中选择"渐变叠加"样式，并进行设置。

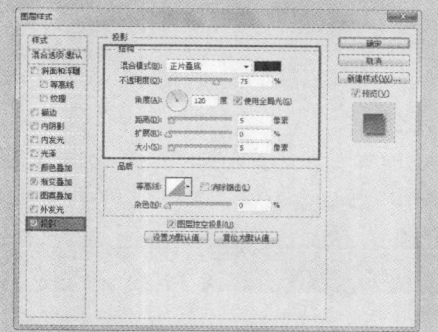

08 ▶ 单击"投影"样式，进行相应的设置，单击"确定"按钮。

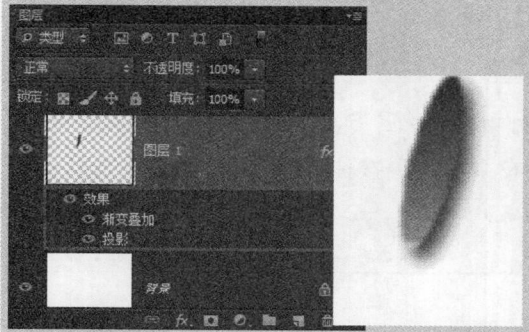

09 ▶ 单击"确定"按钮，观察完成后的样式效果。

10 ▶ 使用相同的方法，完成其他相似内容的制作。

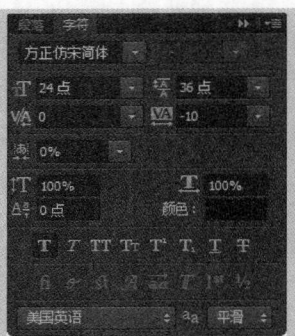

11 ▶单击工具箱中的"横排文字工具"，在"字符"面板中进行设置。

12 ▶在画布中单击，输入文本，文字效果如图所示。

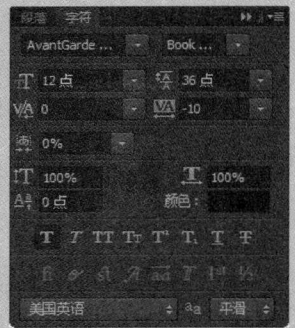

13 ▶使用相同的方法，在"字符"面板中进行设置。

14 ▶继续输入文本，效果如图所示，"图层"面板如图所示。

关闭(C)	Ctrl+W
关闭全部	Alt+Ctrl+W
关闭并转到 Bridge...	Shift+Ctrl+W
存储(S)	Ctrl+S
存储为(A)...	Shift+Ctrl+S
签入(I)...	
存储为 Web 所用格式...	Alt+Shift+Ctrl+S
恢复(V)	F12

15 ▶执行"文件 > 存储为"命令，弹出"存储为"对话框。

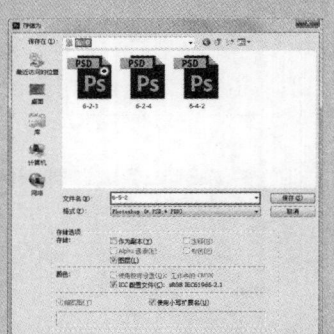

16 ▶在弹出的"存储为"对话框中进行设置，完成实例的制作。

 提问：如何使用"画笔工具"绘制直线条？
答：使用"画笔工具"时，在画布中单击，按住 Shift 键的同时单击画布中任意一点，两点之间会以直线连接。

6.5.3　擦除图像

擦除多余的图像在图像处理过程中是经常使用的操作，Photoshop 中为用户提供了"橡皮擦工具"、"背景橡皮擦工具"和"魔术橡皮擦工具"3 种类型的擦除工具，以便用户根据不同的情况进行选择使用。

● 橡皮擦工具

　　"橡皮擦工具"用于擦除图像的颜色，如果在"背景"图层或锁定了透明区域的图像中使用该工具，被擦除的部分会显示为"背景色"；处理其他图层时，可擦除涂抹区域的任何像素。

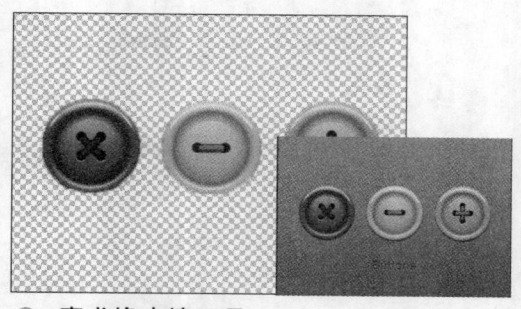

● 魔术橡皮擦工具

　　"魔术橡皮擦工具"可以用来擦除图像中的颜色，但其可以擦除一定容差值内的相邻颜色。

● 背景橡皮擦工具

　　"背景橡皮擦工具"是一种智能橡皮擦，它具有自动识别对象边缘的功能，可采集画笔中心的色样，并删除在画笔内出现的这种颜色，使擦除区域成为透明区域。

提示　　为了避免误擦到需要保留的区域，在使用"背景橡皮擦工具"时，尽量不要让光标的十字线碰到需要保留的区域。擦除过程中适当调整笔触的大小和硬度，可以达到更好的擦除效果。

6.6　本章小结

　　本章主要讲解如何在 Photoshop 中创建和编辑选区，以及图像的绘制和图像的简单操作，通过本章的学习，读者可以掌握选区和图像变换的操作方法和技巧，并可以在实际应用中熟练使用。

第 7 章 修复工具和调色命令

在日常生活中，图像的修饰和调色会经常遇到。Photoshop 为用户提供了一些修饰和调色工具，可以轻松地对图像进行调整。

7.1 修复图像

Photoshop 提供了多个用于处理图像的修复工具，包括"污点修复画笔工具"、"修复画笔工具"、"修补工具"和"内容感知移动工具"等，使用这些工具可以快速修复图像中的污点和瑕疵。

7.1.1 污点修复画笔工具

"污点修复画笔工具"可以快速去除图像上的污点、划痕和其他不理想的部分。它可以使用图像或图案中的样本像素进行绘画，并将样本像素的纹理、光照、透明度和阴影与所修复的像素相匹配，还可以自动从所修饰区域的周围取样。

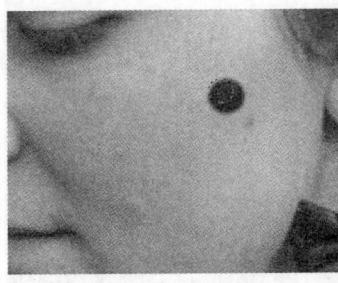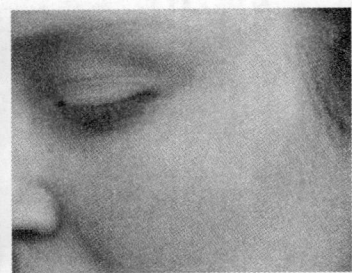

7.1.2 修复画笔工具

"修复画笔工具"可以利用图像或图案中的样本像素来绘画，而且修复后的效果不会产生人工修复的痕迹。

选择工具箱中的"修复画笔工具"，按住 Alt 键在图像中定义用来修复图像的源点，单击并拖动即可绘制图像。

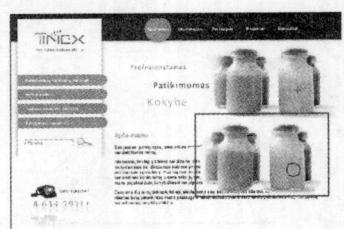

本章知识点

- ☑ 掌握修复图像的方法
- ☑ 了解图像模式
- ☑ 认识直方图
- ☑ 掌握图像色调的调整
- ☑ 掌握调整色彩的方法

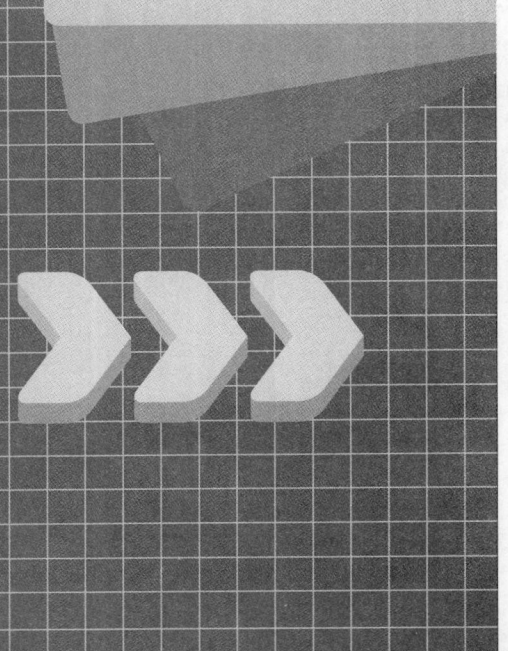

7.1.3　修补工具

　　"修补工具"可以用其他区域或图案中的像素来修复选中的区域。它与"修复画笔工具"一样，会将样本像素的纹理、光照和阴影与源像素进行匹配。但是"修补工具"需要选区来定位修补范围。

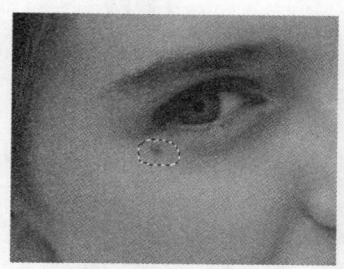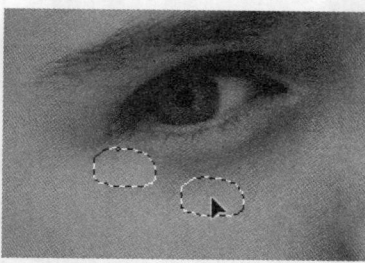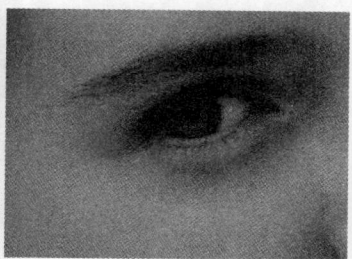

7.1.4　内容感知移动工具

　　使用"内容感知移动工具"可以将图像中的对象移动到图像的其他位置，并且在对象原来的位置自动填充附近的图像，使其移动后可以与附近图像融合。

7.1.5　仿制图章工具

　　"仿制图章工具"可以将图像中的像素复制到其他图像或同一图像的其他部分，还可以在同一图像的不同图层间进行复制，该工具主要用于复制图像或覆盖图像中的缺陷。

➡ 实例 12+ 视频：去除网页中的水印

　　在网页设计中，有些素材需要经过 Photoshop 的处理才可使用，本实例将对如何使用 Photoshop 去除网页中的水印进行详细讲解。

🏠 源文件：源文件 \ 第 7 章 \7-1-5. psd

📶 操作视频：视频 \ 第 7 章 \7-1-5. swf

01 ▶ 打开 Photoshop 软件，执行"文件 > 打开"命令，在弹出的"打开"对话框中选择"素材 \ 第 7 章 \71501.png"。

02 ▶ 单击"图层"面板底部的"创建新图层"按钮，新建"图层 1"，选择工具箱中的"矩形工具"绘制矩形。

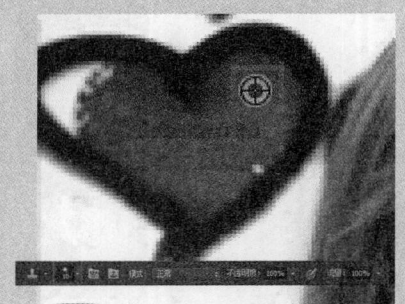

03 ▶ 使用相同的方法，将"素材 \ 第 7 章 \71502.jpg"打开并拖入素材 71501.png 中，并调整其位置和大小。

04 ▶ 选择"仿制图章工具"，在选项栏中选择合适的画笔，按住 Alt 键的同时，进行采样。

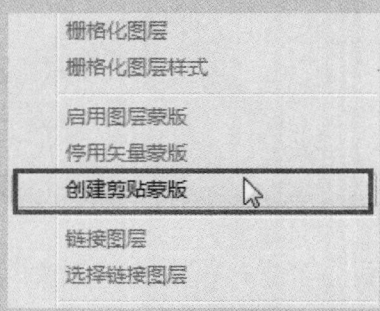

05 ▶ 在有文字的地方进行涂抹，图像效果如图所示。

06 ▶ 使用鼠标右键单击"图层 2"，在弹出的菜单中选择"创建剪贴蒙版"命令。

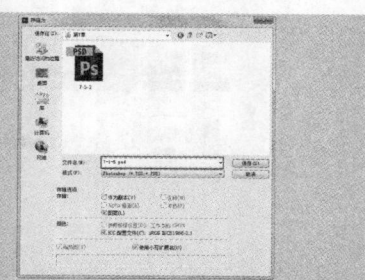

07 ▶ 创建剪贴蒙版，此时"图层"面板如图所示。

08 ▶ 执行"文件 > 存储为"命令，保存文件，完成实例的制作。

提问：如何巧妙结合取样标记修复图像？

答：使用"仿制图章工具"取样后，在图像的其他位置涂抹，取样点会出现"十字线"，它会随着涂抹位置的变化而变化。观察"十字线"标志位置的图像，就可以知道将要涂抹出什么样的图像内容。

7.1.6 图案图章工具

"图案图章工具"可以利用 Photoshop 提供的图案或自定义的图案进行绘画。在其选项栏中可以设置"图案"、"对齐"和"印象派效果"等属性。在选项栏中单击"图案"，弹出"图案拾色器"，单击右侧的三角形按钮，在弹出的菜单可以添加各种各样的图案。

艺术表面
艺术家画笔画布
彩色纸
侵蚀纹理
灰度纸
自然图案
图案 2
图案
岩石图案
填充纹理 2
填充纹理

➡ 实例 13+ 视频：自定义图案绘制图像

在 Photoshop 中可以首先自定义图案，然后使用自定义的图案绘制图像，本实例将对"图案图章工具"的应用进行详细讲解。

源文件：源文件 \ 第 7 章 \7-1-6. psd

操作视频：视频 \ 第 7 章 \7-1-6. swf

01 ▶ 打开 Photoshop 软件，执行"文件 > 打开"命令，在弹出的"打开"对话框中选择"素材 \ 第 7 章 \71601.jpg"。

02 ▶ 单击"打开"按钮，在 Photoshop 中打开 71601.psd 素材。使用"快速选择工具"创建选区。

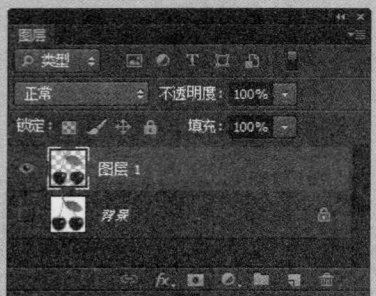

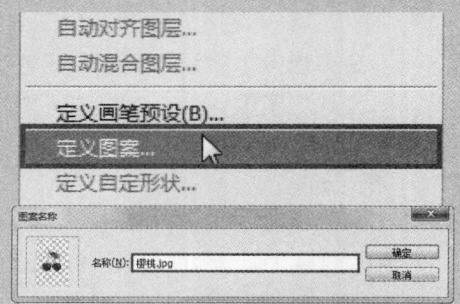

03 ▶ 按快捷键 Ctrl+J，复制选区内容，得到"图层 1"，隐藏"背景"图层，"图层"面板如图所示。

04 ▶ 执行"编辑 > 定义图案"命令，在弹出的"图案名称"对话框中进行设置，单击"确定"按钮。

05 ▶ 使用相同的方法，打开"素材 \ 第 7 章 \71602.jpg"。

06 ▶ 打开"图层"面板，单击"创建新图层"按钮，新建"图层 1"。

07 ▶ 选择"图案图章工具"，在"图案拾色器"中选择自定义的图案。

08 ▶ 在图像中进行涂抹，效果如图所示。

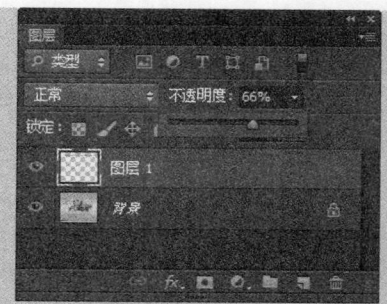

09 ▶ 在"图层"面板中设置"图层1"的"不透明度"。

10 ▶ 使用相同的方法，完成其他相似内容的制作。

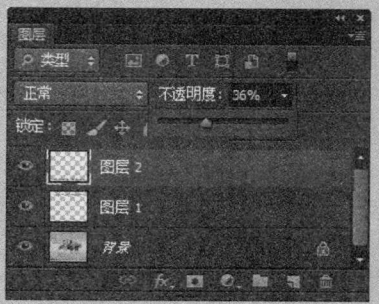

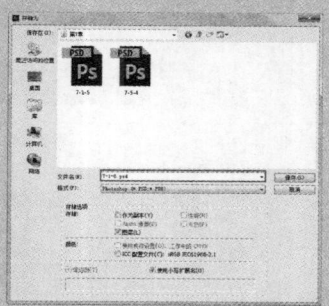

11 ▶ "图层"面板如图所示，执行"文件 > 存储为"命令。

12 ▶ 在弹出的"存储为"对话框中进行设置，完成实例的制作。

提问：为何创建自定义图案时要隐藏"背景"图层？

答：如果不隐藏"背景"图层，自定义的图案是在画布中显示的图像，只有隐藏了"背景"图层，才能自定义复制的选区为图案。

7.2 调整图像模式

在 Photoshop 中可以自由转换图像的各种颜色模式。但是由于不同的颜色模式所包含的色彩范围不同，以及它们的特性存在差异，因而在转换时或多或少会产生一些数据的丢失。此外颜色模式与输出信息也息息相关。因此在进行模式的转换时，需要考虑这些问题，尽量做到按照需求，适当谨慎地处理图像颜色模式，避免产生不必要的损失，以获得高效率、高品质的图像。

7.2.1　RGB 模式和 CMYK 模式

执行"图像 > 模式 >RGB 模式"和"图像 > 模式 >CMYK 模式"命令，即可进行 RGB 模式和 CMYK 模式的转换。

7.2.2　位图模式和灰度模式的转换

在 Photoshop 中，只有"灰度"模式的图像才能转换为"位图"模式，所以彩色模式在转换为"位图"模式时，必须转换为"灰度"模式。

实例 14+ 视频：转换图像模式

在 Photoshop 中可以随时进行图像模式的转换，以便使用，本实例将通过"灰度"模式和"位图"模式的转换进行详细讲解。

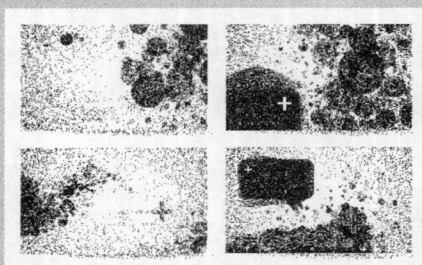

源文件：源文件 \ 第 7 章 \7-2-2.psd

操作视频：视频 \ 第 7 章 \7-2-2.swf

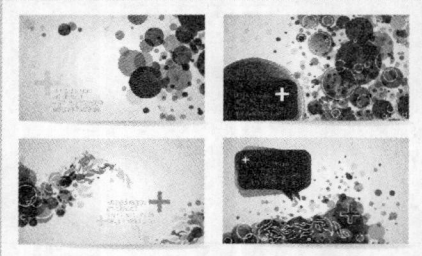

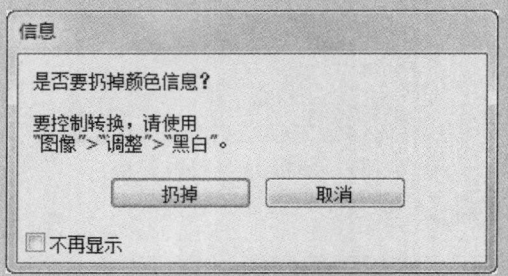

01 ▶ 执行"文件 > 打开"命令，选择"素材 \ 第 7 章 \72201.jpg"。

02 ▶ 执行"图像 > 模式 > 灰度"命令，弹出"信息"对话框。

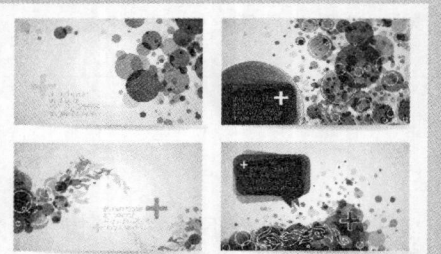

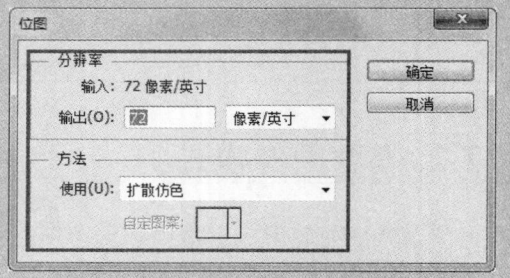

03 ▶ 单击"扔掉"按钮，此时图像将从彩色转换为黑白的图像效果。

04 ▶ 执行"图像 > 模式 > 位图"命令，在弹出的"位图"对话框中设置各项参数。

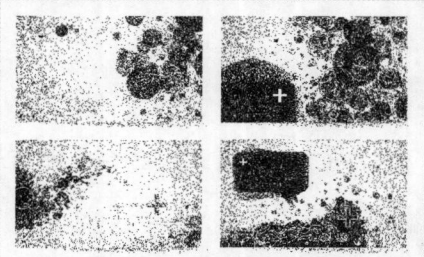

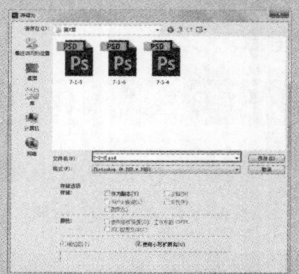

05 ▶ 单击"确定"按钮，图像将转换为像素点的位图效果。

06 ▶ 执行"文件 > 存储为"命令，保存文件，完成实例的制作。

提问：转换为"位图"模式的方式有几种？

答：在 Photoshop 中一共提供了 5 种转换为"位图"模式的方式，分别是"50% 阈值"、"图案仿色"、"扩散仿色"、"半调网屏"和"自定图案"。

7.2.3　索引色模式转换

"索引颜色"模式是一种特殊的模式。该模式的图像在网页图像中应用得比较广泛。例如 GIF 格式的图像其实就是一个"索引颜色"模式的图像。当图像从某一种模式转换为"索引颜色"

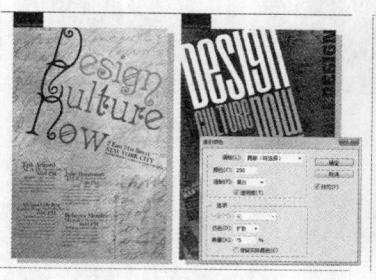

模式时，会删除图像中的部分颜色，只保留 256 色。

在索引颜色模式下只能进行有限的编辑。要进一步进行编辑，应临时转换为 RGB 模式。索引颜色文件可以存储为 PSD、BMP、DICOM（医学数字成像和通信）、GIF、Photoshop EPS、大型文档格式（PSB）等格式。

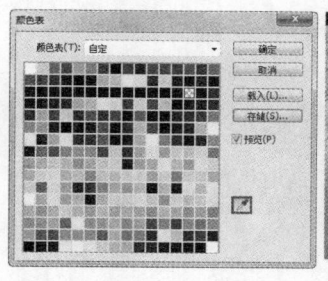

当 RGB 图像转换为"索引颜色"模式后，"图像 > 模式 > 颜色表"命令自动被激活，执行该命令可以弹出"颜色表"对话框，在"颜色表"对话框中可以编辑或保存图像颜色，或者通过选择和安装其他的"颜色表"来改进图像颜色。

7.2.4　Lab 模式的转换

Lab 模式是颜色范围最广的一种颜色模式，它可以涵盖 RGB 和 CMYK 的颜色范围。同时它也是一种独立的模式，无论在什么设备中都能够使用并输出图像。因此从其他模式转换为 Lab 模式时不会产生失真。

7.3 认识直方图

使用"直方图"可以用图形表示图像的每一个亮度级别的像素数量，显示像素在图像中的分布情况。通过查看直方图，就可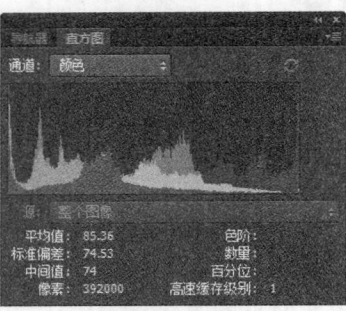

以判断出图像的阴影、中间调和高光中包含的细节是否充足，以便对其进行适当的调整。

7.4 调整图像色调

图像的色调对于图像至关重要。Photoshop 中提供了多个调整色调的工具，使用这些工具可以使画面更加漂亮，主题更加突出。

7.4.1 自动调整

Photoshop 提供了 3 种自动调整图像的方式，分别是"自动色阶"命令、"自动对比度"命令和"自动颜色"命令，均可对图像进行快速调整。

● **自动色阶**

使用"自动色阶"命令可以增强图像的对比度。对于需要以简单方式增加对比度的一些图像，使用该命令可以得到较好的效果。

● **自动颜色**

使用"自动颜色"命令可以让系统自动对图像进行颜色校正。如果图像有色偏或饱和度过高，均可以使用该命令进行自动调整。

● **自动对比度**

使用"自动对比度"命令可以让系统自动调整图像亮部和暗部的对比度。其原理是将图像中最暗的像素变为黑色，最亮的像素变为白色。

7.4.2 调整色阶

使用"色阶"命令可以调整高光区或阴影区像素高度集中的图像。具有丰满色调的图像应该在所有的区域有很高的像素数量，包括高光区、中间色区和阴影区。"色阶"调整把最暗的像素（阴影区）和最亮的像素（高亮区）设为黑和白，然后成比例地重新调整中间色区。

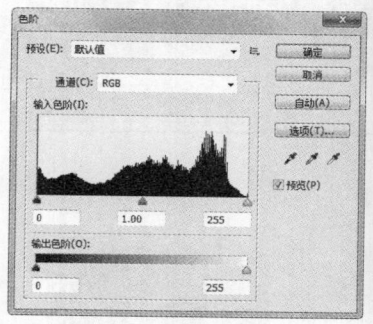 

7.4.3 调整曲线

"曲线"和"色阶"命令都可以调整图像的色调范围。不同的是，"色阶"使用高光区、中间色区和阴影区来调整色调范围；"曲线"沿着色调范围（从最暗像素到最亮像素）调整颜色。

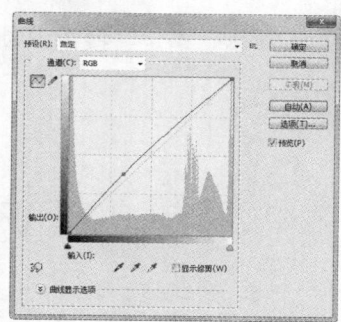 

7.5 色彩调整

色彩调整在网页设计中也是一种常见的处理方式。对于一个图像设计爱好者来说，颜色是一个强有力的、刺激性极强的设计元素，它可以给人视觉上的震撼。因此创建完美的色彩至关重要，图像色调和色彩的控制更是编辑的关键，只有有效地控制图像的色调和色彩，才可以制作出高质量的图像。

7.5.1 亮度 / 对比度

执行"图像 > 调整 > 亮度 / 对比度"命令，可以改变图像中所有像素的亮度和对比度。虽然使用"色阶"和"曲线"命令也可以实现该效果，但"亮度 / 对比度"命令更加简便和直观。

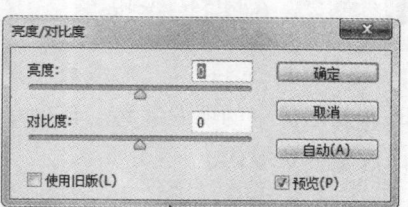

7.5.2 替换颜色

执行"图
像 > 调整 > 替
换颜色"命令,
弹出"替换颜
色"对话框,
使用"吸管工
具"吸取需要
替换的颜色,

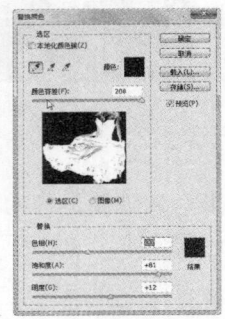

通过设置"替换"选项框中的"色相"、"饱和度"和"明度",单击"确定"按钮,即
可将颜色替换。

7.5.3 反相

使用"反相"命令,可以将像素的颜色改变为它们的互补色,如黑变白、白变黑。该
命令是唯一不损失图像色彩信息的变换命令。

7.5.4 色相 / 饱和度

"色相 / 饱和度"命令可以调整图像中特定颜色范围的色相、饱和度和亮度,或者同
时调整图像中的所有颜色。该命令尤其适用于微调 CMYK 图像中的颜色,以便它们处在输
出设备的色域内。

 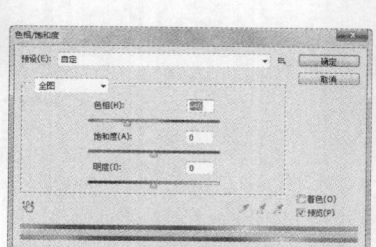 

➡ 实例 15+ 视频：全彩网页

在制作网页时，有时为了节省时间和费用，需要在 Photoshop 中对同一产品的色相进行调整，从而制作出色彩丰富的网页。本实例将进行详细讲解。

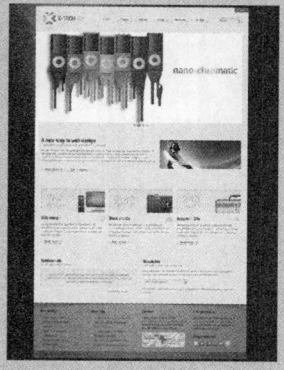

🏠 源文件：源文件 \ 第 7 章 \7-5-4.psd

📡 操作视频：视频 \ 第 7 章 \7-5-4.swf

01 ▶ 执行"文件 > 打开"命令，在弹出的"打开"对话框中选择"素材 \ 第 7 章 \75401.jpg"。

02 ▶ 使用相同的方法，将"素材 \ 第 7 章 \75402.png"打开并拖入到素材 75401.jpg 中，并调整其位置和大小。

 提示

用户也可以在"打开"对话框中按住 Ctrl 键，直接选择多个图像，一次性将其全部打开。

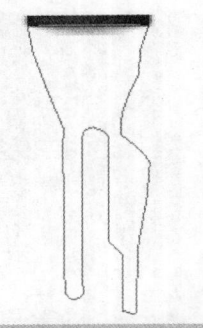

03 ▶ 在"图层 1"下方新建"图层 2",使用"钢笔工具"绘制路径。

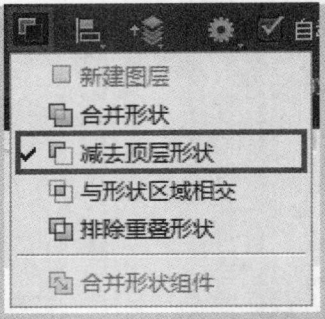

04 ▶ 单击选项栏中的"路径操作"按钮,在弹出的菜单中选择"减去顶层形状"命令。

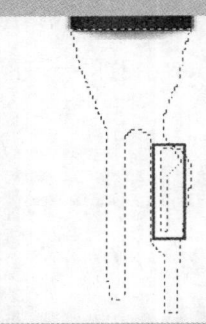

05 ▶ 绘制路径,按快捷键 Ctrl+Enter,将刚刚绘制的路径转换为选区。

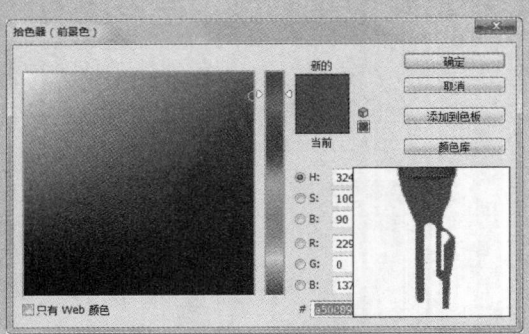

06 ▶ 设置"前景色"为 #e50089,单击"确定"按钮,按快捷键 Alt+Delete 进行填充。

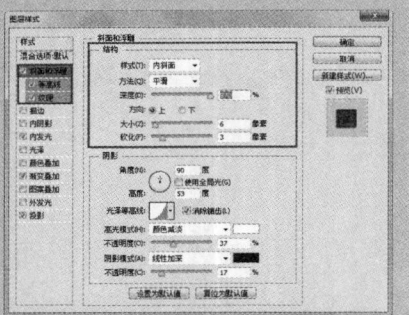

07 ▶ 双击"图层 2",在弹出的"图层样式"对话框中进行设置。

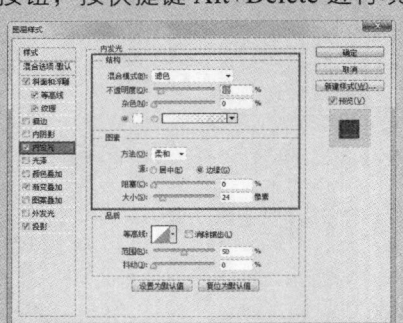

08 ▶ 单击"内发光"样式进行设置,添加"内发光"图层样式。

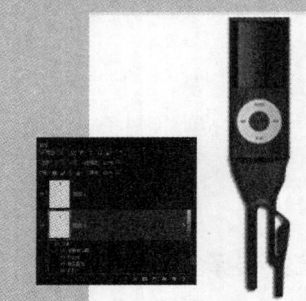

09 ▶ 使用相同的方法,为"图层 2"添加其他图层样式。

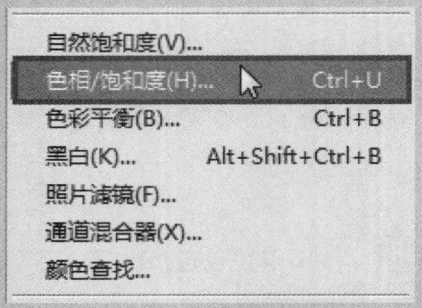

10 ▶ 复制"图层 1",调整其位置,执行"图像 > 调整 > 色相 / 饱和度"命令。

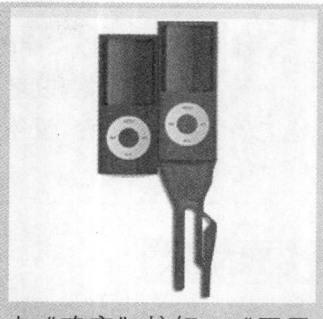

11 ▶ 在弹出的"色相/饱和度"对话框中拖动"色相"滑块进行设置。

12 ▶ 单击"确定"按钮,"图层 1 副本"效果如图所示。

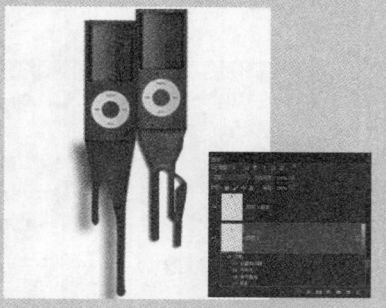

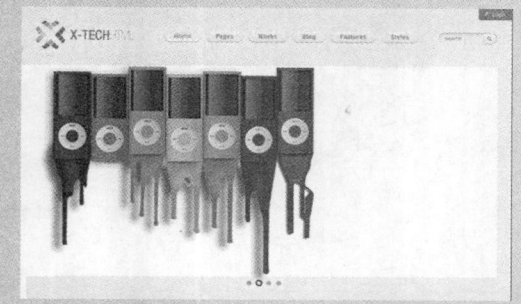

13 ▶ 使用相同的方法,完成"图层 3"的制作,效果如图所示。

14 ▶ 使用相同的方法,完成其他类似内容的制作。

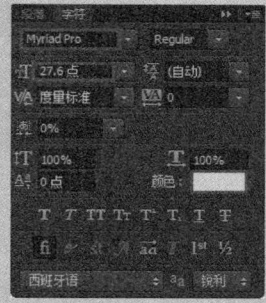

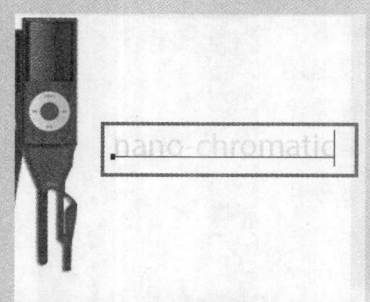

15 ▶ 选择"横排文字工具",在"字符"面板中进行设置。

16 ▶ 在画布中单击,输入文本,文字效果如图所示。

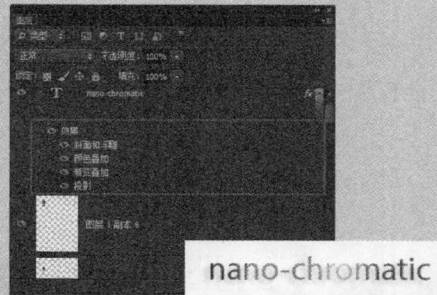

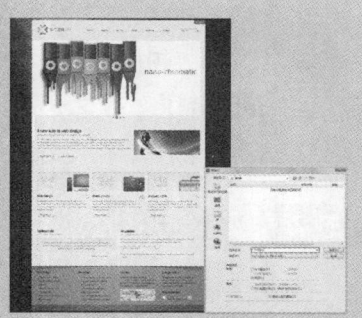

17 ▶ 使用相同的方法,为文字图层添加其他图层样式,效果和"图层"面板如图所示。

18 ▶ 执行"文件 > 存储为"命令,在弹出的"存储为"对话框中进行设置,完成实例的制作。

提问："色相／饱和度"对话框中的颜色条有什么作用？
答："色相／饱和度"对话框底部有两个颜色条，上面的颜色条代表调整前的颜色，下面的颜色条代表调整后的颜色，可以对调整前后的色彩进行对比。

7.5.5 渐变映射

"渐变映射"命令的主要功能是可以将预设的几种渐变模式作用于图像，它将要处理的图像作为当前图像。

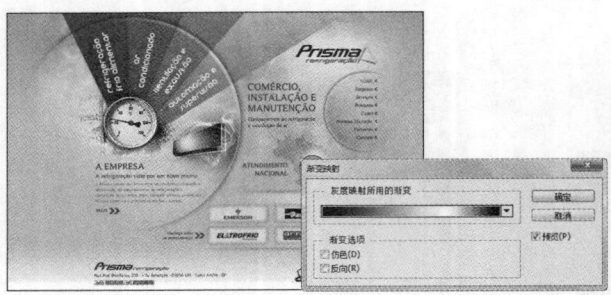

7.5.6 阈值

"阈值"命令会根据图像像素的亮度值把它一分为二，一部分用黑色表示，另一部分用白色表示。其黑白

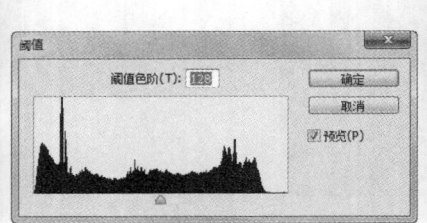

像素的分配由"阈值"对话框中的"阈值色阶"文本框来指定。

"阈值"的变化范围在 1 ～ 255 之间，阈值色阶的值越大，黑色像素分布越广；反之，阈值色阶值越小，白色像素分布越广。

7.5.7 变化

"变化"命令是一个非常简单和直观的图像调整命令，它不像其他命令有复杂的选项，使用该命令时，只要单击图像的缩览图，便可以调整色彩平衡、对比度和饱和度，并且还可以观察到原图像与调整结果的对比效果。

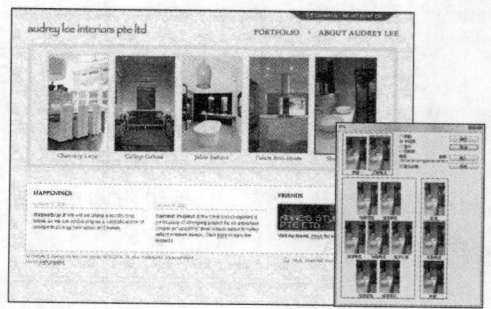 

需要注意的是，"变化"命令不可以应用于"索引颜色"模式的图像和 16 位通道的图像。

7.5.8 照片滤镜

用户可以执行"图像 > 调整 > 照片滤镜"命令，即可弹出"照片滤镜"对话框。

"照片滤镜"命令可以模拟通过彩色校正滤镜拍摄照片的效果，还可以选择自定义的颜色向图像应用色相调整。

7.5.9 阴影/高光

"阴影/高光"命令是非常有用的命令，该命令能够基于阴影或高光中的局部相邻像素来校正每个像素，在

调整阴影区域时，对高光区域的影响很小，而调整高光区域又对阴影区域的影响很小。

7.6 本章小结

本章主要讲解 Photoshop 中的色调和色彩调整功能，通过本章的学习，读者可以掌握 Photoshop 中的调色方法，从而创作出许多不同色彩效果的图像。需要注意的是，这些命令或多或少会丢失一些颜色数据。

第 8 章　图层的使用

　　图层是 Photoshop 中重要的功能之一，几乎所有的编辑操作都以图层为依托。如果没有图层，所有的图像都将处在同一个平面上。

8.1　图层的基本操作

　　图层就像在一张画上铺设一张透明的玻璃纸，透过这张玻璃纸不但能够看到画的内容，而且在玻璃纸上进行任何涂抹都不会影响到画的内容。

　　本节将针对如何创建图层、编辑图层以及其他图层的基本操作进行详细讲解。

8.1.1　新建图层和图层组

　　Photoshop 中提供了多种创建图层和图层组的方法，包括在"图层"面板中创建和使用命令创建等。

本章知识点

- ☑ 掌握图层的基本操作
- ☑ 了解图层的特殊混合
- ☑ 掌握图层样式
- ☑ 认识混合颜色带
- ☑ 掌握填充和调整图层

● **创建图层**

　　打开"图层"面板，单击"创建新图层"按钮，即可在当前图层的上方创建一个图层。

● **创建图层组**

　　打开"图层"面板，单击"创建新组"按钮，即可在当前图层上方创建一个新的图层组。

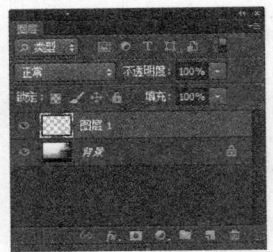

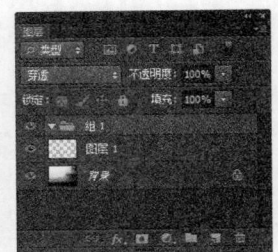

　　执行"图层 > 新建 > 图层"命令，在弹出的"新建图层"对话框中进行设置，单击"确定"按钮，即可创建一个新图层。

　　执行"图层 > 新建 > 组"命令，在弹出的"新建组"对话框中进行设置，单击"确定"按钮，即可创建一个新图层组。

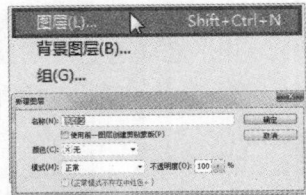

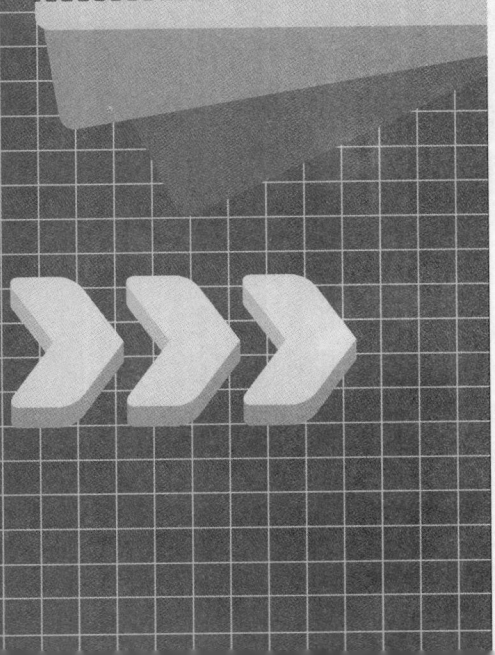

提示　如果想在当前图层的下方新建图层，可以在按住 Ctrl 键的同时单击"图层"面板中的"创建新图层"按钮，需要注意的是在"背景"图层下方不能创建图层。

8.1.2　删除图层

在对图层进行编辑的过程中，有时需要删除图层，删除图层可以减小图像文件的大小。

在"图层"面板中选择需要删除的图层，单击"删除"按钮，或者执行"图层＞删除＞图层"命令，在弹出的对话框中单击"是"按钮，或者在"图层"面板的菜单中选择"删除图层"命令进行删除。

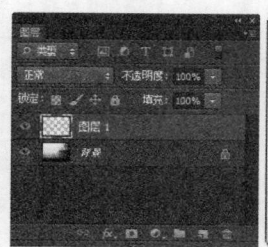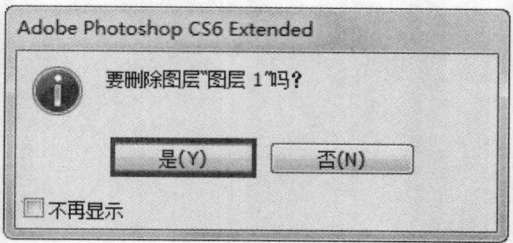

8.1.3　图层的叠放

在 Photoshop 中，不同的图层有着不同的空间叠放顺序，且直接关系到图像的显示效果，因此为图层排列是一个非常基本的操作，使用鼠标直接拖曳或者使用"排列"命令均可调整图层之间的相互叠放顺序。

● 鼠标直接拖曳

在"图层"面板中，选择需要调整叠放顺序的图层，使用鼠标可以直接将图层移至相应的位置。

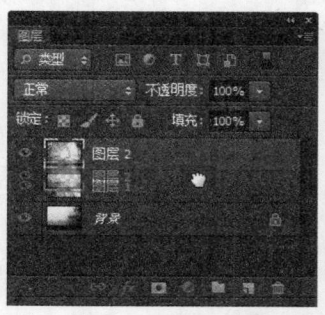

● 使用"排列"命令调整

选择需要调整叠放顺序的图层，执行"图层＞排列"命令，即可在该子菜单中选择相应的命令调整其叠放顺序。

置为顶层(F)	Shift+Ctrl+]
前移一层(W)	Ctrl+]
后移一层(K)	Ctrl+[
置为底层(B)	Shift+Ctrl+[
反向(R)	

➡ **实例 16＋ 视频：调整图像叠放顺序**

在制作网页的过程中，为了达到不同的网页效果，通常会对图像的叠放顺序进行调整。本实例将通过调整人物图层的叠放顺序进行详细讲解。

源文件：源文件 \ 第 8 章 \8-1-3. psd　　操作视频：视频 \ 第 8 章 \8-1-3. swf

01 ▶ 打开 Photoshop 软件，执行"文件 > 打开"命令，在弹出的"打开"对话框中选择"素材 \ 第 8 章 \81301.psd"。

02 ▶ 单击"打开"按钮。使用相同的方法，将"素材 \ 第 8 章 \81302.jpg"打开，使用"快速选择工具"创建选区。

03 ▶ 执行"选择 > 修改 > 羽化"命令，在弹出的"羽化选区"对话框中设置"羽化半径"。

04 ▶ 使用"移动工具"将刚刚创建的选区拖入到素材 81301.psd 中，并调整其位置和大小。

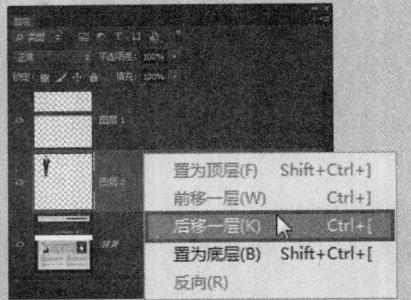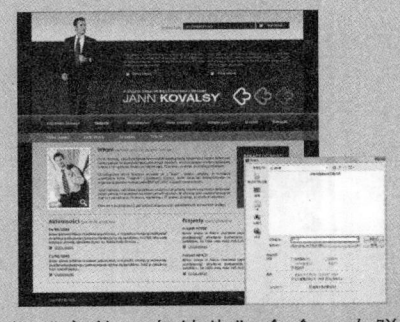

05 ▶ 执行"图层 > 排列 > 后移一层"命令，调整该图层的叠放顺序。

06 ▶ 执行"文件 > 存储为"命令，在弹出的"存储为"对话框中设置，完成实例的制作。

提问：为何不能排列在"背景"图层之下？

答：如果图像中包含"背景"图层，即使选择了"置为底层"命令，该图层图像仍然只能在"背景"图层之上，这是因为"背景"图层始终位于最底部。

8.1.4 图层的叠加

当上层图层叠放在下层图层上面的时候，图层间存在着"混合模式"，即相互色彩之间的影响。图层的"混合模式"是 Photoshop 中非常重要的功能，通过使用不同的"混合模式"可以实现不同的图像效果。使用"混合模式"可以减少图像的细节，提高或降低图像的对比度。

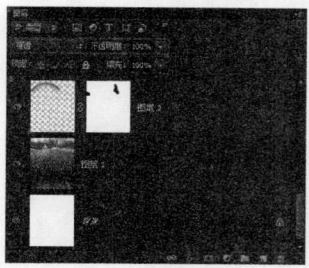

➡ 实例 17+ 视频：网页设计中的叠加应用

在制作网页的过程中，通过设置图层的"不透明度"和"混合模式"可以制作出各种效果。本实例将详细讲解"混合模式"在网页设计中的应用方法和技巧。

🏠 源文件：源文件 \ 第 8 章 \8-1-4.psd

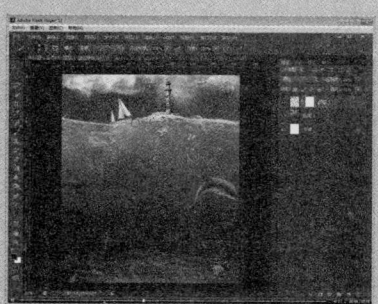

🔊 操作视频：视频 \ 第 8 章 \8-1-4.swf

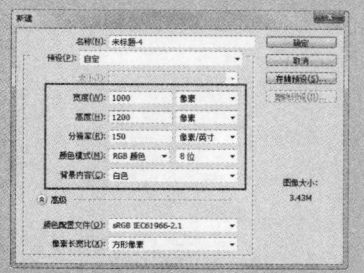

01 ▶ 打开 Photoshop 软件，执行"文件 > 新建"命令，在弹出的"新建"对话框中进行设置，单击"确定"按钮，新建文档。

02 ▶ 执行"文件 > 打开"命令，在弹出的"打开"对话框中选择"素材\第 8 章\81401.png"，并将其导入新建的文档中。

03 ▶ 使用相同的方法，将素材 81402.png 拖入到新建文档中，并调整其位置。

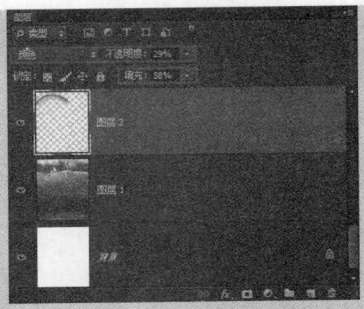

04 ▶ 在"图层"面板中设置该图层的"混合模式"为"颜色"，其他设置如图所示。

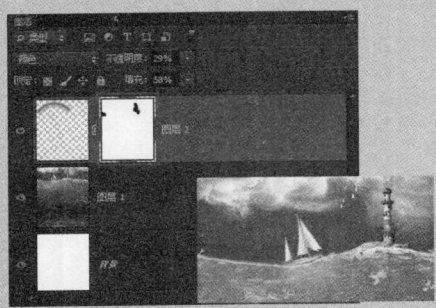

05 ▶ 单击"添加图层蒙版"按钮，为"图层2"添加图层蒙版，设置"前景色"为黑色，使用"画笔工具"进行涂抹。

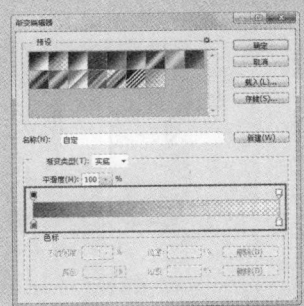

06 ▶ 新建"图层3"，使用"矩形选框工具"绘制选区，选择"渐变工具"，在"渐变编辑器"对话框中进行设置。

07 ▶ 在选区中单击并拖动鼠标，为选区填充 100%#147538 到 0%#ffffff 的"线性渐变"。

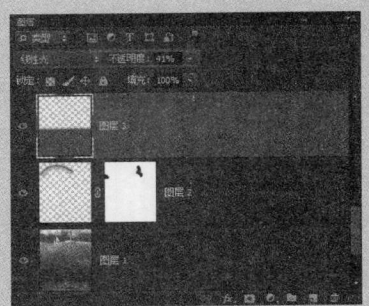

08 ▶ 在"图层"面板中设置其"混合模式"为"线性光"，"不透明度"为41%。

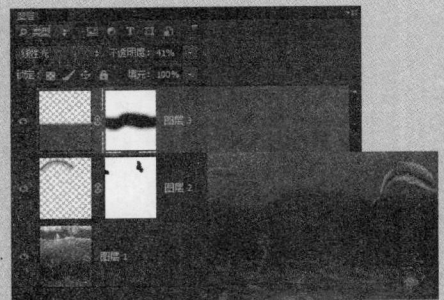

09 ▶ 使用相同的方法，为"图层3"添加图层蒙版，并使用"画笔工具"进行涂抹。

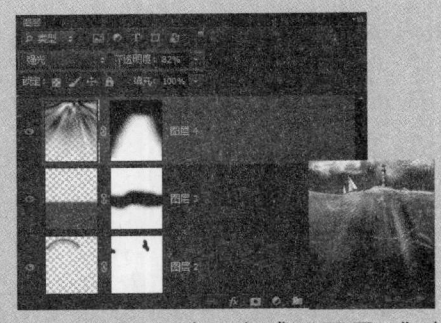

10 ▶ 使用相同的方法，完成"图层4"的制作，效果如图所示。

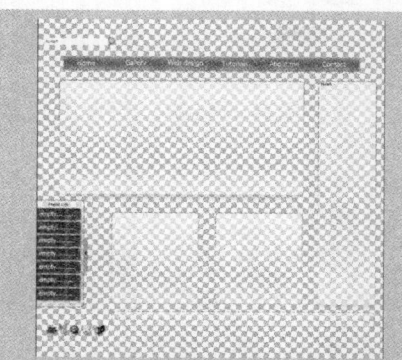

11 ▶ 使用相同的方法，执行"文件 > 打开"命令，将"素材 \ 第 8 章 \81403.png"打开。

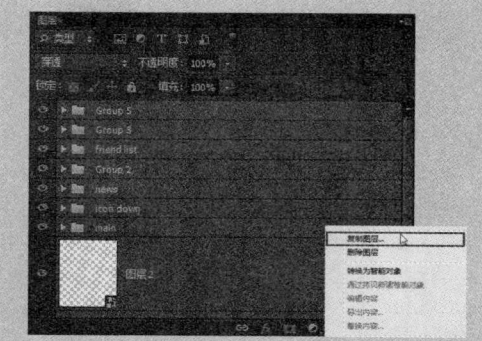

12 ▶ 在"图层"面板中选择所有的图层，单击鼠标右键，在弹出的快捷菜单中选择"复制图层"命令。

13 ▶ 在弹出的"复制图层和组"对话框中进行设置，将其复制到新建文档中。

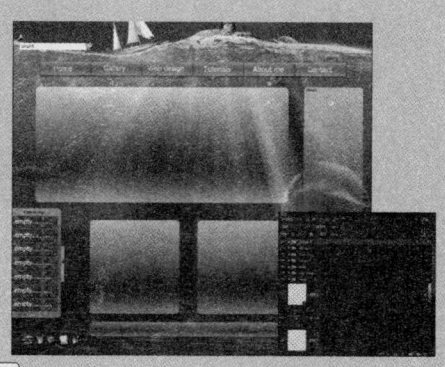

14 ▶ 返回新建文档中，效果和"图层"面板如图所示。

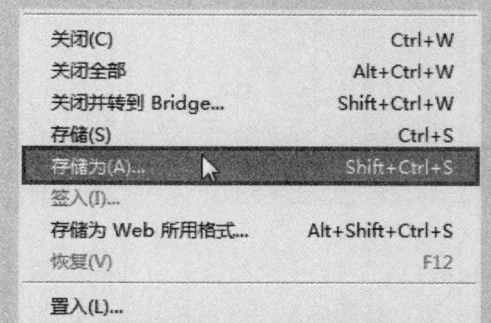

关闭(C)	Ctrl+W
关闭全部	Alt+Ctrl+W
关闭并转到 Bridge...	Shift+Ctrl+W
存储(S)	Ctrl+S
存储为(A)...	Shift+Ctrl+S
签入(I)...	
存储为 Web 所用格式...	Alt+Shift+Ctrl+S
恢复(V)	F12
置入(L)...	

15 ▶ 执行"文件 > 存储为"命令，弹出"存储为"对话框。

16 ▶ 在弹出的"存储为"对话框中进行设置，完成实例的制作。

提问：还有其他设置"图层"叠加的方法吗？

答：除了可以使用"图层"面板中的"混合模式"外，Photoshop 还提供了一种高级混合图层的方法，即使用"图层样式"中的"混合选项"功能进行混合。

8.1.5　图层的合并

图层过多，占用的内存与暂存盘等系统资源就大，会导致计算机的运行速度变慢。合并相同属性的图层可以减小文件的大小。

● 合并多个图层或组

在"图层"面板中选择多个图层，执行"图层 > 合并 > 图层"命令，或者单击"图层"面板右上角的三角形按钮，在弹出的菜单中选择"合并图层"命令，即可完成图层的合并。

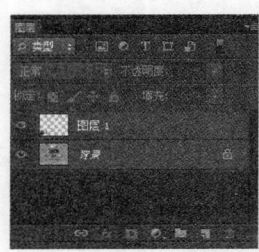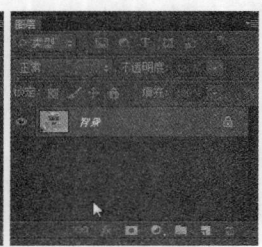

● 向下合并图层

如果需要将一个图层与它下方的图层合并时，可以选择该图层，执行"图层 > 向下合并"命令，合并后的图层以下方图层的名称命名。

● 合并可见图层

如果需要将所有的可见图层合并为一个图层时，执行"图层 > 合并可见图层"命令，合并后的图层以合并前选择的图层的名称命名。

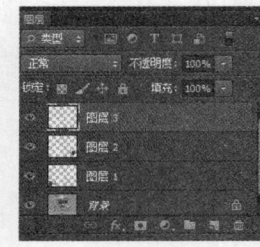

● 拼合图像

执行"图层 > 拼合图像"命令，Photoshop 会将所有的可见图层合并到"背景"图层中，如果"图层"面板中有隐藏的图层，则会弹出对话框，询问是否删除隐藏的图层。

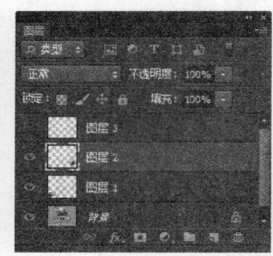

 **提示**　"盖印图层"（快捷键 Ctrl+Alt+Shift+E）是一种类似于合并图层的操作，它可以将多个图层的内容合并为一个目标图层，同时保持其他图层的完好。

8.2　图层的特殊混合

图层的混合效果是 Photoshop 中一项非常重要的功能，利用图层的混合效果可以达到很多意想不到的图像效果。

在"图层"面板中可以设置"不透明度"和"填充"，执行"图层 > 修边"命令，还可以对选区进行修边处理。

8.2.1　图层不透明度

"图层"面板中的"不透明度"用于控制图层和图层组中绘制的像素和形状的不透明度，单击右侧的三角形按钮，通过拖动滑块即可调节数值。如果对图层应用了"图层样式"，则"图层样式"的"不透明度"也会受到该值的影响。

8.2.2　填充不透明度

"图层"面板中的"填充"只影响图层中绘制的像素和形状的"不透明度"，不会影响"图层样式"的"不透明度"。

8.2.3　修边

当移动或粘贴消除锯齿的选区时，选区边框周围的一些像素也包含在选区内，这会在粘贴选区周围缠上边缘或晕圈。执行"图层 > 修边"命令可以将不需要的边缘像素去除。

● **颜色净化**

执行"图层 > 修边 > 颜色净化"命令，可以将边缘像素中的背景色替换为附近全选中的像素颜色。

● **去边**

"去边"可以将边缘像素中的颜色替换为距离不包含背景色的选区的边缘较远的像素颜色。

● 移去黑色杂边

如果将在黑色背景上创建的消除锯齿的选区粘贴到其他颜色的背景上，可以执行该命令消除黑色杂边。

● 移去白色杂边

如果将在白色背景上创建的消除锯齿的选区粘贴到其他颜色的背景上，可以执行该命令消除白色杂边。

8.3 使用图层样式

"图层样式"是 Photoshop 中最具吸引力的功能之一，使用"图层样式"可以为图像添加阴影、发光、斜面和叠加等效果，从而创建出具有真实质感的效果。

8.3.1 斜面和浮雕

"斜面和浮雕"是最复杂的一种"图层样式"，可以对图层添加高光与阴影的各种组合，模拟现实生活中的各种浮雕效果。

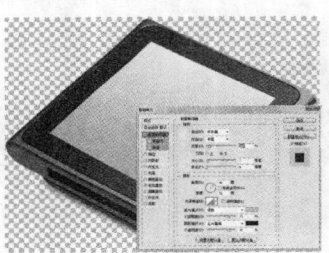

 在为图层添加"斜面和浮雕"图层样式时，用户可以使用"等高线"选项勾画在浮雕处理中被遮住的起伏、凹陷和凸起。

8.3.2 描边

"描边"图层样式可以为图像边缘绘制不同样式的轮廓，如颜色、渐变或图案等。此功能类似于"描边"命令，但是"描边"图层样式可以修改，使用更加方便。

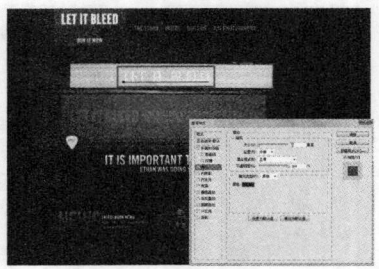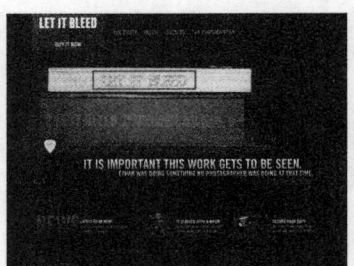

⇨ **实例 18+ 视频：网页页脚设计**

在网页设计中,网页页脚是必不可少的一部分,一般包括网站创作者的名称和联系方式,以及版权所属等信息,本实例将对网页页脚的设计进行详细讲解。

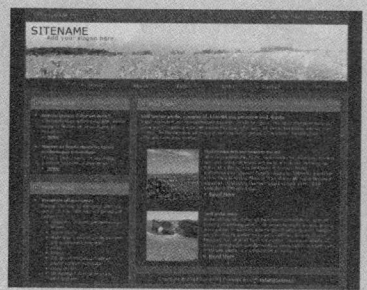

🏠 源文件：源文件 \ 第 8 章 \8-3-2. psd

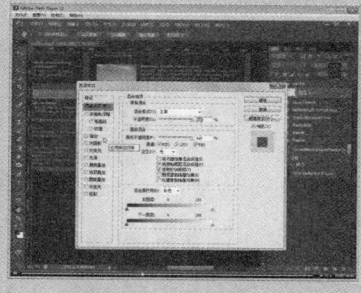

🔊 操作视频：视频 \ 第 8 章 \8-3-2. swf

`01` ▶执行"文件>打开"命令,选择"素材\第 8 章 \83201.psd"。

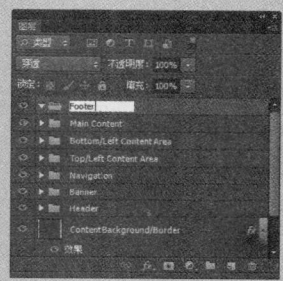

`02` ▶单击"图层"面板底部的"创建新组"按钮,并命名为 Footer。

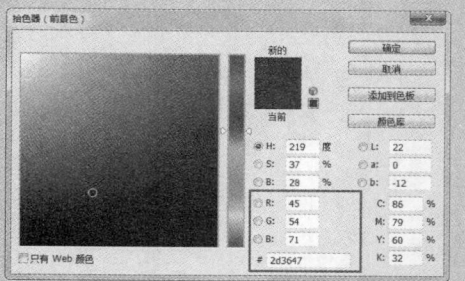

`03` ▶新建"图层 1",设置"前景色"为 #2d3647。

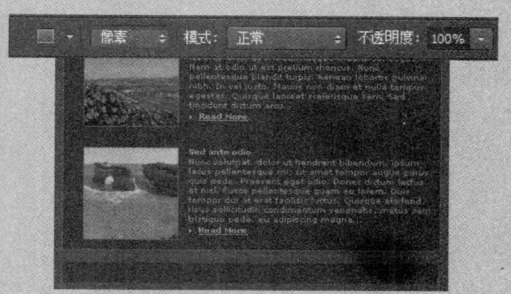

`04` ▶选择"矩形工具",在选项栏中设置"选择工具模式"为"像素",绘制矩形。

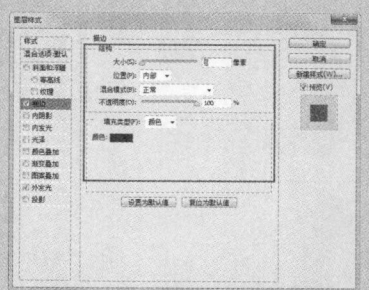

`05` ▶双击"图层 1",在弹出的"图层样式"对话框中进行设置,为其添加"描边"样式。

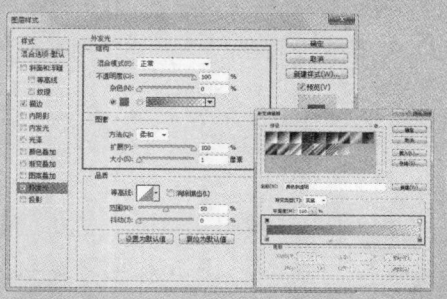

`06` ▶使用相同的方法,为"图层 1"添加"外发光"图层样式。

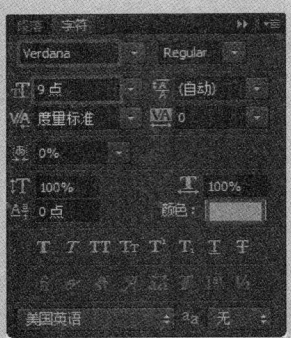

07 ▶ 选择"横排文字工具",在"字符"
面板中设置"颜色"为 #9faabe。

08 ▶ 在画布中单击,输入文本,文字效果
如图所示。

09 ▶ 将"素材 \ 第 8 章 \83202.png"打开
并拖入到素材 83201.psd 中。

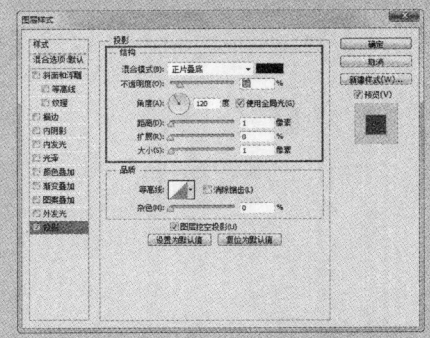

10 ▶ 使用相同的方法,为"图层 2"添加"投
影"图层样式。

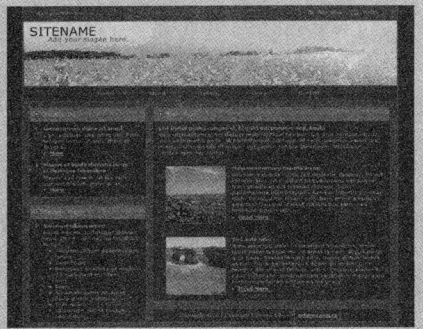

11 ▶ 使用相同的方法,完成其他相似内容
的制作。

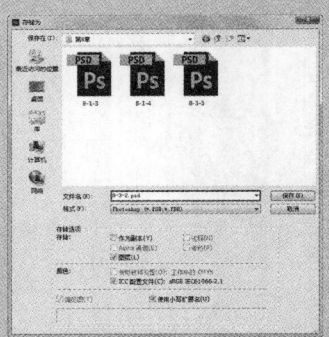

12 ▶ 执行"文件 > 存储为"命令,在弹出
的"存储为"对话框中设置,完成实例的制作。

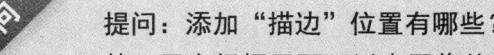

提问:添加"描边"位置有哪些?

答:用户根据需要可以在图像的"外部"、"内部"和"居中"3 个位
置添加"描边"图层样式。

8.3.3 内阴影和内发光

在 Photoshop 中使用"内阴影"图像样式，可以在紧靠图层内容的边缘内添加阴影，使图层产生凹陷效果。

"内发光"图层样式可以沿着图层内容的边缘向内部发光。

● **"内阴影"图层样式**

选择需要添加图层样式的图层，单击"图层"面板中的"添加图层样式"按钮，在弹出的对话框中进行设置，即可添加"内阴影"效果。

● **"内发光"图层样式**

选择需要添加图层样式的图层，单击"图层"面板中的"添加图层样式"按钮，在弹出的对话框中进行设置，即可添加"内发光"效果。

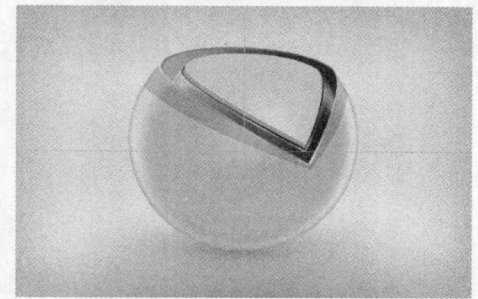

8.3.4 光泽

在 Photoshop 中使用"光泽"图层样式可以创造常规的彩色波纹，在图层内部根据图层的形状应用阴影，创建出金属表面的光泽效果。

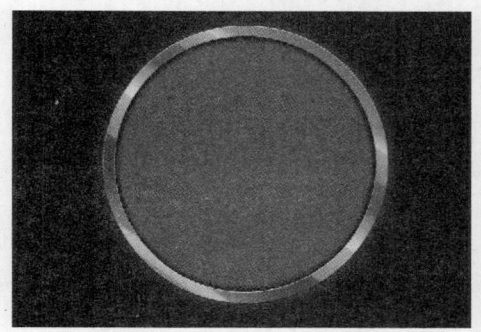

8.3.5　颜色、渐变和图案叠加

在 Photoshop 中，提供了多种叠加"图层样式"，分别为"颜色叠加"图层样式、"渐变叠加"图层样式和"图案叠加"图层样式，综合使用 3 种叠加"图层样式"可以制作出更好的效果。

● **"颜色叠加"图层样式**

使用"颜色叠加"图层样式可以在图层上叠加指定的颜色，通过设置"混合模式"和"不透明度"等选项，可以控制叠加效果。

● **"渐变叠加"图层样式**

使用"渐变叠加"图层样式可以在图层内容上填充一种渐变颜色，此"图层样式"与在图层中填充渐变相似。

● **"图案叠加"图层样式**

"图案叠加"图层样式采用了自定义图案来覆盖图像，用户可以缩放图案，设置图案的"不透明度"和"混合模式"。此"图层样式"与"填充"命令中的填充图案相似。

➡ 实例 19+ 视频：制作网页导航栏

在制作网页的过程中，用户往往需要为图层添加"图层样式"，"图层样式"可以为图层添加丰富多样的图层效果。本实例将通过制作网页导航栏介绍"图层样式"在网页设计中的应用。

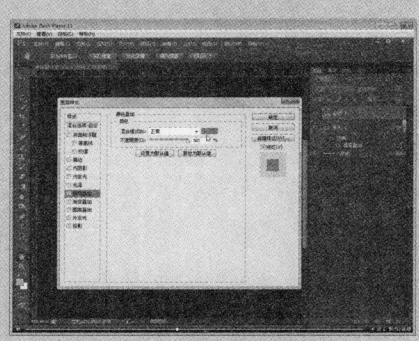

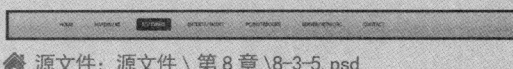

🏠 源文件：源文件 \ 第 8 章 \8-3-5. psd　　　🔊 操作视频：视频 \ 第 8 章 \8-3-5. swf

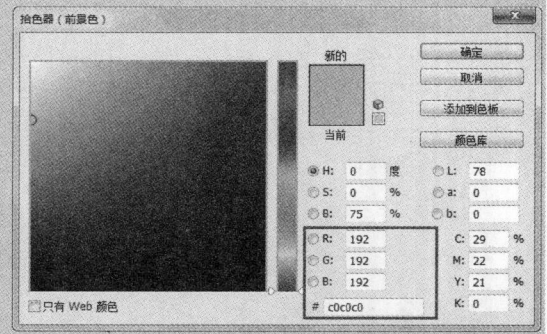

01 ▶ 打开 Photoshop 软件，执行"文件 > 新建"命令，在弹出的"新建"对话框中进行设置，单击"确定"按钮，新建文档。

02 ▶ 单击工具箱中的"设置前景色"按钮，在弹出的"拾色器"面板中进行设置，单击"确定"按钮。

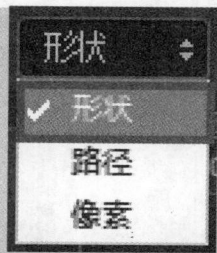

03 ▶ 选择工具箱中的"矩形工具",在选项栏中设置"选择工具模式"为"形状"。

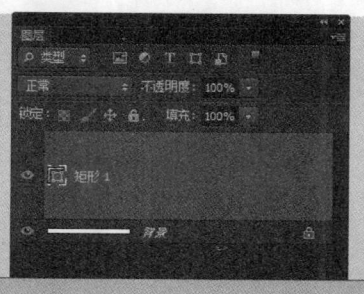

04 ▶ 在画布中绘制矩形,效果和"图层"面板如图所示。

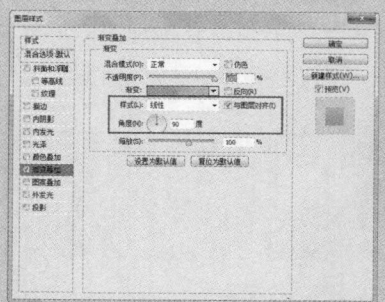

05 ▶ 双击"矩形 1"图层,在弹出的"图层样式"对话框中进行设置。

06 ▶ 单击"渐变",在弹出的"渐变编辑器"对话框中设置 #f7941d 到 #f8bb49 的渐变。

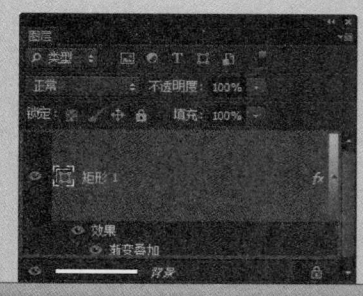

07 ▶ 单击"确定"按钮,"矩形 1"的效果如图所示。

08 ▶ 选择"线条工具",在选项栏中设置"填充"为 #ffffff,绘制直线。

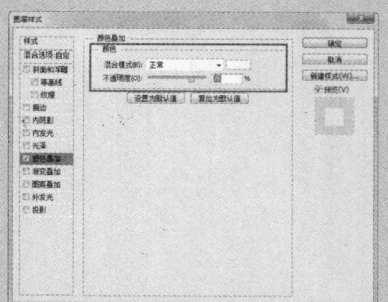

09 ▶ 双击"形状 1",在弹出的"图层样式"对话框中进行设置,添加"颜色叠加"样式。

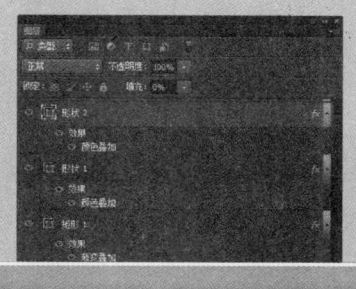

10 ▶ 使用相同的方法,完成"形状 2"的制作,效果和"图层"面板如图所示。

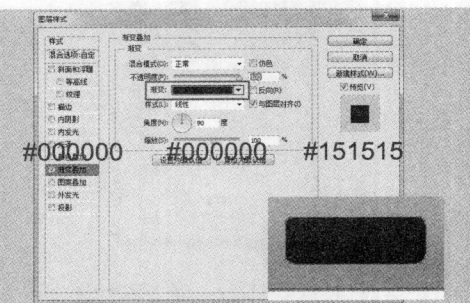

#000000　　#000000　　#151515

11 ▶ 选择"圆角矩形工具"，在选项栏中设置"填充"为#ffffff，"描边"为无，绘制圆角矩形。

12 ▶ 使用相同的方法，双击"圆角矩形1"图层，在弹出的"图层样式"对话框中进行设置，为其添加"渐变叠加"图层样式。

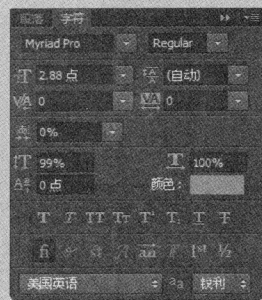

13 ▶ 选择"横排文字工具"，在"字符"面板中设置"颜色"为#ff9d00。

14 ▶ 在画布中单击，输入文本，文字效果如图所示。

15 ▶ 使用相同的方法，为文字图层添加"外发光"图层样式。

16 ▶ 使用相同的方法，完成其他相似内容的制作。

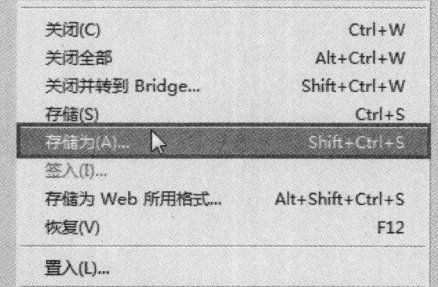

17 ▶ 执行"文件 > 存储为"命令，弹出"存储为"对话框。

18 ▶ 在弹出的"存储为"对话框中进行设置，完成实例的制作。

8.3.6　外发光和投影

"外发光"图层样式和"内发光"图层样式基本相同，"外发光"可以使图像沿着边缘向图像外部产生发光效果。

"投影"是最简单的图层样式，它可以创造出日常生活中物体投影的逼真效果，使图像产生立体感。

● **"外发光"图层样式**

选择需要添加图层样式的图层，单击"图层"面板中的"添加图层样式"按钮，在弹出的对话框中进行设置，即可添加"外发光"效果。

● **"投影"图层样式**

选择需要添加图层样式的图层，单击"图层"面板中的"添加图层样式"按钮，在弹出的对话框中进行设置，即可添加"投影"效果。

"内阴影"与"投影"的选项设置基本相同。它们的不同之处在于"投影"是图层对象背后产生的阴影，通过"扩展"选项来控制投影边缘的渐变程度；"内阴影"则是通过"阻塞"选项来控制产生效果。

8.4　使用样式面板

"样式"面板可以用来保存、管理和应用图层样式，用户可以根据自己的需要将 Photoshop 提供的预设样式或者外部样式载入到"样式"面板中。

执行"窗口 > 样式"命令，弹出"样式"面板，用户即可进行相关的操作。

● 创建样式

单击"样式"面板底部的"创建新样式"按钮，在弹出的"新建样式"对话框中进行设置，单击"确定"按钮，即可创建新样式。

● 删除样式

单击并拖动需要删除的样式到"样式"面板底部的"删除样式"按钮，或者按住 Alt 键的同时单击需要删除的样式。

● 存储样式库

单击"样式"面板右上方的三角形按钮，选择"存储样式"命令，在弹出的"存储"对话框中进行设置，即可将样式保存为 ASL 格式。

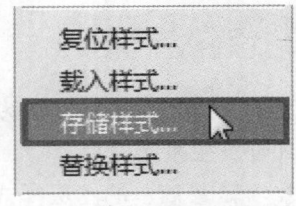

● 载入样式库

单击"样式"面板右上角的三角形按钮，选择"载入样式"命令，在弹出的"载入"对话框中选择 ASL 格式的文件即可。

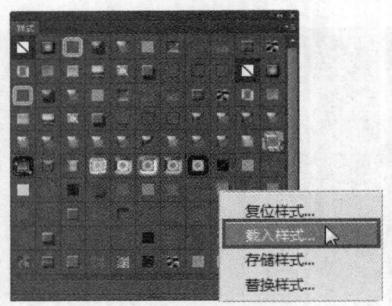

提示　单击"样式"面板中的"清除样式"按钮，可以清除已经应用于图层中的样式，但是并不删除"样式"面板中的样式。如果应用"样式"面板中的默认样式（无），也可以清除样式。

8.5 混合颜色带

　　"混合颜色带"可以用来控制当前图层与它下面的图层混合时显示哪些像素。若选择"灰色"选项，表示作用于所有通道；若选择"灰色"之外的选项，则表示作用于图像中的某一原色通道。如果当前的图像是 RGB 模式，则可选择 R、G、B 三原色；如果当前的图像是 CMYK 模式，则可选择 CMYK 四色。

　　打开"图层样式"对话框，选择"混合选项"，在"混合颜色带"选项框中有两个滑动条，拖动滑动条上的滑块，即可设置本图层中的像素与下一图层中的像素进行色彩混合。

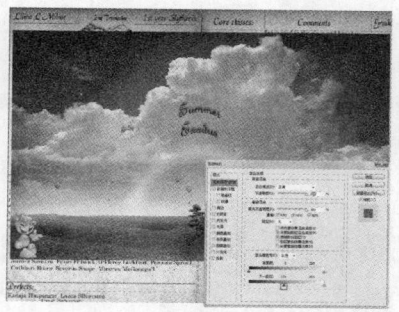
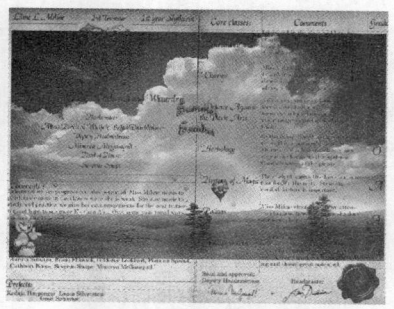

8.6 填充层和调整层

填充和调整图层可以对整个图层的颜色和色调进行调整，它们都是非常特殊的图层，其本身并不包含任何图像像素，但是它包含一个填充颜色和图像色调命令，并通过更改其颜色或参数来调整图像的颜色和色调。

● **纯色填充图层**

单击"图层"面板底部的"创建新的填充或调整图层"按钮，在弹出的菜单中选择"纯色"命令，并在弹出的"拾色器"面板中进行设置，即可完成纯色填充。

● **图案填充图层**

"图案"填充图层也是填充图层的一种，与填充命令的使用基本相同，都是填充图案，但是它具备填充图层的特性，却不会对图像产生实质性的破坏。

● **渐变填充图层**

"渐变"填充图层可以将渐变应用于图像上，与渐变的填充设置一样，唯一不同的是它可以不改变原图像的像素。

● **"调整"面板**

执行"窗口>调整"命令，打开"调整"面板，该面板中包含各种用于调整颜色和色调的工具。单击任一调整图层按钮，在弹出的"属性"面板中进行参数设置，即可创建调整图层。

➡️ 实例 20+ 视频：制作网站首页

在网页设计中，网页背景的制作尤为重要，其决定着整个网页的格调，本实例将通过使用"纯色填充图层"制作一个独具特色的网页背景。

🏠 源文件：源文件 \ 第 8 章 \8-6. psd

📡 操作视频：视频 \ 第 8 章 \8-6. swf

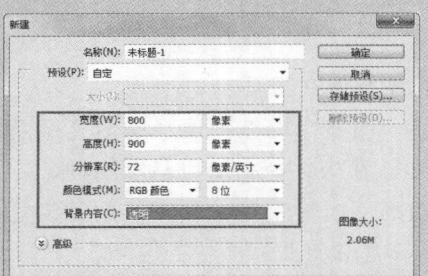

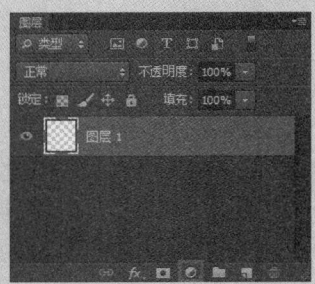

01 ▶ 执行"文件＞新建"命令，在弹出的"新建"对话框中进行设置，新建文档。

02 ▶ 单击"图层"面板底部的"创建新的填充或调整图层"按钮。

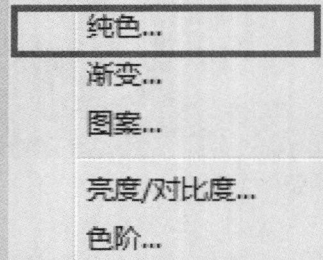

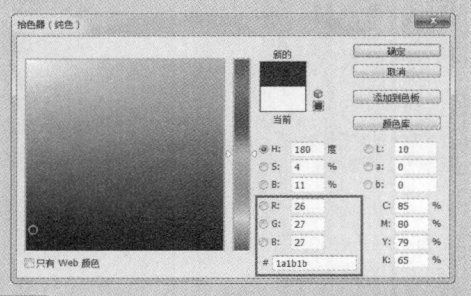

03 ▶ 在弹出的菜单中选择"纯色"命令，弹出"拾色器"对话框。

04 ▶ 在弹出的"拾色器"对话框中进行设置，单击"确定"按钮。

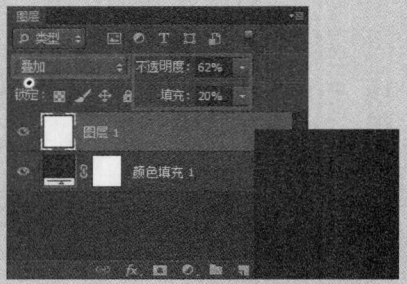

05 ▶ 效果如图所示，新建"图层 1"，设置"前景色"为白色，按快捷键 Alt+Delete 进行填充。

06 ▶ 在"图层"面板中设置其"混合模式"、"不透明度"和"填充"。

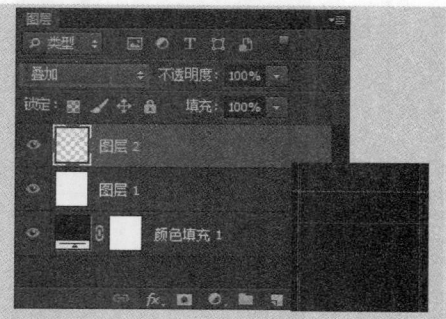

07 ▶ 将"素材\第 8 章\8601.png"打开并拖入到新建文档中,调整其位置。

08 ▶ 在"图层"面板中设置其"混合模式"为"叠加"。显示标尺,创建参考线。

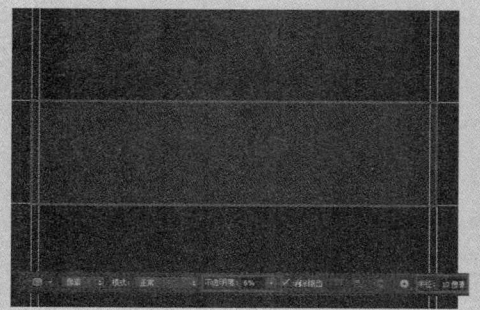

09 ▶ 新建"图层 3",选择"圆角矩形工具",在选项栏中进行设置,绘制圆角矩形。

10 ▶ 使用相同的方法,绘制另一个圆角矩形,效果如图所示。

11 ▶ 隐藏参考线,使用相同的方法,将"素材\第 8 章\8602.png"拖入新建文档中。

12 ▶ 选择"圆角矩形工具",在选项栏中设置"填充"为 #eeeeee,绘制圆角矩形。

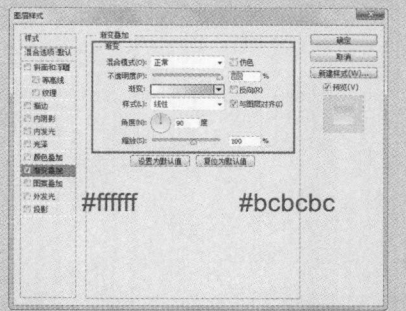

#ffffff #bcbcbc

13 ▶ 双击该图层,在弹出的"图层样式"面板中进行设置,为其添加"渐变叠加"样式。

14 ▶ 执行"文件>存储为"命令,在弹出的"存储为"对话框中进行设置,完成实例的制作。

提问：填充图层和"填充"命令的区别是什么？

答：填充图层的功能就等于"填充"命令再加上"图层蒙版"的功能。填充图层是作为一个图层保存在图像中的，无论修改还是编辑都不会影响其他图层和整个图像的品质，并且还可以反复修改和编辑。

8.7 文字图层

文字图层即使用"文字工具"建立的图层。在图像中输入文字，就会自动产生一个文字图层。Photoshop 提供了多种创建文字的工具，并且可以对文字的各种属性进行精确设置，还可以对文字进行各种变形等操作。

8.7.1 在网页图像中加入文字

在 Photoshop 中提供了两种文字工具，分别是"横排文字工具"和"直排文字工具"。好的文字设计可以使整个网页更加具有吸引力。

● **横排文字工具**

单击工具箱中的"横排文字工具"按钮，在画布中单击插入输入点，即可输入横排文字。

● **直排文字工具**

单击工具箱中的"直排文字工具"按钮，在画布中单击插入输入点，即可输入直排文字。

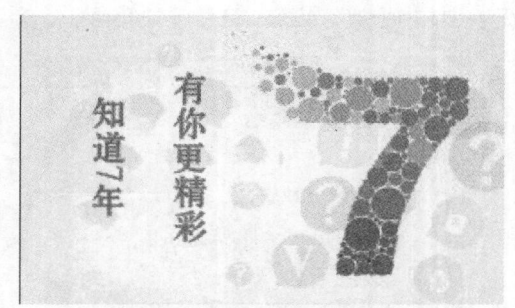

8.7.2 加入文字选区

使用一般的创建选区工具创建文本选区并容易，在 Photoshop 中提供了两种创建文字选区工具，分别是"横排文字蒙版工具"和"直排文字蒙版工具"，从而可以对文字选区进行填充和描边等操作。

实例 21+ 视频：在网页中加入文字选区

在网页设计中，文字是不可缺少的，不仅可以对网页进行说明，还可以为网页增添色彩，本实例将针对网页中的文字选区进行详细讲解。

源文件：源文件 \ 第 8 章 \8-7-2.psd

操作视频：视频 \ 第 8 章 \8-7-2. swf

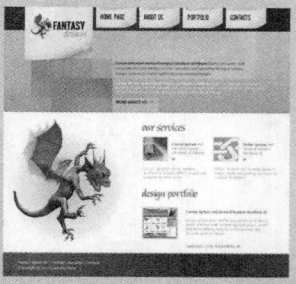

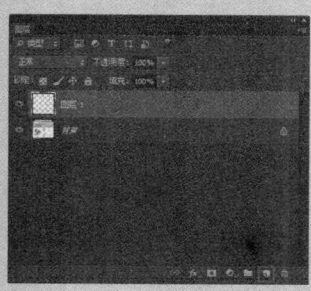

01 ▶执行"文件>打开"命令，选择"素材\第 8 章 \87201.jpg"，将其打开。

02 ▶单击"图层"面板底部的"创建新图层"按钮，新建"图层 1"。

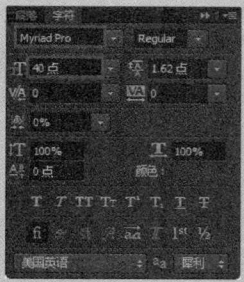

03 ▶选择"横排文字蒙版工具"，在"字符"面板中进行设置。

04 ▶在画布中单击，输入文本，文字效果如图所示。

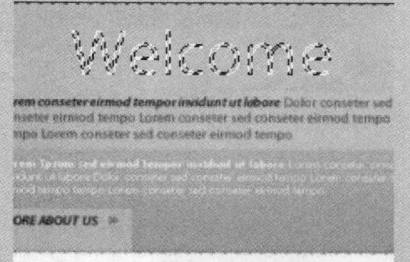

05 ▶单击任何一个其他的图层，显示创建的文字选区。

06 ▶执行"编辑>描边"命令，在弹出的"描边"对话框中进行设置。

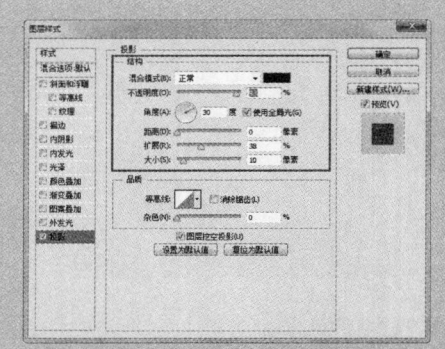

07 ▶ 单击"确定"按钮，按快捷键 Ctrl+D，取消选区，效果如图所示。

08 ▶ 双击"图层 1"，在弹出的"图层样式"面板中进行设置，添加"投影"图层样式。

09 ▶ "图层 1"的效果和"图层"面板如图所示。

10 ▶ 执行"文件 > 存储为"命令，在弹出的"存储为"对话框中进行设置，完成实例的制作。

提问： "文字工具"和"文字蒙版工具"的区别是什么？

答： 使用"文字工具"创建的是文字图层，而使用"文字蒙版工具"创建的则是选区。

8.7.3 文字的排列与变形

在 Photoshop 中，可以使文字沿着路径排列，改变路径形状时，文字的排列方式也会随着改变。

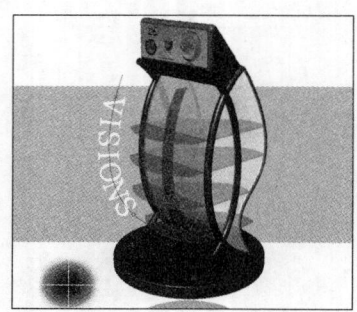

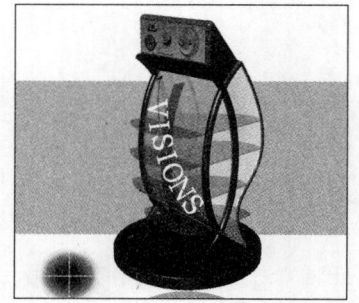

在画布中输入文字后，单击"文字工具"选项栏中的"创建文字变形"按钮，在弹出的"变形文字"对话框中可以设置文字的变形样式和变形程度。

8.8 本章小结

本章主要讲解 Photoshop 中图层的基本操作、"图层样式"、"填充和调整图层"和"文字图层"，通过本章的学习，读者可以对图层的使用有更加深入的了解。

第 9 章　蒙版和通道的应用

蒙版和通道在 Photoshop 中的应用非常广泛，本章将针对其进行详细介绍。

9.1　图层的蒙版

在 Photoshop 中可以向图层添加蒙版，然后使用此蒙版隐藏部分图层并显示下面的图层。蒙版图层是一项重要的复合技术，可以将多张图像组合成单个图像，还可以用于局部的颜色和色调校正。

9.1.1　添加图层蒙版

打开"图层"面板，单击面板底部的"添加图层蒙版"按钮，或者执行"图层 > 图层蒙版 > 显示全部 / 隐藏全部"命令，均可为所选图层添加图层蒙版。

提示　默认情况下，添加的是完全显示的白色蒙版，按住 Alt 键的同时，单击"添加图层蒙版"按钮，即可添加完全遮盖的黑色蒙版。

9.1.2　蒙版属性面板

蒙版"属性"面板可以调整选定"图层蒙版"或"矢量蒙版"的"浓度"和"羽化"范围。执行"窗口 > 属性"命令或双击"图层蒙版"，在打开的"属性"面板中即可进行设置。

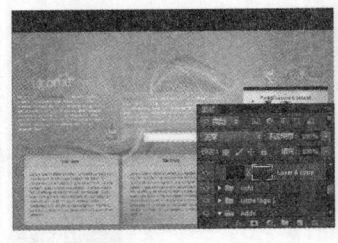 

本章知识点

- ☑ 认识图层蒙版
- ☑ 了解蒙版的种类
- ☑ 掌握形状图层
- ☑ 掌握通道的应用
- ☑ 熟悉应用图像和计算命令

9.1.3　快速蒙版

　　"快速蒙版"也称为临时蒙版，它并不是一个蒙版，当退出"快速蒙版"模式时，不被保护的区域变为一个选区，将选区作为蒙版编辑时，可以使用几乎所有 Photoshop 中的工具或滤镜修改蒙版。

　　被蒙版区域指的是非选择部分。在"快速蒙版"编辑模式状态下，单击工具箱中的"画笔工具"，在图像上进行涂抹，涂抹的区域即为被蒙版区域，退出"快速蒙版"编辑状态后，即可得到选区。

9.2　蒙版的种类

　　Photoshop 中提供了 3 种蒙版，分别是"图层蒙版"、"矢量蒙版"和"剪贴蒙版"。它们各有各的特点，本节将进行详细讲解。

9.2.1　图层蒙版

　　"图层蒙版"可以通过蒙版中的灰度信息来控制图像的显示区域。它是与分辨率相关的位图图像，可以使用绘画或选择工具进行编辑。"图层蒙版"是非破坏性的，可以返回并重新编辑蒙版，而不会丢失蒙版隐藏的像素。

　　在"图层"面板中，"图层蒙版"显示为图层缩览图右侧的附加缩览图，此缩览图代表添加"图层蒙版"时创建的灰度通道。

● 纯白色区域

　　蒙版中的纯白色区域可以遮盖下面图层中的内容，只显示当前图层中的图像。

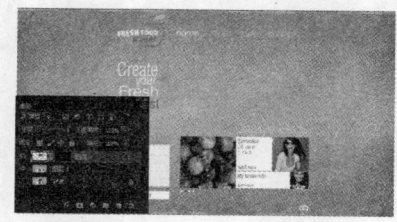

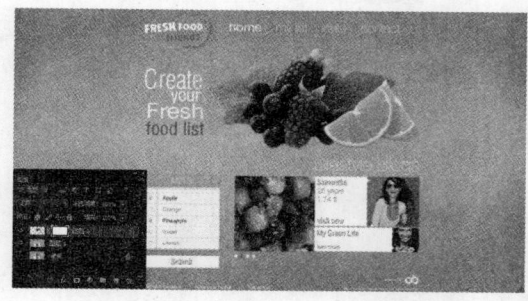

● 纯灰色区域

　　蒙版中的灰色区域会根据其灰度值使当前图层中的图像呈现出不同层次的透明效果。

● 纯黑色区域

　　蒙版中的纯黑色区域可以遮盖当前图层中的图像，显示出下面图层的内容。

➡ 实例 22+ 视频：制作网页内容

在网页内容的制作过程中，"图层蒙版"可以在不损坏原图像的情况下，达到不同的效果。本实例将对"图层蒙版"在网页中的应用进行详细讲解。

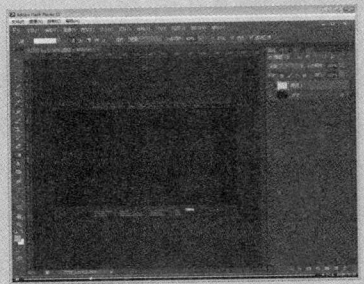

🏠 源文件：源文件 \ 第 9 章 \9-2-1. psd

📡 操作视频：视频 \ 第 9 章 \9-2-1. swf

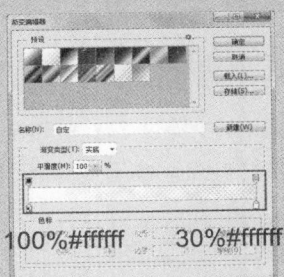

100%#ffffff　　30%#ffffff

01 ▶ 执行"文件>打开"命令，选择"素材\第 9 章 \92101.jpg"，将其打开。

02 ▶ 新建"图层 1"，选择"渐变工具"，在"渐变编辑器"对话框中进行设置。

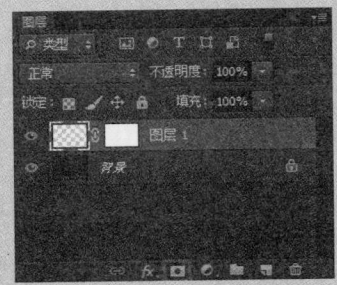

03 ▶ 在选项栏中单击"径向渐变"按钮，设置"不透明度"为 30%，填充渐变。

04 ▶ 单击"图层"面板底部的"添加图层蒙版"按钮，添加图层蒙版。

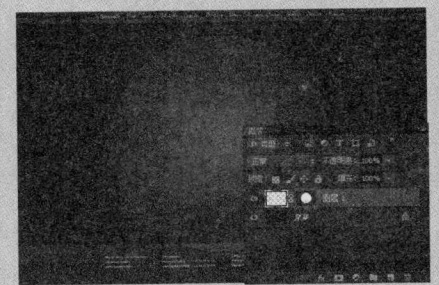

05 ▶ 使用"椭圆选区工具"绘制选区，按快捷键 Shift+Ctrl+I，反选选区。

06 ▶ 设置"前景色"为黑色，按快捷键 Alt+Delete 进行填充。

07 ▶ 将"素材\第9章\92102.png"打开并拖入 92101.jpg 中，调整其位置。

08 ▶ 使用相同的方法，完成其他相似内容的制作。

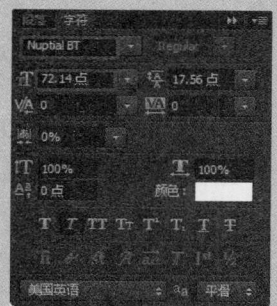

09 ▶ 选择"横排文字工具"，在"字符"面板中进行设置。

10 ▶ 在画布中单击，输入文本，文字效果如图所示。

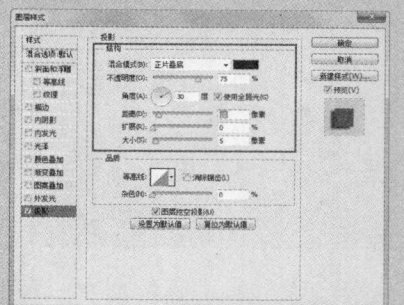

11 ▶ 双击文字图层，在弹出的"图层样式"对话框中进行设置，添加"投影"样式。

12 ▶ 执行"文件>存储为"命令，在弹出的"存储为"对话框中进行设置，完成实例制作。

提问：使用"图层蒙版"的优势是什么？

答：使用"图层蒙版"的优势在于使用黑色和白色来显示或隐藏图像。如果误隐藏了或需要显示原来已经隐藏的图像，可以在蒙版中将与图像对应的位置涂抹为白色，如果要继续隐藏图像，可以在其对应的位置涂抹黑色。

9.2.2　矢量蒙版

"矢量蒙版"可以通过路径和矢量形状控制图像的显示区域。它与分辨率无关，可以使用"钢笔工具"或"形状工具"创建。

在"图层"面板中，"矢量蒙版"显示为图层缩览图右侧的附加缩览图，此缩览图代表从图层内容中剪切下来的路径。

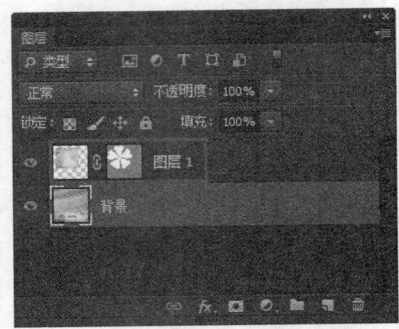

9.2.3　剪贴蒙版

"剪贴蒙版"可以通过一个对象的轮廓来控制其他图层的显示区域。它是一种非常灵活的蒙版，可以使用一个图像的形状限制另一个图像的显示范围，而"矢量蒙版"和"图层蒙版"只能控制一个图层的显示区域。

在"剪贴蒙版"组中，下面的图层为"基底图层"，其图层名称带有下划线，上面的图层为"内容图层"，"内容图层"的缩览图是缩进的，并显示　图标。

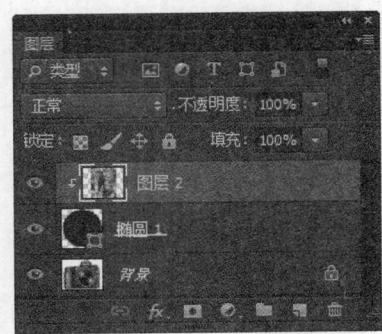

➡ 实例 23+ 视频：制作网页页面

在制作网页页面的过程中，使用"剪贴蒙版"可以灵活地制作各种图像效果。本实例将使用"剪贴蒙版"制作漂亮的页面。

　源文件：源文件 \ 第 9 章 \9-2-3. psd　　　　　操作视频：视频 \ 第 9 章 \9-2-3. swf

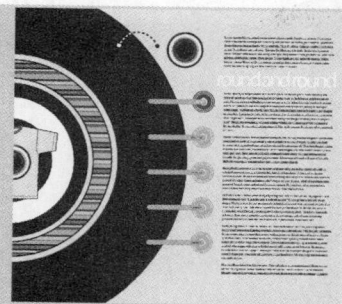

01 ▶ 执行"文件 > 打开"命令，在弹出的"打开"对话框中选择"素材 \ 第 9 章 \92301.psd"。

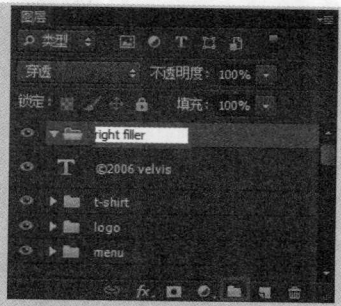

02 ▶ 单击"图层"面板底部的"创建新组"按钮，创建"组 1"，双击"组 1"为其重新命名。

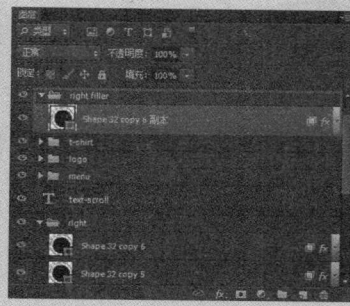

03 ▶ 选择 Shape 32 copy 6 图层，按快捷键 Ctrl+J 复制图层，将其放入 right filler 组内。

04 ▶ 使用相同的方法，将"素材 \ 第 9 章 \92302.png"打开。

05 ▶ 使用"移动工具"将其拖入素材 92301.psd 中，并调整其位置。

启用图层蒙版
停用矢量蒙版
创建剪贴蒙版
链接图层
选择链接图层
拷贝图层样式
粘贴图层样式

06 ▶ 使用鼠标右击"图层 1"，在弹出的快捷菜单中选择"创建剪贴蒙版"命令。

07 ▶ "图层 1"的效果和"图层"面板如图所示。

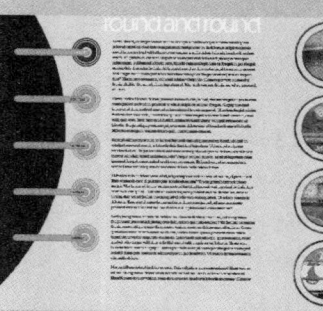

08 ▶ 使用相同的方法，完成其他相似内容的制作。

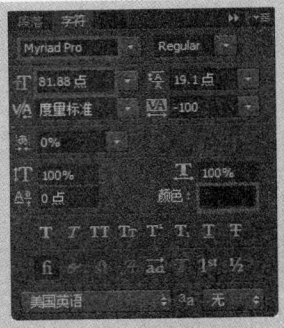

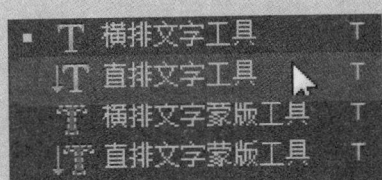

09 ▶ 在"工具箱"中的文字工具组中选择"直排文字工具"。

10 ▶ 在"字符"面板中设置"颜色"为黑色，其他设置如图所示。

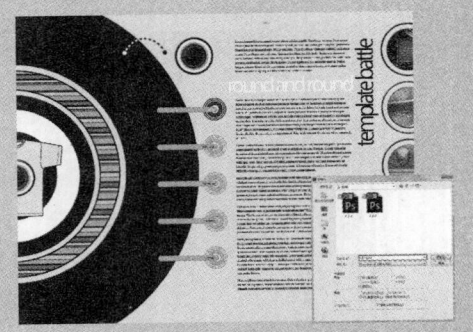

11 ▶ 在画布中单击，输入文本，文字效果如图所示。

12 ▶ 执行"文件 > 存储为"命令，在弹出的"存储为"对话框中设置，完成实例的制作。

提问：如何快速创建剪贴蒙版？

答：将光标放置于"图层"面板中需要创建剪贴蒙版的两个图层分割线上，按住 Alt 键，当光标变成 形状，单击鼠标，即可创建剪贴蒙版。

9.3 形状图层

"形状图层"即在单独的图层中创建的形状，可以使用"形状工具"或"钢笔工具"创建"形状图层"。它可以方便地进行移动、对齐、分布和调整等操作，因此，"形状图层"非常适用于为 Web 页创建图形。

9.3.1 使用形状工具

使用鼠标右键单击工具箱中的"矩形工具"按钮，在弹出的工具组中选择任意一个工具，在选项栏中设置"选择工具模式"为"形状"，绘制图形，在"图层"面板中会自动产生一个形状图层。

使用形状工具绘制形状后，在"路径"面板中可以看到当前所选形状图层的路径内容，这个路径是临时存在的，一旦切换到其他图层，这个路径就会消失。

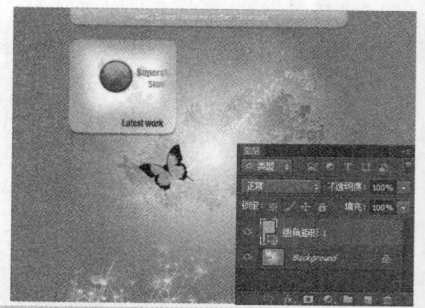
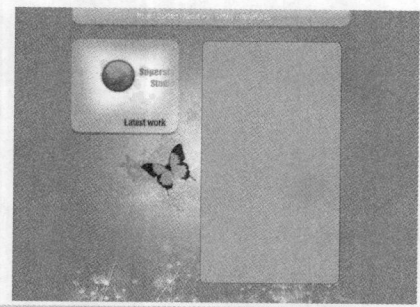

➡️ 实例 24+ 视频：制作网页菜单栏

在制作网页的过程中，经常会使用到形状工具，通过形状工具可以快速绘制出不同的形状图形。本实例将讲解如何使用形状工具制作网页菜单栏。

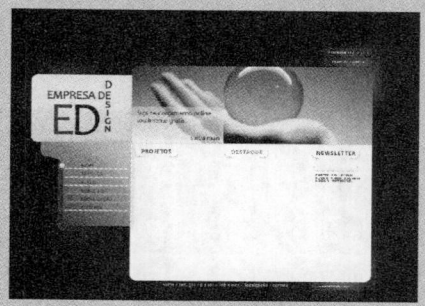

🏠 源文件：源文件 \ 第 9 章 \9-3-1.psd

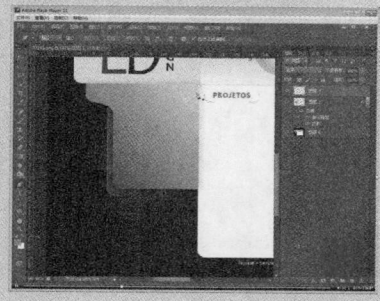

📡 操作视频：视频 \ 第 9 章 \9-3-1. swf

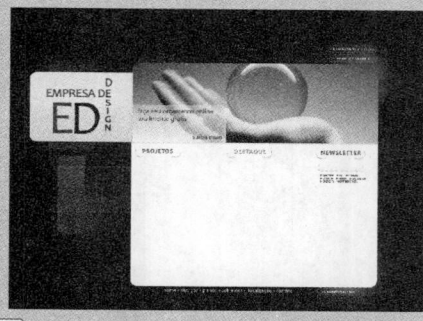

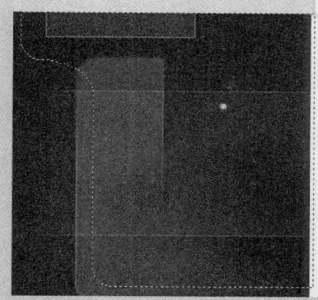

01 ▶ 执行"文件 >打开"命令，选择"素材\第 9 章\93101.jpg"，将其打开。

02 ▶ 新建"图层 1"，使用"钢笔工具"绘制路径，并转换为选区。

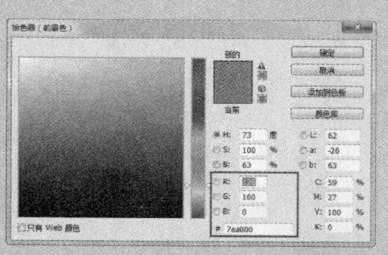

03 ▶ 单击"设置前景色"按钮，在弹出的"拾色器"对话框中进行设置。

04 ▶ 按快捷键 Alt+Delete，为创建的选区填充前景色。

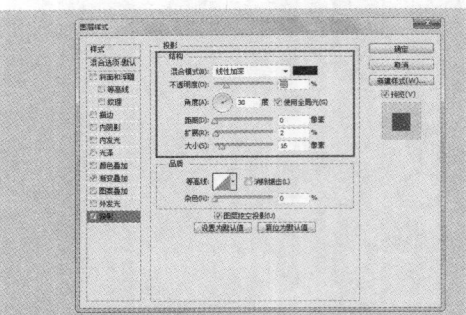

05 ▶双击"图层1",弹出"图层样式"对话框,添加"投影"样式。

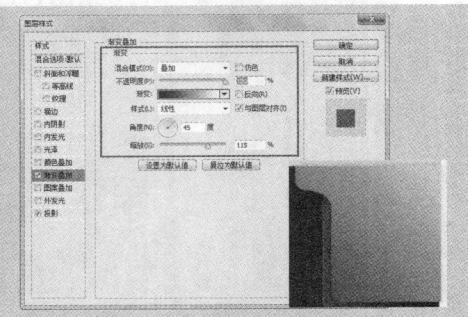

06 ▶使用相同的方法,为其添加"渐变叠加"图层样式。

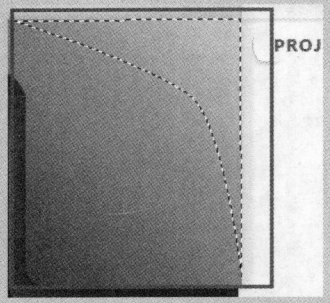

07 ▶使用相同的方法,绘制路径,并转换为选区。

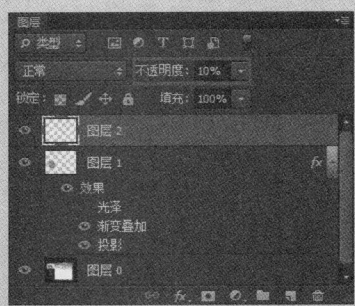

08 ▶为创建的选区填充白色,在"图层"面板中设置"图层2"的"不透明度"。

09 ▶选择"直线工具",在选项栏中设置"颜色"为#e8ff50,绘制直线。

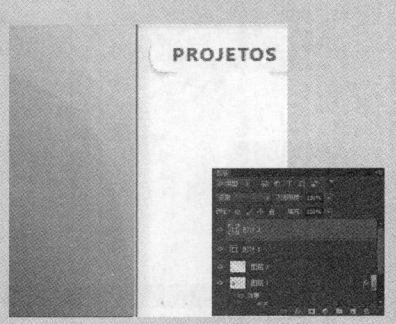

10 ▶使用相同的方法,完成"形状2"的制作,效果如图所示。

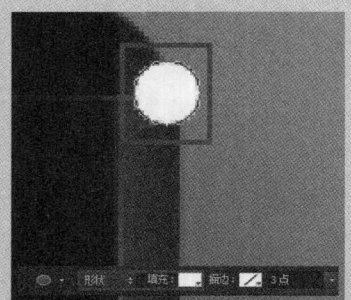

11 ▶选择"椭圆工具",在选项栏中进行设置,绘制正圆。

12 ▶使用相同的方法,为"椭圆1"添加图层样式。

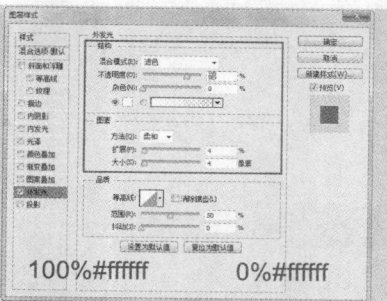

100%#ffffff   0%#ffffff

13 ▶选择"矩形工具"，在选项栏中进行
设置，绘制矩形。

14 ▶使用相同的方法，为"矩形 1"添加"外
发光"图层样式。

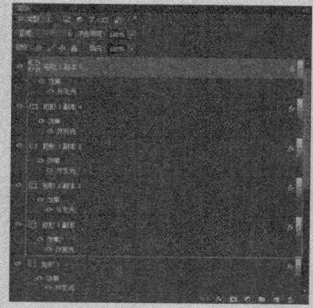

15 ▶多次按 Ctrl+J 快捷键，复制"矩形 1"，
"图层"面板如图所示。

16 ▶使用"移动工具"调整矩形的位置，
效果如图所示。

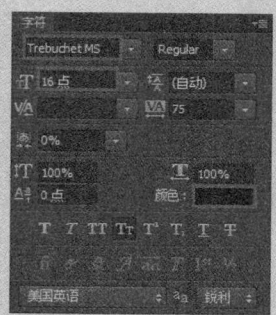

17 ▶选择"横排文字工具"，在"字符"
面板中进行设置。

18 ▶在画布中单击，输入文本，文字效果
如图所示。

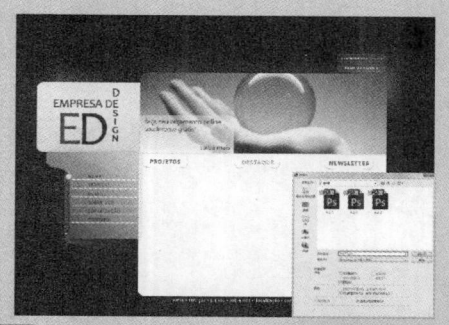

19 ▶使用相同的方法，完成其他相似内容
的制作。

20 ▶执行"文件 > 存储为"命令，在弹出的
"存储为"对话框中进行设置，完成实例制作。

提问：在绘制形状的过程中如何调整其位置？

答：在使用各种形状工具绘制矩形、椭圆形、多边形、直线和自定义形状时，按住键盘上的空格键拖动鼠标即可移动形状的位置。

9.3.2 编辑形状图层

"形状图层"具有可以反复修改和编辑的特性。在"图层"面板中单击矢量蒙版缩览图，Photoshop 会自动在"路径"面板中显示当前路径，用户即可使用各种路径编辑工具进行编辑，双击图层缩览图，还可以在弹出的"拾色器"对话框中重新设置形状图层中的填充颜色。

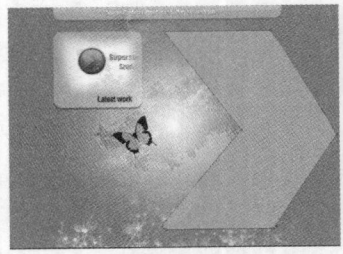  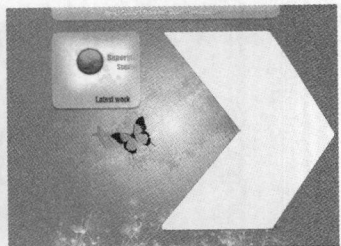

9.3.3 形状图层的层级

使用任意一个"形状工具"在同一图层中绘制多个形状时，在选项栏中可以设置形状的"路径排列方式"，即可以对形状的层叠顺序进行调整。

 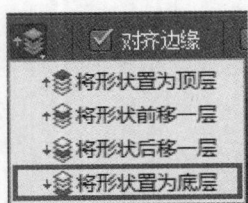 

9.3.4 形状图层的对齐和分布

在 Photoshop 中绘制形状时，选择任意一个形状工具，在选项栏中即可设置形状的"路径对齐方式"，可以调整形状的对齐方式和分布方式。

● 对齐

Photoshop 中提供了多种形状对齐方式，分别是"左边"、"水平居中"、"右边"、"顶边"、"垂直居中"和"底边"。

● 分布

在一个"形状图层"中选择 3 个以上形状，可以设置形状的对齐方式，分别是"按宽度均匀分布"和"按高度均匀分布"。

9.3.5 形状图层的计算

在 Photoshop 中，使用任意一个形状工具绘制形状之前，在选项栏中可以设置形状的"路径操作"，即绘制形状的合并方式。

● 新建图层

默认情况下，"路径操作"模式为"新建图层"。

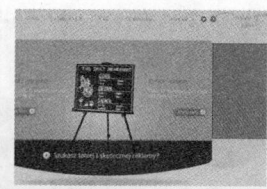

● 合并形状

"合并形状"路径操作可以合并两个或多个形状。

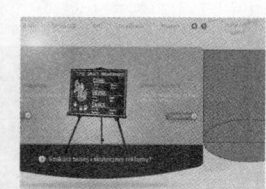

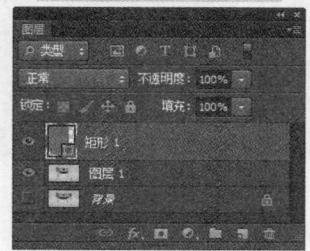

● 减去顶层形状

"减去顶层形状"路径操作可以删除选定形状的某些部分。

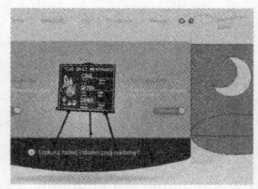

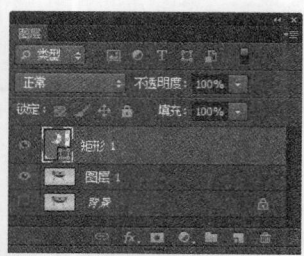

● 与形状区域相交

"与形状区域相交"路径操作可以创建两个或多个形状的交集。

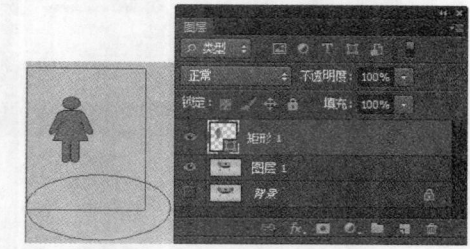

● 排除重叠形状

"排除重叠形状"路径操作可以将两个或多个形状重叠的部分删除。

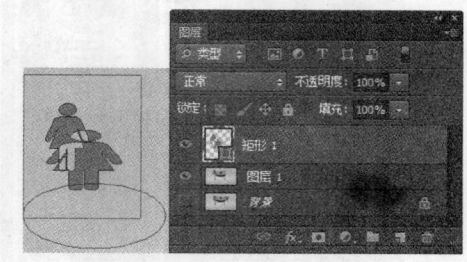

● 合并形状组件

"合并形状组件"路径操作可以将两个或多个形状合并为一个单独的形状。

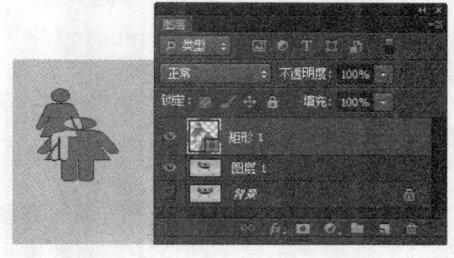

9.4 通道的功能

"通道"是 Photoshop 中非常重要的概念，它记录了图像大部分的信息，通过"通道"可以创建复杂的选区、进行高级图像的合成和调整图像颜色等，其主要有保存颜色信息和创造选区两种功能。

9.4.1 保存颜色信息

"通道"可以代表图像中的某一颜色信息。例如在 RGB 图像模式中，R 通道代表图像的红色信息。

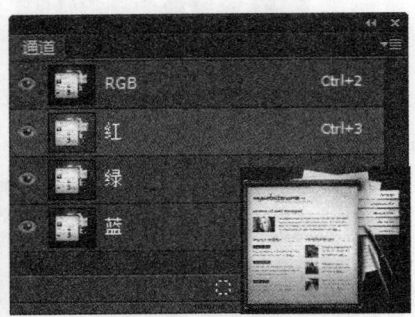
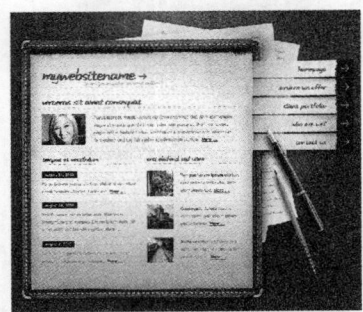

9.4.2 创建选区

"通道"可以用来创建一些比较精确的选区。在通道中，白色代表选区，黑色代表非选区。

9.5 通道的分类

Photoshop 中包含了多种通道类型，分别是"颜色通道"、"Alpha 通道"、"专色通道"和"复合通道"。通道是 Photoshop 中的高级功能，它与图像的内容、色彩和选区有着密切的联系。

9.5.1 颜色通道

"颜色通道"是指在打开图像时自动创建的通道，它们记录了图像的内容和颜色信息。图像的颜色模式不同，颜色通道的数量也不同。

● RGB 图像

RGB 图像包含红、绿、蓝和一个用于编辑图像的复合通道。

● CMYK 图像

CMYK 图像包含青色、洋红、黄色、黑色和一个用于编辑的复合通道。

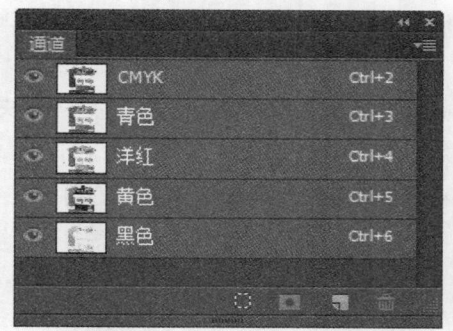

● Lab 图像

Lab 图像包含明度、a、b 和一个用于编辑的复合通道。

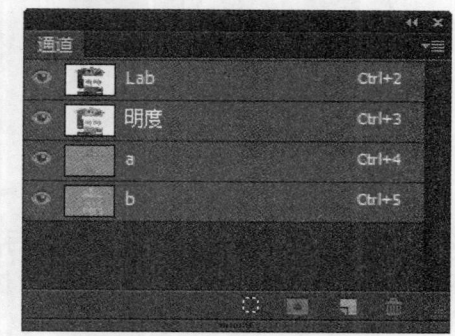

● 其他模式图像

位图、灰度、双色调和索引颜色图像都只有一个通道。

9.5.2 Alpha 通道

"Alpha 通道"与"颜色通道"不同，它不会直接影响图像的颜色。"Alpha 通道"有 3 种用途，分别是将选区存储为灰度图像、从 Alpha 通道中载入选区和用于保存选区。

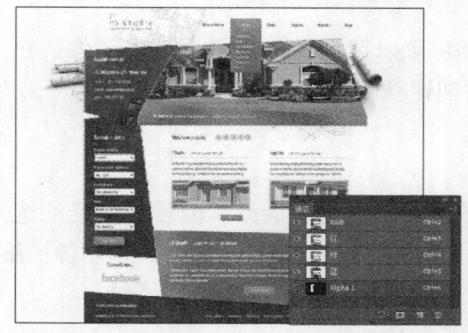
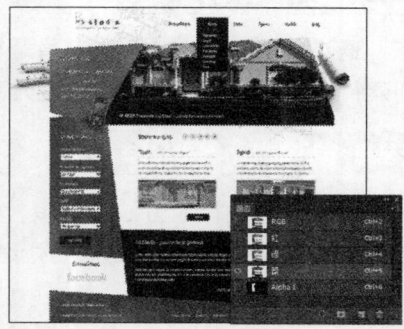

在"Alpha 通道"中，白色代表被选择的区域；黑色代表未被选择的区域；灰色代表被部分选取的区域，即羽化区域。用白色涂抹"Alpha 通道"可以扩大选区范围；用黑色涂抹则收缩选区范围；用灰色涂抹则增加羽化范围。

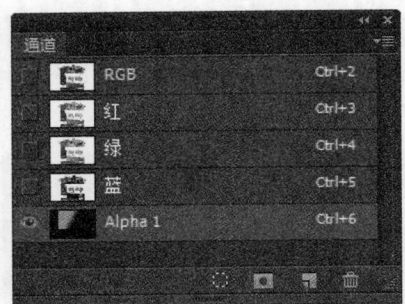

提示

将选区存储为灰度图像后，用户即可使用画笔等工具以及各种滤镜，编辑"Alpha 通道"从而修改选区。

9.5.3 专色通道和复合通道

"专色通道"是一种特殊的通道，它用于存储印刷用的专色。专色是用于替代或补充印刷色（CMYK）的特殊预混油墨，如金属质感的油墨、荧光油墨等。通常情况下，"专色通道"由专色的名称来命名。

"复合通道"不包含任何信息，实际上只是同时预览并编辑所有颜色通道的一个快捷方式。

9.6 通道的应用

通道在 Photoshop 中的应用是非常广泛的，它可以帮助用户更好地调整图像的色调、创建特殊选区，同时还可以通过分离和合并通道创建新图像。

9.6.1 调整图像色调

调整图像色调的方法有很多，应用通道对图像的颜色进行调整和处理是最佳的选择，因为在"通道"面板中找到需要处理的颜色通道，对该通道进行处理，不会影响图像的细节，使得图像颜色更加真实。

9.6.2 创建特殊选区

使用一般的选区工具创建复杂选区是比较困难的，对于像毛发类细节较多且复制的对象，通道便是制作此类选区的最佳工具。

⟹ 实例 25+ 视频：使用通道面板抠图

在网页的制作过程中，往往需要对图像素材进行处理，例如调色、抠图等操作。本实例将讲解如何使用"通道"面板将人物头发抠出。

🏠 源文件：源文件 \ 第 9 章 \9-6-2. psd

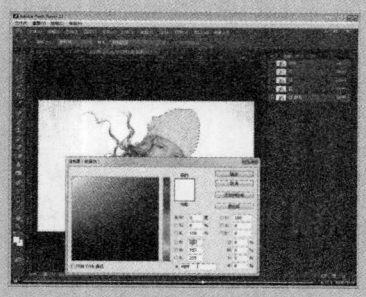

📶 操作视频：视频 \ 第 9 章 \9-6-2. swf

01 ▶ 执行"文件>打开"命令，选择"素材\第 9 章 \96201.jpg"，将其打开。

02 ▶ 使用相同的方法，将"素材\第 9 章 \96202.jpg"打开。

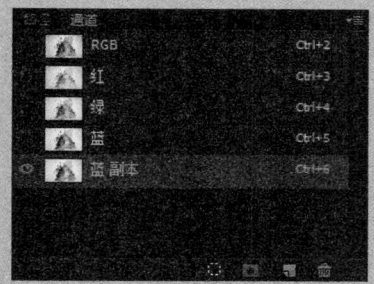

03 ▶ 执行"窗口>通道"命令，打开"通道"面板，复制"蓝"通道。

04 ▶ 使用"套索工具"，绘制选区，效果如图所示。

05 ▶ 按快捷键 Shift+Ctrl+I，反选选区。

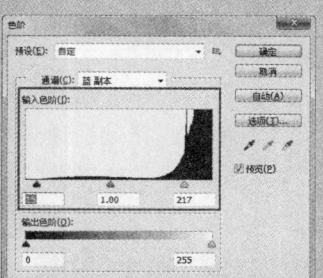

06 ▶ 执行"图像>调整>色阶"命令，在弹出的"色阶"对话框中进行设置。

07 ▶ 单击"确定"按钮，设置"前景色"为白色，使用"画笔工具"进行涂抹。

08 ▶ 按快捷键 Ctrl+D 取消选区，单击"通道"面板底部的"将通道作为选区载入"按钮。

09 ▶ 按快捷键 Shift+Ctrl+I，反选选区。

10 ▶ 单击 RGB，返回 RGB 图像模式。

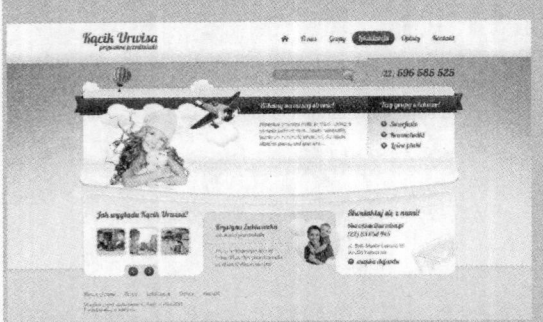

11 ▶ 使用"移动工具"将选区拖入到打开的素材 96201.jpg 中，并调整其位置和大小。

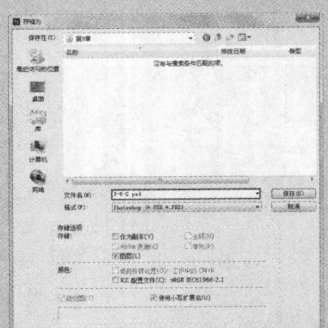

12 ▶ 执行"文件 > 存储为"命令，在弹出的"存储为"对话框中进行设置，完成实例的制作。

提问：在"通道"面板中为何选择"蓝"通道？

答：选择哪个通道的关键在于哪个通道中的颜色反差大，颜色反差越大，提取选区越容易。

9.6.3 分离和合并通道

打开"通道"面板，单击面板右上角的三角形按钮，在弹出的菜单中即可选择"分离通道"

命令和"合并通道"命令。

● **分离通道**

"分离通道"可以很好地解决保留单个通道信息而不是所有通道信息的问题。选择"分离通道"选项后，图像自动分离出新图像，原图自动关闭，每个通道分别以灰度级图像窗口出现。

● **合并通道**

打开"通道"面板，选择"合并通道"选项，在弹出的"合并通道"对话框中进行设置，单击"确定"按钮，在弹出的对话框中设置"指定通道"，即可将单色通道合并为不同模式的图像。

 在进行"分离通道"操作时，如果文件中有多个图层，必须将所有的图层合并，"分离通道"选项才可以使用。

9.7 使用"应用图像"命令

"应用图像"命令允许用户使用与图层关联的混合效果，将图像和图像中的通道组合成为新图像。它可以应用全彩图像或者图像的一个或多个通道。

 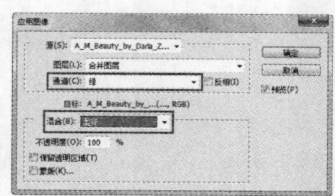 

 在对图像进行处理时，要观察每个通道的信息，要找出图像细节保存最多、对比度最好的通道，一般情况下，处理人物皮肤多采用"绿"通道。

9.8 使用"计算"命令

"计算"命令用于混合两个来自一个或多个源图像的单个通道，将计算结果应用到新图像的新通道，或新图像的选区。需要注意的是，不可以对"复合通道"应用此命令。

实例 26+ 视频：使用"计算"命令更改肤色

在一些网页的制作过程中，有时候需要对模特的肤色进行调整。本实例将通过"计算"命令调整肤色，对"计算"命令在网页中的应用进行详细讲解。

🏠 源文件：源文件 \ 第 9 章 \9-8. psd

📡 操作视频：视频 \ 第 9 章 \9-8. swf

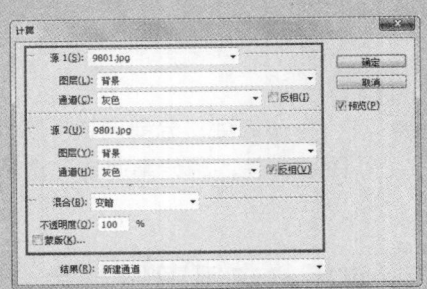

01 ▶执行"文件 > 打开"命令，选择"素材 \ 第 9 章 \9801.jpg"，将其打开。

02 ▶执行"图像 > 计算"命令，在弹出的"计算"对话框中进行设置。

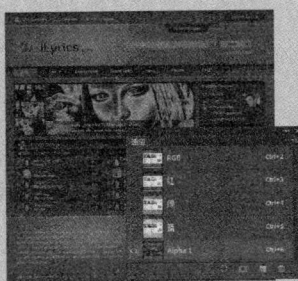

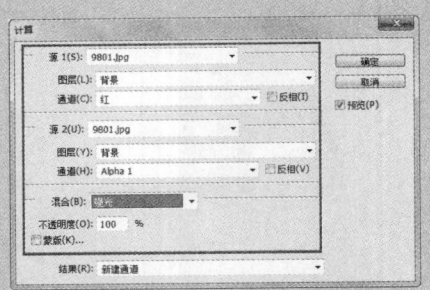

03 ▶单击"确定"按钮，图像和"通道"面板如图所示。

04 ▶再次执行"图像 > 计算"命令，在弹出的"计算"对话框中进行设置。

05 ▶单击"确定"按钮，图像和"通道"面板如图所示。

06 ▶使用"矩形选框工具"在图像中绘制选区，效果如图所示。

07 ▶ 反选选区，选择"画笔工具"，设置"前景色"为黑色，在图像中进行涂抹。

08 ▶ 按快捷键 Ctrl+D 取消选区，单击"通道"面板底部的"将通道作为选区载入"按钮。

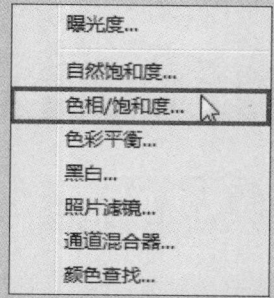

09 ▶ 在"通道"面板中单击 RGB，返回 RGB 图像模式。

10 ▶ 单击"创建新的填充或调整图层"按钮，选择菜单中"色相 / 饱和度"命令。

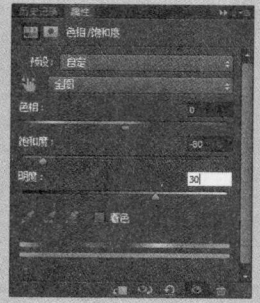

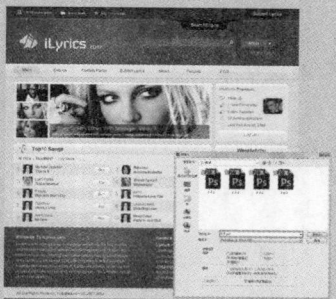

11 ▶ 在弹出的"属性"面板中设置"明度"和"饱和度"。

12 ▶ 执行"文件 > 存储为"命令，在弹出的"存储为"对话框中进行设置，完成实例的制作。

提问：为何要勾选"反相"复选框？

答：使用"灰色"通道勾选"反相"复选框进行计算所得的结果中，高光部分为接近中性色的区域。由于在人物图像中，人物的皮肤颜色一般为中性色调，所以创建的 Alpha1 通道即为人物皮肤区域的选区。

9.9 本章小结

本章主要讲解蒙版和通道的基本概念和分类，以及在设计中的应用，通过本章的学习，相信读者对蒙版和通道有了更加深入的了解，并能够掌握各种蒙版在设计中的应用方法和技巧以及通道处理的方法。

第 10 章　滤镜和动作

在 Photoshop 中，使用滤镜可以创作出各种奇妙的图像效果，滤镜是 Photoshop 的重要组成部分，本章将针对滤镜和动作的使用进行详细讲解。

10.1　认识滤镜

滤镜是一种用于调节聚焦效果和光照效果的特殊镜头，在图像的处理过程中可以实现各种视觉效果，巧妙地使用滤镜可以为作品增添许多色彩。

10.1.1　滤镜的种类

在 Photoshop 中，滤镜有 3 种类型，分别是内置滤镜、特殊滤镜和外挂滤镜。

● **内置滤镜**

内置滤镜分为 9 种滤镜组，广泛应用于纹理制作、图像效果处理、文字效果制作等各个方面。

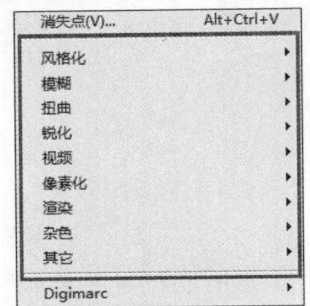

● **特殊滤镜**

特殊滤镜包括"滤镜库"滤镜、"液化"滤镜和"消失点"滤镜等，它们的功能非常强大，被频繁使用。

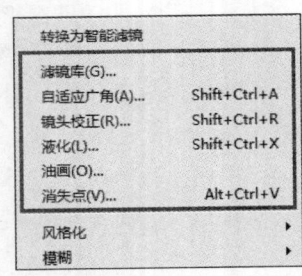

● **外挂滤镜**

外挂滤镜不是 Photoshop 自带的，而是需要用户单独安装才可使用的。其种类繁多，效果奇妙，比较著名的外挂滤镜有 KPT、PhotoTools 和 Eye Candy 等。

10.1.2　滤镜的使用方法

Photoshop 中的滤镜可以应用到选区、图层蒙版、快速蒙版和通道等对象上，通过使用滤镜可以获得更加丰富的选区或图像效果。

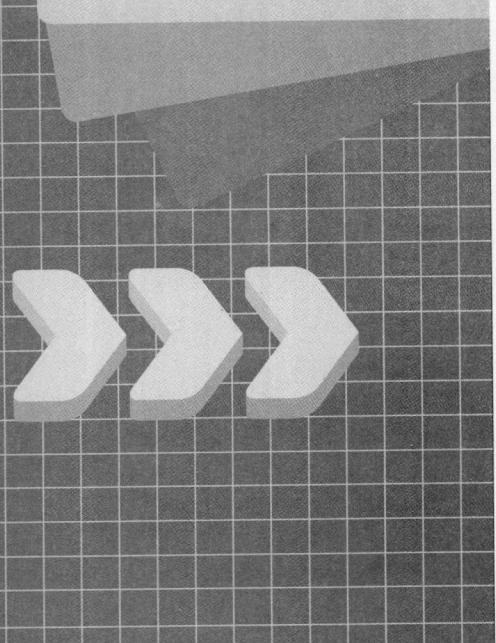

● **应用到选区**

　　执行"滤镜"命令即可为选区应用滤镜。如果未创建选区，滤镜将应用于当前图层。

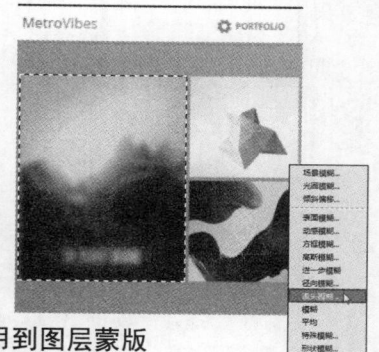

● **应用到图层蒙版**

　　滤镜可以应用于图层蒙版中，先选择图层蒙版，执行"滤镜"命令即可为图层蒙版应用滤镜。

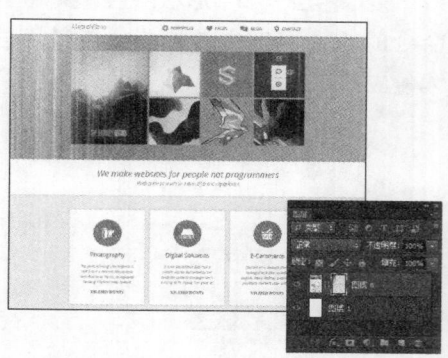

● **应用到快速蒙版**

　　在快速蒙版模式下，可以为快速蒙版应用各种滤镜，执行"滤镜"命令即可，从而得到不同的选区。

● **应用到通道**

　　打开"通道"面板，选择需要添加滤镜的通道，执行"滤镜"命令，即可为通道应用滤镜。

> **提示**
>
> 　　如果需要对位图、索引模式或 CMYK 模式的图像应用特殊滤镜，必须将其转换为 RGB 模式，因为只有在 RGB 模式下，所有的滤镜才可以使用。

10.1.3　滤镜的使用规则

　　在 Photoshop 中使用"滤镜"命令，需要遵守一些操作规则，才能更加准确、有效地体现滤镜的效果，同时还要根据艺术创作的需求，有选择性地使用。

● **滤镜效果**

　　Photoshop 会根据选区范围进行滤镜效果的处理。如果没有定义选区范围，则对整个图像进行处理；如果当前选中的是某一个图层或某一个通道，则只对当前图层或通道起作用。

● 滤镜技巧

由于一些滤镜效果需要很多内存，尤其对于高分辨率的图像，所以在使用滤镜时，可以使用一些小技巧来提高效率。

首先选择图像中的一部分试用滤镜，再对整个图像应用滤镜。

在图像太大或者内存不足的情况下，可以先对单个通道应用滤镜，再对 RGB 通道应用滤镜。

首先在低分辨率的文件备份上试用滤镜，记录下所用的滤镜和参数设置，再对高分辨率原图应用滤镜。

● 羽化功能

在对局部图像进行滤镜效果处理后，可以对选区范围进行羽化，使其与原图自然结合，避免突兀的感觉。

● 滤镜编辑

使用"编辑"菜单中的"还原状态更改"与"重做状态更改"命令可以对比应用滤镜前后的效果，或者使用"历史记录"来显示应用滤镜前后的效果。

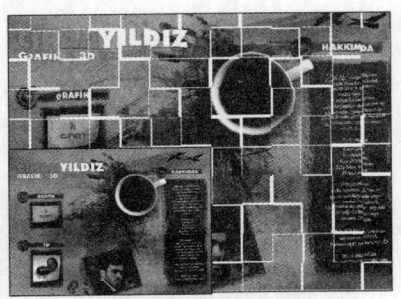

● 滤镜预览

"滤镜"对话框中都有一个"预览"复选框，勾选此复选框，即可预览应用的滤镜效果。

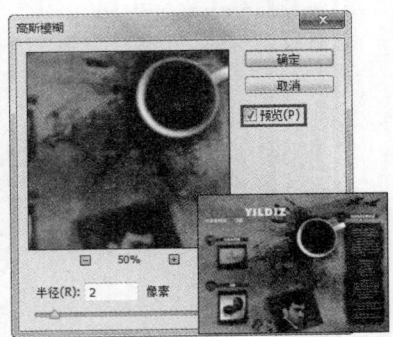

● 滤镜要求

应用滤镜的前提是"普通图层"，在对"文本图层"和"形状图层"执行"滤镜"命令时，会提示先转换为"普通图层"，才能应用滤镜。

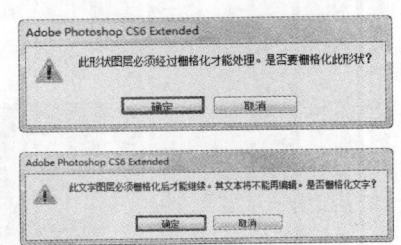

● 滤镜设置

在任何一个滤镜对话框中，按住 Alt 键，对话框中的"取消"按钮将变成"复位"按钮，单击"复位"按钮可将滤镜设置重置为默认状态。

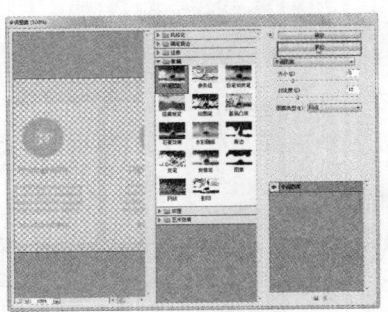

10.1.4　重复使用滤镜

在没有执行"滤镜"命令之前，"滤镜"下拉菜单的第一行显示"上次滤镜操作"，当执行"滤镜"命令后，在"滤镜"下拉菜单的第一行会显示刚才使用过的滤镜，执行该命令或者按快捷键 Ctrl+F，可快速重复应用相同设置的滤镜。

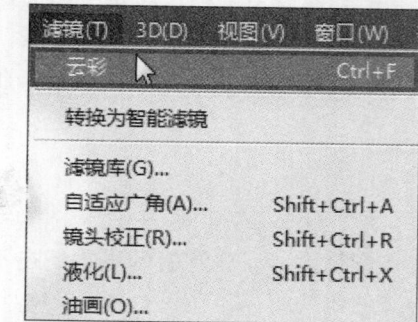

如果按快捷键 Ctrl+Shift+F 可以打开上一次执行滤镜的对话框，在弹出的对话框中可以重新设置参数。

10.2 使用滤镜库

在 Photoshop 中，"滤镜库"是一个整合了许多种滤镜的对话框，它可以将一个或多个滤镜应用到图像上，也可以对同一个图像多次应用同一个滤镜，还可以使用其他滤镜替换原有的滤镜。

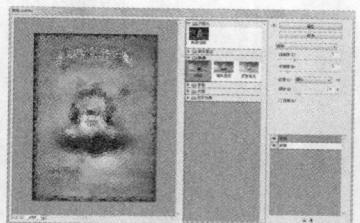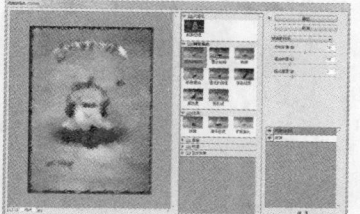

执行"滤镜 > 滤镜库"命令，打开"滤镜库"对话框，对话框左侧为预览区，中间为6 组可供选择的滤镜，分别为"风格化"、"扭曲"、"画笔描边"、"素描"、"纹理"和"艺术效果"，右侧为滤镜参数设置区。

在"滤镜库"对话框右下角的图层列表中单击"新建效果图层"按钮，可以创建新的效果图层，和其他效果图层进行叠加。

滤镜效果图层和图层的操作方法相同，单击并上下拖动即可调整图层的叠放顺序，滤镜效果也会随之发生变化；单击"显示/隐藏滤镜图层"按钮，可以显示或隐藏设置的滤镜；单击"删除效果图层"按钮，可以删除当前选择的效果图层。

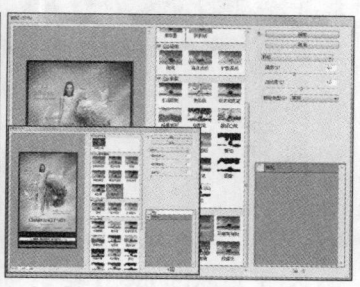

10.3 使用外挂滤镜

Photoshop 除了可以使用自带的滤镜之外，还允许安装使用其他厂商提供的滤镜，这些从外部装入的滤镜，被称为外挂滤镜。

外挂滤镜是由第三方厂商或个人开发的滤镜，可以安装在 Photoshop 中使用，从而轻松地制作出效果惊人的图像。

10.3.1 了解外挂滤镜

目前，专为 Photoshop 开发的滤镜种类繁多，功能强大，有些滤镜的版本还在不断地升级，下面介绍一种最具代表性的外挂滤镜。

KPT（Kai's Power Tools）是 Photoshop 中著名的滤镜，其最新版本是 KPT 7.0，KPT 7.0 一共有9个滤镜，分别是KPT Channel Surfing 滤镜、KPT Fluid 滤镜、KPT FraxFlame II 滤镜、KPT Gradient Lab 滤镜、KPT Hyper Tilling 滤镜、KPT Lightning 滤镜、KPT Ink Dropper 滤镜、KPT Pyramid Paint 滤镜和 KPT Scatter 滤镜。

● **KPT Channel Surfing 滤镜**

KPT Channel Surfing 滤镜是一个处理通道的滤镜，可以单独对图像中的各个通道进行效果处理。

● **KPT Fluid 滤镜**

KPT Fluid 滤镜可以在图像上模拟液体流动的效果。

● **KPT FraxFlame II 滤镜**

KPT FraxFlame II 滤镜可以将不规则形状按照一定规律组合成新的形状，从而制作出高度复杂的非线性图形。

● **KPT Gradient Lab 滤镜**

KPT Gradient Lab 滤镜是对 Photoshop 渐变功能的扩展，可以更加方便地制作出具有复杂形状和样式的多层渐变。

● **KPT Hyper Tilling 滤镜**

KPT Hyper Tilling 滤镜可以创建复杂的拼贴效果，而且还可以拼贴到 2D 平面和

4D 空间中。

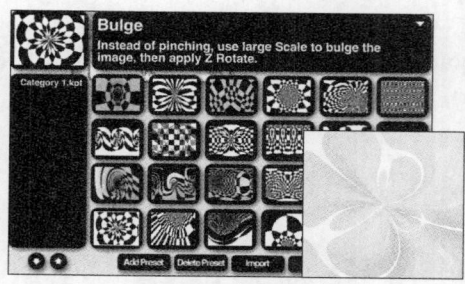

● **KPT Ink Dropper 滤镜**

KPT Ink Dropper 滤镜和 KPT Fluid 滤镜相似，都是用来模拟液体效果的。一般情况下利用它创建彩色墨水滴溅在平面上的效果。

● **KPT Lightning 滤镜**

KPT Lightning 滤镜可以模仿自然闪电效果。

● **KPT Pyramid Paint 滤镜**

KPT Pyramid Paint 滤镜可以将图像转换成油画效果，并且还可以对图像进行"色调"、"饱和度"和"亮度"调整。

● **KPT Scatter 滤镜**

KPT Scatter 滤镜可以在图像中创建各种微粒运动的效果，并且还可以控制粒子的大小、位置、颜色和阴影等。

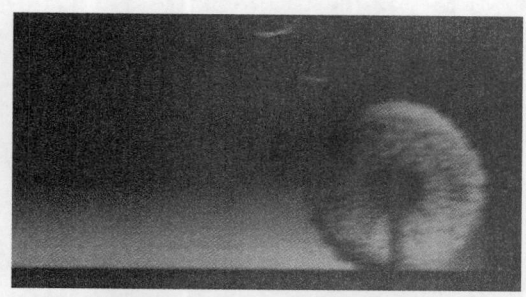

10.3.2　安装使用外挂滤镜

外挂滤镜已经成为 Photoshop 处理图像时不可或缺的一部分。使用这些滤镜需要进行安装，安装也有所不同，一般分为两种，分别是安装程序和滤镜文件。

● **安装程序**

许多外挂滤镜本身带有安装程序，和安装软件一样，只需双击安装程序文件，即可根据提示进行安装。

● **滤镜文件**

一些外挂滤镜没有安装程序，而是滤镜文件，只需将其复制到 Photoshop 安装目录下的 Plug-ins 文件夹中即可。

实例 27+ 视频：安装 EYE CANDY 滤镜

EYE CANDY 滤镜是一组功能极为强大的 Photoshop 外挂滤镜，拥有极为丰富的特效。本实例将对 EYE CANDY 滤镜的安装进行详细讲解。

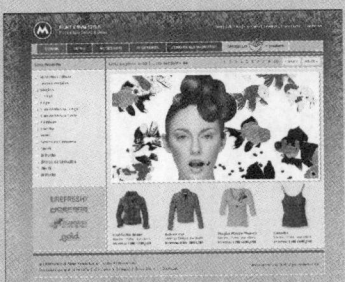

源文件：源文件 \ 第 10 章 \10-3-2. png

操作视频：视频 \ 第 10 章 \10-3-2. swf

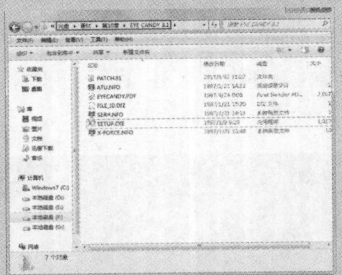

01 ▶ 从网络上下载或通过其他途径获得 EYE CANDY 3.1 的安装文件。

02 ▶ 双击 SETUP.EXE 文件，在弹出的 Welcome 对话框中单击 OK 按钮。

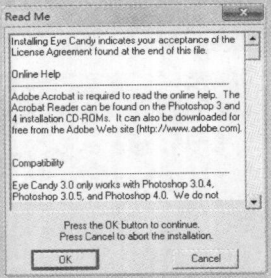

03 ▶ 在弹出的 Read Me 对话框中单击 OK 按钮。

04 ▶ 进入 Searching for Photoshop 状态，等待片刻。

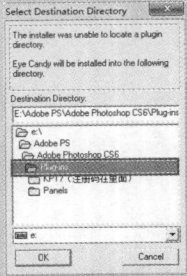

05 ▶ 在弹出的 Select Destination Directory 对话框中设置存储路径。

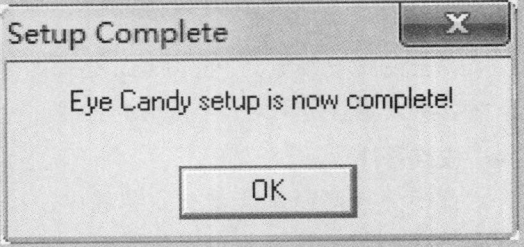

06 ▶ 单击 OK 按钮，在弹出的 Setup Complete 对话框中单击 OK 按钮，完成安装。

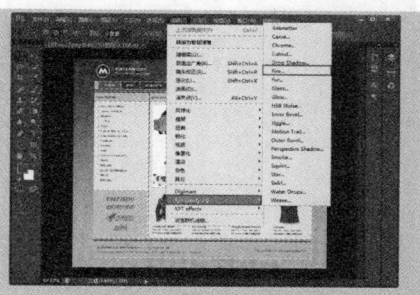

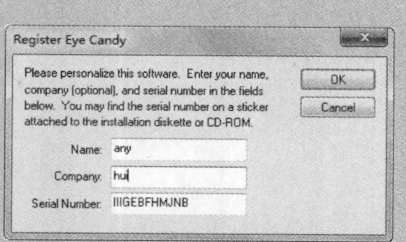

07 ▶启动 Photoshop 软件，打开一幅图片，执行"滤镜 >Eye Candy 3.0>Fire"命令。

08 ▶在弹出的 Register Eye Candy 对话框中进行设置，单击 OK 按钮。

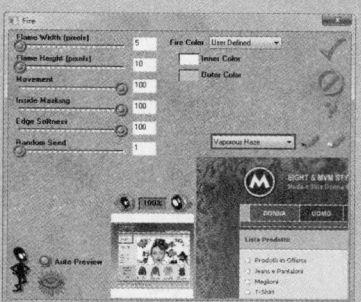

09 ▶在弹出的 Fire 对话框中进行设置。

10 ▶单击√按钮，弹出"进程"对话框。

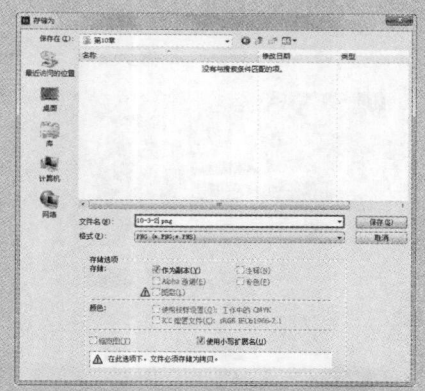

11 ▶稍等片刻，应用 Fire 滤镜，图像效果如图所示。

12 ▶执行"文件>存储为"命令，在弹出的"存储为"对话框中进行设置，完成实例的制作。

❓提问

提问：如何设置安装位置？

答：在安装过程中，会提示用户选择一个文件夹放置程序文件，此时必须选择 Photoshop 安装目录下的 Plug-ins 文件夹，否则无法使用。

10.4 油画

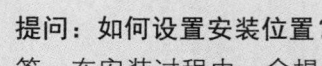

"油画"滤镜可以轻松制作出充满质感的油画效果。执行"滤镜 > 油画"命令，在弹

出的"油画"对话框中即可定义油画效果。

10.5 消失点

"消失点"滤镜可以在包含透视平面的图像中进行透视校正，如建筑物侧面或任何矩形对象。通过使用"消失点"滤镜，可以在图像中指定透视平面，然后应用如绘画、仿制、拷贝、粘贴和变换等操作，所有的操作都采用该透视平面来处理。

使用"消失点"滤镜修饰、添加或去除图像中的内容时，Photoshop 可以正确确定这些编辑操作的方向，并将复制的图像缩放到透视平面，使效果更加逼真。

➡ 实例 28+ 视频：清除网页中的杂物

在制作网页的过程中，可以使用"消失点"滤镜快速清除图像中的杂物，且不留下任何痕迹。本实例将对"消失点"滤镜在网页设计中的使用方法和技巧进行详细讲解。

源文件：源文件 \ 第 10 章 \10-5. psd　　操作视频：视频 \ 第 10 章 \10-5. swf

01 ▶执行"文件>打开"命令，选择"素材\第10 章 \10501.jpg"。

02 ▶执行"滤镜 > 消失点"命令，弹出"消失点"对话框。

03 ▶ 在弹出的"消失点"对话框中使用"创建平面工具"创建编辑平面。

04 ▶ 选择"图章工具"，按住 Alt 键单击创建的编辑平面，设置源点。

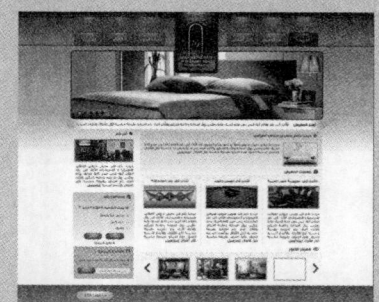

05 ▶ 在图像中的杂物位置单击并拖动鼠标复制图像，效果如图所示。

06 ▶ 使用相同的方法，将"素材\第 10 章\10502.jpg"打开。

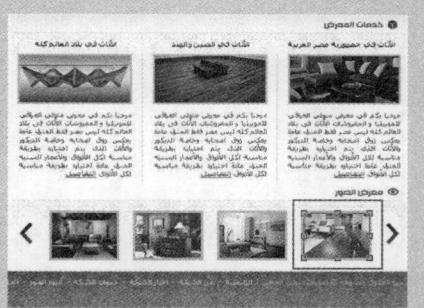

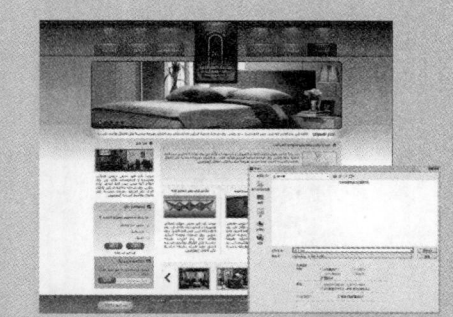

07 ▶ 使用"移动工具"将素材 10501.jpg 拖入素材 10502.jpg 中，调整其位置和大小。

08 ▶ 执行"文件＞存储为"命令,在弹出的"存储为"对话框中进行设置，完成实例制作。

提问：在创建透视平面时，定界框和网格的不同颜色代表什么？

答：定界框和网格的颜色代表平面的当前情况，蓝色表示定界框为有效平面，红色和黄色定界框代表无效平面。

10.6 使用动作

　　动作是 Photoshop 中提供的一种能够完成多个命令的功能，它可以将编辑图像的多个步骤制作成一个动作，使用创建的动作可以一次完成所有图像的操作，可以帮助用户提高工作效率。

执行"窗口 > 动作"命令或者按快捷键 Alt+F9，在弹出的"动作"面板中可以记录、播放、编辑和删除各个动作。

实例 29+ 视频：使用动作制作网页

EYE CANDY 滤镜是一组功能极为强大的 Photoshop 外挂滤镜，拥有极为丰富的特效。本实例将对 EYE CANDY 滤镜的安装进行详细讲解。

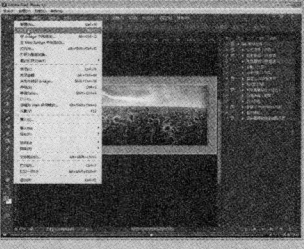

源文件：源文件 \ 第 10 章 \10-6. png

操作视频：视频 \ 第 10 章 \10-6. swf

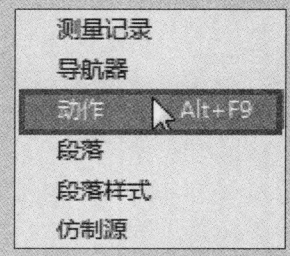

01 ▶执行"文件 > 打开"命令，选择"素材 \ 第 10 章 \10601.jpg"。

02 ▶执行"窗口 > 动作"命令，弹出"动作"面板。

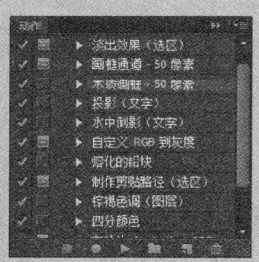

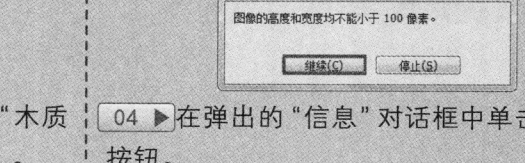

03 ▶在弹出的"动作"面板中选择"木质画框"动作，单击"播放选定的动作"。

04 ▶在弹出的"信息"对话框中单击"继续"按钮。

05 ▶稍等片刻，图像效果和"图层"面板如图所示。

06 ▶使用相同的方法，将"素材 \ 第 10 章 \10602.jpg"打开。

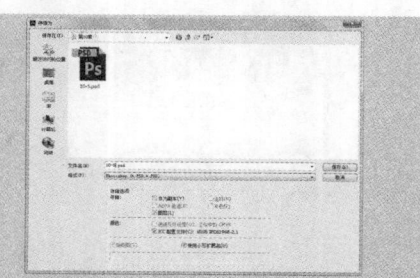

07 ▶ 使用"移动工具"将素材 10601.jpg 拖入素材 10602.jpg 中，调整其位置。

08 ▶ 执行"文件>存储为"命令，在弹出的"存储为"对话框中进行设置，完成实例的制作。

提问：如何修改"动作"面板中记录步骤的参数？

答：在"动作"面板中双击需要修改参数的步骤，弹出对话框，在弹出的对话框中即可重新设置参数。

10.7 网页设计中自定义动作

在 Photoshop 中可以通过创建自定义动作，然后将录制完成的动作应用于多张图像，从而节省工作时间，提高工作效率。

➡ 实例 30+ 视频：使用自定义动作制作网页

在一些网页的制作过程中，需要对大量的图像进行相同的操作，使用"动作"面板和"批处理"命令可以快速完成图像的处理。本实例将对"动作"面板和"批处理"命令在网页设计中的使用方法和技巧进行详细讲解。

🏠 源文件：源文件 \ 第 10 章 \10-7. psd

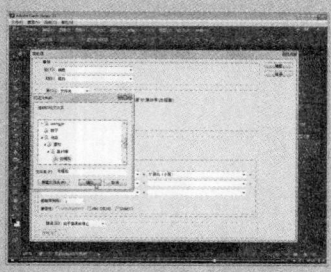

🔊 操作视频：视频 \ 第 10 章 \10-7. swf

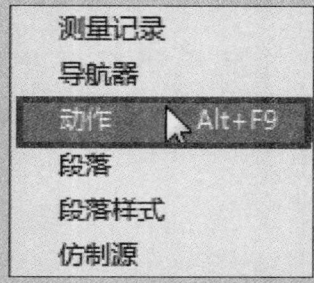

01 ▶ 执行"文件>打开"命令，打开"素材\第 10 章 \10701.png"。

02 ▶ 执行"窗口>动作"命令，弹出"动作"面板。

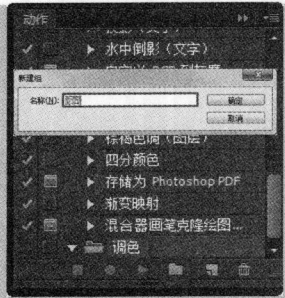

03 ▶ 单击"创建新组"按钮，在弹出的"新建组"对话框中进行设置，单击"确定"按钮。

04 ▶ 单击"创建新动作"按钮，在弹出的"新建动作"对话框中进行设置，单击"记录"按钮。

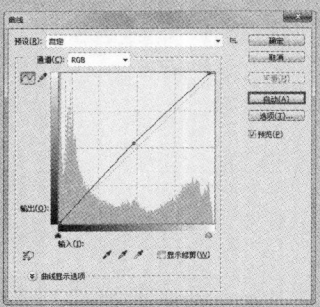

05 ▶ 执行"图像 > 调整 > 曲线"命令，在弹出的"曲线"对话框中进行设置。

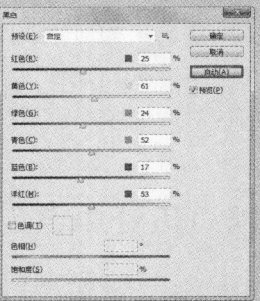

06 ▶ 执行"图像 > 调整 > 黑白"命令，在弹出的"黑白"对话框中进行设置。

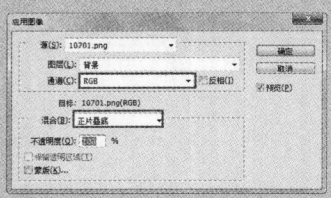

07 ▶ 执行"图像 > 应用图像"命令，在弹出的"应用图像"对话框中进行设置。

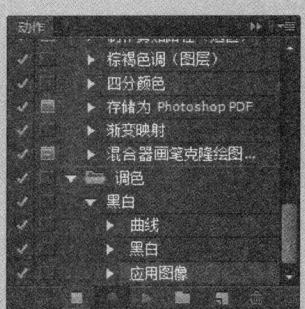

08 ▶ 单击"动作"面板底部的"停止播放\记录"按钮。

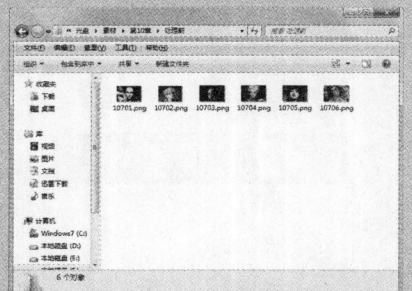

09 ▶ 将"素材\第 10 章\10701.png~10706.png"存储在一个文件夹中。

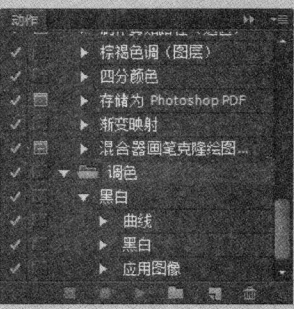

10 ▶ 在"动作"面板中选择刚刚创建的"调色"组。

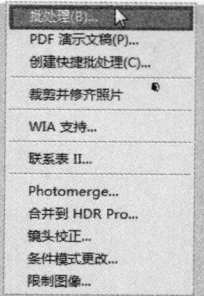

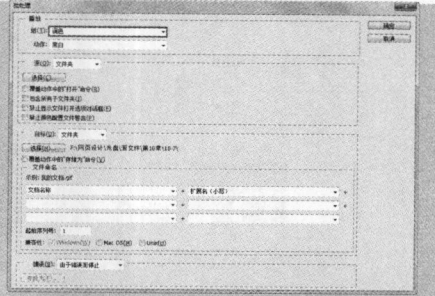

11 ▶ 执行"文件 > 自动 > 批处理"命令，弹出"批处理"对话框。

12 ▶ 在弹出的"批处理"对话框中设置"播放"选项中的"组"为"调色"。

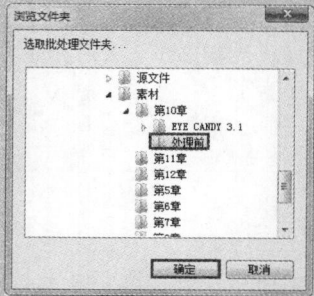

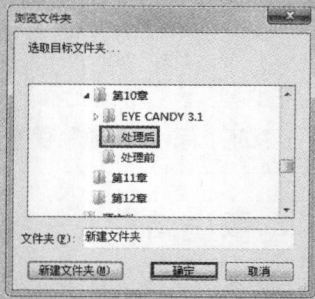

13 ▶ 单击"选择"按钮，在弹出的"浏览文件夹"对话框中选择图像所在文件夹。

14 ▶ 单击"目标"选项中的"选择"按钮，在"浏览文件夹"对话框中进行设置。

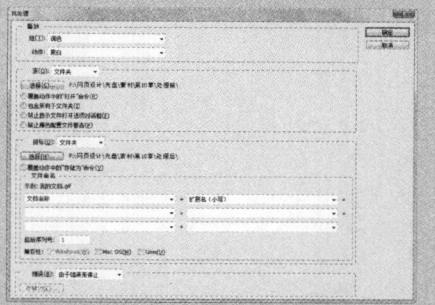

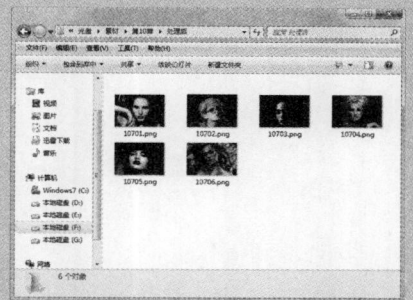

15 ▶ 单击"确定"按钮，即可对指定的文件进行批处理操作。

16 ▶ 稍等片刻，处理后的文件保存在指定的目标文件夹"处理后"中。

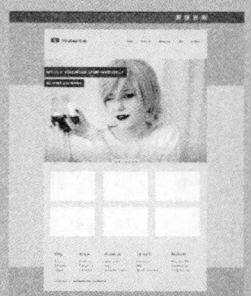

17 ▶ 使用相同的方法，将"素材\第 10 章\10707.png"打开。

18 ▶ 将处理后的图像素材 10701.png 打开并拖入素材 10707.png 中，并调整其位置。

 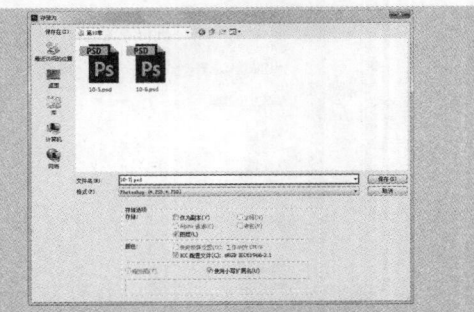

19 ▶ 使用相同的方法，完成其他相似内容的制作。

20 ▶ 执行"文件 > 存储为"命令，在弹出的"存储为"对话框中进行设置，完成实例的制作。

提问：可以记录动作的工具有哪些？

答：Photoshop 中的大多数命令和工具都可以记录在动作中，例如"选框工具"、"移动工具"、"文字工具""形状工具"、"图层"面板、"路径"面板和"通道"面板等。

10.8 本章小结

本章主要介绍滤镜的种类和使用，以及动作的记录和使用方法。通过本章的学习，相信读者能够掌握一些常用滤镜的使用方法和应用技巧，并能够灵活运用这些滤镜，以创建更加丰富的图像效果。

第 11 章　网页的切片输出

设计完成的网页效果图都需要导入到 Dreamweaver 中进行排版布局。但是在导入到 Dreamweaver 中之前，需要使用 Photoshop 中的"切片工具"对效果图进行切片并输入，这样才可以导入到 Dreamweaver 中布局使用。

11.1　关于网页切片

切片的目的是为了获得图像素材，也就是说能够通过 HTML 脚本语言实现的部分就不需要切片，而网页中需要使用图像的位置，就必须要进行切片。

11.1.1　创建切片

在使用 Photoshop 制作网页时，需要将网页图片通过切片工具进行分割，然后对切片图像进行压缩处理并输出，以便打开网页时缩短图像的下载时间。

Photoshop 中常见的切片类型有 3 种，分别是"用户切片"、"基于图层的切片"和"自动切片"。

● **用户切片**

用户切片就是使用"切片工具"创建的切片。单击"工具箱"中的"切片工具"按钮，在设计的页面中绘制区域，即可创建切片。

立的网页元素创建切片。

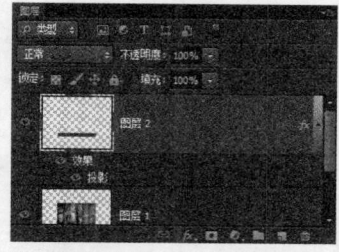

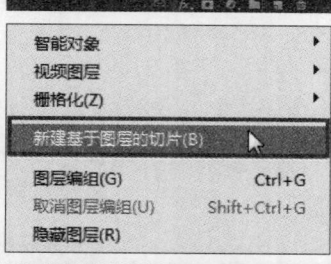

● **基于图层的切片**

通过图层创建的切片称之为"基于图层切片"，选中需要创建的图层后，执行"图层 > 新建基于图层的切片"命令即可为独

● **自动切片**

创建新的用户切片或基于图层的切片时，会生

成附加的自动切片来占据图像的其余区域，自动切片可填充图像中用户切片或基于图层的切片未定义的空间。每次添加或编辑用户切片或基于图层的切片时，都会重新生成自动切片。用户切片或基于图层的切片由实线定义，而自动切片则由虚线定义。

➡ 实例 31+ 视频：基于参考线创建切片

在 Photoshop 中可以使用"切片工具"创建基于参考线的切片，这样既方便又快捷，从而提高工作效率。

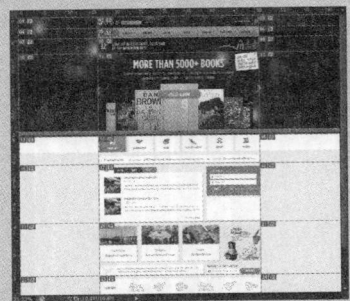

🏠 源文件：源文件 \ 第 11 章 \11-1-1.psd

📶 操作视频：视频 \ 第 11 章 \11-1-1.swf

01 ▶ 执行"文件 > 打开"命令，将"素材 \ 第 11 章 \111101.jpg"图像打开。

02 ▶ 在页面中创建参考线，规划好需要切片的区域。

03 ▶ 单击"切片工具"按钮，并单击选项栏中的"基于参考线的切片"按钮。

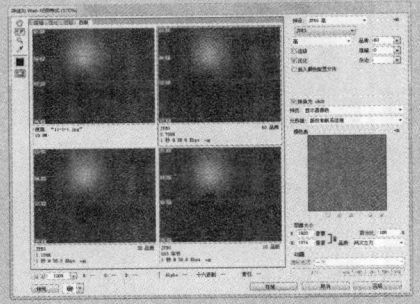

04 ▶ 执行"文件 > 存储为 Web 所用格式"命令，在弹出的对话框中进行参数设置。

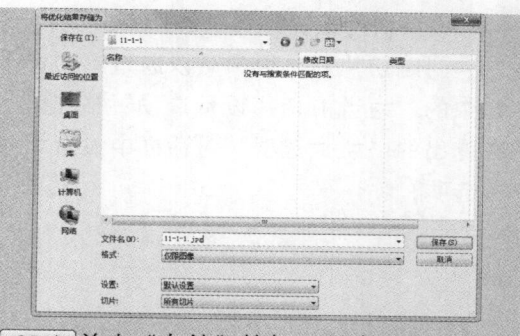

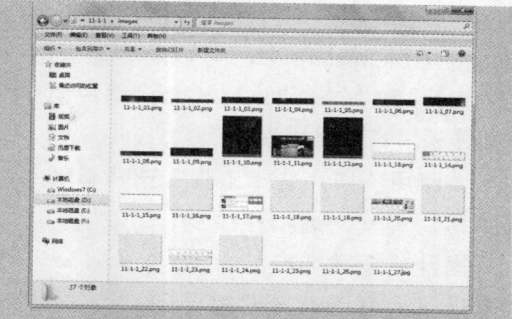

05 ▶ 单击"存储"按钮,弹出"将优化结果存储为"对话框。

06 ▶ 在系统自动生成的 image 文件夹中可以看到切片的效果。

提问:3 种切片的区别是什么?

答:"用户切片"和"基于图层的切片"由实线定义,而"自动切片"由虚线定义。需要注意的是"基于图层的切片"包含图层中的所有像素,切片会随着像素的大小而变化。

11.1.2　编辑切片

在 Photoshop 中创建切片后,可以使用"切片选择工具"对切片进行选择、移动和调整等多种操作。

● **选择、移动和调整切片**

单击工具箱中的"切片选择工具"即可对切片进行各种操作。

● **组合和删除切片**

按住 Shift 键的同时,选择多个切片,单击鼠标右键,在弹出的快捷菜单中选择"组合切片"命令,即可对切片进行组合。

如果需要删除所有用户图片和基于图层的切片,执行"视图 > 清除切片"命令,即可将所有用户切片和基于图层的切片删除。

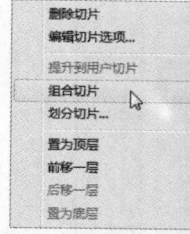

使用"切片选择工具"选择需要删除的切片,按 Delete 键即可将其删除。

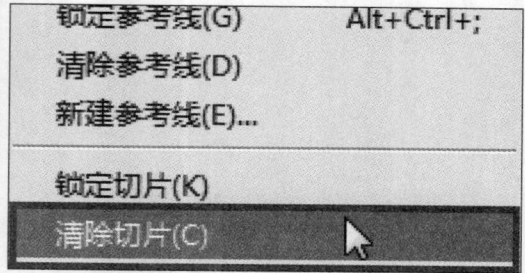

● 转换为用户切片

在 Photoshop 中，可以将"基于图层的切片"和"自动切片"转换为"用户切片"，以便于进行选择操作。

使用"切片选择工具"选择需要转换的切片，单击选项栏中的"提升"按钮或在切片上单击鼠标右键选择"提升到用户切片"命令，即可将其转换为"用户切片"。

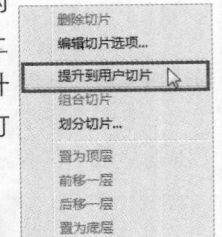

● 设置切片选项

创建切片后，用户可以通过单击选项栏中的"为当前切片设置选项"按钮，在弹出的"切片选项"对话框中设置切片的选项。

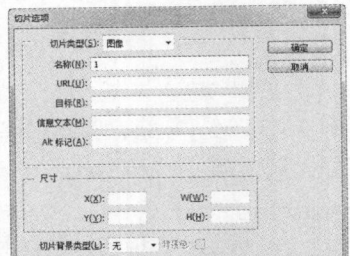

提示

编辑切片后，为了防止误操作，可以执行"视图 > 锁定切片"命令，将所有的切片进行锁定。再次执行该命令，即可取消锁定。

➡ 实例 32+ 视频：调整创建的切片

在 Photoshop 中创建切片后，可以使用"切片选择工具"根据需要进行调整。本实例将针对调整切片的各种操作进行详细讲解。

源文件：源文件\第 11 章\11-1-2. swf

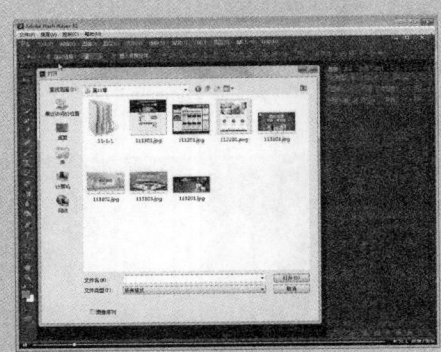

操作视频：视频\第 11 章\11-1-2. swf

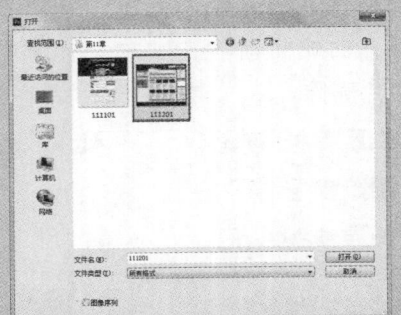

01 ▶ 执行"文件 > 打开"命令，将"素材\第 11 章\111201.jpg"图像打开。

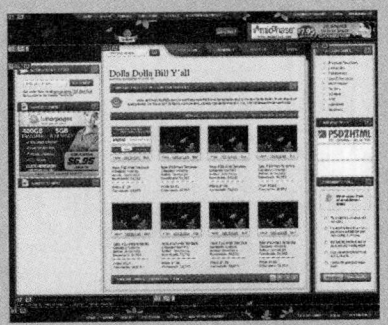

02 ▶ 单击"切片工具"按钮，在选项栏中设置"样式"为"正常"，在图像中创建切片。

`03 ▶` 选择"工具箱"中的"切片选择工具"，按住 Shift 键的同时，选择多个切片。

`04 ▶` 选择切片后，拖动鼠标即可对选择的切片进行移动。

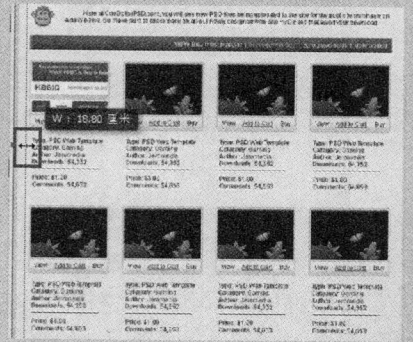

`05 ▶` 将光标放置在选择切片的定界框的控制点上，进行拖动即可调整切片的宽度和高度。

`06 ▶` 将光标放置在选择切片定界框的任意一角，按住 Shift 键的同时拖动鼠标即可等比例缩放切片。

提问：如何创建正方形切片？

　　答：在使用"切片工具"创建切片时，按住 Shift 键的同时拖曳可以创建正方形切片，按住 Alt 键的同时拖曳可以从中心向外创建切片。

11.2　优化 Web 图像

　　由于互联网对图像的大小有严格的要求，一些图像不能被使用。因此在 Photoshop 中输出图片之前，需要对其进行优化处理，以使其在保持较好效果的前提下，减小文件的体积大小。

11.2.1　Web 安全色

　　颜色是网页设计中的重要信息。为了使 Web 图形的颜色能够在所有显示器上的显示相同，在制作网页时，可以使用网页安全色进行设计和制作。

　　打开"拾色器"对话框，在该对话框中勾选"只有 Web 颜色"复选框，选择的颜色即为网页安全色，几乎可以被所有浏览器正确显示。

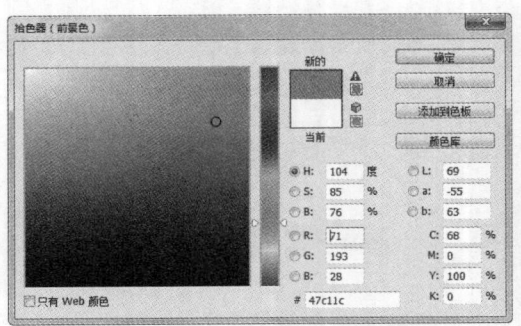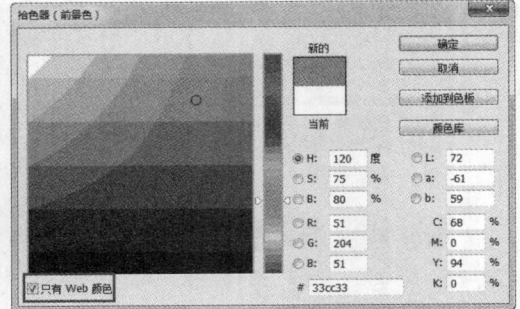

打开"颜色"面板，单击面板右侧的三角形按钮，在弹出的菜单中选择"Web 颜色滑块"命令，即可在网页安全色模式下进行设置。

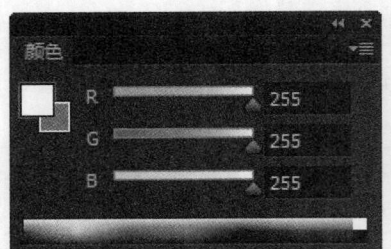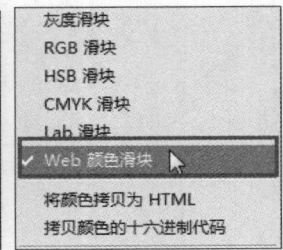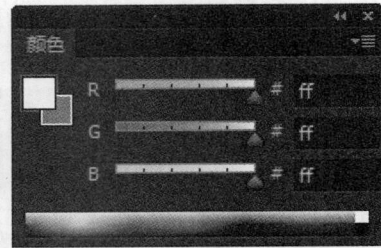

 提示　在"拾色器"对话框或"颜色"面板中调整颜色时，如果出现警告图标，则表示该颜色已经超出了 CMYK 颜色范围，不能正确印刷，单击该图标即可将当前颜色替换为与其最为接近的 CMYK 颜色。

11.2.2　优化 Web 图像

如果在 Photoshop 中创建切片后，需要对图像进行优化，以便在 Web 上发布图像时，Web 服务器能够高效地存储和传输图像。

执行"文件 > 存储为 Web 所用格式"命令，在弹出的"存储为 Web 所用格式"对话框中进行设置，即可对图像进行优化。

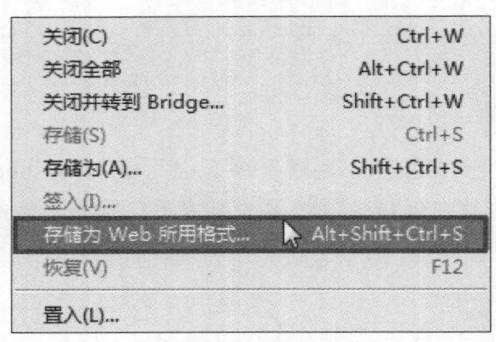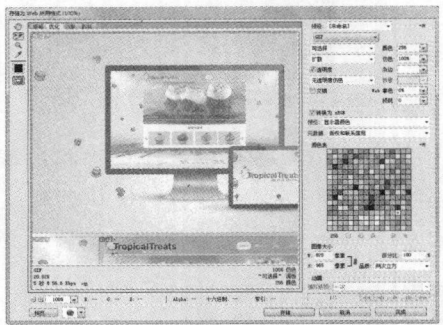

➡ 实例 33+ 视频：优化 Web 图像

在 Photoshop 中优化 Web 图像后发布，用户才可以在 Web 服务器中更快地下载图像，本实例将针对如何优化 Web 图像进行详细讲解。

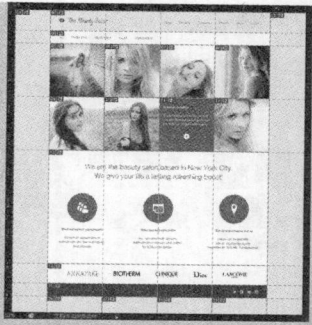

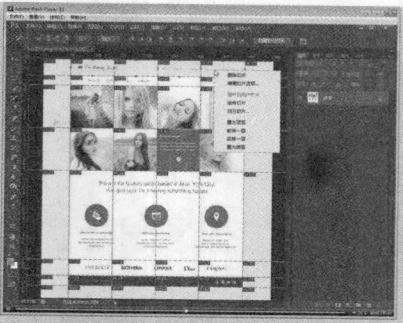

🏠 源文件: 源文件 \ 第 11 章 \11-2-2. png

📶 操作视频: 视频 \ 第 11 章 \11-2-2. swf

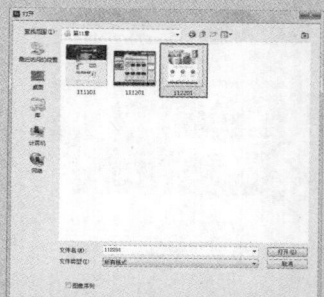

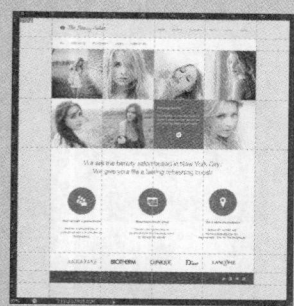

01 ▶ 执行"文件 > 打开"命令，在弹出的"打开"对话框中选择"素材 \ 第 11 章 \112201.png"。

02 ▶ 执行"视图 > 标尺"命令，显示标尺。将鼠标光标移动到标尺上，单击并拖动鼠标创建参考线。

03 ▶ 选择"切片工具"，在"选项栏"中单击"基于参考线的切片"按钮，创建切片。

04 ▶ 按住 Shift 键的同时，使用"切片选择工具"选择切片。

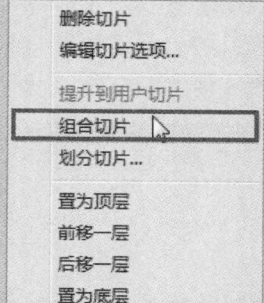

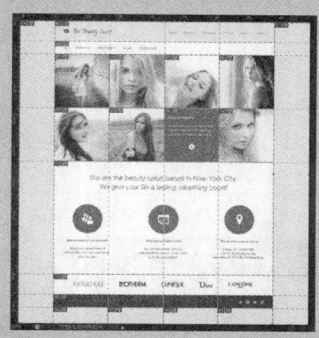

05 ▶ 单击鼠标右键，在弹出的快捷菜单中选择"组合切片"命令。

06 ▶ 使用相同的方法，完成其他切片的调整，效果如图所示。

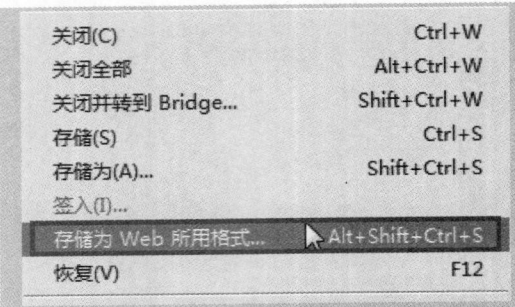

关闭(C)	Ctrl+W
关闭全部	Alt+Ctrl+W
关闭并转到 Bridge...	Shift+Ctrl+W
存储(S)	Ctrl+S
存储为(A)...	Shift+Ctrl+S
签入(I)...	
存储为 Web 所用格式...	Alt+Shift+Ctrl+S
恢复(V)	F12

07 ▶ 执行"文件>存储为 Web 所用格式"命令，弹出"存储为 Web 所用格式"对话框。

08 ▶ 使用"切片选择工具"选择一个切片，查看应用当前优化设置的图像。

09 ▶ 设置优化图片格式为 JPEG，查看文件大小更改为 16.2KB。

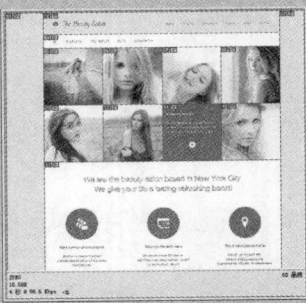

10 ▶ 使用相同的方法，依次完成其他切片图片的优化。

11 ▶ 在"存储为 Web 所用格式"对话框中单击"存储"按钮。

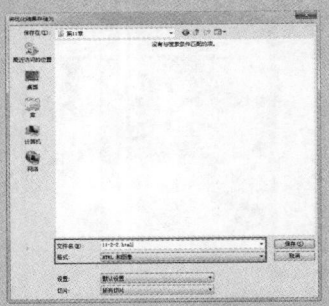

12 ▶ 在弹出的"将优化结果存储为"对话框中进行设置，完成 Web 图像的优化。

提问：在"存储为 Web 所用格式"对话框中有几种显示选项？

答：在"存储为 Web 所用格式"对话框中一共有 4 种显示选项，分别是"原稿"、"优化"、"双联"和"四联"。

11.2.3　输出 Web 图像

对 Web 图像进行优化后，单击"存储为 Web 所用格式"对话框右侧的三角形按钮，在弹出的菜单中选择"编辑输出设置"命令，并在弹出的"输出设置"对话框中即可设置输出 Web 图像。

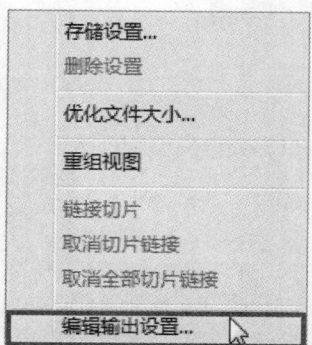
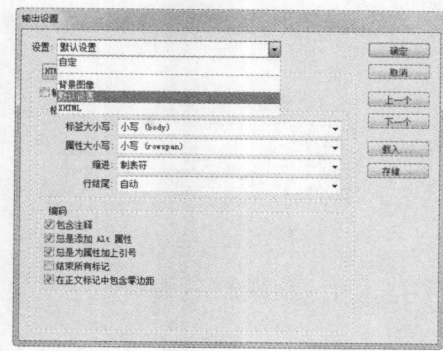

11.3　创建 GIF 动画

在 Photoshop 中，用户可以使用"时间轴"面板创建动画，动画即在一段时间内显示一系列图像或帧，当帧之间存在轻微的变化时，连续、快速地显示这些帧就可以产生运动或其他变化的视频效果。

11.3.1　帧模式时间轴面板

在 Photoshop 中，执行"窗口 > 时间轴"命令，在打开的"时间轴"面板中选择"创建帧动画"选项，"时间轴"面板就会显示动画中帧的缩览图，并且使用面板底部的工具可以对动画中的帧进行编辑。

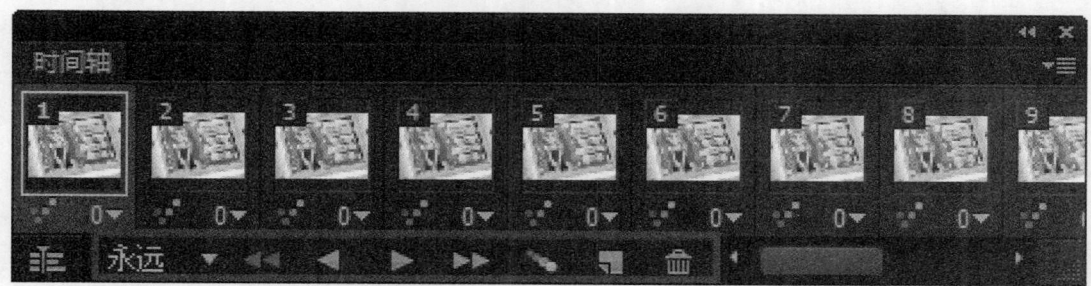

➡ 实例 34 + 视频：制作网页广告

在 Photoshop 中，可以使用"时间轴"面板制作简单的网页广告，本实例将针对如何使用"时间轴"面板制作网页广告进行详细讲解。

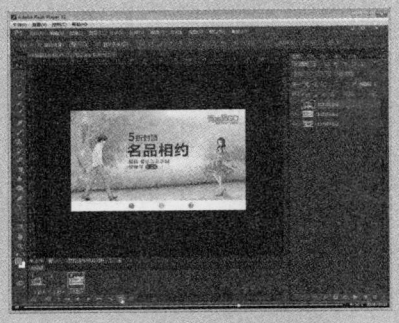

源文件：源文件 \ 第 11 章 \11-3-1.psd

操作视频：视频 \ 第 11 章 \11-3-1.swf

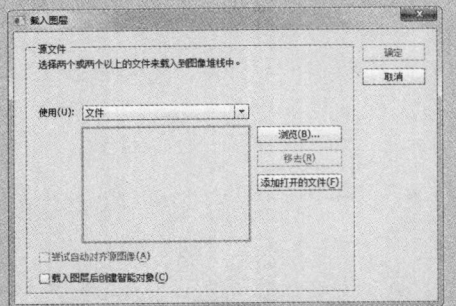

01 ▶ 执行"文件＞脚本＞将文件载入堆栈"命令，打开"载入图层"对话框。

02 ▶ 单击"浏览"按钮，将"素材 \ 第 11 章 \113101、113102 和 113103.jpg"图像载入。

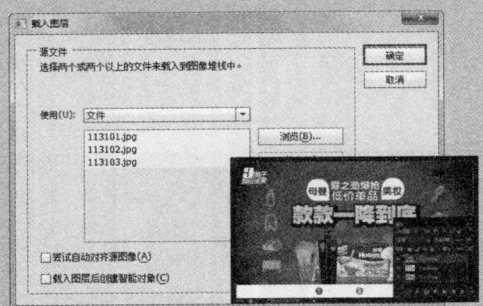

03 ▶ 单击"确定"按钮，效果和"载入图层"对话框如图所示。

04 ▶ 执行"窗口＞时间轴"命令，弹出"时间轴"面板，单击"创建帧动画"按钮。

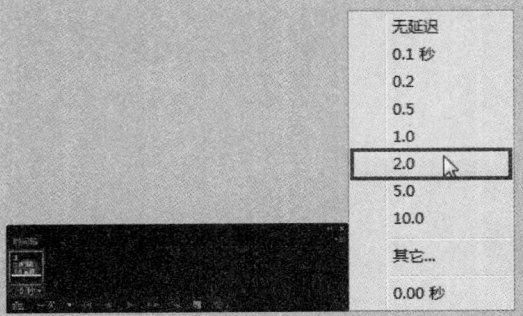

05 ▶ 单击"帧延迟时间"按钮，设置"帧延迟时间"为 2.0。

06 ▶ 单击"时间轴"面板中的"复制所选帧"按钮。

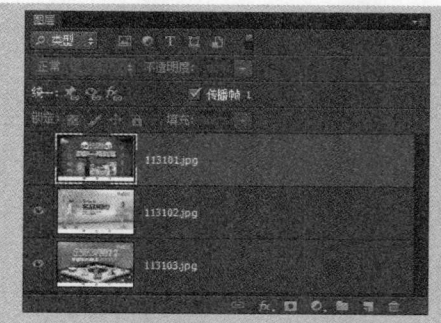

07 ▶ 打开"图层"面板，将 113101.jpg 图层隐藏起来。

08 ▶ 此时"时间轴"面板中的第 2 帧将转换为 113102.jpg 图像效果。

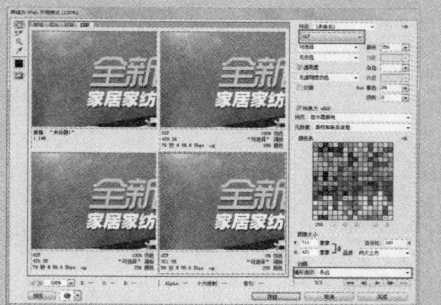

关闭(C)	Ctrl+W
关闭全部	Alt+Ctrl+W
关闭并转到 Bridge...	Shift+Ctrl+W
存储(S)	Ctrl+S
存储为(A)...	Shift+Ctrl+S
签入(I)...	
存储为 Web 所用格式...	Alt+Shift+Ctrl+S
恢复(V)	F12
置入(L)...	

09 ▶ 使用相同的方法，在"时间轴"面板中完成第 2 帧的制作。

10 ▶ 执行"文件 > 存储为 Web 所用格式"命令。

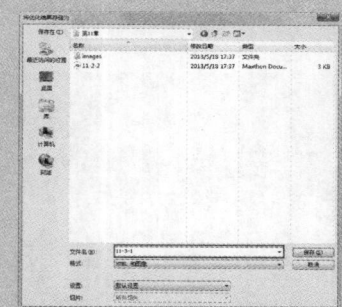

11 ▶ 在弹出的"存储为 Web 所用格式"对话框中选择 GIF 格式，单击"确定"按钮。

12 ▶ 在弹出的"将优化结果存储为"对话框中进行设置，单击"保存"按钮。

提问：设置"帧延迟时间"的目的是什么？

　　答：设置"帧延迟时间"的目的是使动画更加流畅地播放，如果不进行设置帧延迟，动画的播放速度特别快，无法看清动画效果。

11.3.2　过渡动画和反向帧

　　在 Photoshop 中，除了制作简单的逐帧动画以外，还可以制作类似 Flash 动画中的补间动画，可以实现对象位置、大小、颜色和透明度变化的动画效果。

实例 35+ 视频：制作淡入淡出动画

在 Photoshop 中通过"过渡动画"和"反向帧"可以制作出与 Flash 类似的淡入淡出动画，通过本实例的学习可以掌握使用 Photoshop 制作动画的方法和技巧。

源文件：源文件 \ 第 11 章 \11-3-2.psd

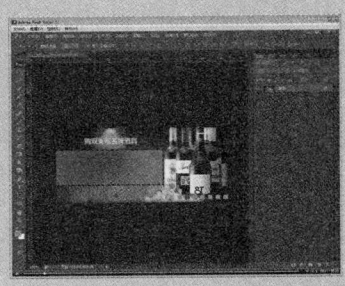

操作视频：视频 \ 第 11 章 \11-3-2.swf

01 ▶ 执行"文件>打开"命令，选择"素材\第 11 章 \l13201.jpg"。

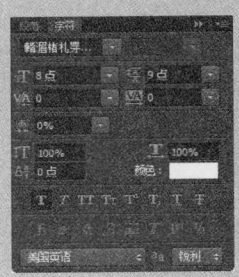

02 ▶ 选择"工具箱"中的"横排文字工具"，在"字符"面板中进行设置。

03 ▶ 在画面中单击，输入文本，文字效果如图所示。

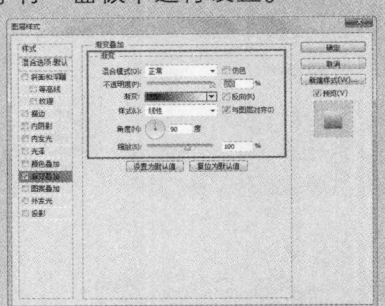

04 ▶ 双击"矩形 1"图层，在弹出的"图层样式"对话框中添加"渐变叠加"样式。

05 ▶ 单击"确定"按钮，文字效果如图所示。

06 ▶ 打开"时间轴"面板，单击"创建帧动画"按钮。

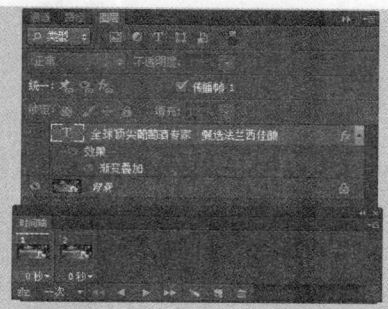

07 ▶单击"复制所选帧"按钮，复制帧，"时间轴"面板如图所示。

08 ▶选择第 1 帧，打开"图层"面板，将文字图层隐藏。

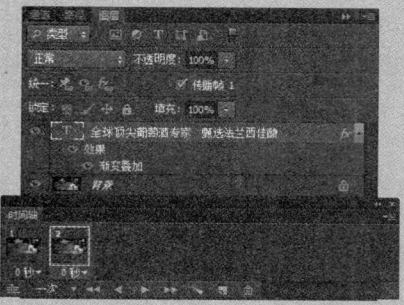

09 ▶选择第 2 帧，将"图层"面板中的文字图层显示。

10 ▶单击"过渡动画帧"按钮，弹出"过渡"对话框。

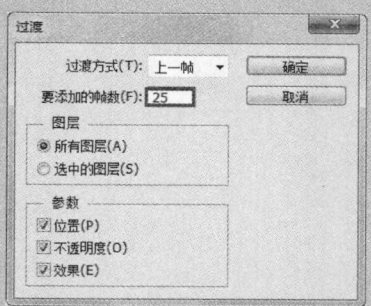

11 ▶在弹出的"过渡"对话框中设置"要添加的帧数"选项。

12 ▶单击"确定"按钮，"时间轴"面板如图所示。

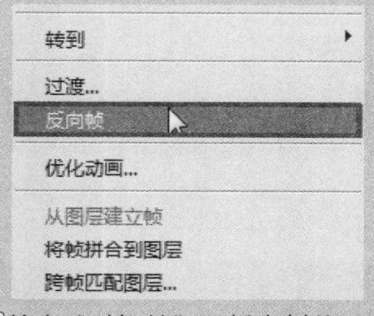

13 ▶全选帧，单击"复制帧"按钮，"时间轴"面板如图所示。

14 ▶单击"时间轴"面板右侧的三角形按钮，在弹出的菜单中选择"反向帧"命令。

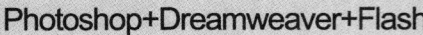

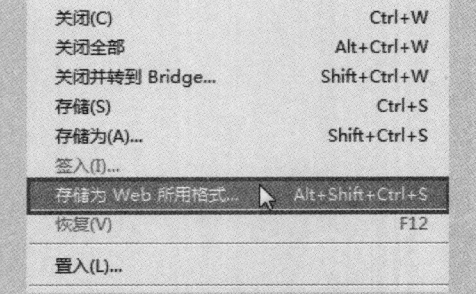

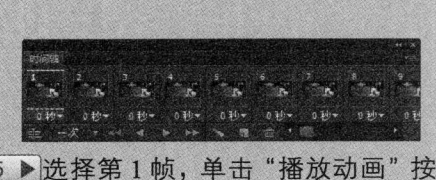

`15` ▶ 选择第 1 帧，单击"播放动画"按钮，测试动画。

`16` ▶ 执行"文件 > 存储为 Web 所用格式"命令。

`17` ▶ 在弹出的"存储为 Web 所用格式"对话框中进行设置。

`18` ▶ 单击"存储"按钮，在弹出的"将优化结果存储为"对话框中进行设置。

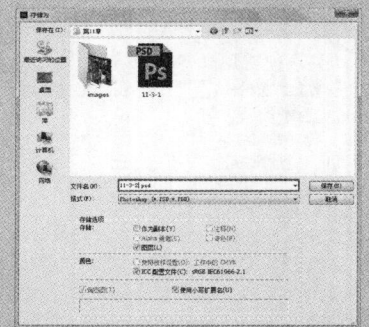

`19` ▶ 单击"保存"按钮。执行"文件 > 存储为"命令，弹出"存储为"对话框。

`20` ▶ 在弹出的"存储为"对话框中进行设置，完成实例的制作。

提问：如何选择多个动画帧？

答：按住 Shift 键，可以选择多个连续的帧；按住 Ctrl 键，可以选择多个不连续的帧；在"时间轴"面板的右侧单击，在弹出的菜单中选择"选择全部帧"命令，可以选择全部帧。

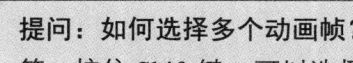

11.3.3 更改动画中的图层属性

在 Photoshop 中制作"帧动画"时，打开"图层"面板，在该面板中可以更改动画中图层的属性。

● 统一

　　"统一"选项中包括"统一图层位置"、"统一图层可见性"和"统一图层样式"3个按钮。它们决定对现用动画帧的更改是否同时应用于同一图层中的其他帧。

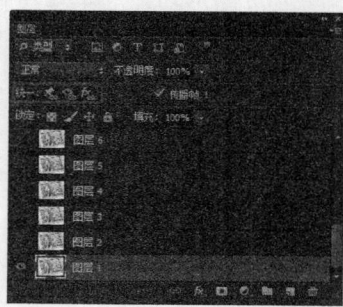

● 传播帧 1

　　勾选"传播帧 1"复选框可以将对第 1 帧的属性更改应用于同一图层中的其他帧，即用户只需更改第 1 帧的属性，正在使用图层中的所有其他帧都会应用第 1 帧属性的更改。

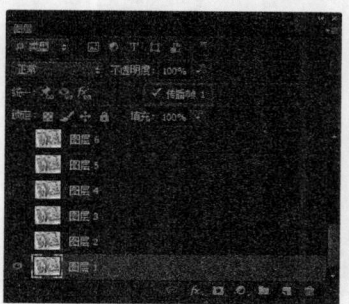

11.4　本章小结

　　本章主要讲解在 Photoshop 中如何创建和编辑切片、如何优化和输出 Web 图像以及如何创建 GIF 动画，通过本章的学习，读者可以掌握这些功能的操作方法和技巧，从而应用到实际的工作中。

第 12 章　Fireworks 使用技巧

Fireworks 是一款网页设计软件，提供了一个专业化的环境创建和编辑网页图形功能。本章将针对 Fireworks 在网页设计中的使用方法和技巧进行详细讲解。

12.1　与 Photoshop 相似的地方

在 Fireworks 中编辑位图图像时的使用方法和技巧与 Photoshop 很相似，如果掌握了 Photoshop 的基本操作，相信读者可以快速掌握 Fireworks。

Fireworks 和 Photoshop 拥有几乎一样的"工具栏"、"面板"和"图标"，它们的整体界面基本一致。

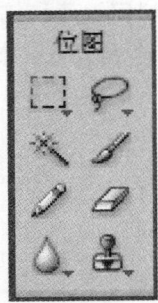
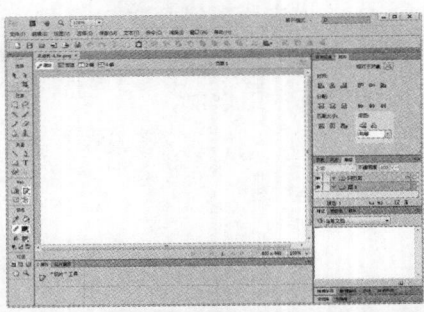

12.2　与 Photoshop 不同的地方

Fireworks 是一款专为网页设计开发的软件，在网页设计中具有独特且方便的操作方法。而 Photoshop 是一款应用范围非常广泛的强大软件，在平面广告设计、数码照片处理和网页设计等领域都发挥着不可替代的重要作用。

Fireworks 可以同时创建和编辑位图和矢量图两种图像，而 Photoshop 主要针对位图图像进行处理。

本章知识点

- ☑ 认识其与 Photoshop 的区别
- ☑ 掌握 Fireworks 的切片方法
- ☑ 了解 Fireworks 动画的应用
- ☑ 掌握元件的使用方法
- ☑ 认识"弹出菜单"命令

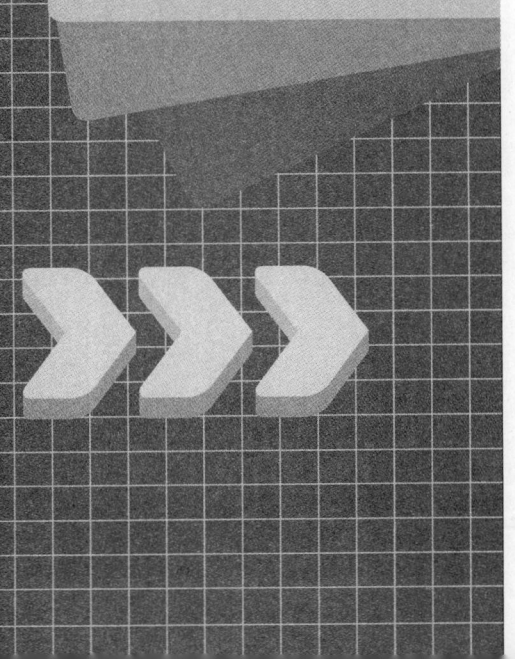

12.3 在网页设计中独特的功能

Fireworks 具备很多网页制作软件所具有的功能，它不但可以绘制矢量图，还可以处理位图、输出各种各样的按钮、优化图像和切割图片等，从而制作出优秀的网页。

12.3.1 关于切片

在 Fireworks 中设计好网页效果图后，可以使用"切片"工具获得图像素材，以使得网页效果既美观、下载速度也快。

● **绘制矩形切片**

在 Fireworks 中选择"切片"工具，单击并拖动鼠标即可创建切片，在"属性"面板中还可以对"切片"进行设置。

● **绘制非矩形切片**

选择"多边形切片"工具，单击确定多边形的矢量点，多次单击以绘制多边形。

● **显示和隐藏切片**

若要隐藏某个切片，可以在"图层"面板中单击 ● 按钮，隐藏切片，再次单击，即可显示切片。

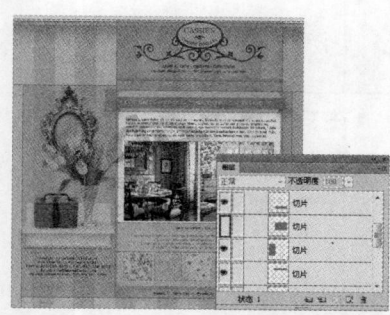

若要隐藏全部切片，单击工具箱中的"隐藏切片和热点"按钮或"显示切片和热点"按钮，即可完成切片的隐藏和显示。

● **删除切片**

打开"图层"面板，选择"网页层"中的"切片"，单击面板底部的"删除所选"按钮，即可将选中的切片删除。

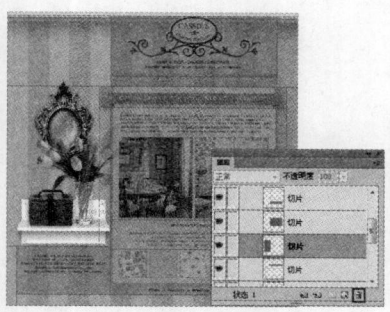

12.3.2 使用优化面板

在 Fireworks 中，执行"窗口 > 优化"命令，在弹出的"优化"面板中可以设置导出文件的格式，针对不同的文件类型对图像进行实时优化。

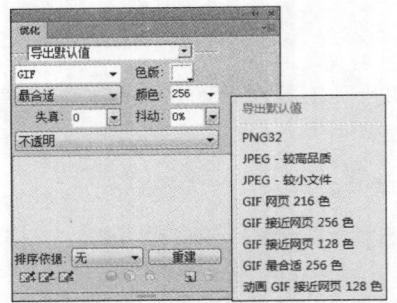

在 Fireworks 中，执行"文件 > 图像预览"命令，在弹出"图像预览"对话框中也可以对整张图像进行优化。

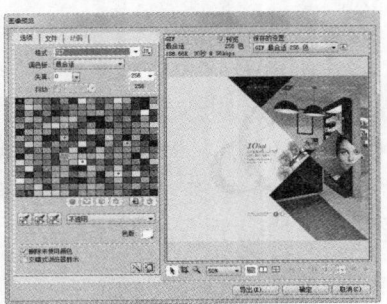

12.3.3 "动画"命令

在 Fireworks 中，执行"修改 > 动画"命令，在弹出的"动画"对话框中进行设置，即可制作出类似 Flash 的动画。

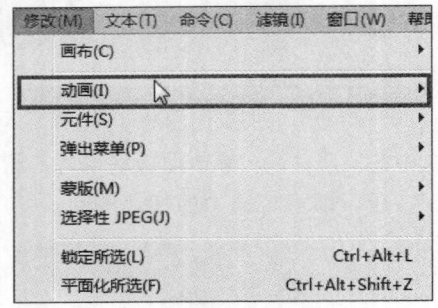
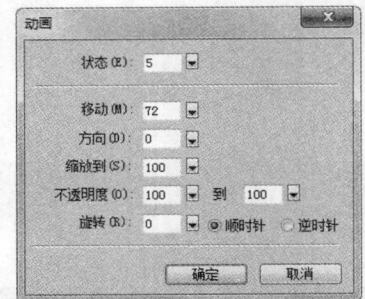

实例 36+ 视频：制作文字扫光动画

文字扫光动画在网站中的应用非常广泛，在 Fireworks 中，使用"动画"命令和"蒙版"命令即可实现文字扫光效果。

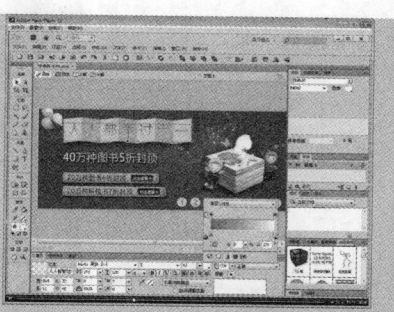

🏠 源文件：源文件 \ 第 12 章 \12-3-3. fw

📶 操作视频：视频 \ 第 12 章 \12-3-3. swf

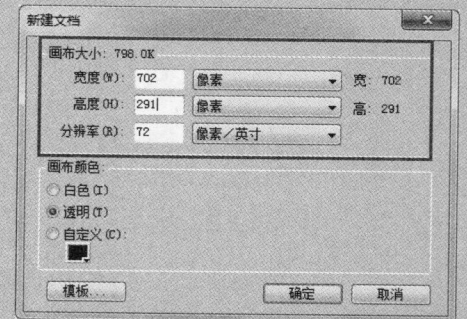

01 ▶ 执行"文件 > 新建"命令，在弹出
的"新建文档"对话框中进行设置。

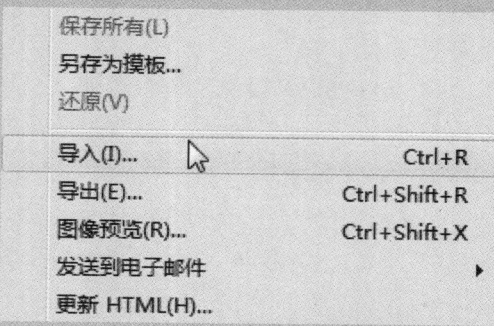

02 ▶ 单击"确定"按钮应用设置，执行"文
件 > 导入"命令。

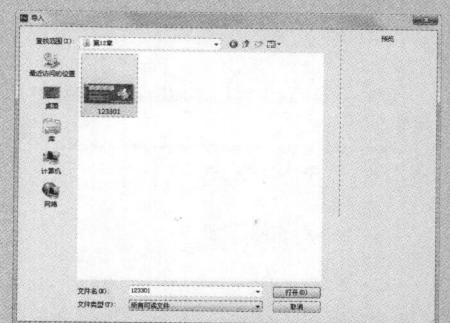

03 ▶ 在弹出的"导入"对话框中选择"素
材 \ 第 12 章 \123301.bmp"。

04 ▶ 单击"打开"按钮，在 Fireworks 中
打开，效果如图所示。

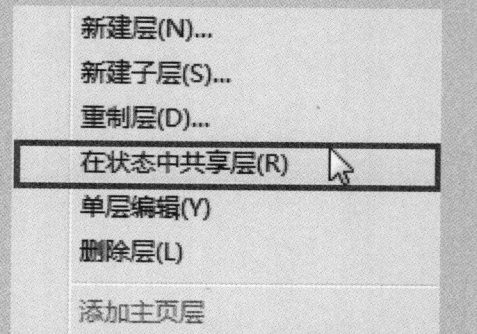

05 ▶ 选择位图，单击鼠标右键，在弹出的
快捷菜单中选择"在状态中共享层"命令。

06 ▶ 单击"图层"面板中的"新建 / 重置
层"按钮，新建"层 2"。

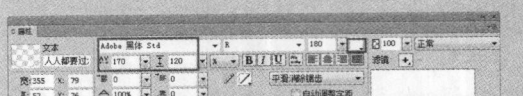

07 ▶ 选择"文本"工具，在"属性"面板中进行设置。

08 ▶ 在画布中单击，输入文本，文字效果如图所示。

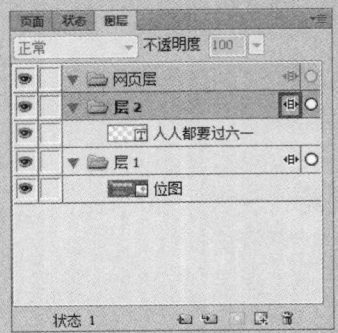

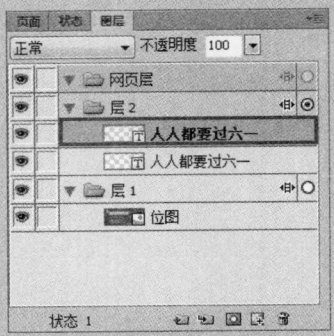

09 ▶ 使用相同的方法，设置文字图层在状态中共享层。

10 ▶ 复制文字图层，"图层"面板如图所示。

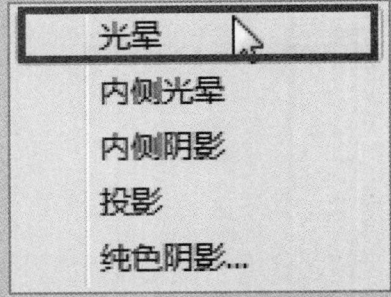

11 ▶ 在"属性"面板中进行设置，为其添加"线性"渐变。

12 ▶ 单击"滤镜"按钮，在弹出的菜单中选择"光晕"。

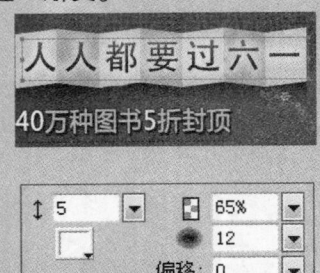

13 ▶ 在弹出的对话框中进行设置，效果如图所示。

14 ▶ 单击"新建/重置层"按钮，新建"层3"，"图层"面板如图所示。

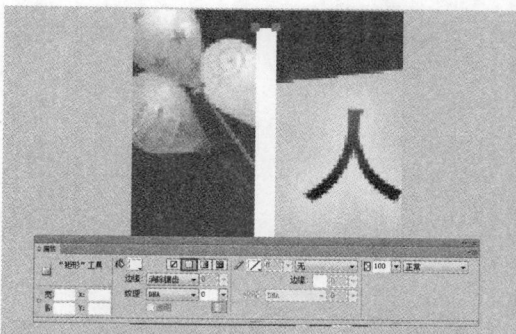

15 ▶ 选择"矩形"工具，在"属性"面板中进行设置，绘制矩形。

16 ▶ 按快捷键 Ctrl+T，调整绘制矩形的旋转角度。

17 ▶ 执行"修改 > 动画 > 选择动画"命令，弹出"动画"对话框。

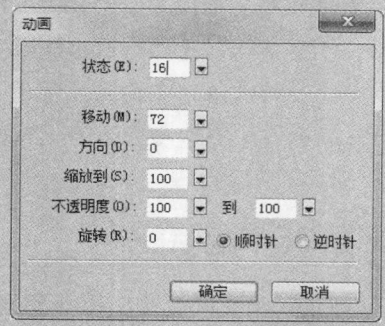

18 ▶ 在弹出的"动画"对话框中进行设置，如图所示。

19 ▶ 使用"指针"工具调整矩形上的控制点，如图所示。

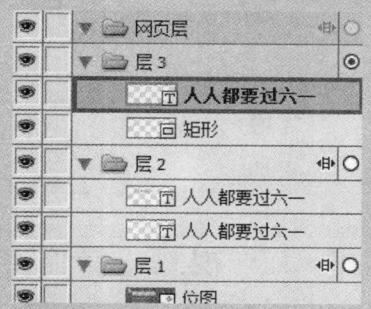

20 ▶ 复制底层的文字图层，并将其放置在"矩形"层的上方。

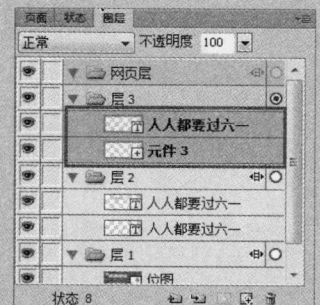

21 ▶ 按住 Shift 键，选择"层 3"中所有的层，"图层"面板如图所示。

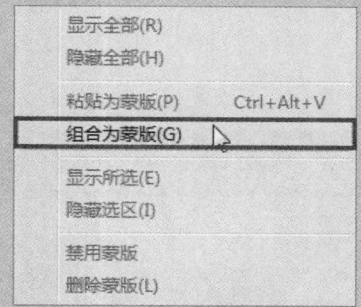

22 ▶ 执行"修改 > 蒙版 > 组合为蒙版"命令。

 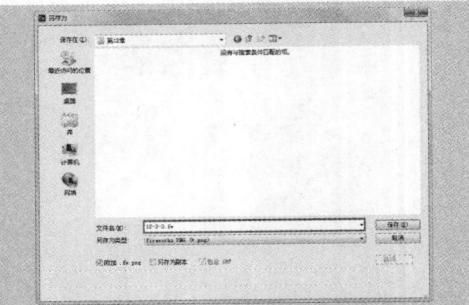

23 ▶ 单击"播放 / 停止"按钮，测试动画，
效果如图所示。

24 ▶ 执行"文件 > 另存为"命令，将文
档进行保存，完成实例的制作。

提问：元件运动路径中不同颜色的点代表什么？

答：每一个动画元件都有唯一的一个边框和一个指示元件移动方向的运
动路径，运动路径中的绿点代表起始点，红点代表结束点，蓝点代表状态。

12.3.4 "元件"命令

在 Fireworks 中执行"修改 > 元件"命令，可以将图像转换为元件，还可以对元件进
行编辑等。

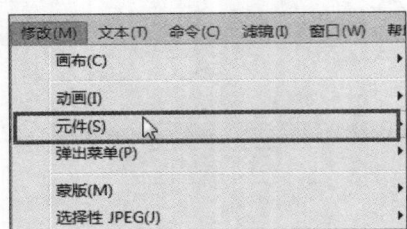 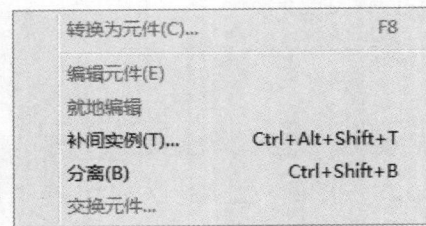

实例 37+ 视频：制作交互按钮

交互按钮即可以根据鼠标的状态进行改变，它在网页中是非常常见的效果，本实例将
对如何使用 Fireworks 制作按钮进行详细讲解。

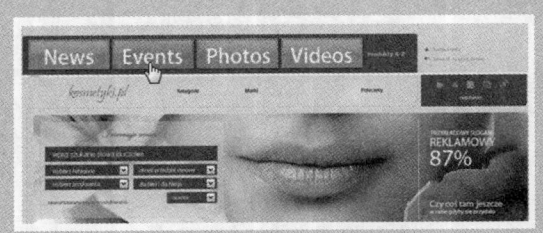 

源文件：源文件 \ 第 12 章 \12-3-4. html　　操作视频：视频 \ 第 12 章 \12-3-4. swf

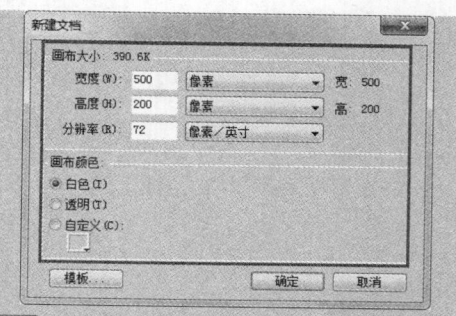

01 ▶ 执行"文件 > 新建"命令，在弹出的"新建文档"对话框中进行设置，新建文档。

02 ▶ 选择"矩形"工具，绘制一个宽 80 像素、高 30 像素的矩形。

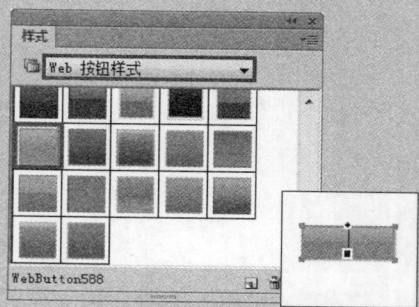

03 ▶ 执行"窗口 > 样式"命令，在弹出的"样式"面板中进行设置。

04 ▶ 选择"文本"工具，在"属性"面板中进行设置，输入文本。

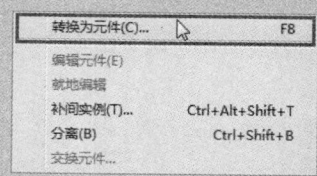

05 ▶ 选择"矩形"层，执行"修改 > 元件 > 转换为元件"命令。

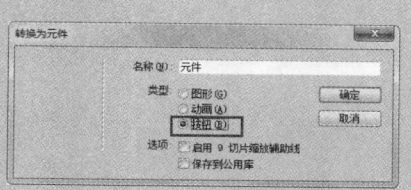

06 ▶ 在弹出的"转换为元件"对话框中设置"类型"为"按钮"。

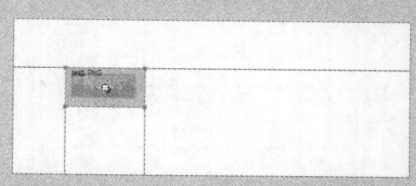

07 ▶ 单击"确定"按钮，矩形将转换为"按钮元件"，自动生成相应的切片辅助线。

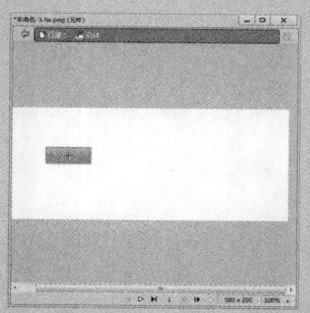

08 ▶ 双击"按钮"元件，进入"按钮元件"的编辑状态，如图所示。

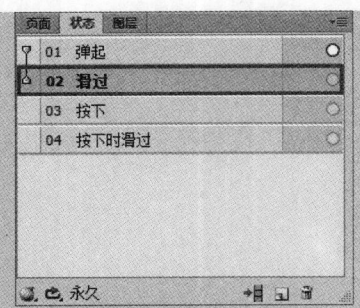

09 ▶ 执行"窗口＞状态"命令，在弹出的"状态"面板中选择"滑过"状态。

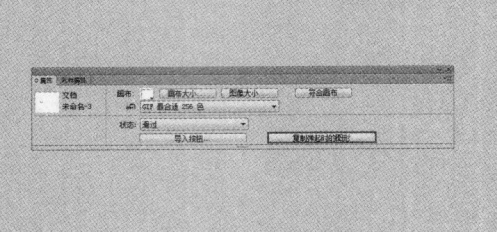

10 ▶ 在"属性"面板中单击"复制弹起时的图形"按钮。

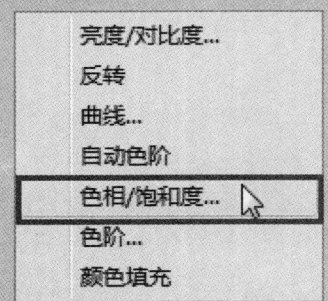

11 ▶ 返回"图层"面板，选择"矩形"层，在"属性"面板中单击"滤镜"按钮，并在弹出的菜单中选择"色相/饱和度"命令。

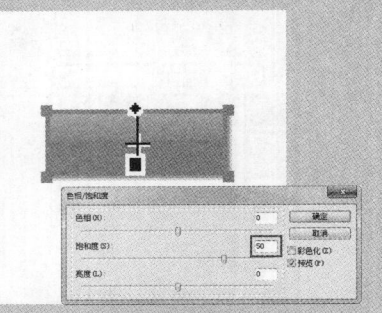

12 ▶ 在弹出的"色相/饱和度"对话框中进行设置，效果如图所示。

13 ▶ 使用相同的方法，制作"按下"状态时的按钮元件。

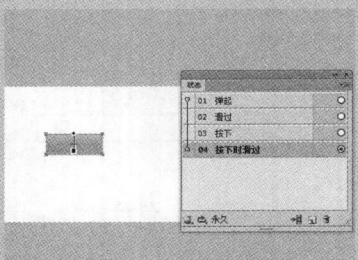

14 ▶ 使用相同的方法，制作"按下时滑过"状态时的按钮元件。

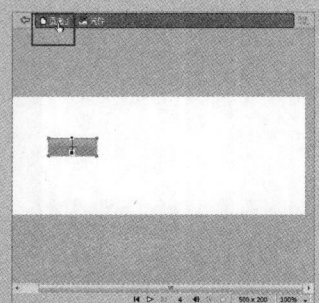

15 ▶ 单击"页面1"按钮，返回"页面1"编辑状态。

16 ▶ 新建"层2"，将"层1"中的元件和文字复制到"层2"中。

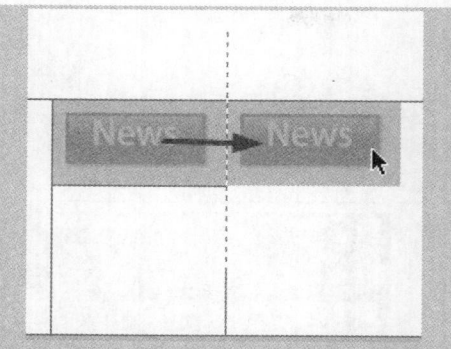

17 ▶ 选择"指针"工具，调整"层 2"中元件和文字的位置。

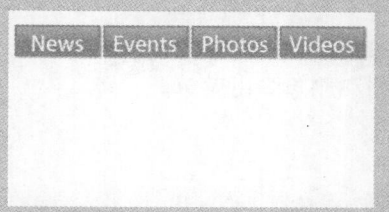

19 ▶ 使用相同的方法，完成其他相似内容的制作。

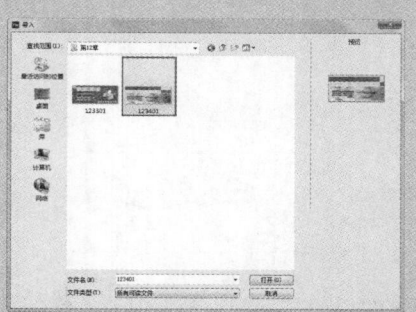

21 ▶ 在弹出的"导入"对话框中选择"素材\第 12 章\123401.jpg"。

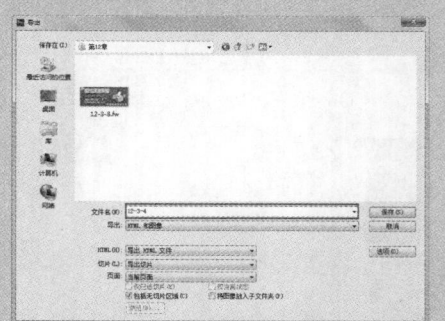

23 ▶ 执行"文件 > 导出"命令，在弹出的"导出"对话框中进行设置。

18 ▶ 选择文字层，使用"文本"工具修改文字，文字效果如图所示。

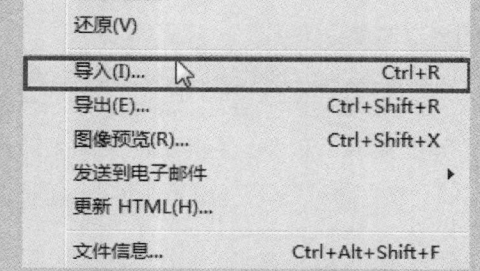

20 ▶ 在"层 1"下方新建"层 5"，执行"文件 > 导入"命令。

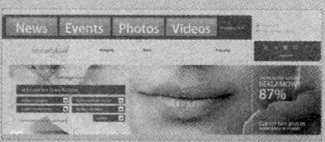

22 ▶ 按快捷键 Ctrl+T，调整导入素材的位置和大小。

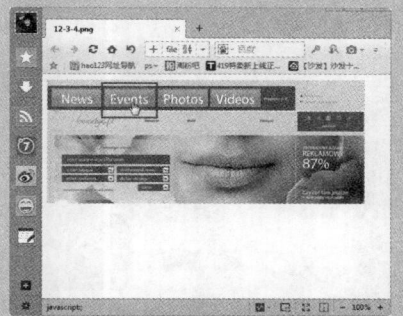

24 ▶ 单击"保存"按钮，完成实例的制作，打开导出的文件，效果如图所示。

提问：按钮最多有几种状态？

答：按钮最多有 4 种状态，分别是"弹起"、"滑过"、"按下"和"按下时滑过"，用来表示按钮在响应鼠标事件时的外观。

12.3.5 "热点"工具

在 Fireworks 中，使用"热点"工具是使图片产生互动性的基础。单击工具箱中的"热点"工具，即可在图像中绘制热点区域。

12.3.6 "弹出菜单"命令

在 Fireworks 中，使用"弹出菜单"命令可以轻松地制作出网页中的弹出菜单，执行"修改 > 弹出菜单"命令，在弹出的菜单中即可添加、编辑和删除弹出菜单。

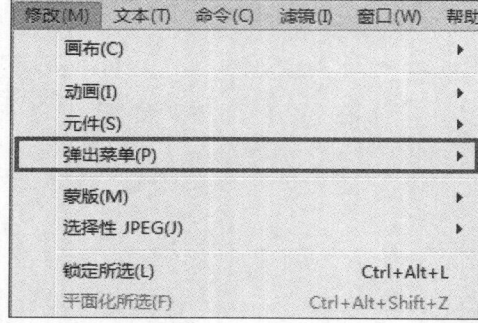

实例 38+ 视频：制作弹出菜单

弹出菜单在购物网站中会经常出现，本实例将针对如何使用 Fireworks 中的"弹出菜单"命令制作弹出菜单进行详细讲解。

源文件：源文件 \ 第 12 章 \12-3-6. html   操作视频：视频 \ 第 12 章 \12-3-6. swf

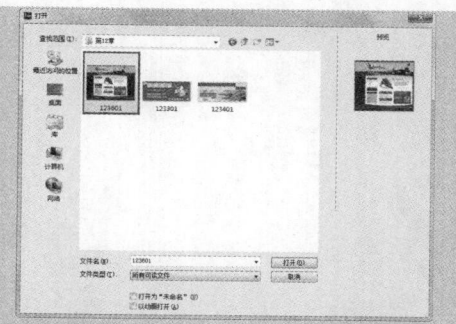

01 ▶ 执行"文件 > 打开"命令，选择"素材 \ 第 12 章 \123601.jpg"。

02 ▶ 单击"打开"按钮，在 Fireworks 中打开，效果如图所示。

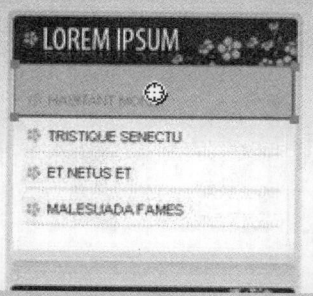

03 ▶ 单击工具箱中的"矩形热点"工具按钮，在图像中绘制热点区域。

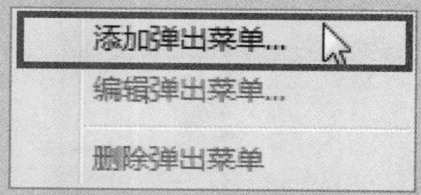

04 ▶ 执行"修改 > 弹出菜单 > 添加弹出菜单"命令。

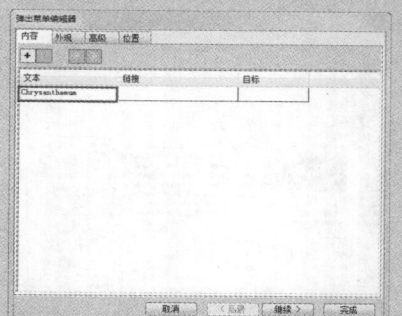

05 ▶ 在弹出的"弹出菜单编辑器"对话框中输入文本。

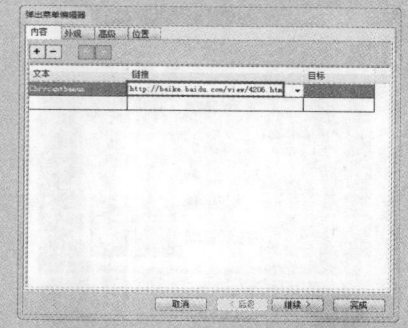

06 ▶ 在"链接"下方单击，输入链接，"弹出菜单编辑器"对话框如图所示。

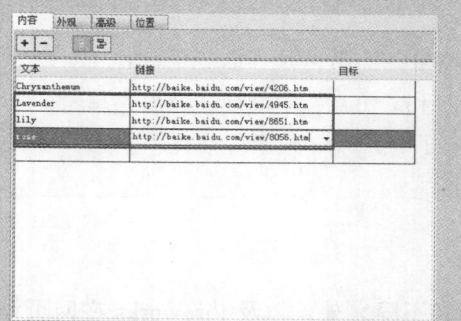

07 ▶ 使用相同的方法，完成其他"文本"和"链接"的输入。

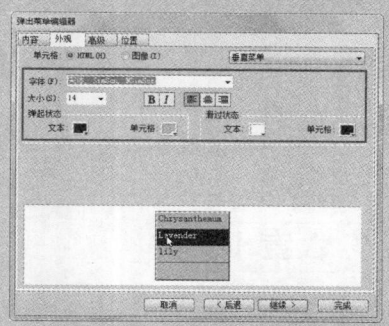

08 ▶ 单击"外观"选项卡，在选项卡中进行相关的设置。

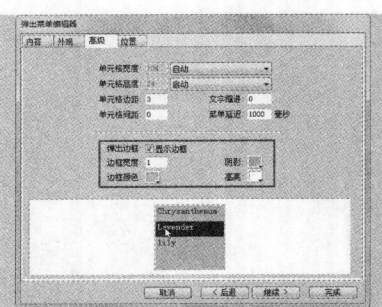

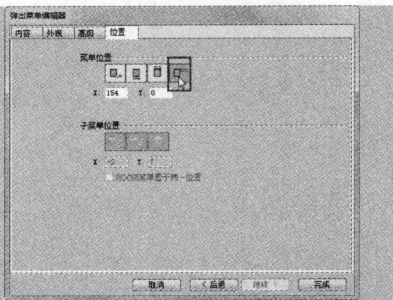

09 ▶ 单击"高级"选项卡，在选项卡中设置"边框颜色"、"阴影"和"高亮"。

10 ▶ 使用相同的方法，设置"位置"选项卡，如图所示。

11 ▶ 单击"完成"按钮，图像和"图层"面板显示如图所示。

12 ▶ 执行"文件 > 导出"命令，在弹出的"导出"对话框中进行设置。

13 ▶ 单击"保存"按钮，打开刚刚保存的文件，将光标放置在热点区域，弹出菜单。

14 ▶ 在弹出的菜单中单击即可打开在"弹出菜单编辑器"中设置的链接网址。

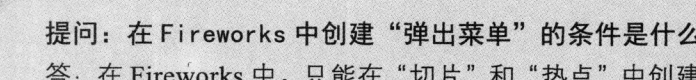

提问：在Fireworks中创建"弹出菜单"的条件是什么？

答：在Fireworks中，只能在"切片"和"热点"中创建"弹出菜单"，在制作弹出菜单之前，必须确保已经创建了"切片"或者"热点"。

12.4 本章小结

　　本章主要讲解Fireworks与Photoshop的相似和不同之处，以及Fireworks在网页设计中的主要功能，通过本章的学习，读者可以基本掌握Fireworks的操作方法和技巧，从而更加快捷地完成网页设计。

第13章 设计质感强烈的网站

学习了 Photoshop 的各种功能后，相信读者应该有很强的制作欲望了，希望自己可以独立设计一个网站页面。本章就带领读者一起设计并制作一个质感强烈的游艇租赁公司的网站。

13.1 行业分析

在设计之前要先根据设计的行业特点进行素材的收集。本实例制作的是一个游艇租赁公司网站效果图，所以选择了以海洋和鱼为主的背景素材。

本网站主要面向高端成功人士。所以在页面的主题图上选择了高端酒店和写字楼。

13.2 页面配色分析

为了突出网站的沉稳、品味和质感，设计时采用了包容性很强的蓝色作为主色。同时采用高亮的蓝色作为辅色，这样既使整个页面效果一致，又能突出重点。

主色	辅色	文本颜色
#032539	#84D0DD	#FFFFFF

主色采用深蓝，给人一种高贵可信任感；辅色采用浅蓝色，突出页面层次感；文本颜色采用白色，页面对比强烈，增加文本的可读性。

13.3 网页布局分析

本实例在网页布局上采用一行两列布局，比较规矩，体现公司的沉稳大气。页面顶部为页面的核心部分放置企业宣传动画和网站导航条。下部分为左右两部分，左侧放置公司的形象图片，使网站功能一目了然。右侧放置网站相关信息，方便用户查找。

上	
左	右

本章知识点

- ☑ 了解图层组的混合模式
- ☑ 掌握 "径向模糊" 滤镜
- ☑ 掌握 "画笔工具" 的应用
- ☑ 掌握 "图层蒙版" 的使用
- ☑ 掌握 "自定形状工具"

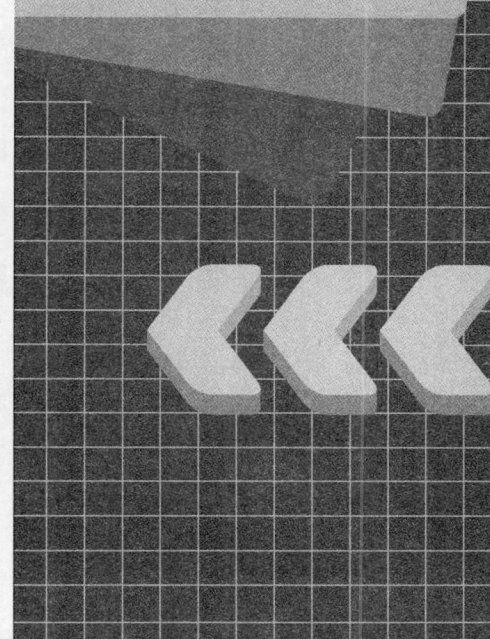

13.4 制作步骤

在实例的制作过程中，主要运用了"横排文字工具"、"画笔工具"和"图层蒙版"等，关于这些工具的使用方法请参考前面的第 6 章、第 8 章和第 9 章。

➡ 实例 39+ 视频：制作时尚高档网站

本实例制作的是一个时尚高档网站的效果图，运用典雅的设计风格吸引顾客的注意力，通过蓝天、海洋和高楼作为背景，再通过简约大方的网页布局和文字说明完成实例的制作。

🏠 源文件：源文件 \ 第 13 章 \13-4. psd

🔊 操作视频：视频 \ 第 13 章 \13-4. swf

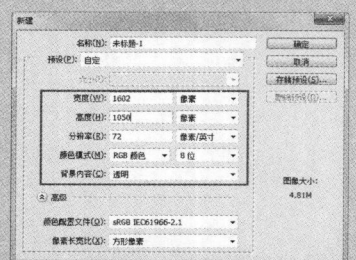

01 ▶ 执行"文件 > 新建"命令，在弹出的"新建"对话框中进行设置，单击"确定"按钮。

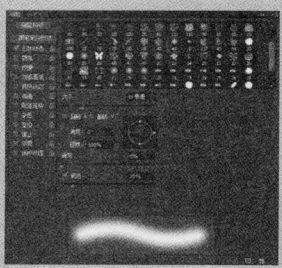

02 ▶ 选择"画笔工具"，在"画笔"面板中进行设置。

03 ▶ 在选项栏中设置"不透明度"为 70%，设置"前景色"为 #28a6bc，绘制图像。

04 ▶ 执行"打开"命令，将"素材 \ 第 13 章 \13401.png"打开并拖入新建文档中。

05 ▶ 使用相同的方法，拖入"素材 \ 第 13 章 \13402.png"。

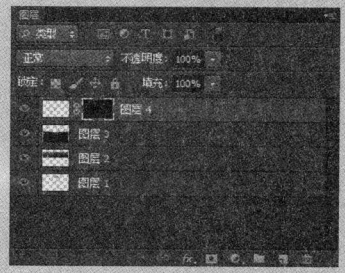

06 ▶ 按住 Alt 键，单击"添加图层蒙版"按钮，为"图层 4"添加蒙版。

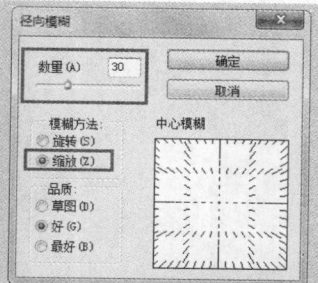

07 ▶设置"前景色"为白色，使用"直线工具"绘制直线，效果如图所示。

08 ▶执行"滤镜>模糊>径向模糊"命令，在弹出的对话框中进行设置。

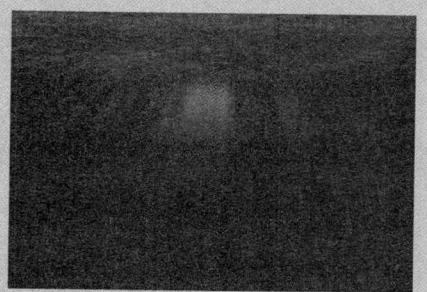

09 ▶单击"确定"按钮，图像效果如图所示。

10 ▶使用相同的方法，绘制图形，并添加"径向模糊"滤镜。

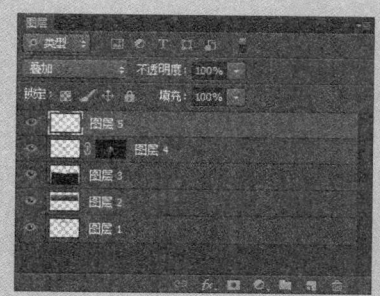
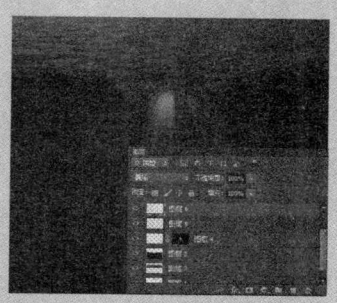

11 ▶在"图层"面板中设置"图层5"的"混合模式"为"叠加"。

12 ▶使用相同的方法，完成"图层6"的制作。

#accdee　　#ffffff

13 ▶使用相同的方法，拖入"素材\第13章\13403.png"。新建"图层8"，选择"渐变工具"，在"渐变编辑器"对话框中进行设置。

默认情况下，图层组的"混合模式"为"穿透"，表示该图层组没有任何混合属性。

14 ▶在选项栏中选择"径向渐变",在画
布中填充渐变。

15 ▶在"图层"面板中设置"图层8"的"混
合模式"为"叠加"。

16 ▶新建"图层9",使用"画笔工具"
绘制图像,效果如图所示。

17 ▶使用相同的方法,拖入"素材\第13
章\13404.jpg",并添加"图层蒙版"。

18 ▶为"图层10"添加"色相/饱和度"
调整图层,设置如图所示。

19 ▶设置"前景色"为黑色,在"调整图层"
蒙版中进行涂抹。

20 ▶使用相同的方法,拖入"素材\第13
章\13405.png"。

21 ▶按快捷键Ctrl+J,复制"图层11",
并水平翻转,添加"图层蒙版"。

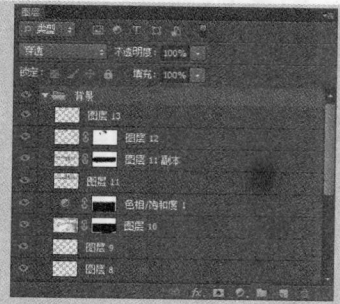

22 ▶ 使用相同的方法，完成其他相似内容的制作。

23 ▶ 新建 "组1"，重命名为 "背景"，并将所有图层放入 "背景" 组中。

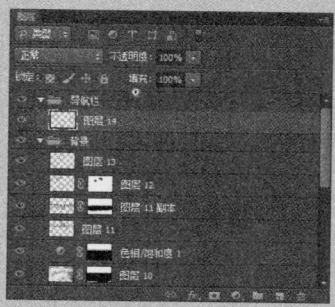

#052637　#03446a　#4e87a5

24 ▶ 使用相同的方法，新建组并重命名组为 "导航栏"，单击 "创建新图层" 按钮，新建 "图层14"。

25 ▶ 使用 "矩形选框工具" 绘制选区，选择 "渐变工具"，在 "渐变编辑器" 对话框中进行设置。

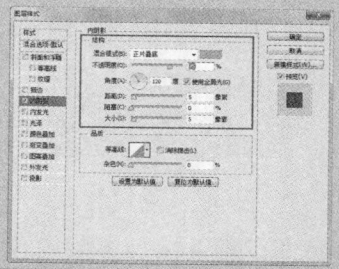

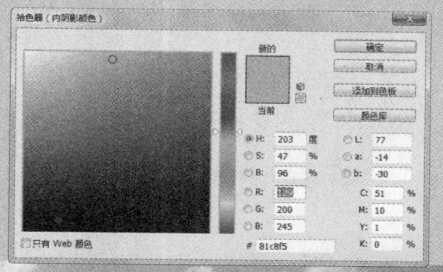

26 ▶ 单击并拖动鼠标，为绘制选区填充 "线性渐变"。双击 "图层14"，在弹出的 "图层样式" 对话框中进行设置，添加 "内阴影" 图层样式。

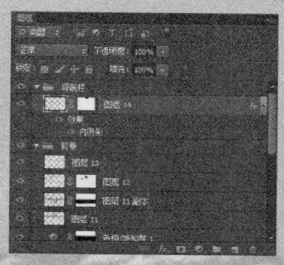

27 ▶ 单击 "添加图层蒙版" 按钮，添加 "图层蒙版"，并使用 "画笔工具" 进行涂抹。新建 "图层15"，使用 "钢笔工具" 绘制路径，并转换为选区，使用相同的方法，为其填充 "线性渐变"。

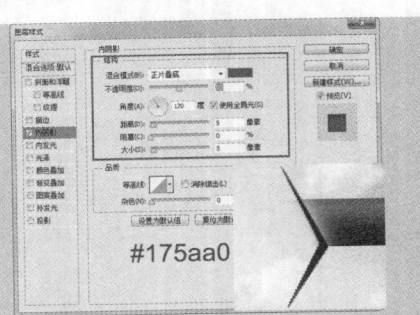

#175aa0

28 ▶ 使用相同的方法，为其添加"内阴影"图层样式。

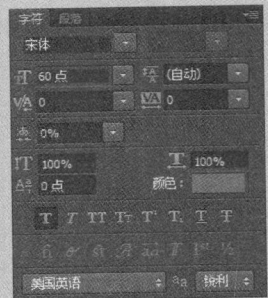

30 ▶ 选择"横排文字工具"，在"字符"面板中设置"颜色"为 #777b7e。

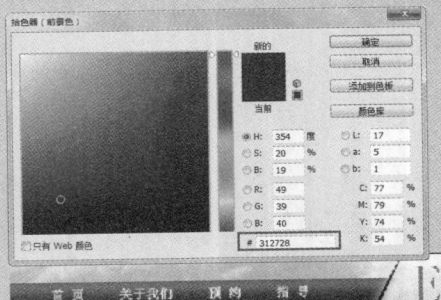

32 ▶ 使用相同的方法，完成其他文字内容的输入。在"图层14"下方新建"图层16"，设置"前景色"为 #312728，使用"圆角矩形工具"绘制圆角"半径"为 15 像素的圆角矩形。

33 ▶ 新建"图层17"，选择"自定形状工具"，在"自定形状"拾色器中选择"三角形"。

29 ▶ 按快捷键 Ctrl+J，复制"图层 15"，调整其位置，并进行水平翻转。

31 ▶ 在画布中单击并输入文本，文字效果显示如图所示。

34 ▶ 设置"前景色"为 #2ae3ff，绘制三角形，复制"图层 17"，并进行调整。

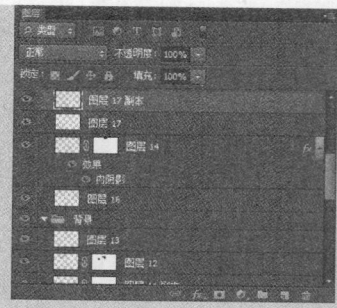

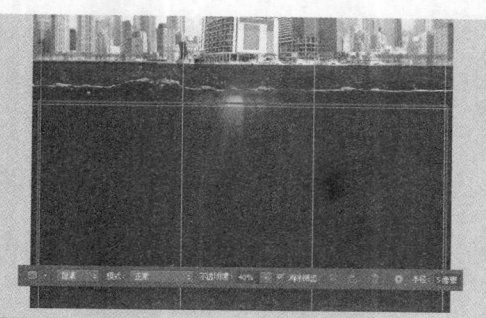

35 ▶ 使用相同的方法,新建"主体"组和"图层 18",并创建参考线。

36 ▶ 设置"前景色"为 #042538,使用"圆角矩形工具"绘制圆角矩形。

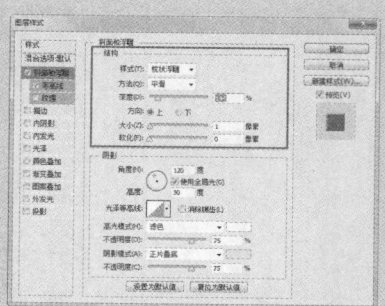

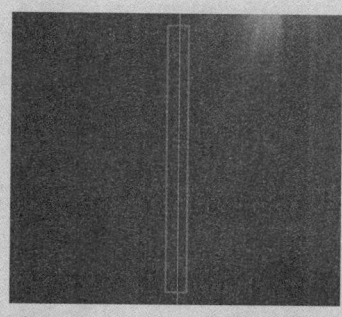

37 ▶ 使用相同的方法,为"图层 18"添加"斜面和浮雕"图层样式。

38 ▶ 新建"图层 19",设置"前景色"为 #08364f,使用"直线工具"绘制直线。

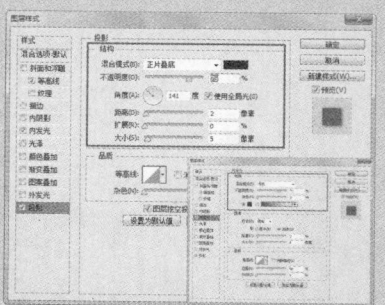

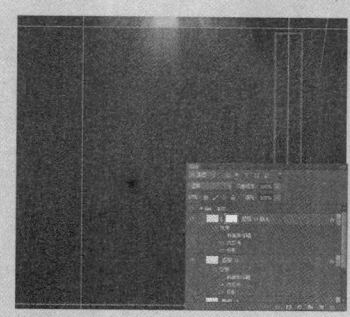

39 ▶ 双击该图层,为其添加"内发光"图层样式和"投影"图层样式。

40 ▶ 按快捷键 Ctrl+J,复制"图层 19",调整其位置,并为其添加"图层蒙版"。

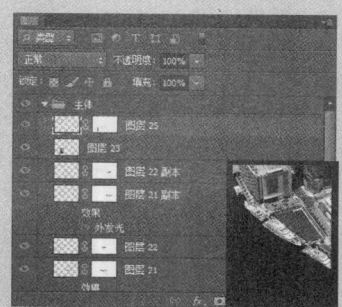

41 ▶ 将"素材 \ 第 13 章 \13408.png"打开并拖入新建文档中。

42 ▶ 设置"前景色"为 #09defa,使用"直线工具"绘制直线并添加"图层蒙版"。

43 ▶ 使用相同的方法，完成其他相似内容的制作，设置"前景色"为#2be6f7。

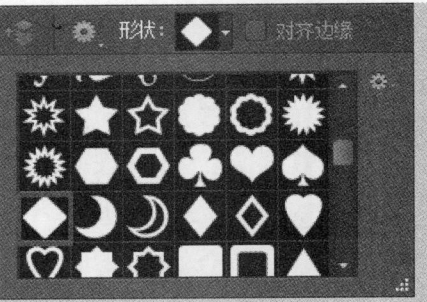

44 ▶ 选择"自定形状工具"，在"自定形状拾色器"中选择"方块形卡"。

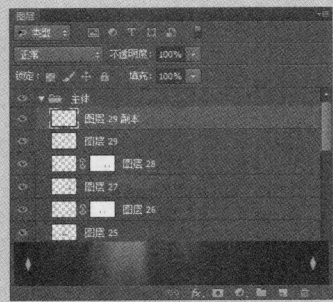

45 ▶ 在画布中单击并拖动鼠标，绘制方块形卡，复制该图层并调整其位置。

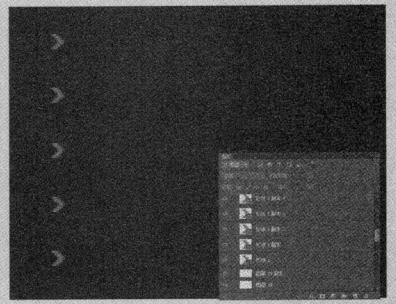

46 ▶ 使用"自定形状工具"绘制形状并复制，调整其位置。

47 ▶ 设置"前景色"为#011923，使用"矩形工具"绘制矩形。

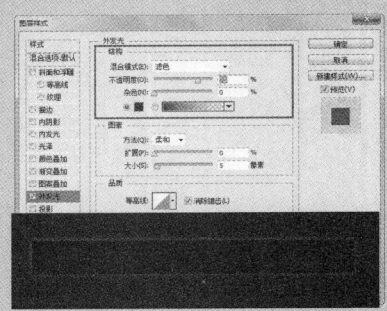

48 ▶ 使用相同的方法，为其添加"外发光"图层样式。

49 ▶ 复制"图层30"，并调整其位置，效果如图所示。

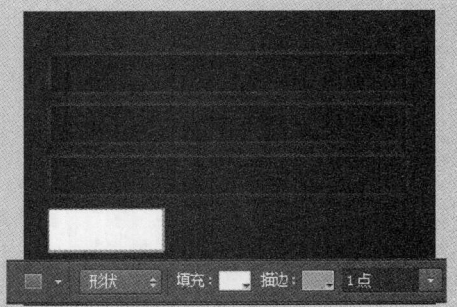

50 ▶ 选择"矩形工具"，在选项栏中进行设置，绘制矩形。

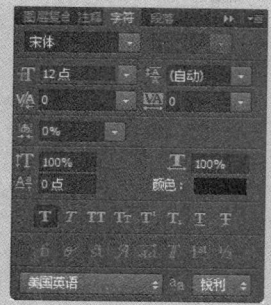

51 ▶选择"横排文字工具"，在"字符"面板中进行设置。

52 ▶在画布中单击并输入文本，文字效果如图所示。

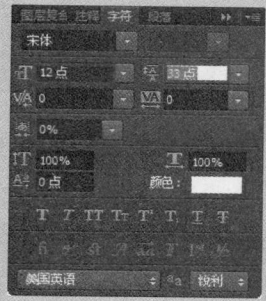

53 ▶在"字符"面板中设置"行距"，其他设置如图所示。

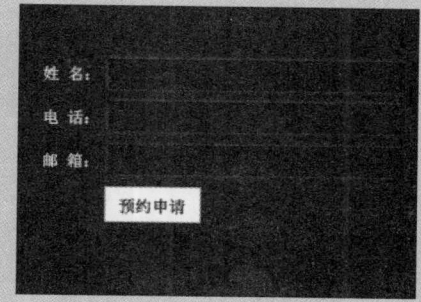

54 ▶在画布中单击并输入文本，文字效果如图所示。

55 ▶使用相同的方法，完成其他相似文字内容的制作。

56 ▶复制"导航条"组中的文字图层，效果如图所示。

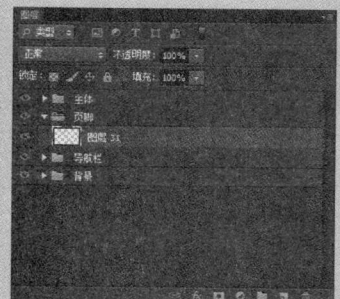

57 ▶在"主体"组下方新建"页脚"组，并新建"图层 31"。

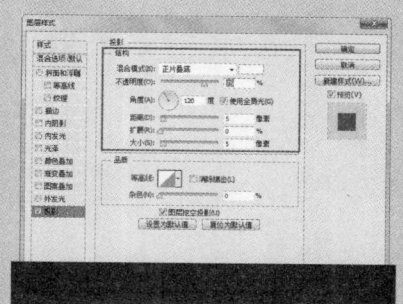

58 ▶使用相同的方法，绘制圆角矩形，并添加"投影"图层样式。

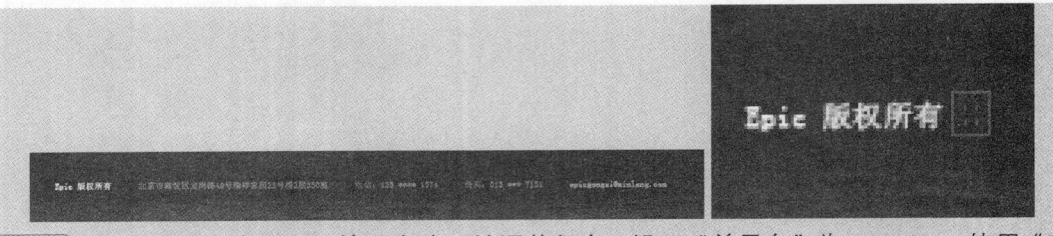

59 ▶ 使用"横排文字工具"输入文本，并调整颜色。设置"前景色"为 #444f55，使用"直线工具"绘制直线，效果如图所示。

60 ▶ 复制"图层 32"，并调整其位置，效果如图所示。新建"鱼"组，将"素材\第 13 章\13411.png"打开并拖入组内。

61 ▶ 在"属性"面板中设置其"不透明度"和"填充"。使用相同的方法，完成其他相似内容的制作。

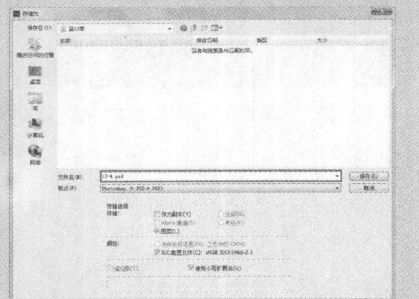

62 ▶ 执行"文件 > 存储为"命令，在弹出的对话框中进行设置。

63 ▶ 完成实例的制作，图像效果如图所示。

13.5 本章小结

　　本章完成了一个完整页面的设计制作。在制作过程中充分应用了 Photoshop 的各项功能，要根据这个实例对前面章节所学内容进行融会贯通。

第 14 章　设计儿童教育网站

在上一章中设计了一个质感强烈且大气的网站，充分利用了 Photoshop 的各项绘图功能。本章将设计并制作一个儿童教育网站。

14.1　行业分析

本网站是一个儿童教育网站，所以页面中要以突出童趣为主，并采用了手绘风格的图像。网页中采用了欢乐的儿童图像作为主要元素。菜单、导航和按钮的绘制都使用了卡通感的绘制方法。

本网站面向儿童对象，所以选择了吸引儿童注意力的风筝、树木和房屋。

14.2　页面配色分析

该网站采用了白色的背景，使整个页面干净、纯洁。设计中使用黄绿色作为网站的主色，代表一片生机、茁壮成长的意思。同时使用辨识度极高的橙色作为辅色，以吸引浏览者的目光。

主色	辅色	文本颜色
#D4E88F	#FF9933	#000000

主色采用黄绿色，这是一种带有希望的颜色；辅色采用橘黄色，突出页面的重点；文本颜色采用黑色，清晰地表达网站的内容，方便阅读。

14.3　网页布局分析

本实例采用上、中、下的布局方式，这是一种经常被采用的布局方式。这种方式结构清晰、层次分明。页面上面是网站导航条，方便浏览者查找；将网站主要内容集合在页面中间部分。页面下部放置一些网站的辅助信息。

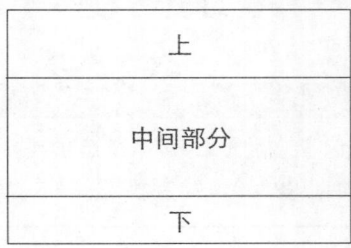

上
中间部分
下

本章知识点

- ☑ 掌握图层样式的应用
- ☑ 掌握"文字工具"的技巧
- ☑ 掌握"直线工具"的使用
- ☑ 掌握图层混合模式
- ☑ 掌握"钢笔工具"的使用

14.4 制作步骤

在实例的制作过程中，主要运用了"圆角矩形工具"、"文字工具"和"图层样式"等，通过本实例的学习，读者可以掌握这些工具在网页设计中的使用方法和技巧。

➡ 实例 40+ 视频：儿童教育网设计

本实例制作的是一个儿童教育网的效果图，通过清新的儿童乐园图像作为背景，再添加一些网页元素，最终完成实例的制作。

🏠 源文件：源文件 \ 第 14 章 \14-4. psd

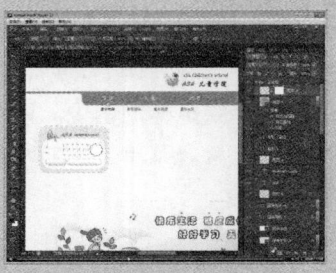

🔊 操作视频：视频 \ 第 14 章 \14-4. swf

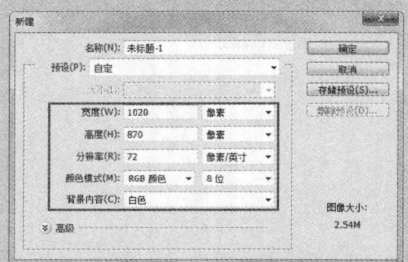

01 ▶ 执行"文件>新建"命令，在弹出的"新建"对话框中进行设置，单击"确定"按钮。

02 ▶ 执行"文件>打开"命令，选择"素材\第14 章 \14401.png"拖入新建文档。

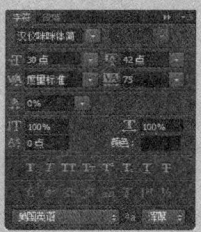

03 ▶ 选择"横排文字工具"，在"字符"面板中设置"颜色"为 #333333。

04 ▶ 在画布中单击并输入文本，文字效果如图所示。

05 ▶ 选择不同的文字，改变其颜色，效果如图所示。

06 ▶ 选择"椭圆工具"，在选项栏中设置"填充"为 #2985e0，绘制椭圆。

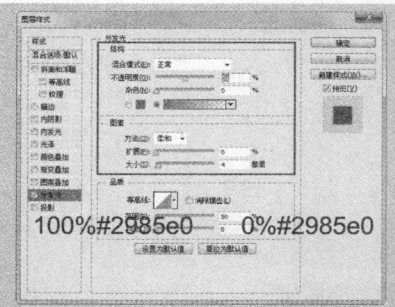

100%#2985e0　　　0%#2985e0

07 ▶双击该图层，在弹出的"图层样式"
对话框中进行设置。

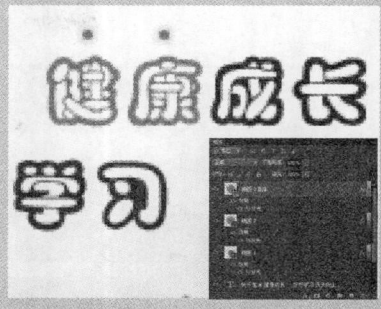

08 ▶使用相同的方法，完成其他相似内容
的制作。

09 ▶将"素材\第 14 章\14402.png"打开
并拖入新建文档中，并调整其位置。

10 ▶使用相同的方法，拖入"素材\第 14
章\14403.png"。

11 ▶新建"组 1"，重命名为"背景"，将"图
层 1"至"图层 3"放入"背景"图层组内。

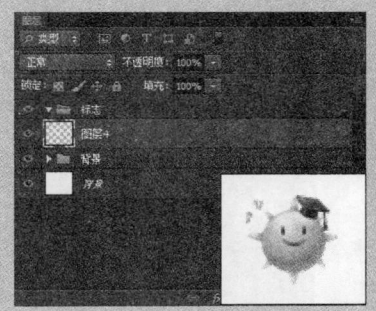

12 ▶新建"标志"图层组和"图层 4"，
拖入"素材\第 14 章\14404.png"。

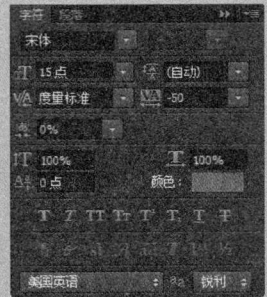

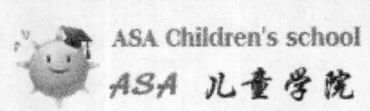

13 ▶选择"横排文字工具"，在"字符"
面板中设置"颜色"为 #8a8888。

14 ▶在画布中单击输入文本，使用相同的
方法，完成其他文字内容的输入。

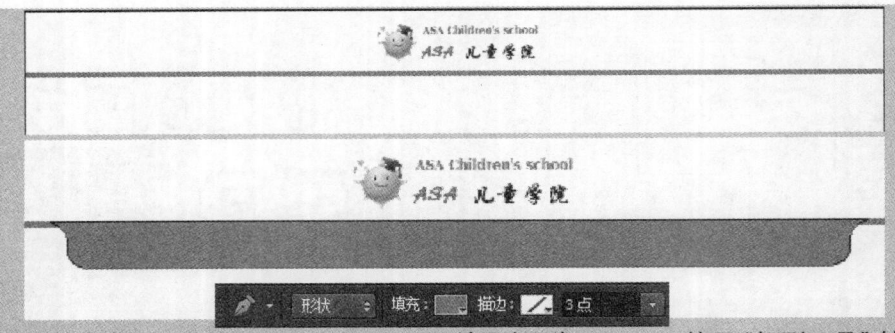

15 ▶ 新建"导航栏"图层组和"图层 5"，设置"前景色"为#88be11，使用"矩形工具"绘制矩形。选择"钢笔工具"，在选项栏中进行设置，并绘制形状。

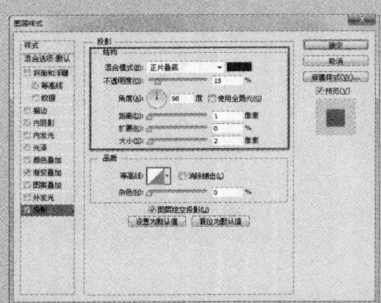

#88be11   #499b00   #88be11

16 ▶ 双击该图层，在弹出的"图层样式"对话框中进行设置，添加"投影"图层样式。

17 ▶ 继续设置，添加"渐变叠加"图层样式，效果如图所示。

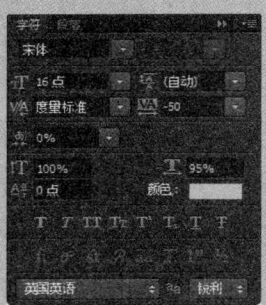

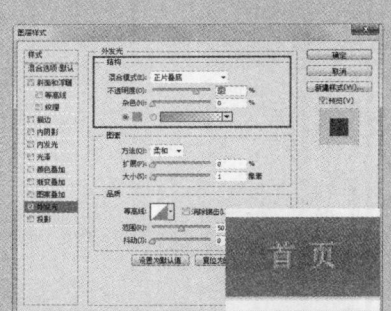

18 ▶ 选择"横排文字工具"，在"字符"面板中设置"颜色"为#ffff00。

19 ▶ 在画布中单击输入文本，并添加"外发光"图层样式。

20 ▶ 使用相同的方法，完成其他文字内容的输入。选择"椭圆工具"，在选项栏中设置"填充"为#fee608，并绘制正圆。

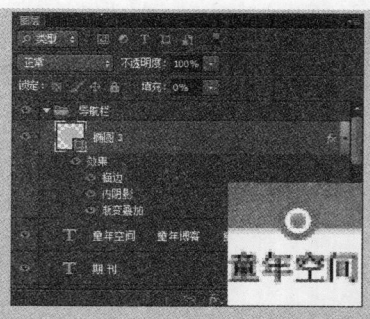

#f4f1e6

21 ▶使用相同的方法，为其添加"描边"、"内阴影"和"渐变叠加"图层样式。

22 ▶新建"登录框"图层组，使用"圆角矩形工具"绘制圆角矩形。

23 ▶使用相同的方法，为其添加"斜面和浮雕"、"描边"和"内阴影"图层样式。

24 ▶使用相同的方法，完成其他圆角矩形的绘制。

25 ▶拖入"素材\第 14 章\14405.png"，使用"横排文字工具"输入文字。

26 ▶新建"图层 7"，设置"前景色"为#e78627，选择"椭圆工具"绘制正圆。

27 ▶选择"矩形工具"，在选项栏中设置"描边"为 #cdcdcd，绘制矩形。

28 ▶复制该图层，调整其位置，图像效果如图所示。

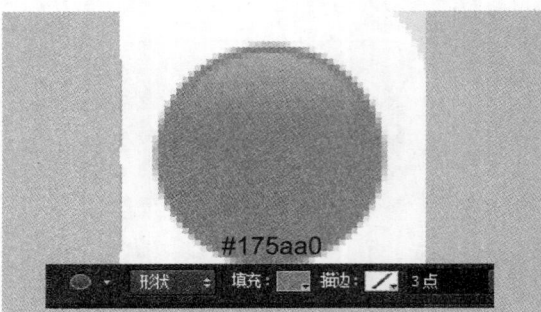
#175aa0

29 ▶ 选择"椭圆工具"，在选项栏中进行设置，绘制正圆。

31 ▶ 新建"图层8"，设置"前景色"为白色，使用"椭圆工具"绘制正圆。

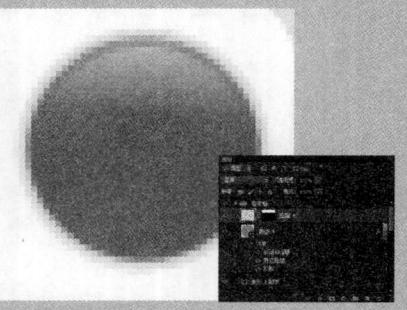

33 ▶ 单击"确定"按钮，填充渐变，效果如图所示。

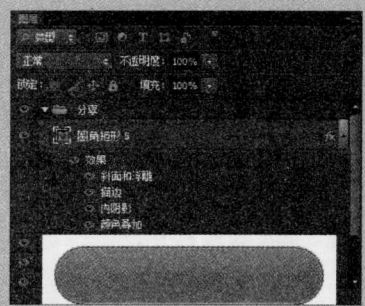

35 ▶ 新建"分享"图层组，使用"圆角矩形工具"绘制圆角矩形，并添加"图层样式"。

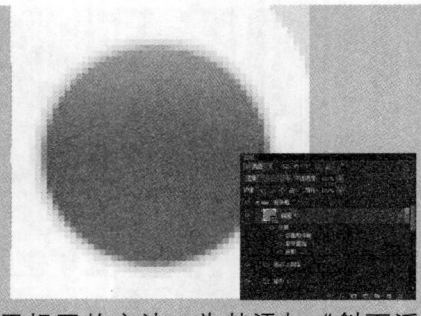

30 ▶ 使用相同的方法，为其添加"斜面浮雕"、"渐变叠加"和"投影"图层样式。

32 ▶ 为其添加"图层蒙版"，选择"渐变工具"，在"渐变编辑器"对话框中进行设置。

34 ▶ 使用相同的方法，输入文字，效果如图所示。

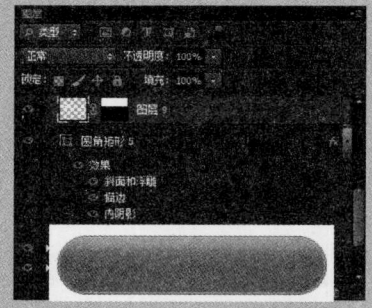

36 ▶ 使用相同的方法，绘制圆角矩形，并添加"图层蒙版"。

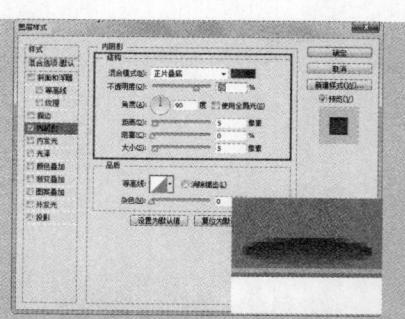

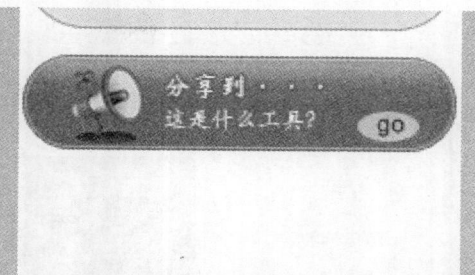

37 ▶ 使用"椭圆工具"绘制椭圆,并添加"内阴影"图层样式。

38 ▶ 拖入"素材 \ 第 14 章 \14406.png",并输入文字。

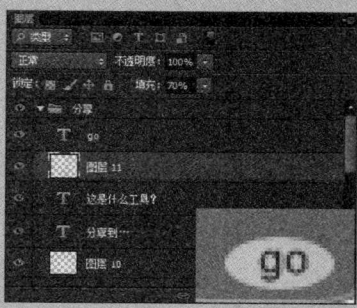

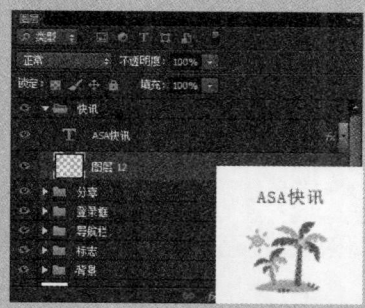

39 ▶ 使用"椭圆工具"绘制椭圆,在"属性"面板中设置其"填充",并输入文字。

40 ▶ 新建"快讯"图层组,拖入"素材 \ 第 14 章 \14407.png",并输入文字。

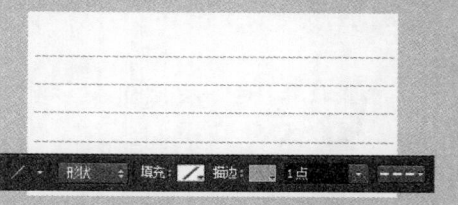

・浅谈小班植物主题同步化教育. [09.12.29]
・幼儿园建构式课程的实践体会. [09.12.29]
・幼儿园安全工作预案. [09.12.29]
・幼儿园教师招聘原则. [09.12.29]

41 ▶ 选择"直线工具",在选项栏中进行设置,绘制虚线,并复制多个,调整其位置。

42 ▶ 设置"前景色"为 #ff860f,使用"椭圆工具"绘制正圆,并输入文字。

教育. N [09.12.29]
体会. N [09.12.29]
[09.12.29]
[09.12.29]

43 ▶ 使用"圆角矩形工具"绘制圆角矩形,使用"横排文字工具"输入文字。

44 ▶ 复制"图层 14"和 N 文字图层,并调整其位置,效果如图所示。

 提示

在使用"直线工具"绘制虚线的过程中,可以在"描边选项"框中设置"虚线长度"和"间隙长度"。

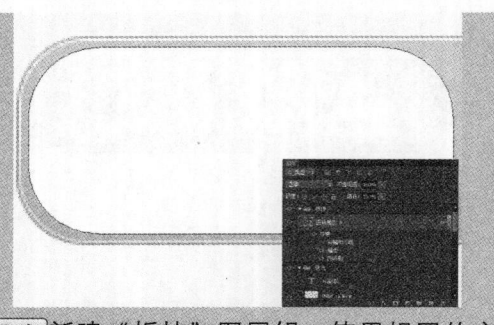

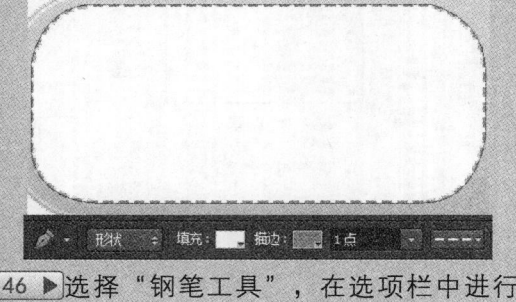

45 ▶ 新建"板块"图层组，使用相同的方法绘制圆角矩形，并添加"图层样式"。

46 ▶ 选择"钢笔工具"，在选项栏中进行设置，绘制形状。

47 ▶ 拖入"素材＼第 14 章＼14408.png"，并输入文字。

48 ▶ 使用相同的方法，完成另一部分的制作，效果如图所示。

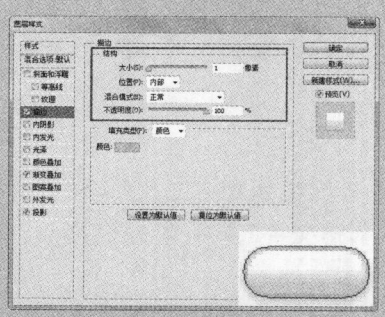

49 ▶ 新建"简单介绍"图层组,拖入"素材\第14 章 \14409.png"，调整其位置。

50 ▶ 使用"横排文字工具"输入文本，效果如图所示。

51 ▶ 选择"圆角矩形工具"，在选项栏中设置"半径"为 30 像素，绘制圆角矩形。

52 ▶ 双击该图层，在弹出的"图层样式"对话框中进行设置，添加图层样式。

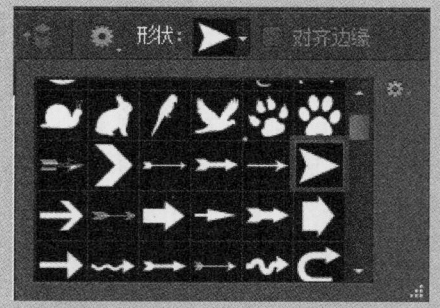

53 ▶ 新建"图层 18",选择"自定形状工具",在"自定形状"拾色器中选择"箭头 6"。

54 ▶ 在画布中单击并拖动鼠标绘制箭头,并输入文字,效果如图所示。

55 ▶ 使用相同的方法,完成其他部分的制作,效果如图所示。

56 ▶ 新建"图层 21",设置"前景色"为 #d6d6d6,绘制直线。

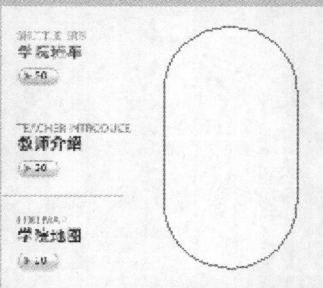

57 ▶ 新建"其他"图层组,选择"圆角矩形工具",设置"半径"为 50 像素,绘制圆角矩形。

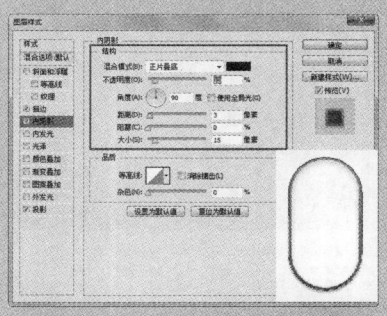

58 ▶ 双击该图层,为其添加"图层样式",效果如图所示。

59 ▶ 拖入"素材 \ 第 14 章 \14412.png",并调整其位置。

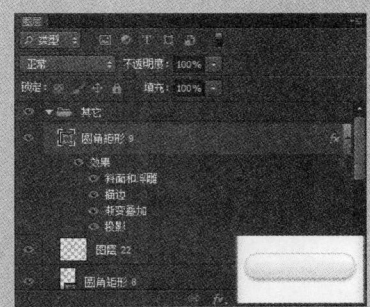

60 ▶ 使用"圆角矩形工具"绘制圆角矩形,并添加"图层样式"。

61 ▶输入文字内容，并复制"图层18"，效果如图所示。

62 ▶使用相同的方法，完成其他相似内容的制作，效果如图所示。

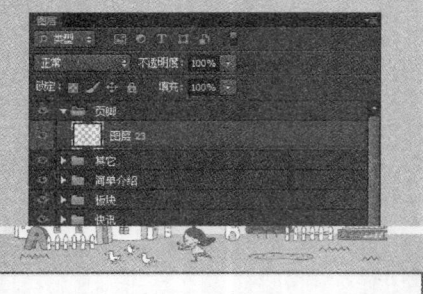

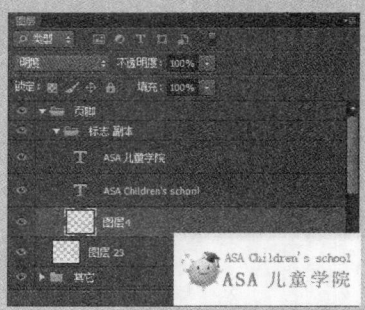

63 ▶新建"页脚"图层组和"图层23"，使用"矩形工具"绘制矩形。

64 ▶复制"标志"图层组，设置"图层4"的"混合模式"为"明度"，调整文字的颜色。

提示

"明度"混合模式的原理是用基色的色相和饱和度以及混合色的明亮度创建结果色。

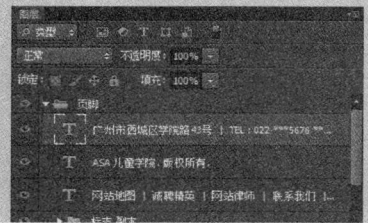

65 ▶使用"横排文字工具"输入文本，效果如图所示。

66 ▶选择"自定形状工具"，在"自定形状"拾色器中选择"信封1"。

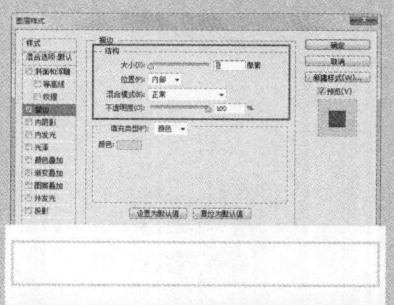

67 ▶在选项栏中设置"填充"为#d8d8d8，"描边"为#000000，绘制信封。

68 ▶使用"矩形工具"绘制矩形，并添加"描边"图层样式。

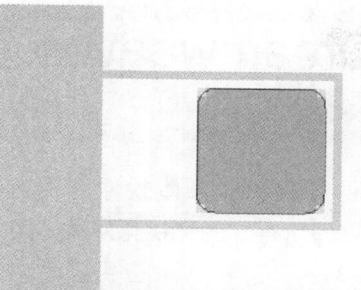

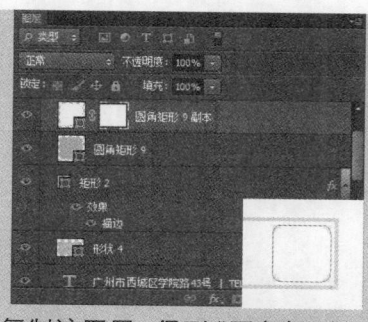

69 ▶ 选择"圆角矩形工具"，在选项栏中设置"填充"为 #bababa，绘制圆角矩形。

70 ▶ 复制该图层，得到"圆角矩形 9 副本"，修改"填充"为白色，并添加"图层蒙版"。

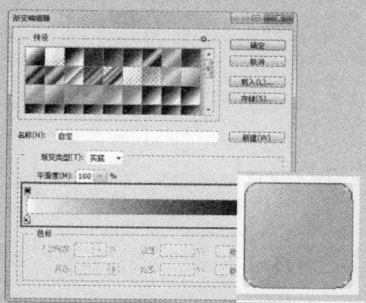

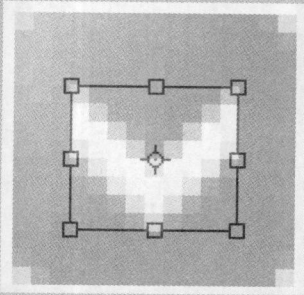

71 ▶ 在"渐变编辑器"对话框中进行设置，单击"确定"按钮，填充"线性渐变"。

72 ▶ 使用"自定形状工具"绘制图形，并调整其旋转角度。

登录 ｜ 注册 ｜ 收藏夹 ｜ 帮助

73 ▶ 使用"横排文字工具"输入文本，效果如图所示。

74 ▶ 使用相同的方法，完成其他相似内容的制作。

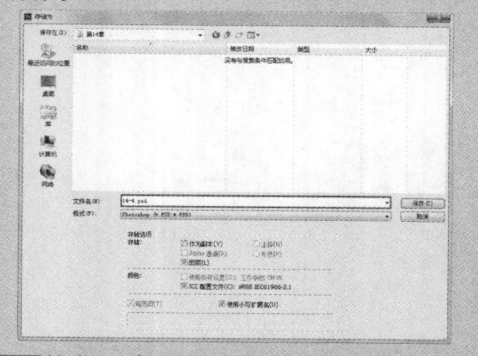

75 ▶ 完成实例的制作，图像效果如图所示。

76 ▶ 执行"文件 > 存储为"命令，在弹出的对话框中进行设置。

14.5 本章小结

本章使用 Photoshop 设计并制作了一个儿童网站。网站中的元素很多，但是通过控制好颜色和设计风格，使最终效果清新和谐。

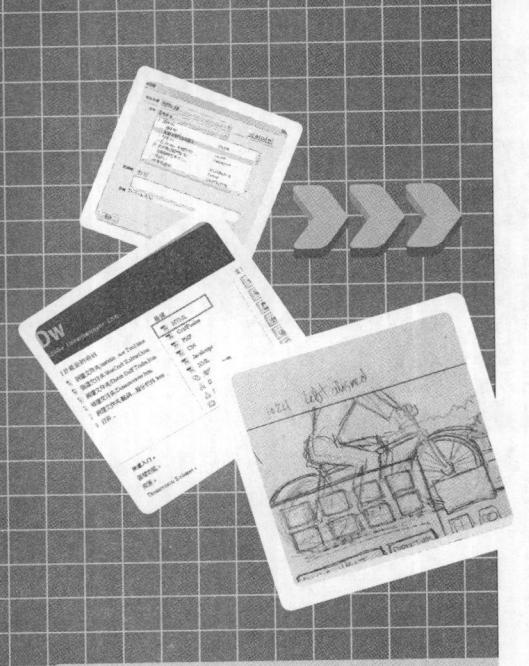

第 15 章 Dreamweaver 基础知识

Dreamweaver 是由美国的多媒体软件开发商 Adobe 公司开发的一款"所见即所得"的可视化网站开发工具，主要用于 Web 站点、Web 页面和 Web 应用程序的设计、编码和开发，深受网页设计初学者和专业人士的欢迎。

15.1 认识 Dreamweaver

Dreamweaver 提供了强大的可视化布局工具、应用开发功能和代码编辑支持，使设计开发人员能够准确而有效地创建出基于 Web 标准的网站。

15.2 掌握 Dreamweaver 操作界面

在 Dreamweaver 的主界面中，可以查看文档和对象属性，并且主界面中还将许多常用操作放置在工具栏中，使用户可以快速修改和编辑文档。

15.2.1 在文档窗口中工作

在 Windows 操作系统中，Dreamweaver 提供了一个将全部元素置于一个窗口中的集成布局。在集成的工作区中，全部窗口和面板都被集成到一个更大的应用程序窗口中。

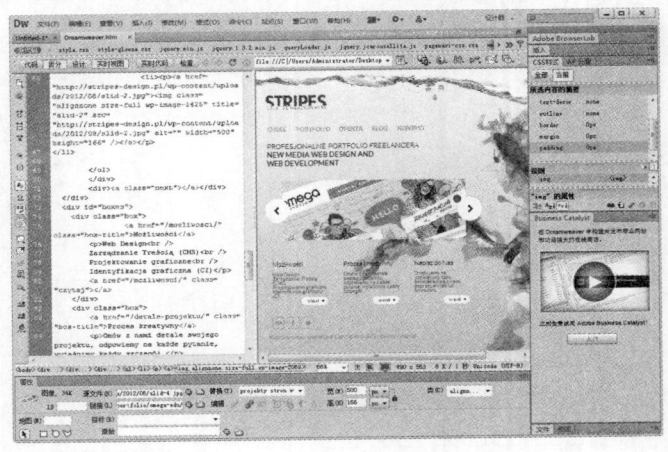

● **窗口视图**

在文档的窗口中，用户可以通过单击"代码"、"拆分"、"设计"和"实时"4 个视图按钮来进行切换、查看和编辑文档。还可以通过水平和垂直方式来查看"拆分代码视图"和"代码和设计视图"。

本章知识点

- ☑ 认识 Dreamweaver
- ☑ 掌握 Dreamweaver 操作界面
- ☑ 了解 Dreamweaver 工作流程
- ☑ 掌握可视化助理布局
- ☑ 使用标尺和网格

● **以层叠方式或平铺方式放置文档窗口**

如果用户一次打开了多个文档，可以使用层叠或平铺的方式放置这些文档。执行"窗口>层叠"命令或"窗口>水平平铺\垂直平铺"命令，即可将文档以指定的方式放置。

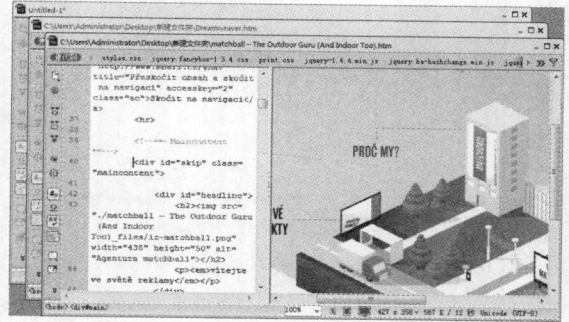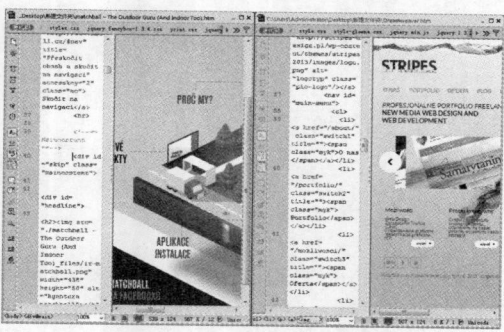

15.2.2 使用工具栏、检查器和快捷菜单

在 Dreamweaver 中，用户可以使用工具栏、检查器和快捷菜单快捷地执行一些命令，以方便而快捷地实现所需的页面效果，并达到提高工作效率的目的。

● **工具栏**

使用"文档"和"标准"工具栏可以对文档相关的标准编辑进行操作；使用"编码"工具栏可以快速在当前位置插入代码；使用"样式呈现"工具栏可以显示页面在不同媒体中的显示效果。执行"查看>工具栏"命令，可以在打开的子菜单中选择需要的工具栏。

● **"属性"面板**

使用"属性"面板可以检查和编辑当前选定页面元素，如文本和图像的最常用属性。"属性"面板中的内容根据选定的元素会有所不同。

● **快捷菜单**

使用快捷菜单可以快捷地打开正在处理的对象或窗口的相关命令或属性，也就是说快捷菜单仅列出了那些适用于当前选定内容的命令。使用鼠标右键单击对象或窗口，即可打开快捷菜单，用户可以在该菜单中选择需要的命令。

15.2.3 自定义 Dreamweaver 工作区

与大多数的 Adobe 产品相同，Dreamweaver 也可以根据用户对不同功能的使用频率进行工作区的自定义，用户可以将常用的功能和面板进行重新排列和组合，然后将排列好的工作区保存，以便下次使用。

 用户可以直接使用鼠标将面板拖曳到想要放置的位置。如果需要移动面板，单击拖动该面板的标签即可；如果需要移动面板组，可以拖动其标题栏。

⇒ 实例 41+ 视频：管理工作区

当用户将自己定义的工作区存储后，即使移动或关闭了某些面板或者切换到了其他的工作区，也可以通过"工作区布局"菜单重新恢复该工作区。

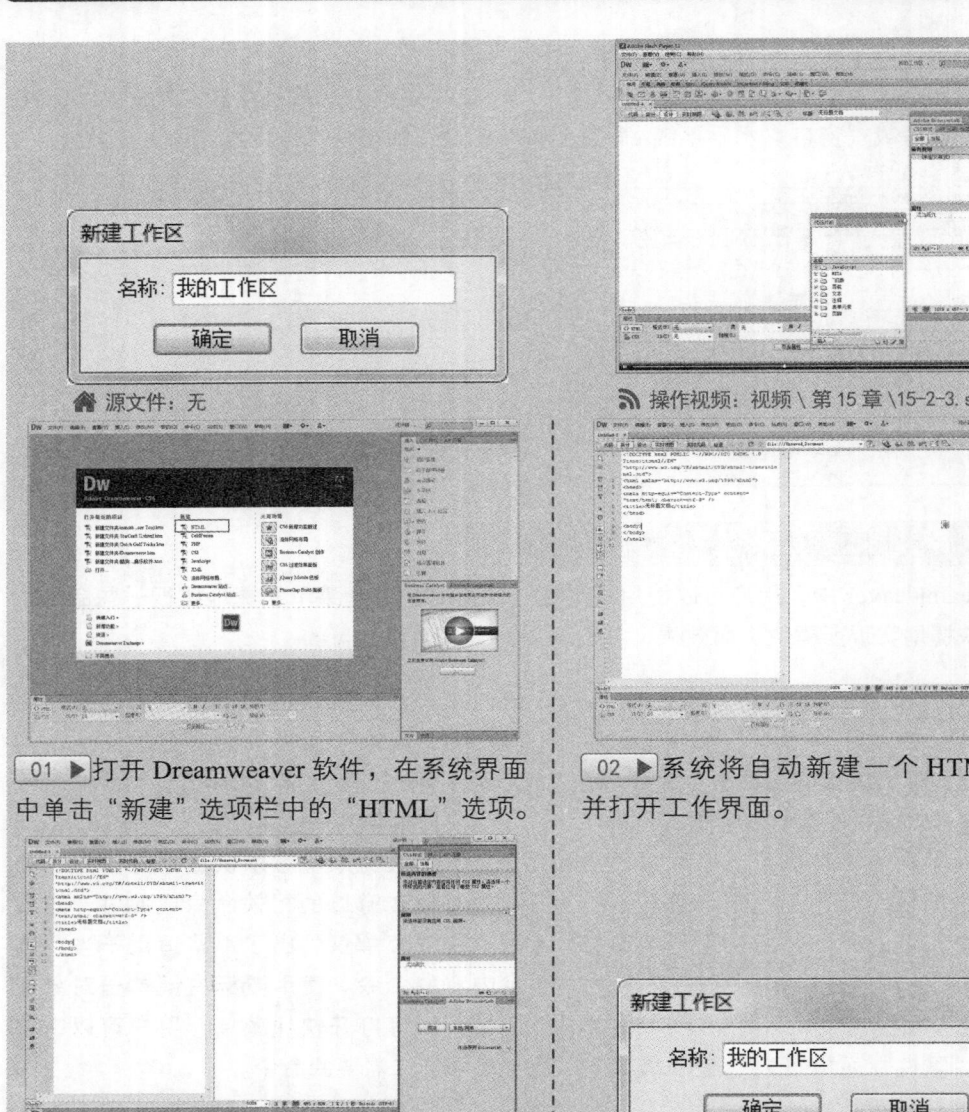

源文件: 无   操作视频: 视频 \ 第 15 章 \15-2-3. swf

01 ▶打开 Dreamweaver 软件,在系统界面中单击"新建"选项栏中的"HTML"选项。

02 ▶系统将自动新建一个 HTML 文档,并打开工作界面。

03 ▶拖动工作区中的面板,对工作区的布局进行修改。

04 ▶执行"窗口＞工作区布局＞新建工作区"命令,在弹出的对话框中输入工作区名称。

提问: 如何修改自定义工作区的名称?

答: 如果用户需要对自定义工作区进行修改,可执行"窗口＞工作区布局＞管理工作区"命令,在弹出的"管理工作区"对话框中用户可以对自定义工作区进行编辑、删除等操作。

15.2.4 使用键盘快捷键

快捷键,又称为快速键或热键,是指通过某些特定的按键、按键顺序或按键组合来完成一个操作,使用快捷键可以有效地提高工作的效率和速度。在 Dreamweaver 中,用户同样可以通过键盘快捷键来提高自己工作的效率。

实例 42+ 视频：自定义快捷键

在 Dreamweaver 中，用户可以根据自己的操作习惯对软件中的快捷键进行编辑和创建，包括代码片段的快捷键同样可以进行创建。

🏠 源文件：无

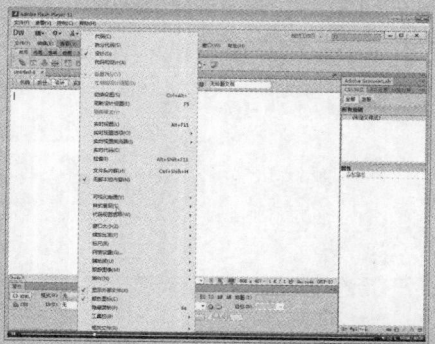

📡 操作视频：视频 \ 第 15 章 \15-2-4. swf

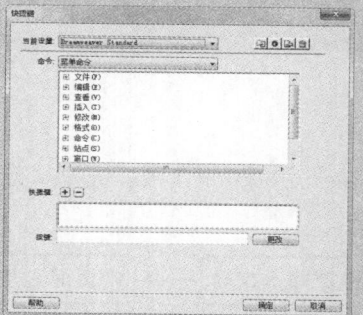

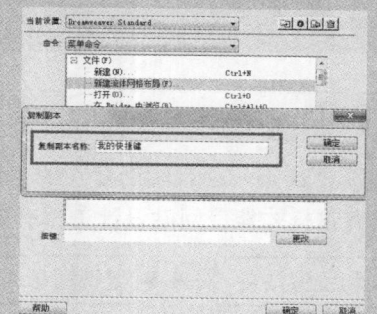

01 ▶ 打开 Dreamweaver 软件，执行"编辑 > 快捷键"命令，弹出"快捷键"对话框。

02 ▶ 单击对话框中的"复制副本"按钮，输入自定义快捷键的名称。

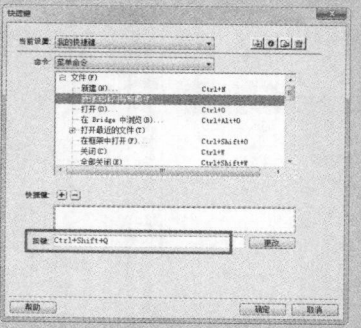

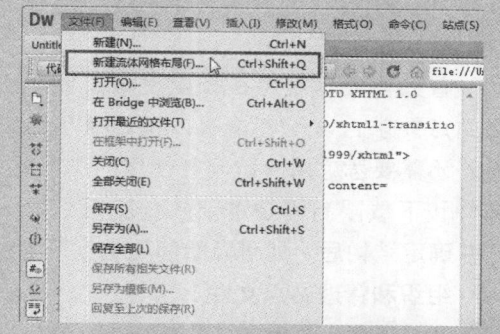

03 ▶ 选择需要修改的菜单命令，在"按键"文本框中输入快捷键。单击"确定"按钮。

04 ▶ 单击"文件"菜单，可以看到快捷键已经被添加到所选的命令中了。

提问：如何知道需要定义的快捷键是否已经被定义？

答：用户在定义快捷键的过程中，如果定义的快捷键已经用到其他命令中，系统将在"按键"文本框的下方添加文字提示，如果用户仍然继续定义该快捷键，那么将取消该快捷键之前的命令。

15.2.5 添加管理扩展功能

扩展功能是指一些可以添加到 Dreamweaver 中的插件，用户可以使用这些插件来完成一些 Dreamweaver 中目前还无法完成的效果，例如重新设置表格格式、连接到后端数据库或帮助用户为浏览器撰写脚本等。

单击程序栏中的"扩展 Dreamweaver"按钮，在弹出的菜单中选择"扩展管理器"命令即可打开 Adobe Extension Manager 窗口，用户可以在该窗口中选择自己需要的插件并安装。

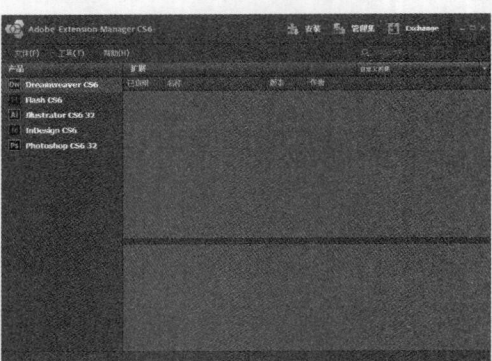

15.3 Dreamweaver 的工作流程

网页设计是一项系统而复杂的工程，因此必须遵循一定的工作流程，进行规范性的操作，只有这样才能使网站设计工作有条不紊地进行下去。

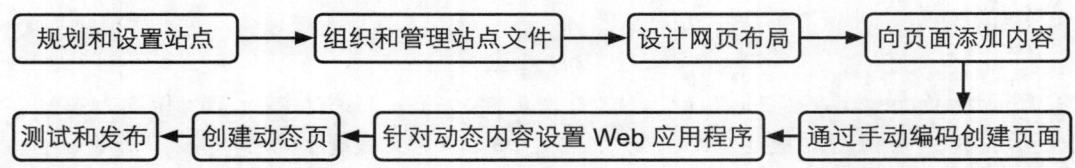

● 规划和设置站点

首先需要确定将在哪里发布文件，检查站点要求、访问者情况以及站点目标。另外还需要考虑用户访问时使用的浏览器、插件和下载限制等技术要求。在组织好信息并确定结构后，即可开始创建站点了。

● 组织和管理站点文件

在"文件"面板中，可以方便地添加、删除和重命名文件及文件夹，以便根据需要更改组织结构，用户可以通过"文件"面板中的工具来管理站点。

使用"资源"面板可以很方便地组织站点中的资源，可以将大多数资源直接从"资源"面板拖到 Dreamweaver 文档中。

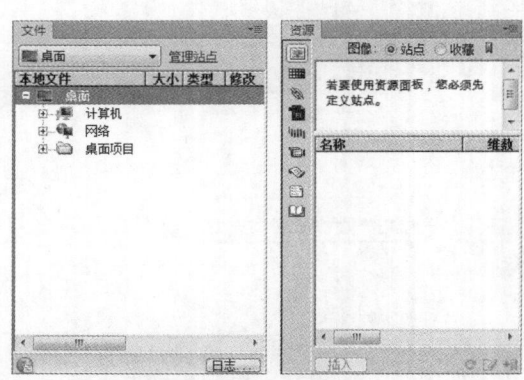

● 设计网页布局

选择要使用的布局方法，或综合使用 Dreamweaver 布局选项创建站点的外观。可以使用 Dreamweaver AP 元素、CSS 定位样式或预先设计的 CSS 布局来创建布局。

利用表格工具，可以通过绘制并重新安排页面结构来快速地设计页面。如果希望同时在浏览器中显示多个元素，可以使用框架来设计文档的布局。

● **向页面添加内容**

添加资源和设计元素，如文本、图像、鼠标经过图像、图像地图、颜色、影片、声音、HTML 链接和跳转菜单等。可以对标题、背景等元素使用内置的页面创建功能，在页面中直接键入，或者从其他文档中导入内容。

● **通过手动编码创建页面**

手动编写 Web 页面的代码是创建页面

的另一种方法。Dreamweaver 提供了易于使用的可视化编辑工具，但同时也提供了高级的编码环境，可以采用任意一种方法，或同时采用这两种方法来创建和编辑页面。

● **针对动态内容设置 Web 应用程序**

许多 Web 站点都包含动态网页，动态网页使访问者能够查看存储在数据库中的信息，并且一般会允许某些访问者在数据库中添加新信息或编辑信息。若要创建动态网页，必须先设置 Web 服务器和应用程序服务器，创建或修改 Dreamweaver 站点，然后连接到数据库。

● **创建动态页**

在 Dreamweaver 中，可以定义动态内容的多种来源，其中包括从数据库提取的记录集、表单参数和 JavaBeans 组件。用户只需将内容拖动到页面上即可添加动态内容。

● **测试和发布**

测试页面是在整个网站开发中进行的一个持续过程，在这一工作流程的最后，在服务器上发布该站点。许多开发人员还会安排定期维护，以确保站点保持工作正常。

15.4　使用可视化助理布局

Dreamweaver 为用户提供了标尺、网格和辅助线等多种辅助工具，使用这些工具可以帮助用户更加方便、快捷地创建出精确的页面效果。

15.4.1　使用标尺和网格

在 Dreamweaver 中使用标尺可视化辅助工具，可以帮助用户更加准确地编辑网页的宽度和高度以及网页中元素的位置，使网页更加美观。通过执行"查看 > 标尺 > 显示"命令，即可在页面中显示标尺。用户还可以在标尺上单击鼠标右键来修改标尺的度量单位。

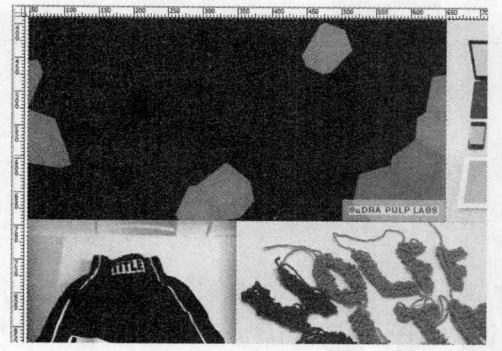
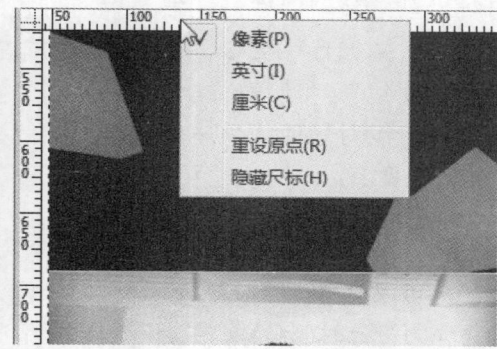

使用网格可以精确定位 AP 元素，并可以调整其大小。页面上的网格标记有助于对齐 AP 元素，启用对齐后，当移动 AP 元素或调整其大小时，AP 元素会自动与最近的网格点靠齐，无论风格是否可见，对齐都有效（其他对象如图像、段落等不与网格对齐）。

执行"查看 > 网格设置 > 显示网格"命令，即可将网格显示在 Dreamweaver 窗口中的"设计"视图中。执行"查看 > 网格设置 > 网格设置"命令，打开"网格设置"对话框，在该对话框中可以对网格的显示效果进行设置。

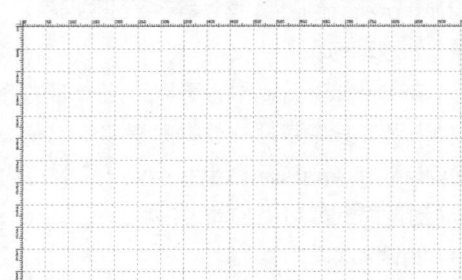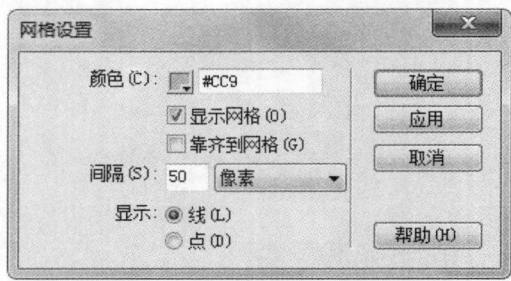

AP 元素通常是具有绝对定位元素的 DIV 标签。当用户需要将网页中某一元素定位到网页的任意位置不动时，就可以使用该元素。AP 元素可以包含文本、图像或其他任何可放置到 HTML 文档正文中的内容。

15.4.2 使用辅助线

在 Dreamweaver 中可以将元素对齐到辅助线，也可以将辅助线对齐到元素。需要注意的是，只有在元素绝对定位的情况下，才可使用对齐功能。另外还可以锁定辅助线，以防止不小心将其移动。

为方便操作，Dreamweaver 为用户提供了一些预设辅助线，执行"查看 > 辅助线"命令，在其子菜单中可以选择任意的预设辅助线。执行"查看 > 辅助线 > 编辑辅助线"命令，将弹出"辅助线"对话框，在该对话框中可以对辅助线的一些属性进行设置。

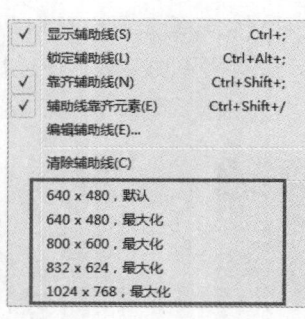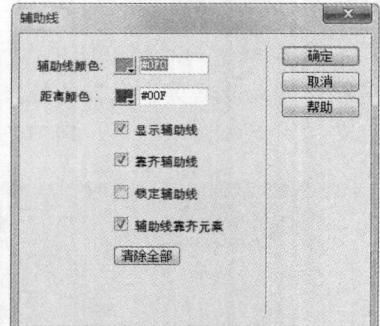

15.4.3 使用跟踪图像

用户可以使用"跟踪图像"命令将一幅 JPEG、GIF 或 PNG 图像嵌入到页面的任何一个位置作为设计时的参考，并且可以根据情况调整该图片的透明度。当跟踪图像可见时，文档窗口将不会显示页面的实际背景图像和颜色，但是在浏览器中查看页面时，背景图像和颜色是可见的。

实例 43+ 视频：使用跟踪图像规划网页草图

在网页设计中，设计师一般不会直接使用软件对网页进行布局设计，而是会在纸张上进行大概的草图绘制，并对各个构成要素进行编排，大概地描绘出自己的意图，然后在设计网页时，通过草图对网页的布局进行制作。

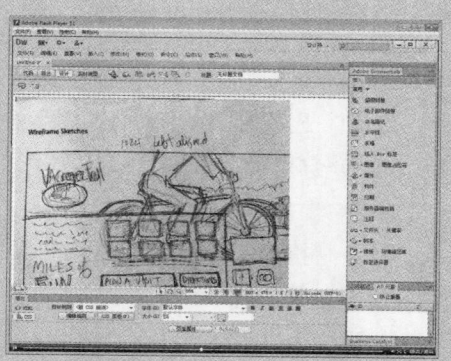

🏠 源文件：源文件 \ 第 15 章 \15-4-3.html　　📶 操作视频：视频 \ 第 15 章 \15-4-3.swf

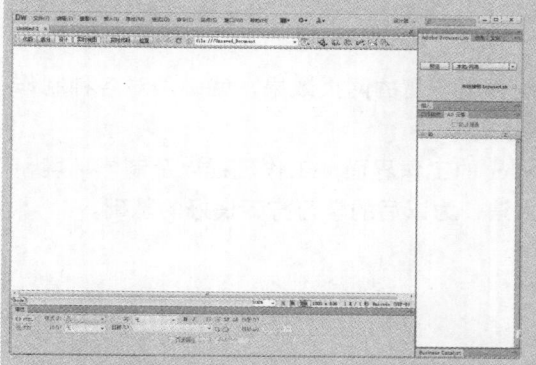
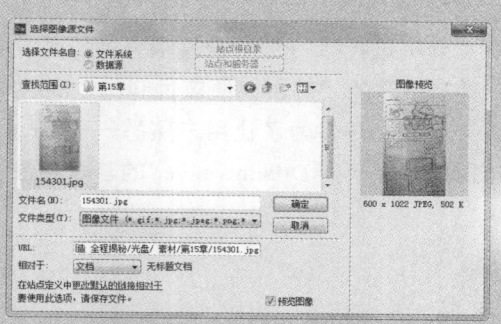

01 ▶ 打开 Dreamweaver 软件，执行"文件>新建"命令，在弹出的对话框中新建一个空白的 HTML 文档。

02 ▶ 执行"查看>跟踪图像>载入"命令，在弹出的对话框中将"素材\第15章\154301.jpg"图像载入。

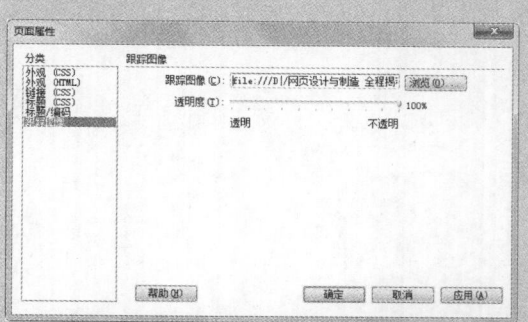

03 ▶ 弹出 Dreamweaver 提示框，单击"确定"按钮，打开"页面属性"对话框。

04 ▶ 单击"确定"按钮，即可将图片载入到文档中作为跟踪图像。

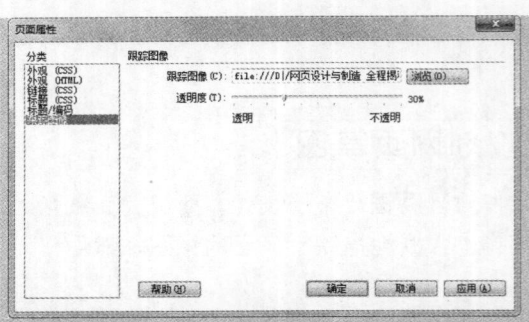 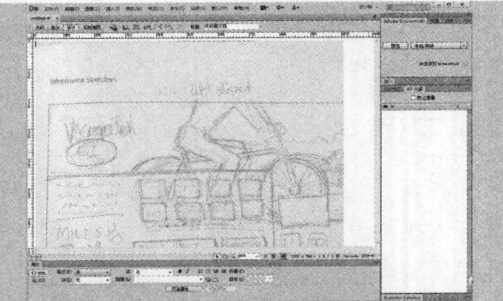

05 ▶ 执行"修改 > 页面属性"命令，即可打开"页面属性"对话框，在该对话框中的"分类"选项栏中选择"跟踪图像"选项，修改跟踪图像的透明度为30%。

06 ▶ 单击"确定"按钮，可以看到载入的跟踪图像的透明度发生了很大的变化。

提问：如何取消跟踪图像的显示？

答：跟踪图像仅在 Dreamweaver 中可见，在实际的浏览器中查看页面时，跟踪图像是不会显示的。

15.5 本章小结

网页设计是一个综合性很强的行业，要想制作出丰富的网页效果，就必须对各种制作软件有很深的了解，以便应付制作中的各种需要。

本章主要是为了让用户熟悉一下 Dreamweaver 的工作界面、工作流程以及制作环境，让用户掌握一些 Dreamweaver 的基本属性设置方法，为以后的学习打下良好的基础。

第16章 掌握网页的本质 HTML

Dreamweaver 是一款可以通过可视化的操作界面制作网页的软件，但是在制作页面时，Dreamweaver 会自动生成相应的 HTML 代码，所以所有的网站页面其本质还是由 HTML 构成的。通过 HTML 语言可以在网页中建立多种元素，例如图像、表格、链接和框架等。

16.1 HTML 技术介绍

无论是初学者还是高级制作人员，在制作网页时，不涉及 HTML 语言是不可能的。对于一个希望深入掌握网页制作、对代码严格控制的用户来说，直接书写 HTML 源代码是一项必须掌握的技能。

16.1.1 认识 HTML

HTML 是 Hyper Text Marked Language 的缩写，即超文本标记语言，是一种用来制作超文本文档的简单标记语言。超文本传输协议规定了浏览器在运行 HTML 文档时所遵循的规则和进行的操作。HTTP 的制定使浏览器在运行超文本时有了统一的规则和标准。

超文本是一种组织信息的方式，它通过超链接的方式将文本中的文字、图表和其他信息媒体相关联。这些相互关联的信息媒体可能在同一文本中，也可能在其他文件中，或者是其他远程计算机上。这种组织信息的方式将分布在不同位置的信息资源用随机方式进行链接，为浏览者查找和检索信息提供了方便。

在了解 HTML 语言的同时，也要了解 World Wide Web（万维网）。万维网是一种建立在互联网上的、全球性的、交互的、多平台的、分布式的信息资源网络。它采用 HTML 语法描述超文本（Hypertext）文件。Hypertext 一词有两个含意：一个是链接相关联的文件；另一个是内含多媒体对象的文件。

从技术上讲，万维网有 3 个基本组成部分，它们分别是 URL（全球资源定位器）、HTTP（超文本传输协议）和 HTML（超文本标记语言）。

● URL

统一资源定位器，全称为 Uniform Resource Locator，是网页在互联网上标准的地址，如果要访问某个网站，就必须具有该网站的 URL 才能找到该网页的地址。例如腾讯的

本章知识点

☑ 了解 HTML 技术

☑ 掌握常用的标签

☑ 编写 HTML

☑ 了解 HTML 与 CSS

☑ 了解 HTML 与 Java Script

URL 是 www.qq.com，也就是用户所说的网址。

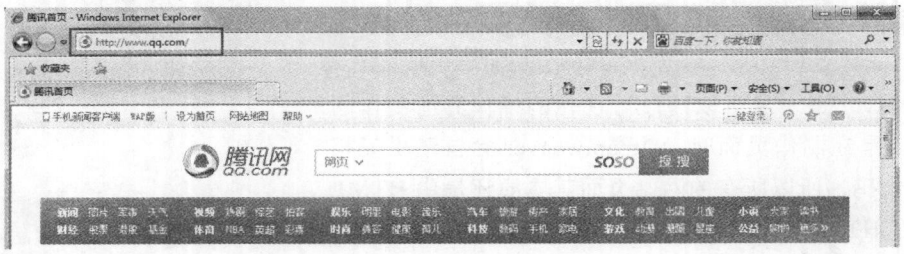

● HTTP

超文本传输协议，全称为 Hypertext Transfer Protocol，它是一种最常用的网络通信协议。若想链接到某一特定的网页时，就必须通过 HTTP 协议进行。

由于 HTML 语言编写的文件是标准的 ASCII 文本文件，所以用户可以使用任意文本编辑器来打开 HTML 文件。

16.1.2　HTML 文档的基本结构

编写 HTML 文件的时候，必须遵循 HTML 的语法规则。一个完整的 HTML 文件由标题、段落、列表、表格、单词和嵌入的各种对象组成。这些逻辑上统一的对象统称为元素，HTML 使用标签来分割并描述这些元素。实际上 HTML 文件就是由元素与标签组成的。

```
<!DOCTYPE html>                    表示文档类型
<html>                             表示HTML文件开始
<head>                             表示HTML文件的头部开始
</head>                            表示HTML文件的头部结束
<body>                             表示HTML文件的主体开始
</body>                            表示HTML文件的主体结束
</html>                            表示HTML文件结束
```

一个完整的 HTML 文档由 4 个部分组成，它们是文档类型声明、HTML 标签对、文件头部标签对和文件主体标签对。

从结构上也分为 head（表头）和 body（主体）两大部分，这两大部分各有其特定的标签及功能。下面列出一个 HTML 文件的最基本结构。

```
<html>
<head>
<meta http-equiv="Content-Type" content="text\html; charset=utf-8" \>
<title>这里输入文档标题<\title>
</head>
<body>
该区域的元素将在网页主体中显示
</body>
</html>
```

<title> 与 </title> 标签之间用来定义文件的标题，它一般都放在 HTML 文件中的表头部分。而大部分的文件内容都是在 <body> 与 </body> 标签间写入的，如文本、图像和超链接等。

实例 44+ 视频：创建一个简单的 HTML 页面

前面已经介绍了网页实际上就是一个纯文本文件和网页中 HTML 语言的基本结构，接下来一起通过所学的知识来使用文档编写一个简单的 HTML 页面。

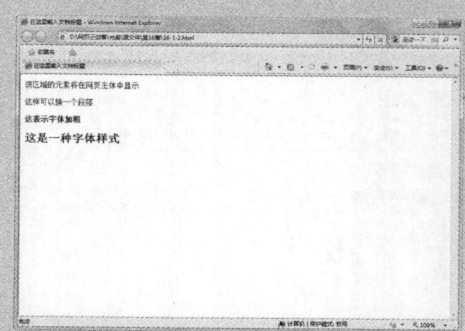
源文件：源文件 \ 第 16 章 \16-1-2. html

操作视频：视频 \ 第 16 章 \16-1-2. swf

01 ▶ 单击"开始"按钮，在弹出的菜单中执行"所有程序 > 附件 > 记事本"命令。

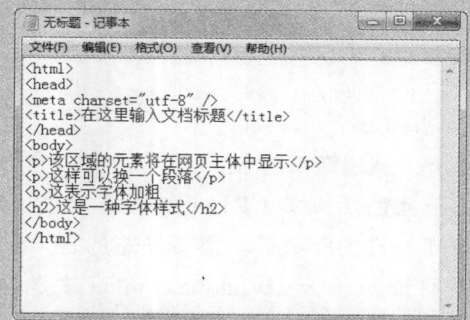

02 ▶ 在新建的"无标题"TXT 纯文本文档中输入 HTML 代码。

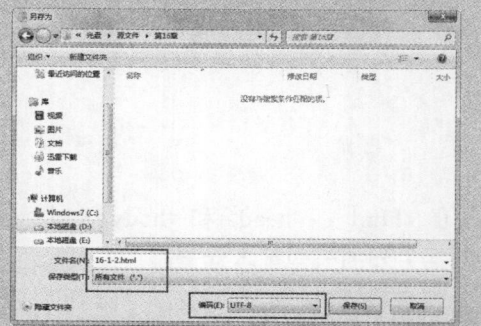

03 ▶ 执行"文件 > 保存"命令，修改保存的格式，单击"保存"按钮。

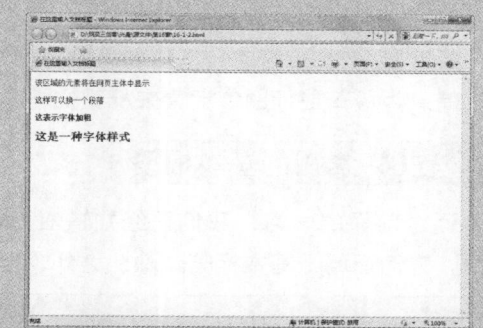

04 ▶ 打开保存的 HTML 页面，可以看到在文档中输入的代码具体的显示效果。

提问：为什么有些网页打开的速度很慢？

答：当使用浏览器打开网页时，浏览器读取网页中的 HTML 代码，分析其语法结构，然后根据解释的结果显示网页内容。正因如此，网页显示的速度和网页代码的质量有很大关系，所以保持精简和高效的 HTML 代码是十分重要的。

16.1.3 HTML 的标签形式

在查看 HTML 源代码或者编写网页时，经常遇到以下 3 种格式的 HTML 标签。

```
<tag_name>…</tag_name>
<tag_name [ [ attr_name[ =attr_value] ]…]
<tag_name>
```

第 1 种标签是成对的标签，也就是具有一个起始标签和一个结束标签的 HTML 标签，该类型标签在 HTML 代码中非常常见，例如 <p>…</p> 段落符和 <h2>…</h2> 一些字体样式等，这些都是这种成对的标签所书写的。

第 2 种是一种具有更强功能的带有属性的标签。这种形式最常见的标签是 <a>…</a>，平时所使用的超链接就是用这个标签来书写的，例如：

```
<a href="http://www.adobe.com.cn">http://
www.adobe.com.cn</a>
```

href 是超链接标签的属性之一，用于设置超链接所指向的 URL，在 "=" 后面的就是 href 属性的参数值。需要注意的是，引号中的网址 http://www.adobe.com.cn 才是 href 属性的参数值，而第 2 个网址 http://www. adobe.com.cn 是在浏览器中显示的文本。

最后一种是只有起始标签没有结束标签的 HTML 代码标签。这种形式的代码并不多见，较常见于其他的标签语言中。在 HTML 中能经常看到的可能就是
（换行）标签了，使用该标签的目的是对文本进行换行，但换行后的文本还是位于同一个段落中。在 Dreamweaver 中，可以按快捷键 Shift+Enter 插入
 标签。

16.2 常用的重要标签

标签是 HTML 语言最基本的单位，同时也是 HTML 网页文件的重要组成部分。标签通过指定信息为段落或标题等元素来标识文档中的内容。

16.2.1 常用的基本标签

通过前面的学习，我们已经知道 HTML 文件是由 <html>、<head> 和 <body>3 对标签组成的，它们都属于基本标签。除此之外，HTML 还包括另外的一些基本标签。

标签名称	标签解释
<title>…</title>	该标签出现在 <head> 与 </head> 标签之中，用于定义 HTML 文档的标题，在浏览器中将显示在窗口的标题栏上
<hr/>	该标签是水平线标签，用于在网页中插入一条水平分隔线
<!--…-->	注释标签，用于为 HTML 文档中的代码添加相应的说明或注释，以方便理解和修改。写法为 <!-- 这里是注释内容 -->，注释标签中的内容不会在浏览器中被显示出来

16.2.2　常用的文本标签

文本标签主要用来设置网页中的文字效果，例如文字的大小、文字的粗细等显示方式。文本标签也是写在 `<body>` 标签内部的。

标签名称	标签效果
`<h1>`…`</h1>` 到 `<h6>`…`</h6>`	这 6 个标签为文本的字符样式标签，`<h1>` 和 `</h1>` 标签是显示字号最大的字符样式，而 `<h6>` 和 `</h6>` 标签则是显示字号最小的字符样式
`<b>`…`</b>`	文本的加粗标签，用于需要显示加粗的文字
`<i>`…`</i>`	文本的斜体标签，用于需要显示为斜体的文字
`<em>`…`</em>`	文本强调标签，用于显示需要强调的文本
`<strong>`…`</strong>`	该标签用于显示加重的文本，即粗体的另一种表示方式
`<font>`…`</font>`	该标签用于设置文本的字体、字号和颜色，分别对应的属性为 face、size 和 color

文本标签在页面中虽然不起眼，但应用还是比较广泛的，它们主要是将一些比较重要的文本内容用醒目的方式显示出来，从而吸引浏览者的目光，让浏览者能够注意到这些重要的文字内容。

16.2.3　常用的图像标签属性

图像是网页中不可缺少的元素之一，在 HTML 中是使用 `<img>` 标签对图像进行各种处理，例如：

```
<img src="images/banner.jpg" />
```

图像标签具有一些常用的标签属性，属性的效果如下。

属性名称	属性效果
src	该属性在图像标签中一定要有，它用于设置图像的路径，设置路径后，网页中才能够显示出路径链接的图像
alt	该属性用于设置该图像的表示性文字
align	该属性用于设置图像与它周围文本的对齐方式，共有 4 个属性值，分别为 top、right、bottom 和 left
border	该属性用于设置图像边框的宽度，它的取值范围为大于或等于 0 的整数，以像素为单位
width	该属性用于设置图像的宽度
height	该属性用于设置图像的高度

16.2.4　常用的格式标签

格式标签主要用于对网页中的各种元素进行排版布局，格式标签放置在 HTML 文档中的

<body> 与 </body> 标签之间，通过格式标签可以定义文字段落、对齐方式等版式布局效果。

标签名称	标签效果
<p>…</p>	该标签用于定义一个段落，在该标签之间的文本将以段落的格式在浏览器中显示
 	该标签是强制换行标签
<center>…</center>	该标签是居中标签，可以使页面中的元素居中显示
<ol>…</ol> <ul>…</ul> <li>…</li>	<ol> 和 </ol> 标签是创建一个排序列表；<ul> 和 </ul> 标签是创建一个项目列表；<li> 和 </li> 标签是创建列表项，它只能放在 <ol></ol> 标签或 <ul></ul> 标签之间。
<dl>…</dl> <dt>…</dt> <dd>…</dd>	<dl> 和 </dl> 标签是创建一个普通的列表；<dt> 和 </dt> 标签是创建列表中的上层项目；<dd> 和 </dd> 标签则是创建列表中的下层项目。其中 <dt>…</dt> 标签和 <dd>…</dd> 标签必须在 <dl>…</dl> 标签中才可以使用

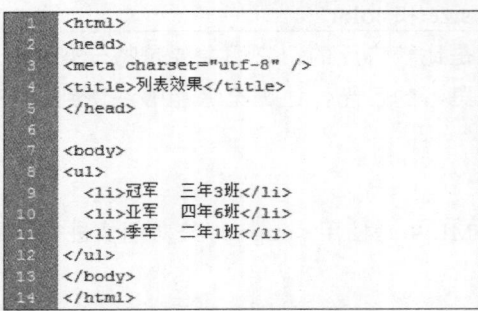
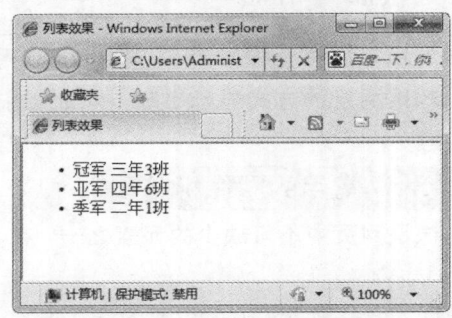

16.2.5　常用的表格标签

在 HTML 中，表格标签和标签属性主要是让用户制作表格并控制表格中的行数和列数以及表格的宽度和高度等。

标签名称	标签效果
<table>…</table>	该标签用于定义表格的区段
<caption>…</caption>	表格的标题标签，用于设置表格的标题
<th>…</th>	该标签用于定义表格的表头
<tr>…</tr>	该标签用于定义表格的行
<td>…</td>	该标签用于定义表格的单元格

表格常用的属性如下：

属性名称	属性效果
width	该属性用于设置表格的宽度

（续表）

属性名称	属性效果
height	该属性用于设置表格的高度
cellpadding	该属性用于设置表格中单元格边框与其内部内容之间的间距
cellspacing	该属性用于设置表格中单元格之间的间距
border	该属性用于设置表格的边框
align	该属性用于设置表格的水平对齐方式
bgcolor	该属性用于设置表格的背景颜色

➡ 实例 45+ 视频：制作表格效果

前面介绍了网页中的一些重要标签，下面将根据一些介绍的标签在网页中完成一个表格的制作。

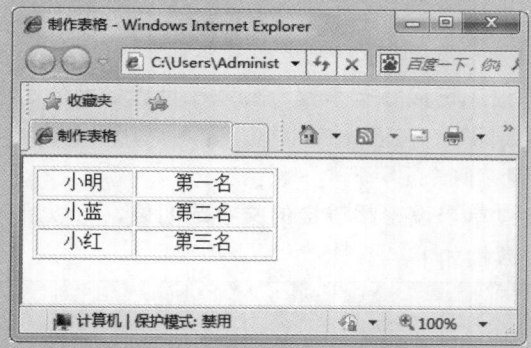

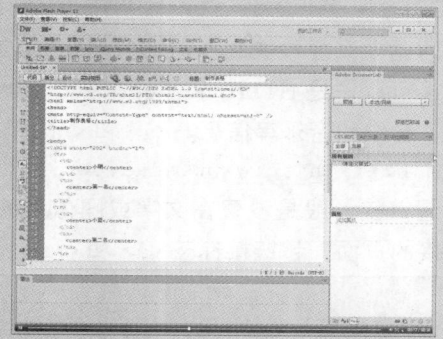

🏠 源文件：源文件 \ 第 16 章 \16-2-5.html

📡 操作视频：视频 \ 第 16 章 \16-2-5.swf

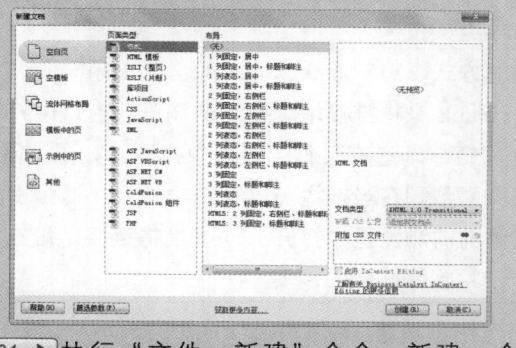

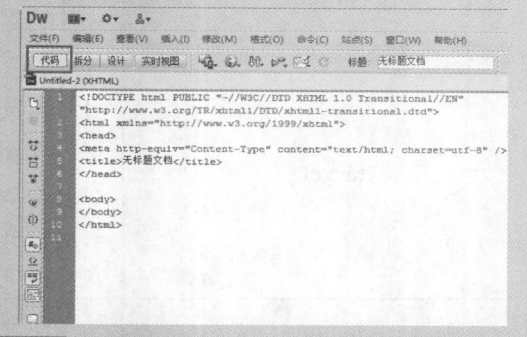

01 ▶ 执行"文件>新建"命令，新建一个空白的 HTML 文档。

02 ▶ 单击窗口左上角的"代码"按钮，将新建的空白文档调整为"代码"视图。

用户也可以通过在软件的"欢迎"界面中单击"新建"列表下的 HTML 选项来新建空白的 HTML 文档，或者按快捷键 Ctrl+N 来进行文档的新建操作。

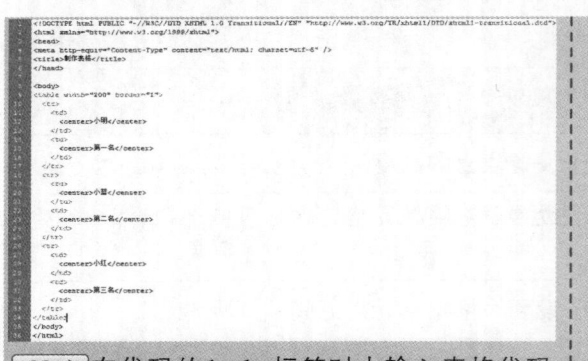

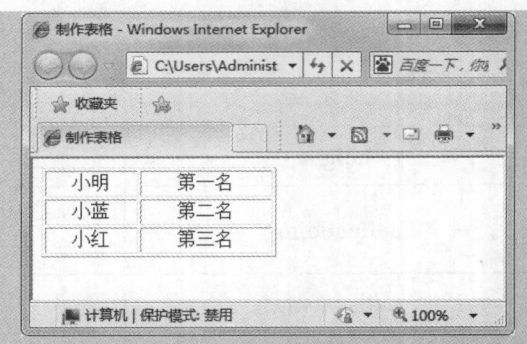

03 ▶ 在代码的 body 标签对中输入表格代码以及表格中的文字。

04 ▶ 将文件进行保存，将保存的 HTML 文件打开，可以看到制作的表格效果。

提问：表格标签的应用范围是什么？

答：在 HTML 中表格标签是开发人员常用的标签，它是表格网页布局的主要方法，同时也可以用于在网页中制作一些内容的框架等。

16.2.6 常用的超链接标签属性

网站中页面数量众多，通过超链接标签的链接功能，可以将站点内的各种元素结合在一起，超链接可以说是 HTML 文件的命脉，HTML 通过超链接标签来整合分散在世界各地的图像、文字、影像和音乐等信息。<a> 和 </a> 是超链接标签，其基本应用格式如下：

```
<a href="http://www.sina.com.cn">打开新浪网首页</a>
```

超链接一般是设置在文字或图像上的，通过单击设置超链接的文字或图像，可以跳转到所链接的页面，超链接标签 <a> 和 </a> 的主要属性如下：

属性名称	属性效果
href	该属性为超链接指定目标页面的地址，用户也可以设置一个空链接，即 href="#"
target	用于设置链接的方式，有 _blank、_parent、_self 和 _top 几个可选值。_blank 是将链接地址在新的浏览器窗口中打开；_parent 是将链接地址在父框架页面中打开，如果该网页并不是框架页面，则在当前浏览器窗口中打开；_self 是将链接地址在当前的浏览器中打开；_top 是将链接地址在浏览器中打开，并删除框架
name	该属性用于创建锚记链接

16.2.7 分区标签

在 HTML 文档中常用的分区标签有两个，分别是 <div> 标签和 <span> 标签。

其中 <div> 标签称为区域标签（又称为容器标签），用来作为多种 HTML 标签组合的容器，对该区域进行操作和设置，就完成对区域中元素的操作和设置。

在 <div> 标签中可以包含文字、图像、表格等，但需要注意的是，<div>
标签不能嵌套在 <p> 标签中使用。

通过使用 <div> 标签，能让网页代码具有很高的可扩展性，其基本应用格式如下：

```
<body>
    <div>这里是第一个区块的内容</div>
    <div>这里是第二个区块的内容</div>
</body>
```

<span> 标签用来作为片段文字、图像等简短内容的容器标签，其意义与 <div> 标签类似，但
是和 <div> 标签是不一样的，<span> 标签是文本级元素，默认情况下是不会占用整行的，可以在
一行时显示多个 <span> 标签。<span> 标签常用于段落、列表等项目中。

16.2.8 多媒体标签

多媒体标签用来显示图像、动画和声音等数据，通过多媒体标签，可以向页面添加视频
和音乐等内容，主要的标签有以下几种。

标签名称	标签效果
<video>…</video>	该标签用于在 HTML 页面中嵌入视频对象
<audio>…</audio>	该标签用于在 HTML 页面中嵌入背景音乐
<source>…</source>	该标签用于指定多媒体文件的路径

为了增加页面的多样性和趣味性，使用以上的标签可以使用户很方便地为
页面添加不同类型的多媒体文件。

实例 46+ 视频：在页面中添加视频

通过本节中的多媒体标签可以在页面中实现一些多媒体播放效果，下面将以实例的形式
向用户演示多媒体标签的使用方法和效果。

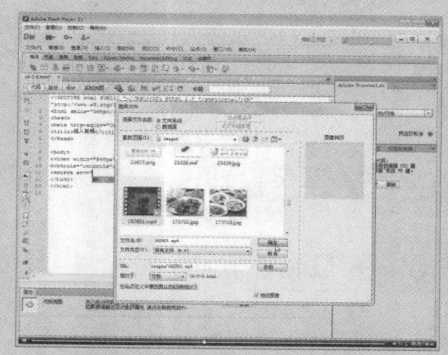

🏠 源文件：源文件 \ 第 16 章 \16-2-8. html

🔊 操作视频：视频 \ 第 16 章 \16-2-8. swf

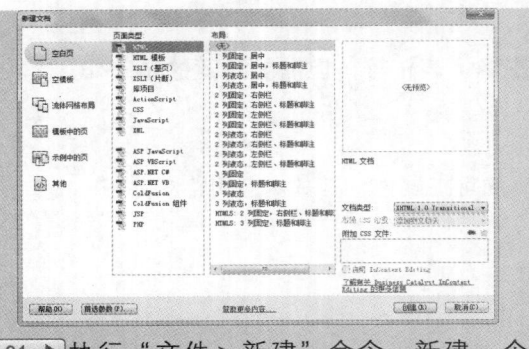

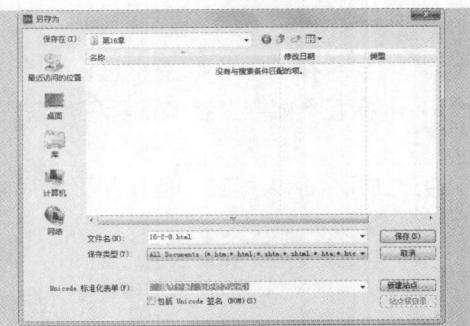

01 ▶ 执行"文件>新建"命令，新建一个空白的 HTML 文档。

02 ▶ 按快捷键 Ctrl+S 将文档保存为"源文件\16-2-8.html"。

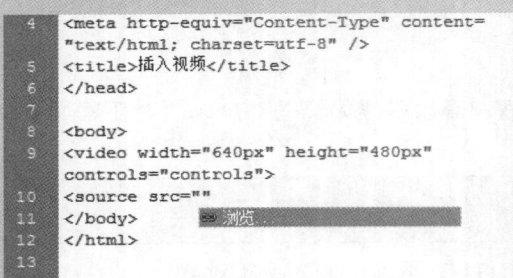

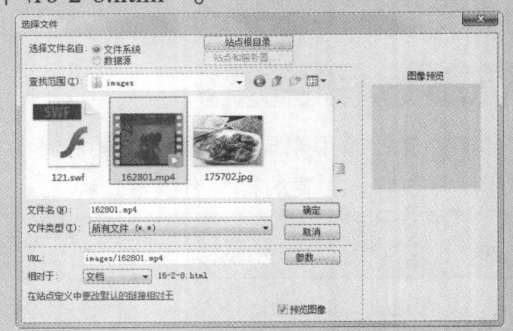

03 ▶ 在新建的 HTML 文档中输入代码，当输入 src 后将自动弹出"浏览"选项。

04 ▶ 单击"浏览"选项，将"素材\第16章\162801.mp4"文件打开。

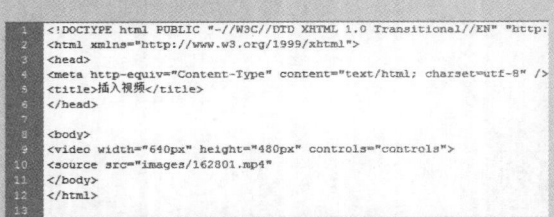

05 ▶ 导入影片后，将代码输入完整。

06 ▶ 执行"文件>保存"命令，按 F12 键测试页面效果。

提问：视频的宽高和代码中规定的视频宽高不一致会怎样？

答：在代码中输入的视频宽高数值与实际的视频宽高数值不一致时，视频就会发生扭曲变形等现象。如果用户不知道视频宽高，可以在代码中只定义一个高度或者宽度，这样视频就会根据用户定义的数值进行等比例放大或缩小。

16.3 在 Dreamweaver 中编写 HTML

在 Dreamweaver 中一共有 3 种视图模式，分别为"代码"视图、"拆分"视图以及"设计"视图模式，3 种视图都各自具有不同的显示效果。

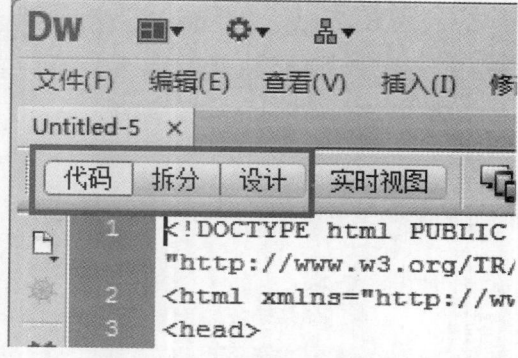

通过代码视图可以控制网页的源代码，在该视图中无法观察页面的显示效果；在拆分视图下，编辑窗口将被分割成左右两个部分，左侧显示代码部分，右侧显示网页的显示效果，使用该视图可以使用户在编辑代码时，随时观察网页的实时显示效果；由于 Dreamweaver 是可视化的网页编辑软件，所以设计视图也相对使用得比较多，通过设计视图可以看到网页效果，它和浏览器中所显示的效果基本一致。

➡ 实例 47+ 视频：在设计视图中制作网页

在代码视图中通过编写 HTML 代码的方式制作纯文本的网页还是比较简单的，如果涉及图像、表格、表单、多媒体等内容，那就需要设计者具有很强的 HTML 代码编写能力了，但如果通过 Dreamweaver CS6 中的设计视图，则可以轻松制作复杂的 HTML 页面。

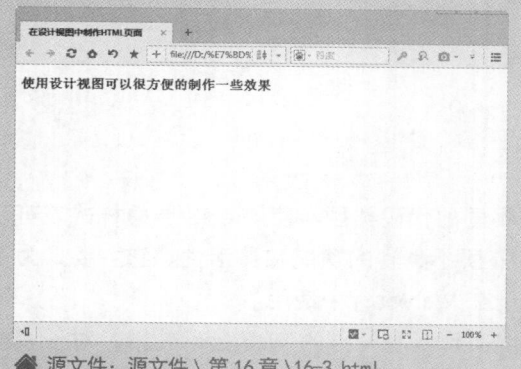

🏠 源文件：源文件 \ 第 16 章 \16-3. html

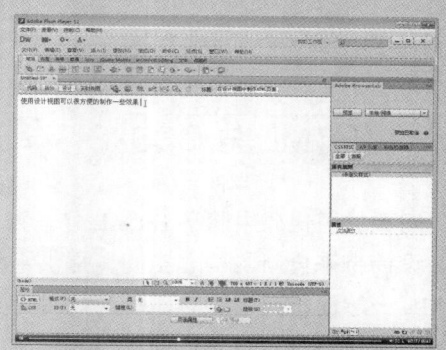

🔊 操作视频：视频 \ 第 16 章 \16-3. swf

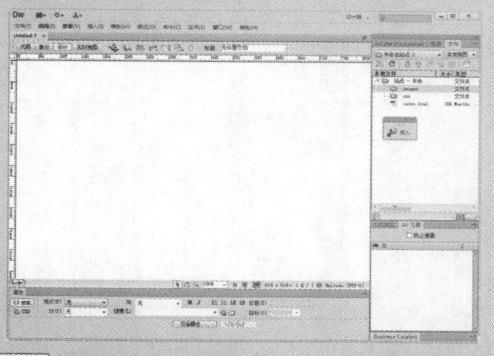

01 ▶ 新建一个 HTML 文档，在窗口的左上角单击设计视图按钮。

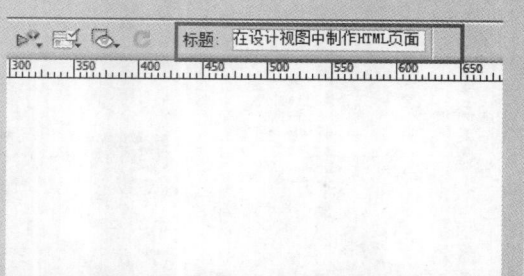

02 ▶ 在设计视图选项栏中的"标题"文本框中输入页面的标题。

提示　在设计视图中用户可以直接选择输入的文本，单击鼠标右键，在弹出的快捷菜单中选择"段落样式"命令，其中具有"样式 1"到"样式 6"6 个样式，这 6 个样式对应代码标签中的 h1 到 h6 这 6 个标签。

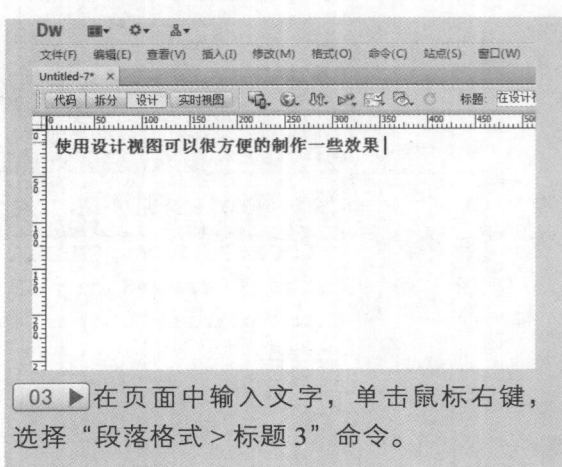

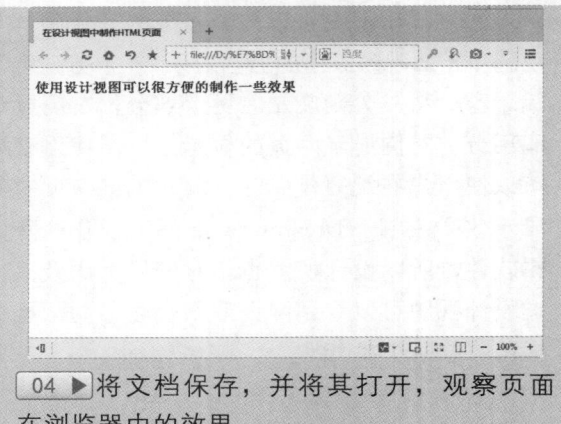

03 ▶ 在页面中输入文字，单击鼠标右键，选择"段落格式 > 标题 3"命令。

04 ▶ 将文档保存，并将其打开，观察页面在浏览器中的效果。

提 问

提问：如何在设计视图中插入图像？

答：用户可以通过执行"窗口 > 插入"命令，打开"插入"面板，在该面板中即可插入图像、表格和超链接等页面元素。

16.4 HTML 与 CSS

网页的源代码中除了 HTML 外，还有很多不同的代码类型。使用 CSS 层叠样式表可以为 Web 设计带来全新的构思空间，提供平面 HTML 所不具备的功能和灵活性。它主要是为了与 HTML 一起使用而设计的，所以 CSS 非常适合于在 Web 设计中使用。

CSS 语言具有足够的简单性和灵活性，可以实现所有常见的 Web 显示效果，对于以前使用 HTML 的所有用户，也应该熟悉 CSS 中的概念，可更有效地使用 CSS 语言。

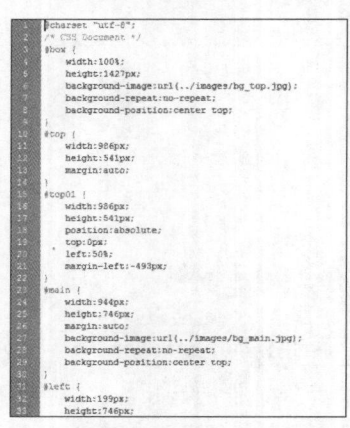

提 示

CSS 可以与几种不同的标记语言一起使用，这些标记语言包括 HTML 和基于 XML 的语言。

16.5　HTML 与 JavaScript

JavaScript 最早是由网景公司开发出来的一种跨平台、面向对象的脚本语言。最初这种脚本语言只能在网景公司的浏览器 Netscape 中使用，目前几乎所有的主流浏览器都支持 JavaScript。

使用 JavaScript 脚本语言可以在网页中加入一些精美的动态效果，可以让网页更具动态，更加吸引浏览者。

16.5.1　什么是 JavaScript

JavaScript 是被嵌入到 HTML 中的面向对象的脚本语言，其最大的特点是和 HTML 的结合，当 HTML 文档在浏览器中被打开时，JavaScript 代码也会被执行。

JavaScript 代码使用 HTML 标记 <script>…</script> 嵌入在 HTML 文档中。JavaScript 扩展了标准的 HTML，为 HTML 标记增加了事件，通过事件驱动来执行 JavaScript 代码。

在服务器端，JavaScript 代码可以作为单独的文件存在，但也必须通过在 HTML 文档中调用才能起作用。

16.5.2　JavaScript 的应用范围

JavaScript 脚本语言具有效率高、功能强等特点，可以完成许多工作。例如表单数据合法性验证、网页特效、交互式菜单、动态页面和数值计算等。因此在增加网站的交互功能，提高用户体验等方面获得了广泛的应用。

16.6　本章小结

HTML 语言是网页制作的基础，任何可视化软件在操作时都是修改 HTML 代码。在可视化环境中遇到无法修改的内容时，都必须转移到代码级的工作中。

本章重点介绍了 Dreamweaver 中有关 HTML 源代码控制的功能，使用户对 Dreamweaver 视图有一个全面的认识和了解。考虑到有些读者可能是刚刚学习制作网页，对 HTML 语言也不太熟悉，因此在本章开始还介绍了一些 HTML 语言的基础知识。

第 17 章　构造基本网站

要制作一个能够被公众浏览的网站，首先需要在本地磁盘上制作这个网站，然后把它上传到互联网的 Web 服务器上。放置在本地磁盘上的网站称为本地站点，处于互联网的 Web 服务器里的网站称为远程站点。Dreamweaver 提供了对本地站点和远程站点强大的管理功能。

本章知识点

- ☑ 了解站点的作用
- ☑ 掌握头部内容的设置方法
- ☑ 图形和文字的插入
- ☑ 认识超链接
- ☑ 掌握多媒体元素的插入方法

17.1　站点的新建

Dreamweaver 站点由 3 部分组成，但具体还是取决于开发环境和所开发的 Web 站点类型。

● **本地根文件夹**

存储用户正在处理的文件。Dreamweaver 将此文件夹称为"本地站点"。

● **远程文件夹**

存储一些用于测试、生产和协作等用途的文件。Dreamweaver 在"文件"面板中将此文件夹称为"远程站点"。

通过本地文件夹和远程文件夹的结合使用，用户可以轻松的地在本地硬盘和 Web 服务器之间传输文件，在本地文件夹中处理文件，希望其他人查看时，再将它们发布到远程文件夹。

● **测试服务器文件夹**

Dreamweaver 在其中处理动态页的文件夹。

17.1.1　在 Dreamweaver 中建立站点

无论是一位网页制作的新手，还是一位专业的网页设计师，都要从构建站点开始，理清网站结构的脉络。当然不同的网站有不同的结构，功能也不会相同，所以一切都应按照需求来组织站点的结构。

➡ 实例 48+ 视频：创建站点

下面将通过实例讲解如何创建站点。

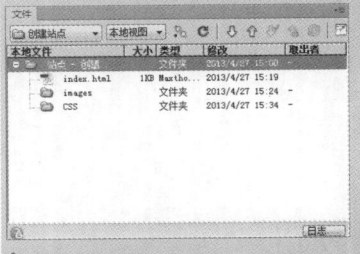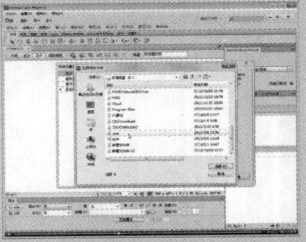

🏠 源文件：无　　　　　　　📶 操作视频：视频 \ 第 17 章 \17-1-1. swf

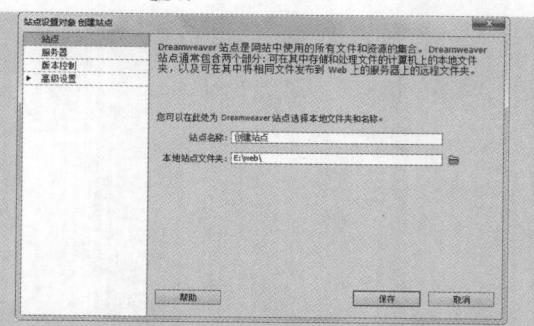
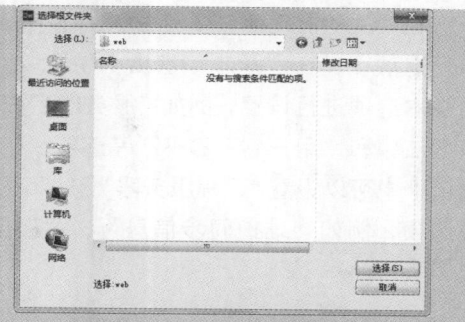

01 ▶执行"站点 > 新建站点"命令，在弹出的对话框中设置各项参数。

02 ▶单击"本地站点文件夹"后面的"浏览文件夹"按钮，选项站点的根目录。

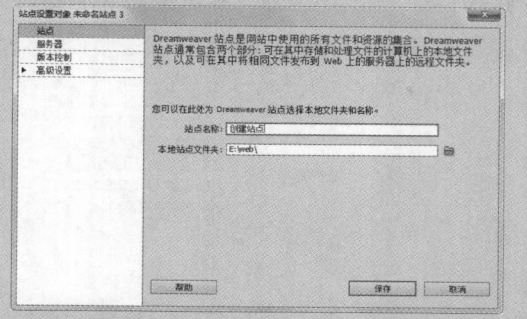
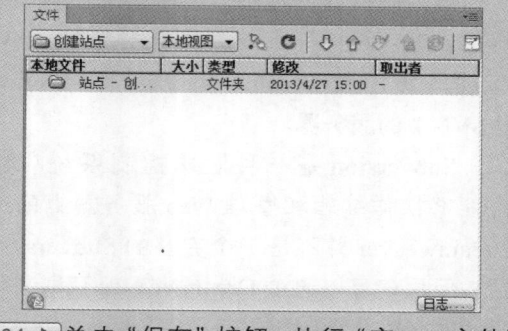

03 ▶单击"选择"按钮，完成根目录的选择。在"站点名称"文本框中输入名称。

04 ▶单击"保存"按钮，执行"窗口 > 文件"命令，可以看到新建的站点。

提问：还可以通过什么方法新建站点？

答：用户还可以执行"站点 > 管理站点"命令，在弹出的"管理站点"对话框中单击"新建站点"按钮，该命令同样可以弹出"站点设置对象"对话框。

17.1.2　设置服务器

如果用户需要使用 Dreamweaver 连接远程服务器，将站点中的文件通过 Dreamweaver 上传到远程服务器上，则在创建站点时需要在"站点设置对象"对话框中设置"服务器"选项卡中的相关选项。如果不用上传，则不需要设置该项。

在该选项中单击"添加新服务器"按钮 ，可以打开"服务器"对话框。

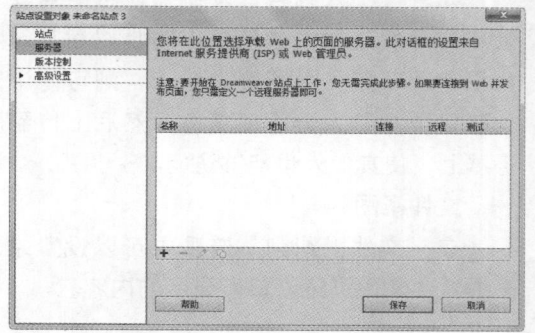
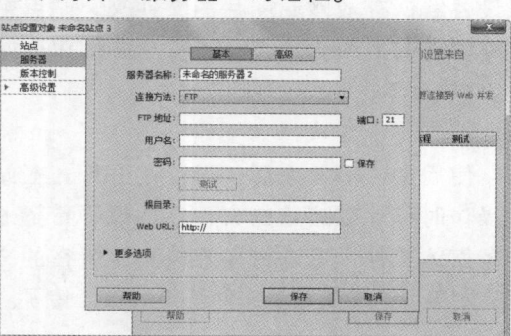

在"服务器"窗口中分为"基本"和"高级"两个选项卡，在"基本"选项卡中可以对服务器的基本选项进行设置，例如"服务器名称"、"连接方法"和"用户名\密码"等选项；在"高级"选项卡中可以设置"远程服务器"和"测试服务器"等选项，例如"维护同步信息"、"启用文件取出功能"等。

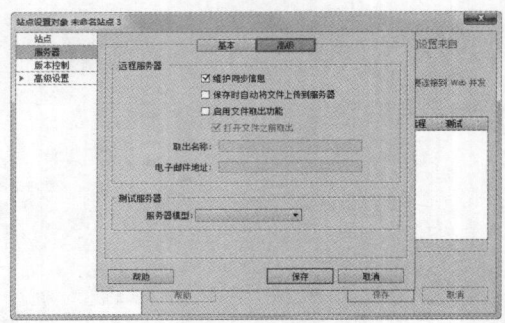

17.1.3 版本控制选项

在"站点设置对象"对话框中选择"版本控制"选项，可以切换到"版本控制"选项设置界面，在"访问"下拉列表框中选择 Subversion 选项，可以使 Dreamweaver 连接到 Subversion（SVN）的服务器。

Subversion 是一种版本控制系统，它使用户能够协作编辑和管理 Web 服务器上的文件。Dreamweaver 并不是一个完整的 Subversion 客户端，但用户可以通过 Dreamweaver 获取文件的最新版本，以及更改和提交文件。

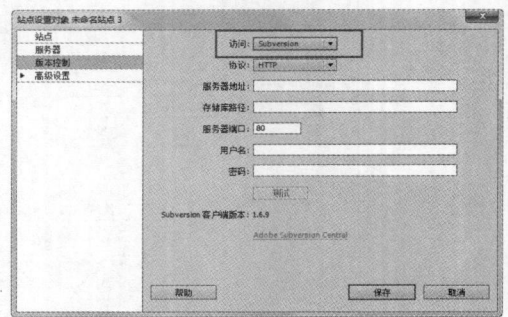

17.1.4 站点的高级设置

在前面已经介绍了如何通过"站点设置对象"对话框来创建一个本地的静态站点。如果在"站点设置对象"对话框中单击"高级设置"选项，即可展开站点的高级设置，在其中可以对站点的"遮盖"、"设计备注"、"Web 字体"等高级选项进行设置。

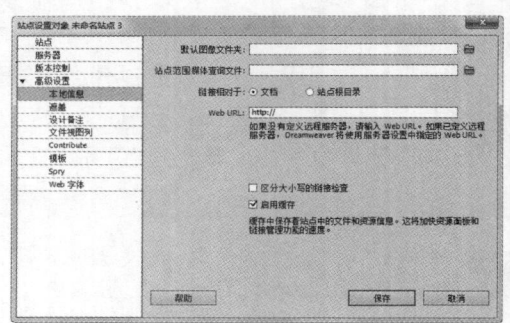

● **本地信息**

在"高级设置"选项中的"本地信息"选项中，可以对本地信息进行设置，例如可以设置默认存放网站图片的文件夹、站点中的媒体查询文件、站点的链接方式和 Web 站点的 URL 等。

● **遮盖**

使用文件遮盖之后，可以在进行一些站点操作时排除被遮盖的文件。如果不希望上传多媒体文件，可以将多媒体文件所在的文件夹遮盖，这样多媒体文件就不会被上传了。

● **设计备注**

通过"设计备注"选项可以对站点的设计备注进行设置。

如果一个人独自开发站点，可能需要记录一些开发过程中的信息，防止以后忘记。如果是团队成员共同开发站点，则可能记录一些需要与别人分享的信息，然后上传到服务器上，使其他人也能够访问。

● **文件视图列**

在"文件视图列"选项中可以设置站点管理器中文件浏览窗口所显示的内容。

● Contribute

Contribute 选项可以使用户更加容易地向网站发布内容。可以选择是否勾选"启用Contribute 兼容性"复选框，选中该复选框可使用户与 Contribute 用户之间的工作更有效率，该选项默认为不勾选。

● 模板

该选项是用来设置站点中的模板更新选项，其中只有一个选项"不改写文档相对路径"，选中该复选框，则在更新站点中的模板时，将不会改写文档的相对路径。

● Spry

该选项用来设置Spry 资源文件夹的位置，默认的站点 Spry 资源文件夹位于站点的根目录中，名称为SpryAssets，单击"资源文件夹"文本框后的"浏览"按钮，可以更改 Spry 资源文件夹的位置。

● Web 字体

该选项为 Dreamweaver 新增的功能，用于设置 Web 字体在站点中的保存位置，默认的站点 Web 字体文件夹位于站点的根目录中，名称为 webfonts。

17.2 创建网站基本页面

在 Dreamweaver 中创建了站点之后，就需要向站点内添加文件和文件夹，因为新建的站点本身是空的，不包括任何文件。首先需要向站点添加首页，首页是浏览者看到的网站的第一个页面，它是整个网站的开始，并且由它引出其他的子页面。

实例 49+ 视频：构建站点结构

在新建站点之后，用户可以通过"文件"面板在新建的站点中添加网站的页面以及网页中用于存放各种元素的文件夹。

源文件：无

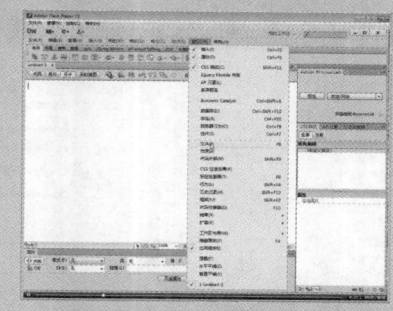

操作视频：视频 \ 第 17 章 \17-2. swf

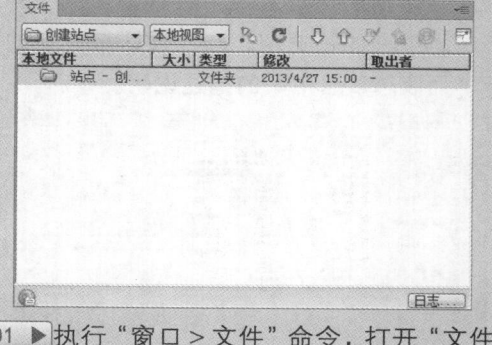

01 ▶ 执行"窗口 > 文件"命令，打开"文件"面板。

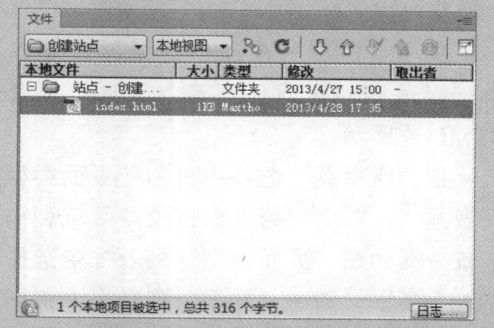

02 ▶ 单击鼠标右键，在弹出的快捷菜单中选择"新建文件"命令，并修改新建文件的名称。

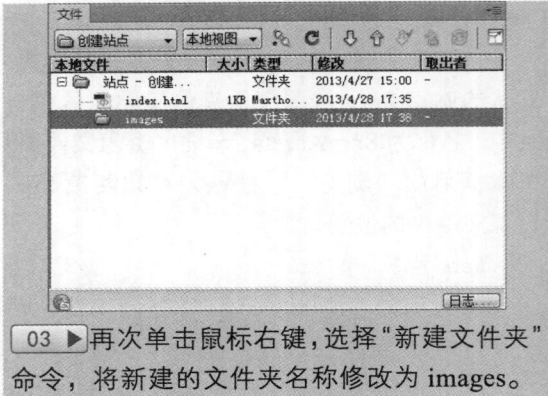

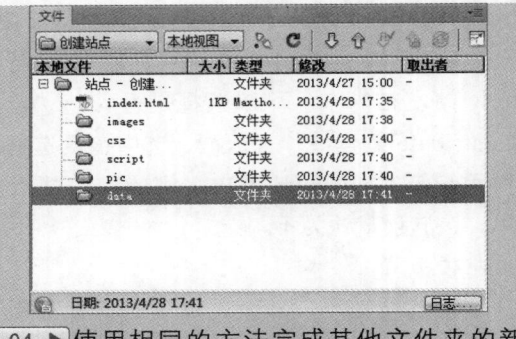

03 ▶再次单击鼠标右键,选择"新建文件夹"命令,将新建的文件夹名称修改为 images。

04 ▶使用相同的方法完成其他文件夹的新建,并保证这些文件夹都处于平级状态。

提问:站点中这些文件夹的用处是什么?

答:在站点中的文件夹是为了让制作网页时管理各种元素更加方便,例如 images 文件夹用于存放网页中所有的图片,css 文件夹用于存放网页中的 css 样式等。需要注意的是,站点中所有的文件夹以及元素都必须以英文命名。

17.2.1 新建页面

在 Dreamweaver 中,用户不仅可以新建空白的 HTML 网页页面,还可以创建多种网页相关文件。在 Dreamweaver 的欢迎界面中执行"文件 > 新建"命令,弹出的"新建文档"对话框中都提供了多种网页的创建方法及创建格式。

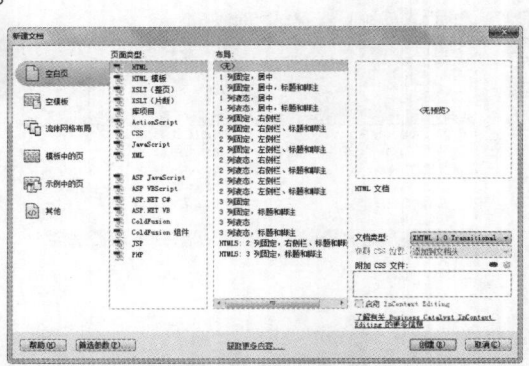

● 空白页

在"空白页"选项中可以新建基本的静态网页和动态网页,其中最常用的就是 HTML 选项。

在"空白页"选项中分为"页面类型"列表框、"布局"列表框、预览区域和描述区域。例如在"页面类型"列表框中选择了 HTML 类别,则在"布局"列表框中将列出 HTML 布局的所有选项。如果此时在"布局"列表框中选择的是"列液态,居中"选项,

则在对话框的预览区域中会自动生成"列液态,居中"的预览图,在描述区域会自动显示"列液态,居中"的描述说明。

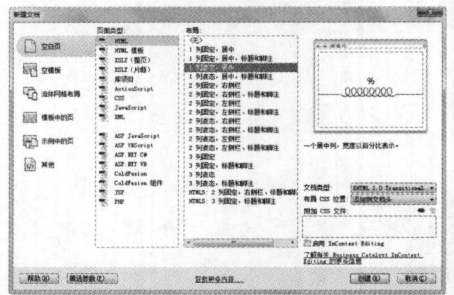

● 空模板

单击"空模板"选项卡，可以打开"空模板"的所有选项，使用这些选项可以新建静态和动态的网页模板，包括 ASP JavaScript 模板、ASP VBScript 模板、ASP.NET C# 模板、ASP.NET VB 模板、ColdFusion 模板、HTML 模板、JSP 模板和 PHP 模板。

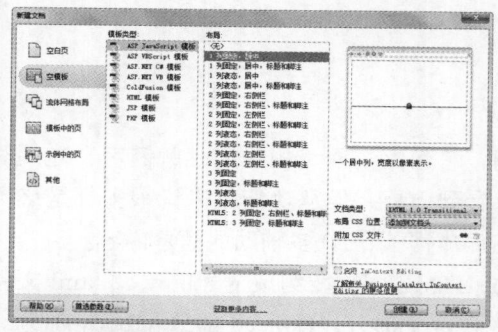

● 流体网格布局

该选项卡可以新建基于"移动设备"、"平板电脑"和"桌面电脑"3 种设备的流媒体网格。在使用流体网格生成 Web 页时，布局及其内容会自动适应用户的查看装置（无论台式机、平板电脑或智能手机）。"流体网格布局"选项中包含 3 种布局和排版规则预设，全都是基于单一的流体网格。

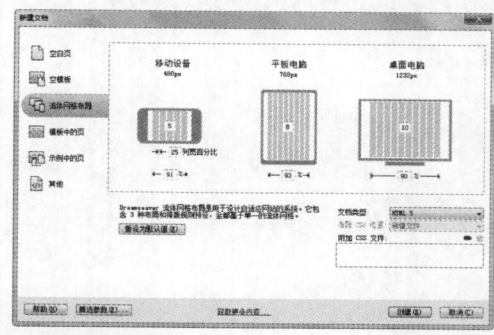

● 模板中的页

选择"模板中的页"选项卡，可以使用该选项卡中的选项创建基于各站点中的模板的相关页面，在"站点"列表框中可以选择需要创建基于模板页的站点，在"站点的模板"列表框中列出了所选站点中的所有模板页面。选择一个模板，单击"创建"按钮，即可创建基于该模板的页面。

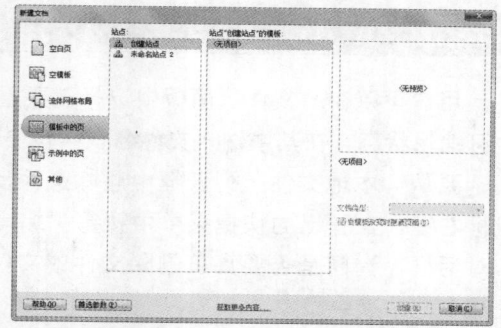

● 示例中的页

在"示例中的页"选项中包含两个示例文件夹，分别为"CSS 样式表"和"Mobile 起始页"。

如果选择"CSS 样式表"示例文件夹，则可以创建 CSS 样式表文件，Dreamweaver CS6 中列出了多种预先设计好的 CSS 样式表文件，读者可以根据需要从中进行选择。

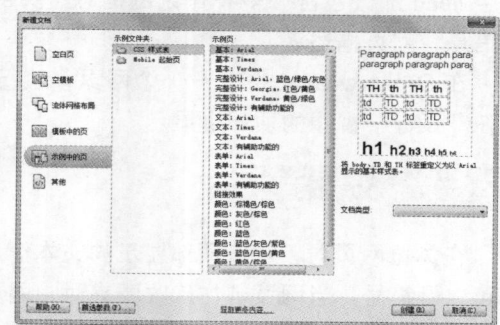

● 其他

在"其他"选项卡中可以新建各种网页相关文件，包括"ActionScript 远程"文件、"ActionScript 通信"文件、C# 文件、EDML 文件、Java 文件、SVG 文件、TLD 文件、VB 文件、VBScript 文件、WML 文件和"文本"文件。

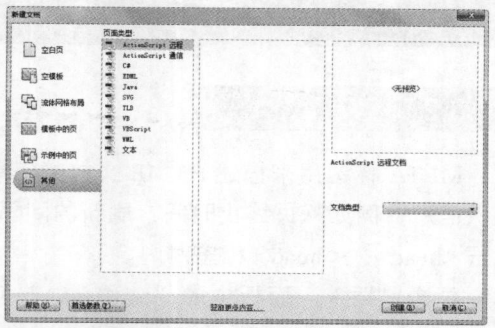

17.2.2 重命名和删除文件或文件夹

用户可以在"文件"面板中选择需要重命名的文件或文件夹，然后按 F2 键，文件名即变为可编辑状态，在其中输入文件名，再按 Enter 键确认即可。

要从"本地文件"列表框中删除文件，可以先选中需要删除的文件或文件夹，然后单击鼠标右键，在弹出的快捷菜单中执行"编辑 > 删除"命令或按 Delete 键，这时会弹出一个提示对话框，询问是否要真正删除文件或文件夹，单击"是"按钮确认后，即可将文件或文件夹从本地站点中删除。

17.3 设置页面头部信息

网页头部信息的设置属于页面总体设定的范围，它包括了网页的说明、关键字、过期时间等内容，虽然它们中的大多数不能直接在网页上看到效果，但从功能上来说很多都是必不可少的。头部信息是网页中必须添加的信息，它能够为网页添加许多辅助的信息内容。

每一个网页都离不开 HTML 语言代码，或者说 HTML 脚本所组成的 *.htm、*.html 文件本身就是网页文件。一个完整的 HTML 网页文件包含两个部分，即 head 部分和 body 部分。其中 head 部分包含许多不可见的信息（头部信息），例如语言编码、版权声明、关键字、作者信息、网页描述等。

在 Dreamweaver 中打开一个网页，执行"查看 > 文件头内容"命令，文件的头部信息就会在"设计"视图的顶部中显示。

17.3.1 文档标题

在浏览网页时，窗口顶部显示的文本信息就是网页的标题。网页标题可以是中文或英文，也可以是符号。当网页被加入收藏夹时，网页标题又作为网页的名称出现在收藏夹中。

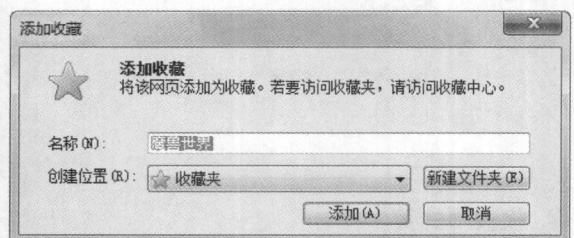

17.3.2 设置 META

META 标记用来描述 HTML 文档的信息，如编码、作者和版权等，也可以用来为服务器提供信息，例如网页终止时间、刷新的间隔等，它使用 meta 元素来完成此项工作，meta 元素位于 <head>…<\head> 标签对内。

单击"插入"面板中的"文件头"选项，在弹出的下拉列表中选择 META 选项，打开

META 对话框。在该对话框中输入相应的信息，然后单击"确定"按钮，即可在文件的头部添加相应的数据。

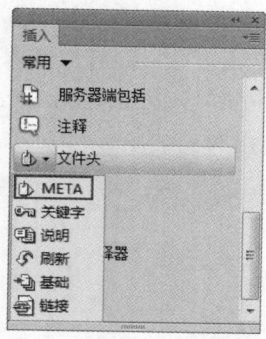 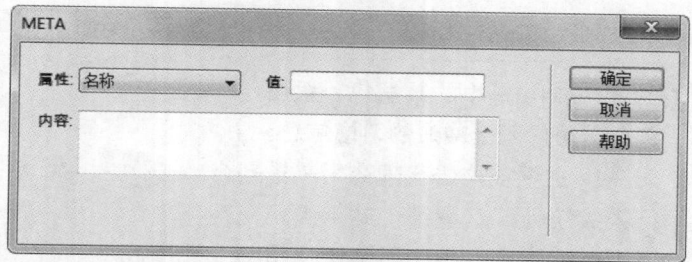

"属性"下拉列表框中分为 HTTP-equivalent 和"名称"两大选项，分别对应 HTTP-EQUIV 变量和 NAME 变量。NAME 属性主要用于描述网页，对应于网页内容，以便于搜索引擎机器人进行查找和分类。在"值"文本框中可以输入 HTTP-EQUIV 变量或 NAME 变量的值。在"内容"文本框中可以输入 HTTP-EQUIV 变量或 NAME 变量的内容。

● 设置网页文字编码

在 META 对话框的"属性"下拉列表框中选择 HTTP-equivalent 选项，在"值"文本框中输入 Content-Type，在"内容"文本框中输入 text\html;charset=gb2312，则设置文字编码为简体中文。

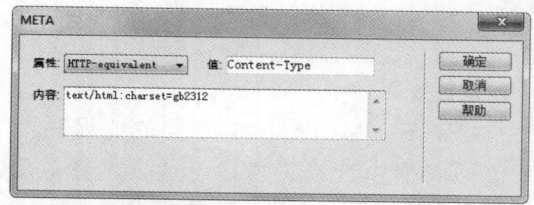

● 设置网页到期时间

在 META 对话框的"属性"下拉列表框中选择 HTTP-equivalent 选项，在"值"文本框中输入 expires，在"内容"文本框中输入 Wed,30 April 2013 08:00:00 GMT，则网页将在格林威治时间 2013 年 4 月 30 日 8 点过期，届时将无法脱机浏览这个网页，必须连接到互联网上重新浏览这个网页。

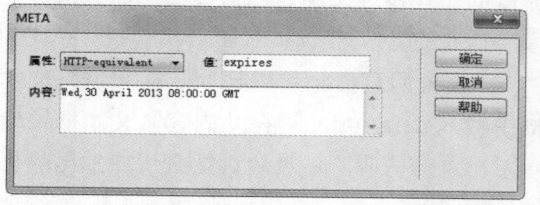

● 禁止浏览器从本地计算机的缓存中调阅页面内容

在 META 对话框的"属性"下拉列表框中选择 HTTP-equivalent 选项，在"值"文本框中输入 Pragma，在"内容"文本框中输入 no-cache，则禁止将此页面保存在访问者的缓存中。大多数情况下，当浏览器访问某个页面时，会将它保存在缓存中，下次再访问该页面时就可以从缓存中读取，以缩短访问该页的时间。当用户希望访问者每次访问时都刷新网页广告的图标或网页的计数器时，就要禁用缓存了。

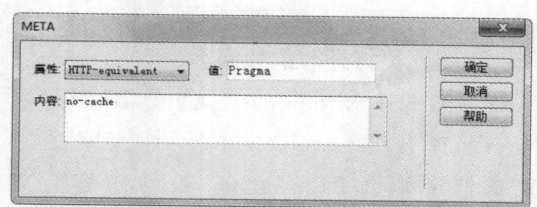

● 设置 cookie 过期

在 META 对话框的"属性"下拉列表框中选择 HTTP-equivalent 选项，在"值"文本框中输入 set-cookie，在"内容"文本框中输入 Wed,30 April 2013 09:00:00 GMT，则 cookie 将在格林威治时间 2013 年 4 月 30 日 9 点过期，并被自动删除。

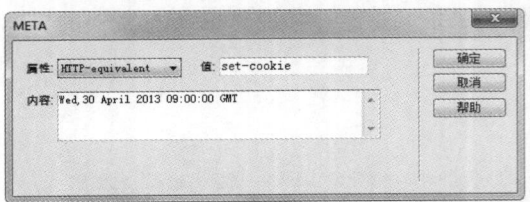

提示　cookie 是小的数据包，里面包含着用户网上冲浪的习惯信息。cookie 主要被广告代理商用来进行人数统计，查看某个站点吸引了哪类浏览者。一些网站还使用 cookie 来保存用户最近的账号信息。这样当用户进入某个站点，而该用户又在该站点有账号时，站点就会立刻知道此用户是谁，并自动载入这个用户的个人信息。

● **强制页面在当前窗口以独立页面显示**

在 META 对话框的"属性"下拉列表框中选择 HTTP-equivalent 选项，在"值"文本框中输入 Windows-target，在"内容"文本框中输入 _top，可以防止这个网页被显示在其他网页的框架结构里。

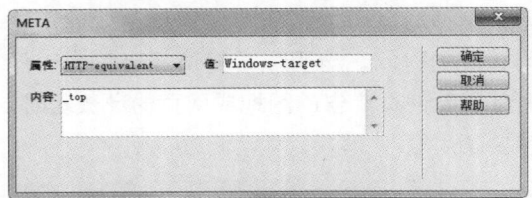

● **设置网页打开时的效果**

在 META 对话框的"属性"下拉列表框中选择 HTTP-equivalent 选项，在"值"文本框中输入 Page-Enter，在"内容"文本框中输入 revealTrans(duration=10,transition=20)，则可以设置网页打开时的效果。

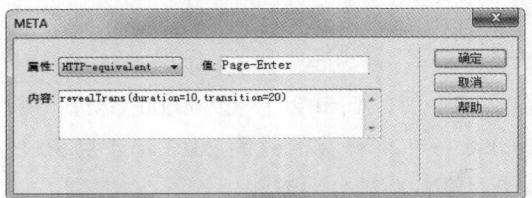

● **设置网页退出时的效果**

在 META 对话框的"属性"下拉列表框中选择 HTTP-equivalent 选项，在"值"文本框中输入 Page-Exit，在"内容"文本框中输入 revealTrans(duration=20,transition=10)，则可以设置网页退出时的效果。

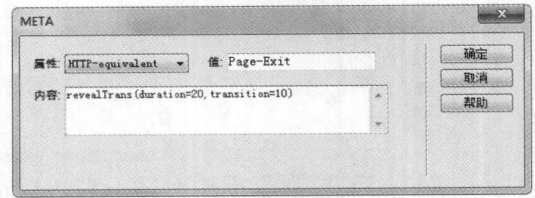

● **在指定时间内跳转到指定页面**

在 META 对话框的"属性"下拉列表中选择 HTTP-equivalent 选项，在"值"文本框中输入 Refresh，在"内容"文本框中输入如图所示的网址，可以在 3 秒钟后跳转到百度页面。

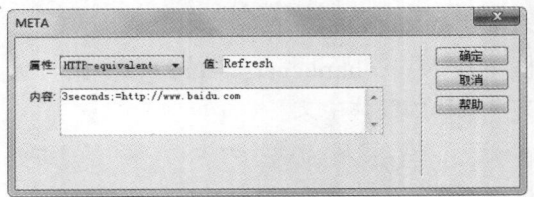

● **其他设置**

如果在"META"对话框的"属性"下拉列表框中选择"名称"选项，将对应 NAME 变量，此时会有以下常见设置。

● 设置网页的搜索引擎关键字。在"值"文本框中输入 Keywords，在"内容"文本框中输入网页的关键字，各关键字之间用逗号隔开。这是告诉搜索引擎放出的机器人，把"内容"文本框中填入的内容作为网页的关键字添加到搜索引擎中。许多搜索引擎都通过放出搜索机器人来登录网站，这些机器人就要用到 META 元素的一些特性来决定如何登录，如果网页上没有这些 META 元素，则不会被登录。

● 设置网页搜索引擎说明。在"值"文本框中输入 description，在"内容"文本框中输入对网页的说明。这是告诉搜索引擎放出的机器人，把"内容"文本框中填入的内容作为对网页的说明添加到搜索引擎。

● 告诉搜索机器人哪些页面需要索引，哪些页面不需要索引。在"值"文本框中输入 robots，在"内容"文本框中可以输入 all、index、noindex、follow、nofollow 或 none6个参数。其中 all 是默认值，用来告诉搜索机器人登录此网页，而且可以根据此页面的超链接进行检索；index 表示告诉搜索机器人登录此网页；noindex 表示不让搜索机器人登录此网页，但可以根据此页的超链接进行检索；follow 表示告诉搜索机器人根据此页的超链接进行检索；nofollow 表示不让搜索机器人根据此页的超链接进行检索，但可以登录此页面；

none 是既不让搜索机器人登录此网页，也不让搜索机器人根据此页面的超链接进行检索。

● 设置网页编辑器的说明。在"值"文本框中输入 Generator，然后在"内容"文本框中输入所用的网页编辑器，这是对使用的网页编辑器的说明。

● 设置网页作者说明。在"值"文本框中输入 Author，在"内容"文本框中输入"Web 星工场"，则说明这个网页的作者是 Web 星工场。

● 设置版权声明。在"值"文本框中输入 Copyright，在"内容"文本框中输入版权声明。

➡ 实例 50+ 视频：网页跳转效果

通过前面的介绍，相信用户已经初步掌握了 META 的使用方法，下面将通过实例的形式向用户介绍 META 具体的使用效果。

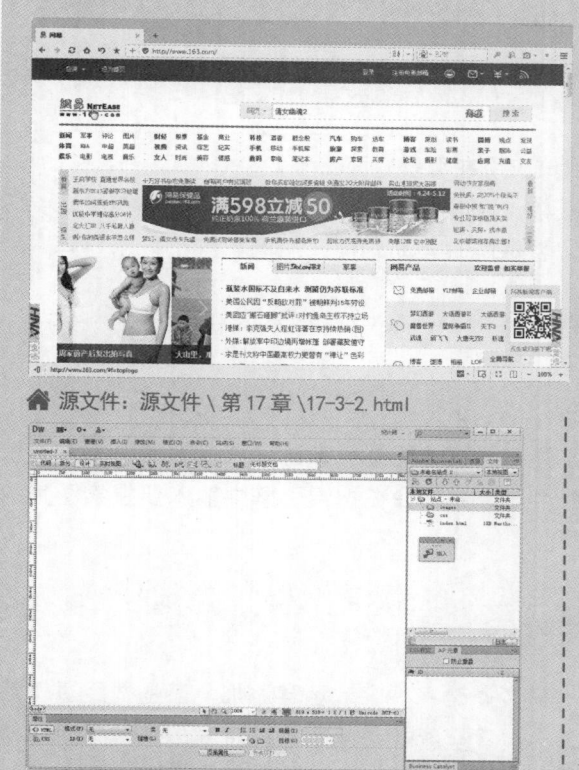

🏠 源文件：源文件 \ 第 17 章 \17-3-2.html

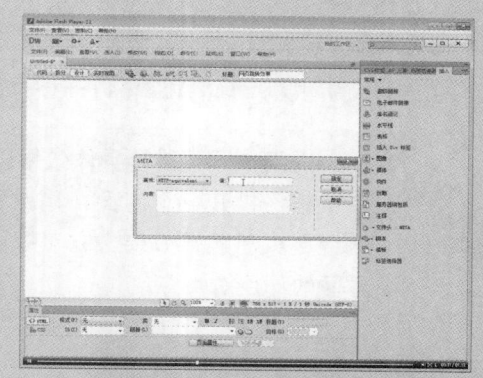

📶 操作视频：视频 \ 第 17 章 \17-3-2.swf

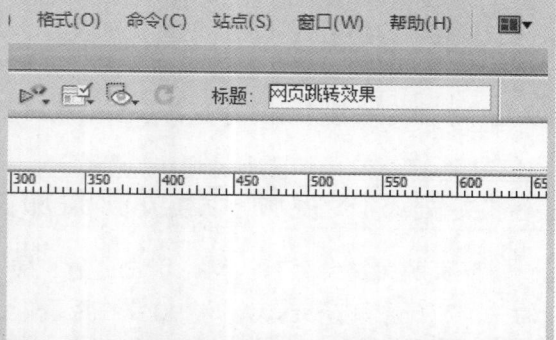

01 ▶ 新建一个 HTML 文档，单击"设计"视图按钮，切换到"设计"视图模式中。

02 ▶ 在"设计"视图的选项栏中的"标题"文本框中输入页面的标题。

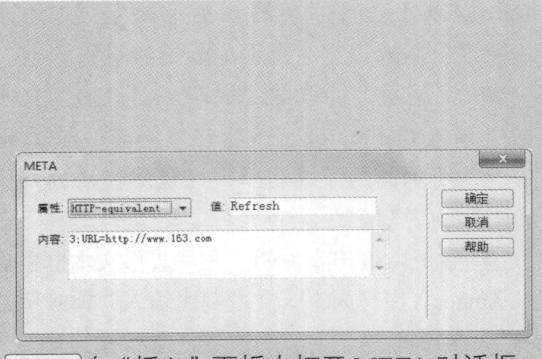

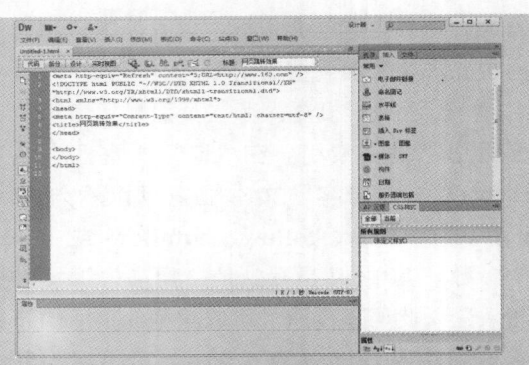

03 ▶ 在"插入"面板中打开 META 对话框，输入跳转的网页，单击"确定"按钮。

04 ▶ 单击软件窗口左上角弹出的跳转按钮，在"属性"面板中输入参数。

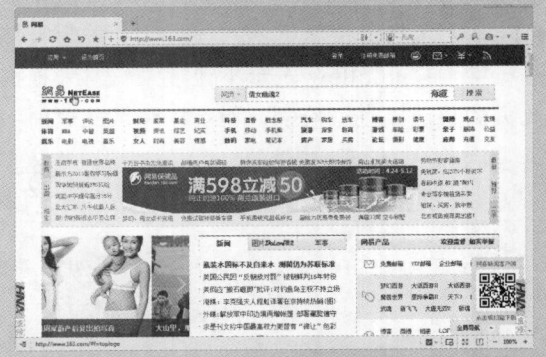

05 ▶ 按快捷键 Ctrl+S 将文档保存成名称为 17-3-2.html 的网站页面，并双击打开该页面。

06 ▶ 页面打开后，稍等片刻即可看到网站页面跳转后的效果。

提问：网页跳转具体效果以及应该应用在哪些方面？

答：打开一个网页，稍微等待几秒，此网页会自动跳转到另外一个链接，这就是页面跳转效果，它可以用到域名更换时自动转向，从而起到引导用户等方面的作用。

17.3.3　添加网页关键字

关键字的作用是协助互联网上的搜索引擎寻找网页。网站的来访者大多都是由搜索引擎引导来的。例如需要下载一张图片时，大多数用户首先都会在搜索引擎中输入要搜索图片的关键字，然后在搜索结果中选择想要下载的图片。

➡ 实例 51+ 视频：为页面添加关键字

网页的关键字关系到网站用户流量、转化率。关键字不能是随意添加，而是要经过慎重的关键字调查和研究，分析关键字在互联网上的搜索率。一个没有用户搜索的关键字，即使做的再好，也没有任何价值。所以对于网页关键字的选择是需要很慎重的。只有选择正确的关键字，才能使网站走到正确的大方向上。

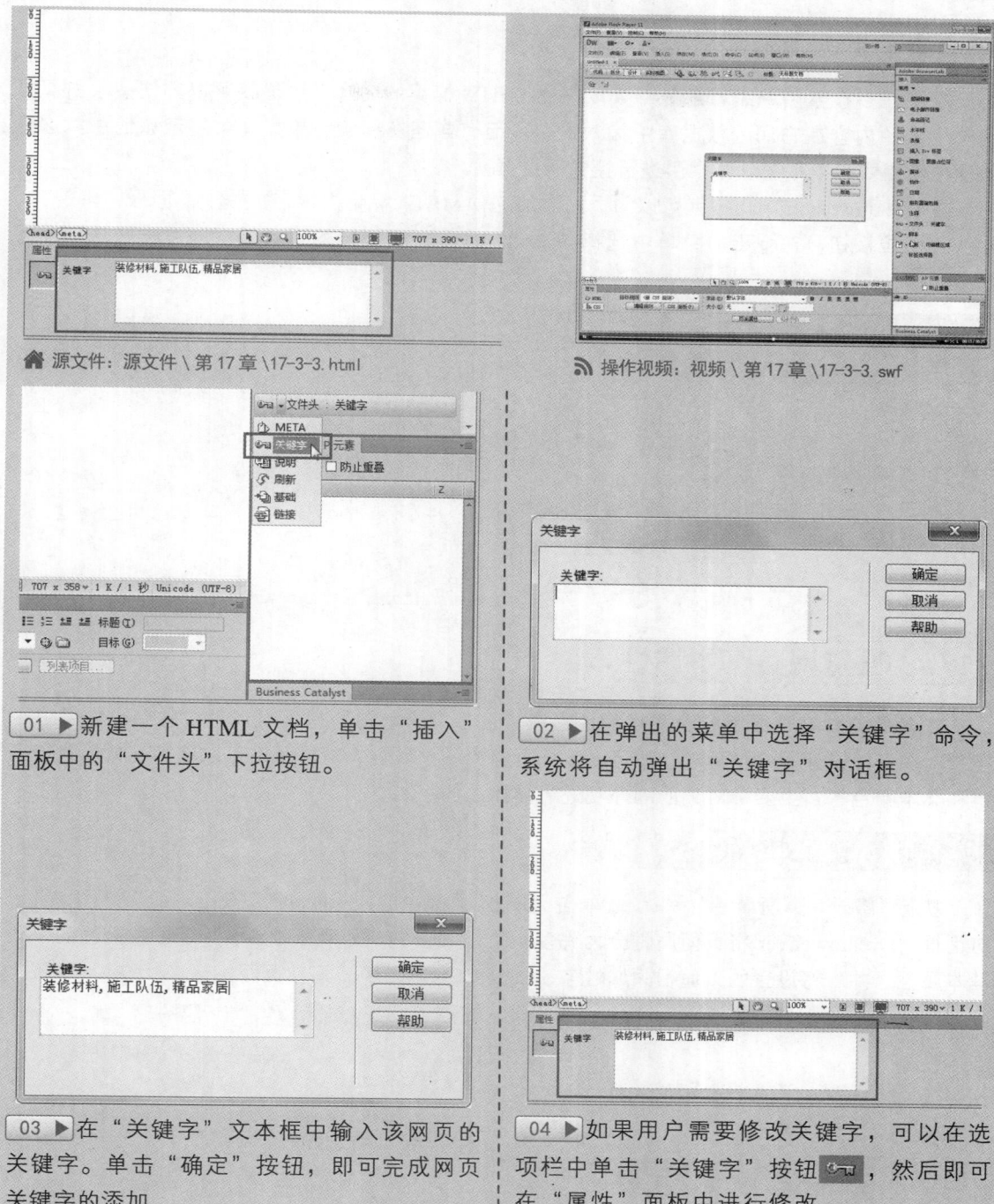

源文件：源文件 \ 第 17 章 \17-3-3. html

操作视频：视频 \ 第 17 章 \17-3-3. swf

01 ▶ 新建一个 HTML 文档，单击"插入"面板中的"文件头"下拉按钮。

02 ▶ 在弹出的菜单中选择"关键字"命令，系统将自动弹出"关键字"对话框。

03 ▶ 在"关键字"文本框中输入该网页的关键字。单击"确定"按钮，即可完成网页关键字的添加。

04 ▶ 如果用户需要修改关键字，可以在选项栏中单击"关键字"按钮，然后即可在"属性"面板中进行修改。

提问：关键字的输入有什么限制？

答：设置的关键字一定是要与该网站内容相贴切的内容，并且有些搜索引擎限制索引的关键字或字符的数目，当超过了限制的数目时，它将忽略所有的关键字，所以最好只使用几个精选的关键字。

17.3.4　向页面添加说明

目前许多搜索引擎装置都能够读取描述 META 标记的内容。这样就可以方便搜索引擎将这些标记的内容在它们的数据库中编入索引，而有些还在搜索结果页面中显示该信息。这样做让搜索引擎可以根据这些索引进行搜索网站页面。

在 Dreamweaver 中用户就可以为页面添加这种 META 标记内容，在"插入"面板中单击"文件头"下拉按钮，在弹出的菜单中选择"说明"命令，在弹出的对话框中即可进行这种标记内容的添加。

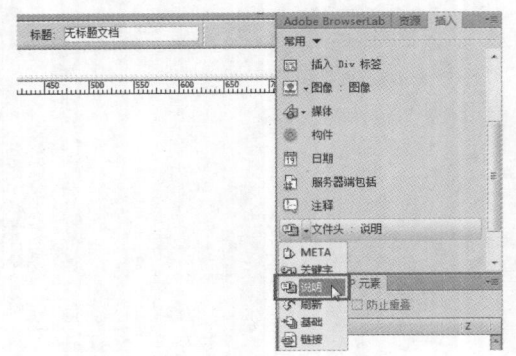
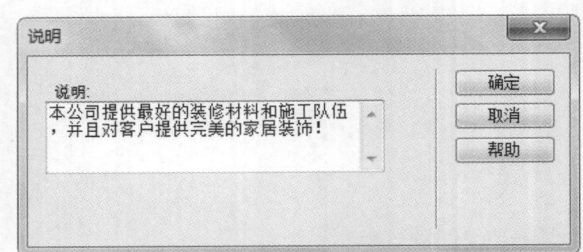

17.4　设置网页基本属性

大多数的网站页面都会有固定的色彩或者图像背景，这些特征可以通过网站页面属性来控制，在开始设计网站页面时，即可设置好页面的各种属性，网页属性可以控制网页的背景颜色和文本颜色等，主要针对页面的外观进行总体上的控制。

17.4.1　设置外观（CSS）

执行"修改 > 页面属性"命令，或单击"属性"面板中的"页面属性"按钮，打开"页面属性"对话框，Dreamweaver 将页面属性分为许多类别，其中的"外观（CSS）"是设置页面的一些基本属性，并且将设置的页面相关属性自动生成 CSS 样式表，写在页面头部。

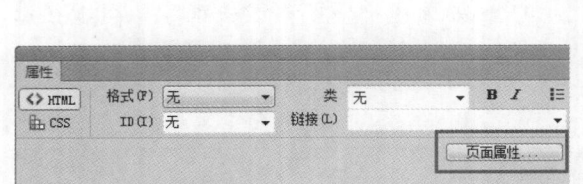
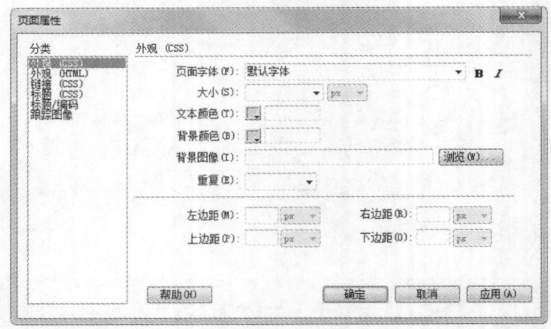

💡 **提示**　在设置页面背景图像时，需要注意为了避免出现问题，尽可能使用图像的相对路径，而不要使用绝对路径。

实例 52+ 视频：在设计视图中制作网页

在 Dreamweaver 中的设计视图中可以看到当前所编辑页面的效果，在该视图中可以使用各种工具，在窗口中可以直接进行插入文字和图像等操作，是"所见即所得"的可视化视图。

🏠 源文件：源文件 \ 第 17 章 \17-4-1.html

📶 操作视频：视频 \ 第 17 章 \17-4-1.swf

01 ▶ 执行"文件 > 打开"命令，将"素材 \ 第 17 章 \174101.html"文件打开。

02 ▶ 按 F12 键测试页面，预览页面在浏览器中的实际效果。

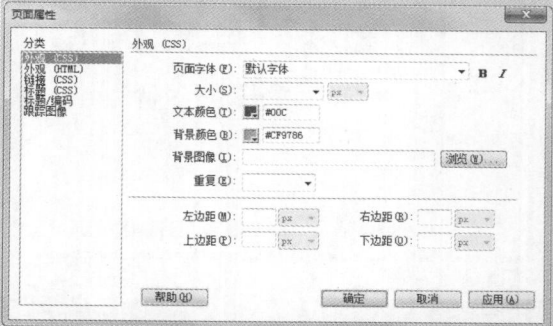

03 ▶ 执行"修改 > 页面属性"命令，在弹出的"页面属性"对话框中修改各项参数。

04 ▶ 单击"确定"按钮，再次按 F12 键进行测试。

提问：在 Dreamweaver 中颜色值怎么控制？

答：Dreamweaver 中采用的是 16 进制颜色值，在输入颜色值时一定要在颜色值的前面输入 # 字符，否则颜色值将无法正常显示。

17.4.2 设置外观（HTML）

在"页面属性"对话框左侧的"分类"列表中选择"外观（HTML）"选项，可以切换到"外观（HTML）"选项设置界面。该选项的设置与"外观（CSS）"的设置基本相同，唯一的区别是在"外观（HTML）"选项中设置的页面属性，将会自动在页面主体标签 <body> 中添加相应的属性设置代码，而不会自动生成 CSS 样式。

 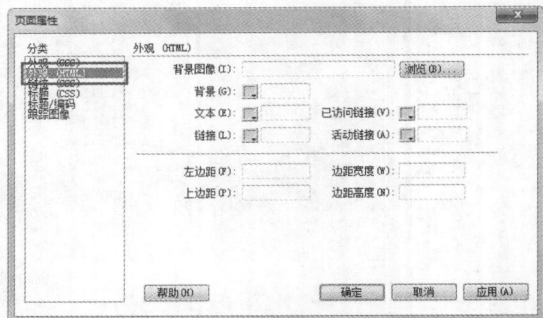

> 提示　由于在"外观（HTML）"选项设置界面中无法设置背景图片的平铺方式，因此背景图片将按照系统默认方式显示，即将背景图片进行横向和纵向的平铺显示效果。

17.4.3 设置链接（CSS）

在"页面属性"对话框左侧的"分类"列表中选择"链接（CSS）"选项，可以切换到"链接（CSS）"选项设置界面，用户可以通过该界面中的选项设置页面中链接文本的效果。

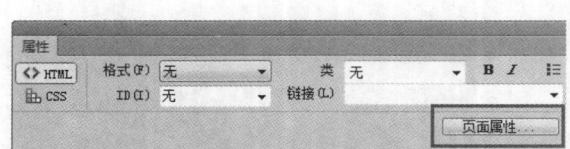 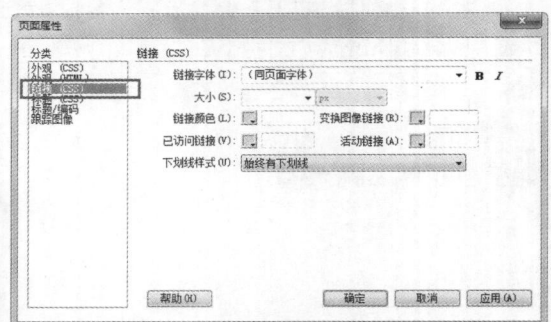

> 提示　在 Dreamweaver 的默认效果中，超链接文本为蓝色并带有下划线，单击时会变换为红色。

实例 53+ 视频：设置页面文字链接效果

通过设置页面链接，可以改变链接文本的字体、字号、字体颜色、鼠标经过颜色以及鼠标单击颜色等。

源文件：源文件 \ 第 17 章 \17-4-3.html

操作视频：视频 \ 第 17 章 \17-4-3.swf

01 ▶ 执行"文件 > 打开"命令，将"素材 \ 第 17 章 \174301.html"文件打开。

02 ▶ 按 F12 键测试页面，预览页面在浏览器中的实际效果。

03 ▶ 打开"页面属性"对话框，在该对话框中选择"链接（CSS）"选项并修改各项参数。

04 ▶ 按 F12 键测试页面，使用鼠标测试链接文字在不同状态下的各种效果。

提问：可以对链接进行局部的设置吗？

答：如果用户需要对网页中个别的链接进行独立设置颜色，而非设置全部的链接颜色，就需要使用 CSS 样式进行控制了，这将在后面的章节中进行单独讲解。

17.4.4　设置标题（CSS）

在"页面属性"对话框中的"标题（CSS）"选项中可以设置标题文字的相关属性，例如标题的字体、样式和颜色等属性。

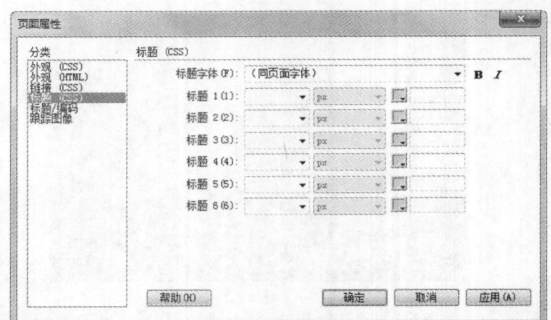

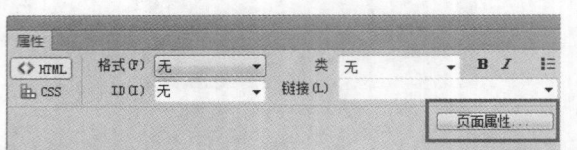

 与其他选项设置不同的是，该选项必须在选中文字内容的情况下进行设置，而其他属性系统会自动识别并添加相应的效果。

17.4.5 设置标题/编码

在"页面属性"对话框中的"标题/编码"选项中可以设置网页的标题、文字编码等元素，例如文档的标题内容、文档的类型、文档编码等。

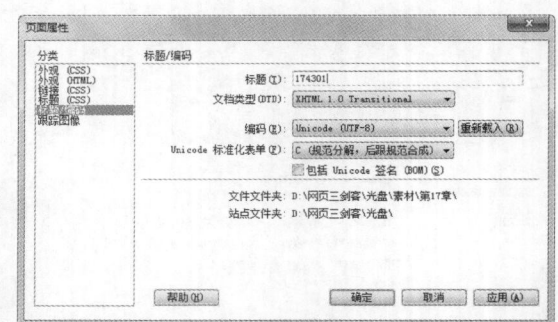

 因为标题对网页内容不会产生影响，所以经常会被网页的初学者忽略。其实不然，在浏览网页时，标题具有很重要的作用。例如在进行多个窗口切换时，它可以提示用户当前网页信息，当收藏网页时，也会把网页的标题列在收藏夹内。

17.5 插入图像和文字

图像和文字是网页设计最基础的部分，也是必不可少的部分，它们可以使页面更加丰满。文本作为最能表达网页主题的代表性要素，在网页制作中起着非常重要的作用。而图像则可以帮助网页设计者制作出更加华丽的网站页面。本节将带领用户对文字和图像的插入、编辑方法以及应用技巧进行学习，使读者可以在制作网站页面的过程中更加全面地应用图像和文字元素。

17.5.1　在网页中输入文字

在网页中，文本内容也可以说是最重要也是最基本的组成部分，在 Dreamweaver 中可以对网页中的文字和字符进行一些常规的处理。

实例 54+ 视频：贴入文本

用户可以直接使用输入法在网页编辑窗口中输入文本，这是最基本的输入方式，和一些文本编辑软件的使用方法相同。同时用户也可以从 Microsoft Word 和 Windows 记事本等软件中复制出文本，然后直接贴入 Dreamweaver 中。

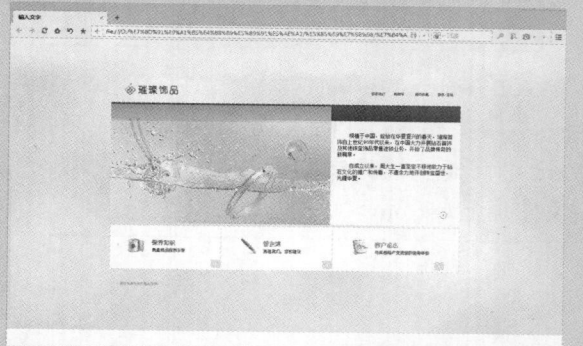

🏠 源文件：源文件 \ 第 17 章 \17-5-1.html

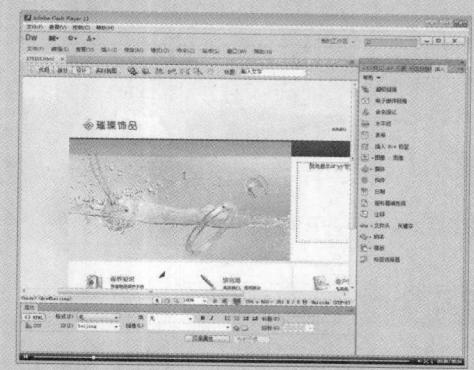

📡 操作视频：视频 \ 第 17 章 \17-5-1.swf

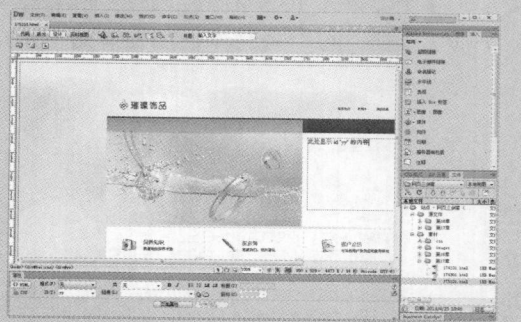

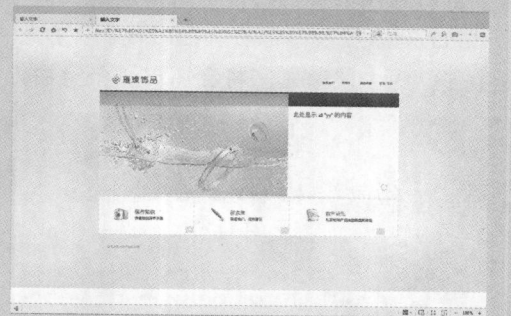

`01 ▶` 执行"文件 > 打开"命令，将"素材 / 第 17 章 \175101.html"文件打开。

`02 ▶` 按 F12 键测试页面，预览页面在浏览器中的实际效果。

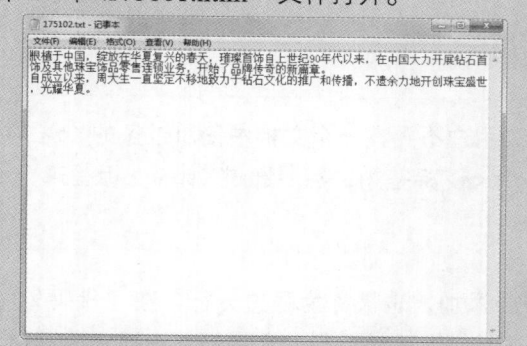

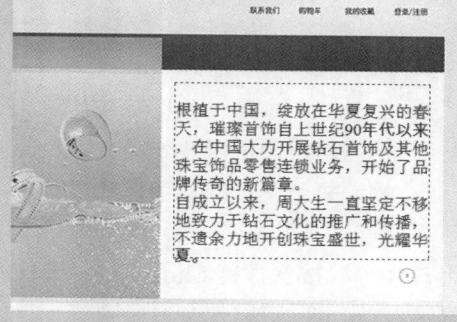

`03 ▶` 将"素材 \ 第 17 章 \175102.txt"文件打开，将文字全选并复制。

`04 ▶` 切换到 Dreamweaver 编辑窗口中，将文字复制到页面中。

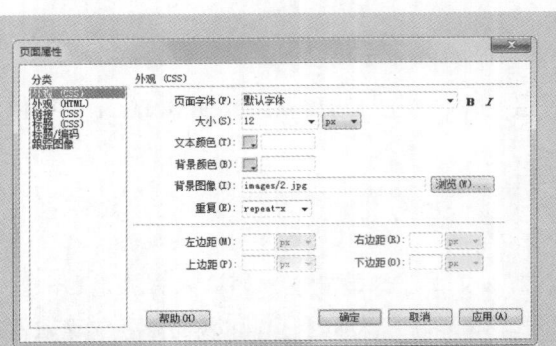

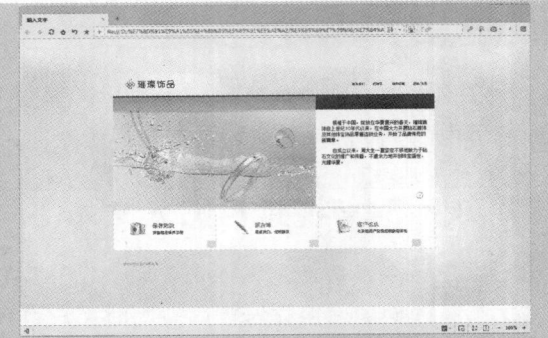

05 ▶ 在"页面属性"对话框中设置文字的字体以及大小。

06 ▶ 按 F12 键测试页面，观察页面完成的文字效果。

提问：复制具有样式的文字，贴入 Dreamweaver 中样式会消失吗？

答：如果用户复制的文字本身具有一些样式，在贴入 Dreamweaver 中后，这些样式仍然会保留。例如在 Word 中复制一段具有加粗效果的文字，贴入 Dreamweaver 中后，会自动为这些文字加上 <strong> 标签。

17.5.2 分行和分段

虽然 Dreamweaver 在遇到文本末尾时，会自动进行分行操作。但是在某些情况下，我们需要进行强制分行，将某些文本放到下一行去，此时在操作上读者可以有两种选择：按键盘上的 Enter 键添加段落标签，在"代码"视图中显示为 <P> 标签，可以将文本彻底划分到下一段落中去，两个段落之间将会留出一条空白行。

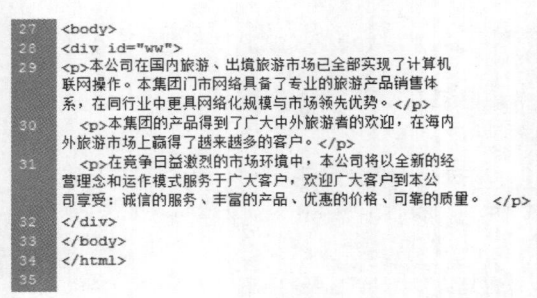

<p> 标签一定要成对出现，并且建议用户不要在一个文档中使用过多的 <p> 标签，用户可以将一段文字全部放入一个 <p> 标签中，然后通过 <span> 标签来控制每一区域的文字样式。

用户也可以按快捷键 Shift+Enter 进行换行符的添加，也被称为强迫分行，在"代码"视图中显示为
，可以使文本落到下一行去，在这种情况下被分行的文本仍然在同一段落中，中间也不会留出空白行。

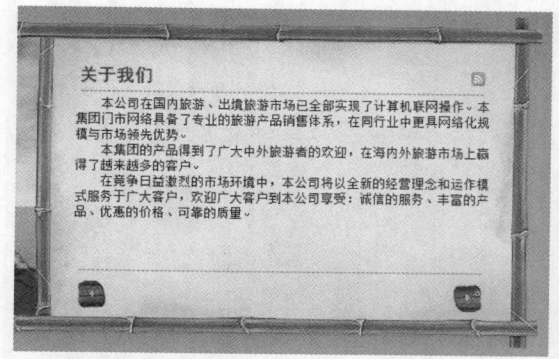

```
27   <body>
28   <div id="ww">
29          本公司在国内旅游、出境旅游市场已全部实现了计算机联网操作。本
     集团门市网络具备了专业的旅游产品销售体系，在同行业中更具网络
     化规模与市场领先优势。<br />
30          本集团的产品得到了广大中外旅游者的欢迎，在海内外旅游市场上
     赢得了越来越多的客户。<br />
31          在竞争日益激烈的市场环境中，本公司将以全新的经营理念和运作
     模式服务于广大客户，欢迎广大客户到本公司享受：诚信的服务、丰富
     的产品、优惠的价格、可靠的质量。</div>
32   </body>
33   </html>
```

> 提示

这两种操作看似很简单，不容易被重视，但实际情况恰恰相反，很多文本样式是应用在段落中的，如果之前没有把段落与行划分好，再修改起来便会很麻烦。

17.5.3　插入特殊字符

在 Dreamweaver 中可以插入注册商标、版权符号和商标符号等特殊字符。特殊字符在 HTML 中是以名称或数字的形式表示的。

首先将光标移至需要插入特殊字符的位置，然后在"插入"面板的"常用"列表中"文本"选项下单击"字符"下拉按钮，在打开的下拉列表框中可以选择需要插入的特殊字符。选择"其他字符"选项，在弹出的"插入其他字符"对话框中可以选择更多特殊字符。

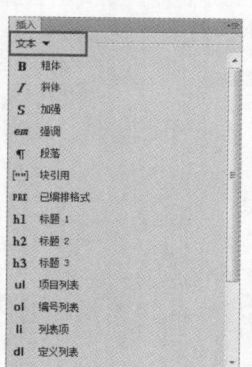
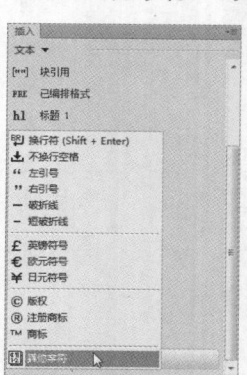
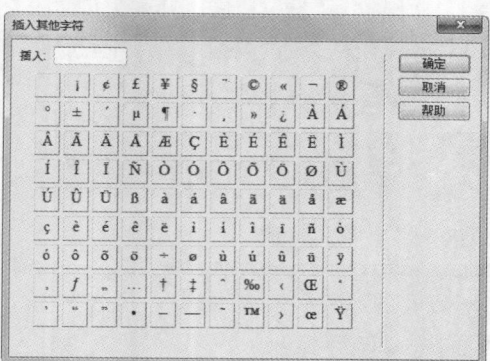

17.5.4　插入时间

在对网页进行了更新后，一般都会加上更新日期，而且通过设置，可以使网页每次保存时都能自动更新日期。

➡ 实例 55+ 视频：在页面上插入时间

在制作网页时，如果是多名成员同时处理，为了知道当前页面的修改和制作时间，可以在页面中插入时间，该时间为静态时间，目的是记录每次页面编辑的日期。如果用户需要添加动态的时间，需要通过 JavaScript 脚本语言来控制，这将在后面的章节中向用户介绍。

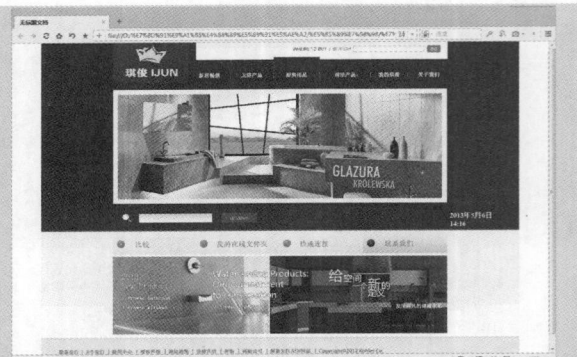

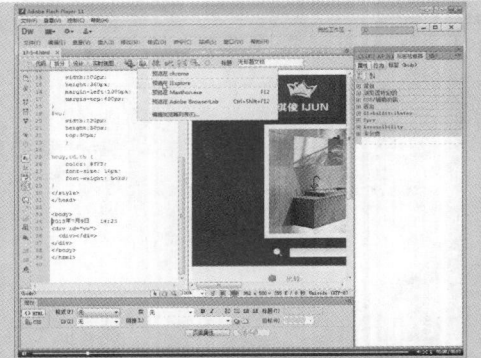

🏠 源文件：源文件 \ 第 17 章 \17-5-4. html

🔊 操作视频：视频 \ 第 17 章 \17-5-4. swf

01 ▶ 执行"文件 > 打开"命令，将"素材 第 17 章 \175401.html"文件打开。

02 ▶ 按 F12 键测试页面，预览页面在浏览器中的实际效果。

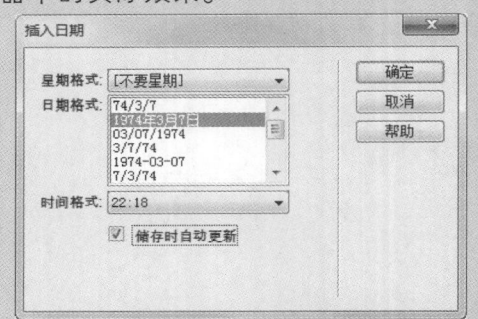

03 ▶ 切换到"设计"视图中，将光标插入到页面中的 div 标签中。

04 ▶ 在"插入"面板中的"常用"选项列表中单击"日期"选项。

05 ▶ 单击"确定"按钮，时间将自动插入到光标所在的位置，调整字体的颜色和粗细。

06 ▶ 按 F12 键测试页面，观察页面完成的文字效果。

提问：为什么没有显示星期？

答：因为星期格式对中文的支持并不是很好，所以一般情况下都选择"不要星期"选项，这样在插入日期时将不显示当前的星期。

17.5.5　文字列表样式

在 Dreamweaver 中有两种列表，分别为有序列表和无序列表。在"设计"视图中输入文本后，选中段落文本，单击"属性"面板中的"项目列表"按钮，即可插入无序列表。选中段落文本后，单击"属性"面板中的"编号列表"按钮，即可插入有序列表。

在"设计"视图中选择任意一种列表，执行"格式 > 列表 > 属性"命令，弹出"列表属性"对话框，在该对话框中可以对列表进行更深入的设置。

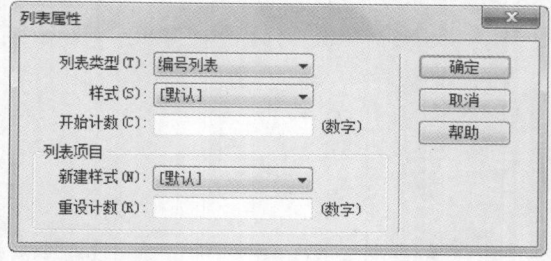
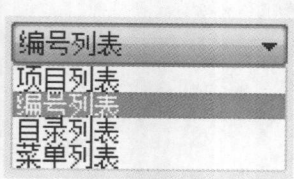
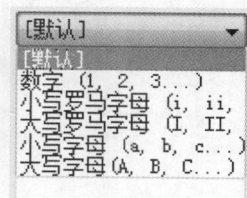

17.5.6　网页图像格式

在网站页面的制作中常用的图片格式有 GIF、JPEG 和 PNG 三种，其中 PNG 文件具有较大的灵活性且文件比较小，但是只有部分较高版本的浏览器才支持这种图像格式，而且也不能对 PNG 图像很好地支持。而 GIF 和 JPEG 文本格式的支持情况是最好的，基本所有的浏览器都可以支持。因此，在制作 Web 页面时，一般情况下都使用 GIF 和 JPEG 格式的图像。

17.5.7　插入图像

在 Dreamweaver 中，可以直接插入图像，也可以将图像作为页面的背景。另外，如果需要创建图像交叠的效果，可以把图像插到 AP Div 中。想在制作网页的过程中直接修改图像，可以调出外部图像编辑器。

实例 56+ 视频：在页面中添加图像

　　在网页中插入图像可以有效地提高网页的观赏性，并且可以反映出网站的主题，下面将通过实例的形式向用户介绍一下如何在网页中插入图像。

　　源文件：源文件 \ 第 17 章 \17-5-7. html

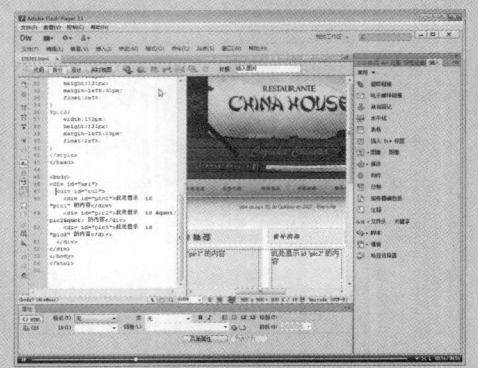

　　操作视频：视频 \ 第 17 章 \17-5-7. swf

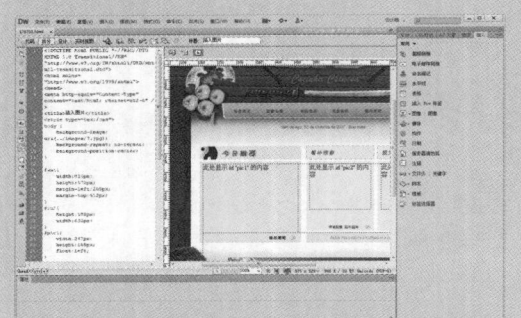

01 ▶执行"文件 > 打开"命令，将"素材 \ 第 17 章 \175701.html"文件打开。

02 ▶按 F12 键测试页面，预览页面在浏览器中的实际效果。

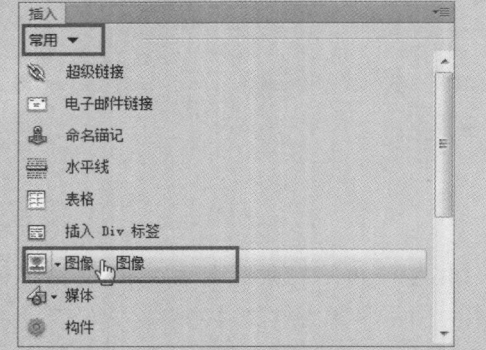

03 ▶选择第一个 div 标签，删除多余的文字，单击"插入"面板中的"图像"按钮。

04 ▶在弹出的对话框中选择"素材 \ 第 17 章 \images\175702.jpg"图像文件。

提示

　　在单击"确定"按钮后，会自动弹出"图像标签辅助功能属性"对话框，该对话框的"替换文本"下拉列表框中可以输入简短的替换文本内容。也可以在"详细说明"文本框中输入该图像详细说明文件的地址。

05 ▶ 单击"确定"按钮，即可将图像插入到文档的页面中。

06 ▶ 使用相同的方法完成其他图像的插入，按 F12 键测试页面。

提问：图像应存放在什么位置？

答：在网页中插入图像时，所有的图像都应该存放在站点根目录中的任意一个文件夹中。如果所选择的图像文件不在本地站点的根目录下，就会弹出提示对话框，提示用户复制图像文件到本地站点的根目录中。

17.6 插入超链接

　　超链接是网页中最重要、最根本的元素之一，网站中的每一个网页都是通过超链接的形式关联在一起的。如果页面之间彼此是独立的，那么这样的网站是无法正常运行的。

17.6.1 文字超链接

　　文字链接即以文字作为媒介的链接，它是网页中最常被使用的链接方式，具有体积小、制作简单和便于维护的特点。

➡ **实例 57+ 视频：创建文字超链接**

　　建立一个文字超链接的方法非常简单，首先选中要建立成超链接的文本，然后在"属性"面板的"链接"文本框中输入要跳转到的目标网页的路径及名称即可。

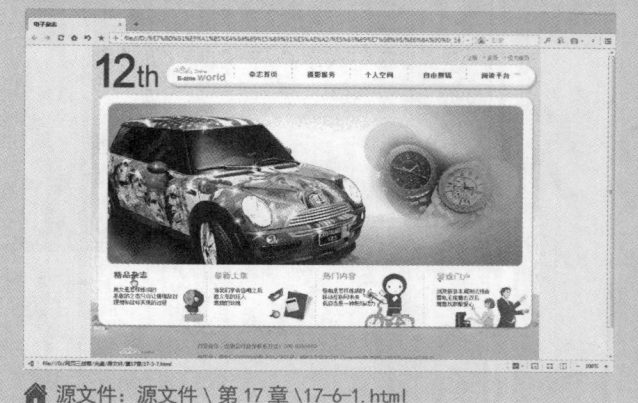

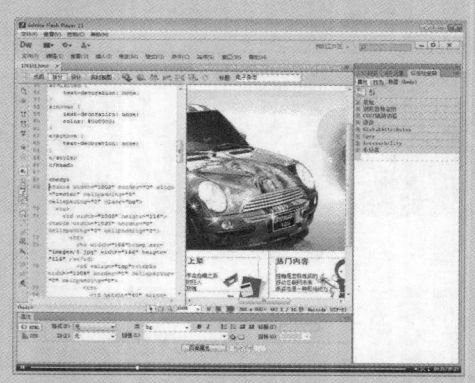

🏠 源文件：源文件 \ 第 17 章 \17-6-1.html

📡 操作视频：视频 \ 第 17 章 \17-6-1.swf

01 ▶ 执行"文件 > 打开"命令,将"素材\第17章\176101.html"文件打开。

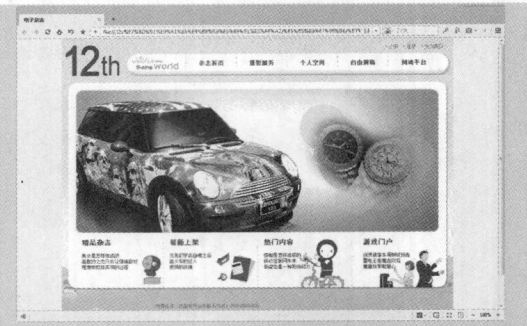

02 ▶ 按 F12 键测试页面,预览页面在浏览器中的实际效果。

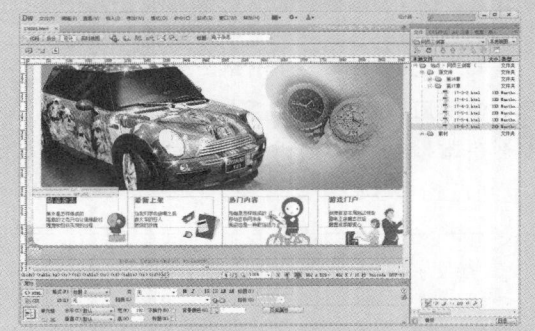

03 ▶ 选中页面中的"精品杂志"文字,在"属性"面板中即可出现"链接"选项。打开"文件"面板并展开"源文件"列表。

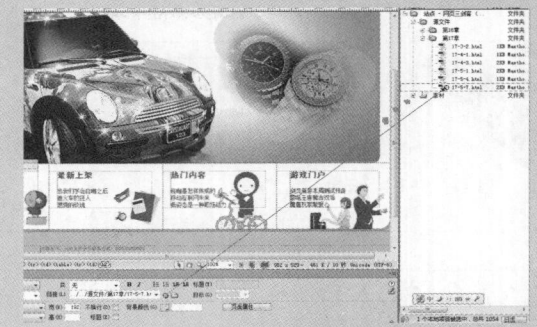

04 ▶ 单击"属性"面板中的"指向链接"按钮,将其拖曳到"文件"面板中的 HTML 文件上再释放鼠标即可。

05 ▶ 使用相同的方法完成其他文字超链接的创建。

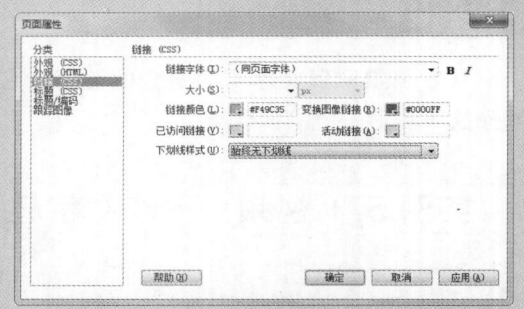

06 ▶ 执行"修改 > 页面属性"命令,打开"页面属性"对话框,设置链接效果。

07 ▶ 使用相同的方法完成其他文字超链接的创建。

08 ▶ 将页面保存,按 F12 键测试页面中的链接效果。

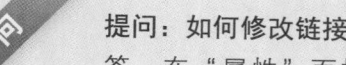

> **提问**：如何修改链接页面的打开方式？
>
> 　答：在"属性"面板的"目标"选项中有 5 种链接打开方式。分别为
> _blank、_new、_parent、_self 和 _top，通过这 5 个选项，用户可以精确
> 控制每个链接页面的打开方式。

17.6.2　图像超链接

　图像也是常被使用的链接媒体之一，创建图像超链接的方法和文本超链接的方法基本一致，选中图像，在"属性"面板中输入链接地址即可。

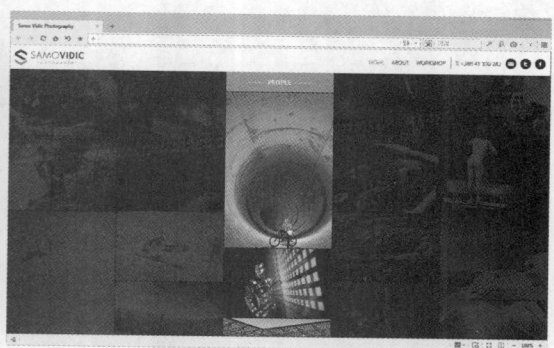

> 　可以通过创建图片热点为同一张图片创建多个超链接，从而实现一张图片
> 链接多个网页的链接效果。例如为一个地图图片中的不同位置创建超链接可以
> 实现单击不同位置链接到不同页面的网页效果。

17.7　插入动画和声音

　网页构成的要素有很多，除了使用文本和图像元素来表达网页页面信息之外，还可以在页面中插入 Flash 动画、声音等多媒体内容，多种元素的合理运用，可以丰富页面的视觉效果，增加生动性。

17.7.1　插入 Flash 动画

　Flash 是 Adobe 公司推出的一款矢量动画软件，使用它可以制作出文件体积小、效果精美的矢量动画。目前 Flash 动画是网络上最流行，也是最实用的动画格式。在网页制作中也经常会使用到 Flash 动画来丰富页面的动态效果。

➡ 实例 58+ 视频：在页面中添加 Flash 动画

　Flash 是 Adobe 公司推出的网页动画软件，利用它可以制作出文件体积小、效果精美的矢量动画。目前 Flash 动画是网络上最流行、最实用的动画格式。在网页制作中会使用大量的 Flash 动画。

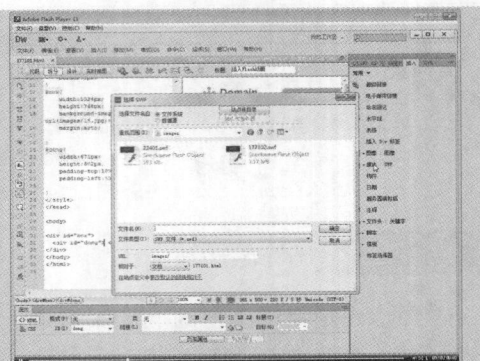

源文件：源文件 \ 第 17 章 \17-7-1.html

操作视频：视频 \ 第 17 章 \17-7-1.swf

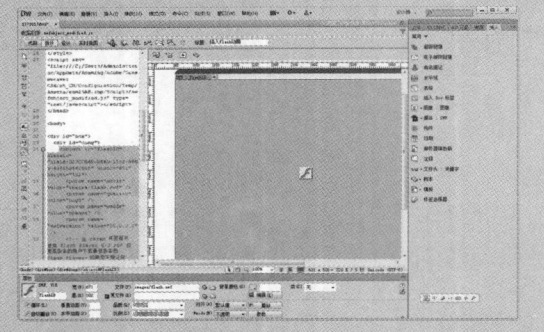

`01 ▶` 执行"文件 > 打开"命令，将"素材 \ 第 17 章 \177101.html"文件打开。

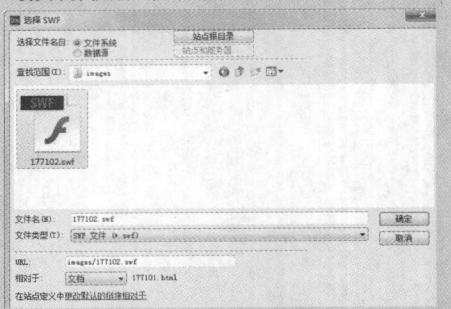

`02 ▶` 单击"插入"面板中的"媒体：SWF"按钮，选择"素材 \ 第 17 章 \images\177102.swf"文件。

`03 ▶` 单击"确定"按钮，将 Flash 文件插入到文档中，调整 Flash 的尺寸大小。

`04 ▶` 将页面保存，按 F12 键测试页面中的 Flash 效果。

> **提问**：如何让插入的 Flash 动画循环播放？
>
> **答**：在插入 Flash 后，选中该 Flash 动画，在"属性"面板中就可以对其进行一些属性上的设置，勾选其中的"循环"复选框，即可实现 Flash 的循环播放效果。

17.7.2 插入声音

为网页添加背景音乐，可以突出网页的主题氛围，但同时也会增加网页的容量，增加下载的时间。

⇒ 实例 59+ 视频：在页面中添加背景音乐

在网页中插入图像可以有效地提高网页的观赏性，并且可以反映出网站的主题，下面将通过实例的形式向用户介绍一下如何在网页中插入图像。

⌂ 源文件：源文件 \ 第 17 章 \17-7-2.html

🔊 操作视频：视频 \ 第 17 章 \17-7-2. swf

```
20     }
21     </style>
22     </head>
23
24     <body>
25     <div id="tu"></div>
26     |
27     </body>
28     </html>
29
```

```
20     }
21     </style>
22     </head>
23
24     <body>
25     <div id="tu"></div>
26     <audio src="images/177202.mp3" controls
       ="controls"></audio>
27     </body>
28     </html>
29
```

`01 ▶` 将"素材 \175101.html"文件打开，将光标插入到 <body> 标签之间。

`02 ▶` 在光标插入的位置输入音频代码，并链接到"素材 \177202.mp3"文件上。

```
20     }
21     </style>
22     </head>
23
24     <body>
25     <div id="tu"></div>
26     <audio src="images/177202.mp3" hidden=
       "true" autoplay="true" loop="loop"
       controls="controls"></audio>
27     </body>
28     </html>
29
```

`03 ▶` 为 该 音 频 添 加 hidden（隐 藏）、autoplay（自动开始）和 loop（循环）属性。

`04 ▶` 将页面保存，按 F12 键测试页面中的 Flash 效果。

❓提问

提问：网页中支持哪些音频格式？

答：网页中常用的音乐格式主要包括 MIDI、MID、WAV、AIF、MP3、RA、RAM、RPM 以及 Real Audio 这几种。本实例中使用的是最新的 HTML 5 标签，该标签只支持 OGG、MP3 和 WAV 三种音频格式。

 最新的 HTML 5 标签目前只支持部分浏览器，例如 Firefox 3.5、IE 9、Opera 10.5 和 safari 3.1 等浏览器以及更高版本。

17.7.3 使用插件添加声音

在 Dreamweaver 中制作网页时，可以通过插件将音频嵌入到页面中，在页面中嵌入音频可以在页面上显示播放器的外观，包括播放、暂停、停止、音量及声音文件的开始和结束等控制按钮。

使用的方法也很简单，单击"插入"面板上"媒体"按钮右侧的下三角形，在弹出的菜单中选择"插件"命令，然后指定用户需要链接的音频就可以了。用户也可以在"属性"面板中修改播放器的宽和高等参数。

17.8 本章小结

本章主要介绍创建一个网站最基本的要求，例如站点的新建、网页头信息的设置、页面属性的设置方法、文本内容和图像的插入技巧、超链接的设置以及多媒体元素的插入方法。这些元素都是网页创建的基石，用户需要仔细理解本章介绍的内容，熟练掌握这些技巧和手法将有助于读者更好地制作网站页面。

第 18 章　掌握 CSS 样式表

CSS 样式是对 HTML 语言的有效补充，很多效果都需要通过 CSS 样式来实现。采用 CSS 样式可以有效对页面布局、字体、颜色、背景和其他一些元素进行精确控制，用户还可以通过 CSS 滤镜，实现图像淡化和网页的淡入淡出等效果，从而使用户制作出赏心悦目的网页效果。

18.1　认识 CSS 样式表

CSS 是 Cascading Style Sheets（层叠样式表）的缩写，它是一种对 Web 文档添加样式的简单机制，是表现 HTML 或 XML 等文件外观样式的计算机语言，在网页设计制作中无疑是非常重要的。

18.1.1　CSS 的优越性

使用 CSS 可以非常灵活并更好地控制页面的确切外观（如字体、尺寸和对齐等），还可以设置如位置、特殊效果和鼠标滑过之类的 HTML 属性。

● 页面布局能力

HTML 语言对页面总体上的控制很有限。例如精确定位、行间距或字间距等，都需要通过 CSS 来完成。

● 体积更小

CSS 样式表只是简单的文本，它不需要图像，也不需要执行程序，更不需要任何插件。使用 CSS 样式表可以减少表格标签及其他增加 HTML 体积的代码，减少图像用量，从而减小文件大小。

● 格式和结构分离

HTML 语言定义了网页的结构和各要素的功能，而 CSS 样式表通过将定义结构的部分和定义格式的部分相分离，使设计者能够对页面的布局施加更多的控制，同时 HTML 仍可以保持简单明了的初衷。CSS 代码独立出来从另一个角度控制页面外观。

● 快速的同步更新

如果不使用 CSS 样式表，想要更新整个站点中所有主体文本的字体，必须一页一页地进行修改网页。如果页面应用了 CSS 样式表，可以只修改 CSS 文件中的某一项，从而使整个站点的网站都随之修改。

● 更强的兼容性

CSS 样式的代码拥有更强的兼容性。例如使用老版本的浏览器时，代码也不会出现杂乱无章的情况。

18.1.2 CSS 样式的分类

CSS 样式能够很好地控制页面的显示，以达到分离网页内容和样式代码的目的。在网页中应用的 CSS 样式表有 4 种方式：内联 CSS 样式、嵌入 CSS 样式、外部 CSS 样式和导入 CSS 样式。在实际操作中，可根据设计的具体要求来进行选择。

● 内联 CSS 样式

内联 CSS 样式是 CSS 样式中比较简单、直观的一种类型，就是直接把 CSS 样式代码直接添加到 HTML 的标签中，作为 HTML 标签的一个属性存在。这样可以很简单地对某个元素进行单独定义样式。

使用内联 CSS 样式方法是直接在 HTML 标签中使用 style 属性，该属性的内容就是 CSS 的属性和值，其格式如下：

```
<span style=font-size:12px;
    border: 4px solid #FF0000;
    color:#FF0000;>超市大减价</span>
```

● 内部 CSS 样式

内部 CSS 样式就是将 CSS 样式代码添加到 <head> 与 </head> 标签之间，并且用 <style> 与 </style> 标签进行声明。这种写法虽然没有完全实现页面内容与 CSS 样式表现的完全分离，但可以将内容与 HTML 代码分离在两个部分进行统一的管理，其格式如下：

```
#tu{
    width:1024px;
    height:800px;
    background-image:url(images/16.jpg);
    margin:auto; }
```

● 外部 CSS 样式

外部 CSS 样式是 CSS 样式中较为理想的一种形式。将 CSS 样式单独编写在一个独立文件之中，由网页进行调用，多个网页可以调用同一个外部 CSS 样式，因此能够实现代码的最大化使用及网站文件的最优化配置。

● 导入 CSS 样式

导入样式与链接样式基本相同，都是创建一个单独的 CSS 样式文件，然后再引入到 HTML 文件中，只不过语法和运作方式上有区别。采用导入的 CSS 样式，在 HTML 文件初始化时，会被导入到 HTML 文件内，作为文件的一部分，类似于内嵌样式。而链接样式是在 HTML 标签需要 CSS 样式风格时才以链接方式引入。

18.2 创建与编辑 CSS 样式

在 Dreamweaver 中，通过"属性"面板定义页面元素即定义了元素的 CSS 样式。但是这样并不能有效地减少设计者的工作量。要定义一个完整简洁的 CSS 样式表，仍然需要使用 CSS 样式编辑器进行定义。

18.2.1 建立标签 CSS 样式

标签 CSS 样式是网页中最为常用的一种 CSS 样式，通常新建了一个页面后，首先就需要定义 <body> 标签的 CSS 样式，从而对整个页面的外观进行设置。

➡ 实例 60+ 视频：新建标签 CSS 样式调整页面

使用标签 CSS 样式可以很方便地定义页面中一些需要统一的部分，例如字体、文字大小、背景图像、背景颜色等。

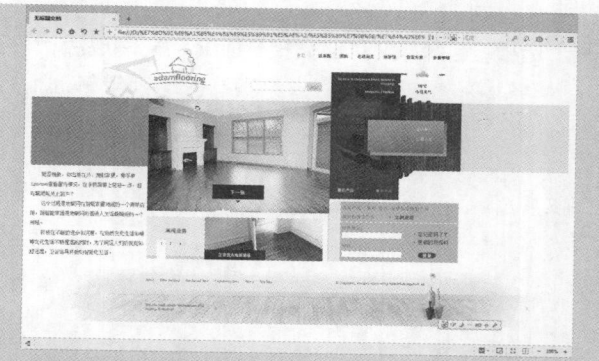

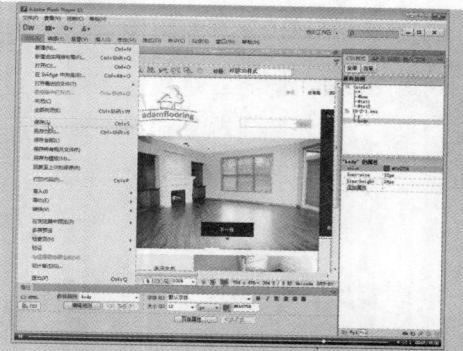

源文件：源文件 \ 第 18 章 \18-2-1.html

操作视频：视频 \ 第 18 章 \18-2-1.swf

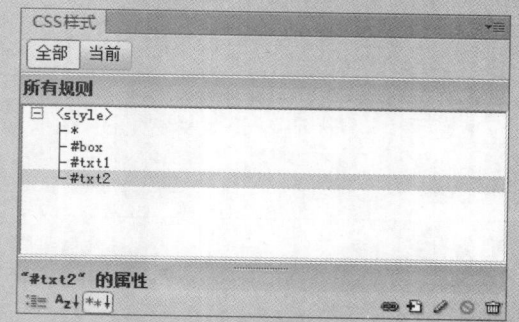

01 ▶ 执行"文件>打开"命令，将"素材 \ 第 18 章 \182101.html"文件打开。

02 ▶ 执行"窗口>CSS 样式"命令，打开"CSS 样式"面板。

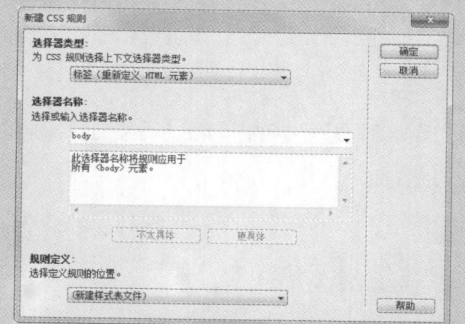

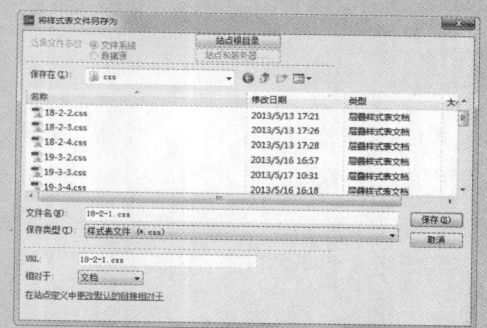

03 ▶ 单击面板底部的"新建 CSS 规则"按钮，在弹出的对话框中设置各项参数。

04 ▶ 单击"确定"按钮，将新建的 CSS 样式存储到"素材 \ 第 18 章 \css"文件夹中。

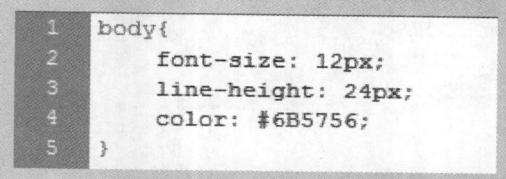

```
1  body{
2      font-size: 12px;
3      line-height: 24px;
4      color: #6B5756;
5  }
```

05 ▶ 弹出"CSS 规则定义"对话框，在该对话框中修改"类型"选项卡中的选项。

06 ▶ 单击"确定"按钮，切换到名称为 18-2-1 的 css 样式表中。

提示 在"规则定义"下拉列表中有两个选项，选择"仅对该文档"选项定义完成后，代码都会自动添加到顶部的 <style> 标签中；"新建样式表文件"选项则用于创建外部样式表。

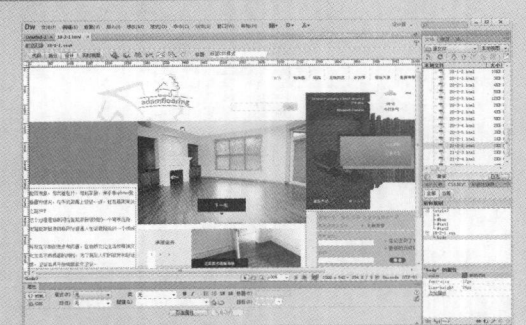 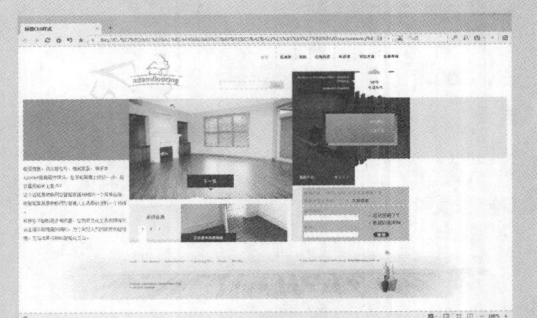

07 ▶ 返回"源代码"的设计视图中观察页面的效果。

08 ▶ 执行"文件 > 保存"命令，按 F12 键测试页面。

提问 提问：CSS 样式中大括号的作用是什么？

答：在 CSS 样式中，所有的属性和值都必须由一对大括号括起来，几乎所有的 CSS 规则都是通过这种语法定义的。

18.2.2 建立类 CSS 样式

类 CSS 样式可以应用于页面中的任意元素上，它可以对页面中的元素进行更加精确的设置和定位，使不同的网页之间可以在外观上得到统一的效果。

⇨ 实例 61+ 视频：使用类 CSS 样式调整页面

类样式可以在网页中多次使用。例如用户可以为多个段落或多个词组应用同一个类样式，那么这几个段落或词组将呈现相同的效果。

 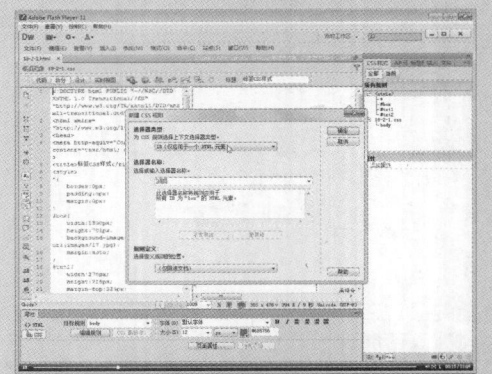

🏠 源文件：源文件 \ 第 18 章 \18-2-2.html

🔊 操作视频：视频 \ 第 18 章 \18-2-2.swf

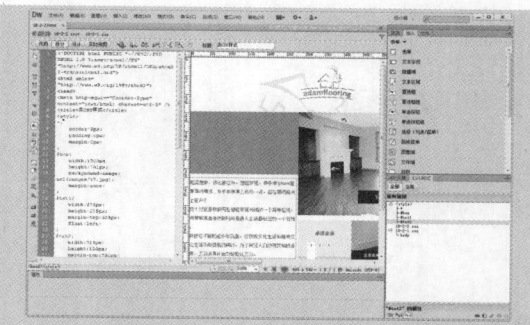

01 ▶执行"文件＞打开"命令，将"源文件 \ 第 18 章 \18-2-1.html"文件打开。

02 ▶打开"CSS 样式"面板，单击"新建CSS 规则"按钮，在弹出的对话框中进行设置。

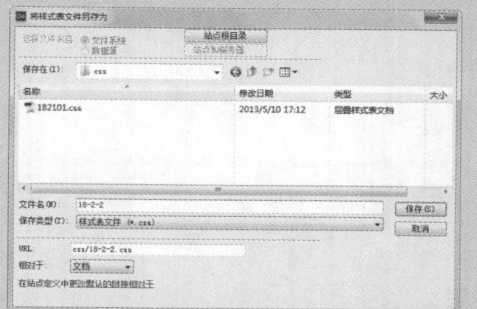

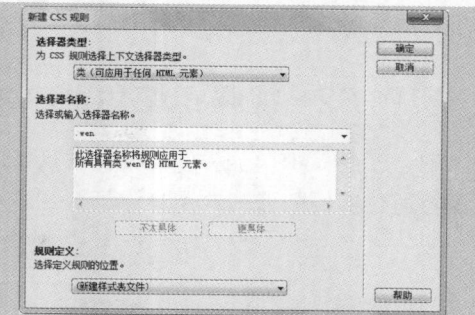

03 ▶单击"确定"按钮，弹出"将样式表文件另存为"对话框，将 CSS 样式表进行保存。

04 ▶单击"保存"按钮，在弹出的对话框中进行参数定义，并单击"确定"按钮。

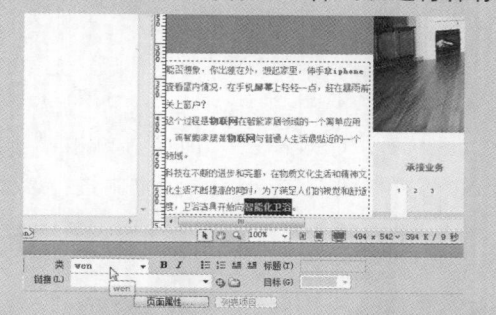

05 ▶选中页面中的文字，在"属性"面板中的"类"下拉列表中选择刚刚创建的样式。

06 ▶将文件进行"另存为"操作，按 F12键进行页面测试，观察页面发生的变化。

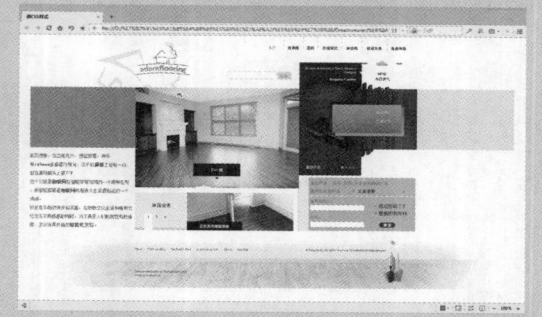

提问：为什么创建类 CSS 样式时要在名称前面加入"."？

答: 在新建类 CSS 样式时，在类 CSS 样式名称前都会添加有一个"."。这个"."说明了此 CSS 样式是一个类 CSS 样式（ class ），根据 CSS 规则，类 CSS 样式（ class ）可以在一个 HTML 元素中被多次调用。

18.2.3　建立 ID CSS 样式

　　ID CSS 样式是用于定义特定 ID 名称的元素。在 Dreamweaver 中，一个页面中通常每一个元素都具有一个单独的 ID 名称，基本不会出现 ID 名称重复的情况，所以定义的 ID CSS 样式也会通过某元素的 ID 名称将样式指定给该元素。

实例 62+ 视频：使用 ID CSS 样式调整页面

包含了特定 ID 名称的 CSS 样式只能应用于一个 HTML 元素，就是定义了该 ID 的元素。下面将通过实例的形式向用户详细介绍这种 CSS 样式的使用方法。

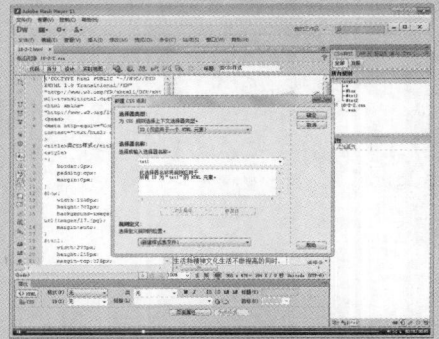

源文件：源文件 \ 第 18 章 \18-2-3. html　　　操作视频：视频 \ 第 18 章 \18-2-3. swf

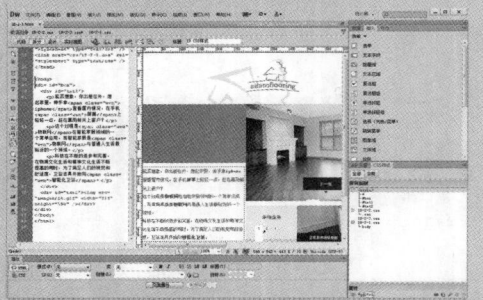
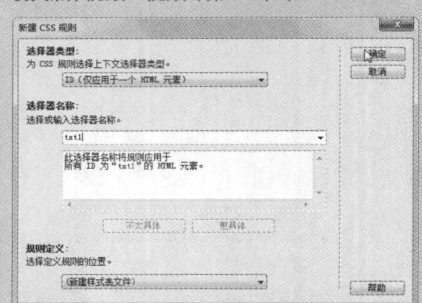

01 ▶ 执行"文件 > 打开"命令，将"源文件 \ 第 18 章 \18-2-2.html"文件打开。

02 ▶ 打开"CSS 样式"面板，单击"新建 CSS 规则"按钮,在弹出的对话框中进行设置。

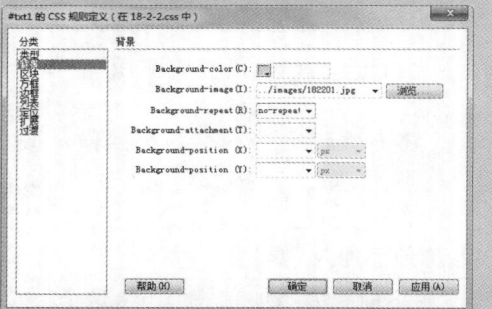
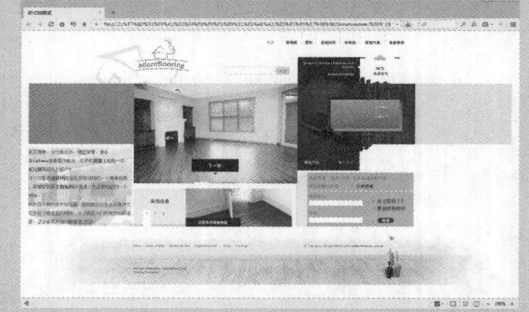

03 ▶ 将 CSS 样式保存,打开"CSS 规则定义"对话框，设置其 CSS 规则。

04 ▶ 单击"确定"按钮,将文档进行保存,按 F12 键进行测试，观察 CSS 效果。

提问：ID 样式可以多次应用吗？

答：每一个 ID 在一个页面中只能使用一次，作为某个标签的唯一标识符，因此 ID 应该为每个页面唯一存在并仅使用一次的元素使用。

18.2.4　建立复合内容样式

使用"复合内容"样式可以定义同时影响两个或多个标签、类或 ID 的复合规则。例如输入 Div p，则 Div 标签内的所有 p 元素都将受此规则的影响。

实例 63+ 视频：使用复合内容样式调整页面

复合内容是以一种特殊的组合标签来定义 CSS 样式，使用 ID 作为属性，以保证文档具有唯一可用的值。

🏠 源文件：源文件 \ 第 18 章 \18-2-4. html

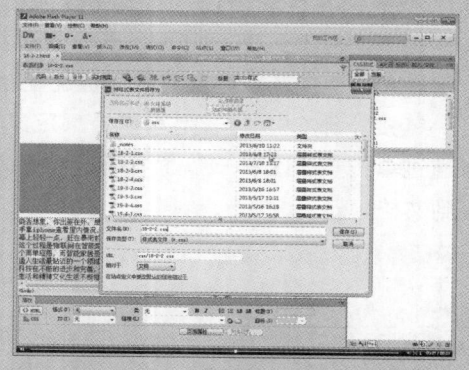
📶 操作视频：视频 \ 第 18 章 \18-2-4. swf

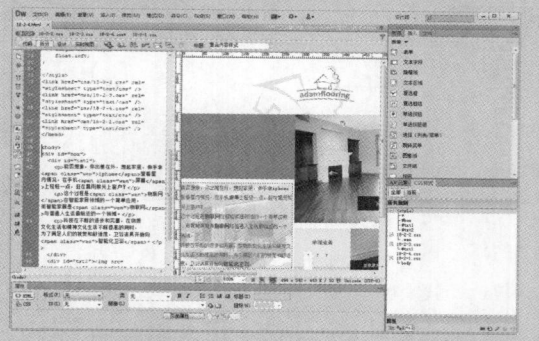

01 ▶ 执行"文件>打开"命令，将"源文件 \ 第 18 章 \18-2-3.html"文件打开。

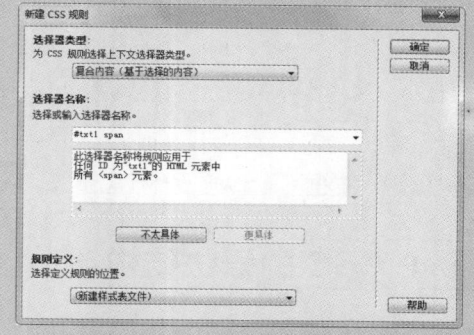

02 ▶ 打开"CSS 样式"面板，单击"新建 CSS 规则"按钮，在弹出的对话框中进行设置。

03 ▶ 将 CSS 样式保存，打开"CSS 规则定义"对话框，设置其 CSS 规则。

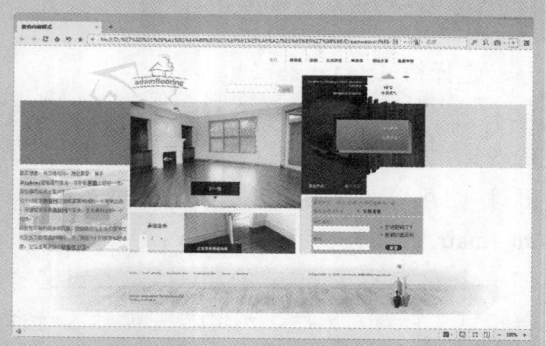

04 ▶ 单击"确定"按钮，将文档进行保存，按 F12 键进行测试，观察 CSS 效果。

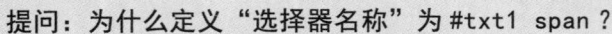

提问：为什么定义"选择器名称"为 #txt1 span ？

答：此处所创建的 #txt1 span 意思是该 CSS 规则只针对于 ID 名称为 txt1 的 Div 中的 span 标签起作用，而不会影响其他的标签或其他 Div 中的 Span 标签。

18.3 链接外部样式表

外部 CSS 样式是 CSS 样式中较为理想的一种形式。将 CSS 样式代码单独编写在一个独立文件之中，由网页进行调用，多个网页可以调用同一个外部 CSS 样式文件，因此能够实现代码的最大化使用及网站文件的最优化配置。

链接外部 CSS 样式是指在外部定义 CSS 样式并形成以 css 为扩展名的文件，然后用户可以通过单击"CSS 样式"面板下方的"附加样式表"按钮，将编写好的外部样式表文件链接到文档中。

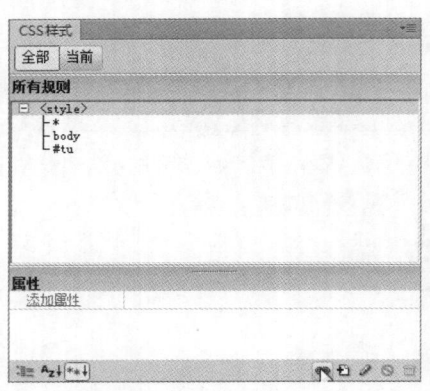 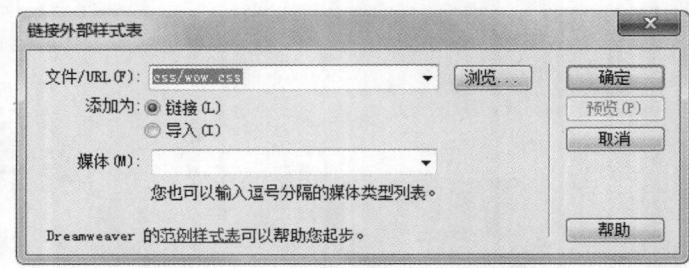

18.4 CSS 的语法结构

所有样式表的基础都是 CSS 规则，每一条规则都是一条单独的语句，它决定了应该如何设计样式，以及应该如何应用这些样式。

CSS 样式表的语法结构由选择符（Selector）、属性（property）和值（value）三部分组成。

选择符（Selector）

选择符是指这组 CSS 样式编码所要针对的对象，可以是一个 HTML 标签，如 body、hl 等；也可以是定义了特定 id 或 class 的标签，如 #main 选择符表示选择 <div id="main">，即一个 id 名称为 main 的 div 标签。当选择符指定了针对对象后，浏览器将对 CSS 选择符进行严格的解析，每一组样式均会被浏览器应用到所对应的对象上。

属性（property）

属性是 CSS 样式控制的核心，对于每一个 HTML 中的标签，CSS 都提供了丰富的样式属性，如颜色、大小、定位和浮动方式等。

值（value）

指属性的值，形式有两种：一种是指定范围的值，如 float 属性，只能应用 left、right 和 none 3 种值；另一种为数值，如 width 能够使用 0~9999px，或其他单位来指定。

18.5　CSS 规则的属性效果

通过 CSS 样式基本可以定义页面中所有元素的外观效果，包括文本、背景、边框、位置、效果等，为了方便初学者的可视化操作，Dreamweaver 提供了 "CSS 规则定义" 对话框，在该对话框中可以设置所有的 CSS 样式属性，完成该对话框的设置后，Dreamweaver 会自动生成相应的 CSS 样式代码。

18.5.1　文本属性

文本是网页中最基本也是最重要的元素之一，主要包括样式、加粗、大小以及颜色等。所以在定义 CSS 规则时，文本的 CSS 样式设置是经常使用的，也是在网页制作过程中使用频率最高的样式之一。

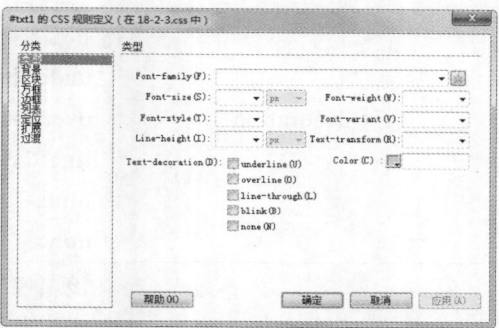

CSS 属性名称	属性效果
Font-family	该属性用于设置文本的字体，在该下拉列表框中可以进行选择字体的选择
Font-size	该属性用于设置字号大小，在该下拉列表框中可以选择字号的大小，也可以直接在该下拉列表框中输入字号的大小值，然后再选择字号大小的单位。 通常将正文文字大小设置为 12px 或 9pt，因为该字号的文字和软件界面上的文字字号是一样大小，也是目前使用最普遍的字号大小。在设置字号大小时，还有其他的单位，如 in、cm、mm 等，但都没有 px 和 pt 常用
Font-weight	该属性用于设置字体的粗细，在该下拉列表中可以设置字体的粗细，也可以选择具体的数值
Font-style	该属性用于设置字体样式，在该下拉列表框中可以选择文字的样式，包括 normal（正常）、italic（斜体）、oblique（偏斜体）
Font-variant	该属性用于设置字体变形，该选项主要是针对英文字体的设置。在英文中，大写字母的字号一般采用该选项中的 small-caps（小型大写字母）进行设置，可以缩小大写字母

（续表）

CSS 属性名称	属性效果
Line-height	该属性用于设置文本的高度，在该下拉列表框中可以设置文本行的高度。在设置行高时，需要注意所设置行高的单位应该和设置大小的单位相一致。行高的数值是把"大小"选项中的数值包括在内的。例如大小设置为 12px，如果要创建一倍行距，则行高应该为 24px
Text-transform	该属性用于设置文字大小写，该选项同样是针对英文字体的设置。可以将每句话的第一个字母大写，也可以将全部字母变化为大写或小写
Text-decoration	该属性用于设置文字修饰，在 Text-decoration 选项中提供了以下 5 种样式供选择。 underline：勾选该复选框，可以为文字添加下划线。 overline：勾选该复选框，可以为文字添加上划线。 line-through：勾选该复选框，可以为文字添加删除线。 blink：勾选该复选框，可以为文字添加闪烁效果。 none：勾选该复选框，则文字不进行任何修饰
Color	该属性用于设置文字颜色，在 Color 文本框中可以为文字设置颜色，可以通过颜色选择器选取，也可以直接在文本框中输入颜色值

18.5.2　背景属性

在使用 HTML 编写的页面中，背景只能使用单一的色彩或利用背景图像水平垂直方向平铺，而通过 CSS 样式可以更加灵活地对背景进行设置。

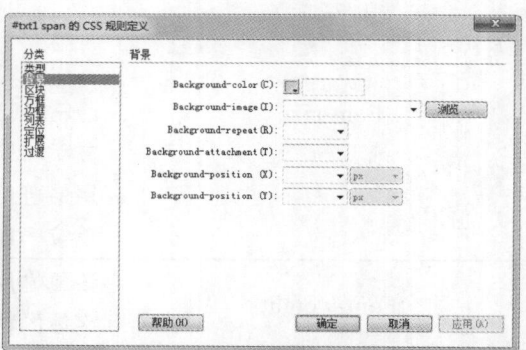

CSS 属性名称	属性效果
Background-color	该属性用于设置页面的背景颜色
Background-image	该属性用于设置背景图像，在该下拉列表框中可以直接输入图像的路径，也可以单击"浏览"按钮，找到需要的背景图

（续表）

CSS 属性名称	属性效果
Background-repeat	该属性用于设置背景图像的重复方式，在该选项下拉列表中提供了 4 种重复方式，分别为 no-repeat（不重复）、repeat（平铺）、repeat-x（横向重复）、repeat-y（纵向重复）
Background-attachment	该属性用于设置背景图像的固定或滚动，如果以图像作为背景，可以设置背景图像是否随着页面一同滚动，在该选项下拉列表中可以选择 fixed（固定）或 scroll（滚动），默认背景图像随着页面一同滚动
Background-position（X）	该属性用于设置背景图像的水平位置，可以设置背景图像在页面水平方向上的位置。可以是 left（左对齐）、right（右对齐）和 center（居中对齐），还可以设置数值与单位相结合来表示背景图像的位置
Background-position（Y）	该属性用于设置背景图像的垂直位置，可以设置背景图像在页面垂直方向上的位置。可以是 top（顶部）、bottom（底部）和 center（居中对齐），还可以设置数值与单位相结合表示背景图像的位置

18.5.3 区块属性

区块主要用于元素的间距和对齐属性，在"CSS 规则定义"对话框左侧选择"区块"选项，在右侧的选项区中可以对区块样式进行设置。

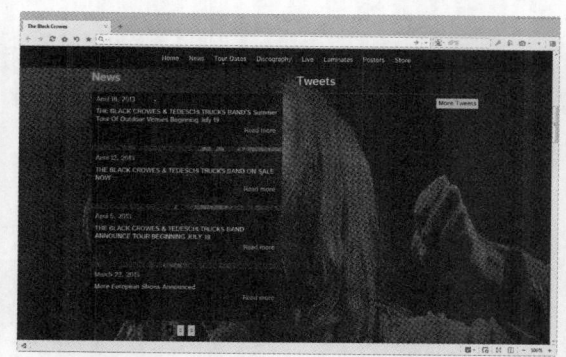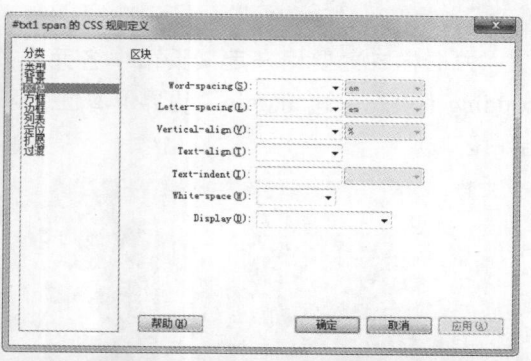

CSS 属性名称	属性效果
Word-spacing	该属性可以设置英文单词之间的距离，还可以设置数值和单位相结合的形式。使用正值来增加单词间距，使用负值来减少单词间距
Letter-spacing	该属性可以设置英文字母之间的距离，也可以设置数值和单位相结合的形式。使用正值来增加字母间距，使用负值来减少字母间距

（续表）

CSS 属性名称	属性效果
Vertical-align	该属性用于设置垂直对齐，包括 baseline（基线）、sub（下标）、super（上标）、top（顶部）、text-top（文本顶对齐）、middle（中线对齐）、bottom（底部）、text-bottom（文本底对齐）以及自定义的数值和单位相结合的形式
Text-align	该属性用于设置文本的水平对齐方式，包括 left（左对齐）、right（右对齐）、center（居中对齐）和 justify（两端对齐）。
Text-indent	该属性用于设置段落文本首行缩进，该选项是较为重要的设置项目之一，中文段落文字的首行缩进就是由它来实现的。设置时首先要填入具体的数值，然后选择单位即可完成文字的首行缩进
White-space	该属性用于设置空格，可以对源代码文字的空格进行控制，有 normal、pre 和 nowrap 3 个选项。 normal：选择该选项，将忽略源代码文字之间的所有空格。 pre：选择该选项，将保留源代码中所有的空格形式，包括空格键、Tab 键和 Enter 键。如果写了一首诗，使用普通的方法很难保留所有的空格形式。 nowrap：选择该选项，可以设置文字不自动换行
Display	该属性用于设置是否显示以及如何显示元素

18.5.4　方框属性

　　方框样式主要用来定义页面中各元素的位置和属性，如大小、环绕方式等，通过应用 padding（填充）和 margin（边界）属性还可以设置页面元素（如图像）水平和垂直方向上的空白区域。

 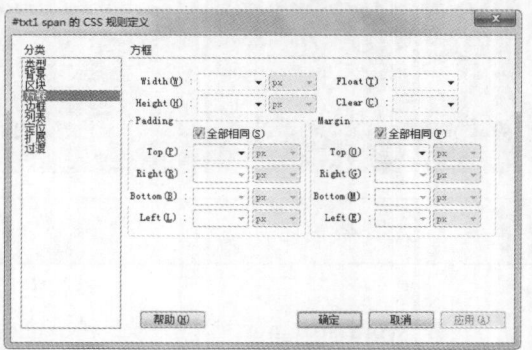

CSS 属性名称	属性效果
Width 和 Height	Width 属性用于设置元素的宽度，Height 属性用于设置元素的高度

（续表）

CSS 属性名称	属性效果
Float	该属性用于设置元素的浮动，Float 实际上是指文字等对象的环绕效果。 在该下拉列表中有 left（对象居左）、right（对象居右）和 none（无环绕）3 个选项
Clear	该属性用于清除元素的浮动，在 Clear 下拉列表中共有 left、right、both 和 none 4 个选项。 left 或 right：规定对象的其中一侧不许有 Div。 both：是指左右都不允许出现 Div。 none：选择该选项则不限制 Div 的出现
Padding	该属性用于设置元素的填充，如果对象设置了边框，则 Padding 指的是边框和其中内容之间的空白区域。可以在下面对应的 Top、Bottom、Left 和 Right 各选项中设置具体的数值和单位。如果勾选 "全部相同" 复选框，则会将 Top 的值和单位应用于 Bottom、Left 和 Right 中
Margin	该属性用于设置元素的边界，如果对象设置了边框，Margin 是边框外侧的空白区域，用法与 Padding（填充）相同

18.5.5　边框属性

　　设置边框样式可以为对象添加边框，设置边框的颜色、粗细和填充等样式。在 "CSS 规则定义" 对话框左侧选择 "边框" 选项，在右侧的选项区中可以对边框样式进行设置。

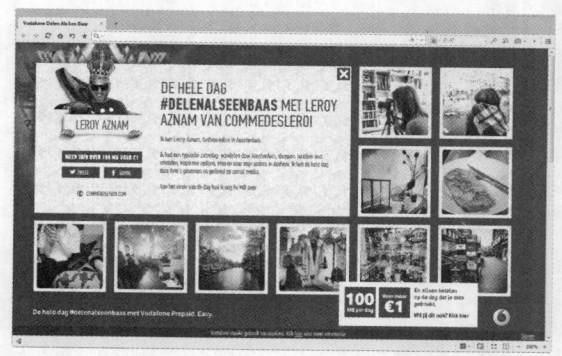 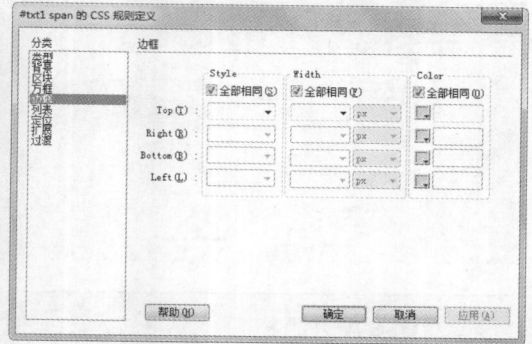

CSS 属性名称	属性效果
Style	该属性用于设置边框的样式，包括 none（无）、dotted（点划线）、dashed（虚线）、solid（实线）、double（双线）、groove（槽状）、ridge（脊状）、inset（凹陷）以及 outset（凸出）

（续表）

CSS 属性名称	属性效果
Clear	该属性用于设置元素清除浮动，在 Clear 下拉列表中共有 left、right、both 和 none 4 个选项。 left 或 right：规定对象的一侧不许有 Div，选择不允许出现 Div 的一侧。如果在清除 Div 的一侧有 Div，则对象将自动移到 Div 的下面。 both：是指左右都不允许出现 Div。 none：选择该选项则不限制 Div 的出现
Padding	该属性用于设置元素的填充，如果对象设置了边框，则 Padding 指的是边框和其中内容之间的空白区域。可以在下面对应的 Top、Bottom、Left 和 Right 各选项中设置具体的数值和单位。如果勾选"全部相同"复选框，则会将 Top 的值和单位应用于 Bottom、Left 和 Right 中
Margin	该属性用于设置元素的边界，如果对象设置了边框，Margin 是边框外侧的空白区域，用法与 Padding（填充）相同

18.5.6　列表属性

通过 CSS 样式对列表进行设置，可以设置出非常丰富的列表效果。在"CSS 规则定义"对话框左侧选择"列表"选项，在右侧的选项区中可以对列表样式进行设置。

 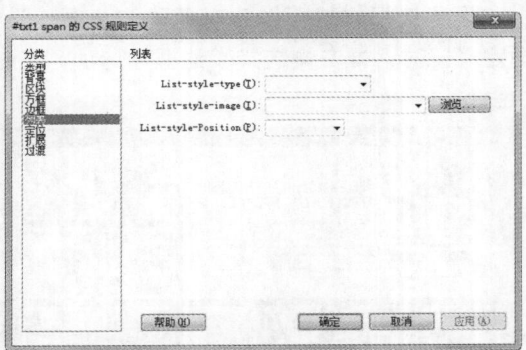

CSS 属性名称	属性效果
List-style-type	该属性用于设置列表的类型，可以选择 disc（圆点）、circle（圆圈）、square（方块）、decimal（数字）、lower-roman（小写罗马数字）、upper-roman（大写罗马数字）、lower-alpha（小写字母）、upper-alpha（大写字母）和 none（无）9 个选项
List-style-image	该属性用于设置项目符号图像，在该下拉列表中可以选择图像作为项目的引导符号

（续表）

CSS 属性名称	属性效果
List-style-Position	该属性用于设置列表图像的位置，决定列表项目缩进的程度。选择 outside（外），则列表贴近左侧边框；选择 inside（内）则列表缩进，该项设置的效果并不明显

18.5.7　定位属性

定位属性实际上主要是对 AP Div 进行设置。但是因为 Dreamweaver 提供有可视化的 AP Div 制作功能，所以该设置在实际操作中用的并不多。有的时候可以使用定位样式设置将网页上已有的对象转换为 AP Div 中的内容。

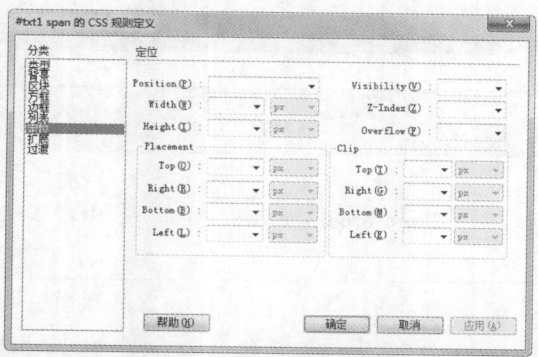

CSS 属性名称	属性效果
Position	该属性用于设置元素的定位方式，有 absolute（绝对）、fixed（固定）、relative（相对）和 static（静态）4 个选项
Visibility	该属性用于设置元素的可见性，该下拉列表框中包括 inherit（继承）、visible（可见）和 hidden（隐藏）3 个选项。如果不指定可见属性，则默认将继承父级标签的值
Width 和 Height	用于设置元素的宽度和高度，与"方框"选项中的 Width 和 Height 属性相同
Z-Index	该属性用于设置元素的先后顺序和覆盖关系
Overflow	用于设置元素内容溢出的处理方式，有 visible（可见）、hidden（隐藏）、scroll（滚动）和 auto（自动）4 个选项
Placement	用于设置元素的定位属性，因为元素是矩形的，需要两个点准确描绘元素的位置和形状，第 1 个是左上角的顶点，用 Left（左）和 Top（上）进行设置，第 2 个是右下角的顶点，用 Bottom（下）和 Right（右）进行设置，这 4 项都是以网页左上角点为原点的
Clip	该选项只显示裁切出的区域。裁切出的区域为矩形

18.5.8 扩展属性

CSS 样式还可以实现一些扩展功能，主要包括 3 种效果，分别为分页、鼠标视觉效果和滤镜视觉效果。

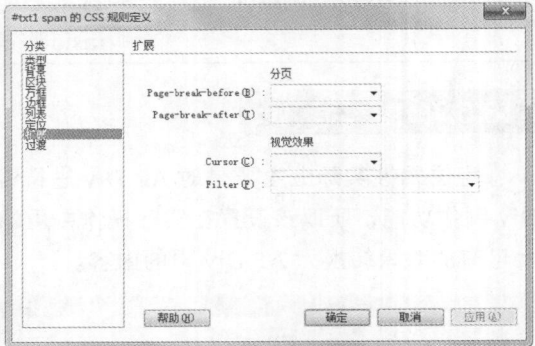

CSS 属性名称	属性效果
Page-break-before	该属性用于设置在元素之前添加分页符，在该下拉列表中提供了 4 个选项，分别是 auto（自动）、always（总是）、left（左）和 right（右）
Page-break-after	该属性用于设置在元素之后添加分页符，选项与 Page-break-before 下拉列表中的选项意思基本相同，不同的是该属性是在元素的后面插入分页符
Cursor	该属性用于设置光标在网页中的视觉效果，通过样式改变鼠标形状，当鼠标放在被此选项设置修饰过的区域上时，形状会发生改变。具体的形状包括 crosshair（交叉十字）、text（文本选择符号）、wait（Windows 等待形状）、pointer（手形）、default（默认的鼠标形状）、help（带问号的鼠标）、e-resize（向东的箭头）、ne-resize（向东北的箭头）、n-resize（向北的箭头）、nw-resize（向西北的箭头）、w-resize（向西的箭头）、sw-resize（向西南的箭头）、s-resize（向南的箭头）、se-resize（向东南的箭头）、auto（正常鼠标）
Filter	该属性用于为元素添加滤镜效果。CSS 中自带了许多滤镜，合理应用这些滤镜可以制作出专业图形处理软件所制作出的效果。在"滤镜"下拉列表中有多种滤镜可以选择，如 Alpha、Blur、Shadow 等

18.5.9 过渡属性

通过过渡样式的设置，可以实现网页中一些特殊的效果。在"CSS 规则定义"对话框左侧选择"过渡"选项，在右侧的选项区中即可对过渡样式进行设置。

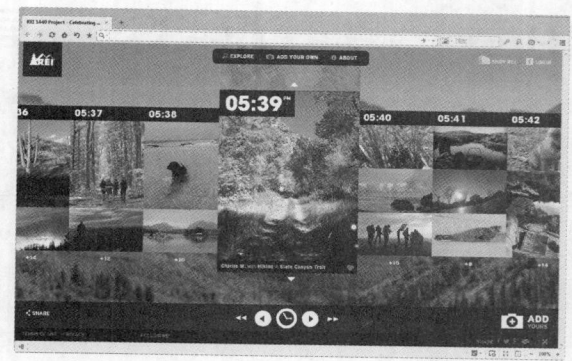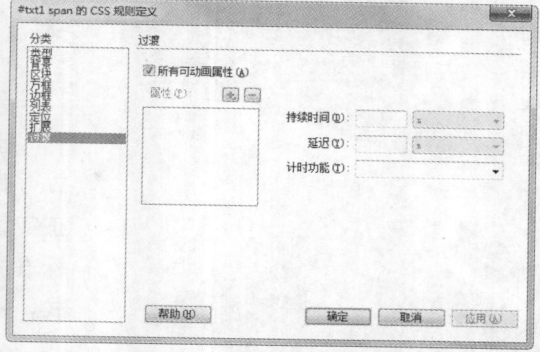

CSS 属性名称	属性效果
所有可动画属性	选中该复选框，则可以为要过渡的所有 CSS 属性指定相同的"持续时间"、"延迟"和"计时功能"
属性	取消"所有可动画属性"复选框的勾选，该选项即可使用。单击"添加"按钮，在弹出的菜单中选择需要应用过渡效果的 CSS 属性，即可将所选择的属性添加到"属性"列表中
持续时间	该选项用于设置过渡效果的持续时间，单位为 s（秒）或 ms（毫秒）
延迟	该选项用于设置过渡效果开始之前的延迟时间，单位为 s（秒）或 ms（毫秒）
计时功能	在该下拉列表中列出了 Dreamweaver 提供的 CSS 过渡效果，可以选择相应的选项，从而添加相应的过渡效果

18.6　本章小结

　　本章主要介绍 CSS 样式的使用方法以及 CSS 规则。CSS 是网页制作中一项非常重要的技术，现在已经得到了广泛的应用。在只有 HTML 的时代，只能实现简单的网页效果。随着 CSS 样式的出现，网页排版可以说是有了翻天覆地的变化，过去只有在印刷中才能够实现的一些排版效果，现在在网页中也同样可以实现了。

第 19 章 掌握 DIV+CSS 布局

基于 Web 标准的网站设计核心在于如何使用众多 Web 标准中的各项技术来达到表现与内容的分离，只有真正实现了结构分离的网页设计，才是真正意义上符合 Web 标准的网页设计，因此掌握基于 DIV+CSS 的网页布局方式，是实现 Web 的基础环节。

本章知识点

- ☑ 了解 Web 标准
- ☑ 认识 Div
- ☑ 掌握盒模型的使用方法
- ☑ 掌握不同的 CSS 布局定位
- ☑ 了解 CSS 布局的方式

19.1 Web 标准

Web 标准大部分由 W3C（World Wide Web Consortium）起草与发布，也有一部分标准由其他标准组织制定，如 ECMA（European Computer Manufactures Association，欧洲计算机厂商协会）的 ECMAScript 标准。

Web 标准即网站标准。目前通常所说的 Web 标准一般是指进行网站建设所采用的基于 XHTML 语言的网站设计语言。Web 标准中典型的应用模式就是 DIV+CSS。

 提示

Web 标准并不是指某一个标准，而是指一系列标准的集合，例如 HTML、XHTML、JavaScript 及 CSS 等。

19.2 Div 的定义

Div 元素是用于为 HTML 文档内大块（block-level）的内容提供结构和背景的框架。Div 的起始标签和结束标签之间的所有内容都是用来构成这个块的，其中所包含元素的特性由 Div 标签的属性来控制，或者是通过使用样式表来进行控制。

19.2.1 什么是 Div

Div 就是一个容器。在 HTML 页面中的每个标签对象几乎都可以称为是一个容器，例如使用 P 段落标签对象：

```
<p>文档内容</p>
```

P 作为一个容器，其中放入了内容。同样，Div 也是一个容器，能够放置内容，例如：

```
<div>文档内容</div>
```

Div 是 HTML 中指定的专门用于布局设计的容器对象。在传统的表格式的布局当中之所以能进行页面的排版布局设计，完全依赖于表格对象 table。在页面中绘制一个由多个单元格组成的表格，在相应的表格中放置内容，通过表格单元格的位置控制，达到实现布局的目的，这是表格式布局的核心对象。而在今天，我们所要接触的是一种全新的布局方式"CSS 布局"，Div 是这种布局方式的核心对象，使用 CSS 布局的页面排版不需要依赖表格，仅从 Div 的使用上说，做一个简单的布局只需要依赖 Div 与 CSS，因此也可以称为 DIV+CSS 布局。

> <div> 标签只是一个标识，作用是在页面中标识出一个区域，以供一些页面元素的放置。除此之外，Div 并不负责其他事情，在布局工作中，Div 的插入只是第一步，而为内容添加样式则由 CSS 来完成。

19.2.2　插入 Div

如果需要在网页中插入 Div，可以像插入其他的 HTML 元素一样，只需在代码中输入 <div>…</div> 标签对，将内容放置其中，便可以插入 Div 标签。

用户还可以通过单击 Dreamweaver 中"插入"面板上的"插入 Div 标签"按钮，即可打开"插入 Div 标签"对话框，在该对话框中选择插入的位置，在 ID 下拉列表框中输入 Div 的 ID 名称，也可以在"类"下拉列表中选择该 Div 应用的 CSS 规则。

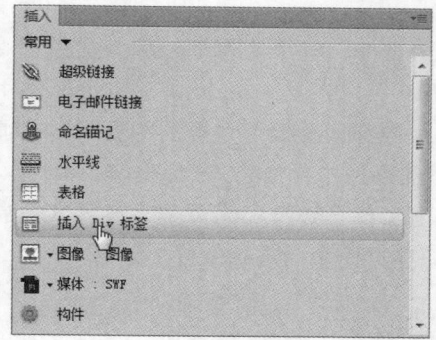

单击"确定"按钮，即可在页面中插入一个 Div，将视图切换到"设计"视图或者"拆分"视图中，就可以看到插入的 Div 标签了。

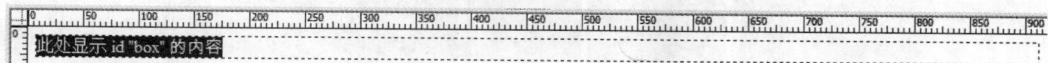

> 由于 Div 与样式分离，最终样式则由 CSS 来完成。这样与样式无关的特性，使得 Div 在设计中拥有巨大的可伸缩性，可以根据自己的想法改变 Div 的样式，不再拘泥于单元格固定模式的束缚。

19.2.3　Div 标签的嵌套

Div 标签中除了可以直接放入文本和其他标签，还可以将多个 Div 标签进行嵌套使用，也就是在 Div 标签中插入 Div 标签，这样做的目的是合理地标识出页面的区域。

顶部	顶部
中部	中部嵌套左栏 中部嵌套右栏
底部	底部

提示　网页布局是由不同的 Div 进行嵌套构成，无论是多么复杂的布局方法，都可以使用 Div 之间的并列与嵌套来实现。需要注意的是，在布局时应当尽可能少使用嵌套，以保证浏览器不用过分消耗资源来对嵌套关系进行解析。

19.3　可视化盒模型

在 CSS 布局页面时，盒模型是一个很重要的概念。只有掌握了盒模型以及盒模型的每一个元素的使用方法，才能真正地精确控制页面中各个元素的位置。

19.3.1　盒模型的概念

在页面布局中，所有的页面元素都包含在一个矩形框中，这个矩形框就称为盒模型。盒模型中的"内容（content）"具有属性"高（height）"和"宽（width）"，该属性用于描述盒模型在页面布局中所占的空间大小；从盒模型内容到盒模型边框的距离叫做"填充（padding）"，用于定位内容在盒模型中的准确位置；盒模型本身也具有"边框（border）"，边框可以设置该盒模型的边框粗细、颜色和样式等；而盒模型边框和网页边缘或者其他盒模型的距离叫做"边界（margin）"，用于设置盒模型在页面中的准确位置。

一个盒模型的实际高度和宽度是由内容、填充、边框和边界共同组成，在 CSS 规则中，用户可以通过设置 height 和 width 属性来控制内容部分的大小。

任何一个盒模型都可以通过 top（上）、bottom（下）、left（左）和 right（右）来设置填充、边框和边界的四个边。

19.3.2　margin（边界）

margin（边界）用来设置盒模型和其他元素之间的距离，即定义盒模型周围的空间范围，是页面排版中一个比较重要的概念。

在设置 margin 属性值时，如果输入 4 个属性值，将按顺时针的顺序作用于上、右、下、左四边，例如：

```
margin 10px 10px 10px 10px;
```

如果只提供 1 个属性值，该属性值将直接作用于四边，例如：

```
margin 10px;
```

如果提供 2 个参数值，则第 1 个参数值作用于上、下两边，第 2 个参数值作用于左、右两边，例如：

```
margin 10px 10px;
```

如果提供 3 个参数值，第 1 个参数值作用于上边，第 2 个参数值作用于左、右两边，第 3 个参数值作用于下边，例如：

```
margin 10px 10px 10px
```

margin 属性包含 4 个子属性，分别是 margin-top、margin-right、margin-bottom 和 margin-left，用户也可以使用这 4 个子属性来控制盒模型的四周边距。

➡ 实例 64+ 视频：使用 margin 属性

通过 margin 属性可以很轻松地定位一个元素在页面中的具体位置，并且 margin 属性不仅可以作用于 Div，还可以作用于其他的页面元素上。

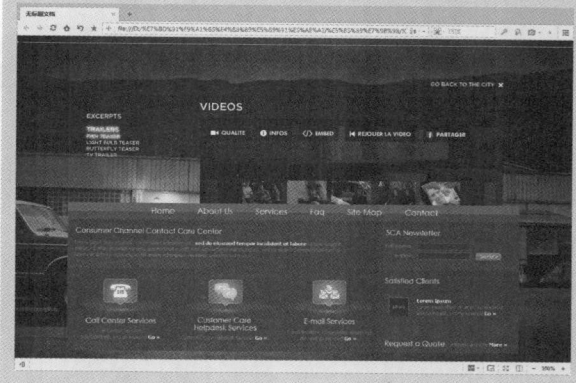

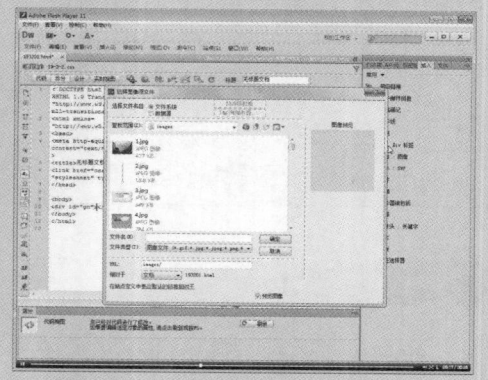

🏠 源文件：源文件 \ 第 19 章 \19-3-2.html　　　　📶 操作视频：视频 \ 第 19 章 \19-3-2.swf

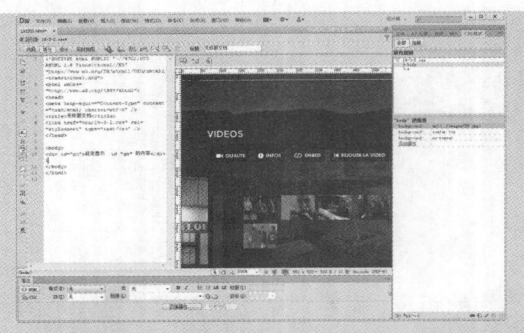

01 ▶ 执行"文件 > 打开"命令，将"素材 \ 第 19 章 \193201.html"文件打开。

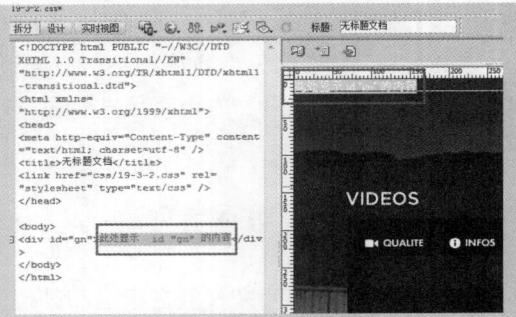

02 ▶ 将光标放置到 ID 名称为 gn 的 Div 中，将其中的文字删除。

03 ▶ 单击"插入"面板中的"图像"按钮，将"素材 \ 第 19 章 \images\193202.jpg"图像插入。

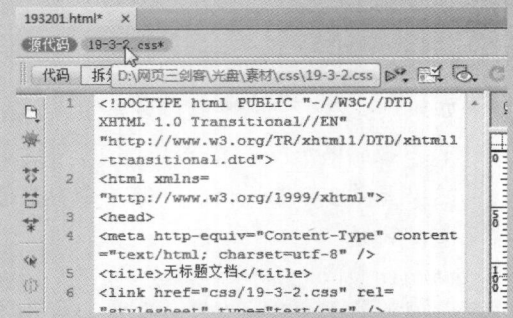

04 ▶ 选择窗口左上角的 19-3-2.css 选项，切换到链接的外部 CSS 样式文件中。

```
1  body {
2      background-image: url(../images/20.jpg);
3      background-repeat: no-repeat;
4      background-position: center top;
5  }
6  *{
7      margin:0px;
8      padding:0px;
9      border:0px;
10 }
11 #gn{
12     width:997px;
13     margin:auto;
14     margin-top:380px;
15 }
```

05 ▶ 在代码中为 ID 名称为 gn 的 Div 添加边界属性。

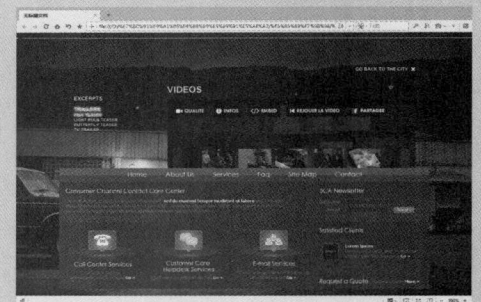

06 ▶ 执行"文件 > 保存"命令，将文档进行保存，按 F12 键测试页面效果。

提问：样式表中的 * 号有什么作用？

答：基本上所有的页面在制作之前都会添加 * 标签，标签是整个页面的通配符，定义该标签是因为页面中默认会为 Div 标签添加 2 像素的边界，所以使用 * 号是为了防止页面的制作过程中某个位置会莫名其妙地多出一些边界。

19.3.3　border（边框）

　　border（边框）是 padding（ 填充 ）和外边界（ margin ）的分界线，用于分离不同的 HTML 元素。在计算元素的宽和高时，则需要把 border 也计算在内。border 属性有 3 个子属性，分别是边框样式（border-style）、边框宽度（border-width）和边框颜色（border-color）。

➡ 实例 65+ 视频：使用 border 属性

border 是用于设置元素的边框属性，例如 Div 默认是没有边框的，用户可以在样式表中定义该 Div 的边框为实线或者虚线等形态，并且可以设置粗细和颜色等值。

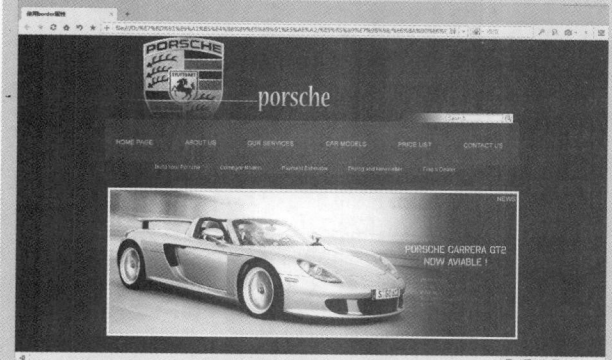

🏠 源文件：源文件 \ 第 19 章 \19-3-3.html　　　　📶 操作视频：视频 \ 第 19 章 \19-3-3.swf

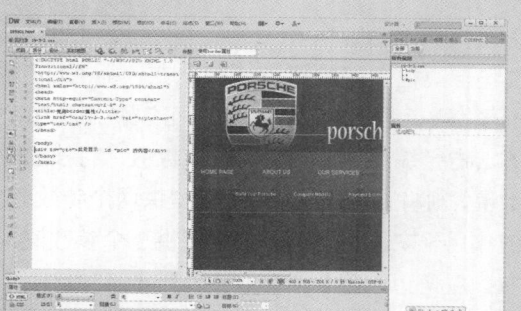

01 ▶ 打开 Dreamweaver 软件，执行"文件 > 打开"命令，将"素材 \ 第 19 章 \193301.html"文件打开。

02 ▶ 将光标插入到 ID 名称为 pic 的 Div 中，将该 Div 中的文字删除，并单击"插入"面板中的"图像"按钮，插入图像文件。

```
6      }
7   #pic{
8        width:925px;
9        height:344px;
10       margin:auto;
11       margin-top:355px;
12   }
13   .xian{
14        border:solid 5px #FFFFFF;
15   }
16
```

03 ▶ 选择窗口左上角的 19-3-3.css 选项，切换到链接的外部 CSS 样式文件中。

04 ▶ 在代码视图中定义一个名称为 xian 的 CSS 样式，并输入其规则。

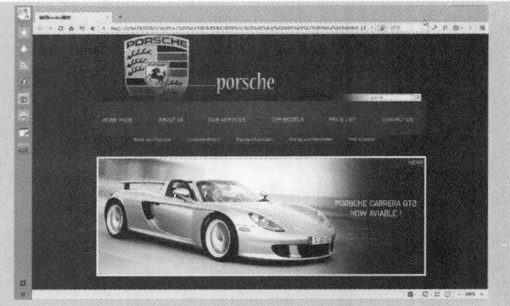

05 ▶ 返回"设计"视图中，选中刚刚插入的图像，在"属性"面板上的"类"选项中选择刚刚创建的名称为 xian 的 CSS 样式。

06 ▶ 执行"文件 > 保存"命令，将文档进行保存，按键盘上的 F12 键，对页面进行测试，观察图像的边框效果。

提问：border 属性只能添加实线形态的边框吗？

答：border 属性中也具有其他一些线条形态，例如 dashed、dotted 和 inherit 等，使用这些值可以制作出许多效果，如实线、虚线、双线和阴影线等。

19.3.4　padding（填充）

在 CSS 规则中，padding 属性是用于定义内容与边框之间的距离，即填充。padding 属性值可以是一个具体的长度，也可以是一个相对于上级元素的百分比，但不可以使用负值。

在为 padding 设置值时，也可以使用简写的方法进行编写，即提供 4 个参数值，将按顺时针的顺序作用于上、右、下、左四边；提供 1 个参数值，则将直接作用于四边；提供两个参数值，则第 1 个参数值作用于上、下两边，第 2 个参数值作用于左、右两边；如果提供 3 个参数值，第 1 个参数值作用于上边，第 2 个参数值作用于左、右两边，第 3 个参数值作用于下边。

➡ 实例 66+ 视频：使用 padding 属性

padding 属性也可以为盒子定义上、右、下、左各边填充的值，分别是 padding-top（上填充）、padding-right（右填充）、padding-bottom（下填充）和 padding-left（左填充）。

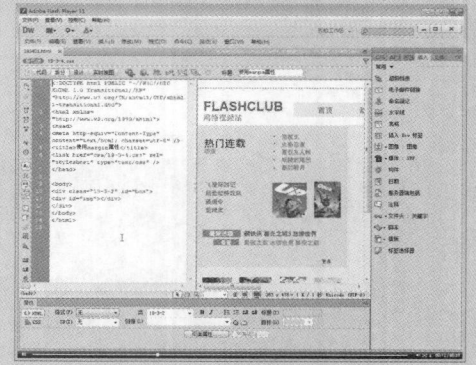

🏠 源文件：源文件 \ 第 19 章 \19-3-4.html

📡 操作视频：视频 \ 第 19 章 \19-3-4.swf

01 ▶ 执行"文件 > 打开"命令,将"素材 \ 第 19 章 \193401.html"文件打开。

03 ▶ 单击"插入"面板中的"图像"按钮,将"素材 \ 第 19 章 \images\193402.jpg"图像插入。

```
3        margin:0px;
4        padding:0px;
5        border:0px;
6    }
7    #box {
8        height: 714px;
9        width: 1024px;
10       background-image:url(../images/19.jpg);
11       margin:auto;
12   }
13   #img{
14       padding-left:348px;
15       padding-top:108px;
16   }
```

05 ▶ 在代码中为 ID 名称为 img 的 Div 添加填充属性。

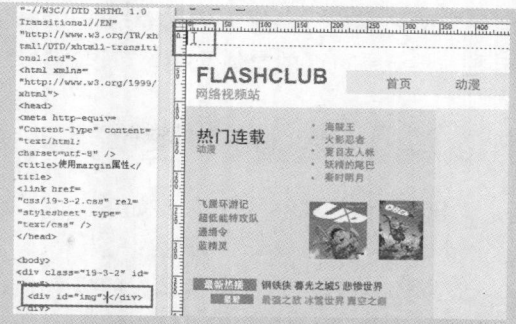

02 ▶ 将光标放置到 ID 名称为 img 的 Div 中,将其中的文字删除。

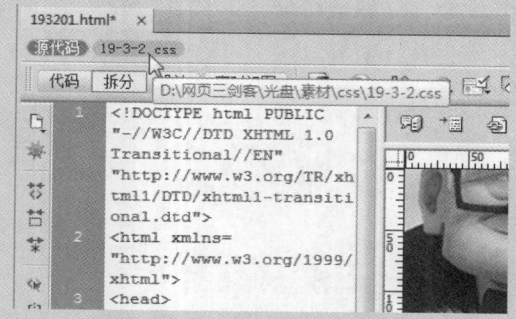

04 ▶ 选择窗口左上角的 19-3-2.css 选项,切换到链接的外部 CSS 样式文件中。

06 ▶ 执行"文件 > 保存"命令,将文档保存,按快捷键 F12 进行页面预览。

提问:使用 padding 属性需要注意什么?

答:在 CSS 样式代码中 width 和 height 属性用于定义 Div 的宽度和高度,其中如果定义了 padding-top 为 10 像素,那么就需要在 height 属性上各减去 10 像素,否则 Div 的高度将多出 10 像素。

19.4 CSS 布局定位

CSS 布局将页面首先在整体上使用 Div 标记进行划分定位,然后再向不同的 Div 中添加相应的内容，这种排版方式有别于传统的排版方式。通过 CSS 排版的页面，更新将十分容易，甚至是页面的整体结构都可以通过修改 CSS 属性来重新定位。

19.4.1　relative（相对定位）

相对定位的 CSS 样式设置如下：

```
position: relative;
```

相对定位是一个很容易掌握的概念。如果对一个元素进行相对定位，它将以自己的原始位置为原点，然后通过设置垂直或水平位置，让这个元素相对于它的原点进行移动。

相对定位时，对元素进行了移动后，虽然元素移动到了新的位置，但是其实元素还是占据在其原始的位置上。因此，移动元素时，就有可能会导致相对定位的元素覆盖到页面中其他的元素上。

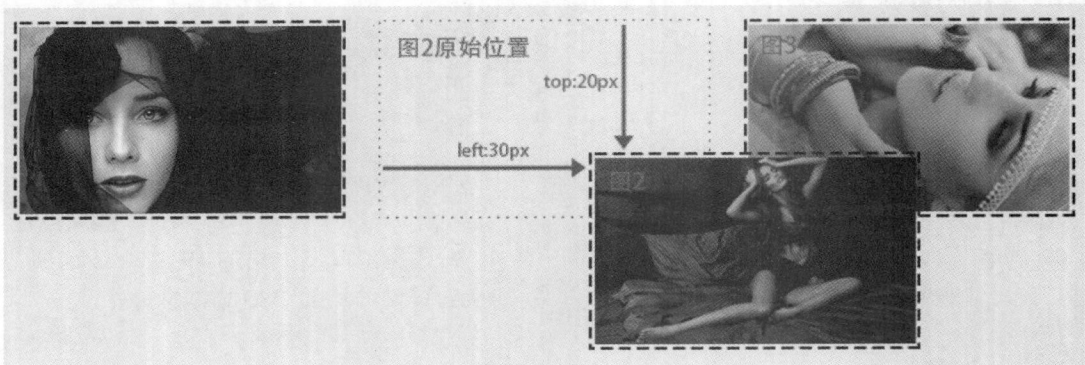

相对定位最大特点是：元素通过定位移动开了，但是还占用着原来的位置，不会让给周围的其他元素。同时相对定位也比较独立，在定位的时候，它是以自己本身所在位置为基础进行移动。

➡ 实例 67+ 视频：使用相对定位布局页面

相对定位在页面的布局中是使用非常频繁的一种定位方式，下面将通过实例的形式向用户介绍相对定位的具体使用方法。

源文件：源文件 \ 第 19 章 \19-4-1. html　　操作视频：视频 \ 第 19 章 \19-4-1. swf

01 ▶ 执行"文件 > 打开"命令，将"素材 \ 第 19 章 \194101.html"文件打开。

02 ▶ 按键盘上的 F12 键测试页面，观察页面效果。

```
18    #pic{
19        width:1001px;
20        height:375px;
21    }
22    #pic2{
23        position:relative;
24        top:33px;
25        left:258px;
26        width:736px;
27        height:219px;
28    }
```

03 ▶ 切换到链接的外部 CSS 样式文件中，修改 pic2 的规则参数。

04 ▶ 按键盘上的 F12 键测试页面，观察页面发生的变化。

提问：相对定位会随着浏览器的宽度变化而发生变化吗？

答：相对定位是根据元素之前的位置进行定位的，而不是根据浏览器的原点定位，所以相对定位的元素不会随着浏览器的变化而发生位置变化。

19.4.2　absolute（绝对定位）

绝对定位的 CSS 样式设置如下：

```
position: absolute;
```

被赋予绝对定位的元素将会从文档流中脱离出来，使用 left、right、top、bottom 等属性相对于其最接近的一个有定位设置的父级

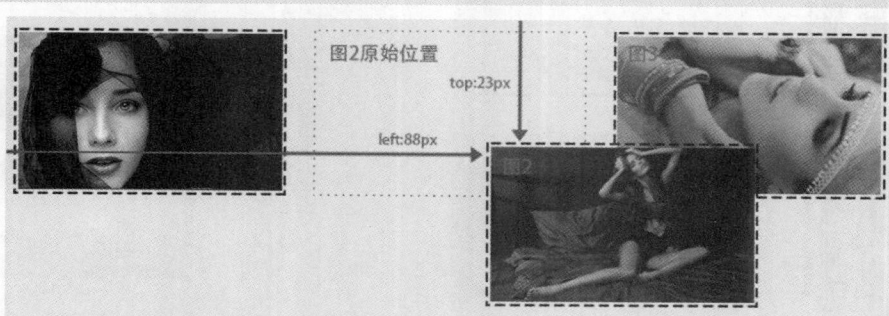

对象进行绝对定位，如果元素的父级没有设置定位属性，则依据 body 对象左上角作为参考进行定位。

绝对定位对象可层叠，层叠顺序可通过 z-index 属性控制，z-index 值为无单位的整数，数值大的在最上面，可以有负值。

实例 68+ 视频：使用绝对定位布局页面

对元素赋予绝对定位后，那么元素就会根据定位的数值进行移动，元素原来占用的空间也会让给其他的元素。此时如果对该元素的父级元素进行定位（前提是父级元素之前没有进行定位），元素不会再受父级元素影响。

源文件：源文件 \ 第 19 章 \19-4-2.html

操作视频：视频 \ 第 19 章 \19-4-2.swf

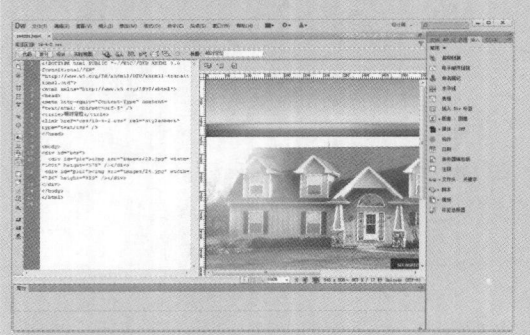

01 ▶执行"文件 > 打开"命令，将"素材 \ 第 19 章 \194201.html"文件打开。

02 ▶按键盘上的 F12 键测试页面，观察页面效果。

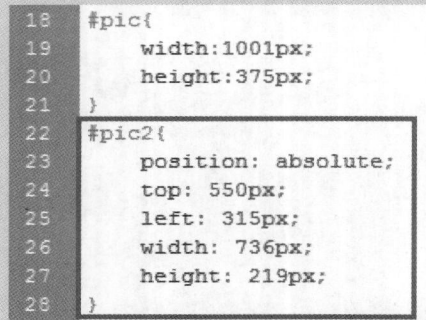

```
18   #pic{
19       width:1001px;
20       height:375px;
21   }
22   #pic2{
23       position: absolute;
24       top: 550px;
25       left: 315px;
26       width: 736px;
27       height: 219px;
28   }
```

03 ▶切换到链接的外部 CSS 样式文件中，修改 pic2 的规则参数。

04 ▶按键盘上的 F12 键测试页面，观察页面发生的变化。

提问：如果父级元素之前已经设置了定位会如何？

答：如果父级元素在元素设置绝对定位之前已经赋予了任意一种定位方式，那么该赋予绝对定位的元素就会受父级元素影响了，如果移动了父级元素，那么赋予了绝对定位的元素也会随之移动。

19.4.3　fixed（固定定位）

固定定位的 CSS 样式设置如下：

```
position: fixed;
```

有时候页面可能会需要某个特殊的需求，例如让某个元素、某块内容固定在页面的某个位置不动，也就是不随滚动条的滚动而滚动。它相对于其他的元素始终是固定的。这种要求就可以使用固定定位来实现。

固定定位和绝对定位比较相似，它是绝对定位的一种特殊形式，固定定位的容器不会随着滚动条的拖动而变化位置。在视线中，固定定位的容器位置是不会改变的。

实例 69+ 视频：使用固定定位布局页面

固定定位的参照位置不是父级元素，而是浏览器窗口。可以使用定位效果来设定广告框架或导航框架等。使用固定定位的元素无论页面如何滚动，始终处在页面的同一位置上。

源文件：源文件 \ 第 19 章 \19-4-3. html

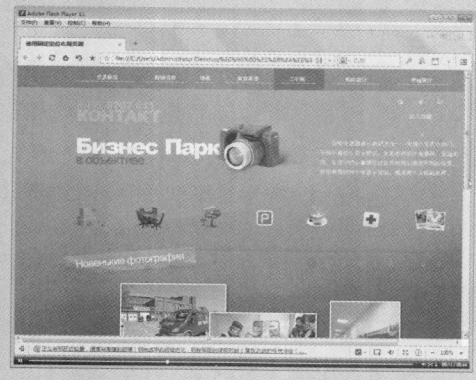

操作视频：视频 \ 第 19 章 \19-4-3. swf

01 ▶ 执行"文件>打开"命令，将"素材 \ 第 19 章 \194301.html"文件打开。

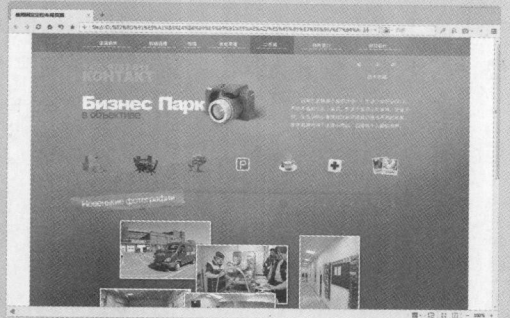

02 ▶ 按键盘上的 F12 键对打开的页面进行测试。

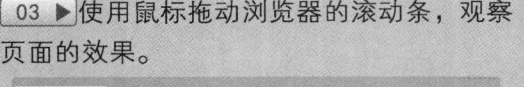

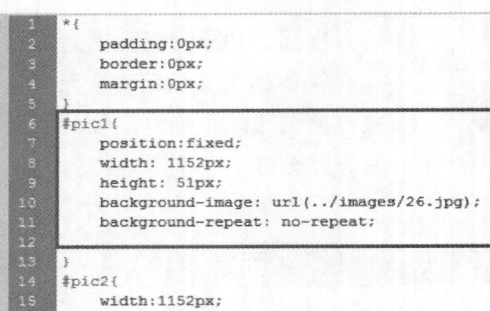

```
1   *{
2       padding:0px;
3       border:0px;
4       margin:0px;
5   }
6   #pic1{
7       position:fixed;
8       width: 1152px;
9       height: 51px;
10      background-image: url(../images/26.jpg);
11      background-repeat: no-repeat;
12
13  }
14  #pic2{
15      width:1152px;
16      height:1371px;
```

03 ▶ 使用鼠标拖动浏览器的滚动条，观察页面的效果。

04 ▶ 切换到链接的外部CSS样式文件中，修改 pic1 的 CSS 规则参数。

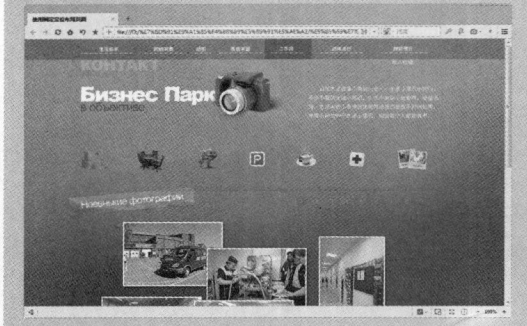

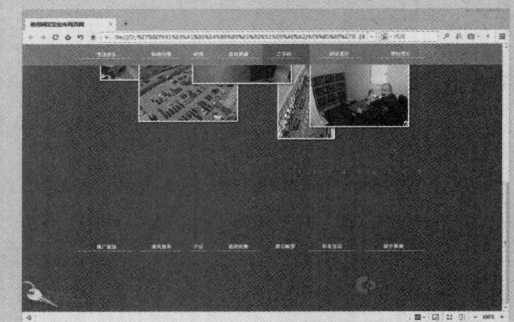

05 ▶ 按键盘上的 F12 键对修改完成的页面进行测试。

06 ▶ 使用鼠标拖动浏览器的滚动条，观察修改完成后页面的导航条效果。

提问：固定元素可以居中显示吗？

答：固定元素是可以居中显示的，例如用户需要让一个固定元素横向居中显示，只要在 CSS 规则代码中定义该元素代码为position:fixed; margin:auto; left:0; right:0;,如果需要纵向居中,只需要将left:0; right:0;修改为top:0; bottom:0;即可。

19.4.4　float（浮动定位）

浮动定位的 CSS 样式设置如下：

```
float: none | left | right;
```

除了使用 position 进行定位外，还可以使用 float 定位。float 定位只能在水平方向上定位，而不能在垂直方向上定位。float 属性表示浮动属性，用来改变元素块的显示方式。

浮动定位是 CSS 排版中非常重要的手段。浮动的框可以左右移动，直到它外边缘碰到包含框或另一个浮动框的边缘。

➡ 实例 70+ 视频：使用浮动定位布局页面

在 Dreamweaver 中，两个 Div 默认的排列方式是垂直排列。如果用户需要两个 Div 横向排列，就需要通过浮动定位 float 属性令元素向左（float:laft）或向右（float:laft）浮动。也就是说，浮动定位可以使 Div 及其中的内容浮动到文档或是上层盒子的右边（左边）。

🏠 源文件：源文件 \ 第 19 章 \19-4-4. html

📶 操作视频：视频 \ 第 19 章 \19-4-4. swf

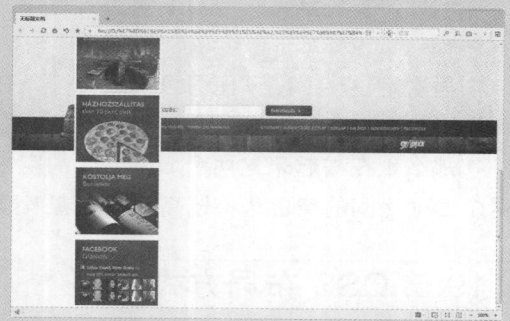

`01 ▶`执行"文件 > 打开"命令，将"素材 \ 第 19 章 \194401.html"文件打开。

`02 ▶`按键盘上的 F12 键对打开的页面进行测试，查看页面效果。

```
19   #pic1{
20       width:216px;
21       height:181px;
22       background-color:#FFF;
23       padding:5px;
24       margin:5px;
25   }
26   #pic2{
27       width:216px;
28       height:181px;
29       background-color:#FFF;
30       padding:5px;
31       margin:5px;
```

```
19   #pic1{
20       width:216px;
21       height:181px;
22       background-color:#FFF;
23       padding:5px;
24       margin:5px;
25       float:left;
26   }
27
28
29
30
```

`03 ▶`切换到链接的外部 CSS 样式文件中，查看 CSS 规则代码。

`04 ▶`在代码编辑器中为名称为 pic1 的 CSS 规则添加浮动定位属性。

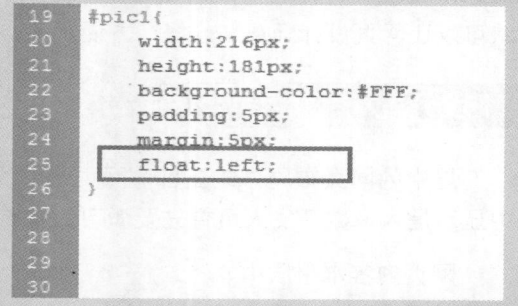

`05 ▶`使用相同的方法为其他名称为 pic 的 CSS 规则添加浮动定位属性。

`06 ▶`按键盘上的 F12 键对打开的页面进行测试，查看浮动定位后的页面效果。

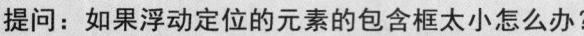

19.4.5　空白边叠加

空白边叠加是一个比较简单的概念,当两个垂直空白边相遇时,它们将形成一个空白边。这个空白边的高度是两个发生叠加的空白边中的高度的较大者。

例如，首先定义一个 Div 的边界为：

```
margin-bottom: 30px;
```

再次定位该 Div 下面同级别的另一个 Div 边界为：

```
margin-top: 10px;
```

那么现在看起来这两个 Div 之间的空白应该是 40px。但是因为空白边叠加的规则，这两个 Div 之间的空白边将以高度较大者来显示，那么空白的高度就是 30px。

19.5　CSS 布局方式

相信用户已经了解到了 CSS 强大的控制能力，下面将介绍 CSS 布局的方法。相对于代码条理混乱、样式繁杂的表格布局方式，CSS 的布局方面有很大的优势，全新的布局方法可以让网页设计师更加轻松、方便。

19.5.1　居中布局方式

居中的网页布局方式在目前网页布局的应用中非常广泛，所以如何在 CSS 中让设计居中显示是大多数开发人员首先要学习的重点之一。

● **网页内容水平居中**

如果用户需要页面中的容器 Div 在屏幕中水平居中，那么首先应先插入一个 Div。

```
<body>
<div id="mid"></div>
</body>
```

然后只需定义 Div 的宽度和高度，并且将水平空白边设置为 auto 即可。

```
#mid{
    width:1299px;
    height:1024px;
    background-image:url(images/33.jpg);
    margin:0 auto;
}
```

按 F12 键进行测试，即可看到名称为 mid 的 Div 在页面中是居中显示的。

● **网页内容垂直居中**

如果需要将内容垂直居中，首先需要定义容器的高度，将容器的 position 属性设置为 relative，然后将 top 属性设置为 50%，就会把容器的上边缘定位在页面的中间。

```
body,html{ height:100%;}
#mid{
    width:800px;
    height:460px;
    background-image:url(34.jpg);
    margin:auto;
    position:relative;
    top:50%;
    }
```

如果需要让容器的中间垂直居中，可以对容器的 margin 属性应用一个负值的空

白边，该负值等于容器高度的一半。这样就会把容器向上移动一半，从而让它在屏幕上垂直居中。

```
#mid{
    width:800px;
    height:460px;
    background-image:url(34.jpg);
    margin:auto;
    position:relative;
    top:50%;
    margin-top:-230px;
    }
```

19.5.2　浮动布局方式

浮动是 CSS 布局中非常常用的布局方式，也是理解 CSS 布局的关键所在。在 CSS 中，包括 Div 在内的任何元素都可以以浮动的方式显示，浮动的布局又可以分为多种形式，下面分别进行详细介绍。

● **两列固定宽度布局**

两列固定宽度布局非常简单，首先新建两个 Div。

```
<body>
<div id="lef"></div>
<div id="rig"></div>
</body>
```

为 ID 名为 left 与 right 的 Div 设置 CSS 样式，让两个 Div 在行中并排显示，从而形成二列式布局。

```
#lef{
    width:500px;
    height:800px;
    background-color:#930;
    float:left;
}
#rig{
    width:500px;
```

```
    height:800px;
    background-color:#093;
    float:left;
```

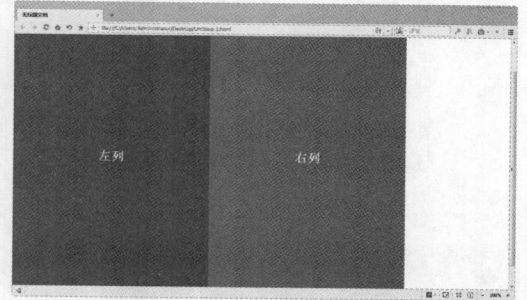

● **两列宽度百分比布局**

自适应主要通过宽度的百分比值进行设置，因此，在二列宽度自适应布局中也同样是对百分比宽度值进行设定。

左栏宽度设置为 30%，右栏宽度设置为 70%，使两个 Div 相加为 100% 的宽度即可。

```
#lef{
    width:30%;
    height:800px;
    background-color:#930;
    float:left;
}
#rig{
    width:70%;
    height:800px;
    background-color:#093;
    float:left;
}
```

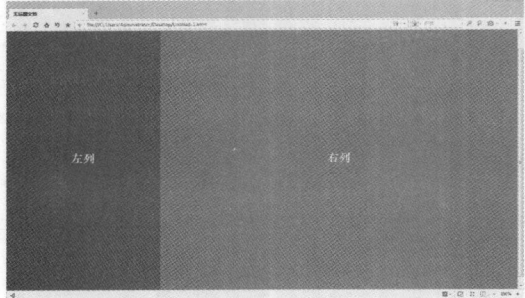

● 两列右列宽度自适应布局

在实际应用中，有时候需要左栏固定，右栏根据浏览器窗口的大小自动适应。在 CSS 中只需要设置左栏宽度，右栏不设置任何宽度值，并且右栏不设置浮动即可。

```
#lef{
    width:450px;
    height:800px;
    background-color:#930;
    float:left;
}
#rig{
    height:800px;
    background-color:#093;
}
```

● 两列宽度固定居中布局

两列固定宽度居中布局可以使用 Div

的嵌套方式来完成，用一个居中的 Div 作为容器，将二列分栏的两个 Div 放置在容器中。

```
<body>
<div id="box">
<div id="lef">左列</div>
<div id="rig">右列</div>
</div>
```

然后分别设置左列和右列两个 Div，即可实现二列的居中显示。

```
#box{
    width:1000px;
    height:800px;
    margin:0 auto;
}
#lef{
    width:500px;
    height:800px;
    background-color:#930;
    float:left;
}
#rig{
    width:500px;
    height:800px;
    background-color:#093;
    float:left;
}
```

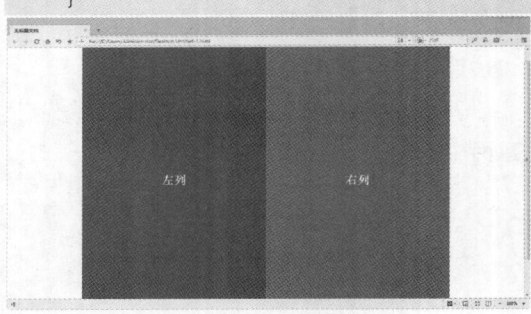

● 三列中间宽度自适应布局

三列中间宽度自适应布局是左列固定宽度居左显示，右栏固定宽度居右显示，而中间栏则根据左右栏的间距变化自动适应。单纯使用 float 属性与百分比属性不能实现，这就需要使用绝对定位来实现了。绝对定位后的对象，不需要考虑它在页面中的浮动关系，只需要设置对象的 top、right、bottom 及 left 4 个方向即可。

首先在页面中插入 3 个 Div。

```
<body>
<div id="lef">左列</div>
<div id="rig">右列</div>
<div id="mai">中间</div>
</body>
```

然后使用绝对定位将左列与右列进行位置控制，而中间则使用普通的 CSS 样式。

```
#lef{
    width:200px;
    height:800px;
    background-color:#930;
    float:left;
    position:absolute;
    top:0px;
    left:0px;
}
#rig{
    width: 200px;
    height: 800px;
    background-color: #093;
```

```
    float: left;
    position: absolute;
    top: 0px;
    right:0px;
}
#mai{
    height:800px;
    background-color:#039;
    margin:0px 200px 0px 200px;
}
```

19.5.3　高度自适应布局方式

在 CSS 布局中，高度值可以使用百分比进行设置，而如果直接使用 height:100%; 是不会显示效果的，这与浏览器的解析方式有一定关系，所以为了实现高度自适应的效果就需要使用一些其他 CSS 代码。

```
html,body { height:100%;}
#box{
    width:800px;
    height:100%;
    background-image:url(images/35.jpg);
    float:left;
}
```

19.6　本章小结

本章主要介绍了 DIV+CSS 布局的相关知识，也是 DIV+CSS 布局的重点内容，包括什么是 CSS 盒模型、常用的定位方式、常用的布局方式等内容。使用 DIV+CSS 布局的最终目的是搭建完善的页面架构，提高网站的设计制作效率和可用性，以及其他实质性的优势。读者一定要仔细理解本章中的内容，这样才能够在网页制作过程中熟练应用。

第 20 章 使用 AP Div 和 Spry 构件

AP Div 可以理解为浮于网页上方的 Div，Dreamweaver 中的 AP Div 是来自 CSS 的定位技术，只不过 Dreamweaver 将其进行了可视化操作，使用 AP Div 可以在网页中实现许多特殊的效果，本章将向读者介绍网页中 AP Div 的应用，以及通过 Dreamweaver 中的 Spry 构件在网页中实现的许多实用特殊功能。

20.1 使用 AP Div 对网页排版

AP Div 本质上也是 Div，AP Div 类似于图像处理软件中的图层。虽然网页中 AP Div 的概念与图像处理软件中图层的概念不尽相同，但是它们都有一个共同点，那就是使用户的工作从"二维"进入到了"三维"，说"三维"是因为它们都存在一个 z 轴的概念，即垂直于显示器平面的方向。

20.1.1 AP Div 的基本使用

在 Dreamweaver 中有多种建立 AP Div 的方法，可以插入、拖放或绘制等。本节将向读者介绍如何插入和选择 AP Div，以及如何对 AP Div 的属性进行设置。

● "AP 元素"面板

在"AP 元素"面板中可以方便、快捷地对 AP Div 进行操作以及对其相关属性进行设置。

用户可以执行"窗口 >AP 元素"命令或者按快捷键 F2，打开"AP 元素"面板。

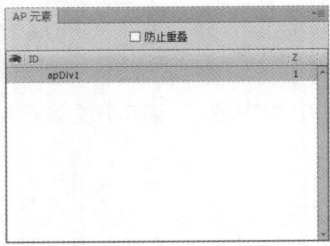

● 插入 AP Div

执行"插入 > 布局对象 >AP Div"命令，即可将 AP Div 插入到页面中。

单击"插入"面板中"布局"选项卡内的"绘制 AP Div"按钮，鼠标光标会变换成十字光标，此时按住鼠标左键进行拖动后释放，即可绘制任意大

小的 AP Div。

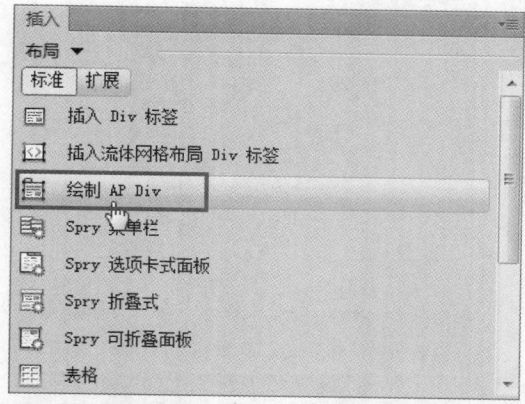

● 选择 AP Div

插入 AP Div 之后，就需要对 AP Div 的属性进行一些设置，例如大小和位置等。但是在设置之前，首先需要将 AP Div 选中，选择 AP Div 的方法有两种。

● 鼠标选择：将鼠标移到 AP Div 边框上，当鼠标光标变为 ✥ 形状后单击鼠标即可选中该 AP Div。

● 面板选择：利用"AP 元素"面板选择 AP Div，在"AP 元素"面板中直接单击 AP Div 的名称，即可将该 AP Div 选中。

● AP Div 的嵌套

将光标插入到一个 AP Div 中，执行"插入 > 布局对象 >AP Div"命令，即可将 AP

Div 插到该 AP Div 中，以嵌套的方式显示在"AP 元素"面板中。

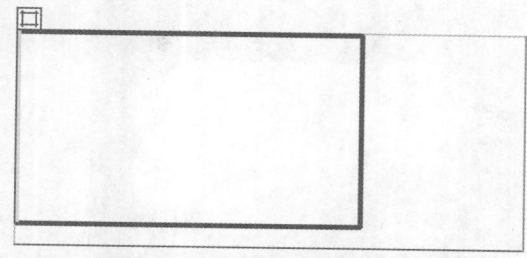

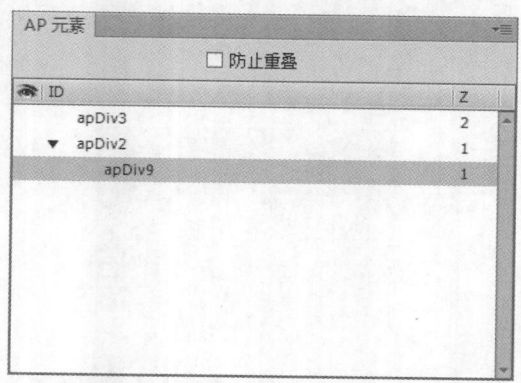

● 设置 AP Div 属性

与普通的 Div 一样，AP Div 也有自己的"属性"面板，在属性面板中用户可以设定 AP Div 的名称、位置、大小、背景图像、溢出、剪辑、可见性以及背景颜色等。

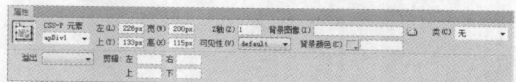

20.1.2　使用 AP Div 排版

AP Div 与表格都可以用来在页面中定位其他对象，例如定位图片、文本等。虽然在定位对象方面它们有时可能相互取代，但是两者却也并不完全相同。

➡ 实例 71+ 视频：使用 AP Div 布局页面

由于 AP Div 是后来定义的 HTML 元素，并且标准不一，所以导致了早期版本的浏览器都不支持 AP Div 的显示，在这种情况下就必须使用其他的定位功能进行定位。

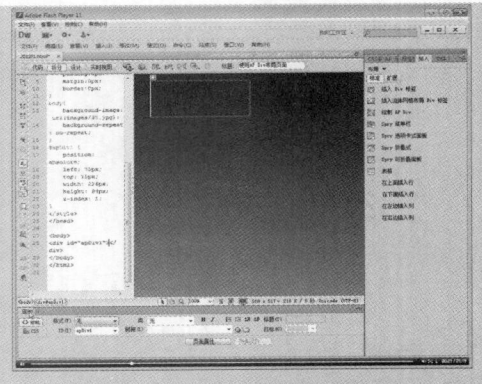

🏠 源文件：源文件 \ 第 20 章 \20-1-2. html

📡 操作视频：视频 \ 第 20 章 \20-1-2. swf

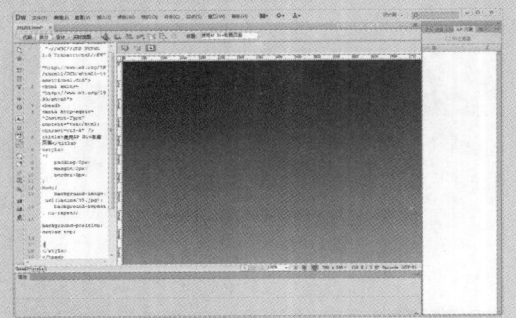

01 ▶ 执行"文件 > 打开"命令，将"素材 \ 第 20 章 \201201.html"文件打开。

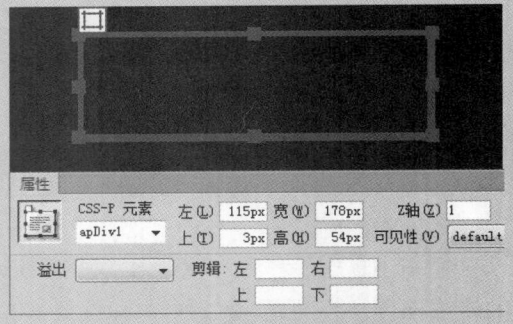

02 ▶ 在页面中插入一个 AP Div，在属性面板中设置该 AP Div 的属性。

03 ▶ 将光标插入到 AP Div 中，将"素材 \ 第 20 章 \images\201202.jpg"图像插入到该 AP Div 中。

04 ▶ 使用相同的方法插入其他的 AP Div，并在 AP Div 中插入相应的图像。

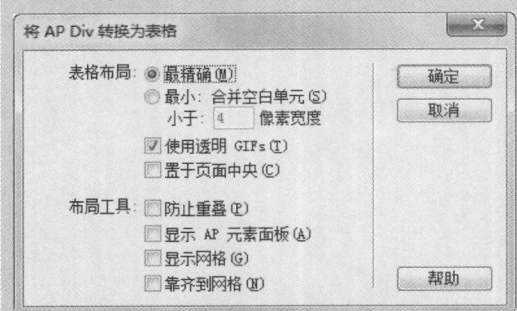

05 ▶ 执行"修改 > 转换 > 将 AP Div 转换为表格"命令，在弹出的对话框中设置相应参数。

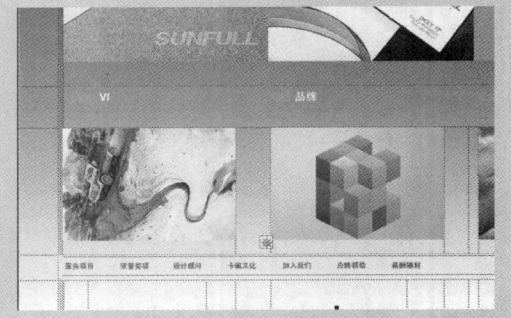

06 ▶ 单击"确定"按钮，即可将页面中的 AP Div 转换为表格。

07 ▶ 将 AP Div 转换为表格后，在代码视图中也自动生成相应的表格代码。

08 ▶ 执行"文件 > 保存"命令，按 F12 键，测试页面，观察页面的效果。

提问：AP Div 如此方便为什么还要使用 DIV+CSS 布局页面？

答：使用 AP Div 排版页面的方法只适合于排版并不复杂的页面，如欢迎页面等。对于复杂的图文混排页面，最好还是需要采用传统 DIV+CSS 排版方式，并且 AP Div 是绝对定位的布局定位，一些页面效果是 AP Div 无法完成的。

提示 将 AP Div 转换为表格之后，如果再次需要调整 AP Div 在页面中的位置，可以将表格选中，执行"修改 > 转换 > 将表格转换为 AP Div"命令，即可将表格再次转换为 AP Div。

20.1.3 使用 AP Div 溢出排版

如果 AP Div 中的内容超出了 AP Div 的大小，这时候就可以使用 AP Div 的"溢出"属性来控制 AP Div 在浏览器中的显示效果。

➡ 实例 72+ 视频：制作文字滚动条效果

在制作页面的过程中难免会碰到一些具有大量文字的页面，如果将文字全部显示出来会非常占用空间，这时候使用 AP Div 的溢出排版就可以很好地解决问题。

🏠 源文件：源文件 \ 第 20 章 \20-1-3.html

📹 操作视频：视频 \ 第 20 章 \20-1-3.swf

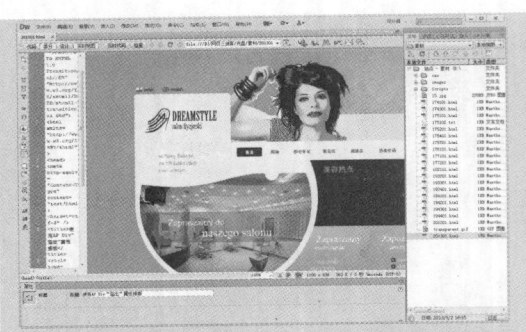

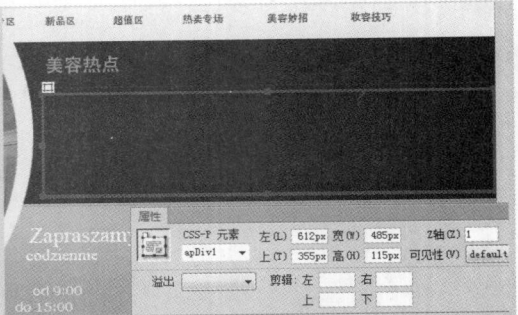

01 ▶ 执行"文件＞打开"命令，将"素材 \ 第 20 章 \201301.html"文件打开。

02 ▶ 在页面中绘制一个 AP Div，并在属性面板中设置该 AP Div 的属性。

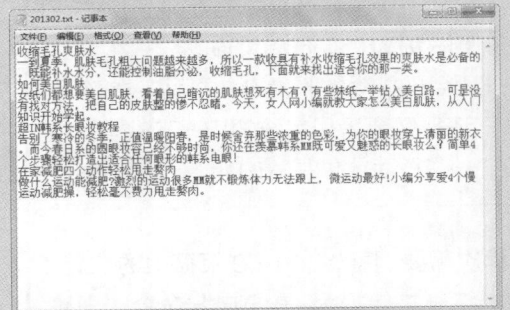

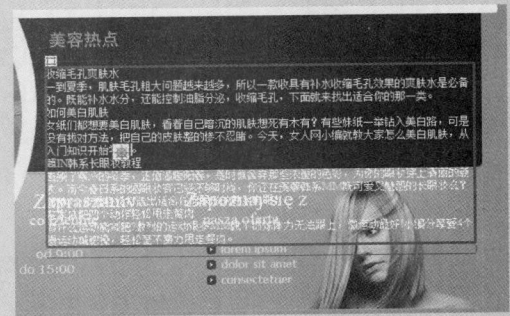

03 ▶ 将"素材 \ 第 20 章 \images\201302.txt"文档打开。

04 ▶ 将 TXT 文档中的文字复制下来，粘贴到 AP Div 中。

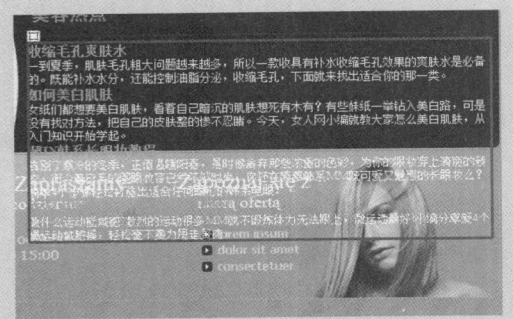

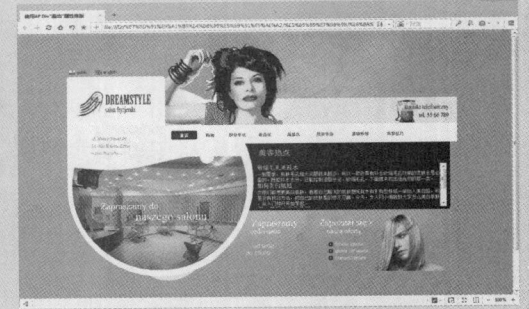

05 ▶ 将文本中所有的标题都应用上名称为 .bai 的 CSS 类样式。

06 ▶ 将"溢出"属性调整为 auto，按 F12 键测试页面，观察 AP Div 的溢出效果。

提问："溢出"下拉列表中的其他选项有什么作用？

答：如果选择"溢出"下拉列表中的 Scroll 选项，将在该边框的下部和右部添加滚动条；如果选择 Visible 选项，将把多余的内容也显示出来；如果选择 Nidden 选项，将会直接把多余的内容隐藏起来。

20.2 使用 AP Div 实现网页特效

使用 AP Div 还可以实现很多的网页中的特殊效果，利用它可以随意改变位置以及可以显示和隐藏的特殊规则，可以制作出弹出和拖动等特殊的页面效果。

在 Dreamweaver 中主要通过"设置容器文本"行为来实现 AP Div 文本。该行为用于包含 Div 的页面，可以动态地改变 AP Div 中的文本、转变 AP Div 的显示以及替换 AP Div 的内容。

➡ 实例 73+ 视频：使用 AP Div 制作容器文本

使用 AP Div 的容器文本，可以实现 AP Div 中的内容修改替换。这将会很好地提高页面的使用率，极大地节省了页面的空间。

🏠 源文件：源文件 \ 第 20 章 \20-2-1.html

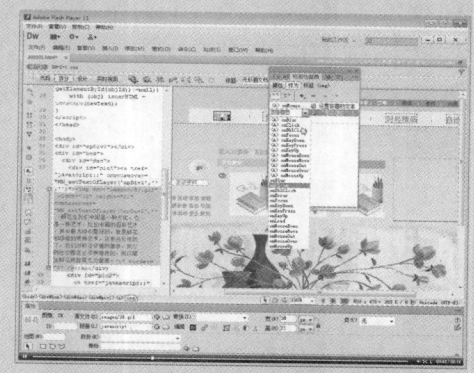

📡 操作视频：视频 \ 第 20 章 \20-2-1.swf

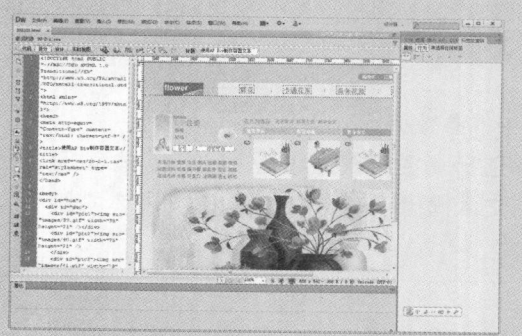

01 ▶ 执行"文件 > 打开"命令，将"素材 \ 第 20 章 \202101.html"文件打开。

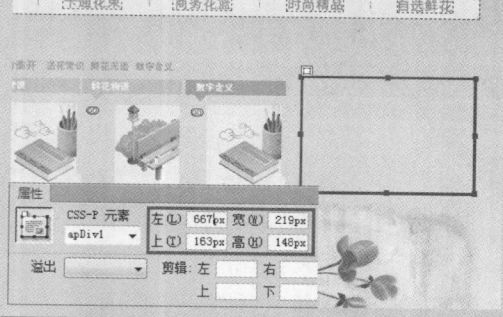

02 ▶ 在页面中绘制一个 AP Div，在"属性"面板中设置其大小和位置。

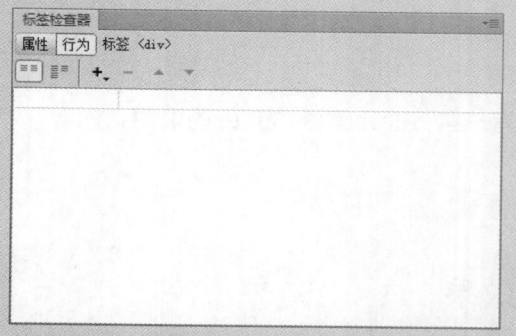

03 ▶ 选中导航中的"鲜花"图像，执行"窗口 > 行为"命令，打开"标签检查器"面板。

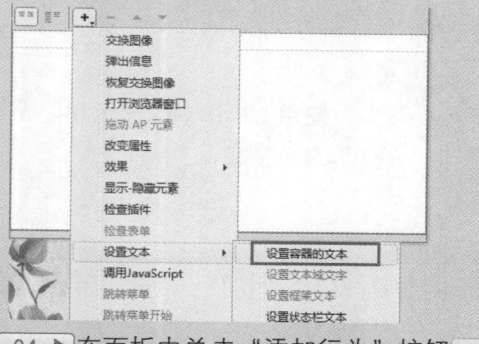

04 ▶ 在面板中单击"添加行为"按钮 ✦，选择"设置文本 > 设置容器的文本"命令。

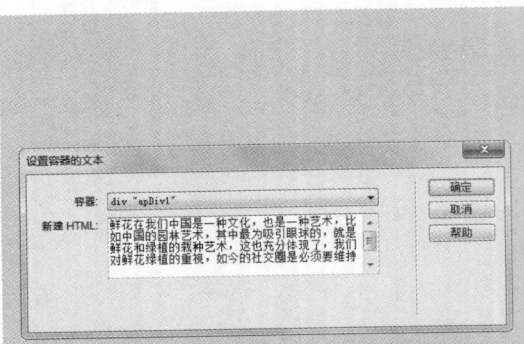

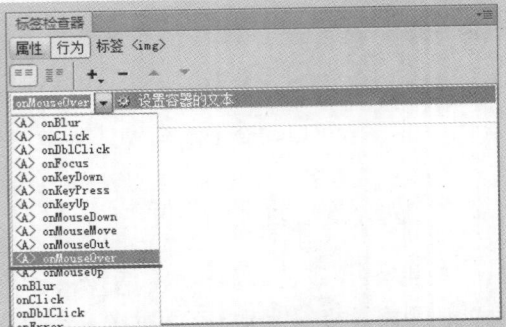

05 ▶在打开的对话框中进行设置，执行"窗口 > 行为"命令，打开"标签检查器"面板。

06 ▶在刚刚添加的行为上将激活方式修改为 onMouseOver 选项。

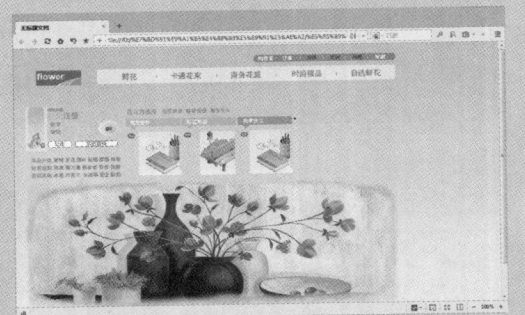

07 ▶使用相同的方法为其他的导航添加容器文本，按 F12 键测试页面。

08 ▶将鼠标移动到导航的文字上，即可看到设置容器文本效果。

> **提问**："设置容器文本"对话框中的参数有什么含义？
>
> 答：在"容器"下拉列表中可以选择需要修改内容的 AP Div，本实例中选择的是 ap Div1；"新建 HTML"文本框用于输入取代 AP Div 内容的新 HTML 代码或文本。

20.2.2 AP Div 的显示和隐藏

在页面中，用户还可以将 AP Div 设置为隐藏和显示效果，主要用于给用户提供一些信息，改善用户之间的交互。

> 使用 AP Div 的显示和隐藏可以为一些页面元素添加有关的说明、内容和详细信息等。

➡ 实例 74+ 视频：制作导航弹出效果

使用该行为可以在页面做出某个特定行为时显示或隐藏 AP Div，本实例中将使用该行为制作出鼠标移动到菜单栏上时，显示二级菜单；移除菜单栏时，隐藏二级菜单。

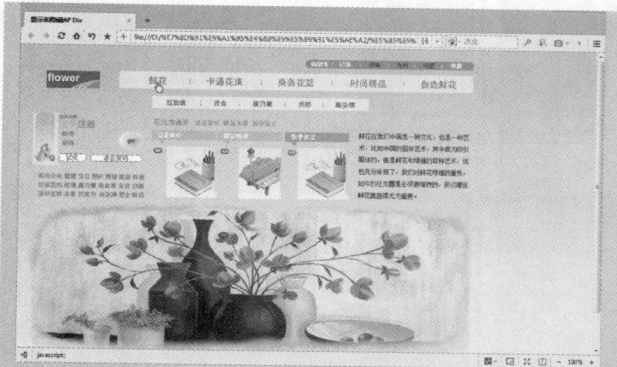

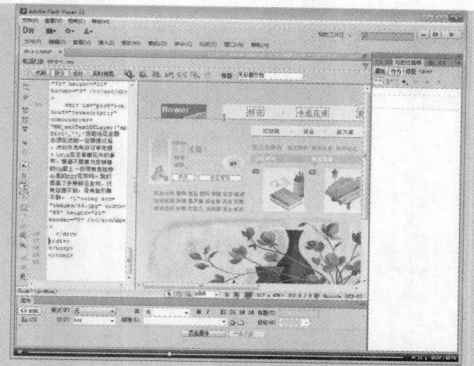

🏠 源文件：源文件 \ 第 20 章 \20-2-2. html

🔊 操作视频：视频 \ 第 20 章 \20-2-2. swf

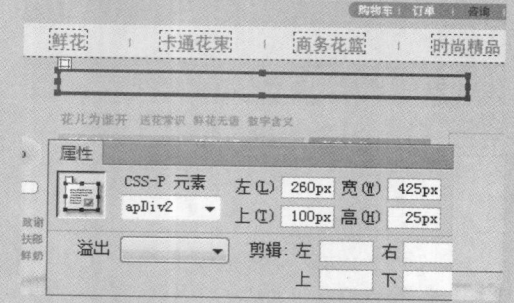

01 ▶ 执行"文件 > 打开"命令，将"源文件 \ 第 20 章 \20-2-1.html"文件打开。

02 ▶ 在页面中绘制一个 AP Div，并在"属性"面板中设置其大小和位置。

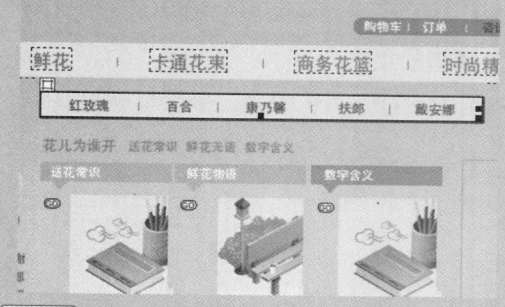

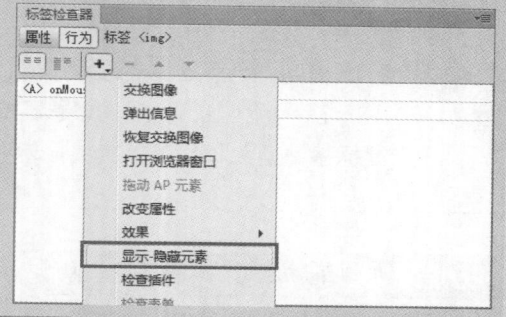

03 ▶ 在"插入"面板中单击"图像"按钮，将"源文件 \ 第 20 章 \images\202202.gif"图像插入到 AP Div 中。

04 ▶ 选中导航中的"鲜花"图像，在"标签检查器"面板中单击"添加行为"按钮，在弹出的菜单中选择"显示 - 隐藏元素"。

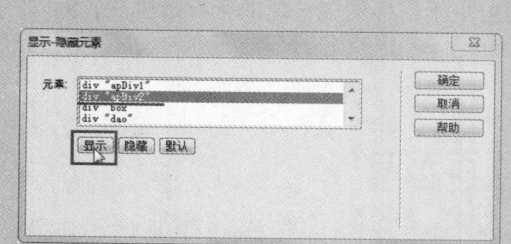

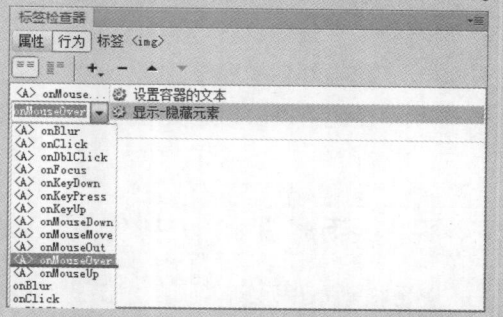

05 ▶ 在"显示 - 隐藏元素"对话框中将 div "apDiv2"调整为显示状态。

06 ▶ 单击"确定"按钮，在刚刚添加的行为上将激活方式修改为 onMouseOver。

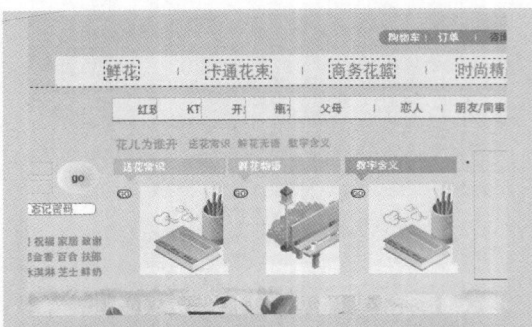

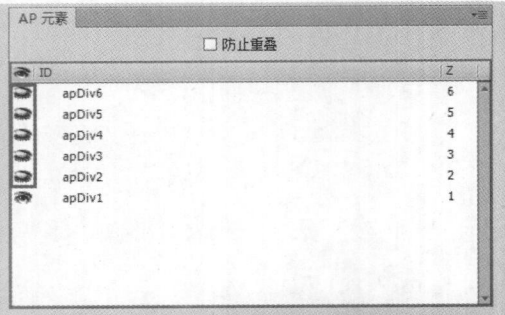

07 ▶ 使用相同的方法为其他的导航图像添加行为。

08 ▶ 将 apDiv2 至 apDiv5 的显示状态全部调整为不可见状态。

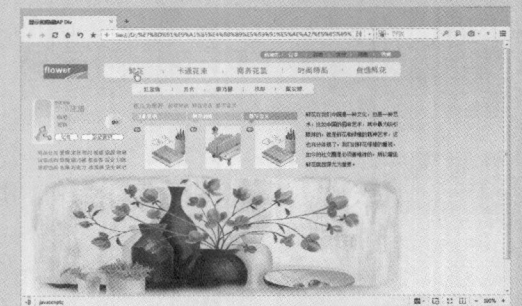

09 ▶ 执行"文件 > 保存"命令，对文档进行保存，按 F12 键测试页面。

10 ▶ 将鼠标移动到导航的文字上，即可看到隐藏和显示的效果。

提问：为什么最后要将所有 AP Div 隐藏起来？

答：因为如果 AP Div 是显示状态的话，在打开页面时，二级菜单不需要鼠标移动到菜单栏上就直接显示在页面中。

20.2.3 拖动网页中的 AP Div

在 Dreamweaver 中还可以创建 AP 元素的拖动效果，在大型的电子商务网站或游戏网站中，经常会出现拖动 AP 元素的效果，比如拼图游戏或直接将商品拖动到购物车中。

使用这种行为可以规定浏览者用鼠标拖动对象的方向，以及浏览者要将对象拖动到的那个目标，并且如果这个对象处于目标周围一定的坐标范围内，对象还可以自动地依附到目标上。当对象到达目标时，可以规定将要发生的事情。

实例 75+ 视频：制作可拖动的页面元素

使用拖动 AP 元素可以制作出一些非常有意思的网页效果，下面将以实例的形式讲解拖动 AP 元素的具体操作方法。

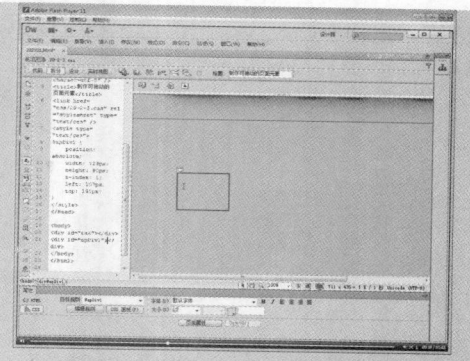

🏠 源文件：源文件 \ 第 20 章 \20-2-3. html

📹 操作视频：视频 \ 第 20 章 \20-2-3. swf

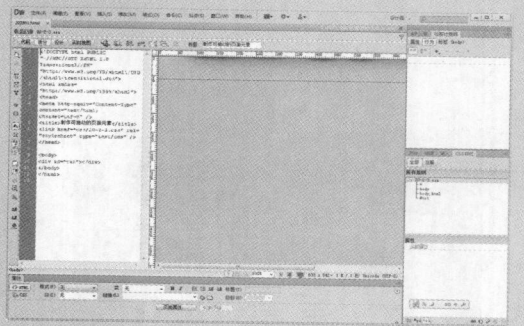

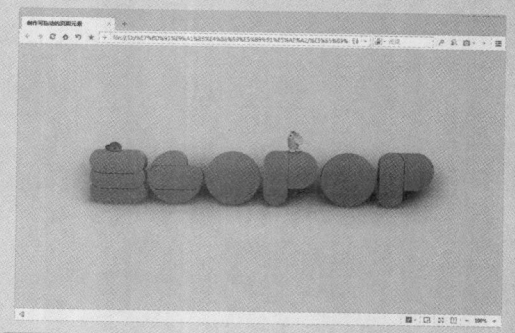

01 ▶ 执行"文件 > 打开"命令，将"素材 \ 第 20 章 \202301.html"文件打开。

02 ▶ 按键盘上的 F12 键测试页面，观察页面效果。

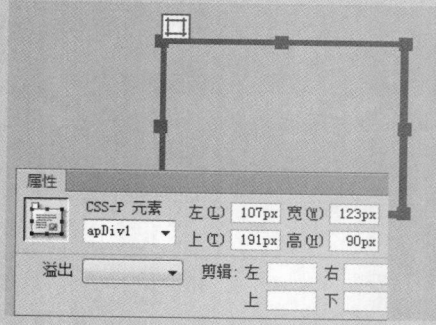

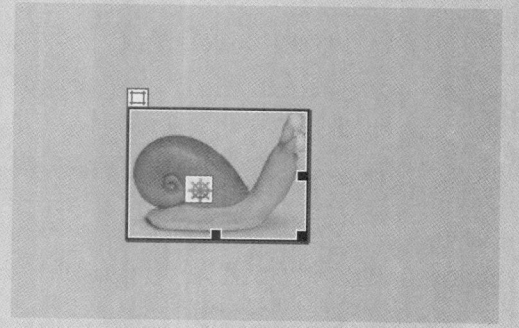

03 ▶ 在页面中绘制一个 AP Div，在"属性"面板中设置其大小。

04 ▶ 将"素材 \ 第 20 章 \images\202302. png"图像插入到 AP Div 中。

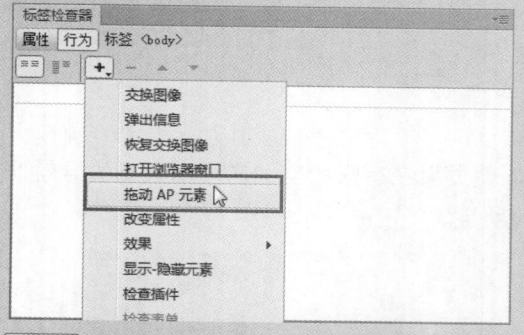

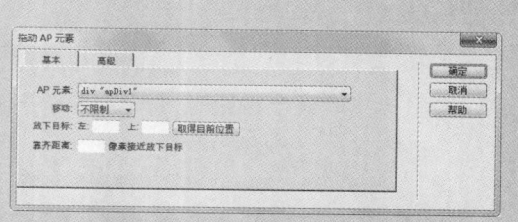

05 ▶ 在页面的空白处单击，打开"标签检查器"面板，添加"拖动 AP 元素"行为。

06 ▶ 弹出"拖动 AP 元素"对话框，在"基本"选项卡中设置各项参数。

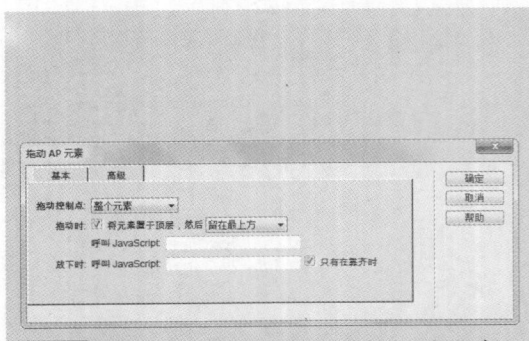

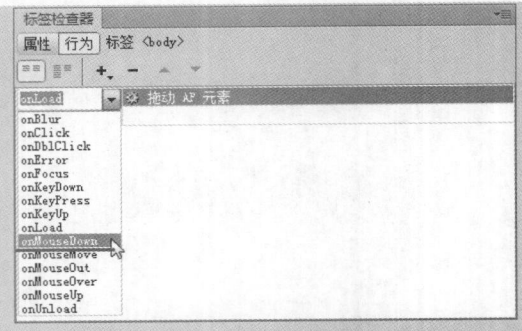

07 ▶ 在该对话框中单击"高级"选项卡，在其中设置各项参数。

08 ▶ 单击"确定"按钮，将该行为的激活方式修改为 onMouseDown。

09 ▶ 使用相同的方法制作其他可拖动的页面 AP 元素。

10 ▶ 按键盘上的 F12 键测试页面，使用鼠标即可拖动页面中设置的拖动元素。

提问：可以限制拖动 AP 元素吗？

答：在"拖动 AP 元素"对话框中，可以通过"限制"选项限制拖动 AP 元素的拖动方向，例如用户可以限制横向拖动或者纵向拖动一个 AP 元素，并且也可以对拖动的范围进行限制。

20.3 使用 Spry 构件

Spry 是 Dreamweaver 中内置的 JavaScript 库，使用 Spry，可以将 HTML、CSS 和 JavaScript 等 XML 数据合并到 HTML 文档中，创建例如菜单栏、可折叠面板等构件，向各种网页中添加不同类型的效果。在 Dreamweaver 中使用 Spry 构件比较简单，但要求用户具有 HTML、CSS 和 JavaScript 的相关基础知识。

20.3.1 Spry 菜单

Spry 菜单栏是一组可导航的菜单按钮，可以使页面在有限的空间内显示大量的导航信息，当鼠标指向某个按钮时，即可弹出子菜单的项目。

使用 Spry 菜单栏可以在紧凑的空间中显示大量的导航信息，并且使浏览者能够清楚网站中的站点目录结构。当用户将鼠标移至某个菜单按钮时，将显示相应的子菜单。

将光标放置在页面中需要插入 Spry 菜单栏的位置，单击"插入"面板上的 Spry 选项卡中的"Spry 菜单栏"按钮，即可弹出"Spry 菜单栏"对话框。

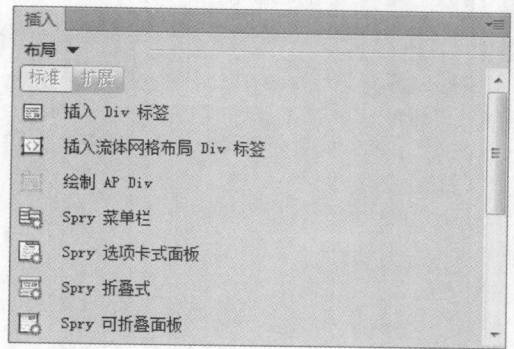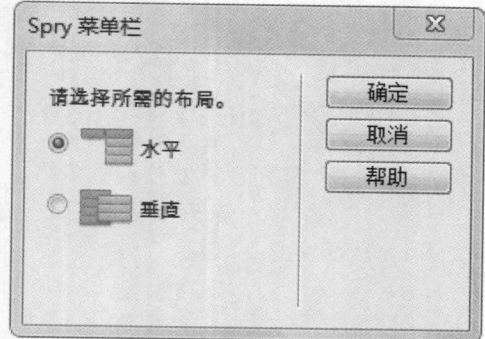

在该对话框中单击"确定"按钮，即可在页面中插入 Spry 菜单栏，完成 Spry 菜单栏的插入后，可以在"属性"面板中进行"项目"的添加或删除等操作。

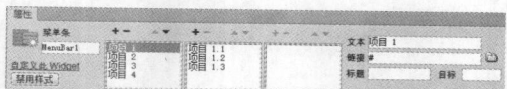

实例 76+ 视频：制作页面下拉菜单

在网页中，导航栏是不可或缺的一部分，同时也是使用频率最高的一部分。下面将通过实例的形式介绍如何通过 Spry 菜单栏实现网页下拉菜单效果。

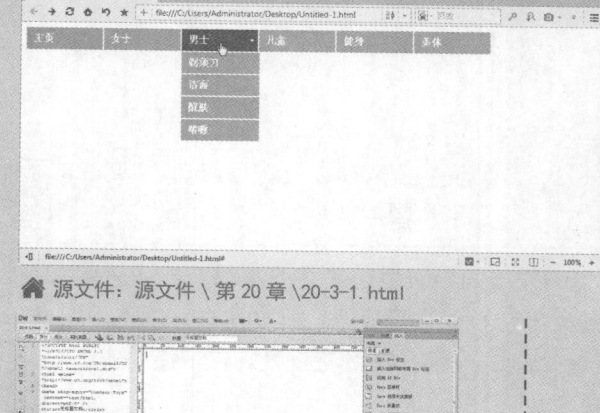

源文件：源文件 \ 第 20 章 \20-3-1.html

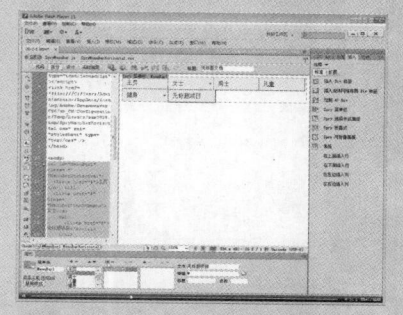

操作视频：视频 \ 第 20 章 \20-3-1.swf

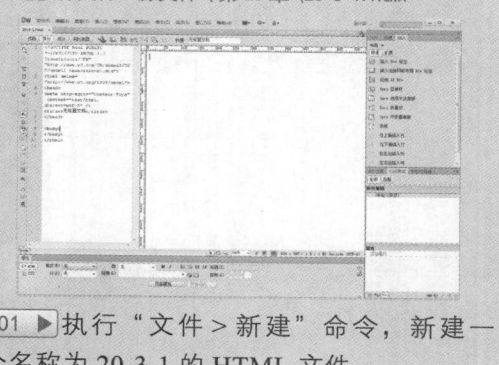

01 ▶ 执行"文件 > 新建"命令，新建一个名称为 20-3-1 的 HTML 文件。

02 ▶ 单击"插入"面板中的"Spry 菜单栏"按钮，插入一个水平的 Spry 菜单栏。

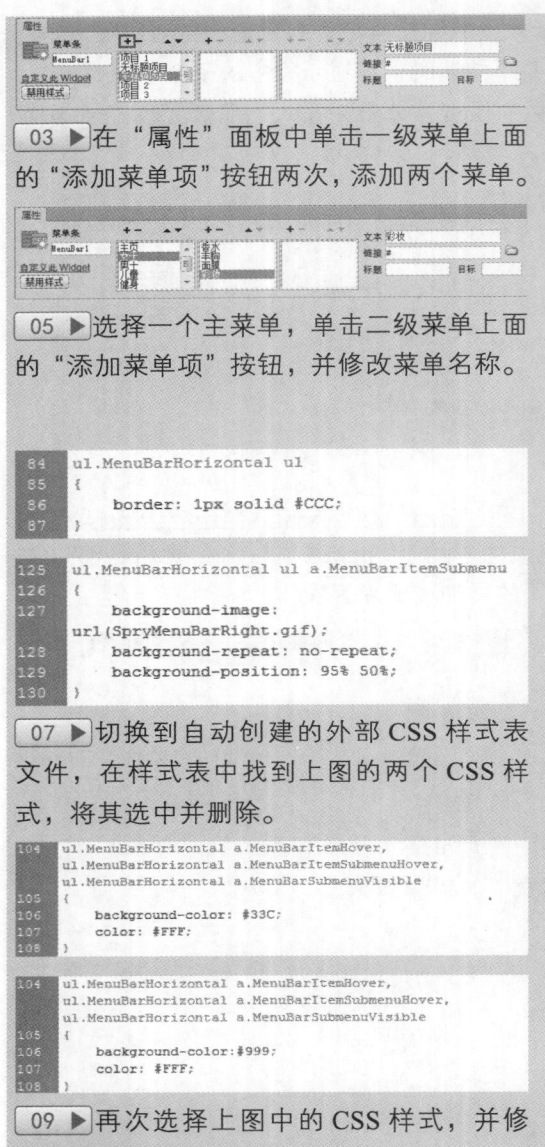

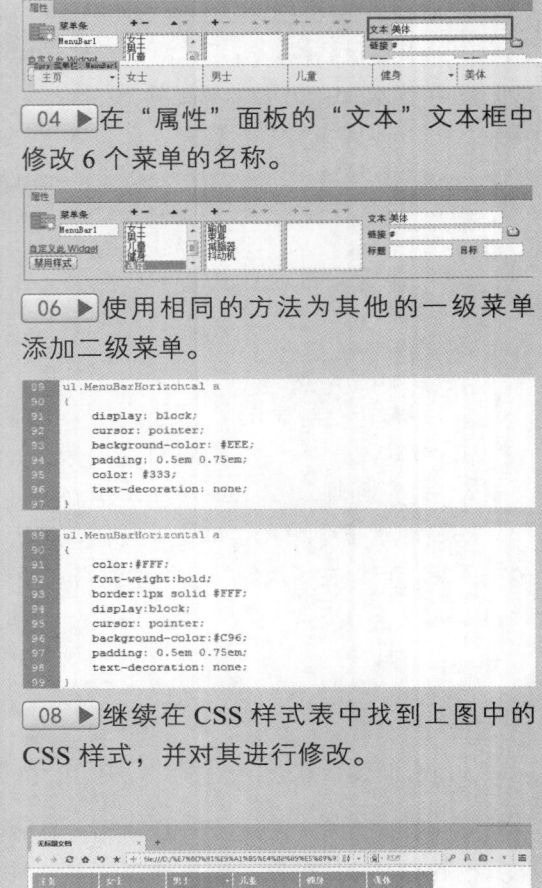

03 ▶ 在"属性"面板中单击一级菜单上面的"添加菜单项"按钮两次，添加两个菜单。

04 ▶ 在"属性"面板的"文本"文本框中修改 6 个菜单的名称。

05 ▶ 选择一个主菜单，单击二级菜单上面的"添加菜单项"按钮，并修改菜单名称。

06 ▶ 使用相同的方法为其他的一级菜单添加二级菜单。

```
84  ul.MenuBarHorizontal ul
85  {
86      border: 1px solid #CCC;
87  }
```

```
125  ul.MenuBarHorizontal ul a.MenuBarItemSubmenu
126  {
127      background-image:
     url(SpryMenuBarRight.gif);
128      background-repeat: no-repeat;
129      background-position: 95% 50%;
130  }
```

```
89  ul.MenuBarHorizontal a
90  {
91      display: block;
92      cursor: pointer;
93      background-color: #EEE;
94      padding: 0.5em 0.75em;
95      color: #333;
96      text-decoration: none;
97  }
```

```
89  ul.MenuBarHorizontal a
90  {
91      color:#FFF;
92      font-weight:bold;
93      border:1px solid #FFF;
94      display:block;
95      cursor: pointer;
96      background-color:#C96;
97      padding: 0.5em 0.75em;
98      text-decoration: none;
99  }
```

07 ▶ 切换到自动创建的外部 CSS 样式表文件，在样式表中找到上图的两个 CSS 样式，将其选中并删除。

08 ▶ 继续在 CSS 样式表中找到上图中的 CSS 样式，并对其进行修改。

```
104  ul.MenuBarHorizontal a.MenuBarItemHover,
     ul.MenuBarHorizontal a.MenuBarItemSubmenuHover,
     ul.MenuBarHorizontal a.MenuBarSubmenuVisible
105  {
106      background-color: #33C;
107      color: #FFF;
108  }
```

```
104  ul.MenuBarHorizontal a.MenuBarItemHover,
     ul.MenuBarHorizontal a.MenuBarItemSubmenuHover,
     ul.MenuBarHorizontal a.MenuBarSubmenuVisible
105  {
106      background-color:#999;
107      color: #FFF;
108  }
```

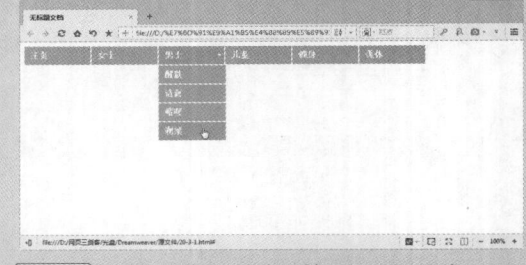

09 ▶ 再次选择上图中的 CSS 样式，并修改其背景颜色。

10 ▶ 将文档进行保存，按 F12 键测试页面，观察页面的效果。

提问：为什么 Spry 菜单栏制作出的导航看起来并不美观？

答：使用 Spry 构件制作的元素都可以进行更改，例如用户可以使用图像来代替每一个色块，这样便可以改善 Spry 菜单栏的美观性。在下面的实例中，会介绍修改 Spry 构件外观的技巧。

20.3.2 Spry 选项卡式面板

Spry 选项卡式面板构件是一组面板，用于将一些内容放置在一个紧凑的容器中，当浏览者单击某个设定的选项卡时，即可显示设置的 Spry 选项卡式面板。当访问者单击其他设定的选项卡时，Spry 选项卡式面板构件也会进行切换。

将光标放置在页面中需要插入 Spry 选项卡式面板的位置，单击"插入"面板上的 Spry 选项卡中的"Spry 选项卡式面板"按钮，即可在页面中插入 Spry 选项卡式面板。

Spry 选项卡式面板：TabbedPanels1		
标签 1	标签 2	
内容 1		

实例 77+ 视频：制作化妆品网站销售栏

虽然使用"属性"面板可以非常快捷地对 Spry 选项卡式面板构件进行编辑，但是并不支持自定义的样式设置。因此，如果需要修改 Spry 选项卡式面板的外观样式，就需要通过选项卡式面板的 css 规则来实现。

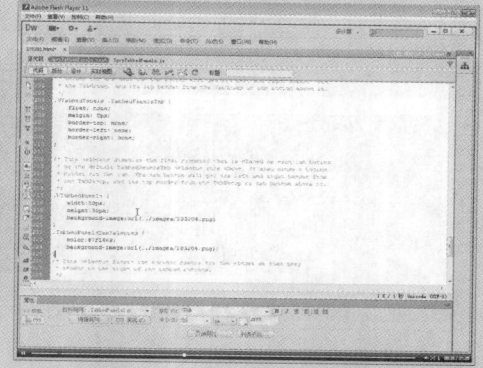

🏠 源文件：源文件 \ 第 20 章 \20-3-2.html

📡 操作视频：视频 \ 第 20 章 \20-3-2.swf

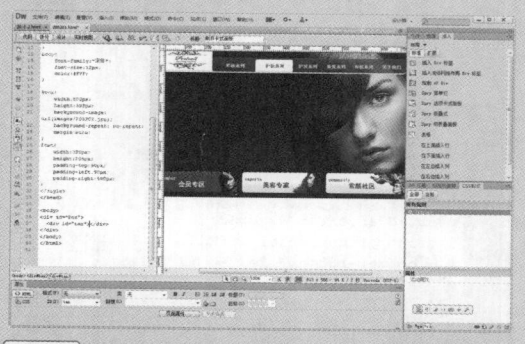

01 ▶ 执行"文件 > 打开"命令，将"素材 \ 第 20 章 \203201.html"文档打开。

02 ▶ 将光标插入页面中，在光标的位置上插入 Spry 选项卡式面板。

03 ▶ 在"属性"面板中单击"添加面板"按钮添加"标签 3"。

04 ▶ 插入"标签 3"后，用户可以在"属性"面板中为 Spry 选项卡式面板上添加一个选项卡。

```
67  .TabbedPanelsTab {
68      position: relative;
69      top: 1px;
70      float: left;
71      padding: 4px 10px;
72      margin: 0px 1px 0px 0px;
73      font: bold 0.7em sans-serif;
74      background-color: #DDD;
75      list-style: none;
76      border-left: solid 1px #CCC;
77      border-bottom: solid 1px #999;
78      border-top: solid 1px #999;
79      border-right: solid 1px #999;
80      -moz-user-select: none;
81      -khtml-user-select: none;
82      cursor: pointer;
83  }
```

05 ▶ 切换到 SpryTabbedPanels.css 样式文件中，在样式表中找到上图所示的样式。

```
67  .TabbedPanelsTab {
68      position: relative;
69      top: 1px;
70      float: left;
71      width: 80px;
72      height: 30px;
73      background-image:url(../images/203203.png);
74      list-style: none;
75      font-weight:bold;
76      line-height: 30px;
77      text-align: center;
78      -moz-user-select: none;
79      -khtml-user-select: none;
80      cursor: pointer;
81      margin-right:3px;
82      margin-bottom:3px;
83  }
```

06 ▶ 对该样式进行修改，修改后的样式如上图所示。

07 ▶ 返回"设计"视图中，修改 Spry 选项卡中的文字。

```
211  .VTabbedPanels .TabbedPanelsTabSelected {
212      background-color: #EEE;
213      border-bottom: solid 1px #999;
214  }
215
216  /* This selector floats the content panels for the widget so that they
217   * render to the right of the tabbed buttons.
218   */
```

08 ▶ 再次转换到 css 样式表中，找到上图所示的 css 样式。

```
210  .VTabbedPanels {
211      width:80px;
212      height:30px;
213      background-image:url(../images/203204.png);
214  }
215  .TabbedPanelsTabSelected {
216      color:#7f1669;
217      background-image:url(../images/203204.png);
218  }
219
220  /* This selector floats the content panels for the widget so that they
221   * render to the right of the tabbed buttons.
222   */
```

09 ▶ 将该样式分割为两个样式并进行修改，修改后的样式如上图所示。

```
105  .TabbedPanelsTabSelected {
106      background-color: #EEE;
107      border-bottom: 1px solid #EEE;
108  }
```

```
105  .TabbedPanelsTabSelected {
106      background-color: #EEE;
107      border-bottom: 1px solid #11151e;
108  }
```

10 ▶ 找到上图所示的样式，并修改样式中的颜色值。

```
129  .TabbedPanelsContentGroup {
130      clear: both;
131      border-left: solid 1px #CCC;
132      border-bottom: solid 1px #CCC;
133      border-top: solid 1px #999;
134      border-right: solid 1px #999;
135      background-color: #EEE;
136  }
```

```
129  .TabbedPanelsContentGroup {
130      clear: both;
131      width:334px;
132      color:#FFF;
133      border:solid 1px #670653;
134      background-color:#670653;
135  }
```

11 ▶ 找到上图所示的样式，并对该样式进行修改。

12 ▶ 返回"设计"视图中，观察修改 css 样式后的效果。

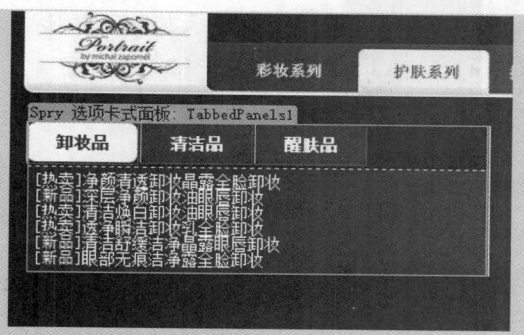

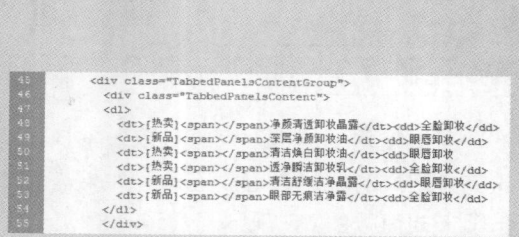

13 ▶ 在 Spry 选项卡式面板的第一个标签中，将"内容 1"文字删除并输入相应的文字。

14 ▶ 切换到"源代码"中，为文字添加项目列表标签。

```
32  #tan dt{
33      float:left;
34      width:260px;
35      height:25px;
36      line-height:25px;
37      margin-left:8px;
38      border-bottom:1px solid #c833a9;
39  }
40  #tan dd{
41      float:left;
42      width:50px;
43      height:25px;
44      line-height:25px;
45      border-bottom:1px solid #c833a9;
46  }
47  #tan span{
48      margin-right:10px;
49  }
```

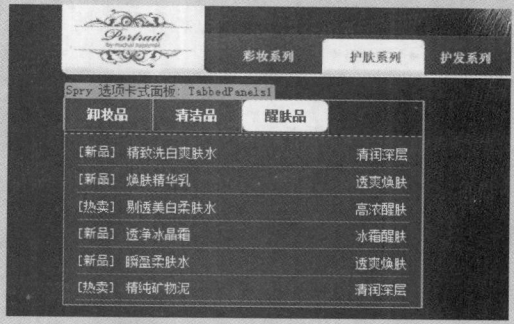

15 ▶ 在"源代码"的 <style> 标签中创建名称为 #tan dt、#tan dd、#tan span 的 css 规则。

16 ▶ 使用相同的方法制作"清洁品"选项卡和"醒肤品"选项卡。

17 ▶ 执行"文件 > 保存"命令，按 F12 键测试页面。

18 ▶ 在页面中单击卡式面板的选项卡，观察 Spry 选项卡式面板的效果。

 提问：修改的 CSS 样式，每一个都具有什么作用？

答：首先修改的 .TabbedPanelsTab 样式，是用于定义选项卡式面板标签的默认状态；然后修改的 .TabbedPanelsTabSelected 样式，是用于定义选项卡面板被选中时的标签状态；最后修改的 .TabbedPanelsContentGroup 样式，是用于定义选项卡式面板内容部分的外观。

20.3.3　Spry 折叠式面板

Spry 折叠式面板可以将大量页面内容放置在一个可折叠的面板空间中，从而达到为网页节省空间的作用。浏览者只需要单击该构件的选项卡,就可以显示或隐藏该面板中的内容。当浏览者单击不同的选项卡时,折叠式构件的面板会进行相应的展开或收缩。

➡ 实例 78+ 视频:制作游戏任务大厅

虽然使用"属性"面板可以非常快捷地对 Spry 选项卡式面板构件进行编辑,但是并不支持自定义的样式设置。因此,如果需要修改 Spry 选项卡式面板的外观样式,就需要通过选项卡式面板的 css 规则来实现。

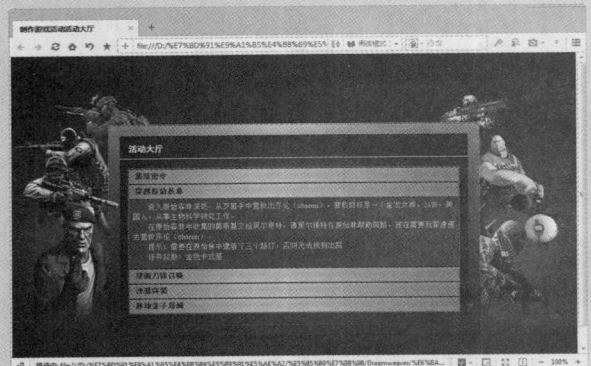

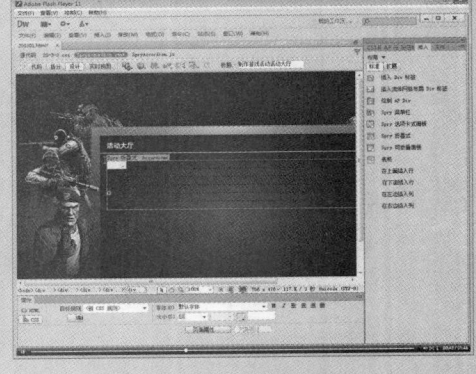

🏠 源文件:源文件 \ 第 20 章 \20-3-3. html   📡 操作视频:视频 \ 第 20 章 \20-3-3. swf

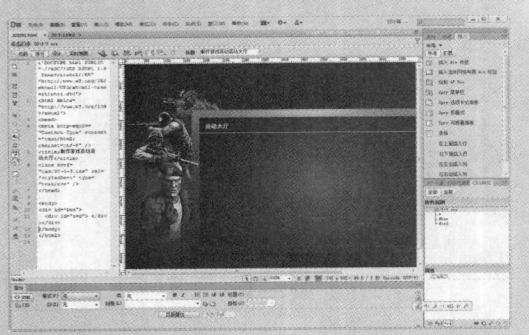

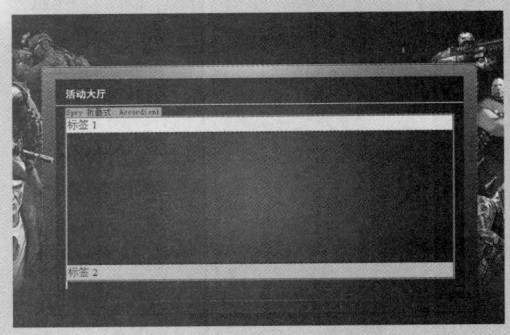

01 ▶ 执行"文件 > 打开"命令,将"素材 \ 第 20 章 \203301.html"文档打开。

02 ▶ 将光标插入到页面中,单击"插入"面板中的"Spry 折叠式"按钮,插入 Spry 折叠式。

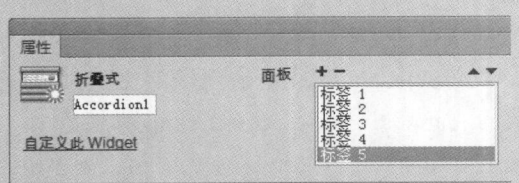

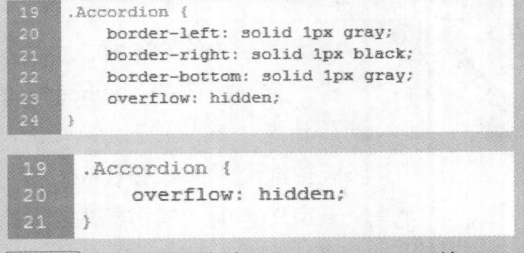

03 ▶ 在"属性"面板中单击"添加面板"按钮,为折叠式面板添加"标签 3"、"标签 4"和"标签 5"3 个标签。

04 ▶ 切换到名称为 SpryAccordion 的 CSS 样式表中,在样式表中找到上图所示的样式并对其进行修改。

```
55    .AccordionPanelTab {
56        background-color: #CCCCCC;
57        border-top: solid 1px black;
58        border-bottom: solid 1px gray;
59        margin: 0px;
60        padding: 2px;
61        cursor: pointer;
62        -moz-user-select: none;
63        -khtml-user-select: none;
64    }
```

```
52    .AccordionPanelTab {
53        background-image:url(../images/203303.jpg);
54        border-top: solid 1px black;
55        border-bottom: solid 1px gray;
56        margin: 1px;
57        padding: 2px 2px 2px 10px;
58        cursor: pointer;
59        -moz-user-select: none;
60        -khtml-user-select: none;
61        font-size: 13px;
62        font-weight: bold;
63        line-height: 20px;
64    }
```

05 ▶再次找到上图所示的样式表，对样式进行相应的修改。

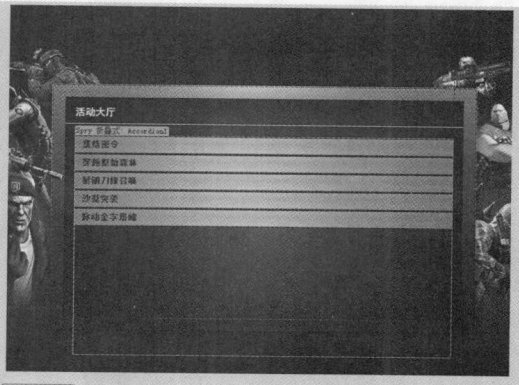

06 ▶切换到"设计"视图中，修改每个标签的名称。

```
78    .AccordionPanelContent {
79        overflow: auto;
80        margin: 0px;
81        padding: 0px;
82        height: 200px;
83    }
```

```
78    .AccordionPanelContent {
79        width:560px;
80        height: 110px;
81        background-color:#333;
82        overflow: auto;
83        margin: 1px;
84        padding: 5px 6px 2px 6px;
85        font-size: 13px;
86        line-height: 18px;
87        font-weight: normal;
88        color: #CCC;
89        text-indent: 26px;
90    }
```

07 ▶再次切换到名称为 ApryAccordion 的 CSS 样式表中，并找到上图所示的样式。

08 ▶对该样式进行修改，修改后的样式如上图所示。

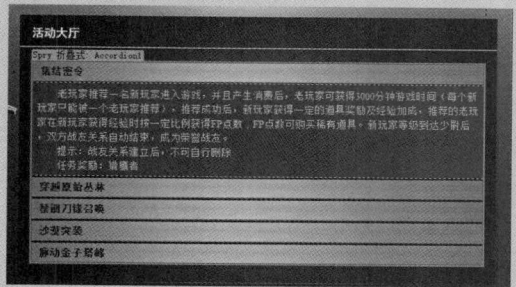

09 ▶再次切换到名称为 ApryAccordion 的 CSS 样式表中，并找到上图所示的样式。

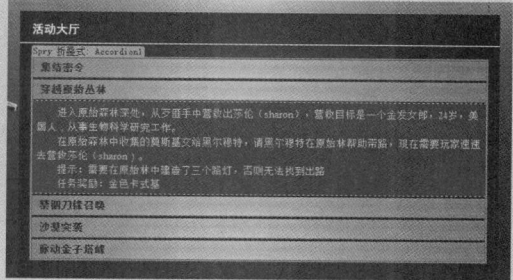

10 ▶使用相同的方法为其他的标签添加内容。

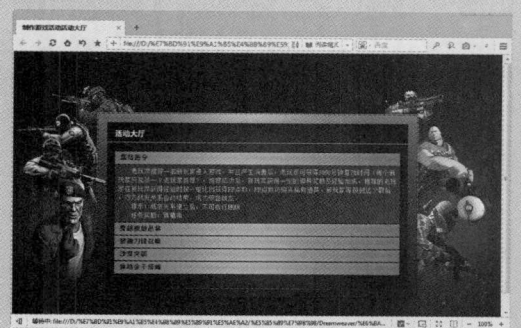

11 ▶执行"文件>保存"命令，按 F12 键测试页面。

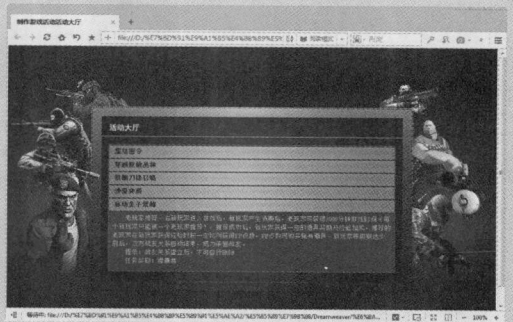

12 ▶在页面中单击Spry折叠式的选项卡，观察 Spry 折叠式面板的效果。

提问：如何删除多余的折叠式面板？

答：在"属性"面板中可以单击其中的"删除面板"按钮 ━，将当前选中的面板删除。

20.3.4　Spry 可折叠面板

Spry 可折叠面板与 Spry 折叠式相似，都是将页面内容放在一个小的空间里，并且该空间可以随着浏览者的单击进行折叠，以达到节省页面空间的作用，只是 Spry 可折叠面板与 Spry 折叠式面板在外观上有所区别。

▶ 实例 79+ 视频：制作网站产品介绍栏

虽然使用"属性"面板可以非常快捷地对 Spry 选项卡式面板构件进行编辑，但是并不支持自定义的样式设置。因此，如果需要修改 Spry 选项卡式面板的外观样式，就需要通过选项卡式面板的 css 规则来实现。

源文件：源文件 \ 第 20 章 \20-3-4. html

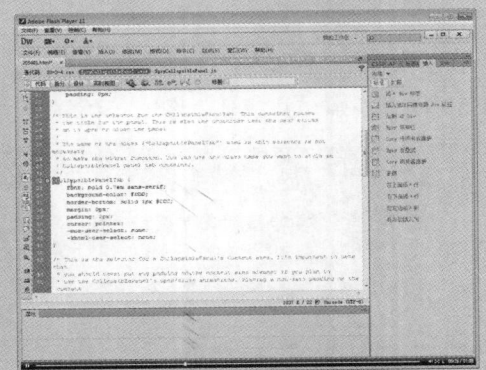
操作视频：视频 \ 第 20 章 \20-3-4. swf

01 ▶执行"文件>打开"命令，将"素材 \ 第 20 章 \203401.html"文档打开。

02 ▶将光标插入到页面中，单击"插入"面板中的"Spry 可折叠面板"按钮，插入 Spry 可折叠面板。

```
19   .CollapsiblePanel {
20       margin: 0px;
21       padding: 0px;
22       border-left: solid 1px #CCC;
23       border-right: solid 1px #999;
24       border-top: solid 1px #999;
25       border-bottom: solid 1px #CCC;
26   }
```

```
19   .CollapsiblePanel {
20       margin: 0px;
21       padding: 0px;
22   }
```

03 ▶ 切换到外部 CSS 样式表中，在样式中找到上图所示的样式并对其进行修改。

```
32   .CollapsiblePanelTab {
33       height: 34px;
34       background-image: url(../images/203402.jpg);
35       margin: 0px;
36       padding: 2px 2px 2px 35px;
37       cursor: pointer;
38       -moz-user-select: none;
39       -khtml-user-select: none;
40       font-family: sans-serif;
41       font-size: 16px;
42       line-height: 34px;
43       font-weight: bold;
44   }
```

05 ▶ 对该样式进行修改，修改后的样式如上图所示。

07 ▶ 切换到 "设计" 视图中，观察修改后的页面效果。

09 ▶ 执行 "文件 > 保存" 命令，按 F12 键测试页面。

```
36   .CollapsiblePanelTab {
37       font: bold 0.7em sans-serif;
38       background-color: #DDD;
39       border-bottom: solid 1px #CCC;
40       margin: 0px;
41       padding: 2px;
42       cursor: pointer;
43       -moz-user-select: none;
44       -khtml-user-select: none;
45   }
```

04 ▶ 继续找到名称为 .CollapsiblePanelTab 的 CSS 样式。

```
56   .CollapsiblePanelContent {
57       margin: 0px;
58       padding: 0px;
59   }
```

```
55   .CollapsiblePanelContent {
56       margin: 40px 65px 5px 38px;
57       padding: 0px;
58       font-size: 12px;
59       line-height: 24px;
60       font-weight: bold;
61       color: #333;
62   }
```

06 ▶ 继续在样式表中找到上图所示的 CSS 样式并对其进行修改。

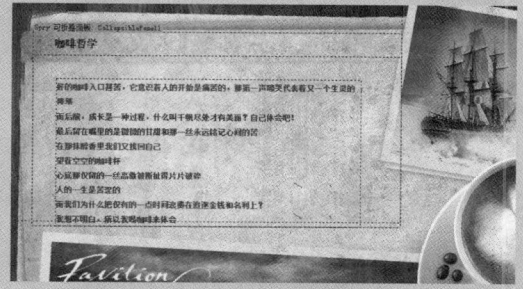

08 ▶ 在页面中修改两个 "标题" 标签和 "内容" 标签中的文字。

10 ▶ 在页面中单击 Spry 可折叠面板的选项卡，观察 Spry 可折叠面板的效果。

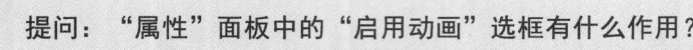
提问："属性"面板中的"启用动画"选框有什么作用？

答：该选框默认状态下为选中状态，此时打开与关闭面板都是较为缓慢平滑的打开和关闭。如果用户取消该选框的选中，面板的折叠会变得非常迅速。

20.3.5 Spry 工具提示

Spry 工具提示在网页中是给浏览者提供额外的信息，当浏览者将鼠标指针移至网页中某个特定的元素上时，Spry 工具提示会显示该特定元素的其他信息内容；反之，当用户移开鼠标指针时，显示的额外信息便会消失，使得网页的交互能力更强。

➡ 实例 80+ 视频：制作摄影展示页面

本实例将会运用 Spry 工具提示制作一个关于摄影展示的页面，使用 Spry 工具提示不仅可以增强页面的交互性和实用性，更能够在浏览时方便浏览者查看页面中的内容。

🏠 源文件：源文件 \ 第 20 章 \20-3-5. html

🔊 操作视频：视频 \ 第 20 章 \20-3-5. swf

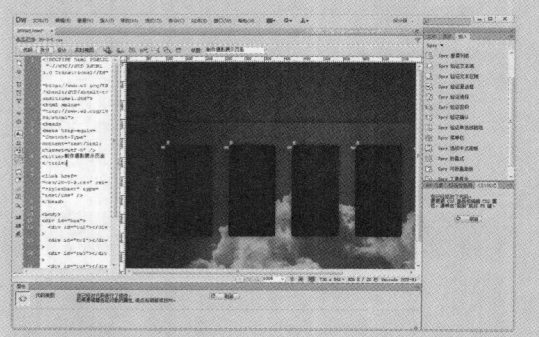

01 ▶ 执行"文件 > 打开"命令，将"素材 \ 第 20 章 \203501.html"文档打开。

02 ▶ 在页面中插入"素材 \ 第 20 章 \images\203502.png"图像。

在网页中插入 Spry 工具提示后，Dreamweaver 会自动使用 Div 标签创建一个工具提示的容器，并使用 Span 标签环绕激活工具提示的页面元素。所以用户可以在插入 Spry 工具后进行修改。

03 ▶ 使用相同的方法在页面的其他 Div 标签中插入图像。

04 ▶ 选中页面的第一个图像，单击"插入"面板中的"Spry 工具提示"按钮。

```
15    .tooltipContent
16    {
17        background-color: #FFFFCC;
18    }
```

```
15    .tooltipContent
16    {
17        border:5px solid #000;
18        height:420px;
19    }
```

05 ▶ 选中刚刚插入的 Spry 工具提示，在"属性"面板中修改各项参数。

06 ▶ 切换到名称为 SpryTooltip 的 CSS 样式中，找到上图所示的样式并进行修改。

07 ▶ 将 Spry 工具提示中多余的文字删除并插入"素材\第 20 章\images\203507.jpg"图像。

08 ▶ 使用相同的方法为其他的图像添加 Spry 工具提示并插入图像。

09 ▶ 执行"文件 > 保存"命令，按 F12 键测试页面。

10 ▶ 在页面中将鼠标移动到图像上，观察 Spry 工具提示的效果。

？ 提问

提问：为什么插入 Spry 构件后，站点文件夹中多了几个文件夹？

答：这是因为在网页中插入 Spry 构件包含 3 个元素，分别是工具提示器、激活工具提示器的页面元素和构造函数脚本。其中有一些是需要在外部存储的，此时 Dreamweaver 就会自动在用户的站点下新建文件夹来存放这些文件。

20.4　本章小结

　　本章主要讲解 AP Div 和 Spry 构件在网页中的应用。通过对本章的学习，可以帮助用户掌握 AP Div 在页面中实现许多特殊的效果，并且还能够起到简单的排版作用，可见 AP Div 在网页中的应用虽不是极为广泛，但却有着不可替代的位置。另外通过 Spry 构件可以轻松地制作出一些常见的网页交互效果，所以 Spry 构件在页面交互功能上也起着举足轻重的作用。

第 21 章　构建动态网站和发布网站

在优秀的网站页面中，不仅包含文本和图像，还有很多通过"行为"来实现的交互式动态效果，"行为"可以将事件与动作相互结合，使网页形式更加多样化，且具有独特的风格。

在完成网站的设计制作工作后，还有一项很重要的工作，就是网站的测试与上传到 Internet 服务器上，这样才能够在互联网中浏览到该网站。

21.1　了解 Dreamweaver 中的行为

行为是 Dreamweaver 中一项强大的功能，它提高了网站的可交互性。行为是事件与动作的结合，一般的行为都要由事件来激活动作。

21.1.1　什么是行为

Dreamweaver 中的行为是一种运行在浏览器中的 JavaScript 代码，用户可以将其放置在网页文档中，以便浏览者与网页本身进行交互，从而以多种方式更改页面或引起某次任务的执行。行为由事件和该事件触发的动作组成。在"标签检查器"面板中，用户可以先指定一个动作，然后指定触发该动作的事件，从而将行为添加到页面中。

21.1.2　行为面板

在 Dreamweaver 中，进行附加行为和编辑行为的操作都需要用到"行为"面板。执行"窗口 > 行为"命令，打开"标签检查器"面板并自动切换到"行为"选项卡中。如果需要进行附加行为的操作，可以单击"行为"面板上的"添加行为"按钮 ，在弹出的菜单中选择需要添加的行为。

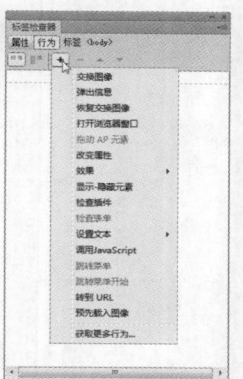

本章知识点

- ☑ 了解行为和事件
- ☑ 为网页添加 JavaScript
- ☑ 网站测试
- ☑ 上传网站
- ☑ 下载文件

21.1.3　什么是事件

事件就是浏览器生成的消息，指示页面被浏览者执行的各种操作。例如，当浏览者将鼠标指针移动到某个设置了鼠标经过行为的元素上时，浏览器会为该链接生成一个onMouseOver 事件（鼠标经过），然后浏览器会自动链接该事件应该调用的 JavaScript 代码。

21.2　为网页添加 JavaScript

将 JavaScript 代码放置到文档中，访问者就可以通过多种方式更改 Web 页，或者启动某些任务。行为是某个事件和由该事件触发的动作的组合。在"行为"面板中，用户可以先指定一个动作，然后指定触发该动作的事件，以此将行为添加到页面中。

21.2.1　弹出消息

这种行为将会显示一个包含指定消息的 JavaScript 提示消息。因为 JavaScript 提示对话框只有一个"确定"按钮，所以此行为只能为用户提供信息，但不能为用户提供选择操作。

➡ 实例 81+ 视频：制作网页弹出信息

该动作的发生会在某处事件发生时弹出一个对话框，给浏览者一些提示信息，下面将以实例的形式向用户介绍具体的操作方法。

🏠 源文件：源文件 \ 第 21 章 \21-2-1.html　　　　📡 操作视频：视频 \ 第 21 章 \21-2-1.swf

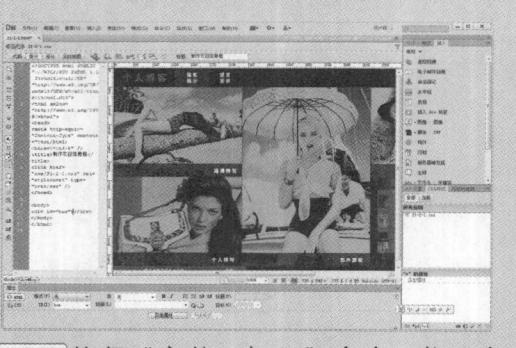

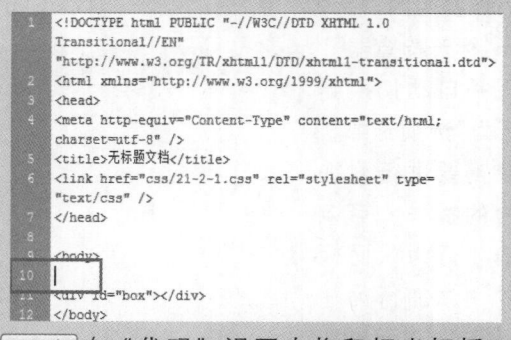

01 ▶ 执行"文件 > 打开"命令，将"素材 \ 第 21 章 \212101.html"文件打开。

02 ▶ 在"代码"视图中将鼠标光标插入到 <body> 标签中。

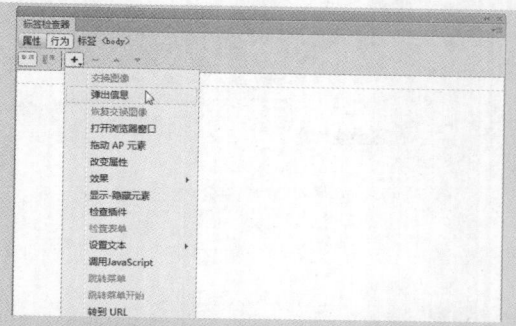

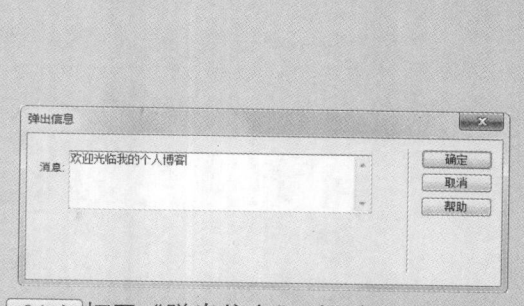

03 ▶ 单击"行为"面板中的"添加行为"按钮，在弹出的菜单中选择"弹出信息"命令。

04 ▶ 打开"弹出信息"对话框，在该对话框中输入相应的信息。

```
 6  <link href="css/21-2-1.css" rel=
    "stylesheet" type="text/css" />
 7  <script type="text/javascript">
 8  function MM_popupMsg(msg) { //v1.0
 9    alert(msg);
10  }
11  </script>
12  </head>
13
14  <body onload="MM_popupMsg('欢迎光临我的个人
    博客')">
15
16  <div id="box"></div>
17  </body>
18  </html>
```

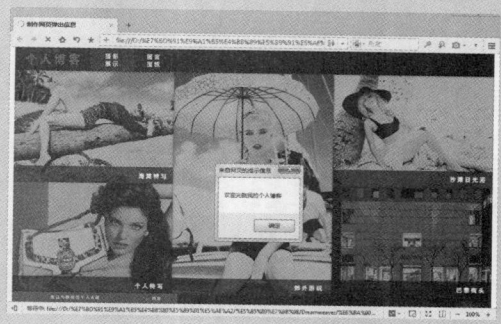

05 ▶ 单击"确定"按钮。切换到"代码"视图中，可以看到添加的弹出信息行为。

06 ▶ 执行"文件 > 保存"命令，按 F12 键测试页面，观察页面的弹出信息效果。

提问：可以修改弹出窗口的样式吗？

答：弹出窗口是不能进行样式修改的，因为弹出的窗口是计算机自带的窗口，所以在 Dreamweaver 中是不能进行修改的。

21.2.2　弹出浏览器窗口

使用"打开浏览器窗口"行为可以在打开一个页面时，同时在一个新的窗口中打开指定的 URL。可以指定新窗口的属性（包括其大小）、特性（它是否可以调整大小、是否具有菜单条等）和名称。

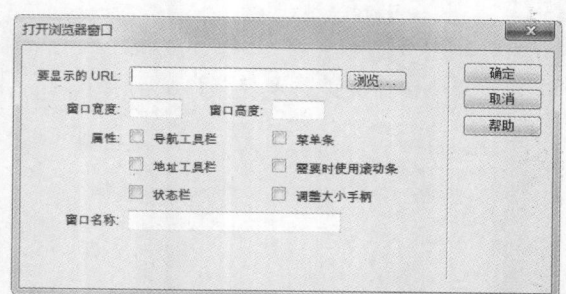

在"行为"面板中单击"打开浏览器窗口"按钮，在打开的"打开浏览器窗口"对话框中可以对所要打开的浏览器窗口的相关属性进行设置。

➡ 实例 82+ 视频：制作广告弹出窗口

用户可以使用该行为来制作一个网页广告弹出窗口，在一个单独的窗口中打开一个独立的广告页面，并且还可以使新窗口与该页面的大小恰好一样。

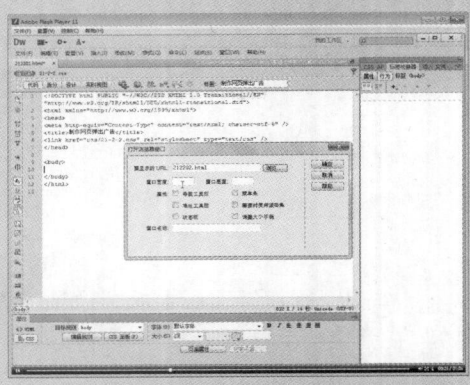

源文件：源文件 \ 第 21 章 \21-2-2. html

操作视频：视频 \ 第 21 章 \21-2-2. swf

```
3   <head>
4   <meta http-equiv="Content-Type" conter
    ="text/html; charset=utf-8" />
5   <title>制作网页弹出广告</title>
6   <link href="css/21-2-2.css" rel=
    "stylesheet" type="text/css" />
7   </head>
8
9   <body>
10
11  </body>
12  </html>
13
```

01 ▶ 执行"文件 > 打开"命令，将"素材 \ 第 21 章 \212201.html"文件打开。

02 ▶ 在"代码"视图中将鼠标光标插入到 <body> 标签中。

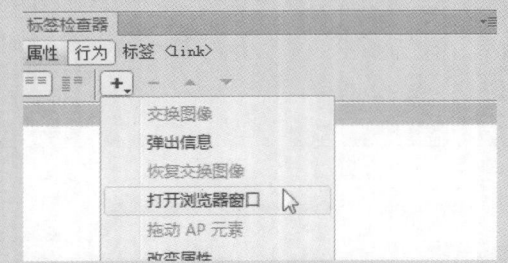

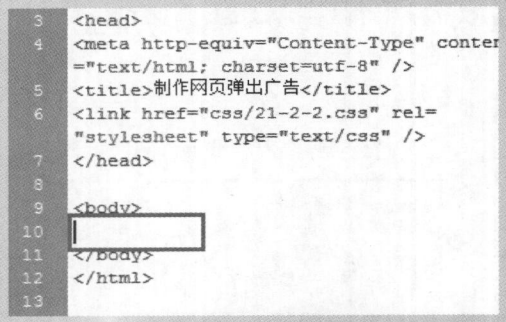

03 ▶ 单击"添加行为"按钮，在弹出的菜单中选择"打开浏览器窗口"命令。

04 ▶ 打开"打开浏览器窗口"对话框，在该对话框中进行各项参数设置。

```
7   <script type="text/javascript">
8   function MM_openBrWindow(theURL,winName,
    features) { //v2.0
9     window.open(theURL,winName,features);
10  }
11  </script>
12  </head>
13
14  <body onload=
    "MM_openBrWindow('212202.html','弹出广告
    ','width=820px,height=490px')">
15  </body>
16  </html>
17
```

05 ▶ 单击"确定"按钮。切换到"代码"视图中，可以看到添加的弹出信息行为。

06 ▶ 执行"文件 > 保存"命令，按 F12 键测试页面，观察页面的弹出广告效果。

21.2.3　设置文本域文字

使用"设置文本域文字"行为，可以使用指定的内容替换表单文本域中的内容。

实例 83+ 视频：设置文本域文字

该动作的发生会在某处事件发生时，弹出一个对话框，给浏览者一些提示信息，这个对话框只能起到提示作用，无法做任何操作。

🏠 源文件：源文件 \ 第 21 章 \21-2-3.html

📡 操作视频：视频 \ 第 21 章 \21-2-3. swf

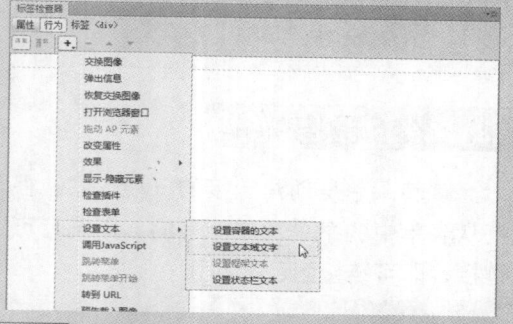

01 ▶ 执行"文件 > 打开"命令，将"素材 \ 第 21 章 \212301.html"文件打开。

02 ▶ 单击"添加行为"按钮，在弹出的菜单中选择"设置文本 > 设置文本域文字"命令。

将 AP Div 转换为表格之后，如果再次需要调整 AP Div 在页面中的位置，可以将表格选中，执行"修改 > 转换 > 将表格转换为 AP Div"命令，即可将表格再次转换为 AP Div。

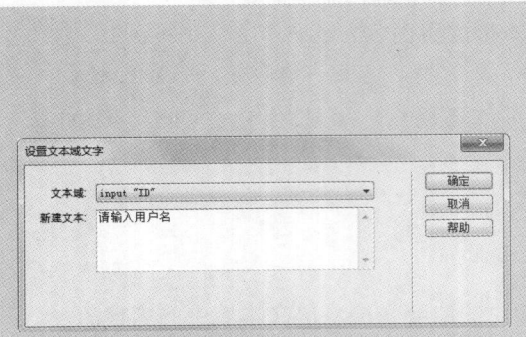

03 ▶ 在弹出的"设置文本域文字"对话框中进行参数设置并输入文字。

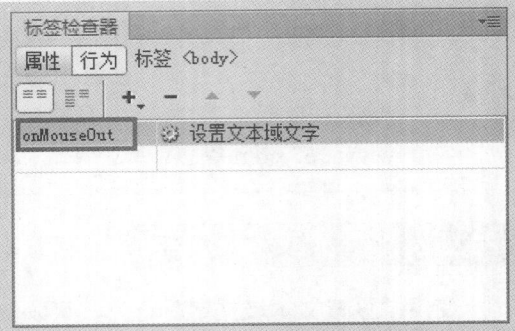

04 ▶ 单击"确定"按钮,将刚刚添加的行为的激活方式修改为 onMouseOut。

05 ▶ 使用相同的方法为其他的导航添加容器文本,按 F12 键测试页面。

06 ▶ 将鼠标移动到导航的文字上,即可看到设置容器文本效果。

提问:为什么添加文本域文字不需要先选中元素?

答:在"设置文本域文字"对话框的"文本域"下拉列表中显示了页面中所有的文本域,用户只需要在该下拉列表中选择需要添加文本域文字的文本域 ID 就可以了。

21.2.4 跳转菜单

跳转菜单是创建链接的一种形式,但是不同的是,跳转菜单比链接更能节省空间。它是从表单中的菜单发展而来的,浏览者可以通过单击扩展按钮,在打开的下拉菜单中选择链接,即可链接到目标网页。

提示

插入"跳转菜单"并不需要通过"行为"面板来添加,但是添加完成后,跳转菜单将作为一种行为出现在"行为"面板中。

 **实例 84+ 视频:制作下拉列表链接菜单**

使用跳转菜单可以制作一些例如"相关网站链接"或"友情链接"一类的下拉列表链接,这样不仅节省了页面的空间,还可以使页面看起来更加丰富。

源文件：源文件 \ 第 21 章 \21-2-4.html

操作视频：视频 \ 第 21 章 \21-2-4.swf

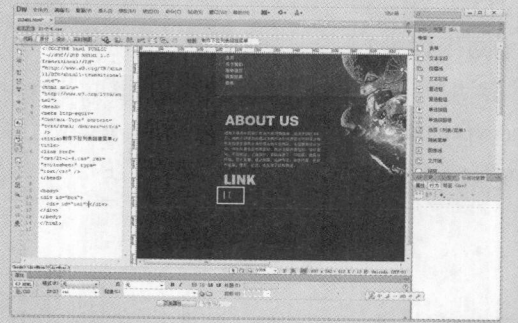

01 ▶ 将"素材 \ 第 21 章 \212401.html"文件打开，并将光标插入到页面中。

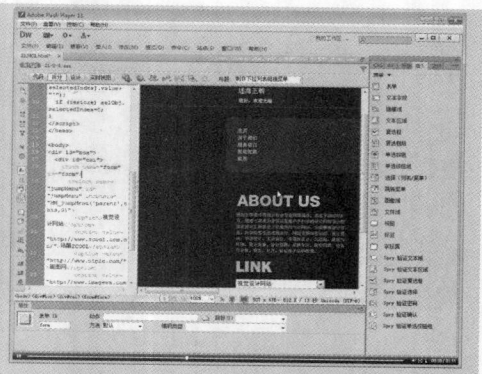

02 ▶ 单击"插入"面板中的"跳转菜单"按钮。

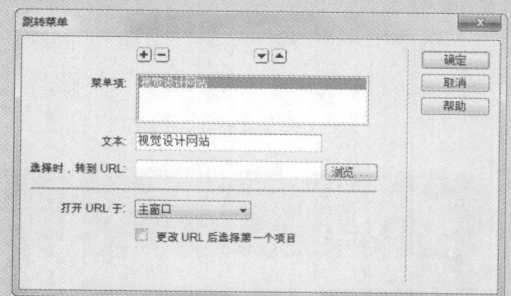

03 ▶ 打开"跳转菜单"对话框，在该对话框中的"文本"文本框中输入文字。

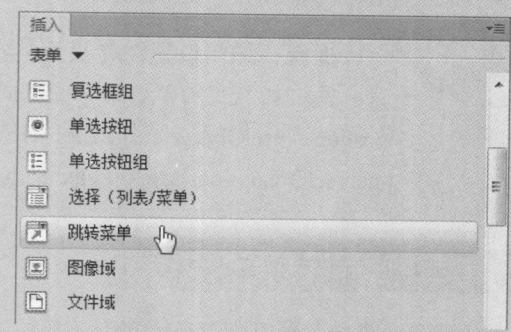

04 ▶ 单击对话框中的"添加项"按钮 ，修改每一个项目的"文本"和 URL。

05 ▶ 单击对话框中的"确定"按钮，系统自动在光标位置插入一个跳转菜单。

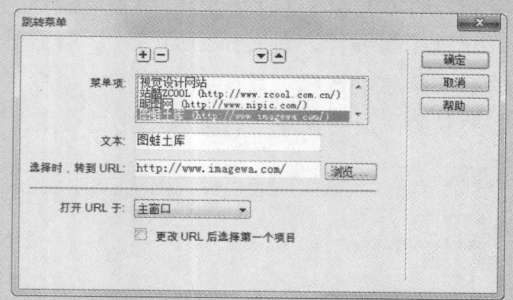

06 ▶ 切换到名称为 21-2-4 的 css 样式表中，在样式表中定义一个新的样式。

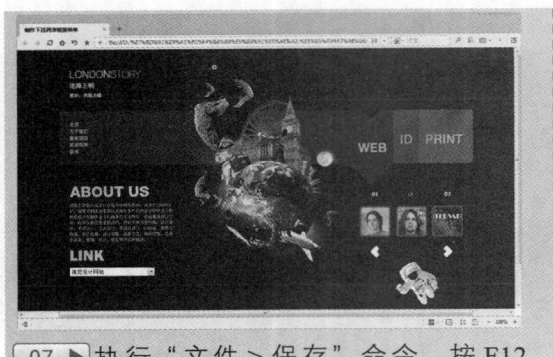

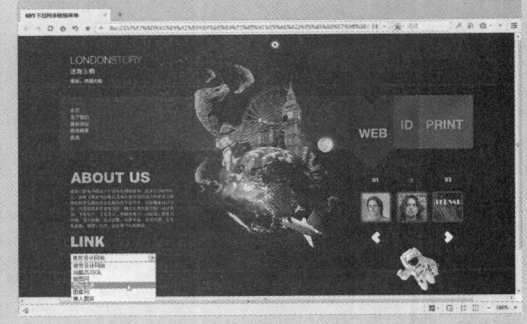

07 ▶ 执行 "文件 > 保存" 命令，按 F12 键测试页面。

08 ▶ 单击页面中的跳转菜单，观察跳转菜单的效果。

提问：如何设置跳转页面的在新窗口中打开？

答：加入跳转菜单后，源代码中会自动加 JS 代码，在其中找到 eval(targ+".location='"+selObj.options[selObj.selectedIndex].value+"'"); 代码，将其修改为 window.open(selObj.options[selObj.selectedIndex].value,","); 即可完成新窗口打开的目的。

21.2.5 跳转菜单开始

使用 "跳转菜单开始" 行为可以让用户在页面中插入一个按钮图像，并将这个图像与 "跳转菜单" 行为关联起来，设置完成后网页浏览者在跳转菜单中选择一个 URL 后，不再是直接跳转到所选 URL，而是必须要单击该 "转到" 按钮才能够跳转页面。

选中将要作为跳转按钮的图片，然后单击 "行为" 面板中的 "添加行为" 按钮，在打开的下拉菜单中选择 "跳转菜单开始" 命令，在弹出的 "跳转菜单开始" 对话框中可以选择需要关联的 "跳转菜单" 行为，单击 "确定" 按钮，即可完成 "跳转菜单开始" 行为的设置。

在使用 "跳转菜单开始" 行为之前，文档中必须已经存在一个 "跳转菜单" 行为和一个用于跳转的按钮图像。

21.2.6 转到 URL

使用 "转到 URL" 行为可以在浏览器的当前窗口、当前选项卡或指定的框架中打开一个新的页面。通常网页上的链接只有单击才能够被打开，但是使用 "转到 URL" 行为后可以使用不同的事件打开链接。同时该行为还可以实现一些特殊的打开链接方式，例如在页面中一次性打开多个链接，当鼠标经过对象上方的时候打开链接等。

21.3　网站测试

网站的测试是网站设计制作完成后的重要步骤，也是必不可少的步骤，对于大型站点来说，进行系统程序测试并检查其功能是否能正常实现是必要的工作；还需要对网站页面的显示效果进行测试，检查是否有文字或图片丢失、链接是否成功等。此外，还有一项非常重要的工作就是检查网站在不同浏览器、不同分辨率下是否能够正常显示。

21.3.1　检查浏览器的兼容性

大部分经常上网的用户应该知道，同一个网页在不同的浏览器中显示的效果可能会有所差异，甚至会出现页面错误的情况。因此，网页制作者在制作网页时要时刻注意浏览器对该网页是否兼容。

 提示

Dreamweaver 中提供了网页的浏览器兼容性检查功能，可以检测出在不同浏览器中网页的显示情况。

➡ 实例 85+ 视频：检查页面在浏览器中的兼容性

因为浏览器的差异性，检查浏览器兼容性是很重要的一步，如果不能使页面在任何浏览器中都完美显示，那么制作的再好也是白费工夫，下面将通过实例的形式介绍检查浏览器兼容性的具体步骤。

源文件：无　　　　操作视频：视频 \ 第 21 章 \21-3-1.swf

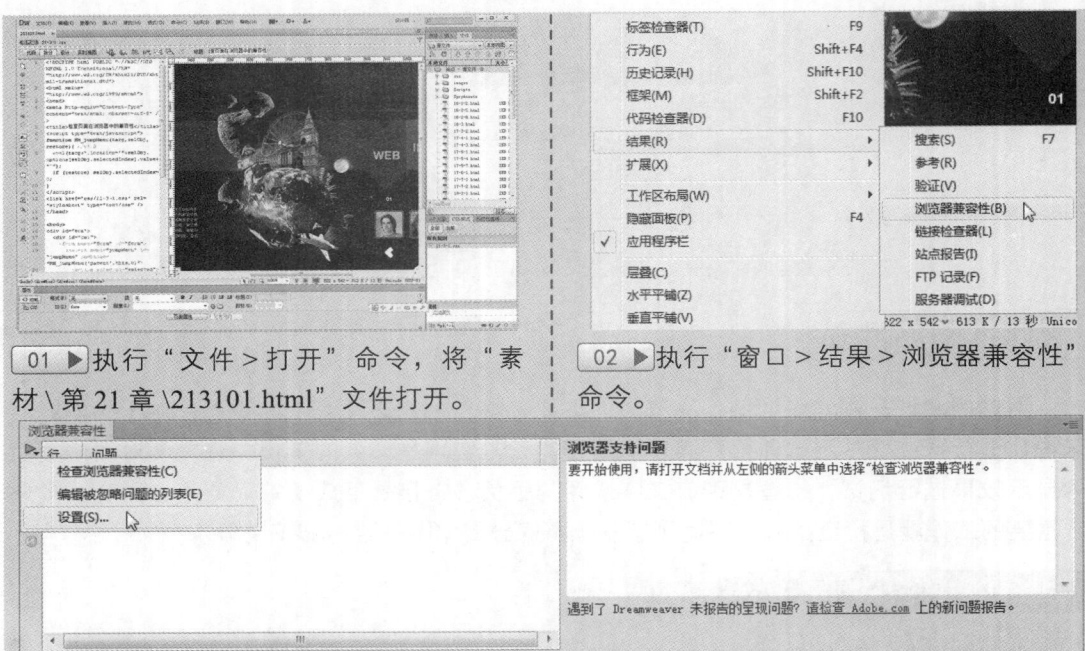

01 ▶ 执行"文件 > 打开"命令，将"素材 \ 第 21 章 \213101.html"文件打开。

02 ▶ 执行"窗口 > 结果 > 浏览器兼容性"命令。

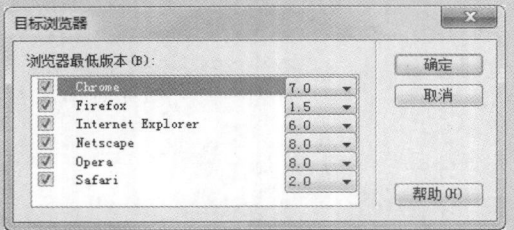

03 ▶ 打开"浏览器兼容性"面板，单击该面板中的"检查浏览器兼容性"按钮 ▶，在弹出的菜单中选择"设置"命令。

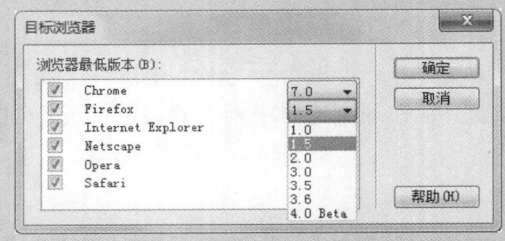

04 ▶ 勾选浏览器名称前面的复选框，可以选择检查的浏览器类型。

05 ▶ 单击浏览器名称后面的下拉列表可以选择检查的浏览器版本。

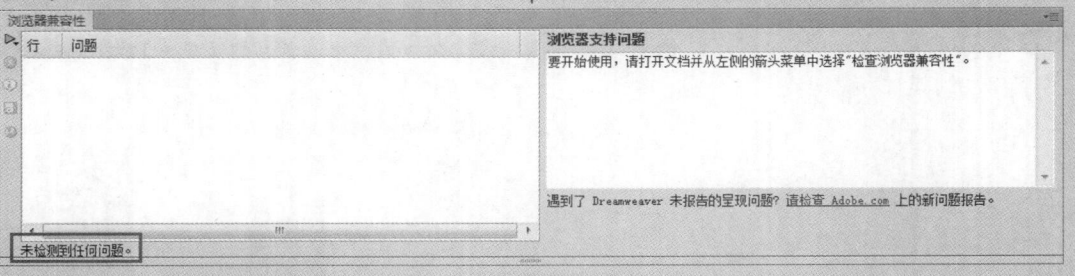

06 ▶ 单击"确定"按钮，完成"目标浏览器"对话框的设置，再次单击"检查浏览器兼容性"按钮 ▶，在弹出的菜单中选择"检查浏览器兼容性"命令，即可完成检查。

提问：检查浏览器兼容性需要特别注意哪些？
答：通常情况下，网页中的文字、图像等元素在不同浏览器中的兼容性不会存在什么问题，而例如 CSS 样式、Div 以及行为等，在不同的浏览器中会存在比较大的差异，因此在检查的过程中要热别注意这些因素。

21.3.2　检查链接

　　检查链接是站点测试的一个重要项目，用户可以使用 Dreamweaver 检查一个页面或者部分站点，甚至整个站点是否存在断开的链接。

　　执行"窗口 > 结果 > 链接检查器"命令，即可打开"链接检查器"面板，在该面板中单击"检查链接"按钮 ，可以选择"检查当前文档中的链接"、"检查整个当前本地站点的链接"和"检查站点中所选文件的链接"3 个选项，通过这些选项，用户可以对不同的范围进行链接检查。

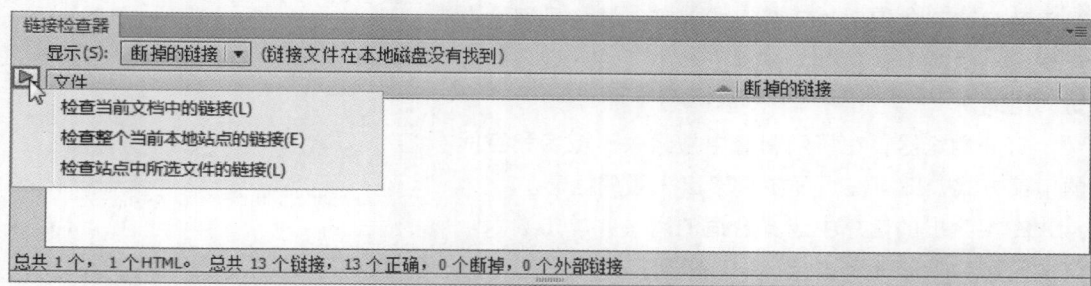

　　💡提示　　在"显示"下拉列表中除了默认的"断掉的链接"选项外，还有"外部链接"和"孤立文件"两个选项。"外部链接"选项可以检查文档中的外部链接是否有效。"孤立文件"选项则可以检查站点中是否存在孤立文件。

　　💡提示　　所谓孤立文件，就是没有任何链接引用的文件，该选项只在检查整个站点链接的操作中才有效。

21.3.3　检查点报告

　　在 Dreamweaver 中，对网页文件执行"站点 > 报告"命令，可以自动检测网站内部的网页文件，在弹出的"报告"对话框中可显示关于文件信息、HTML代码信息的报告，从而便于网站设计者对网页文件进行修改。

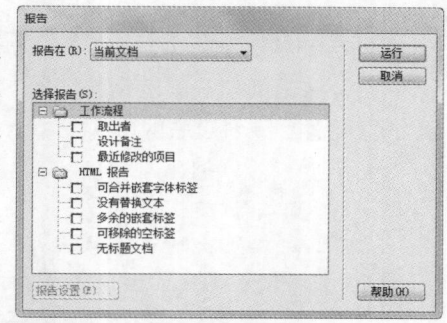

　　执行"文件 > 打开"命令，打开站点中的任意一个页面，执行"站点 > 报告"命令，弹出"报告"对话框。设置完成后，单击"运行"按钮，即可打开"站点报告"面板，生成站点报告。

21.4 上传网站

将制作好的网站进行上传是网站制作的最后一个步骤，制作好的网站只有上传到 Internet 服务器上之后，才能在互联网上进行浏览。在 Dreamweaver 中，用户就可以对制作好的网站进行上传和下载操作。

21.4.1 域名、空间的申请

如今，在互联网高速发展的形势下，域名已经成为网站品牌形象识别的重要组成部分。域名是网站在全球唯一的数字化名称，在浏览器中，输入域名即可访问网站。

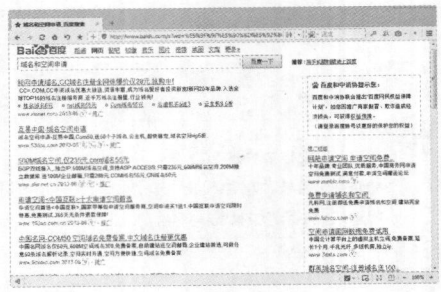

打开浏览器，在搜索引擎中搜索关于域名和空间的申请方式，即可在页面中搜索出大量的信息。

在搜索出的信息中选择合适的网站并单击进入，再按照网站中的提示进行操作，即可完成域名和空间的申请操作。

提示

服务器就相当于是网站的家，对用户浏览网页的速度有直接的影响。如果没有一个高速、稳定的服务器，网站再好也没有发挥的空间。

21.4.2 使用 Dreamweaver 上传网页文件

使用 Dreamweaver 可以上传和下载网页文件，在上传网站时，首先必须在 Dreamweaver 的站点中为本站点设置远程服务器信息，然后才可以进行上传。

➡ **实例 86+ 视频：上传站点**

上传网站的前提就是用户已经具有一个域名和一个与域名绑定的空间，这样才能够将制作的页面上传到互联网中。

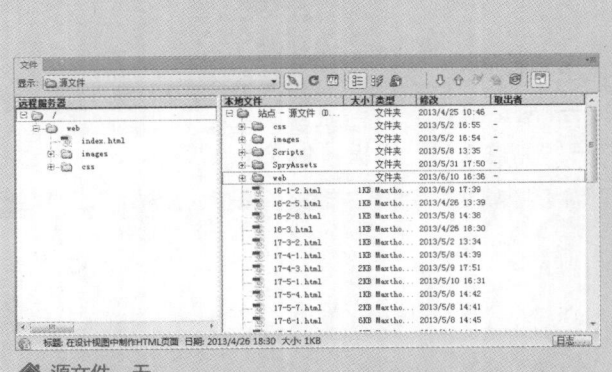

源文件：无

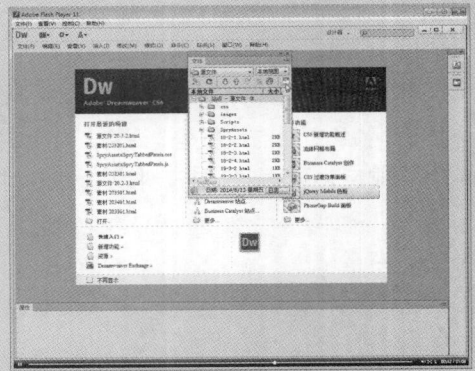

📶 操作视频：视频 \ 第 21 章 \21-4-2. swf

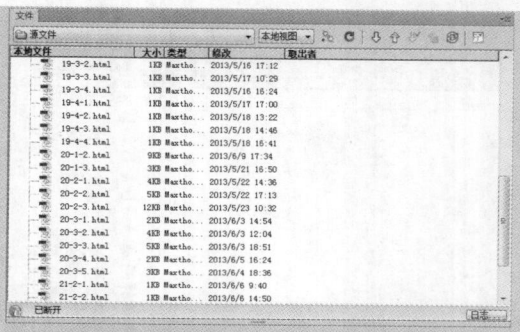

01 ▶执行"窗口 > 文件"命令，打开"文件"面板。

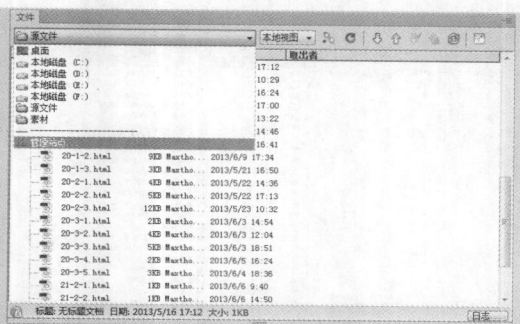

02 ▶打开"文件"面板中的下拉列表，在列表中选择"管理站点"选项。

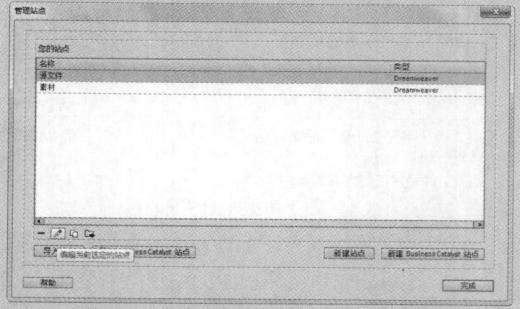

03 ▶在打开的对话框中选择"源文件"站点，单击"编辑当前选定的站点"按钮。

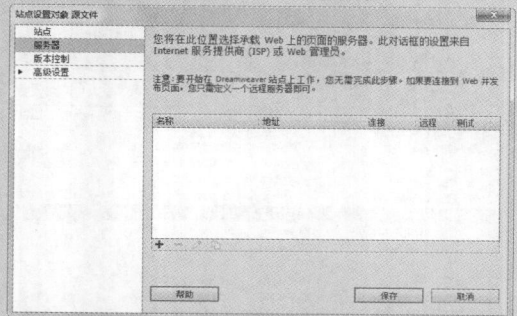

04 ▶打开"站点设置对象 源文件"对话框，在左侧的列表中选择"服务器"选项。

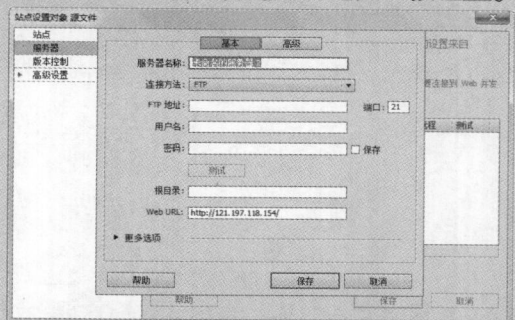

05 ▶单击"添加新的服务器"按钮，打开需要添加的选项。

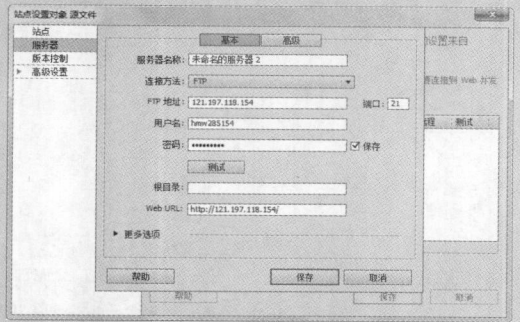

06 ▶在打开的服务器基本选项中设置相应的参数。

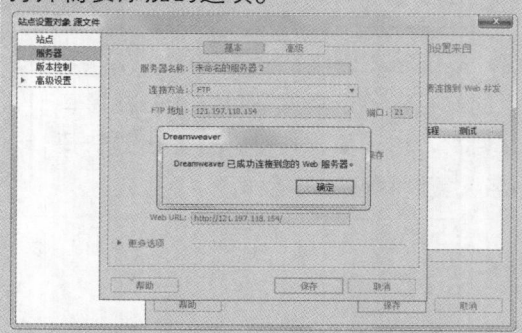

07 ▶单击"测试"按钮，测试远程服务器是否可以链接成功。

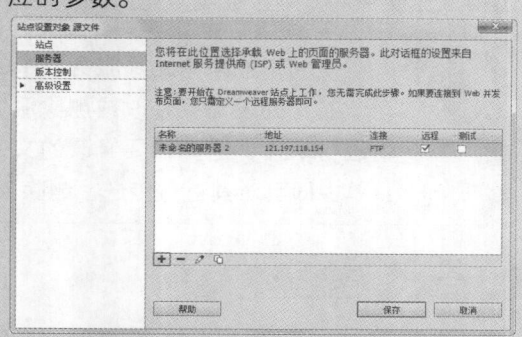

08 ▶单击"确定"按钮，再单击"保存"按钮，保存服务器的设置信息。

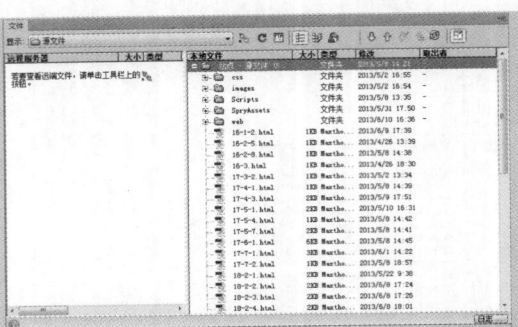

09 ▶ 单击"保存"按钮,再单击"完成"按钮返回"文件"面板,在面板中单击"展开以显示本地和远端站点"按钮。

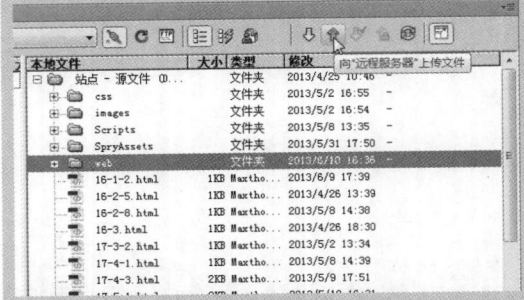

11 ▶ 选择 web 文件夹,单击"文件"面板中的"向远程服务器上传文件"按钮。

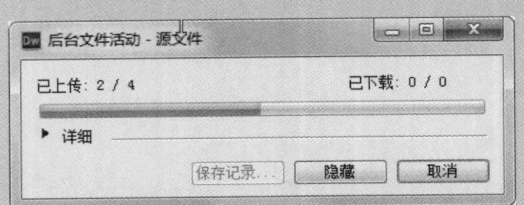

13 ▶ 弹出"后台文件活动"对话框,此时系统将自动将选中的文件或文件夹上传到远程服务器中。

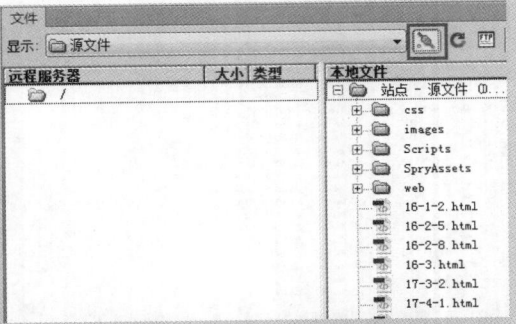

10 ▶ 单击"文件"面板中的"连接到远程服务器"按钮，成功连接后,在面板的左侧窗口将显示远程服务器目录。

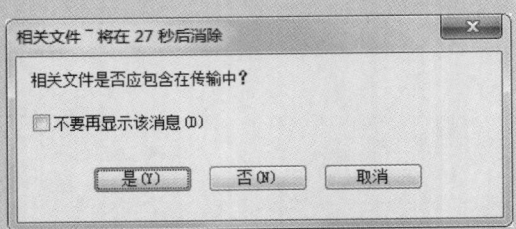

12 ▶ 弹出"相关文件"对话框,询问用户是否包含相关内容,单击"是"按钮。

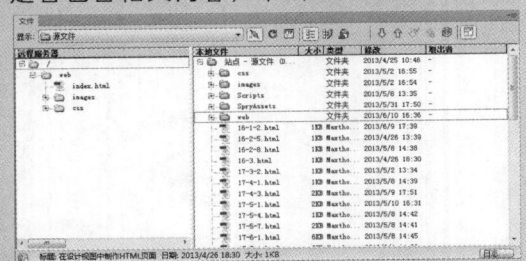

14 ▶ 根据文件的体积大小,可能需要经过一段时间才能完成,然后在"文件"面板的左侧窗口中即可出现刚刚上传的文件。

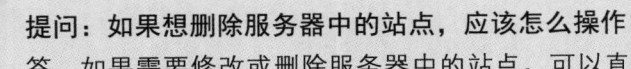

提问:如果想删除服务器中的站点,应该怎么操作?

答:如果需要修改或删除服务器中的站点,可以直接在远程服务器窗口中进行操作,选择需要修改的文件或文件夹,单击鼠标右键,在弹出的快捷菜单中即可对其进行传送、删除、重命名、复制和移动等操作。

21.4.3 文件的下载

单击"连接到远程服务器"按钮，连接远端服务器,选择需要下载的文件或文件夹,单击"从远程服务器获取文件"按钮,即可将远端服务器上的文件下载到本地计算机中。

无论是上传文件还是下载文件，Dreamweaver 都会自动记录各种 FTP 操作，遇到问题时可以随时打开"FTP 记录"窗口查看 FTP 记录。执行"窗口 > 结果 >FTP 记录"命令，打开"FTP 记录"面板，在其中可以查看 FTP 记录。

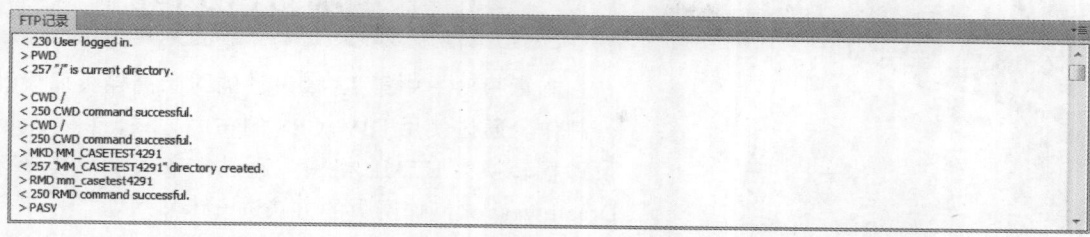

21.5　本章小结

本章主要讲解行为的使用方法，通过行为可以制作出很多的动感效果，这些效果都是直接在客户端添加的，然后由 Dreamweaver 自动给网页添加一些 JavaScript 代码，从而实现这些动感的网页效果。行为的功能不仅局限在已有的功能上，还可以通过第三方开发的插件，在 Dreamweaver 中添加新的行为，创建更为丰富的效果。

同时还向用户介绍了网站站点的测试、上传、下载等操作的技巧。无论用户制作什么类型的站点，都要用到站点管理的操作，因此，需要大家熟练地掌握相关的操作技巧和步骤。

第 22 章 制作时尚高档的网站页面

本章将对书中第 13 章设计的时尚高档页面设计图进行制作。通过使用 DIV+CSS 的布局方式，将一个网站的设计稿转换为 HTML 格式。通过本章的学习读者可以对 Dreamweaver 制作网页的方法进一步熟悉。

22.1 企业门户类网站功能分析

作为企业门户类网站，主要是为了使外界了解企业自身，树立良好的企业形象，并适当提供一定的服务。

22.2 制作分析

企业门户类网站的建设目的基本都是为了介绍企业文化、宣传企业产品和提高企业的知名度，所以在设计上，要给人以沉稳、安定和积极向上的精神。

22.3 版式布局分析

在页面设计上，本实例采用了基本的页面构成，导航菜单在页面的顶部，页面的主体内容在下部，并在主题内容中添加一些企业产品和环境的宣传图像。

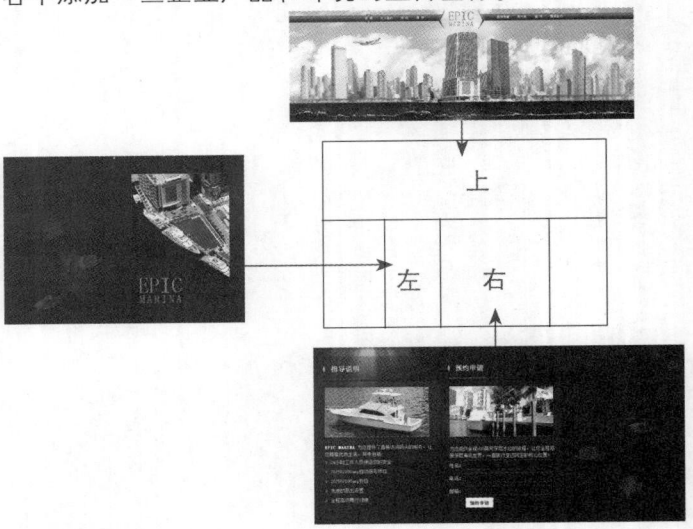

22.4 制作步骤

在制作的步骤中，会经常使用 Div 的嵌套方式，用户在插入每个 Div 时，都要仔细确定 Div 的插入位置。

实例 87+ 视频：制作时尚高档网站

　　在实例的制作过程中，主要运用了 Flash 插入技巧、Div 标签的嵌套、项目列表、页面文本等，通过本实例的学习，可以使读者进一步掌握 Dreamweaver 的使用技巧。

🏠 源文件：源文件 \ 第 22 章 \22-4. html　　🔊 操作视频：视频 \ 第 22 章 \22-4. swf

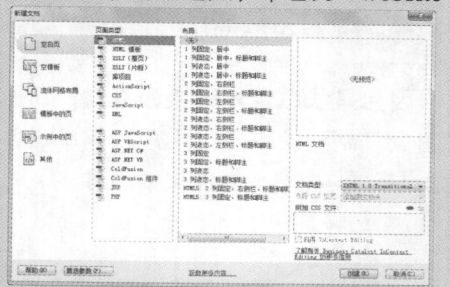
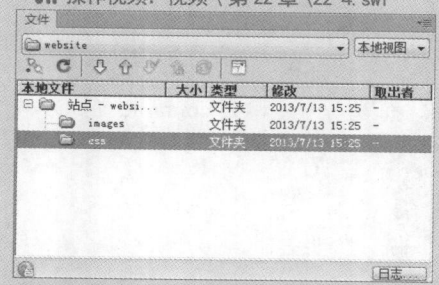

01 ▶ 执行"站点 > 新建站点"命令，在弹出的对话框中创建站点，命名为"website"。

02 ▶ 打开"文件"面板，新建 images 和 css 文件夹，用于存放站点中的素材和 css 文件。

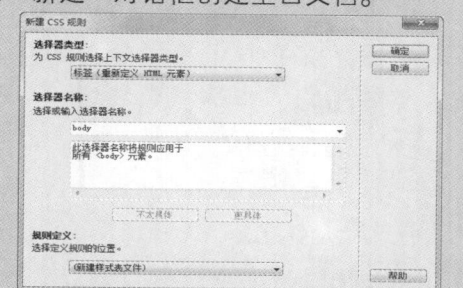
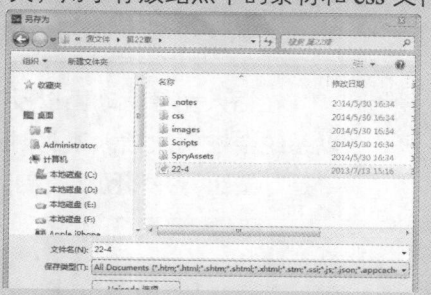

03 ▶ 执行"文件 > 新建"命令，在弹出的"新建"对话框创建空白文档。

04 ▶ 修改"标题"为"制作时尚高档网站"，并将文档保存为"源文件 \22-4.html"文件。

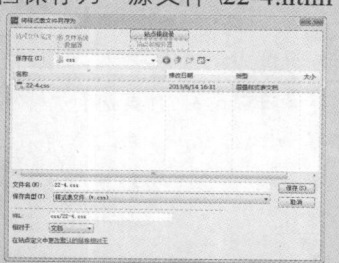

05 ▶ 单击"CSS 样式"面板中的"新建 css 规则"按钮，在弹出的对话框中进行定义。

06 ▶ 单击"确定"按钮，在弹出的对话框中将 CSS 样式表保存为"源文件 \ 第 22 章 \css\22-4.css"。

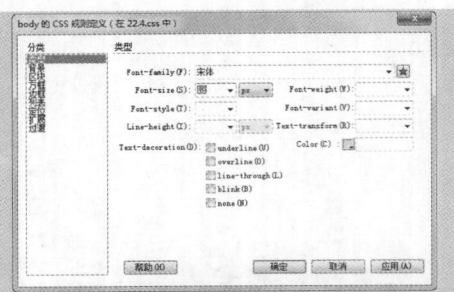

```
1  *{
2      border:0px;
3      margin:0px;
4      padding:0px;}
5  body {
6      font-family: "宋体";
7      font-size: 12px;
8      color:#fff;
9  }
```

07 ▶ 在弹出的对话框中，对各项参数进行设置。

08 ▶ 单击"确定"按钮，切换到新建的22-4.css 样式表中，对其进行编辑。

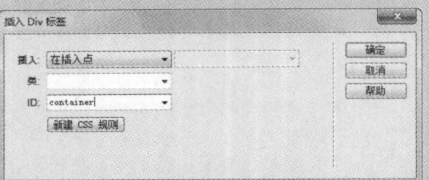

```
6      body{
7          font-family: "宋体";
8          font-size: 12px;
9          color:#fff;
10         }
11     #container{
12         margin:auto;
13         width:1602px;
14         height:1050px;
15
```

09 ▶ 单击"插入"面板中的"插入 Div 标签"按钮，插入一个名称为 container 的 Div 标签。

10 ▶ 切换到 22-4.css 样式表中，对 container 进行编辑。

```
11 #container{
12     margin:auto;
13     width:1602px;
14     height:1050px;
15     }
16 #top{
17     width:1602px;
18     height:534px;
19
```

11 ▶ 将光标插入 container 中，删除多余的文字，新建一个名称为 top 的 Div，并在 css 样式表中对其进行定义。

12 ▶ 将光标插入 top 中，执行"插入 > 媒体 >SWF"命令，在 images 文件夹中选择"源文件 \images\22401.swf"。

提示 在插入图像、动画以及其他素材时，因为是从站点外链接的素材，所以系统会在每次插入素材时询问是否将图像复制到站点下，用户只需单击"是"按钮，并将图像复制到 website 站点下的 images 文件夹中即可。

```
16 #top {
17     width: 1602px;
18     height: 534px;
19 }
20 #midd {
21     width: 1602px;
22     height: 453px;
23     background: url(../images/22402.jpg) no-repeat;
24 }
```

13 ▶ 使用相同方法插入名称为 midd 的Div，在 css 样式表中对其进行定义。

14 ▶ 返回"设计"视图，观察定义 css 样式后的页面效果。

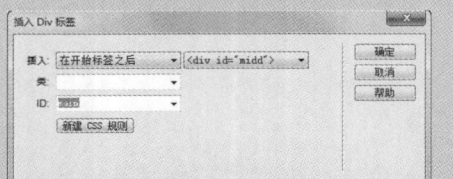

```
20 #midd {
21     width: 1602px;
22     height: 453px;
23     background: url(../images/22402.jpg) n
24 }
25 #main {
26     width: 964px;
27     height: 453px;
28     margin-left: 323px;
29
```

15 ▶ 单击"插入 Div 标签"按钮，在弹出的对话框中设置插入标签 main 的位置。

16 ▶ 单击"确定"按钮，并在 css 样式表中对其进行定义。

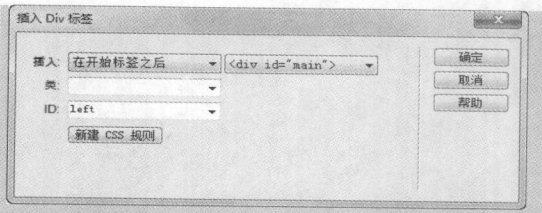

```
26    width: 964px;
27    height: 453px;
28    margin-left: 323px;
29  }
30  #left {
31    width: 321px;
32    height: 436px;
33    float: left;
34    text-align: center;
35    margin-top: 17px;
36  }
```

17 ▶ 将光标插入到 main 标签中，单击"插入 Div 标签"按钮，插入名称为 left 的标签。

18 ▶ 单击"确定"按钮，并在 css 样式表中对其进行定义。

```
30  #left {
31    width: 321px;
32    height: 436px;
33    float: left;
34    text-align: center;
35    margin-top: 17px;
36  }
37  #left img {
38    margin-top: 25px;}
```

19 ▶ 将光标插入 left 标签中，将"源文件 \images\22403.jpg"图片插入。

20 ▶ 单击"确定"按钮，并在 css 样式表中对其进行定义。

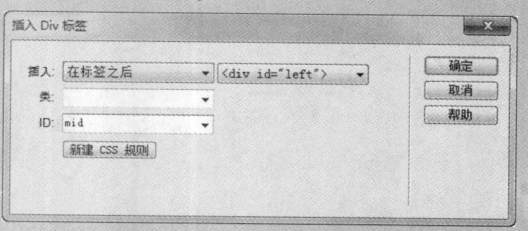

21 ▶ 返回"设计"视图，观察定义 css 样式后的页面效果。

22 ▶ 使用相同方法继续插入名称为 mid 的 Div 标签。

```
37  #left img {
38    margin-top: 25px;}
39  #mid {
40    width: 324px;
41    height: 436px;
42    float: left;
43    margin-top: 17px;
44  }
```

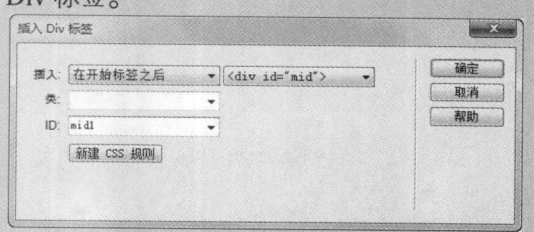

23 ▶ 单击"确定"按钮，并在 css 样式表中对其进行定义。

24 ▶ 在 mid 开始标签之后插入名称为 mid1 的 Div 标签。

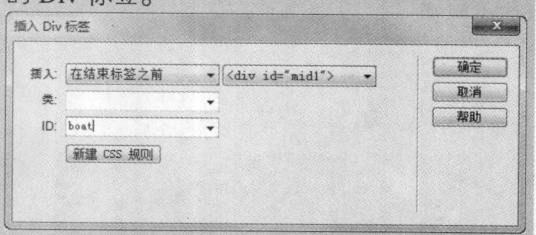

25 ▶ 将光标插入 mid1 标签中，将"源文件 \images\22404.jpg"图片插入。

26 ▶ 使用相同的方法在 mid1 标签之后插入名称为 boat 的 Div。

 提示

在给 Div 命名时，要遵循一定的原则，尽量使用有意义的名字，例如头部"top"、导航"nav"、主体"main"、版权部分"footer"等。

```
39  #mid {
40      width: 324px;
41      height: 436px;
42      float: left;
43      margin-top: 17px;
44  }
45  #boat {
46      width: 300px;
47      height: 345px;
48      line-height: 18px;
49      margin-left: 12px;
50  }
```

27 ▶ 单击"确定"按钮，并在 css 样式表
中对 boat 标签进行定义。

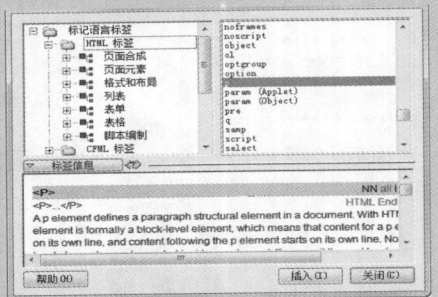

29 ▶ 执行"插入 > 标签"命令，在 boat 开
始标签之后插入段落标签 p，并输入相关文字。

```
52  #boat img {
53      margin-left:20px;
54      margin-top:14px;
55  }
56  #boat p {
57      margin-left:20px;
58  }
```

31 ▶ 在 css 样式表中对 <p> 标签中的文字
样式进行定义。

```
45  <p><span>EPIC MARINA</span> 为您提供了直接访
    问码头的服务，让您尊享优质生活，其中包括:</p>
46      <ul>
47          <li>24小时工作人员保证您的安全</li>
48          <li>20/50/100amp自动服务项目</li>
49          <li>20/50/100amp安培</li>
50          <li>先进的泵出设置</li>
51          <li>全程高级赛厅对接</li>
52      </ul>
```

33 ▶ 切换到"源代码"视图，在 <p> 标签之
后插入 <ul> 和 <li> 标签，并输入内容。

35 ▶ 返回"设计"视图，观察设置 css 样
式后的页面效果。

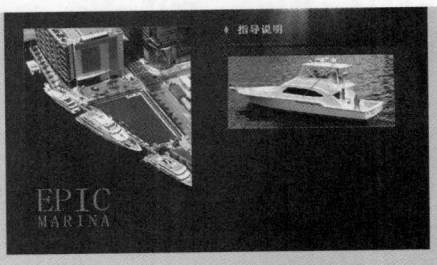

28 ▶ 返回"设计"视图，观察定义 css 样
式后的页面效果。

30 ▶ 单击"插入"按钮，返回"设计"视图，
得到页面效果。

32 ▶ 返回"设计"视图，观察设置 css 样
式后的页面效果，文字图片居中对齐。

```
62  #boat ul {
63      list-style: none;
64      line-height: 25px;
65      margin-left: 20px;
66  }
67  #boat li {
68      background: url(../images/22408.png) no-repeat 0
        50%;
69      text-indent: 15px;
70  }
```

34 ▶ 切换到 css 样式表中对 <ul> 和 <li> 标
签进行样式定义。

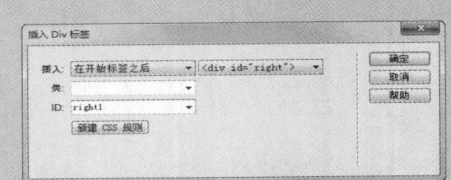

36 ▶ 使用相同方法插入名称为 right 的 Div
标签。

```
67   #boat li {
68       background: url(../images/22408.png) no-re
50%;
69       text-indent: 15px;
70   }
71   #right {
72       width: 319px;
73       height: 436px;
74       float: left;
75       margin-top: 17px;
76   }
```

37 ▶ 切换到 css 样式表中对 right 标签进行定义。

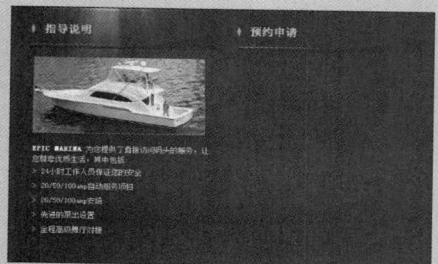

39 ▶ 将光标插入 right1 中，按快捷键 Ctrl+Alt+I 将 "源文件\images\22406.jpg" 图片插入。

41 ▶ 将光标插入 habor 中，按快捷键 Ctrl+Alt+I 将 "素材\images\22407.jpg" 图片插入。

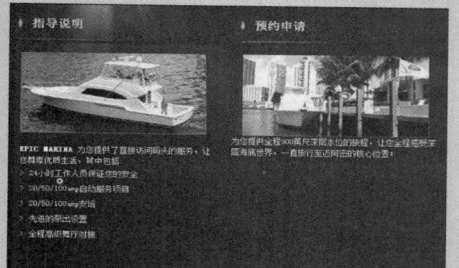

43 ▶ 使用相同方法在 habor 开始标签之后插入段落标签 <p>，并输入相关文字。

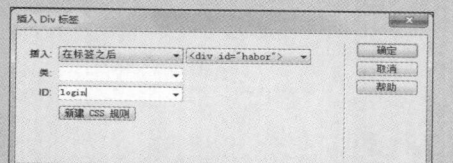

45 ▶ 使用相同方法在 habor 标签之后插入名称为 login 的 Div 标签。

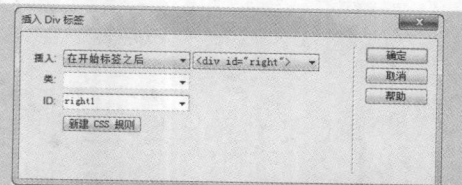

38 ▶ 在 right 开始标签之后插入名称为 right1 的 Div 标签。

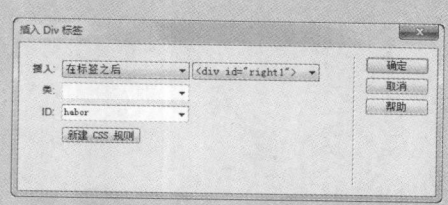

40 ▶ 使用相同方法插入名称为 habor 的 Div 标签。

```
76   #habor {
77       width:295px;
78       height:176px;
79       line-height:18px;
80       padding:12px;
81   }
82   #habor img {
83       margin-left:16px;
84   }
85   #habor p {
86       margin-left:16px;}
```

42 ▶ 切换到 css 样式表中对 habor 标签进行定义。

```
76   #habor {
77       width:295px;
78       height:176px;
79       line-height:18px;
80       padding:12px;
81   }
82   #habor img {
83       margin-left:16px;
84   }
85   #habor p {
86       margin-left:16px;}
```

44 ▶ 切换到 css 样式表中，对 <p> 标签进行定义。

```
82   #habor img {
83       margin-left:16px;
84   }
85   #habor p {
86       margin-left:16px;}
87   #login {
88       width:295px;
89       height:120px;
90       margin-left:27px;
91       line-height:25px;
92   }
```

46 ▶ 切换到 css 样式表中，对 login 标签进行定义。

47 ▶ 将光标插入 login 标签中，执行"插入 > 表单"命令。

48 ▶ 将光标插入表单中，执行"插入 > 表单 > 文本域"命令。

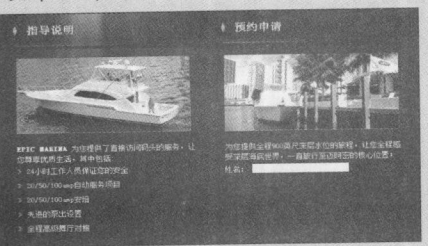

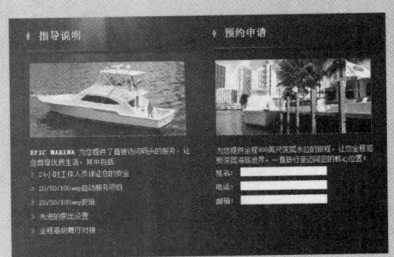

49 ▶ 返回"设计"视图，观察页面中文本域的效果。

50 ▶ 将光标插入姓名输入框后面，按快捷键 Shift+ Enter 换行，使用相同方法完成相似内容。

```
61    <div id="login">
62      <form>
63      姓名：
64      <input type="text" class="text" />
65      <br />
66      电话：
67      <input type="text" class="text" />
68      <br />
69      邮箱：
70      <input type="text" class="text" />
71      <br />
72
73
74      <br />
75
76      </form>
```

```
97    .text {
98        width:219px;
99        height:23px;
100       margin-top:7px;
101       border: 1px solid #124462;
102       background-color:#011923;
103   }
```

51 ▶ 切换到"源代码"视图，查看以上两步的"源代码"。

52 ▶ 在 css 样式表中对输入框的样式进行定义。

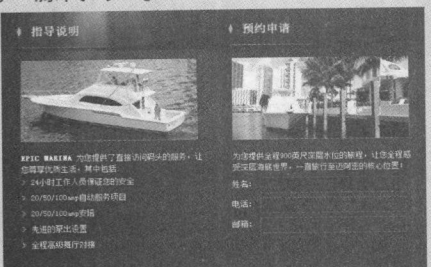

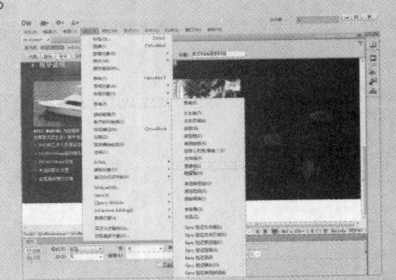

53 ▶ 返回"设计"视图，观察设置 css 样式后的页面效果。

54 ▶ 执行"插入 > 表单 > 图像域"命令。

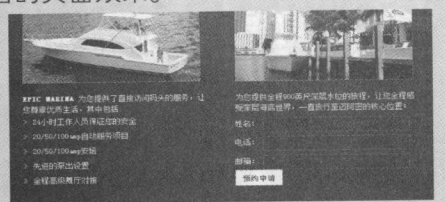

```
95    .text {
96        width: 219px;
97        height: 23px;
98        margin-top: 7px;
99        border: 1px solid #124462;
100       background-color: #011923;
101   }
102   #btn {
103       margin-left: 42px;
104       margin-top: 4px;
```

55 ▶ 返回"设计"视图，得到如图所示页面效果。

56 ▶ 在 css 样式表中对该图像域的样式进行定义。

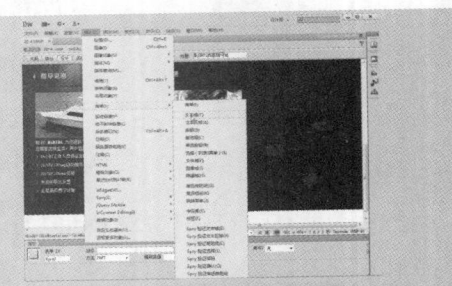

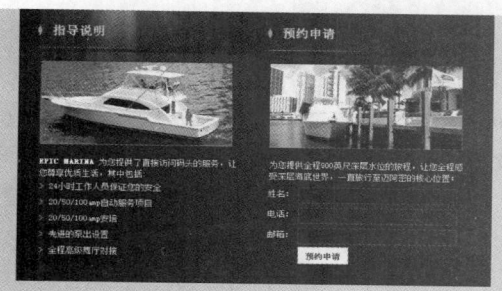

```
62
63    <form>
      姓名:
64    <input type="text" class="text" />
65    <br />
66    电话:
67    <input type="text" class="text" />
68    <br />
69    邮箱:
70    <input type="text" class="text" />
71    <br />
72    <input type="image" id="btn" src=
      "imgs/22410.gif" />
73    <br />
74    </form>
```

57 ▶ 切换到"设计"视图，查看设置 css 样式后的页面效果。

58 ▶ 切换到"源代码"视图，查看以上两步的"源代码"。

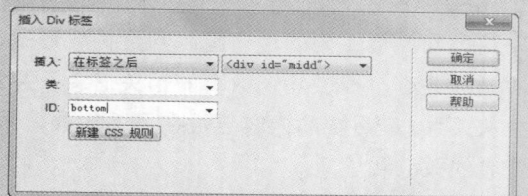

```
102  #btn {
103      margin-left: 42px;
104      margin-top: 4px;
105  }
106  #bottom {
107      width: 1602px;
108      height: 63px;
109      background: url(../images/22409.jpg) no-repeat;
110      text-align: center;
111      padding-top: 13px;
112  }
```

59 ▶ 在 midd 标签之后插入名称为 bottom 的 Div 标签。

60 ▶ 在 css 样式表中对 bottom 标签的样式进行定义。

```
79   <div id="bottom"><b>EPIC版权所有</b>::北京市海淀区龙岗
     路48号瑞祥家园25号楼二层250室::<span>电话</span>
     : 135****1574::<span>传真</span>: 010-****1234::<span>
     epicgongsi@xinlang.com</span></div>
80   </div>
81   <script type="text/javascript">
82   swfobject.registerObject("FlashID");
83   </script>
84   </body>
85   </html>
```

61 ▶ 切换到"源代码"视图，将光标插入 bottom 标签中，输入文字。

62 ▶ 切换到"设计"视图，得到页面的最终效果图。

63 ▶ 执行"文件 > 保存"命令，将文档进行保存，按 F12 键测试页面。

64 ▶ 观察页面中的 Flash 效果以及页面的整体效果。

22.5　本章小结

　　本章主要通过制作一个时尚高档的网站页面来讲解制作网站页面的方法与技巧，用户在使用 DIV+CSS 控制页面布局时，需要注意每个标签的大小和插入位置一定要准确，否则将无法精确定位。

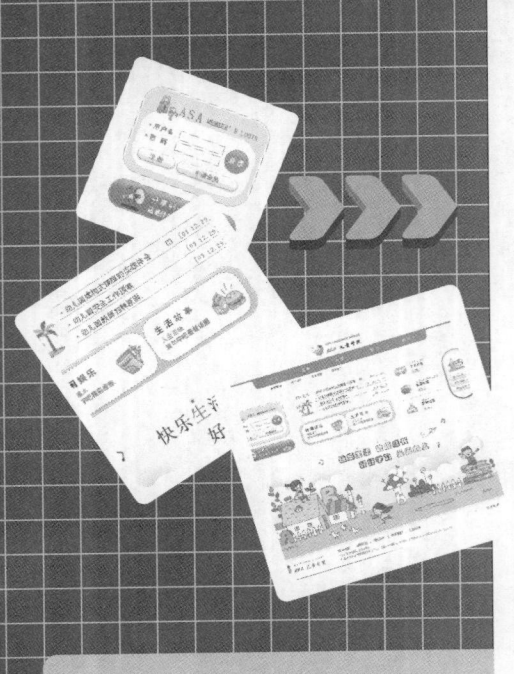

第 23 章 制作儿童教育网站

本章将对14章制作的儿童教育网站设计图进行设计，将设计图在 Dreamweaver 中进行具体的布局和搭建框架。通过本实例的制作，除了可以进一步巩固用户的技术运用以外，还可以帮助用户拓展创作思路。

23.1 儿童类网站功能分析

通常这类网站最重要的是有趣的网页构成形式，引起儿童对网站的关心，提供儿童教育的相关信息，并且注意页面的主次关系。最重要的内容要放在页面的最显眼位置，引起浏览者的关心和注意。

23.2 制作分析

在开始使用 Dreamweaver 制作 HTML 页面时，首先要对整个网站的布局有所了解，然后根据实际的情况对页面进行布局。制作时需要同时考虑未来后台程序的添加，所以可以将表现同类功能的内容放置在同一个 Div 中。

23.3 版式布局分析

在页面的设计上，本实例采用居中的布局方式，为页面充分留出余白，页面正文部分运用了上、中、下三栏的结构方式，并且在中间的主体内容部分加入卡通的 Flash 动画，给浏览者留下深刻的印象。

本章知识点

- ☑ 掌握 Div 的插入位置
- ☑ 掌握 padding 的使用方法
- ☑ 掌握跳转菜单的使用
- ☑ 掌握鼠标经过图像的插入
- ☑ 掌握表单的使用方法

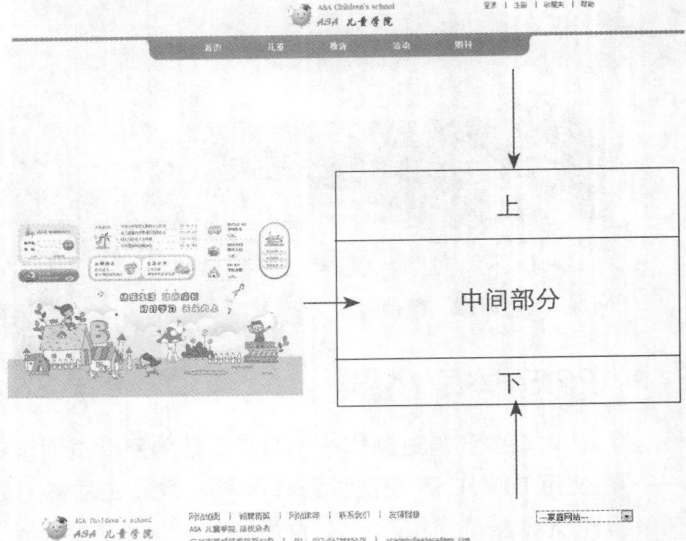

23.4 制作步骤

本实例的制作过程中将首先添加整体的背景色和背景图像，然后采用从上到下的制作方式。每个需要添加链接的部分都直接添加空链接，空链接是指未被指派的链接，在"属性"面板的"链接"文本框中输入 # 字符即可。

➡ 实例 88+ 视频：制作儿童教育网站

在实例的制作过程中，主要运用了 Div 标签、项目列表、页面文本和图像链接等，通过本实例的学习，读者可以掌握这些工具在网页设计中的使用方法和技巧。

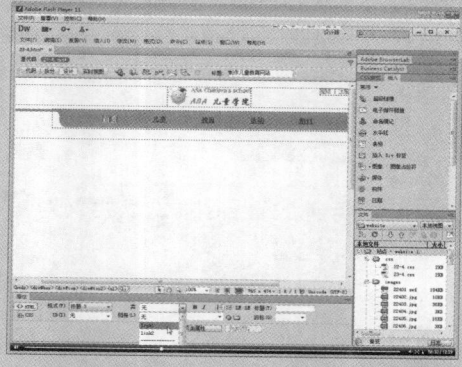

🏠 源文件：源文件 \ 第 23 章 \23-4. psd　　　🔊 操作视频：视频 \ 第 23 章 \23-4. swf

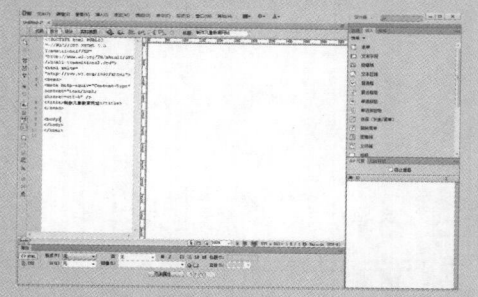

01 ▶ 执行"文件>新建"命令，新建一个空白的页面，并将文件保存为"源文件 \ 第 23 章 \23-4.html"。

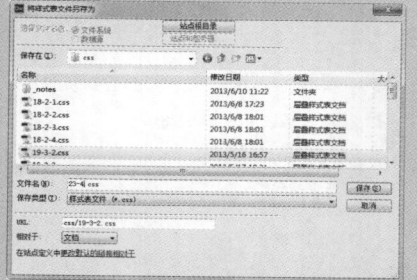

03 ▶ 单击"确定"按钮，弹出"将样式文件另存为"对话框，将 CSS 样式存储到"源文件 \css\23-4.css"文件夹中。

02 ▶ 单击"CSS 样式"面板中的"新建 CSS 规则"按钮，打开"新建 CSS 规则"对话框，对该对话框中的属性进行设置。

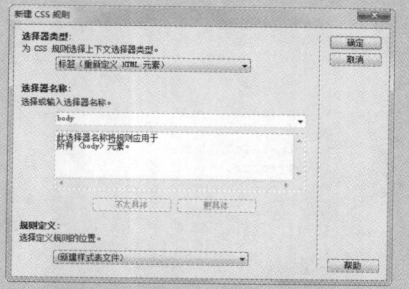

04 ▶ 单击"保存"按钮，在打开的对话框中对"类型"和"背景"选项卡分别进行参数设置。

```
1    *{
2        margin:0px;
3        border:0px;
4        padding:0px;
5    }
6    body { font-family: "宋体";
7        font-size: 12px;
8        background-color: #FFFFF6;
9        background-image: url(../images/231301.jpg);
10       background-repeat: repeat-x;
11       background-position: top;
12   }
13
```

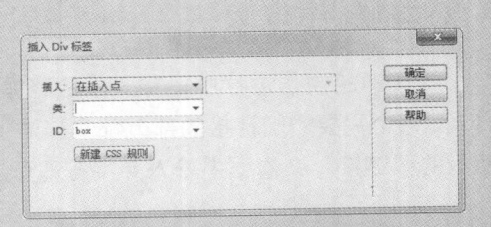

05 ▶ 单击"确定"按钮,切换到新建的 23-4.css 样式表中,并对其进行编辑。

06 ▶ 返回到"设计"视图中,插入一个名称为 box 的 Div 标签。

```
6    body { font-family: "宋体";
7        font-size: 12px;
8        background-color: #FFFFF6;
9        background-image: url(../images/231301.jpg);
10       background-repeat: repeat-x;
11       background-position: top;
12   }
13
14   #box{
15       width:1020px;
16       height:870px;
17       margin:0 auto;
18   }
```

```
14   #box{
15       width:1020px;
16       height:870px;
17       margin:0 auto;
18   }
19   #top{
20       width:100%;
21       height:143px;
22   }
```

07 ▶ 切换到 23-4.css 样式表中,对 box 进行 css 样式定义。

08 ▶ 将光标插入 box 中,删除多余的文字,新建一个名称为 top 的 Div,并在 css 样式表中对其进行定义。

```
55   #top{
56       width:1020px;
57       height:143px;
58   }
59   #top1{
60       width:940px;
61       height:47px;
62       margin:17px auto 0;
63   }
64   #top1-1{
65       width:191px;
66       height:100%;
67       margin-left:378px;
68       float:left;
69   }
```

09 ▶ 使用相同的方法,完成 top1 和 top1-1 两个 Div 的插入和定义。

10 ▶ 将 top1-1 中的文字删除,并插入"源文件 \images\23402.gif"图像文件。

　本实例中的头部内容都将放置在 top 标签中。在步骤 9 中,top1 标签是创建在 top 标签中的,而 top1-1 标签是创建在 top1 标签中的。

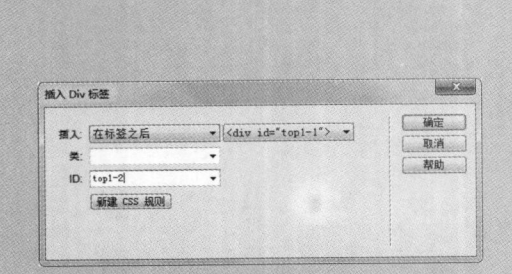

```
28   #top1-1{
29       width:191px;
30       height:100%;
31       margin-left:378px;
32       float:left;
33   }
34   #top1-2{
35       width:210px;
36       height:15px;
37       margin-left:160px;
38       float:left;
39   }
```

11 ▶ 再次插入一个名称为 top1-2 的 Div 标签,注意插入位置的设置。

12 ▶ 切换到 CSS 样式表中,对 top1-2 标签进行 css 定义。

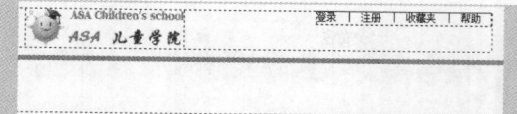
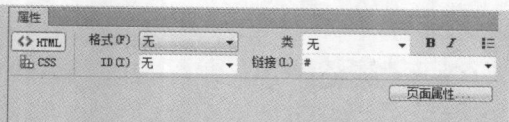

13 ▶ 将光标插入到 top1-2 中，删除多余的文字，并输入需要的文本。

14 ▶ 选中文本中的"登录"文字，在"属性"面板的"链接"文本框中输入 #。

```
40  .link1:link{
41      color:#666666;
42      text-decoration:none;
43  }
44  .link1:visited{
45      color:#666666;
46      text-decoration:none;
47  }
48  .link1:hover{
49      color:#ec6500;
50      text-decoration:none;
51  }
52  .link1:active{
53      color:#666666;
54      text-decoration:none;
55  }
```

15 ▶ 使用相同的方法为其他的文本添加空连接。

16 ▶ 切换到 CSS 样式表中，定义一个名称为 .link1 的类 CSS 样式。

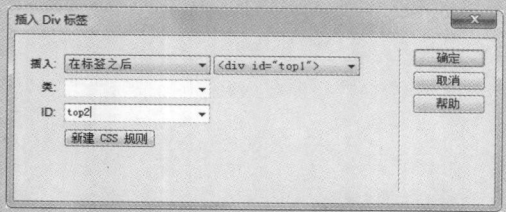

17 ▶ 选中添加链接的文本，在"属性"面板的"类"下拉列表中选择 link1 选项。

```
56  #top2{
57      width: 592px;
58      height: 18px;
59      margin: 10px auto 0px;
60      background-image: url(../images/23403.png);
61      background-repeat: no-repeat;
62      font-family: "宋体";
63      font-weight: bold;
64      font-size: 15px;
65      color: #FFF;
66      padding: 13px 46px 13px 74px;
67  }
```

18 ▶ 插入一个名称为 top2 的 Div 标签，注意插入位置的设置。

19 ▶ 单击"确定"按钮，切换到 css 样式表中定义 top2 的 css 规则。

```
16  <div id="top2">
17  <ul>
18  <li>首页</li>
19  <li>儿童</li>
20  <li>教育</li>
21  <li>活动</li>
22  <li>期刊</li>
23  </ul>
24  </div>
```

20 ▶ 返回"设计"视图中，将 top2 中的文本删除并输入需要的文本。

```
56  #top2{
57      width: 592px;
58      height: 18px;
59      margin: 10px auto 0px;
60      background-image: url(../images/23403.png);
61      background-repeat: no-repeat;
62      font-family: "宋体";
63      font-weight: bold;
64      font-size: 15px;
65      color: #FFF;
66      padding: 13px 46px 13px 74px;
67  }
68  #top2 li{
69      list-style-type:none;
70      float:left;
71      margin:0 40px 0 40px;
72  }
```

21 ▶ 在"源代码"中为 top2 中的文字添加 <ul> 和 <li> 标签。

22 ▶ 切换到 23-4.css 样式表中，并添加一个 #top li 样式。

23 ▶ 切换到"设计"视图中，观察 top2 中的文字效果。

24 ▶ 选中 top2 中的文本，并在"属性"面板中为文本添加空链接。

```
73    .link2:link{
74        color:#FFF;
75        text-decoration:none;
76    }
77    .link2:visited{
78        color:#FFF;
79        text-decoration:none;
80    }
81    .link2:hover{
82        color:#FF0;
83        text-decoration:none;
84    }
85    .link2:active{
86        color:#FFF;
87        text-decoration:none;
```

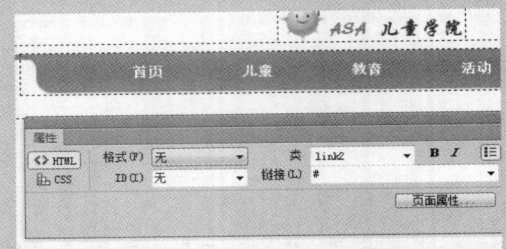

25 ▶ 切换到 css 样式表中，并添加一个名称为 .link2 的类 css 样式。

26 ▶ 选中 top2 中的链接文本，在"属性"面板中的"类"选项中选择 link2 选项。

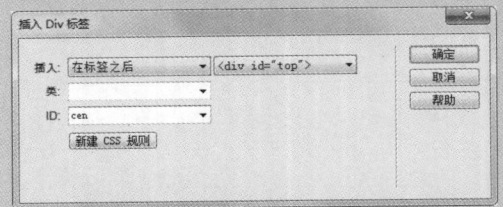

```
85    .link2:active{
86        color:#FFF;
87        text-decoration:none;
88    }
89    #cen{
90        width:939px;
91        height:206px;
92        margin:37px auto 0px;
93    }
```

27 ▶ 插入一个名称为 cen 的 Div 标签，注意插入位置的设置。

28 ▶ 切换到 css 样式表中，为 can 标签定义 css 样式。

```
90        width:939px;
91        height:206px;
92        margin:37px auto 0px;
93    }
94    #mid{
95        width:212px;
96        height:206px;
97        float:left;
98    }
```

```
94    #mid{
95        width:212px;
96        height:206px;
97        float:left;
98    }
99    #mid1{
100       width:174px;
101       height:70px;
102       padding:54px 16px 22px 21px;
103       background-image:url(../images/23404.png);
104       background-repeat:no-repeat;
105   }
```

29 ▶ 将光标插入到 cen 标签中，插入一个名称为 mid 的 Div 标签，在 css 样式表中定义其 css 样式。

30 ▶ 将光标插入到 mid 标签中，插入一个名称为 mid1 的 Div 标签，在 css 样式表中定义其 css 样式。

```
99    #mid1{
100       width:174px;
101       height:70px;
102       padding:54px 16px 22px 21px;
103       background-image:url(../images/23404.png);
104       background-repeat:no-repeat;
105   }
106   #mid1-1{
107       width:174px;
108       height:43px;
109       font-family: "黑体";
110       font-size: 11px;
111   }
```

31 ▶ 返回"设计"视图，观察定义了 css 样式后的 Div 效果。

32 ▶ 将 mid1 中的文字删除，插入一个名称为 mid1-1 的 Div 标签，并定义其样式。

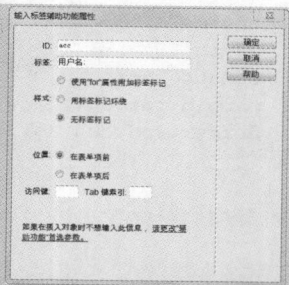

33 ▶ 将光标插入到mid1-1标签中,单击"插入"面板中"表单"选项下的"表单"按钮。

34 ▶ 将光标插入到表单中,单击"插入"面板中"表单"选项下的"文本字段"按钮,在打开的对话框中进行设置。

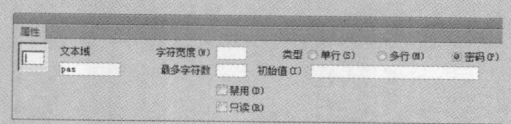

35 ▶ 将光标移动到刚插入的文本框后,按快捷键 Shift+Enter 插入一个换行符,使用相同的方法插入一个 ID 为 pas 的文本字段。

36 ▶ 单击选中"密码"的文本框,在"属性"面板中将"类型"选项修改为"密码"选项。

```
106  #mid1-1{
107      width:174px;
108      height:43px;
109      font-family: "黑体";
110      font-size: 11px;
111  }
112  #acc,#pas{
113      width:75px;
114      height:15px;
115      margin-top:5px;
116      border:#cdcdcd solid 1px;
117  }
```

37 ▶ 切换到 css 样式表中,为 acc 和 pas 两个文本字段定义 css 样式。

38 ▶ 将光标移动到"用户名"文字前,单击"插入"面板中的"图像域"按钮。

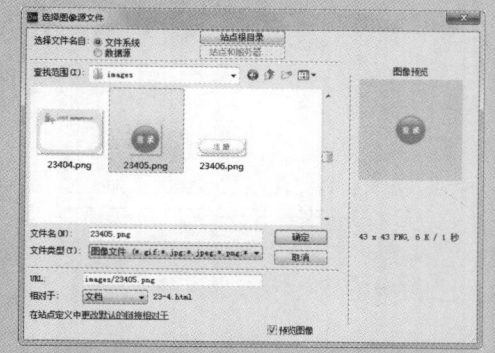

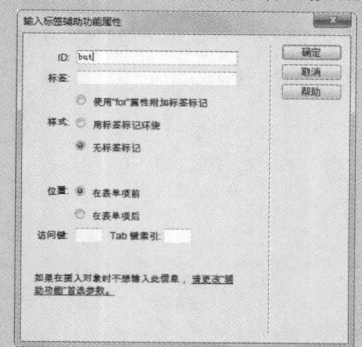

39 ▶ 在打开的对话框中选择"源文件\images\23405.png"图像,单击"确定"按钮。

40 ▶ 弹出"输入标签辅助功能属性"对话框,在该对话框中进行设置。

```
113  #acc,#pas{
114      width:75px;
115      height:15px;
116      margin-top:5px;
117      border:#cdcdcd solid 1px;
118  }
119  #but{
120      float:right;
121  }
```

41 ▶ 单击"确定"按钮,切换到 css 样式表中,为该"图像域"定义 css 样式。

42 ▶ 返回"设计"视图中,观察"图像域"的右浮动效果。

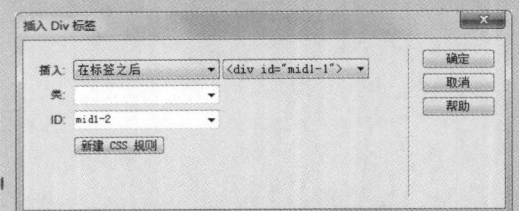

```
118  #but{
119      float:right;
120  }
121  #mid1-2{
122      width:100%;
123      height:22px;
124      padding-top:7px;
125  }
```

43 ▶ 插入一个名称为 mid1-2 的 Div 标签,注意插入位置的设置。

44 ▶ 切换到 css 样式表中,为该 Div 标签定义 css 样式。

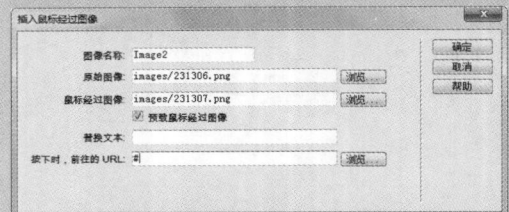

45 ▶ 将光标插入到 mid2 标签中,单击"插入"面板中的"鼠标经过图像"按钮,在弹出的对话框中进行各项参数设置。

46 ▶ 在"注册"按钮后面按下空格键,添加一个空格,使用相同的方法插入"申请会员"按钮。

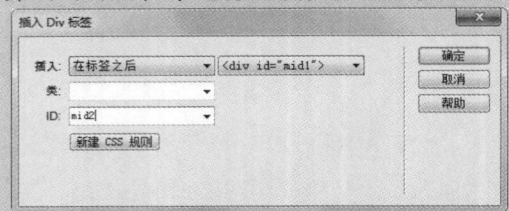

```
126  #mid1-3{
127      width:105px;
128      height:22px;
129      margin-left:3px;
130  }
131  #mid2{
132      width:30px;
133      height:15px;
134      margin-top:10px;
135      background-image:url(../images/23410.png);
136      background-repeat:no-repeat;
137      padding:30px 18px 5px 162px;
138  }
```

47 ▶ 插入一个名称为 mid2 的 Div 标签,注意插入位置的设置。

48 ▶ 切换到 css 样式表中,为该 Div 标签定义 css 样式。

49 ▶ 返回"设计"视图中,观察定义 css 样式后的 Div 标签效果。

50 ▶ 将光标插入到 mid2 标签中,单击"插入"面板中的"鼠标经过图像"按钮,插入图像。

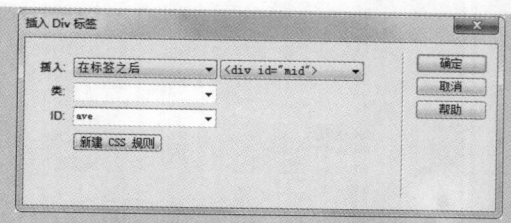

51 ▶ 插入一个名称为 ave 的 Div 标签，注意插入位置的设置。

```
145  #ave1{
146      width: 378px;
147      height: 96px;
148      font-family: "宋体";
149      font-size: 12px;
150      color: #666666;
151  }
152  #ave1-1{
153      width:63px;
154      height:85px;
155      padding:6px 11px 5px 18px;
156      float:left;
157  }
158  #ave1-2{
159      width:279px;
160      height:96px;
161      padding-left:7px;
162      float:left;
163  }
```

53 ▶ 使用相同的方法插入 ave1、ave1-1 和 ave1-2 三个 Div 标签，并进行样式定义。

```
131  #mid2{
132      width:30px;
133      height:15px;
134      margin-top:10px;
135      background-image:url(../images/23410.png);
136      background-repeat:no-repeat;
137      padding:30px 18px 5px 162px;
138  }
139  #ave{
140      width:378px;
141      height:206px;
142      margin-left:29px;
143      float:left;
144  }
```

52 ▶ 切换到 css 样式表中，为该 Div 标签定义 css 样式。

54 ▶ 返回"设计"视图中，观察定义 css 样式后的 Div 标签效果。

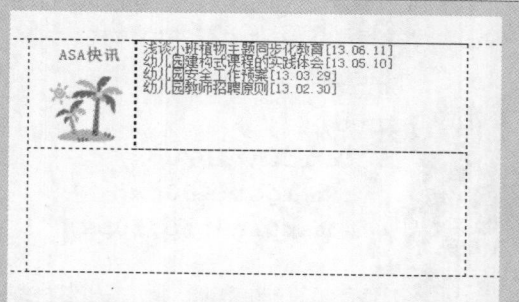

55 ▶ 在 ave1-1 标签中插入图像，ave1-2 标签中输入文字。

```
166  #ave1-2 dt{
167      list-style-type:none;
168      background-image:url(../images/23414.png);
169      background-repeat:no-repeat;
170      background-position:left center;
171      padding-left:15px;
172      line-height:22px;
173      border-bottom:dashed 1px #bababa;
174      width:203px;
175      float:left;
176  }
177  #ave1-2 dd{
178      width:60px;
179      line-height:22px;
180      border-bottom:dashed 1px #bababa;
181      float:left;
182  }
```

57 ▶ 切换到 css 样式表中，为 dt 和 dd 两个标签定义 css 样式。

```
69       <div id="ave1-2">
70           <dl>
71               <dt>浅谈小班植物主题同步化教育</dt><dd>[13.06.11]</dd>
72               <dt>幼儿园建构式课程的实践体会</dt><dd>[13.05.10]</dd>
73               <dt>幼儿园安全工作档案</dt><dd>[13.03.29]</dd>
74               <dt>幼儿园教师招聘原则</dt><dd>[13.02.30]</dd>
75           </dl>
76       </div>
77       </div>
78   </div></div>
79   </body>
80   </html>
81
```

56 ▶ 在"源代码"中为 ave1-2 中的文字添加 <dl>、<dt> 和 <dd> 标签。

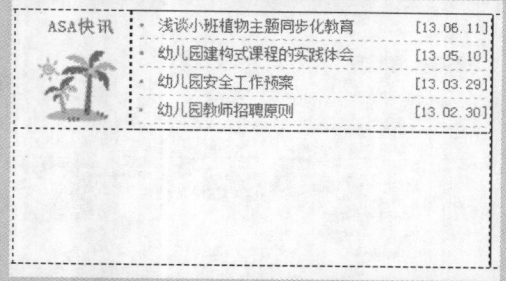

58 ▶ 返回"设计"视图中，观察定义 css 样式后的文字效果。

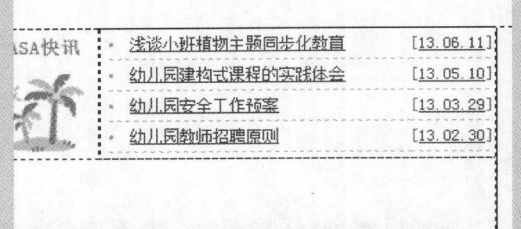

59 ▶ 选择 ave1-2 标签中的文本，为相应的文字加入空链接。

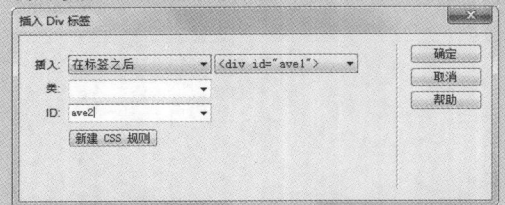

61 ▶ 插入一个名称为 ave2 的 Div 标签，注意插入位置的设置。

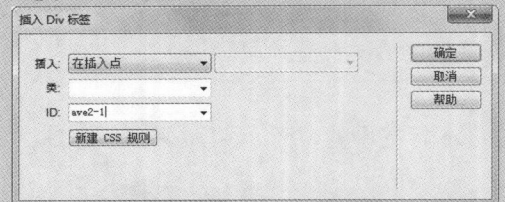

63 ▶ 将光标插入到 ave2 标签中，单击"插入 Div 标签"按钮，插入 ave2-1 标签。

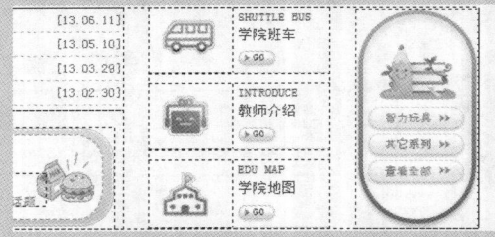

65 ▶ 使用相同的方法完成其他相似部分的制作。

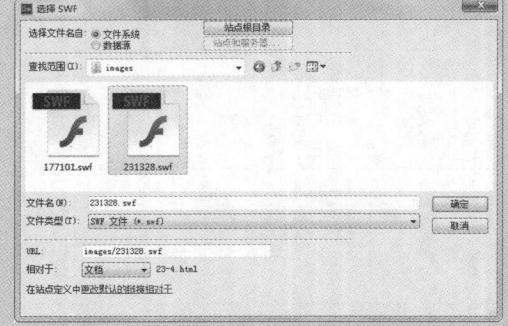

67 ▶ 单击"插入"面板中的"媒体 SWF"按钮，在打开的对话框中选择相应的动画文件。

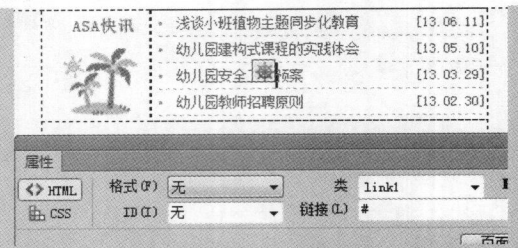

60 ▶ 选择所有添加了空链接的文本，在属性面板中修改其"类"为 link1。

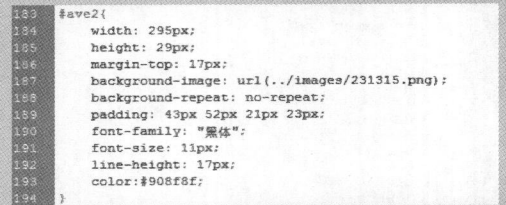

62 ▶ 切换到 css 样式表中，为该 Div 标签定义 css 样式。

64 ▶ 再次插入 ave2-2 标签，输入文字，并在 css 样式表中定义两个标签的样式。

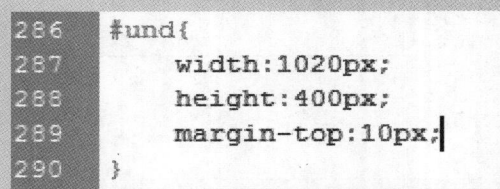

66 ▶ 在名称为 cen 的 Div 标签后面插入 und 标签，并定义其 css 样式。

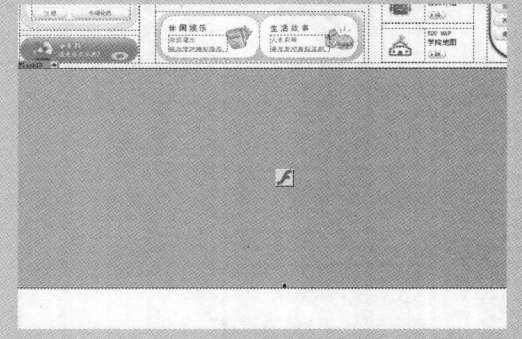

68 ▶ 单击"确定"按钮，将 Flash 动画插入到页面中。

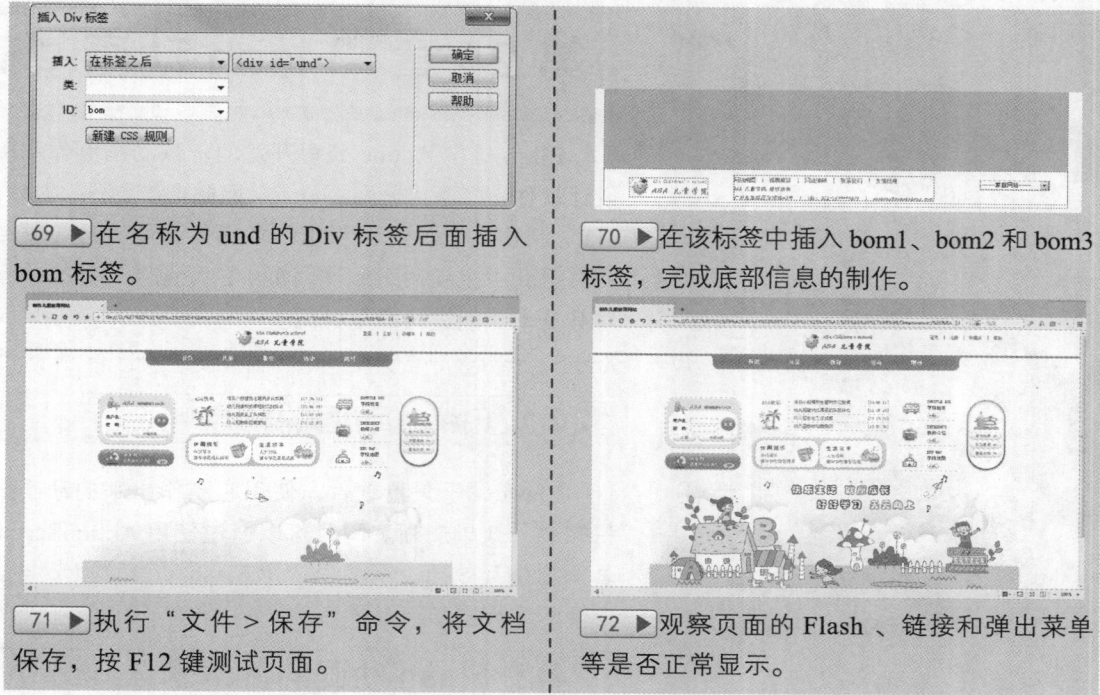

69 ▶ 在名称为 und 的 Div 标签后面插入 bom 标签。

70 ▶ 在该标签中插入 bom1、bom2 和 bom3 标签，完成底部信息的制作。

71 ▶ 执行"文件 > 保存"命令，将文档保存，按 F12 键测试页面。

72 ▶ 观察页面的 Flash 、链接和弹出菜单等是否正常显示。

23.5　本章小结

　　本章使用 Dreamweaver 制作了一个儿童网站，通过本实例的制作，向用户介绍了制作网站页面的方法和技巧，希望能够帮助用户更加熟练地掌握网站的制作方法，并通过不断努力和练习早日成为网页制作高手。

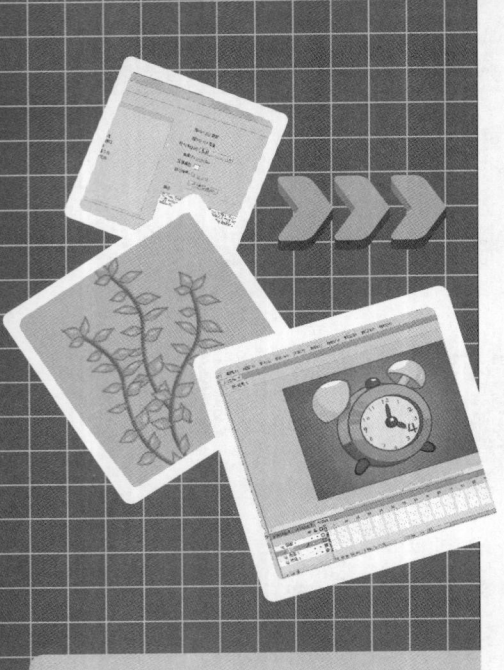

第 24 章 Flash 动画基础

Flash 是由 Adobe 公司开发的一款动画制作和多媒体设计软件，广泛用于网页设计、网站广告制作、游戏设计、MTV 制作、电子贺卡制作和多媒体课件设计等领域。在网页设计中主要用来制作网页中的动画和特效。本章将针对其基本功能进行简单介绍。

24.1 Flash 动画的特点

Flash 属于矢量软件，使用它制作出来的动画一般体积较小，效果清晰。同时可以通过使用 ActionScript 为动画添加交互效果。网页中使用 Flash 动画可以节省成本、方便网络传播和跨媒体等。

24.2 Flash 动画的基本术语

在正式开始学习 Flash 之前，首先要了解更多 Flash 的基础知识，这样才不会在一些小问题上浪费更多的时间，下面针对 Flash 动画的基本术语进行相关的学习。

24.2.1 常见文件格式

Flash 支持多种文件格式，每种格式类型都具有不同的用途，下面逐一进行介绍。

● **FLA 文件格式**

FLA 格式是 Flash 的特有格式，包含了制作 Flash 动画的所有原始信息。只用做保存修改，不做其他用途。

● **SWF 文件格式**

SWF 文件一般通过发布后产生，可以直接应用到网页中，也可以通过 FlashPlayer 等播放器直接播放。

● **XFL 文件格式**

XFL 文件格式是一种全新的 Flash 文档，是一种基于 XML 开放式的文件夹。有了这种格式将更加方便设计人员和程序员之间的合作，大大提高了工作效率。

● **AS 文件格式**

AS 格式文件指的是 ActionScript 文件。可以将某些或全部 ActionScript 代码保存在 FLA 文件以外的位置，这些文件有助于代码的管理。

● **SWC 文件格式**

SWC 文件包含可重新使用的 Flash 组件。每个 SWC 文件都包含一个已编译的影片剪辑、ActionScript 代码和组件所

要求的任何其他资源。

● ASC 文件格式

ASC 文件是用于存储将在运行 Flash Communication Server 的计算机上执行的 ActionScript 文件。这些文件提供了实现与

SWF 文件中的 ActionScript 结合使用的服务器端逻辑的功能。

● JSFL 文件格式

JSFL 文件是可用于向 Flash 创作工具添加新功能的 JavaScript 文件。

24.2.2　帧、关键帧和空白关键帧

● 帧

帧是进行动画制作的最小单位，主要用来延伸时间轴上的内容。帧在时间轴上以灰色填充的小方格显示。通过增加或减少帧的数量，可以控制动画播放的速度。

关键帧来轻松更改补间动画的长度。

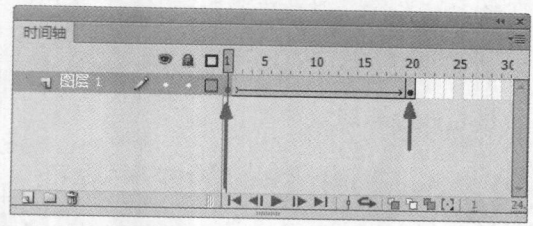

● 空白关键帧

空白关键帧是编辑舞台上没有包含内容的关键帧。空白关键帧在时间轴上显示为空心的圆点，在空白关键帧上添加内容就可以将其转换为关键帧。

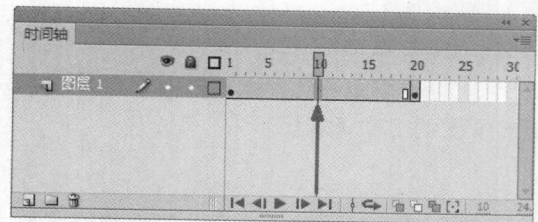

● 关键帧

在关键帧中定义了对动画的对象属性所做的更改，或者包含控制的 ActionScript 代码。关键帧可以不用画出每个帧就能生成动画，所以能够轻松地创建动画。关键帧在时间轴上显示为实心的圆点，可以通过拖动

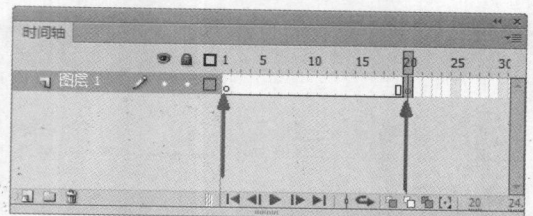

24.2.3　帧频

帧频指的是单位时间内播放的帧数，通常是指 Flash 动画的播放速度或时间轴上播放头滑动的距离。它是以每秒播放的帧数为度量单位，帧频太慢会使动画播放起来不流畅，帧频太快会使用户忽略动画中的细节，缩短了动画持续的时间，或者占用用户计算机更多的资源。

Flash 的默认帧频为 24 帧/秒，也就代表每秒中播放 24 帧。在制作网页中的 Flash 动画时，可以通过将帧频的数值设置得很大，以提高动画的播放速度，增加动画播放的视觉冲击力。太慢的动画会显得毫无生气。

Flash 动画的复杂性和计算机的运行速度都会影响动画播放的流畅性，所以制作完成的 Flash 动画要在不同的设备上测试后，才能确定最佳的帧频。

提示　可以在文档中设置对话框（单击"属性"面板"属性"选项卡下的"编辑文档设置"按钮）改变动画的帧频（FPS）设置，或者直接在时间轴下面的 FPS 输入框中修改。

24.2.4　场景

　　场景是在创建 Flash 文档时放置图形内容的矩形区域，这些图形内容包括矢量插图、文本框、按钮、导入的位图图形或是视频剪辑等。Flash 创作环境中的场景相当于 Flash Player 或 Web 浏览器窗口中在回放期间显示 Flash 文档的矩形空间。可以在工作时放大或者缩小，以更改场景的视图，网格、辅助线和标尺有助于在舞台上精确地定位内容。

　　一个 Flash 动画中至少包含一个场景，也可以同时有多个场景。通过 Flash 中的"场景"面板可以任意添加和删除场景。

24.3　Flash 软件的工作界面

　　Flash 在每次版本升级时都会对软件的界面进行全面的优化，以提高设计人员的工作效率，Flash CS6 的工作界面在 CS5 版本的基础上进行了许多改进，图像处理区域更加开阔，文档的切换也变得更加快捷，为设计师创造了更加方便的工作环境。

24.3.1　主菜单

　　和其他大多数 Windows 软件一样，菜单栏集结了软件的绝大多数命令，下面将对菜单栏进行简单介绍，有助于用户从整体上了解 Flash 的强大功能，以方便后期对 Flash 的学习和应用。

文件(F)　编辑(E)　视图(V)　插入(I)　修改(M)　文本(T)　命令(C)　控制(O)　调试(D)　窗口(W)　帮助(H)

● **文件**

　　在"文件"菜单中的设置项大多是具有全局性的，如新建、打开、关闭、保存、导入、导出、发布、AIR 设置、ActionScript 设置、打印、页面设置以及退出等命令。

● **编辑**

　　在"编辑"菜单中提供了多种作用于舞台中各种元素的命令，如复制、粘贴和剪切等。另外在该菜单下还提供了首选参数、自定义工具面板、字体映射及快捷键的设置等命令。

● **视图**

　　在"视图"菜单中提供了用于调整 Flash 整个编辑环境的视图命令，如放大、缩小、标尺和网格等命令。

● **插入**

　　在"插入"菜单中提供了针对整个文档的操作，例如在文档中新建元件、场景，在"时间轴"中插入补间、层或帧等。

● **修改**

　　在"修改"菜单中包括了一系列对舞台中元素的修改命令，如转换为元件和变形等，还包括了修改文档的一些命令。

● **文本**

　　在"文本"菜单中可以执行与文本相关的命令，如设置字体、样式、大小和字母间距等。

● **命令**

　　Flash CS6 允许用户使用 JSFL 文件创建自己的命令，在"命令"菜单中可运行、管理这些命令或使用 Flash 默认提供的命令。

● 控制

在"控制"菜单中可以选择"测试影片"或"测试场景"，还可以设置影片测试的环境，例如用户可以选择在桌面或移动设备中测试影片。

● 调试

在"调试"菜单中提供了影片调试的相关命令，如设置影片调试的环境等。

24.3.2　工具箱

工具箱包含较多的工具，每个工具都能实现不同的效果，但由于工具太多，一些工具会被隐藏起来。在工具箱中，如果工具箱按钮右下角含有黑色小箭头，则表示该工具箱下还有其他被隐藏的工具，单击黑色小箭头则可以显示被隐藏的工具。下面简单介绍工具箱中的各类工具。

● 选择变换工具

工具箱中的选择变换工具包括"部分选择工具"、"套索工具"、"任意变形工具"和"渐变变形工具"，利用这些工具可对舞台中的元素进行选择、变换等操作。

● 绘图工具

绘画工具包括"钢笔工具组"、"文本工具"、"线条工具"、"矩形工具组"、"铅笔工具"、"刷子工具组"以及"Deco 工具"，这些工具的组合使用能让设计者更方便地绘制出理想的作品。

● 绘图调整工具

该组工具能对所绘制的图形、元件的颜色等进行调整，包括"骨骼工具组"、"颜料桶工具组"、"滴管工具"、"橡皮擦工具"。

● 窗口

在"窗口"菜单中主要集合了 Flash 中的面板激活命令，选择一个要激活的面板的名称即可打开该面板。

● 帮助

在"帮助"菜单中含有 Flash 官方帮助文档，也可以选择"关于 Adobe Flash Professional"来了解当前 Flash 的版权信息。

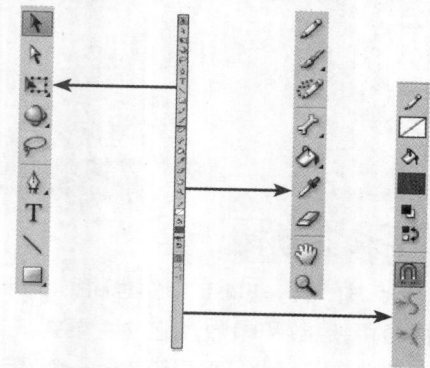

● 视图工具

视图工具中含有"手形工具"用于调整视图区域，"缩放工具"用于放大/缩小舞台大小。

● 颜色工具

颜色工具主要用于"笔触颜色"和"填充颜色"的设置和切换。

● 工具选项区

工具选项区是动态区域，它会随着用户选择工具的不同而显示不同的选项，如果单击工具箱中的"套索工具"按钮，在工具栏的左下角会显示相应的选项，单击"魔术棒"按钮，则切换"套索工具"为"魔术棒工具"，单击"魔术棒设置"按钮，弹出对话框，用于设置"魔术棒"的相关参数。

 提示　将光标停留在工具图标上稍等片刻，即可显示关于该工具的名称及快捷键的提示。单击工具箱顶部的图标或图标即可将工具箱展开或折叠显示。

24.3.3　面板

面板是用于设置工具参数及执行编辑命令的，Flash CS6 中包含 20 多个面板，常用面板包括"属性"面板、"时间轴"面板和"颜色"面板等，它们默认显示在窗口的右侧，可以根据需要打开、关闭和自由组合成面板。

Flash 中所有的面板都可以在"窗口"菜单中找到。面板是用配置工具参数执行具体命令的，默认情况下，面板以成组的形式出现。

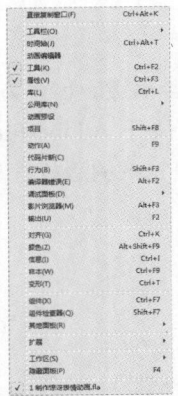

24.3.4 时间轴

与胶片一样，Flash 文件也将时长分为帧。时间轴用于组织和控制文档内容在一定时间内播放的图层数和帧数。它的主要组成部分是图层、帧和播放头。图层就像是堆叠在一起的多张幻灯片，每个图层都包含一个显示在舞台中的不同图像。

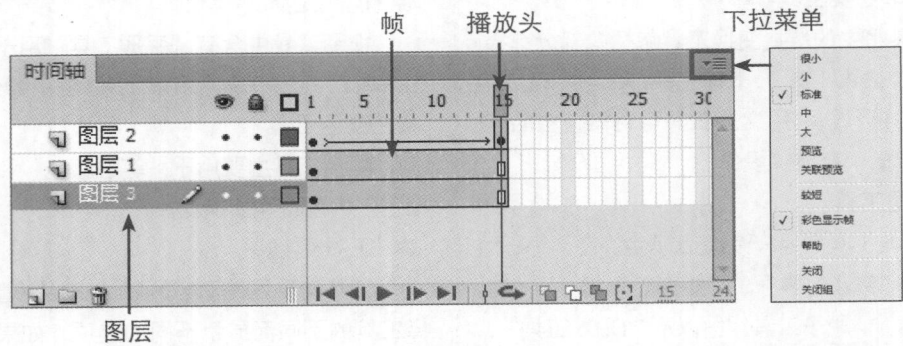

文档中的图层列在"时间轴"面板左侧的列中，每个图层中包含的帧显示在该图层名右侧的一行中。"时间轴"面板顶部的时间轴标题指示帧编号，播放头指示当前在舞台中显示的帧。播放 Flash 文件时，播放头从左向右通过时间轴。单击"时间轴"菜单，通过面板的下拉菜单，用户可以更改帧单元格的宽度和减小帧单元格行的高度。如果需要打开或关闭用彩色显示帧顺序，可以选择"彩色显示帧"命令。

时间轴状态显示在"时间轴"面板的底部，可以显示当前帧频、帧速率，以及到当前帧为止的运行时间。

24.3.5 自定义快捷键

使用快捷键可以大大提高工作效率，Flash CS6 中本身已经设置了许多命令或者面板操作快捷键，用户可以在 Flash CS6 中使用这些快捷键，也可以根据自己的需要自定义快捷键，选择"编辑 > 快捷键"命令，弹出"快捷键"对话框，通过该对话框，可以添加、删除和编辑键盘快捷键。

实例 89+ 视频：自定义操作快捷键

在 Flash CS6 中用户可以根据自己的操作习惯对软件中的快捷键进行修改和新建，包括脚本编辑和测试影片的快捷键同样也可以进行相应的创建。

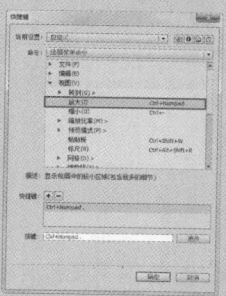

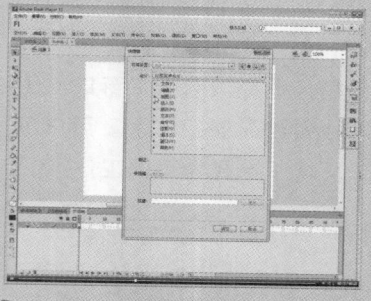

🏠 源文件：无

🔊 操作视频：视频 \ 第 24 章 \24-3-5. swf

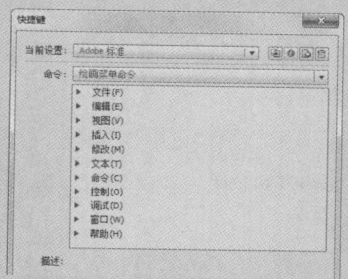

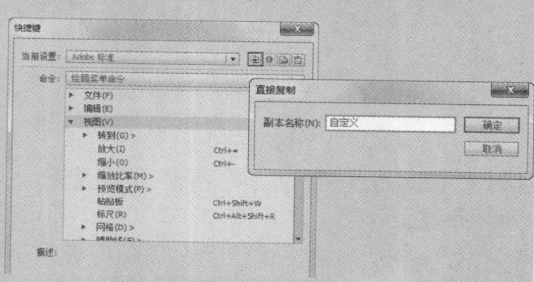

01 ▶ 启动 Flash 软件，新建一个 Flash 文档。执行"编辑 > 快捷键"命令，弹出"快捷键"对话框。

02 ▶ 选择"视图（v）"下的"放大（I）"选项，单击"直接复制设置"按钮，设置其名称为"自定义"。

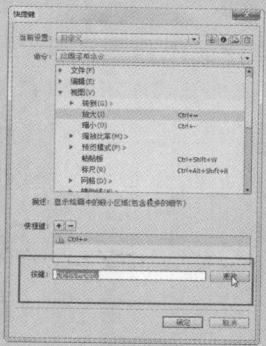

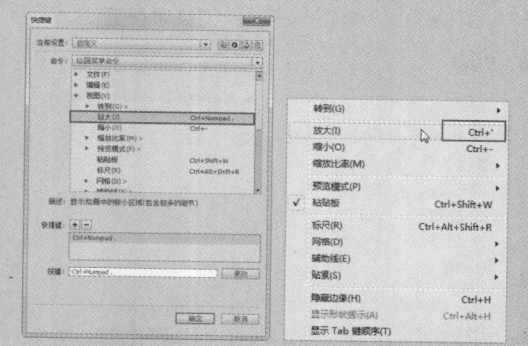

03 ▶ 在"按键"文本框中单击，按下键盘上的快捷键"Ctrl+'"，单击"更改"按钮。

04 ▶ 单击"确定"按钮，即可完成自定义快捷键的操作。

？提问

提问：怎样删除设置的快捷键？

答：执行"编辑 > 快捷键"命令，弹出"快捷键"对话框，找到自己设置快捷键的位置并单击将其选中，单击右上角的"删除设置"按钮▣，在弹出的"删除设置"对话框中，选择要删除的文件，单击"删除"按钮，即删除定义的快捷键。

24.3.6　存储和切换工作区

用户可以将个人喜欢或者习惯使用的面板大小和位置保存为工作区,以创建一个即使移动或关闭了面板,也可以恢复的工作区,从而使不同的用户在不同的工作项目中最大化地发挥软件的功能。

Flash CS6 针对不同的用户提供了 7 种不同的工作区供用户选择。选择"窗口 > 工作区"命令,可以看到这些工作区。用户可以在不同的工作环境下选择合适的工作区。

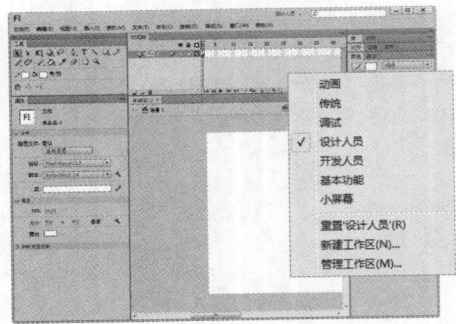

● 新建工作区

首先确认当前工作区的布局和面板大小已经调整到合适的位置和大小,然后选择"窗口 > 工作区 > 新建工作区"命令,在弹出的"新建工作区"对话框中输入工作区的"名称",单击"确定"按钮,即可完成工作区的创建。

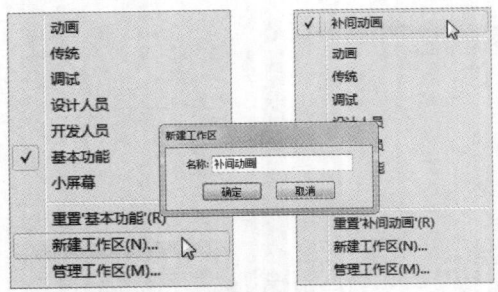

● 删除、重命名工作区

选择"窗口 > 工作区 > 管理工作区"命令,弹出"管理工作区"对话框,在其中可以完成删除、重命名工作区的操作。

选择需要重命名的工作区,单击"重命名"按钮,在"重命名工作区"对话框中输入名称,单击"确定"按钮,完成重命名工作区的操作。

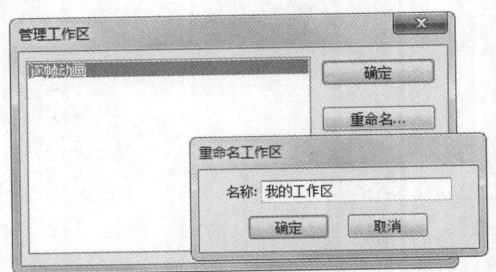

● 恢复工作区

在 Flash 中,工作区会按照上次排列的方式进行显示,但用户可以恢复原来存储的面板排列方式。选择"窗口 > 工作区 > 重置工作区"命令,即可完成工作区的恢复。

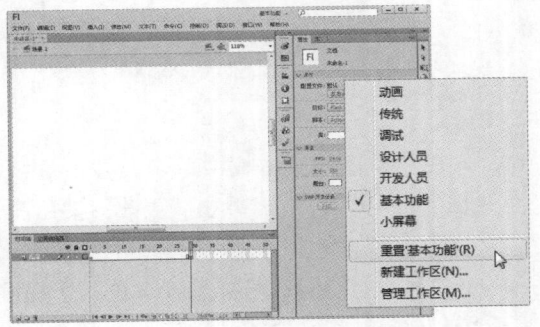

提示　用户可以直接使用鼠标将面板拖曳到想要放置的位置。如果需要移动面板,可以单击拖动该面板的标签;如果需要移动面板组,可以拖动其标题栏。

24.4　Flash 的基本操作

Flash CS6 是具有高效和高定制性的集成开发环境，一个好的 Flash 动画作品与每个动画元素的构成是分不开的，在设计动画制作之前，用户必须熟练掌握 Flash CS6 的基本操作方法和技巧，为后面学习动画制作打下基础。

24.4.1　新建和管理文档

打开 Flash CS6 软件后，选择"文件 > 新建"命令，弹出"新建文档"对话框。新建文档时可以选择两种方式创建新文档：从"常规"选项卡中新建动画文档或从"模板"选项卡中选择新建模板动画文档。

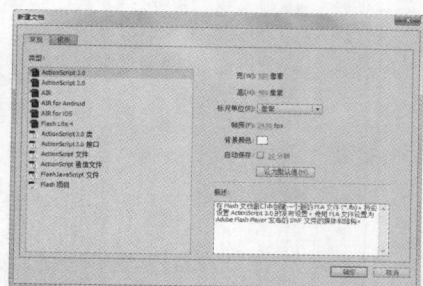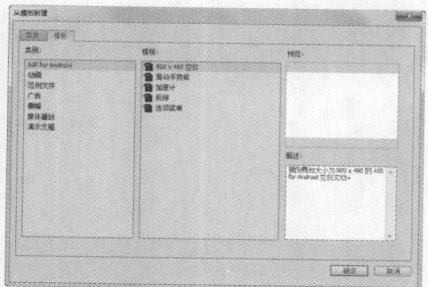

在"常规"选项卡下可以根据制作动画应用领域的不同，选择不同的动画类型。例如新建 ActionScript 2.0 文档后，在该文档中只能使用 ActionScript 2.0 的脚本制作动画。新建 AIR for iOS 文档后，该文档最终将发布到苹果系统中被使用。

通过在"新建文档"对话框中设置新建文档的尺寸、帧频、背景颜色和自动保存等选项，可以使用户更准确地完成动画制作。

用户也可以在"模板"选项卡下快速选择常用的模板文件。例如广告、演示文稿和媒体播放等。这些模板文件已经将文档的尺寸、帧频和背景颜色设置完成了。设计师只需要直接开始动画的制作就可以了。

➡ **实例 90+ 视频：新建一个空白文档**

一般情况下，制作 Flash 动画之前，都要新建一个空白文档。新建文档的时候，用户可以根据制作动画的需要，有目的、有选择地新建文档的类型。

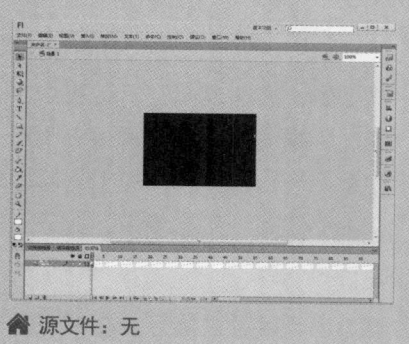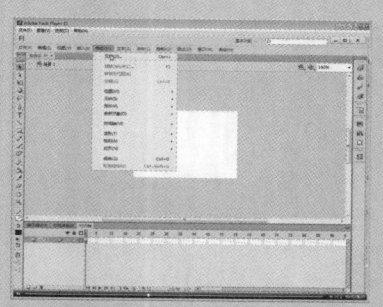

🏠 源文件：无　　　　　📡 操作视频：视频 \ 第 24 章 \24-4-1. swf

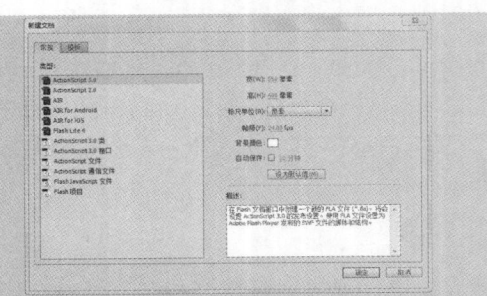

01 ▶ 打开 Flash 软件，执行"文件 > 新建"命令，弹出"新建文档"对话框。

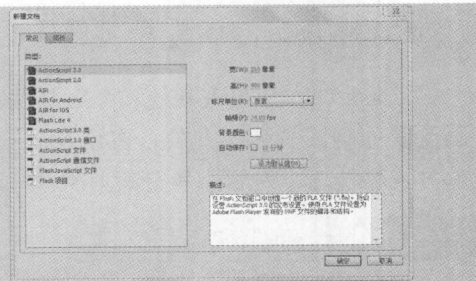

02 ▶ 修改画布的"宽"为 300 像素，"高"为 200 像素，其他参数保持默认。

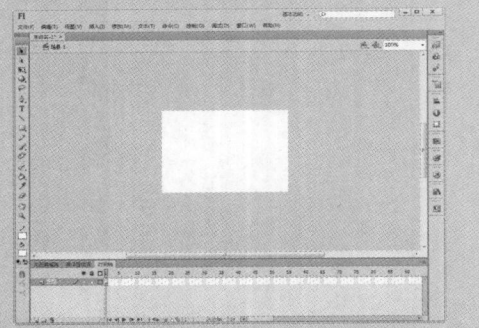

03 ▶ 单击"确定"按钮，新建一个空白的 Flash 文档。白色的区域为动画场景，灰色区域中的内容将不会在动画中显示。

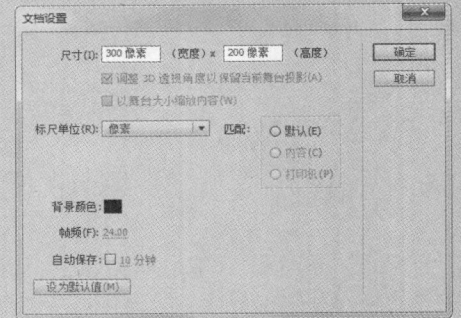

04 ▶ 执行"修改 > 文档"命令，在弹出的"文档设置"对话框中修改"背景颜色"为黑色。

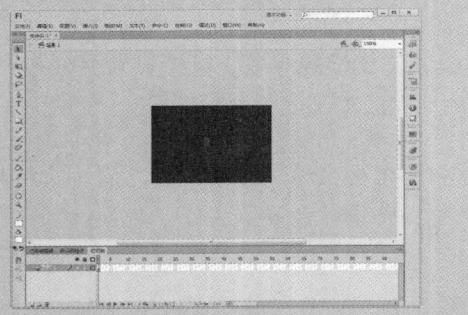

05 ▶ 单击"确定"按钮，可以看到动画场景的背景颜色更改为黑色。

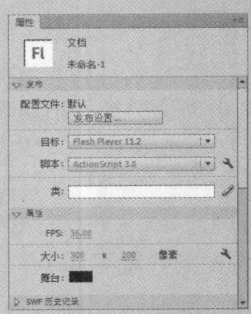

06 ▶ 执行"窗口 > 属性"命令，将"属性"面板打开，修改动画"帧频"为 36fps。动画播放速度将加快。

提问：怎样修改文档的背景颜色？

答：执行"修改 > 文档"命令，在弹出的"文档设置"对话框中对文档颜色进行修改。也可以执行"窗口 > 属性"命令，打开"属性"面板，单击"舞台"右边的颜色选项，在弹出的"颜色"面板中修改文档的背景颜色。

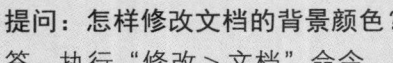

24.4.2 打开和保存文档

用户可以通过"新建"命令完成 Flash 文档的创建。也可以通过执行"文件 > 打开"命令，将外部的 Flash 文件打开再次编辑。

● 打开文档

　　在 Flash 中可以直接通过"打开"命令打开 Flash 文件，其中包含组成 Flash 文档内容的图形、文本、声音和视频对象以及时间轴和脚本信息，可执行"文件 > 打开"命令，打开所需文档。

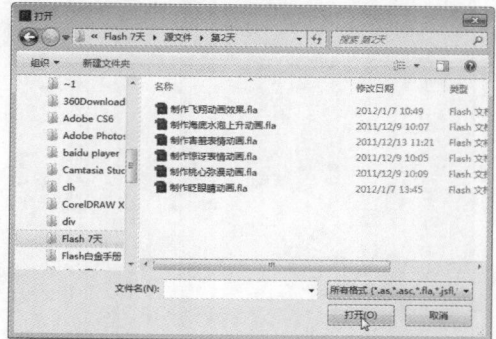

● 打开最近文档

　　为了方便用户工作，Flash CS6 允许用户快速打开最近的 10 个 Flash 文档进行编辑。执行"文件 > 打开最近文件"命令，选择需要打开的文件即可。

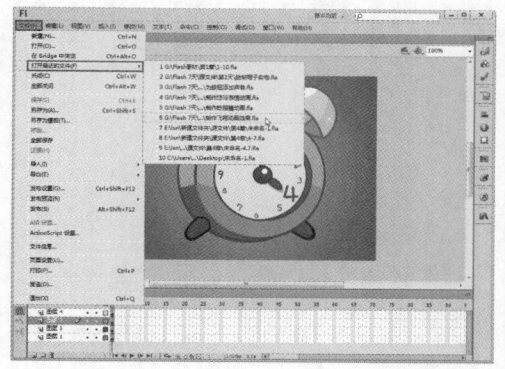

● 保存文档

　　为了防止数据的丢失，以及方便日后的更改或新的应用，可将制作的动画进行保存。用户可以根据需要对动画进行"保存"、"另存为"、"另存为模板"、"存回"、"全部保存"等命令。

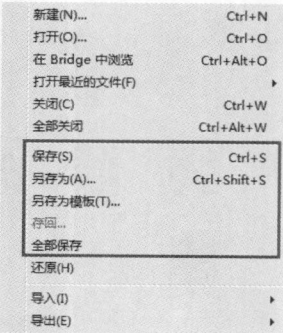

● 自动保存与恢复

　　从 Flash CS5.5 开始，增加了自动保存与恢复功能。使用自动保存功能可以定期拍摄所有打开文档的快照，这样用户可以在发生任何突发性数据丢失事件时进行恢复。

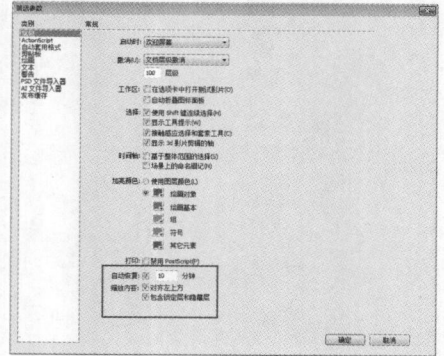

提 示　　除了通过菜单中的命令打开文档外，还有两种方法可以打开文档：按快捷键 Ctrl+O 打开所需文档；找到要打开的文档，按住鼠标将其拖动到 Flash 软件界面中，即可打开该文档。

➡ **实例 91+ 视频：将文档另存为**

　　大多数的 Flash 动画都可以对其进行多次应用，在对源文件进行编辑以后，为了不破坏源文件的完整性，可以对编辑后的动画执行"另存为"命令，将其指定到一个新的路径中。

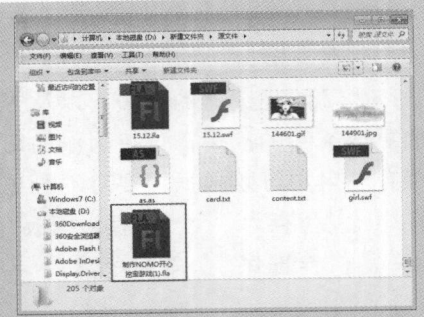
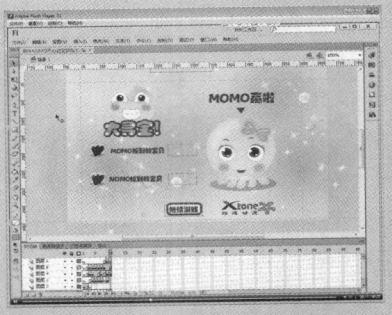

🏠 源文件：源文件 \ 第 24 章 \24-4-2.fla

📡 操作视频：视频 \ 第 24 章 \24-4-2.swf

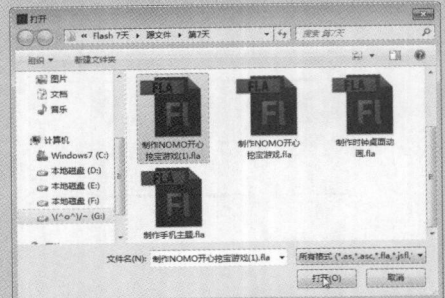

01 ▶ 打开 Flash 软件，执行"文件 > 打开"命令，选择一个要打开的文件。

02 ▶ 单击"打开"按钮，将动画文件打开，执行"文件 > 另存为"命令。

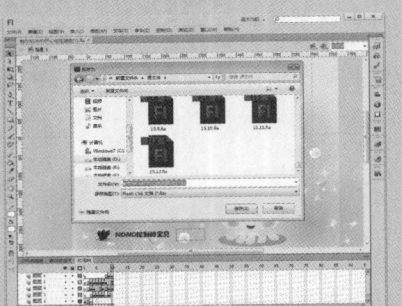
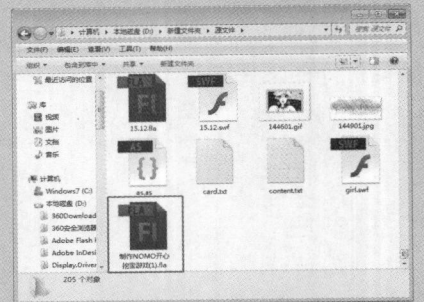

03 ▶ 在弹出的"另存为"对话框中修改保存的文件的新文件名和保存位置。

04 ▶ 单击"保存"命令，即可将文件另存。打开刚刚存储文件的路径，可以看到刚刚另存的文件。

 提问

提问：文件的保存和另存为有什么区别？

答：文件"保存"是将当前文件进行保存，保存位置是指定位置或原来位置。文件"另存为"简单来说就是将文件另外保存，它是在不覆盖源文件的情况下将修改后的文件另外存放。

24.4.3 撤销、重做和重复命令

在需要执行撤销或重做命令之前，先要确定当前的撤销层级是对象层级还是文档层级，可以通过执行"编辑 > 首选参数"命令，在"常规"类型的参数设置区域查看。默认行为是文档层级"撤销"和"重做"。

选择"编辑 > 撤销"命令即可完成撤销操作。执行"编辑 > 重做"命令，可以将撤销的操作重新制作。

使用"对象层级"撤销时不能撤销进入和退出编辑模式；选择、编辑和移动库项目，以及创建、删除和移动场景。要将某个步骤重复应用于同一对象或不同对象，可以使用"重复"命令。

实例 92+ 视频：制作按钮底纹效果

在制作网页或动画时，都会使用一些共同的元素制作背景图案。这样既美观又可以很好地控制文件的大小。本实例中将为按钮图形制作一种重复的斜纹背景效果。

源文件：源文件 \ 第 24 章 \24-4-3.html　　操作视频：视频 \ 第 24 章 \24-4-3.swf

01 ▶执行"文件 > 新建"命令，新建一个空白 Flash 文档。

02 ▶单击"矩形工具"按钮，在"颜色"面板中设置"填充颜色"为"线性渐变"，在画布中绘制矩形。

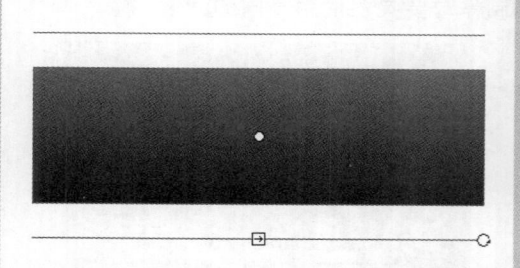
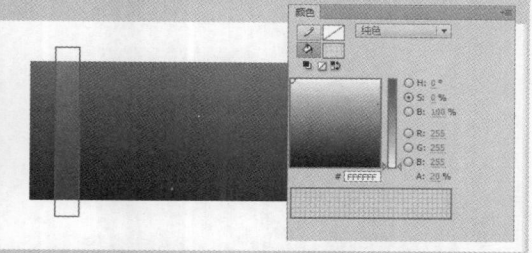

03 ▶使用"渐变变形工具"调整渐变方向。使深色在下面，浅色在上面，以凸显图形的立体感。

04 ▶单击工具箱下部的"对象绘制"按钮，修改"填充颜色"为 20% 透明度的白色，使用"矩形工具"绘制矩形。

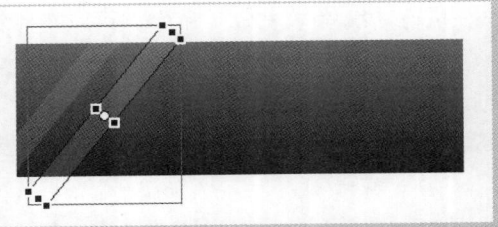

05 ▶使用"任意变形工具"旋转图形，并在按下 Alt 键的同时向右拖动复制形状。

06 ▶执行"编辑 > 重复直接复制"命令，复制图形。多次执行，完成背景的制作。

提问：怎样将复制的图像进行水平移动？

　　答：使用"移动工具"，按住 Alt 键的同时按住 Shift 键，可以将图像进行水平复制和移动。

24.5 Flash 动画的设计要素

　　Flash 动画的设计要素就是指一个完整 Flash 动画的所有组成部分，一个完美的动画作品主要是由以下几个要素构成。

● **预载动画**

　　Flash 动画作品在没有进行控制的情况下，它就会边下载边播放，在宽带比较窄的情况下，就可能播播停停，严重破坏作品欣赏的整体性。制作预载动画，既可以判断动画是否下载完成，又能让浏览者在等待中欣赏精美的 Loading。

● **图形**

　　图形贯穿于整个 Flash 动画的制作中，在绘制或者选用图形时，最好能够做出自己的风格，尽量使图形得到充分利用。

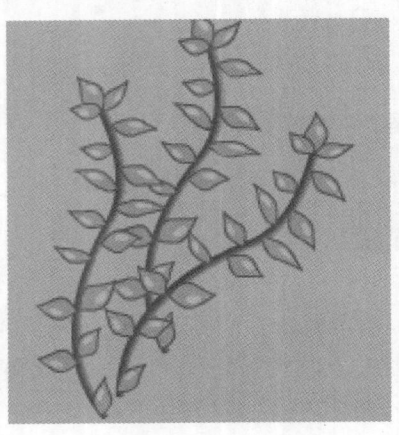

　　导入图形文件时要适当地将其转换成矢量图形。在帧和元素的运用上尽量使用较少的关键帧，以及尽可能地重复使用已有的各项元素，那样会使 Flash 动画导出后文件小一些，缩短网络下载的时间。

● **按钮**

　　为了使 Flash 动画的播放更具完整性和规律性，在制作 Flash 动画时，会添加一些按钮，但是按钮只是辅助元素，不能滥用，按钮的添加是由整个 Flash 动画的规划决定的，元素只是个规范，并不是绝对的约束，制作时要灵活运用不同的元素。

● **音乐、音效**

　　Flash 动画中的视觉效果如果配上音

乐，对观众的感官冲击更加强烈，从而使 Flash 动画更加生动、吸引人。不过需要注意的是，要恰如其分地添加音乐文件，如果画面平缓时响起摇滚乐，跌宕起伏时却是伤感的音乐，这样的效果就会很失败。

● **ActionScript**

使用 ActionScript 脚本语言需要注意的是，在设计之前就要规划好，在什么地方要添加什么脚本语言，希望能够达到什么样的效果而添加什么语言。特别要说明的是，ActionScript 脚本语言只是一个辅助工具，在需要的时候才会用到，只要是 Flash 基本操作能实现的

效果，就应该用 Flash 来实现，而不要随意使用脚本语言，并且在编写完脚本语言之后要检查其正确性。

● **其他**

需要对制作的 Flash 动画作品进行最后的修改，检查按钮、声音以及整体效果，最后便是对 Flash 动画作品进行优化和测试，以便达到最佳的观赏效果。

如果要做的是一个 Flash 动画 MV，就要调试歌曲和歌词的同步性，如果制作的是一个 Flash 网站，那么除了要注意以上事项外，还必须检查链接，查看是否有尚未链接或者链接出错的情况，并加以调整。

24.6　本章小结

本章主要介绍了 Flash 软件和动画制作的相关知识，从初学者的角度详细讲解了 Flash CS6 工作环境的结构、功能和基本操作，使读者对全新的 Flash CS6 能够有全面的了解，为后续章节学习 Flash 软件的操作打下坚实的基础。

第 25 章　Flash 的绘图技法

Flash 拥有强大的绘图功能工具，可以绘制出效果丰富且逼真的图形效果。特别是在被 Adobe 收购后，绘图功能得到很大程度的提升。本章将针对 Flash 的绘图技法进行介绍。

25.1　填充和笔触

图形的颜色是由笔触和填充组成的，这两种属性决定矢量图形的轮廓和整体颜色，对图形填充颜色，实际上是对图形的笔触和填充进行填充。

25.1.1　图形属性设置

在 Flash 软件中绘制图形时，往往要先设置一下所绘制对象的属性，再绘制图形。执行"窗口 > 属性"命令，打开"属性"面板，可以对图形的位置、大小、填充、笔触、样式和缩放等属性进行相应的设置，以便达到更加理想的效果。

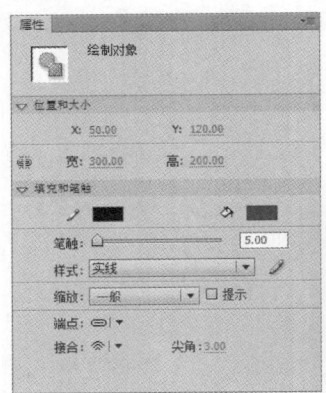

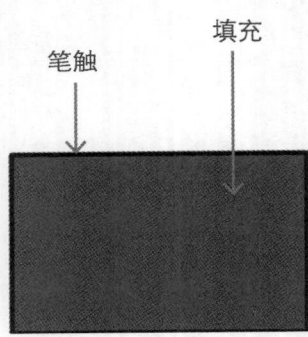

笔触

填充

25.1.2　颜色设置

颜色设置主要包括"笔触颜色"设置和"填充颜色"设置。

可以执行"窗口 > 颜色"命令，打开"颜色"面板，在该面板中可以完成对图形的"笔触颜色"和"填充颜色"的设置。需要注意的是，只有选中对象才可以对其进行颜色的更改。没有选中图形，则无法直接修改。

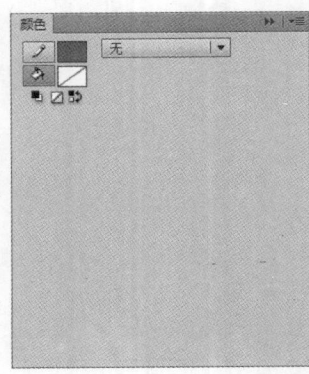

本章知识点

☑ 掌握使用填充和笔触

☑ 掌握颜色的设置

☑ 掌握基本绘图工具的使用

☑ 掌握修改形的方法

☑ 修改线条

在"颜色"面板中,可以选择使用无、纯色、线性渐变、径向渐变和位图填充5种颜色类型。在 Flash 中可以使用任意一种颜色,也就是纯色对图形进行填充。也可以同时使用两种或多种颜色对图形进行填充,这就是渐变填充。

渐变填充分为水平效果的"线性渐变"和放射状的"径向渐变"两种。通过在"颜色"面板下方的色条中指定不同的颜色实现渐变效果。

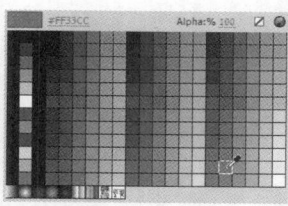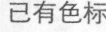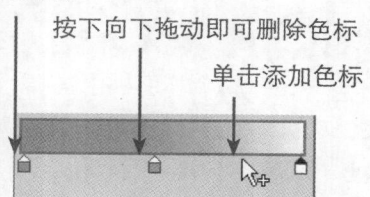

已有色标

按下向下拖动即可删除色标

单击添加色标

提示 在"颜色"面板中选择填充类型时,线性渐变、径向渐变选项下的色标是可以根据需要添加或者移除的,渐变条上至少要有两个色标。

➡ 实例 93+ 视频:位图填充制作屋顶

在绘制对象时,可以使用纯色或渐变颜色,也可以通过使用位图填充实现逼真的填充效果。本实例将使用位图填充制作一个逼真的屋顶效果。

🏠 源文件:源文件 \ 第 25 章 \25-1-2. fla

🔊 操作视频:视频 \ 第 25 章 \25-1-2. swf

01 ▶新建一个 Flash 文档,执行"文件 > 导入 > 导入到舞台"命令,将"素材 \ 第 25 章 \251202.png"文件导入舞台中。

02 ▶新建"图层 2",使用"矩形工具"绘制一个矩形,并使用"部分选择工具"调整其轮廓和屋顶保持一致。

03 ▶在"颜色"面板中选择"位图填充"选项，并选择"素材 \ 第 25 章 \251201.jpg"文件作为填充对象。

04 ▶使用"渐变变形工具"调整图案填充的位置和角度，使填充效果符合屋顶的透视角度。

05 ▶继续使用"渐变变形工具"调整填充的图案效果，观察屋顶的透视效果。

06 ▶执行"文件 > 保存"命令，将文件保存。按下快捷键 Ctrl+Enter 组合键测试效果。

? 提 问

提问：能不能在"颜色"面板中导入多个位图？

答：在导入一个位图后，如果还想导入其他的位图，则可以在导入位图后的"颜色"面板中再次单击"导入"按钮，这时可弹出"导入到库"对话框，用户可以根据自己的需要进行选择，导入多个位图。

25.1.3　编辑笔触

　　单击工具箱中的任何一种绘图工具，都可以在"属性"面板上通过单击"编辑笔触样式"按钮 🖉，为图形设置笔触。在弹出的"笔触样式"对话框中，默认的笔触样式为"实线"类型。

　　在"笔触样式"对话框中，笔触的类型具体分为：实线、虚线、点状线、锯齿线、点刻线和斑马线6种类型。图形选择不同的笔触类型可以实现各种不同的效果。

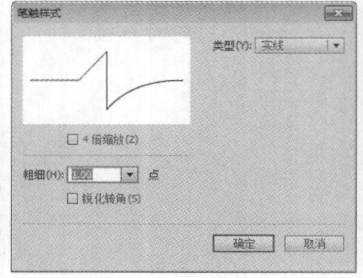

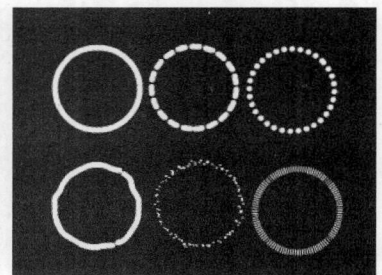

25.1.4　对象绘制

在 Flash 中绘图时，相同颜色的两个图形相交时会自动相加在一起。不同颜色则会出现上面对象减去下面对象的情况。一般不希望出现这种情况。可以通过单击工具箱上的"对象绘制"按钮，启用对象绘制模式。在这种模式下，绘制的每个对象都单独存在不会受彼此的影响。

相加 — 　 — 相减

➡ 实例 94+ 视频：绘制卡通形象

在 Flash 中，使用不同的绘制工具可以绘制出不同效果的图形，为了避免出现绘制过程中图形的自动加减。接下来将使用"对象绘制"模式绘制一个卡通的人物表情。

🏠 源文件：源文件 \ 第 25 章 \25-1-4.fla

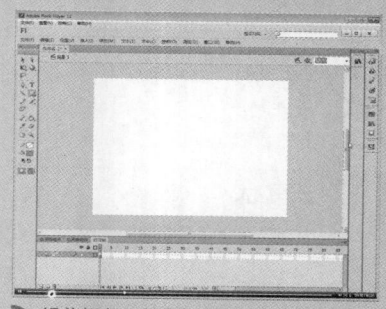

📶 操作视频：视频 \ 第 25 章 \25-1-4.swf

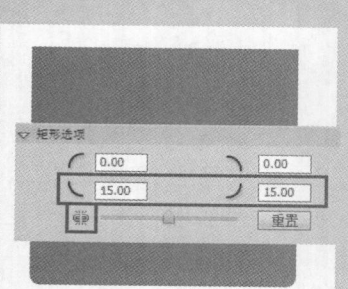

`01` ▶ 新建一个 Flash 文档，单击"矩形工具"按钮，并单击"对象绘制"按钮，在"属性"面板中设置边角半径，绘制一个矩形。

`02` ▶ 新建"图层 2"，取消"对象绘制"模式，单击"属性"面板中的"重置"按钮，绘制一个矩形。使用同样的方式再绘制一个矩形。

 提示

在使用"矩形工具"绘制形状时，用户可以在"属性"面板中对所绘制的形状进行设置。在矩形选项菜单栏下，单击"重置"按钮，即可将所设置的样式恢复到默认状态，即"零"状态。

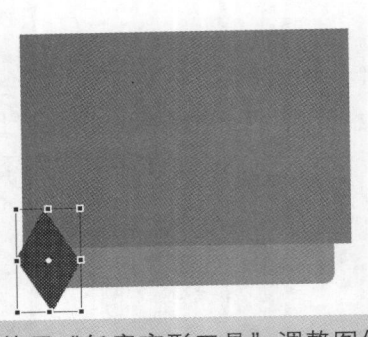

03 ▶ 使用"任意变形工具"调整图像的大小、角度和位置。

04 ▶ 在空白处单击取消图形的选择，再次选择并按下 Delete 键，得到相减的效果。

05 ▶ 重复使用步骤 4 的方法，制作出图像的锯齿效果。

06 ▶ 继续采用相同的方式，将卡通形象的眼睛制作出来。

提问： "对象绘制"有什么作用？

答： 它的作用是把图形绘制成一个单独的对象，产生层叠效果。绘制的对象不会和其他对象造成同色组合异色修剪的效果，且可以直接改变绘制对象的颜色形状。

25.2 绘图工具的使用

　　利用 Flash 中的绘制工具可以方便地绘制出需要的各种图形，熟练掌握每一种绘制工具的使用方法，是制作精美 Flash 动画的基础。Flash 工具箱中包括 18 种绘图工具，按照功能可以分为两大类：绘图类和辅助绘图类型。接下来针对各种绘图工具进行介绍。

25.2.1 矩形工具和椭圆工具

　　"矩形工具"和"椭圆工具"是绘制二维图形最常用的工具。使用这两个工具可以轻松绘制出矩形和椭圆。

　　在绘制时按下 Shift 键可以绘制出正方形和正圆形。在绘制时按下 Alt 键绘制，将绘制出以图形为中心向外扩散的绘制效果。按下 Alt 键的同时在场景中单击，即可弹出"设置"对话框，在此对话框中输入数值，单击"确定"按钮，可以完成固定大小的图形绘制。

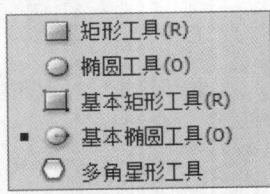

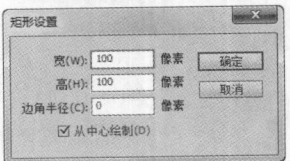

矩形工具

选择"矩形工具"，在舞台中单击并拖动鼠标，直到创建了合适的形状和大小，释放鼠标，即可绘制出一个矩形。

在绘制图形之前，用户可以先在"属性"面板中对绘制的图形进行相应的设置。比如笔触、填充、样式、缩放、端点和接合。

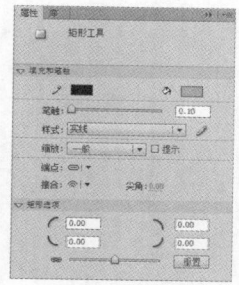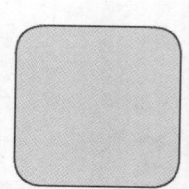

"矩形选项"用于指定矩形的"角半径"。直接在每个文本框中输入数值即可指定角半径。值越大，得到的角越圆。如果输入的值为负数，则创建的是反半径的效果，默认情况下值为 0，创建的是直角。

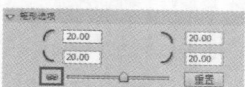

通常使用"矩形工具"创建了圆角矩形后，边角值将不能再修改。只能通过重新绘制，得到一个新的图形满足要求。

椭圆工具

使用"椭圆工具"在场景中单击并拖动鼠标，直到创建了合适的形状和大小，释放鼠标，即可在画布中绘制出一个椭圆。

在绘制前，用户可以通过"属性"面板设置椭圆的各项参数，例如"开始角度"、"结束角度"和"内径"等。

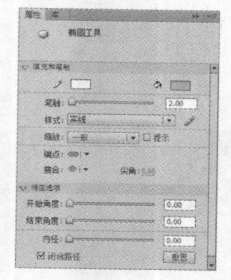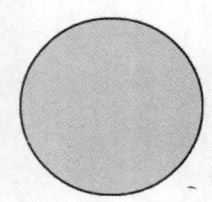

通过更改"开始角度"和"结束角度"，可以轻松地将椭圆的形状修改为扇形、半圆或其他有创意的形状。"内径"用于调整椭圆的内半径，实现环形的图形效果。

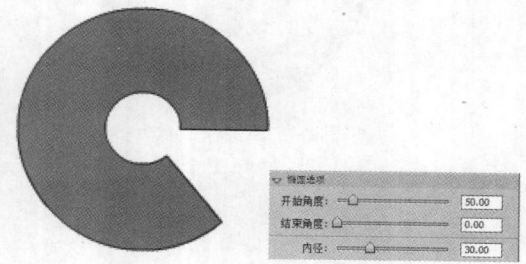

25.2.2　基本矩形工具和基本椭圆工具

"基本矩形工具"和"基本椭圆工具"的可变性更强。可以调整出特殊的形状，无须从头绘制便可以精确地控制形状的大小、边角半径及其他属性。

基本矩形工具

单击工具箱中的"基本矩形工具"按钮，在场景中单击拖动鼠标，直到创建了合适的形状和大小，释放鼠标，即可绘制出一个基本矩形。

用户可以直接使用"选择工具"拖动更改矩形的边角半径，也可以在"属性"面板中直接修改相应的参数值，获得全新的图形效果。"基本矩形工具"绘制的图形可以多次反复修改，而无须重复绘制。

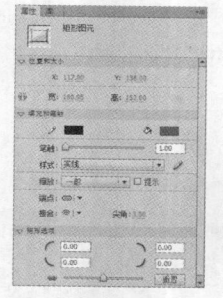

基本椭圆工具

单击工具箱中的"基本椭圆工具"按钮，在场景中单击拖动鼠标，直到创建了合适的形状和大小，释放鼠标，即可绘制出一个基本椭圆。

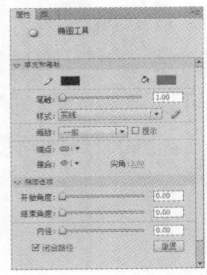
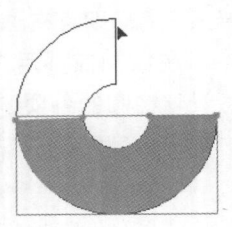

用户可以直接使用"选择工具"拖动圆形的外部节点实现对圆形"开始角度"和"结束角度"的控制。拖动内部节点可以对圆形的"内径"进行设置。

"矩形工具"和"椭圆工具"绘制的是矢量图形。而"直接矩形工具"和"直接椭圆工具"绘制的是对象。要想编辑它，需要对其执行"分离"命令或双击进入其内部编辑。

➡ 实例 95+ 视频：绘制网站按钮

在制作网站时，为了给网站增添特殊的元素，可以使用"基本矩形工具"和"基本椭圆工具"绘制出个性的留言界面，给用户带来不同的视觉效果。

🏠 源文件：源文件 \ 第 25 章 \25-2-2. fla

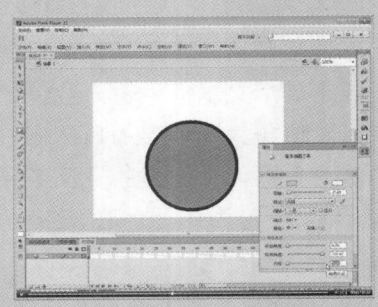

📡 操作视频：视频 \ 第 25 章 \25-2-2. swf

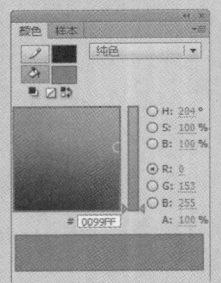

01 ▶ 新建一个 Flash 文档，在"颜色"面板中选择"填充颜色"和"笔触颜色"。

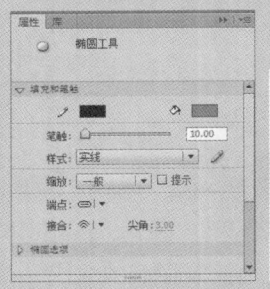 

02 ▶ 在"属性"面板中设置"笔触"的"高度"为 10，在场景中绘制一个圆形。

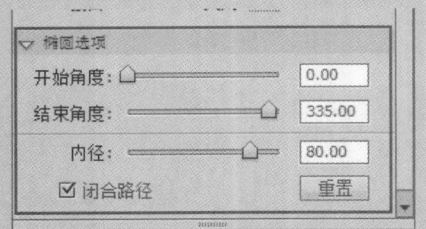

03 ▶ 选择"基本椭圆工具"，设置其"填充颜色"为白色，"笔触颜色"为无，并设置各项"椭圆选项"的值。

04 ▶ 在场景中绘制一个椭圆。新建"图层2"，使用"矩形工具"绘制矩形，并使用"部分选取工具"调整为三角形。

提问："直接矩形工具"和"直接椭圆工具"有什么缺点？

答：在 Flash 中制作动画时，常常需要绘制一些动画角色和场景。由于"直接矩形工具"和"直接椭圆工具"的绘制方式是对象方式，修改起来比较方便。但同时对象绘制方式也会增大文件的体积。

实例 96+ 视频：制作网站留言界面

下面的实例中仍然使用"基本矩形工具"和"基本椭圆工具"绘制个性的留言界面，让用户体会这两个工具的强大作用。

源文件：源文件 \ 第 25 章 \25-2-2-1.fla

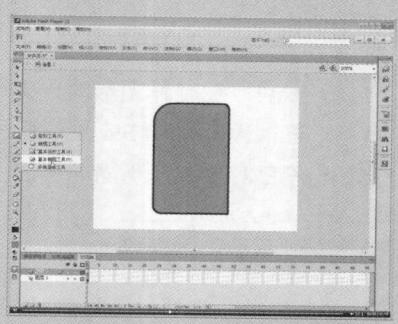

操作视频：视频 \ 第 25 章 \25-2-2-1.swf

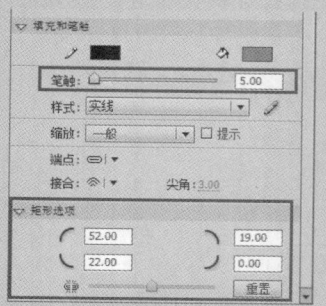

01 ▶ 新建一个 Flash 文档，选择"基本矩形工具"，在"属性"面板中设置各项参数。

02 ▶ 在场景中绘制一个圆角矩形，观察矩形四角的半径都不同。

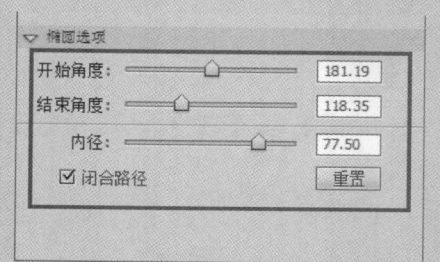

03 ▶ 新建图层，单击"基本椭圆工具"按钮，在"属性"面板中设置"开始角度"、"结束角度"和"内径"。

04 ▶ 在场景中绘制一个圆环的效果。使用相同的方法绘制形状，并调整图层。

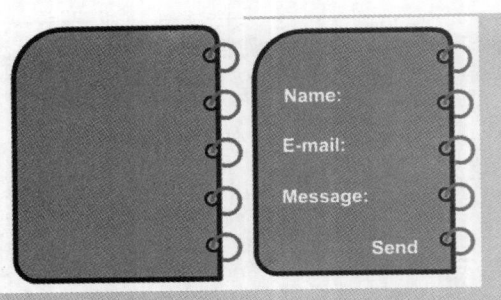

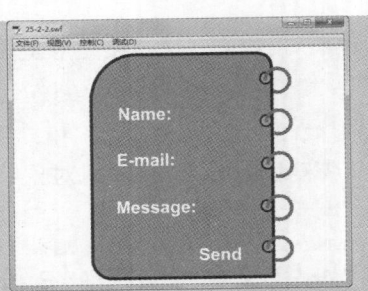

05 ▶ 使用相同的方法，继续绘制其他的几个图形效果。新建图层，使用"文本工具"在场景中输入文本。

06 ▶ 执行"修改 > 分离"命令，将文字分离。按下快捷键 Ctrl+Enter 测试效果。

提问：在制作图形时，为什么要新建图层？

答：通常一个 Flash 动画的组成元素很多。为了避免它们互相影响，通常是将它们放置在不同的图层中，这样既方便管理，又有利于动画的制作。

25.2.3 多角星形工具

使用"多角星形工具"可以绘制多边形和星形。单击"多角星形工具"按钮，在"属性"面板中单击"选项"按钮，即可弹出"工具设置"对话框，在该对话框中可以对图形的"样式"、"边数"和"星形顶点大小"进行设置。

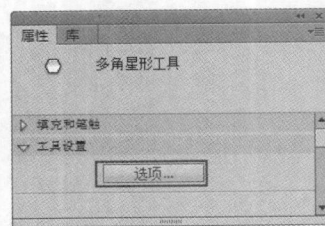
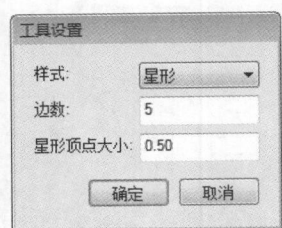

选择"多边形"样式，可以在"边数"文本框中输入多边形的边数，范围为 3~32。

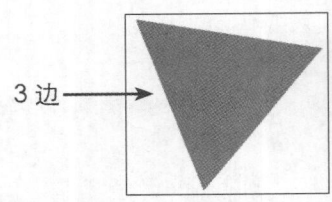

3 边 ←——→ 16 边

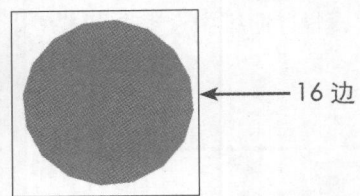

选择"星形"样式，除了可以设置"边数"以外，还可以对"星形顶点大小"进行设置，范围为 0.00~1.00。数字越接近 0，则创建的星形顶点越深。

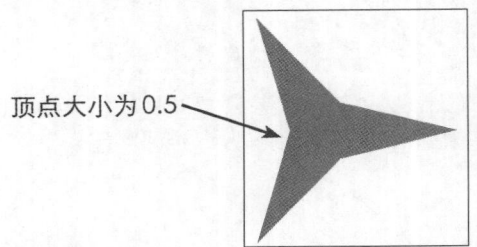

顶点大小为 0.5

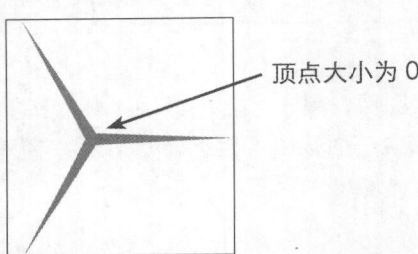

顶点大小为 0

25.2.4　线条工具和铅笔工具

"线条工具"和"铅笔工具"都是 Flash 中最基本的绘制工具，而且绘制路径的方法非常简单，"铅笔工具"绘制的路径比较灵活、平滑，"线条工具"只能绘制出直线，如果需要特殊形状，要借助"选择工具"调整获得。

● 线条工具

单击工具箱中的"线条工具"按钮，在舞台中拖动鼠标，此时随鼠标的移动即可绘制一条直线，释放鼠标，即可完成直线的绘制。此时绘制出的直线"笔触颜色"和"笔触高度"为系统默认值，通过"属性"面板可以对"线条工具"的属性进行相应的设置。

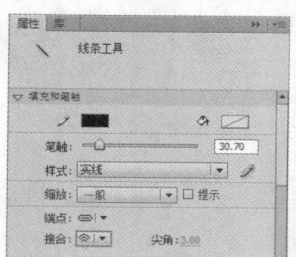

● 铅笔工具

使用"铅笔工具"可以很随意地绘制出不同形状的线条，就像在纸上用真正的铅笔绘制形状一样，Flash 会根据所选择的绘图模式对线条自动进行调整，使之更笔直或者更平滑。

选择"铅笔工具"后，工具箱最下方会出现"铅笔模式"按钮，这是"铅笔工具"所独有的，单击"铅笔模式"按钮，在下方会显示 3 个选项：伸直、平滑和墨水，用户可根据需要选择，从而绘制出不同的效果。

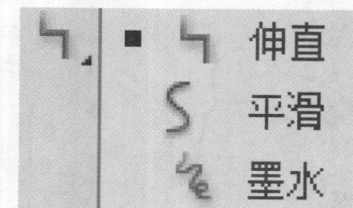

　提示

> 无论是"线条工具"还是"铅笔工具"，在使用的时候都可以绘制直线。选择任意一种绘制工具，按住 Shift 键，便可以在画布中绘制直线。另外使用"线条工具"按 Shift 键还可以绘制出水平、垂直或 45° 的线条。

➡ **实例 97+ 视频：使用线条工具绘制卡通房子**

在 Flash 中绘制图形时，通常都是首先使用"线条工具"绘制轮廓，然后通过"选择工具"调整得到最终效果。

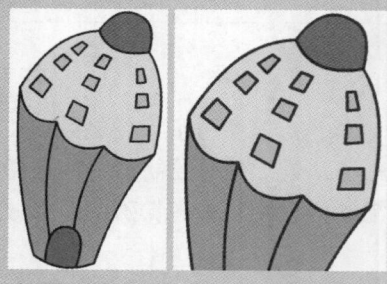

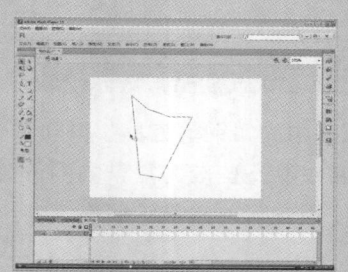

🏠 源文件：源文件 \ 第 25 章 \25-2-4. fla　　　🔊 操作视频：视频 \ 第 25 章 \25-2-4. swf

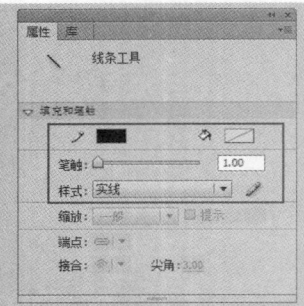

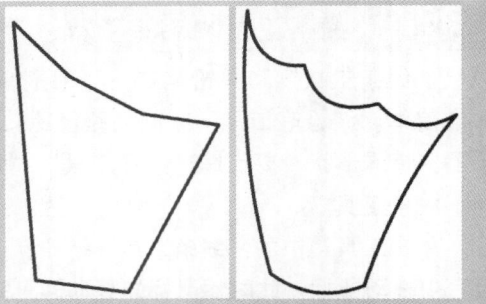

01 ▶ 新建一个 Flash 文档，选择"线条工具"，在"属性"面板中设置各项参数。

02 ▶ 使用"线条工具"绘制图形直线轮廓。并使用"选择工具"调整其形状。

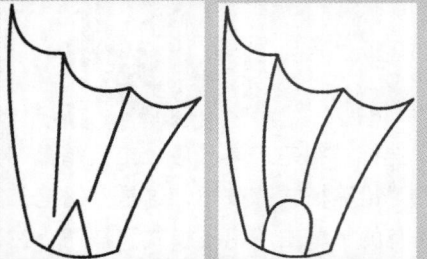

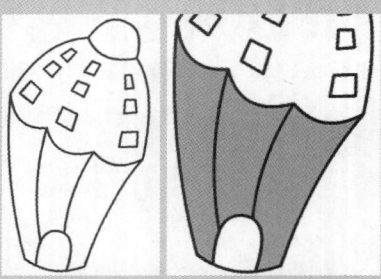

03 ▶ 继续使用"线条工具"绘制线条并使用"选择工具"调整轮廓。

04 ▶ 使用相同的方法继续绘制图形的其他部分。设置"填充颜色"为 #92A9D4，使用"颜料桶"为图形上色。

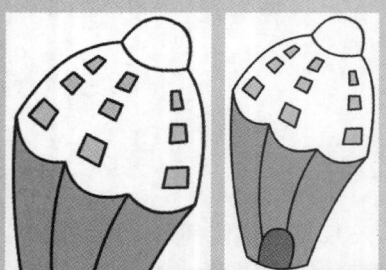

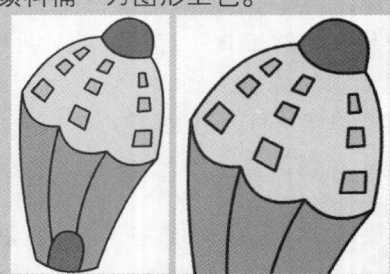

05 ▶ 分别修改"填充颜色"为 #536EA1 和 #9DE8FB，继续为窗户和大门图形上色。

06 ▶ 继续修改"填充颜色"为 #996F44 和 #F6E5B9，为屋顶上色。

提问：如何利用线条的加减绘制图形？

答：在 Flash 中绘图时，相交的线条可以将彼此分割。上例中绘制窗户时，可以首先绘制两条线条，再通过横线分割，最后选择多余的线条删除即可。

25.2.5　刷子工具和钢笔工具

　　Flash CS6 中的"钢笔工具"得到了更大优化，操作起来更方便，绘制效果更逼真。通常可以使用它绘制一些较为复杂的图形效果。"刷子工具"是对绘制形状的矢量填充，简单来说就是使用它可以直接绘制出填充的图形，常常用它绘制一些特殊的图形效果。例如书法效果。

　　从本质上说"钢笔工具"绘制的是笔触轮廓，而"刷子工具"绘制的则是图形填充。

● 刷子工具

使用"刷子工具"可以为任意区域和图形填充颜色，它对于填充精度要求不高的效果比较合适。通过更改刷子的大小、形状和模式，可以绘制各种样式的填充线条。

由于"钢笔工具"绘制的是笔触，可以在"属性"面板中对其各项参数进行设置。

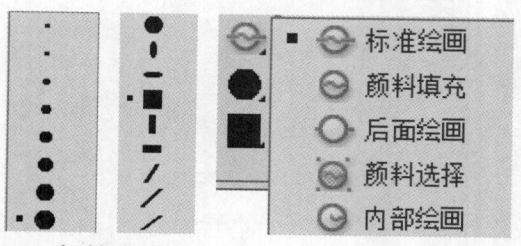

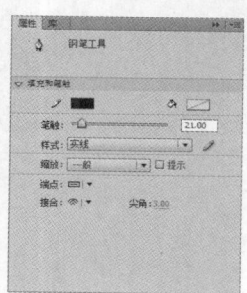

● 钢笔工具

通过使用"钢笔工具"可以绘制出很多不规则的图形，在使用"钢笔工具"绘制图形的过程中，可以将曲线转换为直线，也可以将直线转换为曲线。

提示　在使用"钢笔工具"绘制路径时，用户按住 Caps Lock 键（大小写锁定键）可以在十字准线指针和默认的"钢笔工具"图标之间进行切换，在绘制曲线时，按住 Alt 键可以将曲线转换为直线。

25.2.6　喷涂刷工具和 Deco 工具

"喷涂刷工具"和"Deco 工具"在 Flash 中又称为装饰性绘图工具，使用这种工具可以将创建的图形形状转变为复杂的几何图案。

● 喷涂刷工具

喷涂刷的作用类似于粒子喷射器，使用它可以一次将形状图案"刷"到舞台上。默认情况下，喷涂刷使用当前选定的颜色喷射器粒子点。也可以使用"喷涂刷工具"将影片剪辑或图形元件作为图案定义。

用户选择"喷涂刷工具"时，可以在"属性"面板中对其进行各项参数的设置。

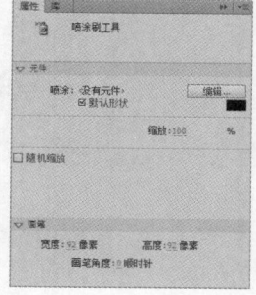

● Deco 工具

使用"Deco 工具"可以对舞台上的选定对象应用效果。"Deco 工具"包含有不同的绘制效果，分别是"蔓藤式填充"、"对称填充"和"网格式填充"等。

用户可以通过先创建元件，然后将其应用给"Deco 工具"的方法，创建更多丰富的图形效果。

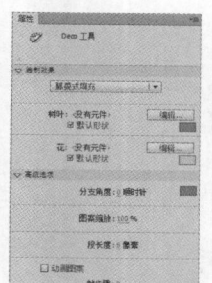

实例 98+ 视频：制作绚烂都市夜景

Deco 工具可以绘制不同图像的效果，本实例通过使用"建筑物刷子"和"装饰性刷子"绘制绚烂的都市夜景。

源文件：源文件 \ 第 25 章 \25-2-6.fla

操作视频：视频 \ 第 25 章 \25-2-6.swf

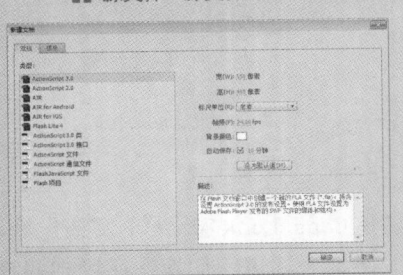

01 ▶ 执行"文件 > 新建"命令，新建一个 550×400 像素的空白文档。

02 ▶ 打开"颜色"面板，设置"填充颜色"为从 #000066 到 #0099FF 的"线性渐变"。

03 ▶ 使用"矩形工具"在场景中绘制一个矩形，并使用"渐变变形工具"调整渐变的方向和范围。

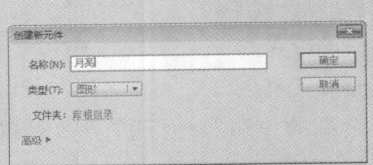

04 ▶ 执行"插入 > 新建元件"命令，新建一个"名称"为"月亮"的"图形"元件。

05 ▶ 设置"填充颜色"为从 #FFFF33 到 #FFFFCC 的"线性渐变"。使用"椭圆工具"绘制一个正圆。

06 ▶ 返回"场景 1"。新建"图层 2"，将"月亮"元件从"库"面板中拖到场景中，设置元件"不透明度"为 90%。

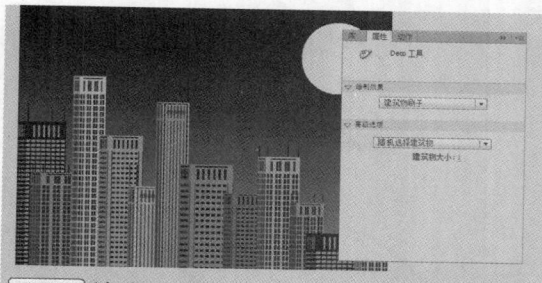

07 ▶ 单击"Deco 工具"，在"属性"面板中选择"建筑物刷子"选项，新建图层，由下向上拖动，创建建筑物。

08 ▶ 单击"喷涂刷工具"，在"属性"面板中设置各项参数。新建图层，在画布中绘制繁星效果。

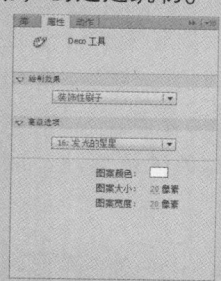

09 ▶ 选择"Deco 工具"，在"属性"面板中选择"装饰性刷子"选项，在"高级"选项中选择"发光的星星"选项。

10 ▶ 新建图层，将鼠标移至舞台中单击，绘制星星。使用相同的方法，完成图像的其他图形绘制。

11 ▶ 设置"填充颜色"为黑色，在场景中绘制和舞台大小相同的矩形。修改"填充颜色"为白色，再次绘制一个矩形。

12 ▶ 使用"选择工具"选中白色矩形，并按 Delete 键将其删除，得到一个黑色的边框效果。

提问：Deco 工具有几种绘制效果？

答：在 Flash 中一共提供了 13 种绘制效果，包括藤蔓式填充、网格填充、对称刷子、3D 刷子、建筑物刷子、装饰性刷子、火焰动画、火焰刷子、花刷子、闪电刷子、粒子系统、烟动画和树刷子。

25.3　图形的修改

将直线变为曲线，通过拖动边角改变形状，以及对曲线进行优化等，都是在 Flash 中经常用到的图形操作。对图形进行修改更加方便用户在 Flash 中的图形绘制，灵活掌握这些绘图技巧在以后的图形绘制中更加得心应手。

用户每次在舞台上绘制的线条或者图形的轮廓也许不会都令人满意。除了使用快捷键 Ctrl+Z 撤销操作，再重新绘制以外，用户还可以使用"选择工具"来调整已经绘制的线条或轮廓，既节省了时间，又提高了工作效率。

● 修改线条

单击"选择工具"，把鼠标移到需要调整的线条处，此时线条不需要在选中的状态下，当光标显示为↘时，单击线条进行拖动，即可调整线条的弧度和位置。当光标显示为↘时，单击线条并拖动后，被改变的线条是直线而非曲线。

● 修改形状轮廓

修改形状的轮廓和修改线条的目的都是为了使绘制的形状达到优化的效果。而且两者的使用方法基本相同，都是使用"选择工具"对对象进行修改，以得到理想的形状效果。

使用"铅笔工具"绘制的线条可以使用"选择工具"调整局部。也可以通过选中线条，单击工具箱底部的"伸直工具"或"平滑工具"对线条进行优化。

 提示　在进行修改线条和修改轮廓时，如果想要对图形进行更精确的伸直操作或者平滑操作时，用户可以执行"修改>形状>高级伸直/高级平滑"命令，在弹出的对话框中对图形进行更为精确的优化。

▶ 实例 99+ 视频：制作卡通人物五官

在 Flash 中绘制完图形后，可以通过后续调整使图形更加完善，可以将直线变为曲线，细微处可以调节每个描点，还可以对曲线进行优化处理。

源文件：源文件 \ 第 25 章 \25-3-1.fla　　操作视频：视频 \ 第 25 章 \25-3-1.swf

01 ▶ 新建一个空白文档，将"素材＼第25章＼253101.png"文件导入到舞台。

02 ▶ 设置"填充颜色"为 #FCCEB6，使用"矩形工具"在场景中绘制一个矩形。

03 ▶ 使用"选择工具"移动到图形底部，拖动光标，修改图像形状。

04 ▶ 继续使用相同的方法，调整矩形轮廓，完成人物鼻子的绘制。

05 ▶ 使用"线条工具"在画布中绘制线条，并使用"选择工具"对线条进行调整。

06 ▶ 使用相同的方法，完成画布中人物嘴的绘制。

07 ▶ 使用"选择工具"对绘制的嘴巴轮廓进行调整，直到满意为止。

08 ▶ 按下快捷键 Ctrl+Enter 测试场景效果，完成卡通人物的绘制。

提问：什么情况下会使用到"选择工具"挑选图形？

　　答：使用 Flash 绘制图形时，很难一次性就达到目的。此时可以采用先绘制图形的大概轮廓，然后通过"选择工具"调整的方法。这种方法常常被用来绘制卡通背景和卡通角色。

25.3.2　线条转换为填充

在 Flash 中绘制的图形由"填充"和"笔触"两部分组成。填充的颜色由"填充颜色"控制，笔触的颜色由"笔触颜色"控制。有的时候为了获得更好的图形效果或下载速度，可以将笔触转换为填充。例如一个图形通过反复描边得到多层次的效果。

如果要想将笔触转换为填充，只需要选择一条或多条线条，执行"修改 > 形状 > 将线条转换为填充"命令，即可完成转换。这样用户就可以像处理填充一样处理笔触了。例如使用"选择工具"拖动调整图形。

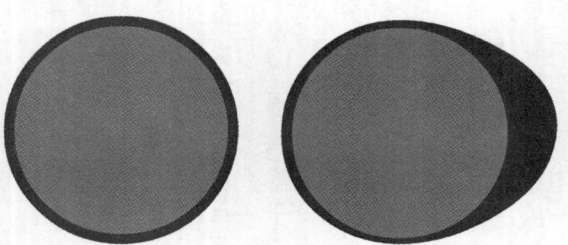

在制作遮罩动画时，只有通过执行"将线条转换为填充"命令，将笔触转换为填充后，才能将笔触用做遮罩层。

25.3.3　扩展填充对象

"扩展填充对象"命令可以实现将图形向外扩展或者向内收缩的效果。若要扩展对象的形状，则需选择一个填充形状。执行"修改 > 形状 > 扩展填充"命令，弹出"扩展填充"对话框，输入"距离"的像素值，并在"方向"选项组中选择"扩展"或"插入"单选按钮。选择"扩展"单选按钮可以放大形状，而选择"插入"单选按钮则缩小形状。

一般情况下，"扩展填充对象"命令在没有笔触且不包含很多细节的小型单色填充形状上的使用效果最好。

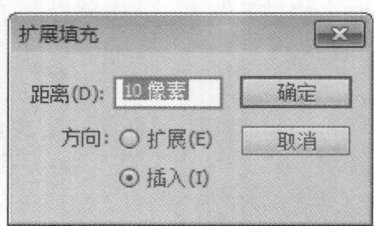

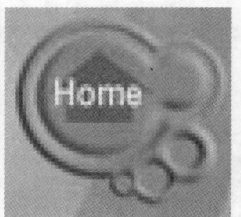

25.3.4　柔化填充边缘

使用"柔化填充边缘"命令可以实现图像边缘模糊柔化的效果，有点类似于Photoshop 中的"羽化"效果。通常用来制作图形的发光效果。

选择一个填充形状，执行"修改 > 形状 > 柔化填充边缘"命令，弹出"柔化填充边缘"对话框，用户可以根据需要对距离、步长数和方向进行设置。步长数设置的越大，柔化效果越好，同时耗费的系统资源也越多，会影响动画的下载和播放。

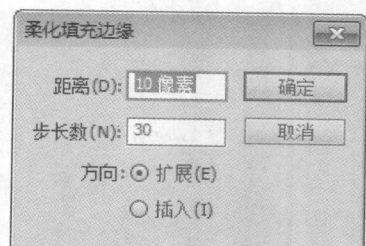

 提 示　　　柔化填充的边缘是绘图和动画设计中经常用到的一个功能。利用这一功能，可以很容易地制作辉光、霓虹月亮等发光效果，以及在晶体中的光冲击波效果。

➡ 实例 100+ 视频：制作发光的灯泡

在 Flash 图形的绘制过程中，为了使图像产生一些自然的光晕效果，用户可以使用"柔滑填充边缘"命令对图像进行修饰，使之更为生动逼真。

🏠 源文件：源文件 \ 第 25 章 \25-3-4. fla

📶 操作视频：视频 \ 第 25 章 \25-3-4. swf

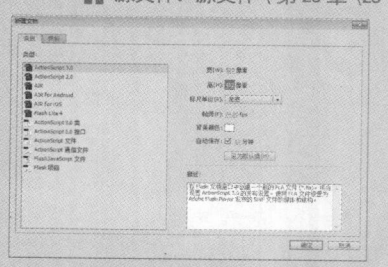

01 ▶ 执行"文件 > 新建"命令，新建一个 520×402 像素的空白文档。

02 ▶ 将"素材 \ 第 25 章 \253401.jpg"文件导入到舞台。

03 ▶ 新建图层，使用"椭圆工具"在场景中绘制形状，并使用"选择工具"对图像轮廓进行调整。

04 ▶ 使用"部分选择工具"继续调整图形，使其完全覆盖灯泡图像。

05 ▶执行"修改 > 形状 > 柔化填充边缘"命令，设置各项参数。

06 ▶单击"确定"按钮，完成图形边缘柔化的操作，得到一个发光的灯泡效果。

提问："选择工具"和"部分选取工具"的区别是什么？

答："部分选取工具"用于选择矢量图形上的节点，选取节点后，按 Delete 键即可删除该节点；拖动鼠标即可改变图形的形状。而"选择工具"只能实现移动对象和改变图形外形的作用。

25.4 本章小结

本章主要针对 Flash 中基本的绘图工具进行详细讲解，通过实例来学习各种各样绘图工具的使用方法和技巧。通过本章的学习，读者要清楚地理解与绘图有关的知识，同时可以使用绘图工具绘制各种动画元素。

第 26 章　Flash 的对象操作

在 Flash 中包括不同的对象，如元件、位图和文本等。不同的对象操作起来也有所不同。基本对象操作主要包括对象的移动、复制、变形、排列和合并等。

26.1　选择对象

在对对象进行操作前，必须选中要修改的对象，Flash 提供了多种选择对象的方法，包括"选择工具"、"部分选取工具"和"套索工具"。通过使用不同的工具，所选择的对象类型也有所不同。

● **使用"选择工具"选择对象**

不同的对象有着不同的选择方法，主要包括：单击选中、双击选中和执行命令选中。单击工具箱中的"选择工具"按钮，如果选择的对象是笔触、填充、组、实例或文本块，则直接单击对象即可将其选中。

如果选择的对象是连接线，则双击其中的一条线，即可选中整条连接线。

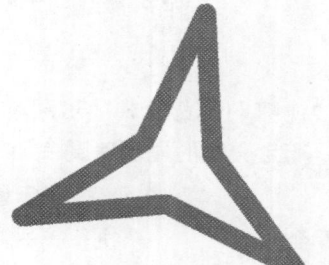

如果需要选中场景中的全部内容，可以执行"编辑 > 全选"命令，或按快捷键 Ctrl+A，对于被锁定和隐藏图层上的对象，"全选"命令则不能使用。执行"编辑 > 取消选择"命令，可以取消当前选择。

编辑(E)	视图(V)	插入(I)	修改(M)	文本(
撤消(U) 更改选择			Ctrl+Z	
重复(R) 不选			Ctrl+Y	
剪切(T)			Ctrl+X	
复制(C)			Ctrl+C	
粘贴到中心位置(J)			Ctrl+V	
粘贴到当前位置(P)			Ctrl+Shift+V	
选择性粘贴(O)...				
清除(Q)			Backspace	
直接复制(D)			Ctrl+D	
全选(L)			Ctrl+A	
取消全选(V)			Ctrl+Shift+A	

● **使用"部分选取工具"选择对象**

"部分选择工具"可以用于选择矢量图像上的锚点，也可以在按住 Shift 键的同时，选择矢量图形

上的多个锚点。

使用"部分选取工具"选择相应锚点，如果此时按 Delete 键即可删除该锚点，如果此时拖动鼠标即可改变图形的形状。

● 使用"套索工具"选择对象

利用"套索工具"可以选择需要的不同规则区域，从而得到动画需要的图形。

单击工具箱中的"套索工具"按钮，拖动鼠标创建自由形状的选区框后，即可按照需要选中图形，此时可以对选中的图形进行删除或移动操作。

使用"套索工具"还可以选择"魔术棒"模式和"多边形套索"模式。魔术棒可以快速选择相同颜色的图形。多边形套索则可以更准确地创建选择区域。

● 选择元件对象

单击工具箱中的"选择工具"按钮，在场景中单击元件，就可以选择该元件。

选择元件对象与选择图形对象的不同之处在于：选择元件对象，该元件四周会出现一个蓝色的框并且显示出元件的中心点和舞台的中心点。

26.2 预览图形对象

在 Flash 动画制作中，可以在"视图 > 预览模式"子菜单中选择预览图形的模式，不同的模式可以呈现图形的不同品质，而且文档的显示速度会随模式的改变发生变化。

● 预览图形对象轮廓

执行"视图 > 预览模式 > 轮廓"命令，即可将场景中的图形对象以轮廓状态预览，使所有线条都显示为细线，快速显示复杂的场景，更容易改变图形元素的形状。

用户也可以在"时间轴"面板中单击某个图层右侧的彩色方块预览某个图层上的图形对象，并对其进行相应的调整。

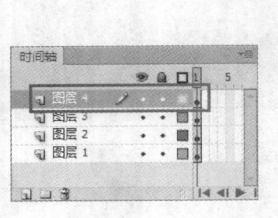

● 高速显示图形对象

执行"视图 > 预览模式 > 高速显示"命令，即可将图形对象高速显示，显示绘画的所有颜色和线条样式。并且在高速显示图形对象后，在图形的边缘会出现锯齿。

● 消除动画中的锯齿

执行"视图 > 预览模式 > 消除锯齿 / 消除文字锯齿"命令，该命令会使屏幕上显示的形状、线条以及文字的边缘更加平滑，其效果与"高速显示"命令的效果正好相反。

● 显示整个动画中的对象

执行"视图 > 预览模式 > 整个"命令，可将舞台上的所有内容都显示出来，但是显示的速度可能会减慢。

26.3 移动、复制对象

移动和复制对象包括图形、元件、声音或者库等。这些对象在 Flash 中是最基本的操作，在动画的制作过程中既帮助用户提高了工作效率，又节省了大量的工作时间。

26.3.1　移动对象

对对象进行移动主要包括 4 种方法：通过拖动移动对象、使用方向键移动对象、使用"属性"面板移动对象、使用"信息"面板移动对象。

● 使用拖动移动对象

在场景中，单击鼠标选中想要移动的图形对象或元件，使用"选择工具"拖动该对象，即可对该对象进行自由移动。按住 Shift 键可将该对象沿着水平、垂直或 45° 角进行移动。

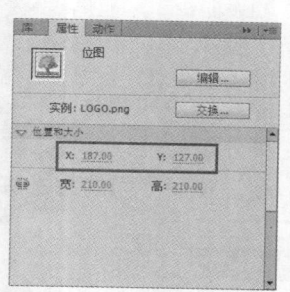

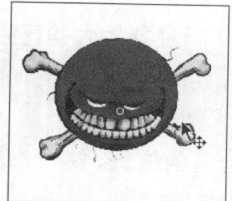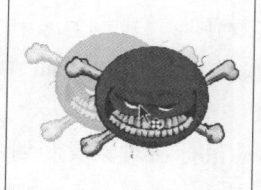

● 使用"信息"面板移动对象

选中图形或元件对象后，执行"窗口 > 信息"命令，弹出"信息"面板，在该面板中可更改选区 X 位置和 Y 位置的值。分别是指在水平和垂直方向上移动的距离。更改后，对象会根据输入的数值进行准确移动。

● 使用方向键移动对象

无论是图形对象还是元件，只要在场景中选中相应对象，按上键盘上的方向键，即可使对象以一个像素为单位进行移动。按 Shift 键的同时按方向键可以使图形对象一次移动 10 个像素。

● 使用"属性"面板移动对象

选中图形或元件对象后，在"属性"面板的"位置和大小"选项组中，更改选区"X"位置和选区"Y"位置的值，可以移动对象的位置。

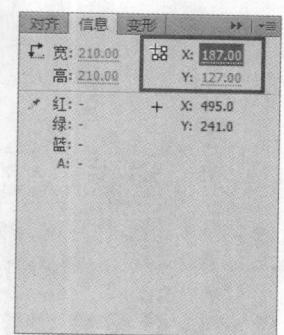

26.3.2　复制对象

在 Flash 动画制作中，经常会在图层、场景或其他 Flash 文件之间复制对象，在同一个图层中用户可以直接选中图形对象，按住 Alt 键的同时进行拖动，即可实现对象的复制。

如果需要在不同场景或不同文件中复制图形对象时，用户可以使用不同的对象执行粘贴命令，将图形对象粘贴到相对于原始位置的某个位置，执行"编辑 > 复制"命令后，在"编辑"菜单中可以根据不同情况选择不同的粘贴方式。

● 粘贴到中心位置

选择"粘贴到中心位置"命令，可以将图形对象粘贴到当前文件工作区的中心。

● 粘贴到当前位置

选择"粘贴到当前位置"命令，可以

将图形对象粘贴到相对于舞台的同一位置。

● 选择性粘贴

执行"选择性粘贴"命令，可弹出"选择性粘贴"对话框，在该对话框中，可选择粘贴后图形对的类型。

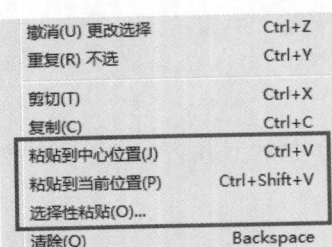
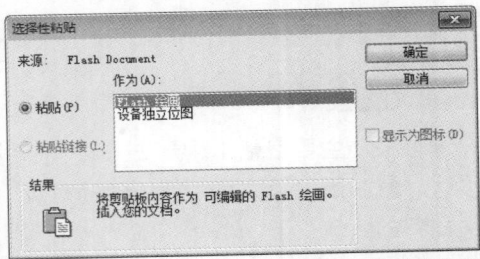

选中对象后，按住 Alt 键的同时拖动鼠标，即可复制选中的对象，需要注意的是：这种方法只适用于在同一个图层中进行操作。用户应该根据需要，使用不同的方法快速、准确地对对象进行复制。

26.3.3 重制对象

重制对象和复制对象都是对同一对象进行多次使用。重制对象和复制对象最大的区别就是复制只是针对对象本身，而重制则是针对对象的操作。在 Flash 中，用户可以执行"重复直接复制"命令，对同一对象进行操作。

选中所要重复的对象，按住 Alt 键的同时，移动鼠标将对象复制到合适的位置，执行"编辑 > 重复直接复制"命令，即可重复复制图像。

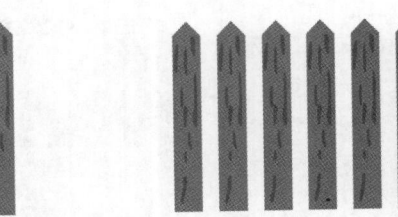

➡ 实例 101+ 视频：制作包装纸

在制作 Flash 动画时，常常会遇到一些重复性的工作。例如多个对象同时移动，同时旋转等。本实例中将通过重制对象的方法将一个图形制作成包装纸的效果。

🏠 源文件：源文件 \ 第 26 章 \26-3-3.fla

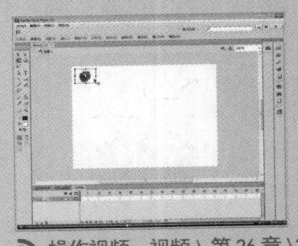

🔊 操作视频：视频 \ 第 26 章 \26-3-3.swf

01 ▶新建一个 550×400 像素的空白文档，将"素材 \ 第 26 章 \263301.jpg"导入到舞台中。

02 ▶选中素材对象，按住 Alt 键的同时使用"选择工具"向下拖曳复制对象。

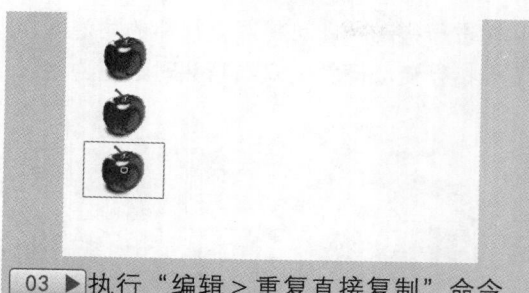

03 ▶ 执行"编辑 > 重复直接复制"命令，重复上次的操作，也就是复制对象。

04 ▶ 继续执行"重复直接复制"命令，可以按快捷键 Ctrl+Y 重复直接复制命令。

05 ▶ 使用"选择工具"将纵排图像全部选中，按下 Alt 键拖动，继续复制对象。

06 ▶ 按下快捷键 Ctrl+Y 快速执行复制操作，完成包装纸效果的制作。

 提问："重复"对象有什么特点？

答：使用"重复"命令可以快速复制多个相同对象。这些对象除了外形完全一致外，还具有等距的特点。除了可以重复复制外，还可以对缩放对象和倾斜对象执行重复操作。

26.4　对象的变形操作

在 Flash 中，可以根据所选的元素类型，对其进行任意旋转、扭曲和缩放等操作。可以通过多种方式实现对对象的变形，单击工具箱中的"任意变形工具"按钮，选中对象，即可轻松地对对象进行自由的变形操作。

26.4.1　自由变换对象

使用"任意变形工具"可以对图像或编辑中心点实例等进行缩放、旋转与倾斜、扭曲和封套等效果的变形操作。单击"任意变形工具"按钮，选中需要变形的对象，此时所选对象出现变形对话框，鼠标放在不同的位置将会出现不同的指针。

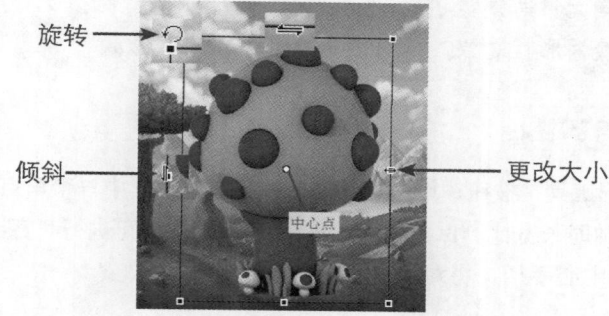

按住 Shift 键当鼠标指针变成倾斜的双向箭头时进行拖动，即可将对象相邻的角沿着相反的方向进行等比例缩放操作。按住 Alt 键，当鼠标指针变成倾斜的双向箭头时进行拖动，即可将对象沿着相反方向放大和缩小。

26.4.2　扭曲图形对象

单击"任意变形工具"按钮，在工具箱的最下面会出现"扭曲"按钮，用户可以根据需要单击该按钮。应用"扭曲"变形时，可以更改对象变换框上控制点的位置，从而改变对象的形状，例如将原本规则的图形变换为不规则的形状。

选中需要扭曲的对象，单击"任意变形工具"按钮，单击"扭曲"按钮，对象周围会出现变形框，将鼠标放置在控制点上，鼠标指针会变成白色指针 ▷。拖动变形框上的角点或边控制点，从而实现对图像的扭曲操作。拖动变形框的中点，可以任意移动整个边。

按住 Shift 键拖动变形框的角点，相邻的角点会沿相反的方向等量移动相同的距离。

单击"任意变形工具"按钮，此时在工具箱的最底部会出现"缩放"按钮，单击该按钮即可对对象进行缩放变形。

对象的缩放就是沿 x 轴、y 轴或同时沿两个方向放大或缩小。

 **提示**　"扭曲"命令只能对形状对象进行扭曲，如果用户需要将图形元件、影片剪辑元件等对象进行扭曲变形，需要执行"修改 > 分离"命令，先将对象转换为形状对象，再对该对象进行扭曲变形。

26.4.3　缩放对象

单击"任意变形工具"按钮，单击"缩放"按钮，拖动其中一个角点，可沿 x 轴、y 轴两个方向进行缩放，缩放时长宽比例保持不变，按住 Shift 键拖动可进行长宽比例不一致的缩放。

用户可以拖曳中心手柄，将对象在水平或垂直方向缩放。

 在同时增加很多项目的大小时，边框边缘附近的项目可能会将其移动到舞台外面。如果出现这种情况，用户可执行"视图 > 粘贴板"命令以查看超出舞台边缘的元素。

实例 102+ 视频：使用缩放调整图像

缩放操作在 Flash 动画制作中会被经常用到。了解一些缩放图像的方法和技巧有利于提高动画制作的速度，下面将通过一个实例为读者演示缩放调整图形的步骤。

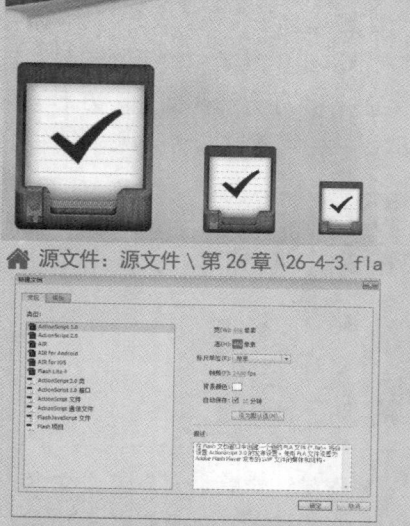

🏠 源文件：源文件 \ 第 26 章 \26-4-3. fla

📶 操作视频：视频 \ 第 26 章 \26-4-3. swf

01 ▶ 执行"文件 > 新建"命令，新建一个 600×450 像素的空白文档。

02 ▶ 将"素材 \ 第 26 章 \264301.png"文件导入到舞台。

03 ▶ 使用相同方法导入素材，并使用"任意变形工具"调整其大小。

04 ▶ 选中素材，按住 Alt 键的同时移动鼠标，复制刚刚调整好的素材。

05 ▶ 单击"任意变形工具"按钮，对图像进行调整。

06 ▶ 根据前面的制作方法，完成图像的制作，得到图像的最终效果。

提问：缩放图形和元件有什么不同？

答：直接缩放图形是以左下角为中心缩放的。按下 Alt 键则会以图形的中心点为中心缩放。直接缩放元件则恰恰相反。同时缩放图形时，按下 Ctrl 键可以实现对单个控制点的调整。

26.4.4 封套对象

"封套"命令可以通过改变对象周围的切线手柄变形对象，封套是一个边框，其中包含一个或多个对象。更改封套的形状会影响该封套内对象的形状，可以通过调整封套的点和切线手柄来编辑封套形状。

单击"任意变形工具"按钮，选择需要封套的对象，单击工具箱中最下面的封套按钮，此时对象的周围会出现变换框。变换框上存在两种变形手柄，即方形和圆形。方形手柄沿着对象变换框的点可以直接对其进行处理，圆形手柄为切线手柄，可通过拖动实现对图片的处理。

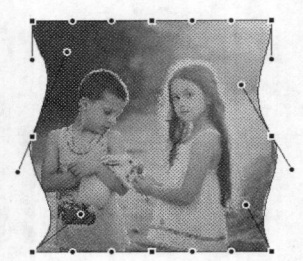

提示
"封套"命令不能修改元件、位图、视频对象、声音、对象组或文本。如果多选区包含以上任意一项，则只能扭曲形状对象。如果要修改文本，首先要将字符转换为形状对象。

26.4.5 翻转对象

在 Flash 中可以垂直或水平翻转选定的对象，而不会改变对象相对于舞台的位置。选择需要翻转的对象，当使用"任意变形工具"选中对象后，会在对象周围显示变换框，在变换框中可以比较自由地进行缩放、倾斜和旋转等操作。

选择需要翻转的对象，执行"修改 > 变形"命令，在打开的子菜单中可以选择"水平翻转"或"垂直翻转"命令，即可将图像进行翻转。

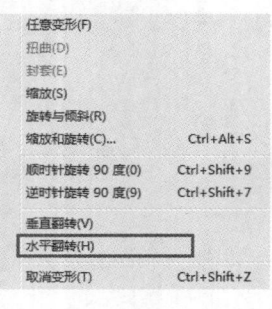

26.5　对象的 3D 操作

　　"3D 平移工具"和"3D 旋转工具"只能对影片剪辑元件起作用，并且只能在 3.0 脚本中使用，通过在 3D 空间中移动和旋转影片剪辑元件来创建 3D 效果，同时也可以对影片剪辑元件添加透视效果。

26.5.1　3D 平移对象

　　在 3D 空间中移动对象成为平移对象，"3D 平移工具"可使对象看起来离查看者更远或更近，将对象沿 z 轴移动。当使用该工具选中影片剪辑元件后，影片剪辑元件 x、y、z 轴将显示在舞台对象的顶部，x 轴为红色，y 轴为绿色，z 轴为蓝色。

　　● 移动 3D 空间的单个对象

　　单击"3D 平移工具"按钮，将光标移至 x 轴上，拖动鼠标即可沿 x 轴方向移动。移动的同时，y 轴改变颜色，表示当前不可操作，确保只沿 x 轴移动。同样，将光标移至 y 轴上，当指针变化后进行拖动，可沿 y 轴移动。

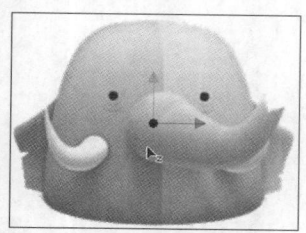

　　● 移动 3D 空间的多个对象

　　如果需要对多个影片剪辑元件进行移动，可以同时选中多个对象，在使用"3D 平移工具"移动其中一个对象时，其他对象将以相同的方式移动。

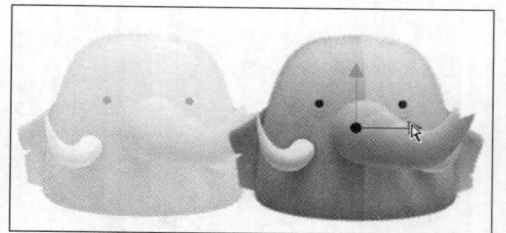

　　x 轴和 y 轴相交的地方为 z 轴。将鼠标指针移动到该位置，按住鼠标左键进行拖动，可使对象沿 z 轴方向移动，移动的同时 x、y 轴颜色改变，确保当前操作只沿 z 轴移动。

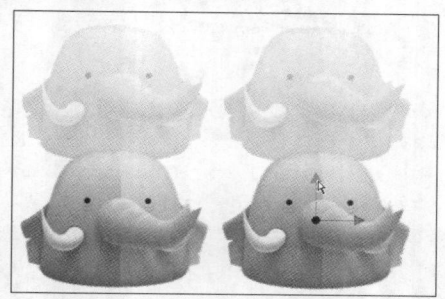

➡ 实例 103+ 视频：制作由远及近动画

　　在 Flash CS6 中用户可以利用"3D 平移工具"移动影片剪辑实例在场景中的位置，实现影片剪辑实例的空间感。

　🏠 源文件：源文件 \ 第 26 章 \26-5-1.fla　　　📶 操作视频：视频 \ 第 26 章 \26-5-1.sw

01 ▶执行"文件 > 打开"命令，将"素材 \ 第 26 章 \265101.fla"文件打开。

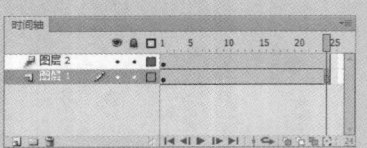

03 ▶在第 1 帧位置单击鼠标右键，并在弹出的快捷菜单中选择"创建补间动画"命令，在"图层 1"第 24 帧位置按 F5 键插入帧。

05 ▶使用相同的方法，拖动元件向左侧移动，元件位置在人物的右侧。

07 ▶使用相同的方法分别对 x、y、z 轴进行调整，得到最终效果，新建"图层 3"，在第 49 帧位置按 F6 键插入关键帧。

02 ▶新建"图层 2"，将"汽车动画"元件从"库"面板拖到舞台上，使用任意工具调整形状和位置。

04 ▶移动播放头到第 24 帧位置，使用"3D 平移工具"单击 Z 轴并拖动，移动元件位置。

06 ▶使用相同的方法，拖动元件向下部移动，确定真实的透视角度。

08 ▶执行"窗口 > 动作"命令，在"动作"面板中输入 stop(); 脚本，完成动画的制作，按快捷键 Ctrl+Enter 测试动画。

提问： 3D 平移工具与其他移动工具有什么不同？

答：3D 平移工具的操作结果与"选择工具"和"任意移动工具"移动对象结果看似相同，但这两者之间有着本质的区别：前者是使对象在虚拟的三维空间中移动，产生空间感的动画，而后者只是在二维平面上对对象进行操作。

26.5.2　3D 旋转对象

使用"3D 旋转工具"可以在 3D 空间中实现影片剪辑实例的旋转。单击"3D 旋转工具"按钮 ，选中影片剪辑实例，3D 旋转控件出现在舞台中的选定对象上。在 3D 旋转控件中，其中 x 轴控件显示为红色、y 轴控件显示为绿色、z 轴控件显示为蓝色。

3D 旋转工具的默认模式为"全局"，在全局 3D 空间中旋转对象与相对舞台移动对象等效。在局部 3D 空间中旋转对象与相对父影片剪辑移动对象等效。

　**提　示**　用户如果在全局模式和局部模式之间切换 3D 旋转工具，可以在选中"3D 旋转工具"的同时单击工具箱中的"全局转换"按钮，也可以按键盘上的 D 键，在全局模式和局部模式之间转换。

➡ 实例 104+ 视频：3D 旋转的风车

使用"3D 旋转工具"，可以在虚拟的空间中对影片剪辑元件实例进行旋转，通过本实例介绍一下"3D 旋转工具"在动画制作过程中的应用。

🏠 源文件：源文件 \ 第 26 章 \26-5-2. fla

🔊 操作视频：视频 \ 第 26 章 \26-5-2. swf

01 ▶ 执行"文件 > 打开"命令，将"素材 \ 第 26 章 \265201.fla"文件打开。

02 ▶ 新建"图层 2"，将"手柄"元件从"库"面板拖到场景中。

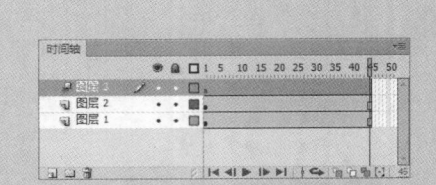

03 ▶新建图层3，继续将风车素材导入到场景中，并调整位置。

04 ▶在"图层3"第1帧位置单击鼠标右键，在弹出的菜单中选择"创建补间动画"命令。

05 ▶同时在3个图层的第45帧位置插入关键帧。使用"3D旋转工具"选中"风叶"元件。

06 ▶将播放头移动到第45帧位置。在 Z 轴上按下左键，逆时针拖动鼠标向上移动，实现元件的旋转效果。

07 ▶使用相同的方式制作另一个风车动画效果。

08 ▶执行"文件 > 保存"命令，将动画保存。按快捷键 Ctrl+Enter 测试动画。

提 问

提问：　"3D旋转工具"中的全局转换与局部转换的区别是什么？
　　答：两种模式的主要区别在于"全局转换"模式下的3D旋转控件方向与舞台无关，而"局部转换"模式下的3D旋转控件方向与影片剪辑控件相关。

26.6 变形面板

　　执行"窗口 > 变形"命令，即可打开"变形"面板。在该面板中，用户可以可输入精确数值，高效地进行旋转、扭曲、缩放、倾斜、3D旋转、重置选区和变形、3D中点和取消变形等操作。

　　在制作动画的过程中，"变形"面板经常被使用到，因为在"变形"面板中可以同时执行多项操作，这样既节约了时间，又提高了工作效率。

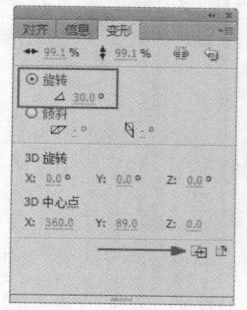 

26.7　合并图形对象

在 Flash 中可以对图形对象进行合并，其中合并图形对象的方式有联合、交集、打孔和裁切，利用这些功能可以制作动画中需要的特殊形状。

● **联合**

绘制对象是在叠加时不会自动合并在一起的单独的图形对象。

使用"椭圆工具"和"矩形工具"绘制对象，并同时选中两个对象，执行"修改 > 合并 > 联合"命令，即可将两个对象联合（该命令也可以合并两个或多个图形或绘制对象）。

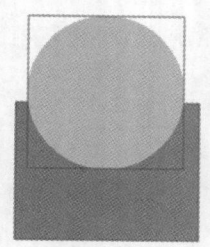 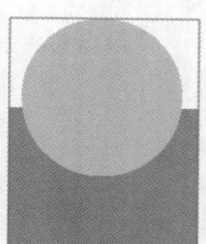

● **交集**

执行"修改 > 合并对象 > 交集"命令，生成的对象由合并形状的重叠部分组成，并且会删除形状上任何不重叠的部分。生成的形状使用堆叠中最上面的形状的填充颜色和笔触颜色。

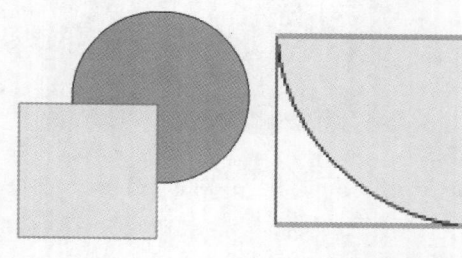

● **打孔**

删除选定绘制对象的某些部分，其中删除的部分由该对象与排列在该对象前面的另一个选定绘制对象的重叠部分定义，删除的绘制对象由最上面的对象所覆盖的所有部分组成，并完全删除最上面的对象，由此得到的对象依然是独立的，不会合并为单个对象。

● **裁切**

使用一个绘制对象的轮廓裁切另一个绘制对象。最上面的决定裁切区域的形状，从而保留下层对象中与最上面的对象重叠部分，删除下层对象的其他部分同时删除最上面的对象。

"裁切"命令所得的对象也是独立的，不会合并为单独对象。

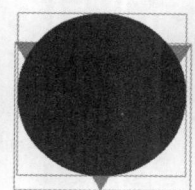 

> 提示　在使用绘制工具绘制对象时，如果两个对象之间有重叠部分，那么用户可以在绘制前单击"工具"面板上最底部的"绘制对象"按钮，可防止两个图形对象的裁切。

➡ 实例 105+ 视频：制作停车场标志

　　Flash 的绘图功能很强大，但有些时候通过图形之间的计算就可以得到一个复杂的图形效果。本实例中将使用合并对象的方法制作一个停车场标志。

⌂ 源文件：源文件 \ 第 26 章 \26-7. fla

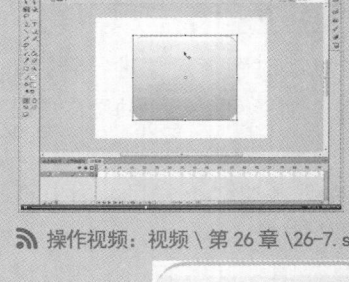
📶 操作视频：视频 \ 第 26 章 \26-7. swf

01 ▶ 新建一个空白文档，设置"填充颜色"为 #FFCC00，"边角半径"为 35，打开"对象绘制"模式，绘制一个矩形。

02 ▶ 使用相同的方法绘制一个"填充颜色"为 #B6B5AF 的圆角矩形。

03 ▶ 将两个图形选中，执行"修改 > 合并对象 > 联合"命令，将两个图形合并。

04 ▶ 设置"填充颜色"为 #DF6301，使用"矩形工具"绘制一个矩形。双击进入对象编辑状态，使用"选择工具"调整其轮廓。

05 ▶ 使用"椭圆工具"绘制一个椭圆。按下 Shift 键将其和矩形选中。

06 ▶ 执行"修改 > 合并对象 > 打孔"命令，得到一个镂空的图形。

07 ▶ 使用相同的方法，继续绘制图形并执行对象合并操作，得到一个汽车的图标。

08 ▶ 将文件保存，按下快捷键 Ctrl+Enter 测试文档效果。

提问

提问： 合并对象命令适用于哪些对象？

答： 在 Flash 中直接绘制的图形就可以完成合并或相减的操作。"合并对象"命令是适用于对象绘制的图形。元件不适合"合并对象"命令操作。

26.8　本章小结

　　本章主要针对 Flash 中对象的基本操作进行详细讲解，例如对象的选择、移动、复制、变形以及 3D 等操作，通过本章的学习，读者要掌握在 Flash 中对对象进行操作，为以后的动画制作打下坚实的基础。

第 27 章　Flash 的元件和库

　　元件和库是组成一部动画影片的基本元素，通过使用不同的元件可以制作出丰富多彩的动画效果。在"库"面板中可以对文档中的图像、声音、视频等资源进行统一管理，以方便动画制作时使用。

27.1　创建元件

　　元件是构成 Flash 动画的重要元素，元件的大小直接影响动画的大小，通过综合使用不同的元件可以制作出丰富多彩的动画效果，元件可以多次使用，创建完成的元件会自动生成在"库"面板中。

27.1.1　图形元件

　　图形元件在 Flash 中出现的频率很高，可以通过"库"面板在场景中重复使用。

　　执行"插入 > 新建元件"命令，在弹出的"创建新元件"对话框中选择"类型"为"图形"选项，单击"确定"按钮，即可创建图形元件。也可以选中场景中的对象，按 F8 键将对象转换为图形元件。

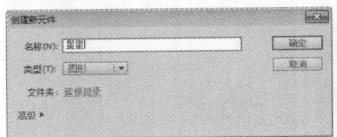 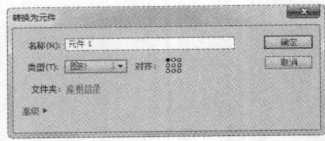

　　图形元件在应用于动画制作时，可以通过"属性"面板对动画的播放效果进行设置。

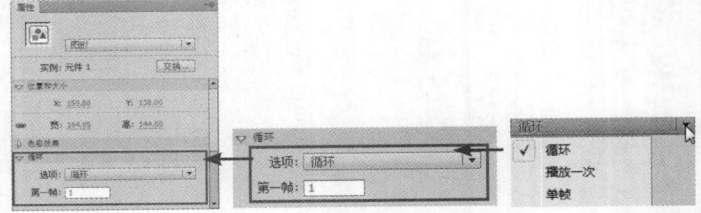

本章知识点

- ☑ 掌握各种元件的创建方法
- ☑ 了解实例的编辑和交换
- ☑ 认识库面板和公共库
- ☑ 创建和编辑实例的方法
- ☑ 熟悉元件的编辑模式

● **循环**

　　按照实例在时间轴内占有的帧数来循环播放该实例内的所有动画序列。

　　● **播放一次**

　　从指定开始播放动画序列直到动画结束，然后停止。

● **单帧**

　　指定要显示的帧，显示动画序列的一帧。

　　● **第一帧**

　　设置播放时，首先显示的图形元件的帧，在文本框中输入帧编号即可。

➡ 实例 106+ 视频：制作闪耀救护车

图形元件最大的特点就是可以在场景中多次重复使用，且不会增加文件的大小容量。对图形元件进行修改后，所有调用了这个元件的图都会随之改变，既节约了时间，又提高了工作效率。

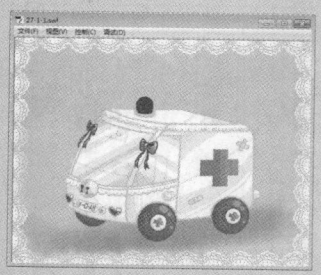

🏠 源文件：源文件 \ 第 27 章 \27-1-1.fla

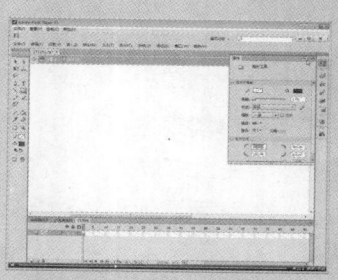

📶 操作视频：视频 \ 第 27 章 \27-1-1.swf

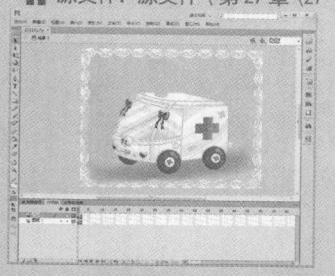

01 ▶ 执行"文件>打开"命令，将"素材\第 27 章 \271101.fla"文件打开。

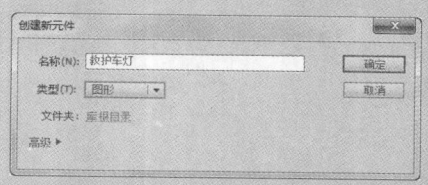

02 ▶ 新建一个"名称"为"救护车灯"的"图形"元件。

03 ▶ 单击"矩形工具"按钮，设置其"填充颜色"为 #990000，"矩形边角半径"为 100，绘制圆角矩形。

04 ▶ 在第 2 帧位置按下 F6 键插入关键帧，选中形状，修改其"填充颜色"的 Alpha 值为 30%。

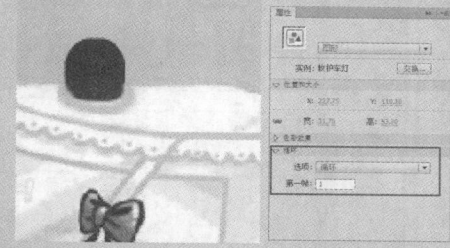

05 ▶ 返回"场景 1"，新建图层，将"救护车灯"元件拖入到场景中，在"属性"面板中设置"选项"为"循环"。

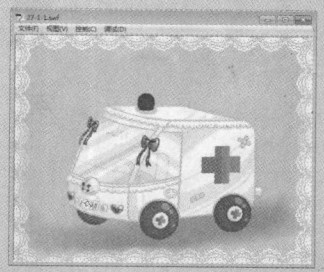

06 ▶ 执行"文件 > 保存"命令，将元件保存，按快捷键 Ctrl+Enter 测试动画。

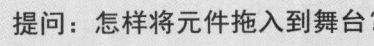

提问：怎样将元件拖入到舞台？

答：执行"窗口＞库"命令，将"库"面板打开，单击鼠标左键选中需要移动的元件，拖动鼠标到舞台合适的位置，即可完成元件的拖动。此时，用户也可以使用"选择工具"对拖入的元件进行相应的调整。

27.1.2 按钮元件

按钮元件能够实现鼠标单击、滑动等动作触发者指定的效果。比如鼠标经过按钮时，按钮会变色或者变大等效果。

执行"插入＞新建元件"命令，在弹出的"创建新元件"对话框中的"类型"下拉列表中选择"按钮"选项，即可完成按钮元件的创建。当元件选择按钮行为时，Flash 会创建一个 4 帧的时间轴。前 3 帧显示按钮的 3 种可能的状态，第 4 帧定义按钮的活动区域。

➡ 实例 107+ 视频：制作简单按钮

按钮是网页中不可或缺的元素之一，一个精致的按钮会为整个网页的效果增添色彩。本实例通过为网页制作简单的按钮，让用户更加熟练按钮元件的制作方法。

🏠 源文件：源文件 \ 第 27 章 \27-1-2.fla

📡 操作视频：视频 \ 第 27 章 \27-1-2.swf

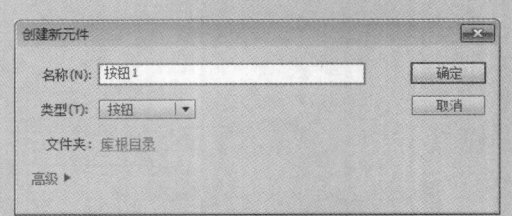

01 ▶ 新建一个 520×4200 像素的文档，将"素材 \ 第 27 章 \271201.jpg"文件导入到舞台中，并调整其位置。

02 ▶ 执行"插入＞新建元件"命令，弹出"创建新元件"对话框，新建一个"名称"为"按钮 1"的按钮元件。

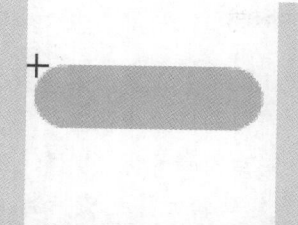

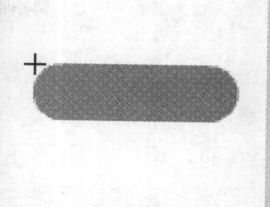

03 ▶ 单击"矩形工具"按钮，在"属性"面板中设置"矩形边角半径"为 15，"填充颜色"为 #5CD3DB，绘制一个圆角矩形。

04 ▶ 在"指针经过"位置按下 F6 键插入关键帧，修改图形"填充颜色"为 #F54681。

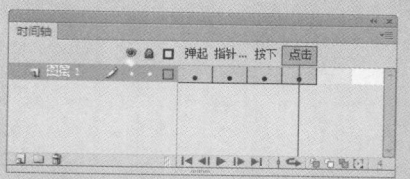

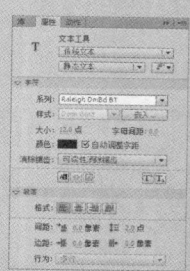

05 ▶ 使用相同的方法，完成"按下"和"点击"状态的制作。

06 ▶ 单击"文本工具"按钮，在"属性"面板中设置文本的各项参数。

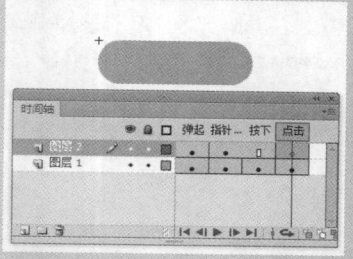

07 ▶ 新建"图层 2"，在场景中输入文本内容。在"点击"状态按 F7 键插入空帧。

08 ▶ 分别在"指针经过"和"按下"状态插入关键帧并修改文本的参数。

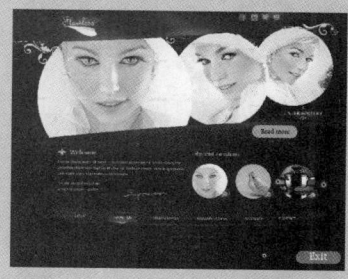

09 ▶ 根据"按钮 1"的制作方法，完成"按钮 2"的制作，返回"场景 1"。

10 ▶ 新建图层，分别将按钮元件从"库"面板中拖入到场景中，并调整位置。

提问：制作按钮元件时需要注意什么？

　　答：按钮元件在影片的播放过程中是默认静止播放的，在整个网页中，只对鼠标指针事件有响应。为了确保网页整体的和谐性，一般网页中的按钮不宜太过复杂多样，因此用户可以重复对按钮元件进行使用。

27.1.3 影片剪辑元件

在与动画结合方面,影片剪辑所涉及的内容很多,是 Flash 中非常重要的元素。从本质上来说,影片剪辑元件是独立的影片,它的"时间轴"面板与场景中的主"时间轴"面板是相互独立的,可以将图形元件和按钮元件的实例放在影片剪辑元件中,也可以将影片剪辑元件的实例放在按钮元件中创建动画按钮。此外,影片剪辑元件还支持 ActionScript 脚本语言控制动画。

执行"插入 > 新建元件"命令,在弹出的"创建新元件"对话框中的"类型"下拉列表中选择"影片剪辑"选项,即可创建影片剪辑元件。

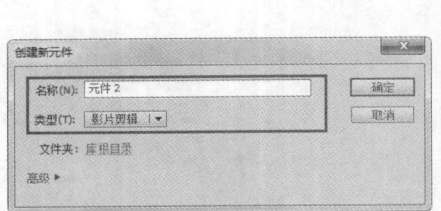
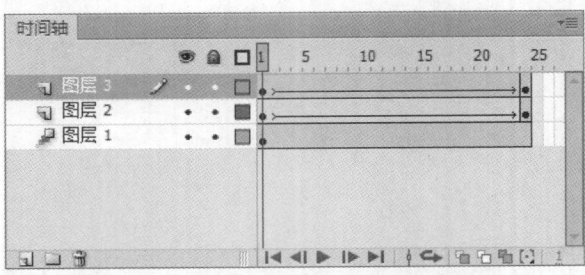

实例 108+ 视频:制作可爱卡通动画

在 Flash 制作过程中,影片剪辑元件经常被使用到。它是一个动画片段,并独立于时间轴,不受时间轴的限制,在动画的测试过程中进行重复播放。

🏠 源文件:源文件 \ 第 27 章 \27-1-3.fla

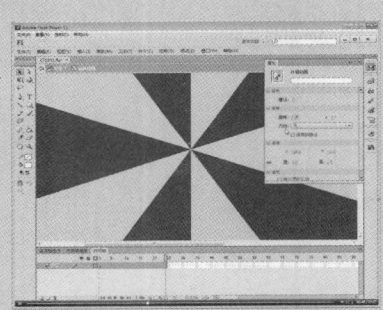

🔊 操作视频:视频 \ 第 27 章 \27-1-3.swf

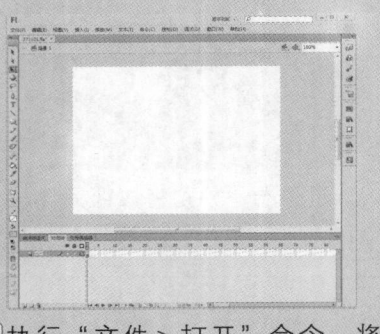

01 ▶ 执行"文件 > 打开"命令,将"素材 \ 第 27 章 \271301.fla"文件打开。

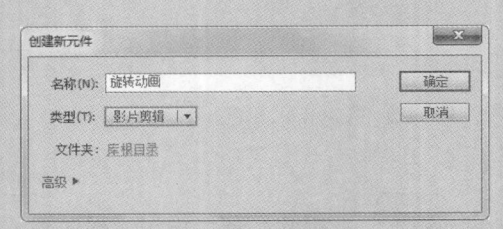

02 ▶ 执行"插入 > 新建元件"命令,弹出"创建新元件"对话框,新建一个"名称"为"旋转动画"的"影片剪辑"元件。

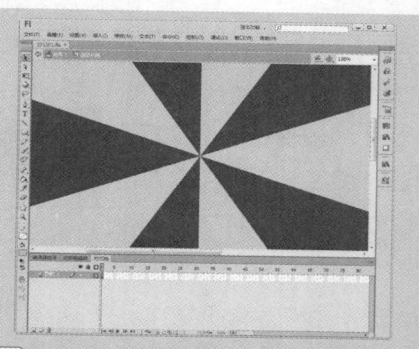

03 ▶ 将"圆形"元件从"库"面板中拖入到舞台，并调整位置。

04 ▶ 在第 1 帧位置单击鼠标右键，在弹出的快捷菜单中选择"补间动画"命令。

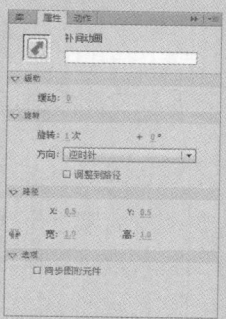

05 ▶ 执行"窗口>属性"命令，在"属性"面板中设置为"逆时针"旋转 1 次。

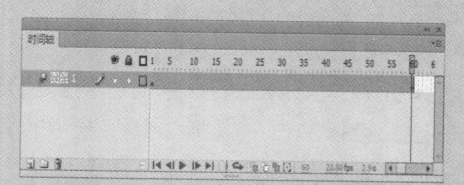

06 ▶ 拖动时间轴最后一帧到第 60 帧位置，调整动画的播放速度。

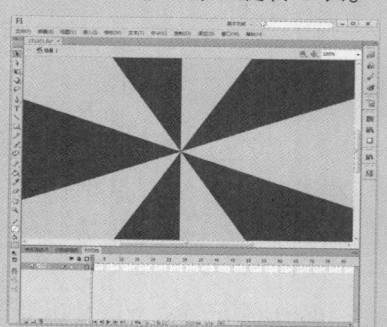

07 ▶ 返回场景 1，将"旋转动画"元件从"库"面板拖动到场景中。

08 ▶ 新建"图层 2"，将"人物"元件从"库"面板中拖入到场景中。

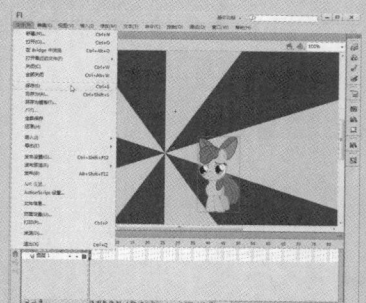

09 ▶ 完成动画的制作，执行"文件>保存"命令，将动画保存。

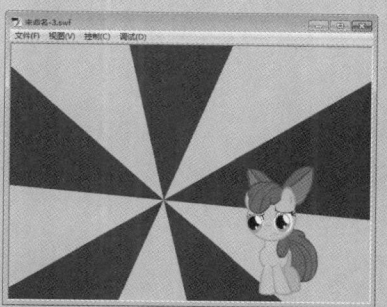

10 ▶ 按快捷键 Ctrl+Enter 测试动画效果。观察"影片剪辑"元件的循环播放效果。

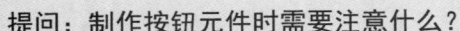
提问：制作按钮元件时需要注意什么？

答：按钮元件在影片的播放过程中，默认是静止播放的，在整个网页中，只对鼠标指针事件有响应。为了确保网页整体的和谐性，一般网页中的按钮不宜太过复杂多样，可以重复对按钮元件进行使用。

27.2 编辑元件

在 Flash 动画的制作过程中，经常需要对特定的元件进行再编辑操作。Flash 提供了 3 种方式编辑元件，即在当前位置编辑、在新窗口中编辑和在元件编辑模式下编辑。可以根据动画制作需要及操作习惯，有选择地对元件进行编辑。

27.2.1 元件的注册点和中心点

在 Flash 中有两个坐标体系，一个是主场景的坐标体系，又称为注册点；一个是元件内的坐标体系，又称为中心点。

● **元件的注册点**

将元件拖入到主场景中时，能够直观地看到元件外边框左上角的黑色十字即为元件的注册点，可以单击"选择工具"选中对象随意对注册点进行调整，也可以通过"属性"面板中的位置 x 轴和 y 轴来调整注册点。

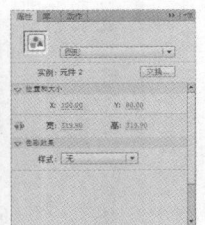

注册点有两个作用：在元件内部，以注册点为坐标原点；这个元件的实例在舞台的位置坐标是以注册点距离舞台左上角的距离计算。

● **元件的中心点**

将元件拖入到主场景中时，单击"任意变形工具"按钮，选中元件，此时会出现一个小圆点，这个小圆点即为元件的中心点。元件在放大、缩小、旋转等变形时都是以中心点为中心进行变换的。

在对元件进行变形操作时，定义不同的中心点对制作特殊的动画效果是很有帮助的。选中元件，单击"任意变形"工具，即可任意调整元件的中心点位置。

 　　元件的中心点可以通过任意变形工具进行更改，但注册点无法从外部改变。变形工具和 AS 代码实现缩放和旋转效果时，依据的基准点是不同的，前者以中心点为基准，后者以注册点为基准。

27.2.2　在元件的编辑模式下编辑元件

　　在"库"面板中选中需要编辑的元件，单击鼠标右键，在弹出的快捷菜单中选择"编辑"命令或者双击该元件，即可让元件在其编辑模式下进行编辑元件。当然也可以在场景中选中需要编辑的元件，执行"编辑 > 编辑元件"命令，即可完成场景中元件在其编辑模式下进行编辑元件。

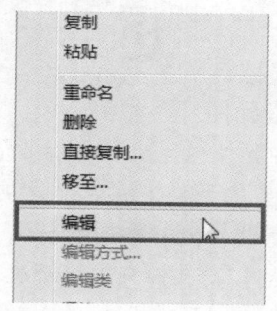 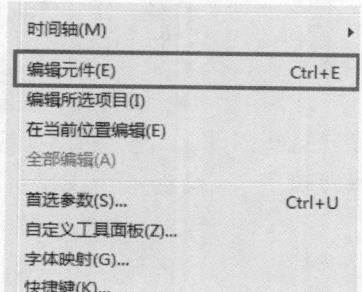 

27.3　库面板

　　"库"面板可用于存放所有存在于动画中的元素，例如元件、插图、视频和声音等，利用"库"面板，可以对库中的资源进行有效管理。

　　执行"窗口 > 库"命令、按下 F11 键或按下快捷键 Ctrl+1，都可打开"库"面板。

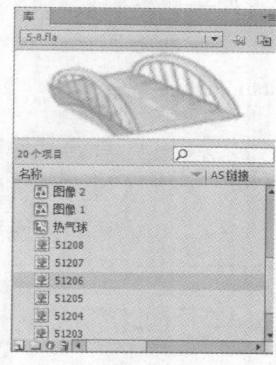

27.3.1　使用库面板管理资源

　　在"库"面板中可以轻松对资源进行编组、项目排序、重命名和更新等管理。

● **重命名库项目**

　　双击项目名称，输入新名称，即可对其重命名，或者选中一个项目，单击鼠标右键，在弹出的快捷菜单中执行"重命名"命令，也可以重命名库项目。

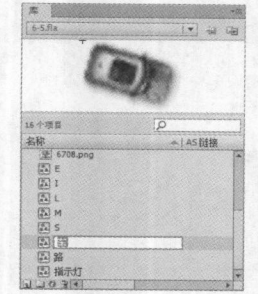 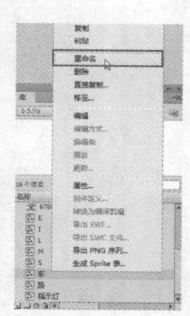

● 删除库项目

选中一个项目，单击"删除"按钮 ，即可删除该项目。按住 Shift 键可同时选中多个连续的文件。按住 Ctrl 键选中非连续的多个文件。

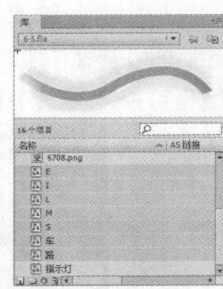 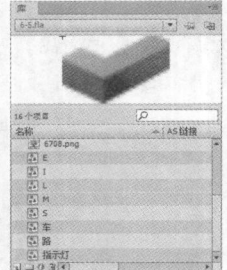

● 项目排序

单击"列标题"中的三角按钮，按钮会垂直翻转，则该标题下的库项目将按字母数字顺序排列。

● 查找未使用的项目

如果库中资源被外部编辑器修改了，用户可在面板菜单中执行"更新"命令，Flash 会把外部文件导入并覆盖库中的文件。

● 在文档中间复制库资源

库资源可以在不同的文档中使用，选中库中一个资源，单击鼠标右键，执行"复制"命令或按快捷键 Ctrl+C。打开另一个文档的"库"面板，单击鼠标右键，执行"粘贴"命令或按快捷键 Ctrl+V，即可粘贴该资源。

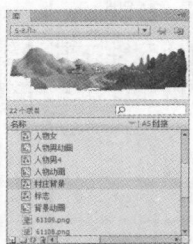 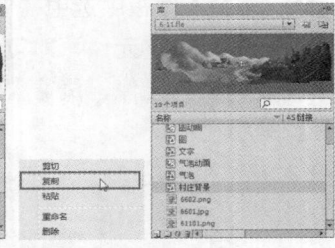

● 使用文件夹管理元件

当"库"面板中元件达到 50 个以上时，会很难快速找到需要的元件，利用文件夹可对元件进行分类管理，以方便使用元件。

在"库"面板中可以对文件夹进行新建、删除、重命名、嵌套、展开或折叠。

如果新建了多个文件夹后，需要嵌套管理文件夹时，拖曳被嵌套的文件夹到父文件夹中，可实现嵌套文件夹，可以根据实际操作需要进行多层嵌套。

 提示　单击文件夹前的三角箭头即可展开／折叠文件夹，双击文件夹图标也可实现展开／折叠文件夹。展开和折叠文件夹可以减少资源占据面板空间的大小，可有效地利用"库"面板空间。

➡ 实例 109+ 视频：使用文件夹管理文件

使用文件夹管理文件在 Flash 动画的制作过程中经常被用到。在"库"面板中建立文件夹，能够快速对元件进行管理，不仅节约动画制作的时间，也能够更加清晰地显示各个元件。

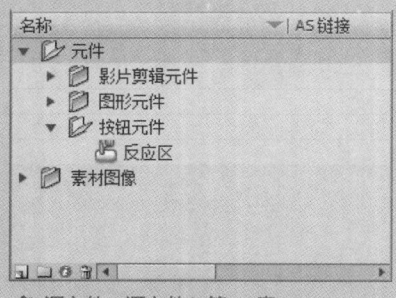 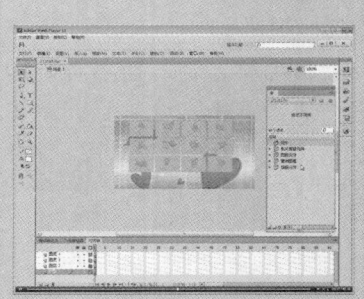

🏠 源文件：源文件 \ 第 27 章 \27-3-1.fla　　📡 操作视频：视频 \ 第 27 章 \27-3-1.swf

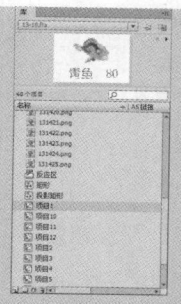

01 ▶执行"文件>打开"命令，将"素材 \ 第 27 章 \273101.fla"文件打开，"库" 面板中包含很多元件素材。

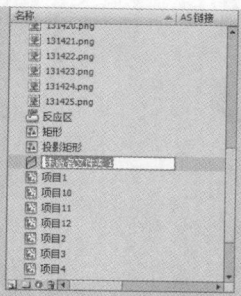

02 ▶单击"库"面板底部的"新建文件夹" 按钮，新建一个文件夹。

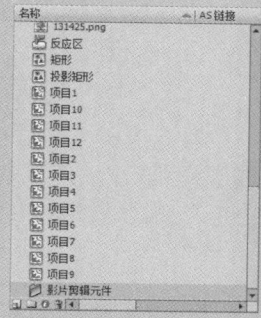

03 ▶双击文件夹名称，对文件夹重新命名 为"影片剪辑元件"，按 Enter 键确认。

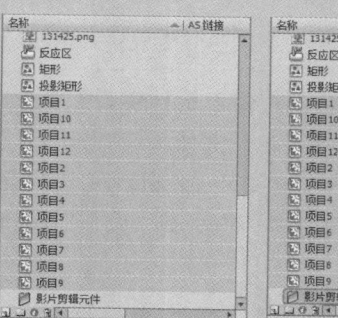

04 ▶按住 Ctrl 键选中相应的元件，将其 拖曳到"影片剪辑元件"文件夹上。

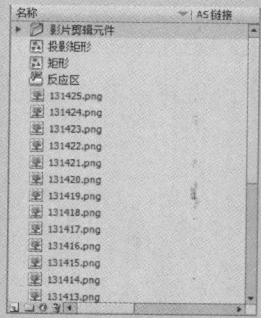

05 ▶等出现绿色方框时松开鼠标，即可完 成将元件移到文件夹中的操作。

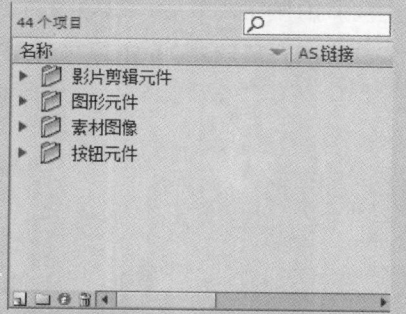

06 ▶使用相同的方法新建其他文件夹，并 将对应的元件移至相应的位置。

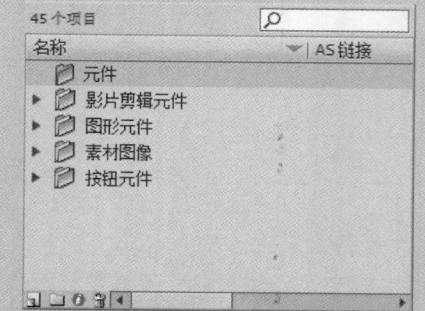

07 ▶根据前面的制作方法，新建"元件" 文件夹。

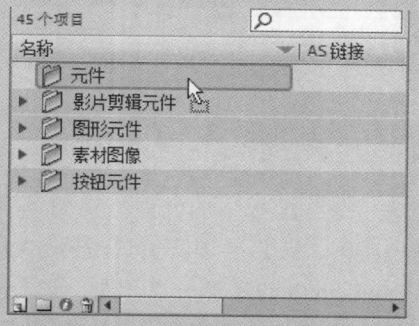

08 ▶将所有元件文件夹选中，并拖动到 "元件"文件夹上。

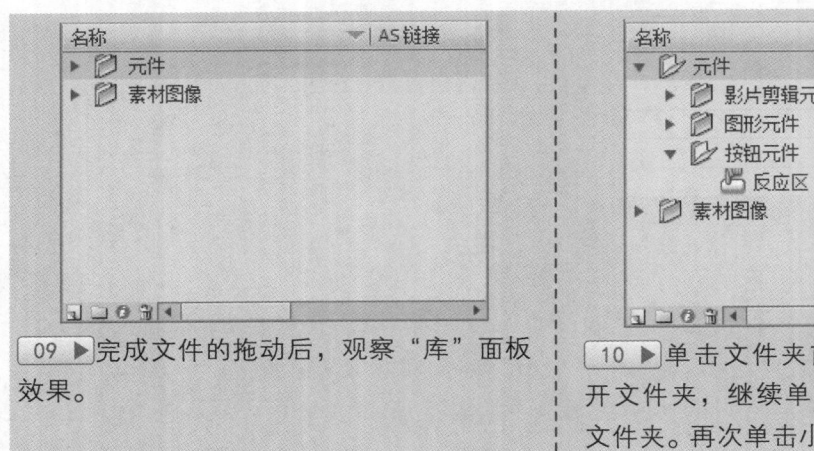

09 ▶完成文件的拖动后，观察"库"面板效果。

10 ▶单击文件夹前的三角形箭头可以展开文件夹，继续单击子文件夹，可展开子文件夹。再次单击小箭头即可折叠文件夹。

提问：使用文件夹管理文件时应注意什么？

答：新建文件夹时，默认文件夹名是反白显示，此时可以直接输入新文件夹名。还有在 Flash 中支持多层次嵌套，但太多的嵌套超出人的记忆范围，会使资源变得难以利用，所以嵌套时一般不超过三层。

27.3.2 公共库

Flash 附带的范例库资源称为公共库，Flash 为用户提供了 3 种公用库，可以利用公共库向文档添加按钮或声音，还可以创建自定义公共库，然后与创建的任何文档一起使用。

公共库里存放的是 Flash 自带的范例库资源，分别为"按钮"、"类"和"声音"三类，执行"窗口 > 公共库"命令，选择任意一种类型，拖曳其中的资源到目标文档中即可创建其实例。

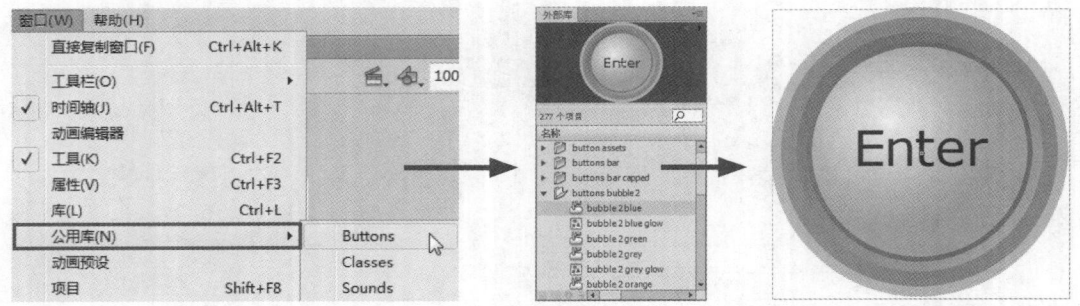

27.4 创建和编辑实例

将"库"面板中的元件拖曳到场景中，这个过程称为"创建实例"。一个元件可以创建多个实例，并且当该实例进行修改时，场景中的元件会随之发生改变。

在 Flash 中创建了一个元件，但是这个元件并不能直接应用到场景中，还需要创建实例。实例就是把元件拖动到舞台上，它是元件在舞台上的具体体现。例如在"库"面板中有一个影片剪辑元件，如果将这个影片剪辑元件拖入到舞台中，那么舞台中的就不是影片剪辑元件，而是该影片剪辑元件的一个实例，同时也可以在"属性"面板中对创建的实例进行修改。

27.4.1　创建和复制实例

　　Flash 动画的制作离不开实例的创建，在场景中选择一个关键帧，打开"库"面板，拖曳元件到舞台中，即可创建该元件的一个实例。而复制实例不仅能够节省资源空间，同时更方便用户对动画的修改。

➡ 实例 110+ 视频：复制满天热气球

　　复制实例不仅能够使 Flash 动画制作的文件占据较小的空间，也能够使动画的制作更具有特性。

🏠 源文件：源文件 \ 第 27 章 \27-4-1.fla

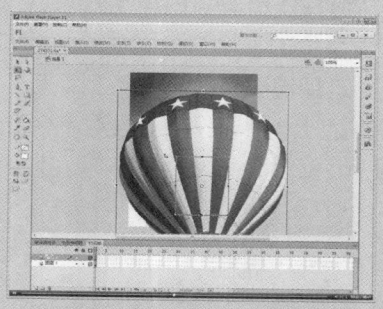

🔊 操作视频：视频 \ 第 27 章 \27-4-1.swf

01 ▶ 执行"文件 > 打开"命令，将"素材 \ 第 27 章 \274101.fla"文件打开。

02 ▶ 新建"图层 2"，将"气球"元件从"库"面板中拖入到舞台，并调整位置。

03 ▶ 选中气球元件，按住 Alt 键移动鼠标，复制实例，并使用"任意变形工具"调整元件的大小和位置。

04 ▶ 通过拖入元件和复制元件的方法，完成多个气球元件的制作，按快捷键 Ctrl+Enter 测试动画。

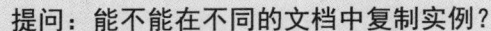
提问：能不能在不同的文档中复制实例？

答：能，用户需要在一个文档中复制一个实例，选择文档中的该实例，执行"编辑 > 复制"命令或按快捷键 Ctrl+C 复制实例，打开另一个文档，执行"编辑 > 粘贴"命令或按快捷键 Ctrl+V 即可。

27.4.2 改变实例的类型

在 Flash 中可以通过改变实例的类型重新定义它在 Flash 应用程序中的行为。例如将一个"图形"元件实例更改为"影片剪辑"元件类型后，制作动画的时候就可以设置其不同的属性，从而制作出不同的动画效果。

选择舞台中的一个实例，执行"窗口 > 属性"命令，打开"属性"面板，在"类型"下拉列表中选择需要修改成的类型即可。也可以在"库"面板中选中元件，单击鼠标右键，在弹出的快捷菜单中选择"属性"命令，然后在弹出的"元件属性"对话框中修改其类型。

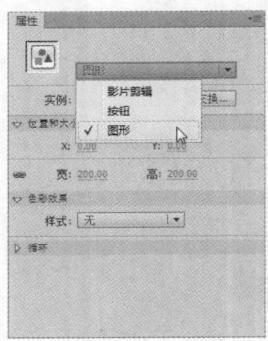 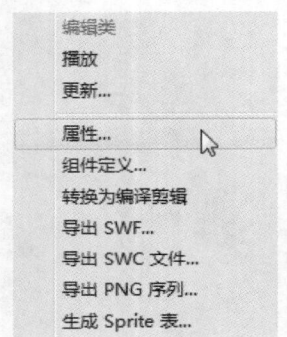 

27.4.3 设置实例的颜色样式

每个元件实例都可以有自己的色彩效果。执行"窗口 > 属性"命令，单击色彩效果下面的"样式"选项，可以进行不同的设置。Flash 中有 5 种不同的色彩效果，分别为无、亮度、色调、高级和 Alpha。根据动画制作的需要，对元件进行相应的颜色设置，得到动画效果。

提示： "高级"设置执行函数 $(a*y+b)=x$，其中，a 是框左侧设置中指定的百分比，y 是原始位图的颜色，b 是框右侧设置中指定的值，x 是生成的效果（RGB 介于 0 和 255 之间，Alpha 透明度介于 0 和 100 之间）。

实例 111+ 视频：制作不同颜色的按钮

在浏览网页时，经常会显示一些丰富多彩的图像，增添了网页的多元显示效果。本实例通过对元件实例的颜色样式进行不同的设置，制作出五颜六色的按钮效果。

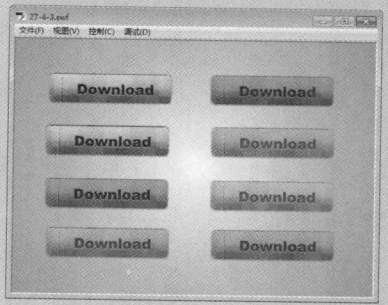

源文件：源文件 \ 第 27 章 \27-4-3. fla

操作视频：视频 \ 第 27 章 \27-4-3. swf

01 ▶ 将 "素材 \ 第 27 章 \274301.fla" 文件打开，设置 "填充颜色" 为从 #6F9342 到白色的 "径向填充"，绘制一个矩形。

02 ▶ 将 "按钮" 元件从 "库" 面板中拖到场景中，调整其大小位置。

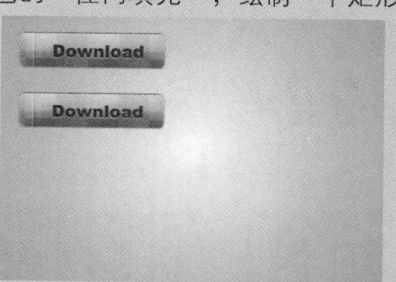

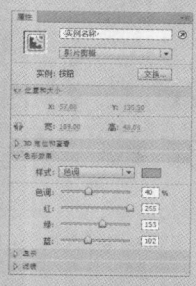

03 ▶ 选中元件，按住 Alt 键拖动鼠标，复制元件，得到一个复制的实例。

04 ▶ 在 "属性" 面板的 "样式" 下拉列表中选择 "色调" 选项，设置各项参数。

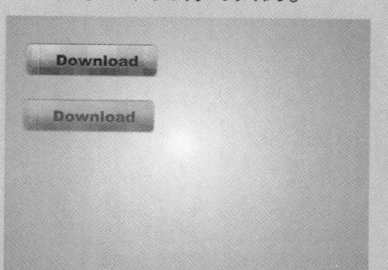

05 ▶ 设置完成后，观察按钮实例的颜色已经发生了变化。

06 ▶ 使用相同的方法，继续制作其他几个按钮实例，按快捷键 Ctrl+Enter 测试动画。

27.4.4　分离和交换实例

制作 Flash 动画时，常常会对元件进行修改或者重新编辑，分离和交换实例是最常见的方法。由于元件创建出来的实例会随着元件的变换而改变，分离实例能使实例与元件分离，在元件发生改变后实例并不会随之改变。而交换实例，能够快速交换相同元件的实例，为动画制作者节省了大量的时间。

● **分离实例**

元件实例来源于元件，是由元件派生出来的，因此当元件发生改变时。该元件的实例也会随着变化，如果想让实例不随着元件发生改变，可以分离实例也就是使实例与元件分离。

选中舞台上要分离的实例，执行"修改 > 分离"命令或按快捷键 Ctrl+B，即可将对象进行分离。

● **交换实例**

如果在制作动画时，需要保留时间轴上的各帧动画，而又需要将元件替换掉，此时，就可以进行交换实例的操作，使用交换实例，可以保留原始实例的所有属性，而不必在替换实例后重新对属性进行编辑。

选中舞台上的一个实例，在"属性"面板中单击"交换"按钮，弹出"交换元件"对话框，选择要交换的元件，单击"确定"按钮，即可完成元件的交换。

➡ 实例 112+ 视频：替换实例中的元件

为了达到较强的视觉冲击力，在网页的制作过程中，都会对元件进行多次改变和编辑。交换实例可以更快地对元件进行编辑和修改。

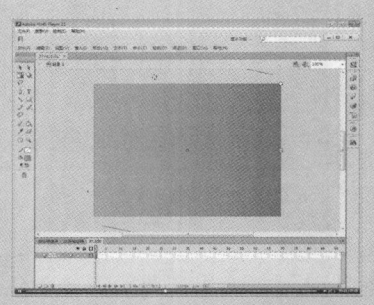

🏠 源文件：源文件 \ 第 27 章 \27-4-4.fla　　🔊 操作视频：视频 \ 第 27 章 \27-4-4.swf

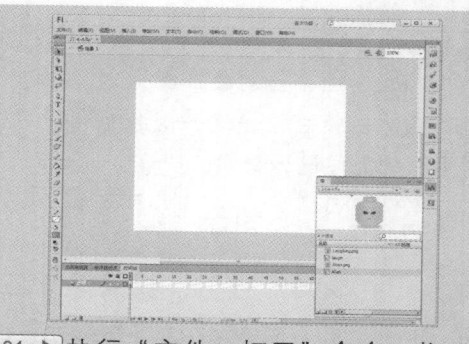

01 ▶ 执行"文件 > 打开"命令，将"素材 \ 第 27 章 \274401.fla"文件打开。

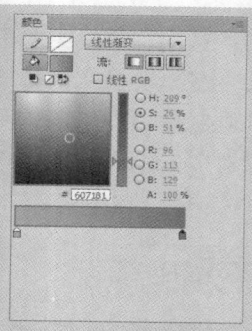

02 ▶ 打开"颜色"面板，设置"填充颜色"为从 #A4B3AC 到 #607181 的"线性渐变"。

03 ▶ 使用"矩形工具"绘制一个和场景尺寸大小一致的矩形。

04 ▶ 使用"渐变变形工具"调整渐变填充的角度和范围。

05 ▶ 将 Alien 元件从"库"面板拖到舞台中，调整其大小和位置。

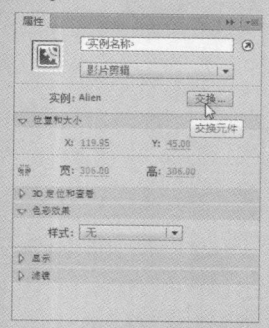

06 ▶ 选中元件，在"属性"面板中单击"交换"按钮。

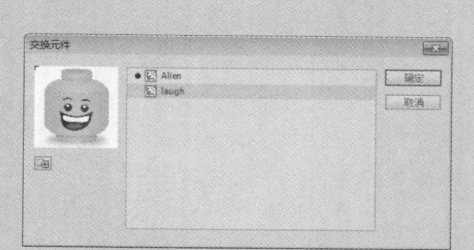

07 ▶ 在弹出的"交换元件"对话框中选择"Laugh"元件，单击"确定"按钮。

08 ▶ 完成元件的交换，执行"文件 > 保存"命令，将动画文件保存。

提问：交换实例有什么作用？

答：交换实例简单来说就是替换实例，将舞台上某一对象取而代之。在动画制作过程中，交换实例常常被使用，其最大的特点就是能够快速而准确地对实例进行修改。但是交换实例只能对相同的元件进行交换。

27.5 本章小结

本章主要讲解 Flash 中元件和库的概念及作用，详细介绍了 3 种元件，即图形元件、按钮元件和影片剪辑元件的功能和创建方法，并结合实例讲解管理元件和从元件创建实例的方法，最后简单介绍"库"面板的功能和使用方法。通过本章的学习，读者应该熟练掌握各种元件的创建，以及对"库"面板的操作和使用。

第 28 章　Flash 动画的制作

　　本章将对 Flash 动画制作的基本方法进行详细讲解，并对基本动画的制作原理进行充分分析，使用户可以更好地掌握 Flash 基础动画的制作方法，并能够应用到以后的学习和工作中。

28.1　逐帧动画

　　逐帧动画是一种常见的动画形式，其基本思想就是把一系列差别很小的图形或文字放置在时间轴的关键帧中，从而使动画播放起来较为连贯和流畅。制作网页时，经常使用逐帧动画制作出燃烧的火焰、人物表情变化等效果。

28.1.1　逐帧动画的特点

　　逐帧动画的特点是动画的每一帧都是关键帧，而且每一帧上的动画元素都不一样，因此，它所占的内存空间要比其他动画的文件大，比较适合表现很细腻的动画效果。

28.1.2　制作逐帧动画

　　在 Flash 中可以直接导入图像序列以创建逐帧动画。执行"文件 > 导入 > 导入到舞台"命令，选择需要导入的图像，单击"打开"按钮，在弹出的序列组对话框中，根据提示信息，单击"是"按钮即可完成逐帧动画的制作。

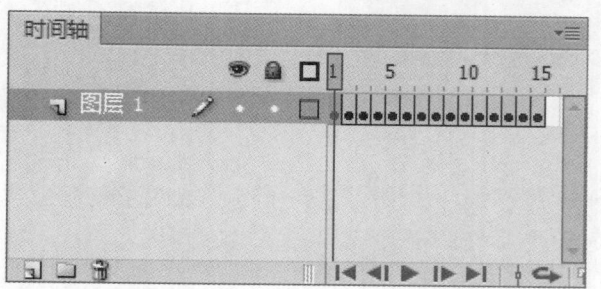

本章知识点

- ☑　逐帧动画的制作及要点

- ☑　补间动画的使用

- ☑　动画编辑器的使用

- ☑　遮罩和引导层动画的使用

- ☑　掌握 3D 和骨骼动画

实例 113+ 视频：制作网站 Loading

在网页浏览过程中，由于网页中文件较大，网页的浏览速度并不是都尽如人意，因此，在网页设计中可以使用逐帧动画制作网页的 Loading 加载效果，以增加网站的美观度。

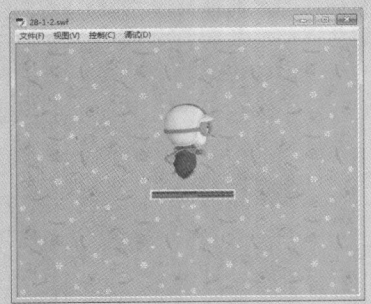

源文件：源文件 \ 第 28 章 \28-1-2. fla

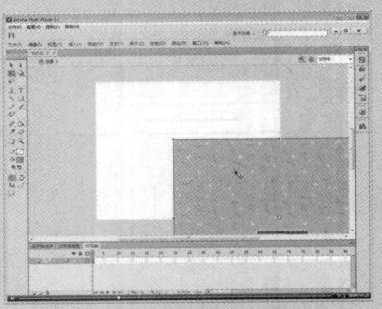

操作视频：视频 \ 第 28 章 \28-1-2. swf

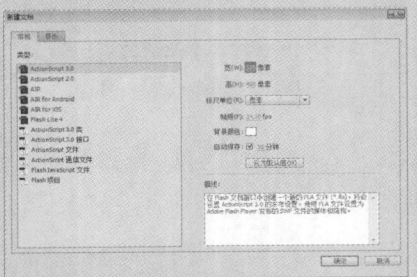

01 ▶执行"文件 > 新建"命令，新建一个 520×400 像素的空白文档。

02 ▶执行"文件 > 导入 > 导入到舞台"命令，将素材 281201.jpg 文件导入到舞台。

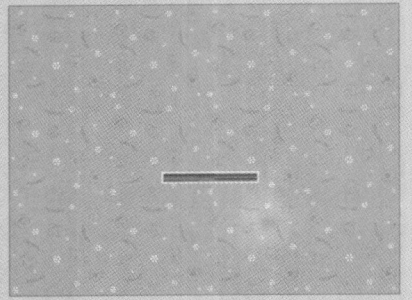

03 ▶使用"任意变形工具"调整素材和舞台大小相同。

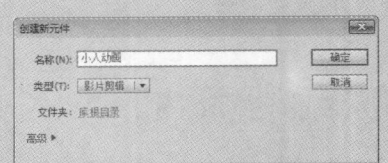

04 ▶执行"插入 > 新建元件"命令，新建一个"名称"为"小人动画"的"影片剪辑"元件。

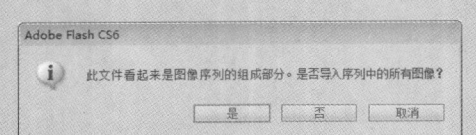

05 ▶使用相同的方法，将"素材 \ 第 28 章 \281202.jpg"导入场景中，弹出提示对话框。

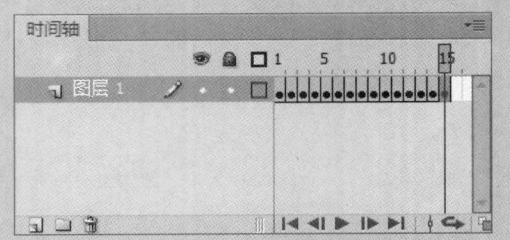

06 ▶单击"是"按钮，导入图像序列，时间轴将显示连续的关键帧。

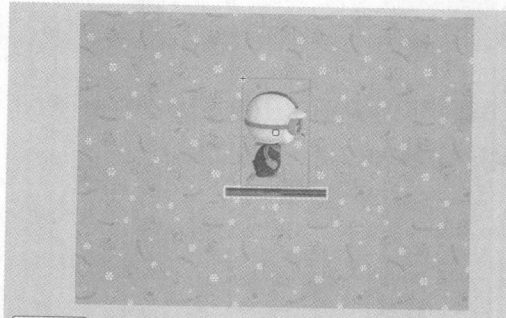

07 ▶ 返回"场景 1"，新建"图层 2"，将"小人动画"从"库"面板中拖入到场景。

08 ▶ 执行"文件 > 保存"命令，将文件保存，并按快捷键 Ctrl+Enter 测试动画。

提问

提问：怎么创建逐帧动画？

答：由于逐帧动画需要在每一帧上都创建新的内容，所以在导入图像序列时，只需选择图像序列的开始帧，根据提示，就可以将图像序列导入，创建逐帧动画。

28.2　补间动画

补间动画是 Flash 中操作最简单且效率最高的动画制作方法。它是通过指定不同帧中对象的属性而创建的动画。通过补间动画方式制作动画，用户可以轻松控制每一帧的属性，例如颜色、透明度、亮度等，制作独特的动画效果。

28.2.1　补间动画的特点

补间动画只适用于元件实例和文本字段，如果不是元件实例和文本字段，在创建补间动画时，Flash 会将对象自动转换为元件。补间动画中关键帧的元素都是由 Flash 来合成的，因此，与逐帧动画相比，补间动画的文件较小，所占内存较少，其动画效果更加自然、连贯。

28.2.2　制作补间动画

补间动画的创建过程比较人性化，符合人们的逻辑思维。在舞台中选中对象，单击鼠标右键，在弹出的快捷菜单中执行"创建补间动画"命令，即可完成补间动画的制作。

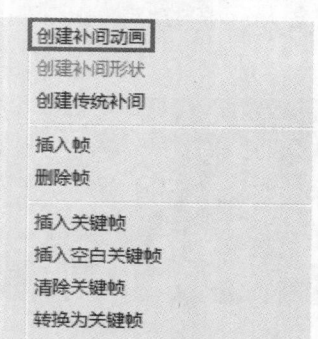

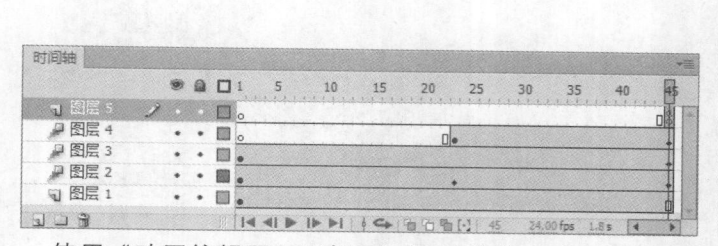

使用"动画编辑器"面板可以更好地控制动画的播放和缓动效果，从而使得动画效果更加丰富多彩。

实例 114+ 视频：制作网站横幅

横幅广告是网页中不可缺少的元素之一，大多数网页的横幅广告都是通过 Flash 补间动画来制作的，而且可以通过"属性"面板对动画的色彩效果进行设置。

源文件：源文件 \ 第28章 \28-2-2.fla

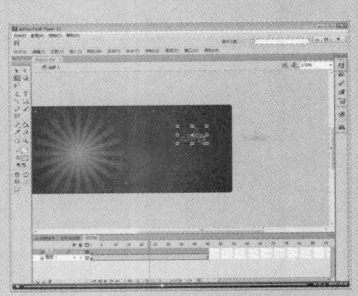

操作视频：视频 \ 第28章 \28-2-2.swf

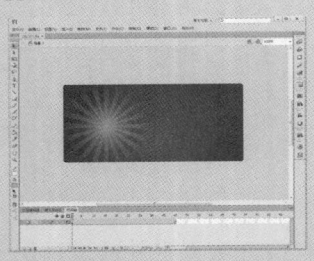

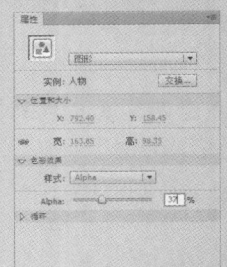

01 ▶ 执行"文件＞打开"命令，将"素材 \ 第28章 \282201.fla"文件打开。

02 ▶ 新建"图层2"，将"人物"元件从"库"面板拖入到场景中，并使用"任意变形工具"调整其大小。

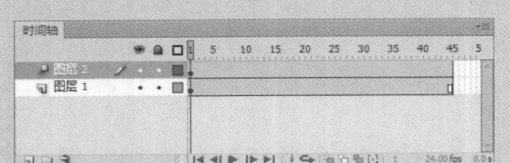

03 ▶ 单击"图层2"的第1帧位置，执行"插入＞补间动画"命令，创建补间动画。

04 ▶ 选中"人物"元件，在"属性"面板中设置其 Alpha 值为 37%。

05 ▶ 将播放头移至23帧位置，使用"任意变形工具"调整图像大小，并设置其 Alpha 值为 100%。

06 ▶ 将播放头移至第45帧位置，使用键盘上的方向键将图像向下移动。

07 ▶ 使用相同的方法，完成其他图层的动画制作，得到图像的最终效果。

08 ▶ 新建"图层 5"，在第 45 帧处插入关键帧，在"动作"面板中输入 stop(); 脚本语言。

 提问：怎样调整补间动画的设置范围？

答：补间动画设置完成后，可测试制作的动画效果是否太快或太慢，用户可以根据需要，在时间轴中选中最后一帧向前或者向后拖动鼠标，对补间动画范围进行拉伸和调整大小，以便得到理想的效果。

28.2.3　使用动画编辑器

执行"窗口 > 动画编辑器"命令，即可打开"动画编辑器"面板。在"动画编辑器"面板中，可以查看和更改所有补间属性及其属性关键帧。此外"动画编辑器"面板中还提供了向补间添加精度和详细信息的工具。在时间轴创建补间动画后，在"动画编辑器"面板中即可允许以多种不同的方式来控制补间，默认显示的是当前选定补间的属性。

在"动画编辑器"面板中可以对单个属性或一类属性应用预设缓动。执行"窗口 > 动画编辑器"命令，打开"动画编辑器"面板，在底部的"缓动"图层中单击"添加"按钮，弹出所有缓动选项，根据需要进行选择。另外也可以在"属性"面板中对"缓动"进行设置。

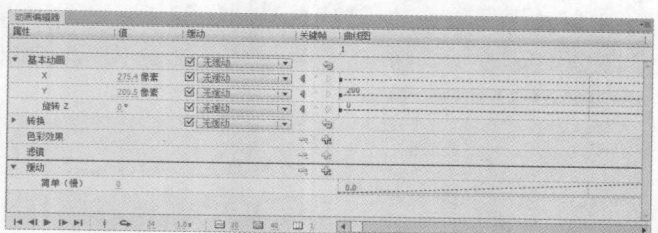

➡ 实例 115+ 视频：制作游戏网站首页

在"动画编辑器"面板中，可以控制某个属性曲线及每条属性曲线的显示大小，而且能够对其进行编辑。

 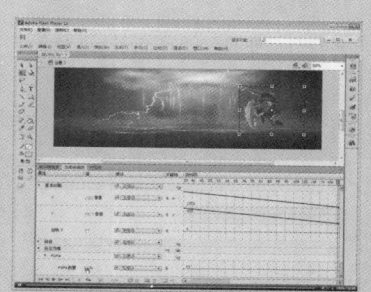

源文件：源文件 \ 第 28 章 \28-2-3.fla　　操作视频：视频 \ 第 28 章 \28-2-3.swf

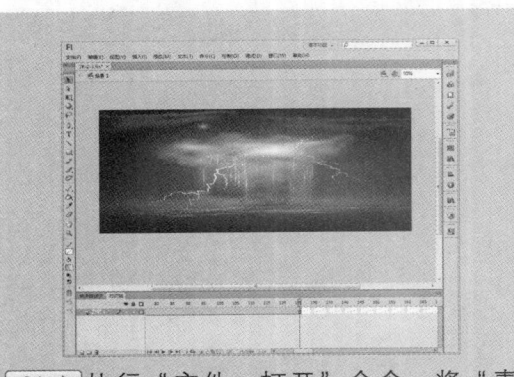

01 ▶ 执行"文件 > 打开"命令,将"素材 \ 第 28 章 \282301.fla"文件打开。

02 ▶ 从"库"面板中将"角色 1"元件拖动到舞台中,并使用"任意变形工具"调整大小和位置。

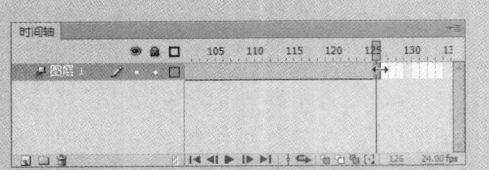

03 ▶ 在第 1 帧的位置单击鼠标右键,创建"补间动画",拖动调整时间轴长度到第 126 帧位置。

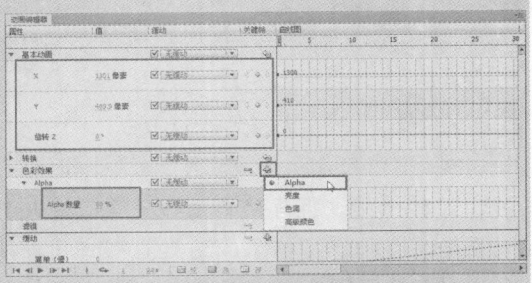

04 ▶ 打开"动画编辑器"面板,将播放头移动到第 1 帧位置,修改 X 和 Y 位置。单击"色彩效果"后面的 按钮,设置 Alpha 为 60%。

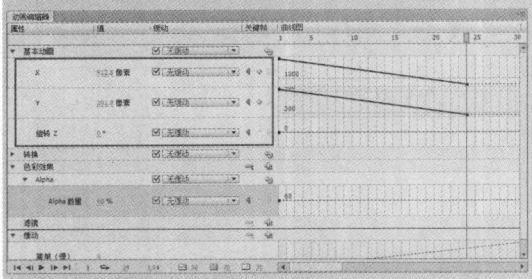

05 ▶ 移动播放头到第 24 帧位置,修改 X 和 Y 位置。

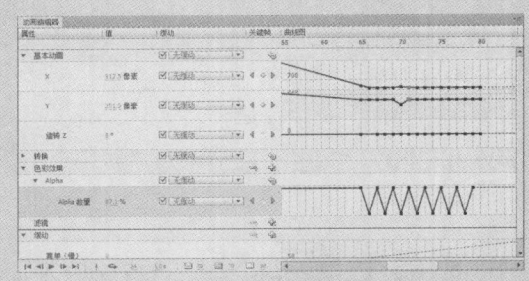

06 ▶ 使用相同的方法,完成相同内容的制作。至此完成"图层 1"的制作。

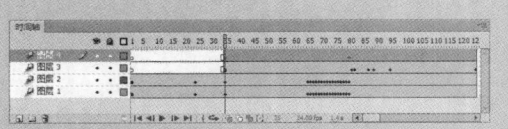

07 ▶ 使用相同的方法,完成其他图层相同内容的制作。

08 ▶ 执行"文件 > 保存"命令,将动画保存。按下快捷键 Ctrl+Enter 测试动画。

对于多种常见类型的简单补间动画，动画编辑器的使用是可以选择的。利用动画编辑器可轻松创建比较复杂的补间动画。它不适用于传统补间。

提问：怎样在动画编辑器中修改图形大小和展开的图形大小？

答：在"动画编辑器"面板中，如果要切换某条属性曲线的展开视图与折叠视图，单击相应的属性名称即可完成。使用"动画编辑器"面板底部的"图形大小"和"展开的图形大小"字段可以调整展开视图和折叠视图的大小。

28.2.4　为动画增加缓动

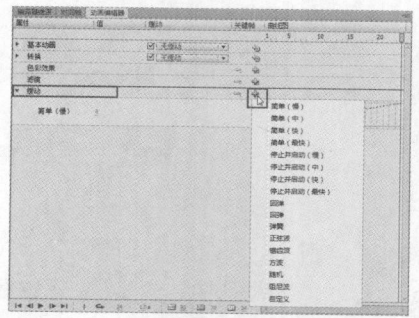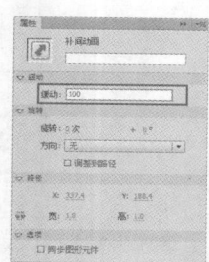

使用"缓动"功能，可以加快或放慢动画的开头或结尾播放速度，以获得更加逼真或更加令人愉悦的动画效果。例如制作汽车启动、停止的动画，或者直升飞机螺旋桨动画等。

在 Flash 中可以通过两种方法获得缓动的动画效果：第一种方法是通过在"属性"面板中直接设置"缓动"获得。第二种方法是通过在"动画编辑器"中为动画添加缓动设置获得。第一种方法一般比较适合传统补间动画；第二种则经常用在补间动画的制作中。

➡ 实例 116+ 视频：制作动画的缓动效果

通过在"动画编辑器"面板中设置缓动的数值，能够控制动画加速或者减速的制作效果。在制作动画时，可根据需要为动画增加缓动，以达到理想的动画效果。

🏠 源文件：源文件 \ 第 28 章 \28-2-4. fla　　🎬 操作视频：视频 \ 第 28 章 \28-2-4. swf

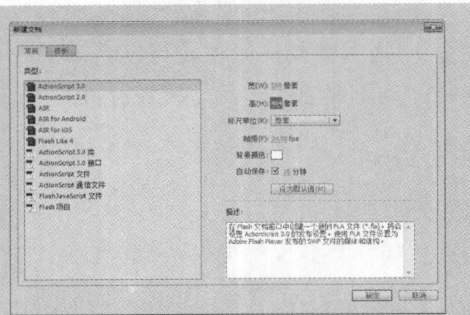

01 ▶ 执行"文件 > 新建"命令，新建一个空白的 Flash 文档。

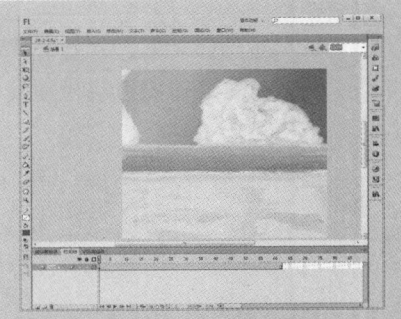

02 ▶ 将"素材 \ 第 28 章 \282401.jpg"文件导入到场景中，在时间轴第 65 帧处插入帧。

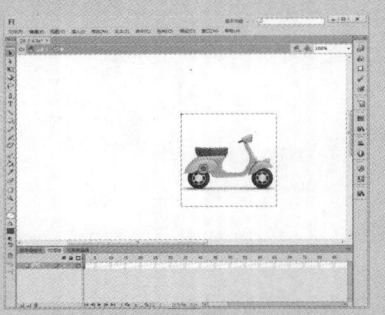

03 ▶ 新建一个"名称"为"车"的"图形"元件，将"素材 \ 第 28 章 \282402.png"文件导入到场景中，并调整大小和位置。

04 ▶ 返回"场景 1"，将"车"元件拖入到场景中，并调整其位置。在第 1 帧处单击鼠标右键，创建补间动画。

05 ▶ 使用"选择工具"，按住 Shift 键的同时，单击鼠标将元件向右移动。

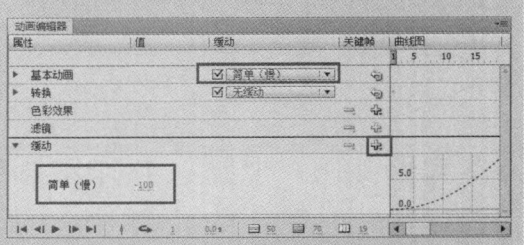

06 ▶ 执行"窗口 > 动画编辑器"命令，设置"缓动"和"基本动画"。

07 ▶ 新建"图层 3"，在最后一帧位置插入关键帧，在"动作"面板中输入 stop(); 脚本语言。

08 ▶ 执行"文件 > 保存"命令，将文件进行保存，按快捷键 Ctrl+Enter 测试动画。

提问：为动画增加缓动时，只能选择默认的缓动类型吗？

答：不一定。默认的缓动效果是不能满足整个 Flash 动画需要的。因此，某些特定的情况下，可以创建自己的缓动曲线，通过选择自定义缓动类型，将其应用到动画制作过程中，既方便制作同类动画，又可以增加更多的动画可变性。

28.3　形状补间和传统补间动画

在 Flash 中，形状补间和传统补间动画最大的区别就是针对的对象不同。形状补间动画只能对矢量图形进行创建，且进行变形的对象的起始帧和结束帧都是矢量图形。传统补间动画则只能对元件图形进行创建，可以是组合图形、文字对象、元件的实例以及被转换为"元件"的外界导入图片等。

28.3.1　制作形状补间动画

形状补间动画是创建一个形状变形为另一个形状的动画。在形状补间动画的起始帧和结束帧插入不同的对象，Flash 就可以自动完成动画的过渡。

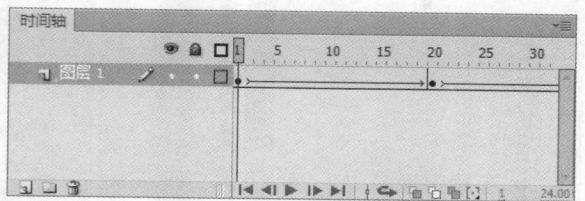

形状补间动画主要是对图形而言，元件是无法制作形状补间动画的。形状补间动画可以制作位置、形状、缩放、颜色等动画。如果要对组、实例或位图图像应用形状补间，需要先将元素进行分离。

虽然补间形状可以使具有分离属性的要素发生变化，但其变化不规则，所以用户无法知道其中的具体过程。

实例 117+ 视频：制作飞舞的头发

形状补间动画能够使网页中人物的头发、衣服等元件进行微妙的变化，使其看起来更加自然生动。下面通过制作飞舞的头发动画效果，对形状补间动画加深理解。

源文件：源文件 \ 第 28 章 \28-3-1.fla　　操作视频：视频 \ 第 28 章 \28-3-1.swf

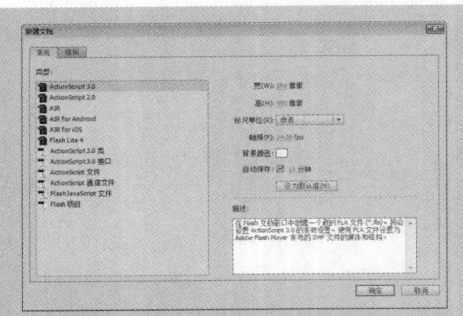

01 ▶执行"文件 > 新建"命令，新建一个空白的 Flash 文档。

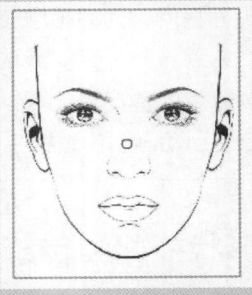

02 ▶将"素材 \ 第 28 章 \283101.jpg"文件导入到舞台中，并在第 100 帧位置插入帧。

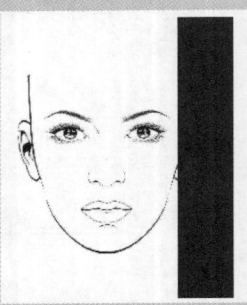

03 ▶新建"图层 2"，使用"矩形工具"在舞台上绘制矩形。

04 ▶使用"选择工具"和"部分选取工具"对图像进行相应的调整。

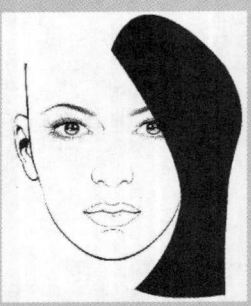

05 ▶调整完成后，得到图像效果。在第 20 帧处单击插入关键帧。

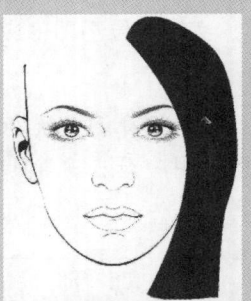

06 ▶使用相同的方法调整图形的形状。

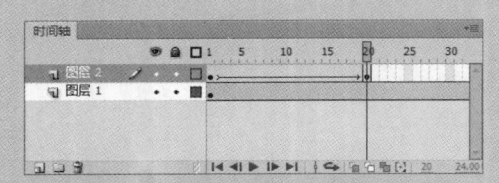

07 ▶单击"图层 2"第 1 帧位置，执行"插入 > 补间形状"命令，为图像创建形状补间动画。

08 ▶使用相同的方法，完成其他图层的制作，得到图像的最终效果。按快捷键 Ctrl+Enter 测试动画。

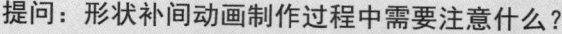
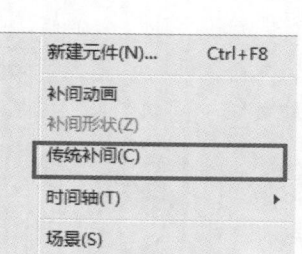

提问：形状补间动画制作过程中需要注意什么？

答：在制作比较复杂的形状补间动画时，若要控制其形状变化，可以使用形状提示。形状提示会标示其形状和结束形状中相应的点，来告诉 Flash 起始形状的哪些点与结束形状上的特定点相对应。

28.3.2　制作传统补间动画

传统补间动画是使用动画的起始帧和结束帧建立的补间动画，其创建的过程是先创建起始帧和结束帧的位置，然后进行动画的创建，Flash 将自动完成起始帧和结束帧之间过渡帧的动作。

当确定动画的起始帧和结束帧后，执行"插入 > 传统补间"命令，就可以完成传统补间动画的创建。在起始帧与结束帧中任意单击，在"属性"面板中对其帧的属性进行设置。

创建传统补间动画时，必须使用元件，并且起始帧和结束帧中的对象必须是同一个元件。可以根据需要对关键帧中的元件进行缩放等操作。

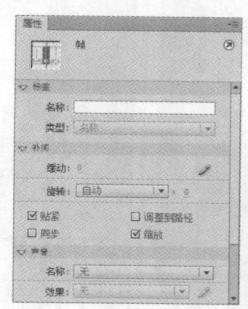

💡 **提示**　在同一图层中，用户可以使用多个传统补间或补间动画，但是在同一图层中，不能同时出现这两种补间类型。

➡ 实例 118+ 视频：制作化妆品横幅条

传统补间动画适用于比较简单的 Flash 动画的制作中，其本身有一定的局限性。本实例通过使用传统补间动画来制作化妆品网页的横幅广告。

🏠 源文件：源文件 \ 第 28 章 \28-3-2.fla　　📶 操作视频：视频 \ 第 28 章 \28-3-2.swf

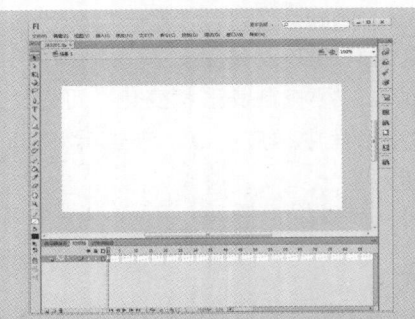

01 ▶ 执行"文件 > 打开"命令，将"素材\第28章\283201.fla"文件打开。

02 ▶ 将"元件 1"图形元件从"库"面板拖入到场景中，调整其位置和大小。

03 ▶ 在第 25 帧位置按下 F7 键插入空白关键帧，将"元件 2"图形元件拖入到场景中。

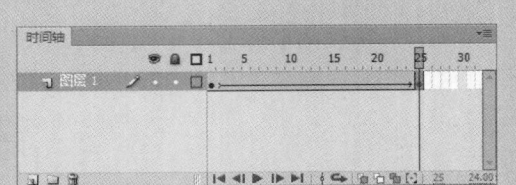

04 ▶ 选中第 1 帧位置，执行"插入 > 传统补间"命令，创建传统补间动画。

05 ▶ 使用相同的方法，完成其他动画内容的制作。

06 ▶ 在第 125 帧位置插入帧，完成动画的制作，按快捷键 Ctrl+Enter 测试动画。

提问：在制作的过程中，为什么在第 125 帧位置插入帧？

答：在第 125 帧位置插入帧主要是对时间轴上的内容进行延伸。按快捷键 Ctrl+Enter 测试动画，能够提高动画测试的流畅度。

28.4 遮罩动画

遮罩动画是将动画的运动限制在一定的范围内，使用遮罩层创建一个窗口，通过这个窗口可以看到被遮罩的内容，而窗口之外的对象则不可显示。利用遮罩动画可以制作出聚光灯效果、过渡效果、百叶窗效果、水波效果和万花筒效果等。在 Flash 中遮罩动画是很重要的动画类型，很多效果丰富的动画都是通过遮罩动画来完成的。

遮罩动画的创建需要两个图层，即遮罩层和被遮罩层。遮罩层位于上方，用来指定显示范围；被遮罩层位于遮罩层的下方，用来指定显示的内容。创建遮罩动画后，遮罩层与被遮罩层将呈锁定状态。

28.4.1　遮罩动画的特点

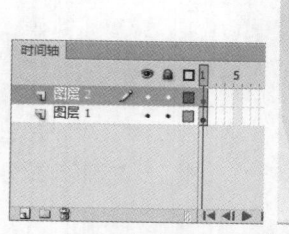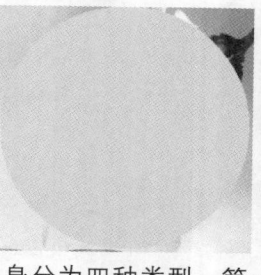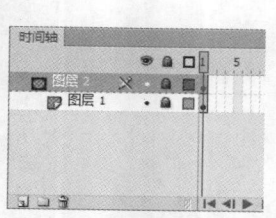

　　Flash 中遮罩动画本身分为四种类型：第一种，遮罩层与被遮罩层中的内容都是静止状态；第二种，遮罩层静止，被遮罩层是动画；第三种，遮罩层是动画，被遮罩层静止；第四种，遮罩层与被遮罩层都是动画。

　　遮罩层中的内容可以是填充的形状、文字对象、图形元件的实例、影片剪辑或按钮，但不能是笔触。一个遮罩动画中可以同时存在多个被遮罩层，但是只能有一个遮罩层。

　　　　　　一个遮罩层只能包含一个遮罩项目，遮罩层不能在按钮内部，也不能将一个遮罩应用于另一个遮罩。不能对遮罩层上的对象使用 3D 工具，包含 3D 对象的图层也不能用做遮罩层。

28.4.2　制作遮罩动画

　　制作遮罩动画的时候，只需要在被遮罩的图层上单击鼠标右键，在弹出的快捷菜单中执行"遮罩层"命令，即可轻松实现遮罩动画的制作。

　　有时候为了制作某些特定的效果，需要关联更多的图层被遮罩，用户可以拖动该图层到被遮罩层下方，即可实现多个图层被遮罩。

➡ 实例 119+ 视频：制作商品淡出效果

　　遮罩动画能够制作出许多具有创意的 Flash 动画效果，在日常浏览网页时，经常会看到商品不在一个平面展示效果，这都是通过不同变化的遮罩来体现的。

🏠 源文件：源文件 \ 第 28 章 \28-4-2. fla　　　　📶 操作视频：视频 \ 第 28 章 \25-4-2. swf

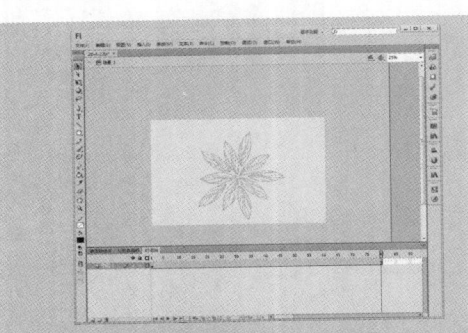

01 ▶执行"文件 > 打开"命令，将"素材 \ 第 28 章 \284201.fla"文件打开。

02 ▶新建"图层 2"，将"素材 \ 第 28 章 \284202.png 文件"导入到舞台中。

03 ▶单击第 1 帧位置，使用"椭圆工具"在场景中创建一个椭圆。

04 ▶在第 50 帧位置插入空白关键帧，使用"多边星形工具"绘制一个六角星。

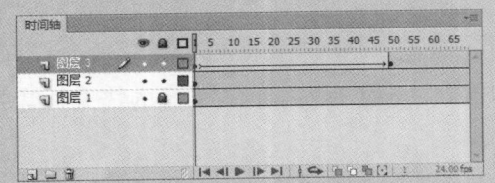

05 ▶调整完成后，在第 1 帧位置单击，在弹出的菜单中选择"补间形状"命令。

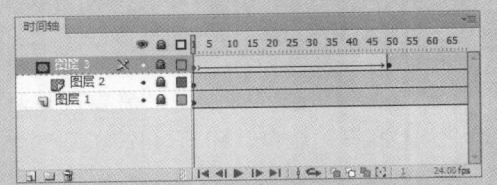

06 ▶在"图层 3"名称处单击鼠标右键，在弹出的快捷菜单中选择"遮罩层"命令。

07 ▶使用相同的方法，制作其他动画效果，得到最终的图像效果。

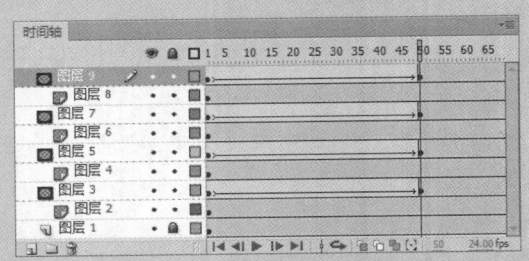

08 ▶在时间轴中，观看最终的图层效果。按快捷键 Ctrl+Enter 测试动画。

提问： 遮罩层的基本原理是什么？

答：能够透过遮罩层中的对象看到"被遮罩层"中的对象及其属性，但是遮罩层中对象的属性如渐变色、透明度、颜色和线条样式等都是被忽略的。例如我们不能通过遮罩层的渐变色来实现被遮罩层的渐变色变化。

28.5　引导动画

引导动画是通过引导层来实现的，能够制作元件沿轨迹运动的动画效果。如果创建的动画为补间动画，则会自动生成引导线，使用选择工具可以对该引导线进行任意调整；如果创建的动画是传统补间动画，则需要使用绘图工具绘制路径，再将对象移至紧贴开始帧的开头位置，最后将对象拖动至结束帧的结尾位置即可。

28.5.1　引导动画的特点

在 Flash 中创建引导动画有两种方法：一种是创建引导层，另一种是创建传统运动引导层。

引导层就是起到引导作用的图层，分为普通引导层和运动引导层两种，普通引导层在绘制图形时起辅助作用，用于帮助对象定位；运动引导层中绘制的图形均被视为路径，使其他图层中的对象可以按照路径运动。

引导动画的最大特点就是能够使元件实例按照特定的路径自由运动，能够使对象灵活地进行运动。另外由于引导层不能导出，因此不会显示在发布的 SWF 文件中，不影响动画在舞台上的美观效果。

 提示　对象的中心点必须与引导线相连，如果对象的中心点没有和引导线相连，对象就不能沿着引导线自由运动，位于运动起始位置的对象的中心通常会自动连接到引导线上，但结束为止的对象必须通过手动方式连接引导线。

28.5.2　传统运动引导层与引导层

● 传统运动引导层

选择一个图层，在图层名称单击鼠标右键，在弹出的快捷菜单中执行"添加传统运动引导层"命令，即可在当前选择的图层上方添加一个引导层。使用绘制工具在添加的引导层中绘制所需要的路径，使图层中的元件实例按照路径运动。

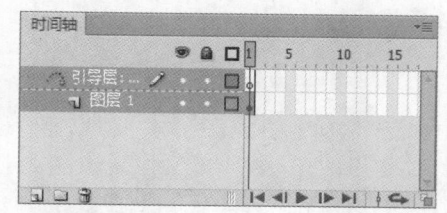

● 引导层

选择要创建的引导图层，在图层名称处单击鼠标右键，在弹出的快捷菜单中执行"引导层"命令，即可把当前图层转换为引导层。

一般情况下先创建传统补间动画，然后创建传统运动引导层，这样才可以使元件实例的运动受限制于该引导层。

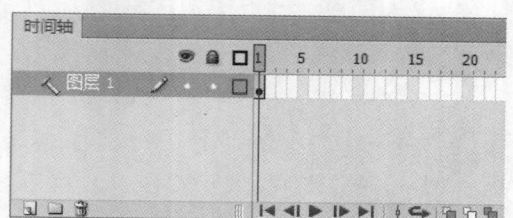

创建了补间动画之后，系统会自动生成一条引导线，元件实例将沿着引导线运动，并且引导线的形状可以任意调整。在 Flash 中，除了创建补间动画制作引导线动画外，还可以在传统补间动画的基础上添加引导层来制作引导线动画。

制作引导线动画时，元件实例的中心一定要紧贴至引导层中的路径上，否则将不能沿着路径运动。

实例 120+ 视频：使用引导层制作动画

引导层能够使图层中的元件按照一定的路径进行运动。很多网页中不规则的动画运动都是通过使用引导层制作的。

源文件：源文件 \ 第 28 章 \28-5-2.fla

操作视频：视频 \ 第 28 章 \28-5-2.swf

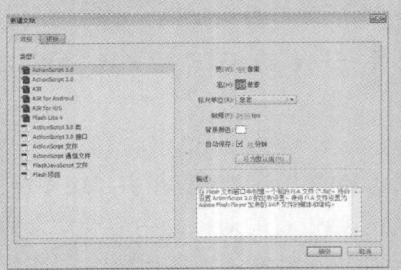

01 ▶ 执行"文件 > 新建"命令，新建一个空白的 Flash 文档。

02 ▶ 将"素材 \ 第 28 章 \285201.png"文件导入到舞台中，在第 50 帧位置插入帧。

03 ▶ 新建"图层 2"，将"素材 \ 第 28 章 \285202.png"文件导入到舞台中，并在第 30 帧位置插入关键帧。

04 ▶ 新建"图层 3"，使用"直线工具"在舞台中绘制线条，并使用"选择工具"调整线条轮廓。

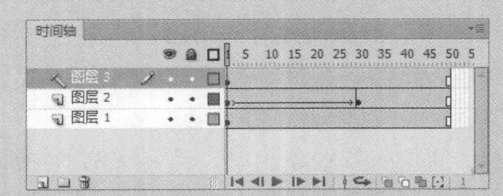

05 ▶ 在"图层 3"上单击鼠标右键，在弹出的快捷菜单中选择"引导层"命令。

06 ▶ 分别调整第 1 帧和第 30 帧位置上元件的位置和角度，要使"中心点"对齐线条。

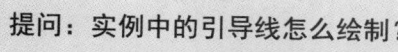

提问：实例中的引导线怎么绘制？

答：用户可以单击工具箱中的"线条工具"、"铅笔工具"或"钢笔工具"等绘制引导线。绘制完成后，单击"选择工具"按钮，可以对引导线进行相应的调整，以便达到理想的效果。

28.6　制作骨骼动画

在 Flash 中，可以通过骨骼系统和反向运动工具为一系列独立的元件添加骨骼，轻松制作类似于图形链的动画效果。

创建骨骼动画主要有两种方式：第一种方式是向形状对象的内部添加骨架，这种方式比较适合于为柔性物体添加骨骼，例如人体、动物等。第二种方式是通过"骨骼工具"将多个不同的元件实例链接到一起，这种方式适合于为刚性物体添加骨骼，例如吊车、机器人等。

提示

使用骨骼动画绘制骨架时，元件会随着绘制骨架顺序的前后而改变元件位置的层级。为了确保动画制作的效果，在绘制完成后，都会再一次对元件的位置进行调整。选中元件，单击鼠标右键，在"排列"命令中即可有选择地调整。

➡ 实例 121+ 视频：为元件添加骨骼

骨骼系统也称为骨架。在父子层次结构中，骨架中的骨骼彼此相连，骨架可以是线性的或分支的，源于同一骨骼的骨架分支称为同级，骨骼之间的连接点称为关节。

源文件：源文件 \ 第 28 章 \28-6.fla

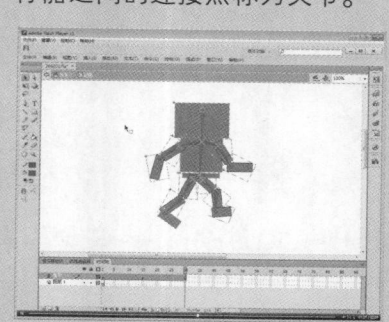

操作视频：视频 \ 第 28 章 \28-6.swf

01 ▶ 执行"文件＞打开"命令，将"素材 \ 第 28 章 \286001.fla"文件打开。

02 ▶ 新建一个"名称"为"动画"的"影片剪辑"元件。将"库"面板中的元件依次拖入舞台。

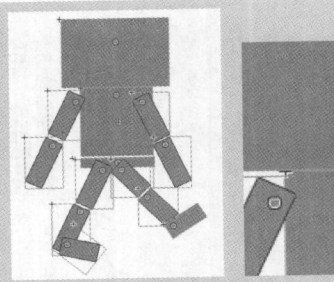 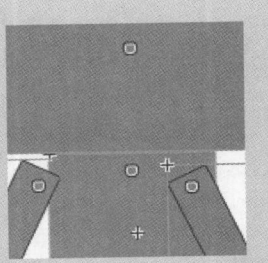

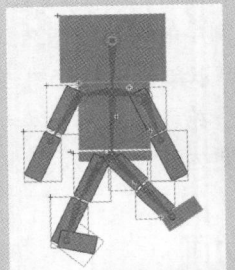 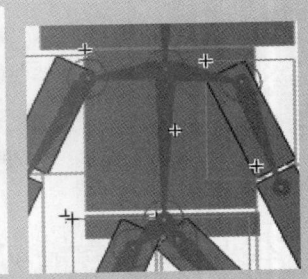

03 ▶ 使用"任意变形工具"调整人物各个部位的中心点，使中心点的位置接近真实人体的关节位置。

04 ▶ 使用"骨骼工具"依次为各个部位添加骨骼框架。可以通过"排列"命令调整元件的顺序。

05 ▶ 选择身体中心的骨骼，在"属性"面板中勾选"固定"复选框，将它们固定。

06 ▶ 使用"选择工具"对人物的各个部位进行拖动调整，得到人物的行走姿势。

07 ▶ 在第 15 帧位置插入姿势，并使用"选择工具"对人物的腿部进行调整。

08 ▶ 继续使用相同的方法调整人物姿势的手臂效果。

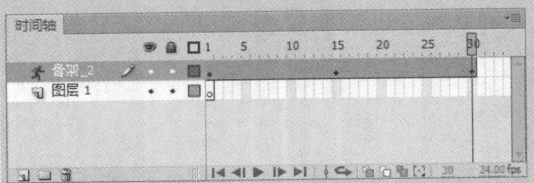

09 ▶ 在第 30 帧位置插入姿势，并调整各部位的姿势，获得另一种姿势。

10 ▶ 返回"场景 1"。新建图层，将"动画"元件拖入到场景中。在第 70 帧位置插入关键帧，并创建传统补间动画。

11 ▶为"图层 2"创建"传统运动引导层"，使用"铅笔工具"在舞台上绘制路径。拖动调整元件适合引导层。

12 ▶调整"图层 2"第 1 帧和第 70 帧中心点的位置，使其中心点在路径的起点和终点上，完成动画的制作。

提问：　怎样解除固定的骨骼部位？

答：为了使动画更好地被控制，一般情况下，对骨骼进行调整时，会对某个部位进行固定。解除其骨骼的固定，用户可以选中已经固定的骨骼，在"属性"面板中，取消"固定"复选框的选择，即可解除对当前骨架的固定。

28.7　制作 3D 动画

Flash 可以在舞台的 3D 空间中通过移动和旋转影片剪辑来创建 3D 动画。

通过使用"3D 平移工具"和"3D 旋转工具"，将原来只具备 2D 动画效果的动画元件制作成具有空间感的补间动画。可以沿着 x、y 和 z 轴任意旋转和移动对象，从而产生极具透视效果的三维动画效果。

要创建 3D 动画的对象必须是影片剪辑元件，图形和按钮元件不能制作 3D 动画。

➡ 实例 122+ 视频：制作 3D 动画

3D 动画可以在虚拟的空间中对影片剪辑元件实例进行旋转，扩展人们的视觉效果。通过下面的实例介绍一下"3D 旋转工具"在动画制作过程中的应用。

🏠 源文件：源文件 \ 第 28 章 \28-7.fla

📡 操作视频：视频 \ 第 28 章 \28-7.swf

01 ▶执行"文件 > 打开"命令，将"素材 \ 第 28 章 \287001.fla"文件打开。

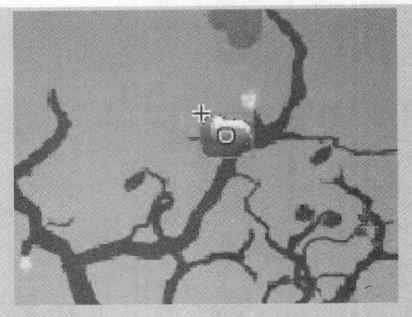

02 ▶新建"图层 2"，将"心"元件拖入到场景中，并为第 1 帧创建补间动画。

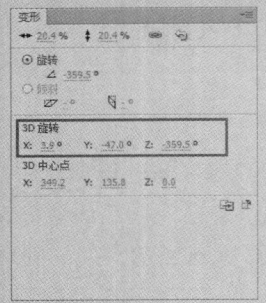

03 ▶单击"3D 旋转工具"按钮，打开"变形"面板，并对其进行"3D 旋转"设置。

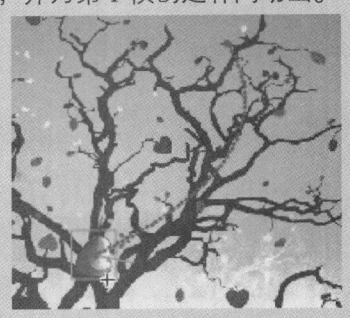

04 ▶将播放头移动到第 55 帧位置，向下拖动"心"元件，设置"变形"面板中"3D 旋转"的各项参数。

05 ▶在最后一帧处单击鼠标，继续拖动并调整 3D 旋转的数值。

06 ▶新建"图层 3"，使用相同的方法完成"图层 3"的制作，得到图像效果。

07 ▶新建"图层 4"，在最后一帧位置插入关键帧，在"动作"面板中输入 stop();脚本语言。

08 ▶执行"文件 > 保存"命令，将文件保存，按快捷键 Ctrl+Enter 测试动画。

3D 旋转控件使用户可以沿 x、y 和 z 轴任意旋转和移动对象，从而产生极具透视效果的动画。相当于把舞台上的平面图形看做是三维空间中的一个纸片，通过操作旋转控件，使得这个二维纸片在三维空间中旋转。

提问：制作过程中需要注意什么？

答：在使用"3D 旋转工具"时，尽量通过在"变形"面板中输入准确值来实现精准的旋转效果。不要使用手动拖动的方式，以免造成动画效果的不协调和操作的不方便。

28.8 使用动画预设面板

动画预设是预先配置的补间动画，可以将它们应用于舞台上的对象。执行"窗口 > 动画预设"命令，打开"动画预设"面板。在"动画预设"面板中包含两个项目组，分别为"默认预设"和"自定义预设"。选择对象并单击"动画预设"面板中的"应用"按钮，即可应用该预设。当然用户也可以根据需要创建并保存自定义的动画预设。

● 默认预设

在"默认预设"面板中提供 32 个预设项目，用户可以移动鼠标通过单击某个项目，在"动画预设"面板中查看其效果，如果需要停止预览播放，在"动画预设"面板外单击即可。

通过预览可以了解动画应用于 FLA 文件中的对象时所获得的效果。

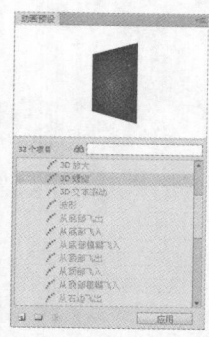

● 自定义预设

制作动画时，为了彰显作品的特点，仅仅使用默认预设是不能满足动画效果的，

因此，用户可以自己创建动画预设效果。

根据需要制作出动画，在补间动画的任意帧处单击鼠标右键，在弹出的快捷菜单栏中执行"另存为动画预设"命令，即可完成动画的自定义制作。另外要将动画另存为自定义动画，其动画必须是补间动画，传统补间动画是不能将其另存为自定义预设的。

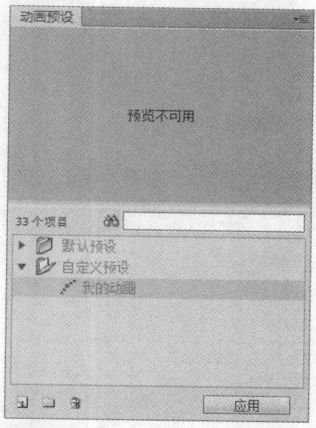

每个对象只能应用一个预设。如果将第二个预设应用于相同的对象时，会弹出提示框，提示是否替换当前动画预设，单击"是"按钮，则第二个预设将替换第一个预设，单击"否"按钮，即可取消当前应用的预设。

实例 123+ 视频：制作自定义动画

　　使用动画预设可以快捷地为元件添加动画效果。为了使动画更具特点，动画的制作过程中会多次使用到相同的动画效果。

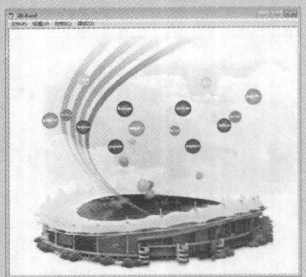

🏠 源文件：源文件 \ 第 28 章 \28-8.fla

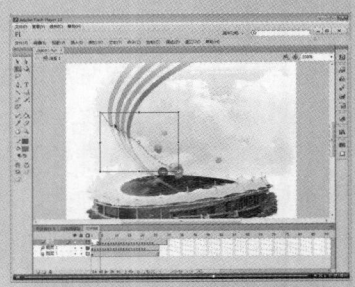

📶 操作视频：视频 \ 第 28 章 \28-8.swf

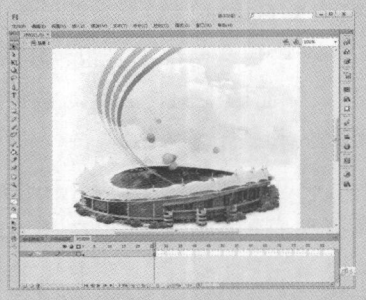

01 ▶ 执行"文件 > 打开"命令，将"素材 \ 第 28 章 \288001.fla"文件打开。

02 ▶ 新建"图层 2"，将"元件 1"拖入到场景中，并在第 1 帧位置创建补间动画。

03 ▶ 在第 2 帧位置单击鼠标，使用"选择工具"移动元件的位置。

04 ▶ 使用相同的方法，多次移动元件，完成"图层 2"的制作。

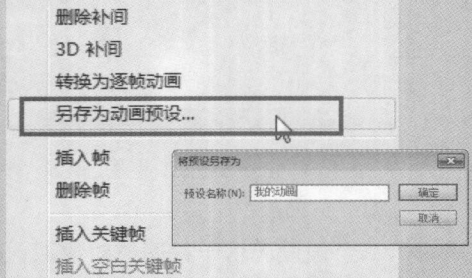

05 ▶ 在"图层 2"的任意一帧位置单击鼠标右键，选择"另存为动画预设"命令，并设置其名称。

06 ▶ 新建"图层 3"，在第 5 帧处插入关键帧，将"元件 2"拖入到舞台，并调整其位置。

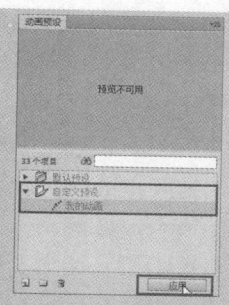

07 ▶ 在"动画预设"面板中，选择刚刚的自定义预设，单击"应用"按钮。

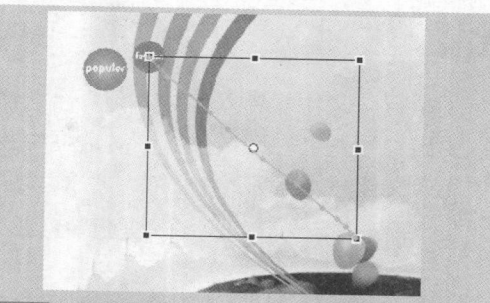

08 ▶ 设置完成后，使用"任意变形工具"选中路径，调整路径的大小。

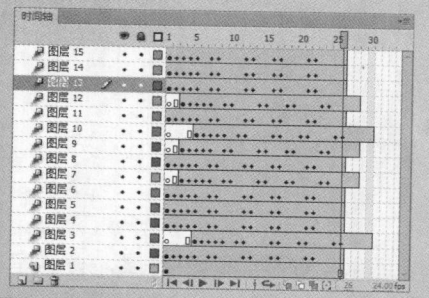

09 ▶ 使用相同的方法，完成其他图层动画效果的制作。

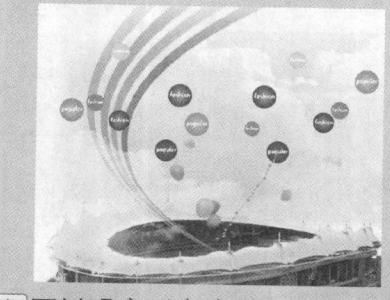

10 ▶ 可以观察到多个元件组成的丰富动画效果。

11 ▶ 新建图层，在第 26 帧位置插入关键帧，在"动作"面板中输入 stop(); 脚本语言。

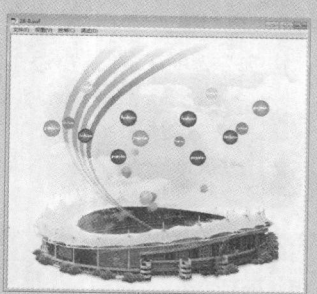

12 ▶ 执行"文件 > 保存"命令，将文件保存，按快捷键 Ctrl+Enter 测试动画效果。

提问：应用自定义的预设后，怎么实现实例中的效果？

答：对元件应用自定义预设后，其路径和效果都会和自定义预设的路径保持一致。在本实例中，为了实现特殊的动画效果，使用任意变形工具对其元件的路径进行放大、缩小、旋转等操作，以达到最终的动画效果。

28.9　Flash 中声音的应用

在 Flash 动画中运用声音元素可以使 Flash 动画本身效果更加丰富，对其本身起到很大的烘托作用。声音文件需要占用大量的磁盘空间和大量的内存，在 Flash 影片完成后，需要对其进行网络发布，为了确保声音的质量，应尽量减小其音量。

28.9.1 导入声音文件

执行"文件 > 导入 > 导入到舞台"命令或执行"文件 > 导入 > 导入到库"命令，都可以弹出"导入"对话框，在该对话框中找到需要导入的文件，单击"打开"按钮，即可将该声音文件导入到场景中。在"库"面板中可以看到刚刚导入的声音文件。

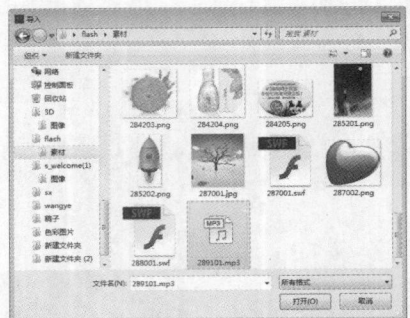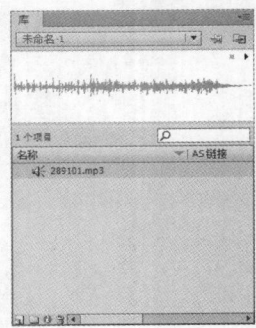

28.9.2 将声音添加到时间轴

首先将声音导入到库中，执行"插入 > 时间轴 > 图层"命令，选中图层，将"库"面板中的声音拖入到舞台中，即可将声音添加到时间轴中。

用户可以把多个声音放在同一图层中，也可以将声音放在其他对象的图层上。

如果声音已经被导入到库中，用户可以在"时间轴"面板中选中某一帧，在"属性"面板中的"声音"选项下选择要添加到时间轴的声音，也可以将声音添加到"时间轴"面板中。

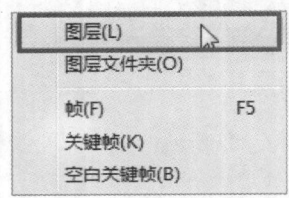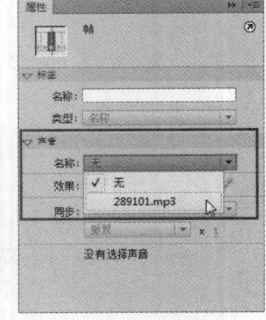

> 提示　一般建议用户将每个声音放在一个独立的图层上，每个图层作为一个独立的声音通道，如果不这样，在播放影片的时候，所有图层上的声音会自动混合在一起。

28.9.3 为元件添加声音

在 Flash 动画的制作过程中，用户可以为元件添加声音。声音可以与元件的不同状态相关联，声音文件是与元件一同保存的，声音可以用于元件的所有实例。

无论是按钮元件还是影片剪辑元件，将声音导入舞台后，都要在相应位置插入空白关键帧，并且在"属性"面板的声音区域进行设置，即可轻松为元件添加声音。

实例 124+ 视频：制作神奇的按钮

在动画中添加声音，可以更好地烘托该动画效果。在网页制作过程中，声音被运用在各种不同的元件中。本实例主要通过为"按钮"元件添加声音，增添网页的显示效果。

源文件：源文件 \ 第 28 章 \28-9-3. fla

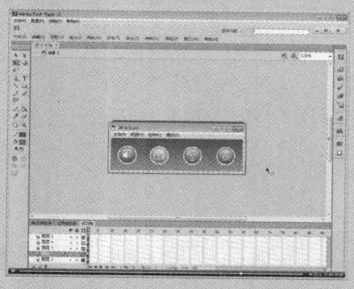

操作视频：视频 \ 第 28 章 \28-9-3. swf

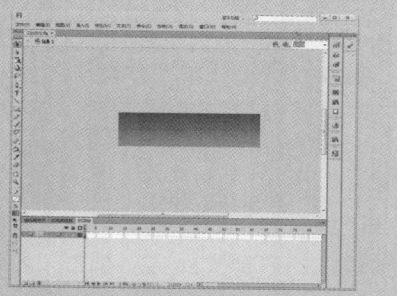

`01 ▶` 执行"文件 > 打开"命令，将"素材 \ 第 28 章 \289301.fla"文件打开。

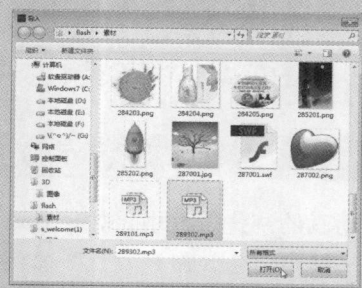

`02 ▶` 执行"文件 > 导入 > 导入到舞台"命令，将"素材 \ 第 28 章 \289302.mp3"文件导入。

`03 ▶` 新建"图层 2"，将"消息按钮"元件从"库"面板中拖入到场景中。

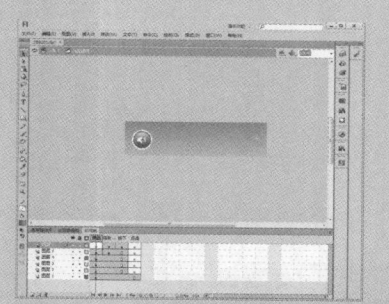

`04 ▶` 双击"消息按钮"元件，进入该元件的编辑状态。

`05 ▶` 新建"图层 7"，在"按下"状态单击鼠标右键，插入空白关键帧。

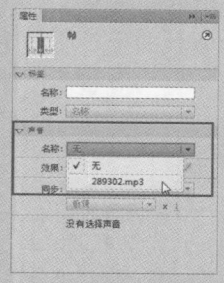

`06 ▶` 打开"属性"面板，在"声音"选项下的"名称"下拉列表中选择导入的文件。

07 ▶ 可以观察时间轴，声音已经被添加到按钮中，返回"场景 1"。

08 ▶ 使用相同的方法，为其他几个按钮元件添加音效，并拖入到场景中。

提问： 将声音导入到舞台和导入到库有什么不同？

　　答： 无论是采用将声音导入舞台还是导入到库的方法，将声音从外部导入 Flash 中后，时间轴都不会发生任何变化。必须在"属性"面板中引用声音文件，声音对象才会出现在时间轴上，才能进一步对声音进行应用。

28.9.4　为动画重新设置背景声音

　　在动画的制作过程中，如果对动画中的背景声音不满意，可以在时间轴的声音图层中的任意一帧中单击，在"属性"面板中可以看到当前添加的声音文件名。单击"名称"后的下拉按钮，在其下拉列表中选择新的背景音乐，即可重新定义背景声音。

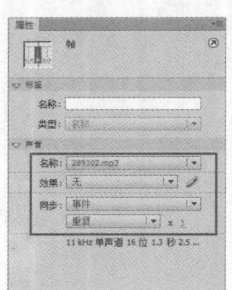
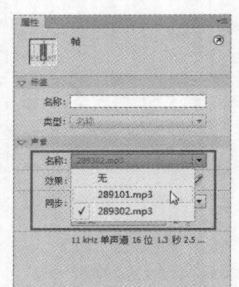

28.9.5　声音的重复

　　选中添加声音文件的帧，在"属性"面板中"重复"后的文本框中可以指定声音播放的次数。默认情况下播放一次，在文本框中输入的数值越大，声音持续播放的时间就越长。在"重复"下拉列表中可以选择"先换"选项，这样可以连续播放声音。

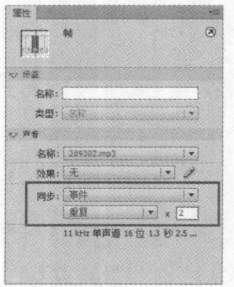
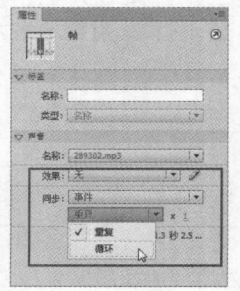

28.9.6　声音与动画同步

在 Flash 中，可以通过对声音设置开始关键帧和停止关键帧，从而让声音与动画保持同步，声音的关键帧要和场景中事件的关键帧相对应，然后在"属性"面板的"同步"下拉列表中选择"事件"即可。

在"同步"下拉列表中还提供了其他几个选项：事件、开始、停止和数据流。

● 事件

会将声音和一个事件的发生过程同步起来，事件声音在它的起始帧和关键帧开始显示时播放，并独立于时间轴播放整个声音，即使影片停止，也会继续播放。当播放发布的影片时，事件声音会混合在一起。

● 开始

与"事件"选项相似，但如果声音正在播放，则新声音就不会播放。

● 停止

使当前指定的声音停止播放。

● 数据流

主要用于在互联网上同步播放声音，Flash 会协调动画与声音流，使动画与声音同步。如果 Flash 显示动画帧的速度不够快，Flash 会自动跳过一些。与事件声音不同的是，如果声音过长而动画过短，声音流将随动画的结束而停止播放。声音流的播放长度绝不会超过它所占的帧的长度，发布影片时，声音流混合在一起播放。

28.10　本章小结

本章对 Flash 中动画的制作进行了详细讲解，由浅到深明确了动画制作的关键，同时运用大量的实例对动画制作的具体操作进行了演示。通过本章的学习，要熟练掌握并运用不同的动画制作方法和工具，制作出更生动、形象的动画效果。

第 29 章　ActionScript 的应用和动画的发布

Flash 动画与网站中其他动画类型的不同就在于 Flash 动画可以很好地实现人机交互效果，增加网站浏览的多功能性和趣味性。同时制作完成的 Flash 动画可以通过不同的设置，将动画发布成不同的格式，以应用到不同的领域，本章将针对 ActionScrip 的应用和动画的发布进行学习。

29.1　ActionScript 概述

ActionScript 是一种编程语言，可以被直接添加到 Flash 动画中，用来实现 Flash 动画的交互效果。例如控制动画的播放、停止、快进和后退，实现单击 Flash 动画后链接到其他网址的超链接效果等。

29.1.1　ActionScript 版本

ActionScript 1.0 是最简单的 ActionScript，仍为 Flash Lite Player 的一些版本所使用。

ActionScript 2.0 是 ActionScript 1.0 的升级版本，首次引入了面向对象的概念，但它并不是完全面向对象的语言，只是在编译过程中支持 OOP 语法。ActionScript 2.0 的面向对象虽然不全面，但是却是首次将 OOP 带到了 Flash 中。

ActionScript 3.0 是一种面向对象的编程语言，是一种把面向对象的思想应用于软件开发过程中，指导开发活动的系统方法。它和 C#、JAVA 等语言风格十分接近，是时下较为流行的开发语言。

同其他任何程序语言一样，ActionScript 也是由一些语法构成的。这些语法按逻辑被分为不同的类别，每一个类别都设计不同的功能领域。

 提示　把面向对象的思想应用于软件开发过程中，开发活动的系统方法，简称 OO。而面向对象程序设计技术，简称为 OOP。

29.1.2　使用动作面板

通过"动作"面板可以编写脚本语言，实现 Flash 动画效果。

执行"文件 > 新建"命令，新建一个 ActionScript 3.0

空白文档。执行"窗口 > 动作"命令，打开"动作"面板。

"动作"面板可以分为标题栏、弹出菜单、工具栏、动作工具箱、脚本导航窗口、脚本编辑窗口、当前选择、光标所在的行和列 8 部分。

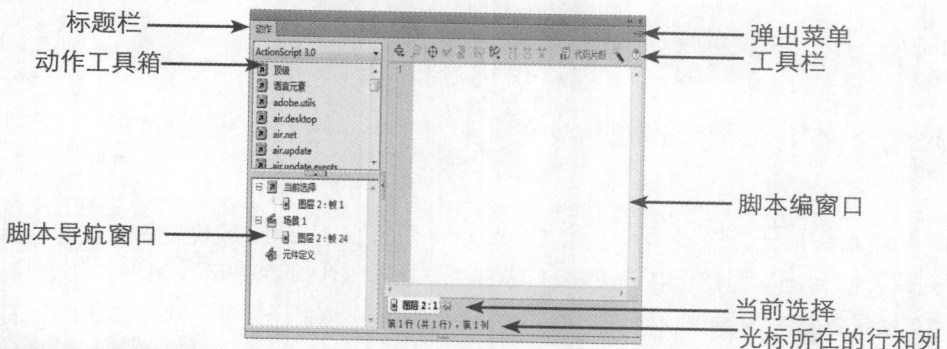

29.1.3　脚本助手模式

"脚本助手"将提示输入的脚本元素，对用户所添加的脚本给予解释以及提醒用户脚本代码的下一步代码编写，有助于用户更轻松地向 Flash SWF 文件或应用程序中添加简单的交互性。

➡ 实例 125+ 视频：使用脚本助手制作动画

在使用 ActionScript 脚本的时候，可以借助"脚本助手"来编写代码。单击 Flash "脚本助"手按钮后，脚本助手会提供一个输入参数的窗口，通过用户输入的代码，脚本助手会提示用户使用正确的语法规则。在"动作"面板中单击"脚本助手"按钮，即可切换到脚本助手模式。

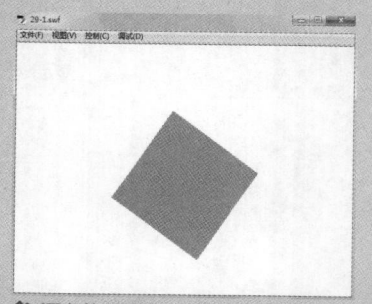

🏠 源文件：源文件 \ 第 29 章 \29-1-3.Fla

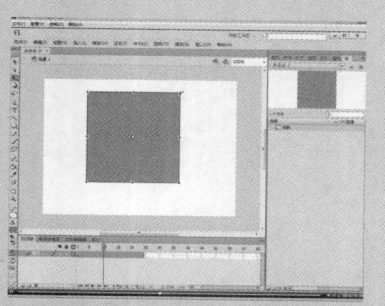

📡 操作视频：视频 \ 第 29 章 \29-1-3.Swf

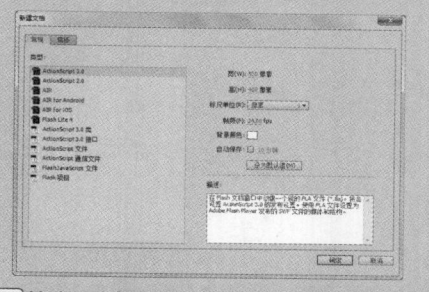

`01` ▶ 执行"文件 > 新建"命令，新建一个 ActionScript 3.0 文档。

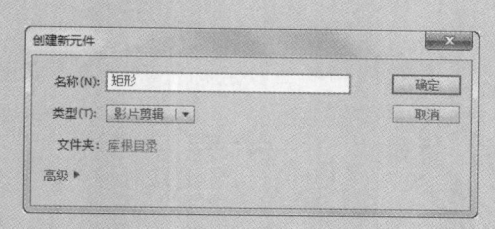

`02` ▶ 执行"插入 > 新建元件"命令，新建一个名称为"矩形"的"影片剪辑"元件。

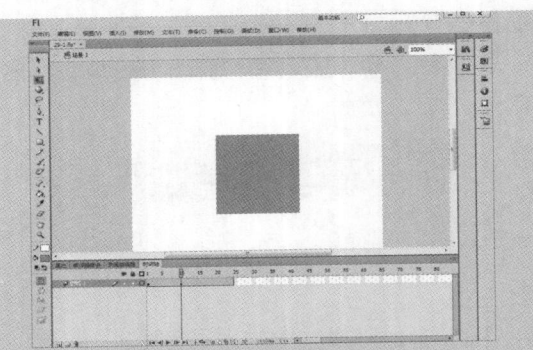

03 ▶ 绘制矩形，返回场景中，在第 1 帧位置创建补间动画。使用"任意变形工具"在第 10 帧位置放大图像。

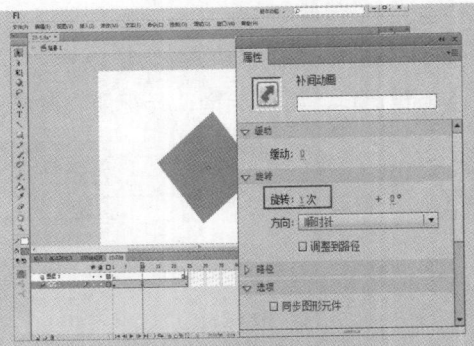

04 ▶ 在第 10 帧位置设置元件"旋转"1 次，新建图层，在最后一帧插入关键帧，执行"窗口 > 动作"命令，打开"动作"面板。

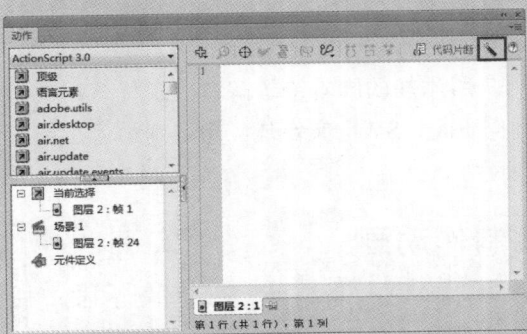

05 ▶ 单击"脚本助手"按钮，在左侧动作工具箱中选择"索引"命令，选择添加 gotoAndPlay() 代码。

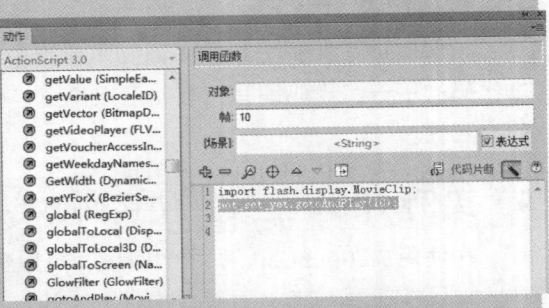

06 ▶ 在"帧"文本框中输入 10，实现动画播放完成后跳转到第 10 帧，单击"脚本助手"按钮，退出脚本助手模式。

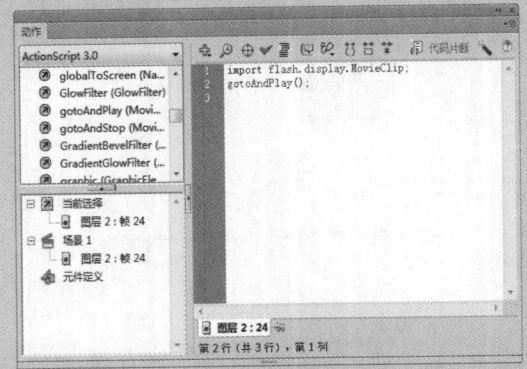

07 ▶ 将代码中的对象名称代码删除，实现对时间轴的控制。

08 ▶ 将动画保存为"源文件 \ 第 29 章 \29-1.fla"，按快捷键 Ctrl+Enter 测试影片。

提问：代码出错对脚本助手有影响吗？

答：如果单击"脚本助手"时，"动作"面板中包含 ActionScript 代码，则 Flash 将编译该代码。如果代码出错，只有修正当前所选代码的错误后，才能使用脚本助手。

29.1.4 代码提示

当用户在 ActionScript 编辑区域输入一个关键字时，程序编辑器会自动识别关键字及上下文环境，并自动弹出使用的属性和方法，甚至可以提供属性和方法的参数列表以供用户选择。

➡ 实例 126+ 视频：使用代码提示制作动画

使用代码提示弹出的参数提示列表还会有相应的简单介绍，这就大大方便了初学者，有利于他们快速掌握 ActionScript 程序的语法。

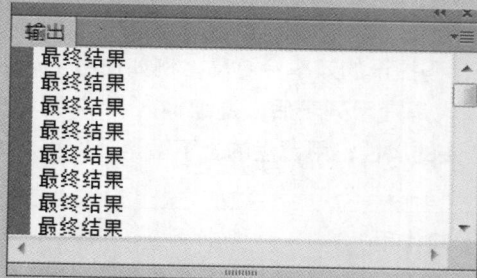

源文件：源文件 \ 第 29 章 \29-1-4. Fla

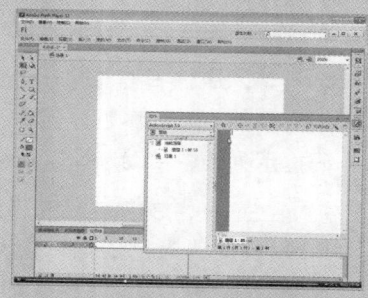

操作视频：视频 \ 第 29 章 \29-1-4. swf

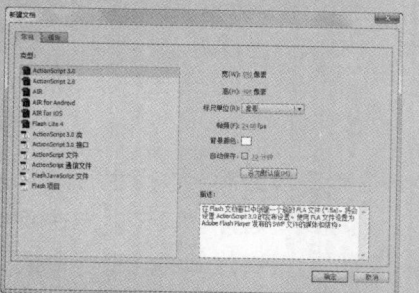

01 ▶ 执行"文件 > 新建"命令，新建一个 ActionScript 3.0 文档。

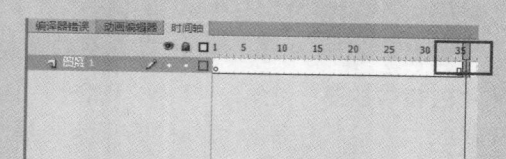

02 ▶ 在时间轴第 35 帧位置按下 F6 键插入关键帧。

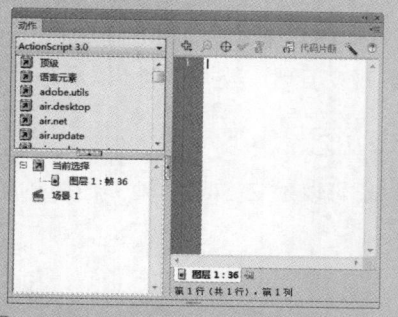

03 ▶ 执行"窗口 > 动作"命令，打开"动作"面板，输入"类"代码 trace。

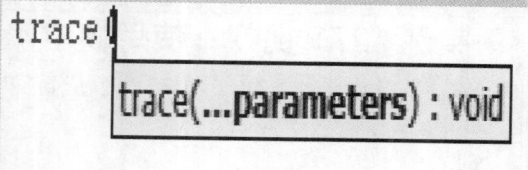

04 ▶ 当需要调用该类的具体方法时，输入"（"后，Flash 会自动显示代码提示功能。

提示　"自动代码提示"功能是针对"动作"面板"标准模式"而言的，对于"脚本助手模式"无效。

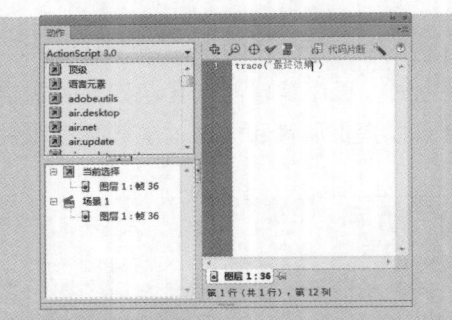 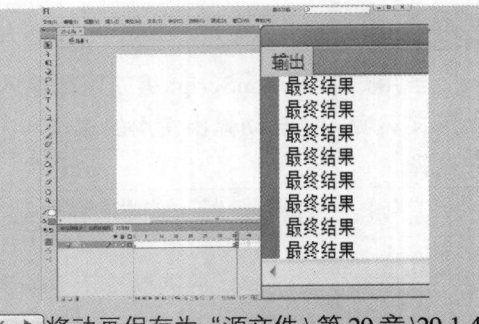

05 ▶ 在脚本编辑框中，按照"代码提示"的语法完成代码的输入。

06 ▶ 将动画保存为"源文件 \ 第 29 章 \29-1-4.fla"，按快捷键 Ctrl+Enter 测试影片。

提示　　输入属性名称的前几个字母时，代码提示的效率会更高，例如使用 import 类实例的 Flash 属性，输入"."出现代码提示列表后，继续输入"f"则在代码提示列表中自动选择以字母"f"开头的属性，用键盘的上下键选择即可。

提问　提问：为什么有时候代码提示不起作用？

　　答：程序代码需要创建类的新实例才能够使用它的方法和属性，例如使用 myMovieClip.gotoAndPlay(10)，"动作"面板并不知道实例 myMovieClip 属于 MovieClip 的代码，所以代码提示无法显示。

29.2 使用 ActionScript

　　在帧中编写 ActionScript 程序代码是最常见也是最主要的方式，选中主时间轴上或者影片剪辑中的某一个帧，打开"动作"面板就可以为该帧编写程序代码了。当在帧中编写代码时，"动作"面板顶部的选项卡会提示为"帧代码"，并在底部的选项卡上提示程序代码位置。添加代码后的帧上会出现一个小写的 a，表示该帧中包含代码。

29.2.1 在帧中使用代码

　　对于 ActionScript 的使用，很多初学者感到很陌生，动作脚本是 Adobe Flash Player 运行时环境的编程语言。它在 Flash 内容和应用程序中实现交互性、数据处理，以及其他功能。

➡ 实例 127+ 视频：使用帧中代码制作动画

　　在 Flash 中添加脚本代码有两个位置可以放置，既可以放在"时间轴"面板的帧上，也可以放在外部类文件中。

 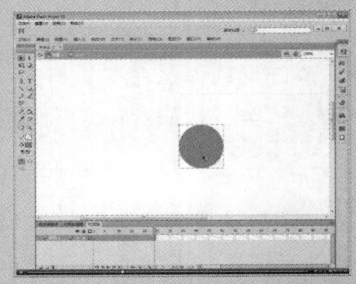

🏠 源文件：源文件 \ 第 29 章 \29-2-1.Fla　　　　🔊 操作视频：视频 \ 第 29 章 \29-2-1.Swf

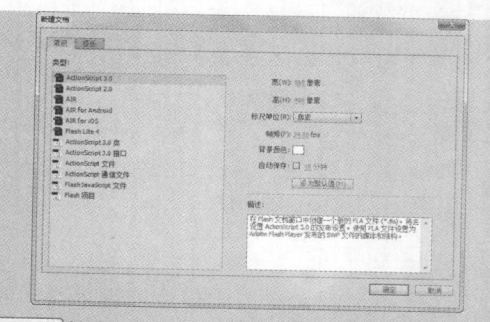

01 ▶ 执行"文件 > 新建"命令，新建一个 ActionScript 3.0 文档。

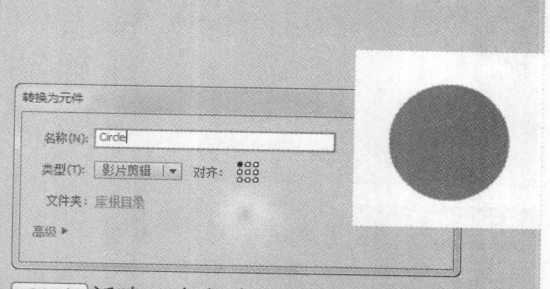

02 ▶ 新建一个名称为 Circle 的"影片剪辑"元件。按住 Shift 键，使用"椭圆工具"在场景中绘制正圆。

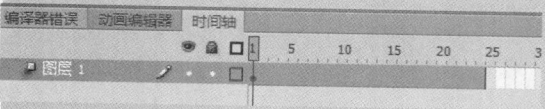

03 ▶ 将图形转换为"名称"为 c1 的"图形"元件，在第 1 帧位置创建补间动画。

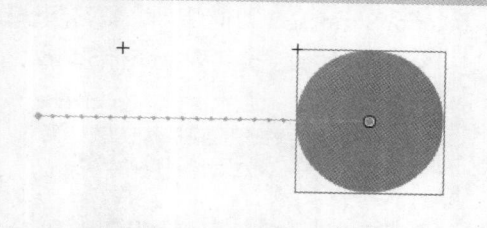

04 ▶ 在时间轴第 25 帧位置，使用"选择工具"将图形元件向右移动。

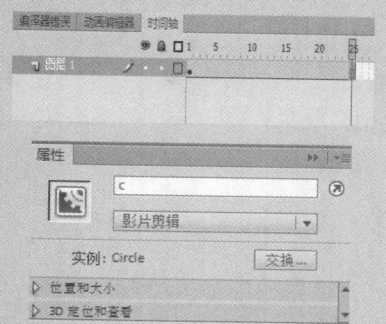

05 ▶ 返回场景中，将 Circle 元件拖入场景中，设置其"实例名称"为 c，在第 25 帧的位置上插入帧。

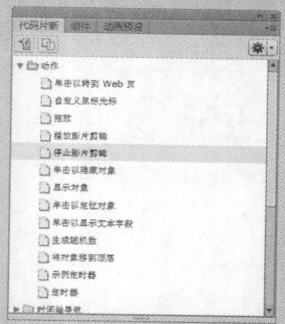

06 ▶ 执行"窗口 > 代码片段"命令，打开"代码片段"面板，单击"动作"文件夹下的"停止影片剪辑"命令。

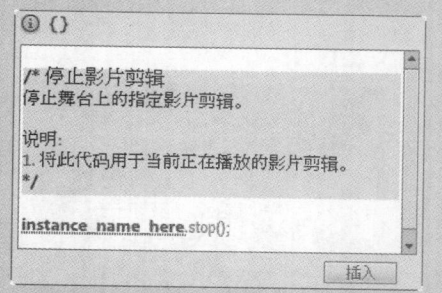

07 ▶ 分别单击"显示说明"按钮和"显示代码"按钮，了解代码的说明，单击"插入"按钮，将代码插入到"动作"面板中。

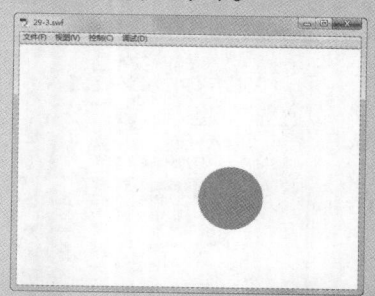

08 ▶ 执行"保存"命令，将动画保存为"源文件 \ 第 29 章 \29-2-1.fla"，按快捷键 Ctrl+Enter 测试影片。

提问：在帧中使用代码与在图层上使用代码有什么区别？

答：在帧中使用代码和在图层上使用代码两者针对的对象不一样。在图层上使用代码是针对于场景中的元件，而在帧中使用代码是针对于元件中的元件元素所创建的。

29.2.2 在元件上使用代码

在元件上使用代码只能选择 ActionScript 2.0，通过添加脚本可以实现对元件的各种控制。需要注意的是，在 ActionScript 3.0 的文档中不能将代码添加到元件上。

➡ 实例 128+ 视频：在元件上使用代码制作动画

ActionScript 2.0 功能强大，学习起来相对 ActionScript 3.0 来说要容易很多，而且可以通过"行为"面板轻松实现 ActionScript 2.0 的各种功能。

🏠 源文件：源文件 \ 第 29 章 \29-2-2.Fla

📡 操作视频：视频 \ 第 29 章 \29-2-2.Swf

01 ▶ 将"素材 \ 第 29 章 \292201fla"文件打开，执行"窗口 > 行为"命令，打开"行为"面板。

02 ▶ 单击"添加行为"命令下的"影片剪辑"中的"开始拖动影片剪辑"，选择 bird 影片剪辑元件，单击"确定"按钮。

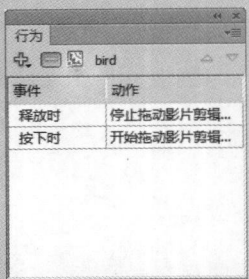

03 ▶ 使用相同的方法添加"停止拖动影片剪辑"行为。

04 ▶ 将文件保存，按快捷键 Ctrl+Enter 测试动画效果。

> **提问**：添加了按下开始拖动影片剪辑为什么鼠标移动元件也跟着移动？
>
> **答**：因为在"行为"面板中只添加了按下时的动作，没有添加释放时元件的状态，如果添加了"释放时，停止影片剪辑"则会取消鼠标跟随动作。

29.2.3　在外部类文件中编写代码

在使用 Flash 软件编写 ActionScript 时，为了方便修改并增加安全性，可以将代码编写在一个单独的 ActionScript 文件中，然后在 Flash 动画文件中链接 ActionScript 文件，可以实现和脚本写在动画文件内部一样的动画效果。

➡ 实例 129+ 视频：使用外部类代码制作动画

除了将代码直接写在帧上以外，ActionScript 程序代码可以位于外部类文件中，然后可以使用多种方法将类文件中的代码定义应用到当前的应用程序，这样既能增强脚本的安全性，又方便了动画的修改。

🏠 源文件：源文件 \ 第 29 章 \29-2-3. Fla

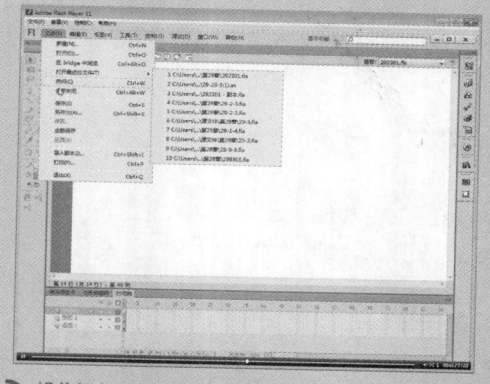

📡 操作视频：视频 \ 第 29 章 \29-2-3. Swf

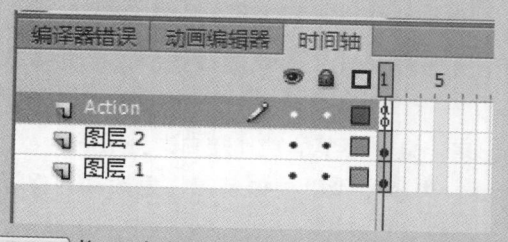

01 ▶ 将"素材 \ 第 29 章 \292301.fla"文件打开，单击 Actions 图层第 1 帧。

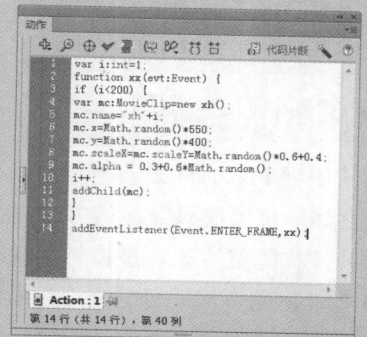

02 ▶ 按 F9 键打开"动作"面板，按快捷键 Ctrl+A 选中全部代码，按快捷键 Ctrl+X 剪切全部代码。

> **提示**　为元件添加外部类代码，在该元件图层上方会自动生成一个名称为 Actions 的图层。同时 Actions 关键帧上会出现一个小 a 的标志。

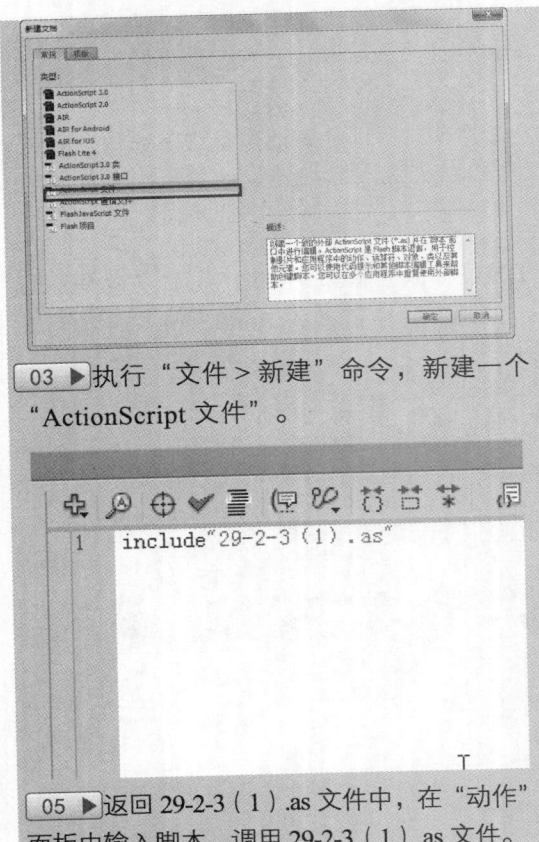

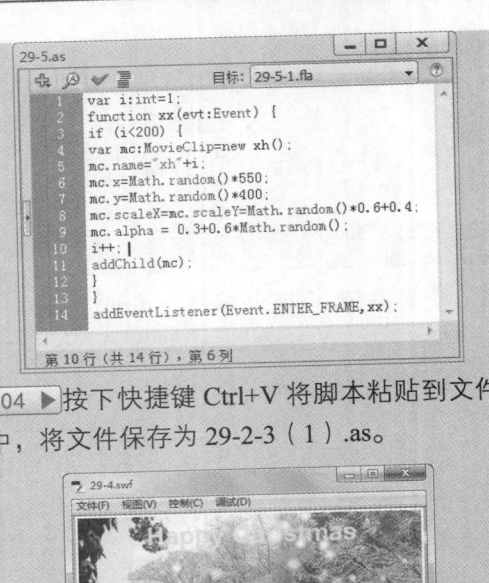

03 ▶ 执行 "文件 > 新建" 命令，新建一个 "ActionScript 文件"。

04 ▶ 按下快捷键 Ctrl+V 将脚本粘贴到文件中，将文件保存为 29-2-3（1）.as。

05 ▶ 返回 29-2-3（1）.as 文件中，在 "动作" 面板中输入脚本，调用 29-2-3（1）.as 文件。

06 ▶ 按快捷键 Ctrl+Enter 测试影片，预览动画效果。

? 提问：类有什么特点？

答：在库中用了 include 方法导入外部类，对于一些复杂图形的情况是比较好的选择，如果应用 Drawing Api 绘制出想要的图形，那么也可以不使用库元件，可以直接在类中编写。

29.2.4 ActionScript 代码的封装

为了增强 Flash 的安全性能，保护设计者的个人版权，且方便管理和维护，在大多数的网站上都采用了代码封装的方式制作 Flash 动画。

封装又称隐藏实现，是指将实现的细节隐藏起来，只将必要的功能接口对外公开。

由于封装是将代码分成一个个相对独立的单元，内容的代码结构可以任意改动，保证了代码单元的修改，大大降低了软件维护的成本。

29.3 使用行为面板

使用 "行为" 面板可以完成在 Flash 中对声音、媒体、视频、影片剪辑和数据的控制。通过设置事件，还可以控制动作的出发条件。需要注意的是，"行为" 脚本必须添加到 "影片剪辑" 或 "按钮" 元件上。图形和 "图形" 元件不能添加脚本。如果要添加行为的对象不满足添加条件，则在添加行为脚本后自动转换为 "影片剪辑" 元件。

实例 130+ 视频：使用行为面板制作动画

在 Flash 软件中，行为是预先编写的"动作脚本"，它可以将动作脚本编码的强大功能、控制能力和灵活性添加到 Flash 文档中，而不必自己创建动作脚本代码。

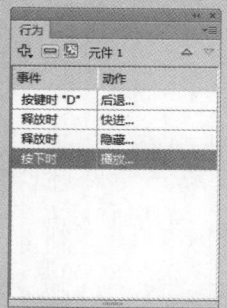

源文件：源文件 \ 第 29 章 \29-3. Fla

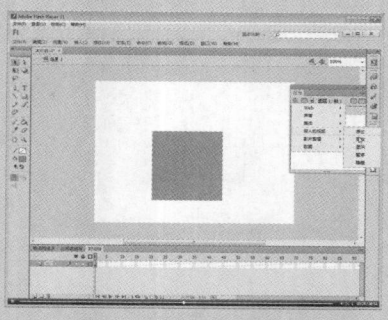

操作视频：视频 \ 第 29 章 \29-3. Swf

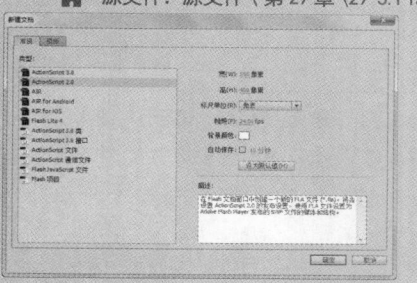

01 ▶ 执行"文件 > 新建"命令，新建一个 ActionScript 2.0 文件。

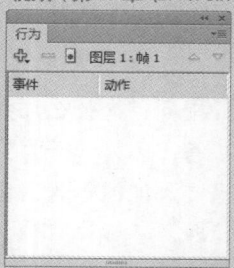

02 ▶ 执行"窗口 > 行为"命令，打开"行为"面板。

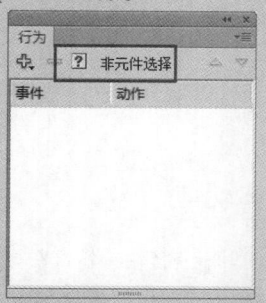

03 ▶ 在场景中绘制正方形并选中，可以看到"行为"面板中显示"非元件选择"。

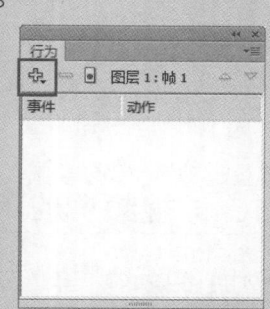

04 ▶ 单击"行为"面板中的"添加行为"按钮，任意选择一个"行为"命令。

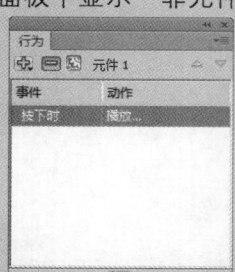

05 ▶ 添加"行为"后，可以看到该图形自动转换为"名称"为"元件 1"的影片剪辑元件。

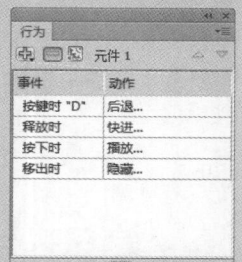

06 ▶ 当一个对象包含多个"行为"时，用户可以使用"上移"和"下移"按钮来调整行为的位置。

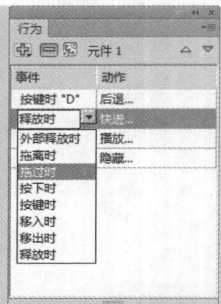 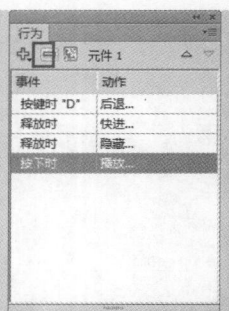

07 ▶ 用户可以单击"事件"列表下的选项，在下拉列表中选择激活行为事件的条件。

08 ▶ 如果想去掉某个行为，选择该行为后单击"删除行为"按钮即可。

"行为"面板是单独针对 ActionScript 2.0 设计的功能，在 ActionScript 3.0 的文档中的"行为"面板中不可用。

提问：为什么添加行为后图形自动转换为"影片剪辑"元件？

答：因为"行为"面板只针对"影片剪辑"元件和"图形"元件起作用，如果要添加的行为对象不满足添加行为条件时，则在添加行为脚本自动将图形转换为"影片剪辑"元件。

29.4 使用代码片段面板

ActionScript 3.0 需要用户有一定的编程基础使用的效果才会更好，对于没有编程基础的用户，可以借助"代码片段"面板来创建脚本。该面板中包含了一些常用的 ActionScript 脚本代码。

➡ 实例 131+ 视频：使用代码片段面板制作动画

ActionScript 3.0 代码是直接写在时间轴上的，参与动画制作的每一个对象都应该是有"实例名称"的"影片剪辑"元件。如果元件没有实例名称，在添加脚本的时候，会自动提示设置实例名称。同时将对象转换为"影片剪辑"元件。

 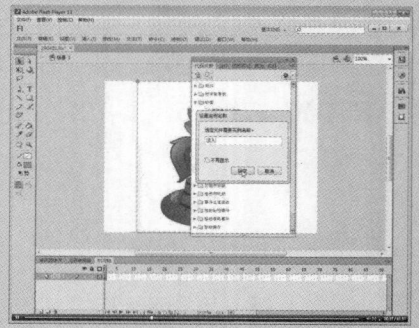

🏠 源文件：源文件 \ 第 29 章 \29-4.Fla   📡 操作视频：视频 \ 第 29 章 \29-4.Swf

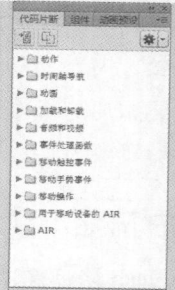

01 ▶执行"文件 > 新建"命令，新建一个 ActionScript 3.0 文件。

02 ▶执行"窗口 > 代码片段"命令，打开"代码片段"面板，选中场景中的元件。

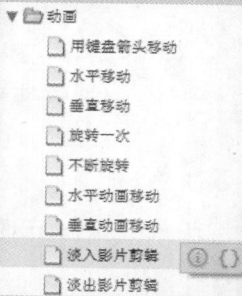

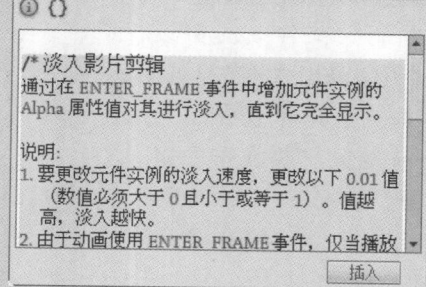

03 ▶执行"动画"选项下的"淡入影片剪辑"命令。

04 ▶单击脚本类型后面的"显示代码"按钮，即可显示该代码的说明。

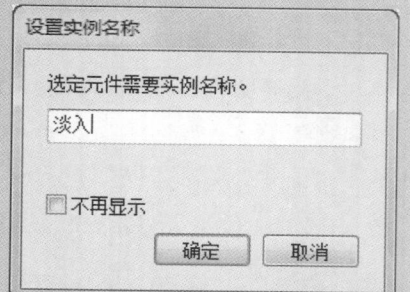

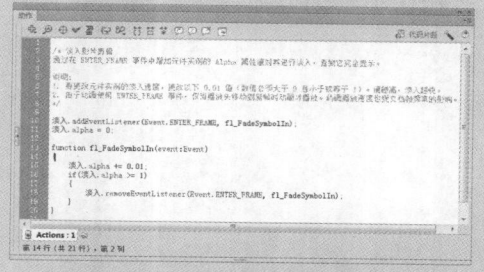

05 ▶为了使 ActionScript 能够控制舞台上的对象，该对象必须设置一个实例名称。

06 ▶添加"代码片段"后，在"动作"面板中也加入相应的代码。

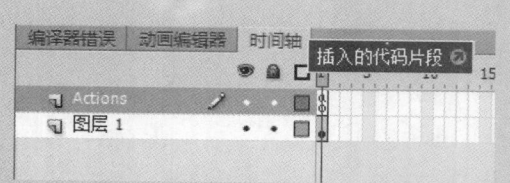

07 ▶添加"代码片段"后，该对象所在的图层上方会自动生成一个"名称"为 Actions 的代码图层。

08 ▶执行"文件 > 保存"命令，将动画保存为"源文件 \ 第 29 章 \29-4.fla"，按快捷键 Ctrl+Enter 测试影片。

提问：为什么添加行为后图形自动转换为"影片剪辑"元件？

答：因为"行为"面板只针对"影片剪辑"元件和"图形"元件起作用，如果要添加的行为对象不满足添加行为条件时，则在添加行为脚本时，自动将图形转换为"影片剪辑"元件。

29.5 发布 Flash 动画

通过发布 Flash 动画操作，可以将制作好的动画发布为不同的格式、预览发布效果，并应用到不同的文档中，实现 Flash 的动画效果。

29.5.1 发布设置

执行"文件 > 发布设置"命令，弹出"发布设置"对话框。用户可以在发布动画前设置想要发布的格式，默认情况下，"发布"命令会创建一个 SWF 文件和一个 HTML 文档。

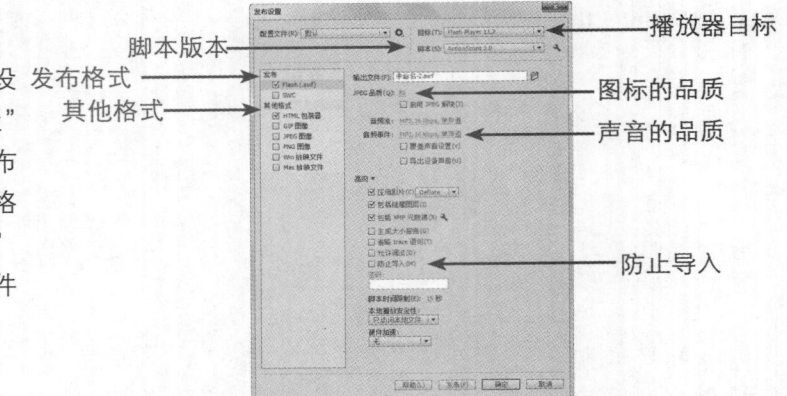

脚本版本
发布格式
其他格式
播放器目标
图标的品质
声音的品质
防止导入

实例 132+ 视频：使用"发布"命令发布动画

发布操作通常是在"文件"菜单中实现的，其中包括 3 个关于发布的命令，即"发布设置"命令、"发布预览"命令和"发布"命令。

🏠 源文件：源文件 \ 第 29 章 \29-5-1.fla

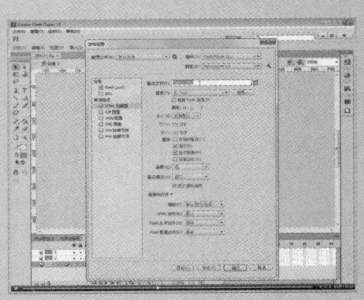

📶 操作视频：视频 \ 第 29 章 \29-5-1.swf

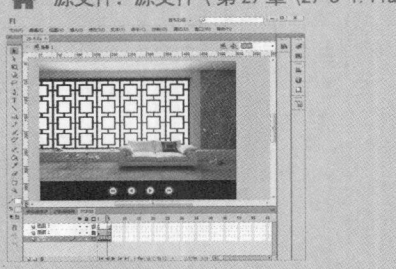

01 ▶ 打开"源文件 \ 第 29 章 \29-5-1.fla"文件，执行"文件 > 发布设置"命令，打开"发布设置"对话框。

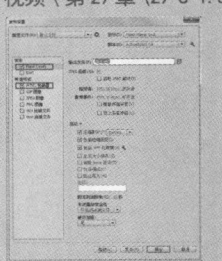

02 ▶ 用户可以在发布动画前设置想要发布的格式。默认情况下，"发布"命令会创建一个 SWF 文件和一个 HTML 文档。

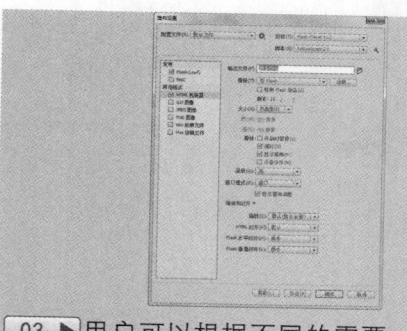 

03 ▶ 用户可以根据不同的需要，对其"发布设置"进行相应参数的设置。

04 ▶ 设置完成后，单击"发布"按钮，再单击"确定"按钮。

提问： 发布动画文件时如何控制文件的大小？

　　答： 由于 Flash 动画的用途不同，对文件本身的大小要求也不同，所以在发布 Flash 动画时，首先要选择正确的文件格式，通过设置图片的压缩级别实现对发布动画文件大小的控制。

29.5.2　发布 SWF 加密文件

　　由于 Flash 支持 SWF 文件的导入，从而可能会使动画的版权受到侵害。为了避免这种情况，可以为发布文件指定"防止导入"选项，没有密码则无法导入 SWF 文件。

➡ 实例 133+ 视频：发布加密的 SWF 动画文件

🏠 源文件：源文件 \ 第 29 章 \29-5-2.Fla

01 ▶ 执行"文件 > 打开"命令，打开文件"素材 \ 第 29 章 \295201.fla"。

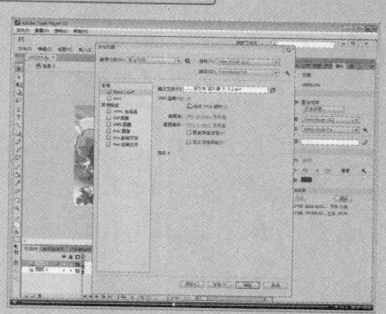

📡 操作视频：视频 \ 第 29 章 \29-5-2.Swf

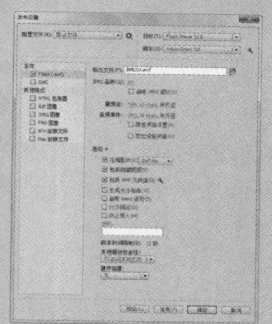

02 ▶ 执行"文件 > 发布设置"命令，在弹出的"发布设置"对话框中取消"HTML 包装器"选项的选择。

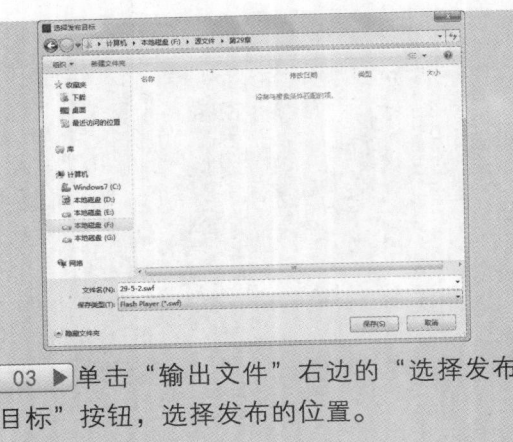

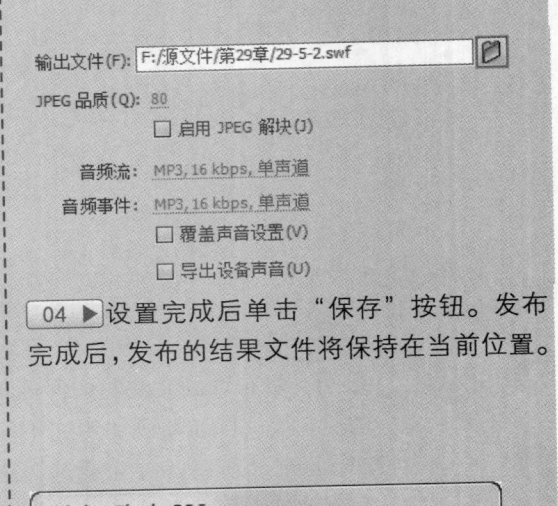

03 ▶ 单击"输出文件"右边的"选择发布目标"按钮，选择发布的位置。

04 ▶ 设置完成后单击"保存"按钮。发布完成后，发布的结果文件将保持在当前位置。

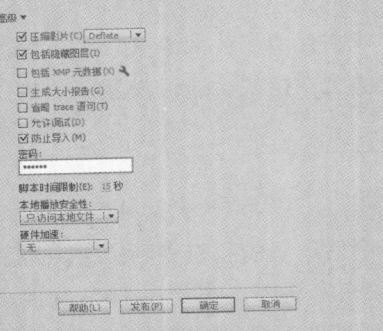

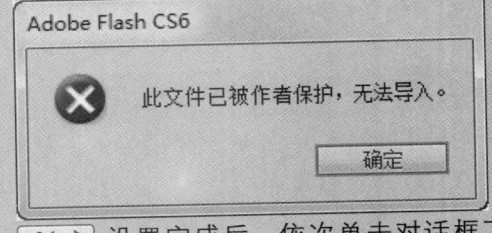

05 ▶ 打开"高级"选项，勾选"防止导入"复选框，并在"密码"文本框中输入密码，作为导入 SWF 文件的唯一口令。

06 ▶ 设置完成后，依次单击对话框下方的"发布"按钮和"确定"按钮。可以尝试导入发布的 SWF 文件，系统出现提示。

提问：发布目标和脚本对动画有什么影响？

答：不同版本脚本制作的 Flash 动画，要在对应的 FlashPlayer 播放器中播放。如果选择的脚本与发布目标不对应，则有可能不能正常播放动画。

29.6 本章小结

　　本章主要为用户介绍了 ActionScript 的使用，如何更好地使用"动作"面板，以及利用多种方法通过使用代码实现动画效果，并讲解了动画测试、发布和导出的格式及方法。

　　通过本章的学习，用户要掌握各版本的使用技巧，对 ActionScript 有进一步的深刻认识，以便制作出更完美的动画。需要了解测试动画的方法，发布影片的格式和设置，导出图像和影片的格式及其注意事项。

第 30 章　制作网站导航

通过前面章节对 Flash 动画制作的学习，已经对 Flash 的基本知识和基本动画制作方法有所了解。本章将针对一个游艇租赁网站中的 Flash 导航的制作流程进行介绍。

30.1　动画制作方法分析

本实例将制作本书第 13 章中使用 Photoshop 设计的网页中的 Flash 导航。整个动画结构层次丰富，效果自然。

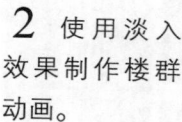

1 使用淡入效果制作背景动画。

2 使用淡入效果制作楼群动画。

3 通过传统补间动画制作核心大楼主体出场动画。

4 最后制作网站导航和其辅助动画效果。

本章知识点

☑ 了解影片剪辑元件

☑ 掌握元件的色彩效果

☑ 掌握传统补间动画

☑ 掌握时间轴面板

☑ 掌握任意变形工具

30.2　动画表现形式分析

Flash 动画的表现方法很多。在本实例中通过逐步淡入的方式表现动画。同时利用淡入和闪入两种方式。

淡入效果可以使整个动画开场呈现一种神秘感。闪入效果则可以增加整个动画的力度和冲击力。两种方法的结合使用使浏览者的视觉中心跟随动画的播放而改变。这样可以很容易地将动画的主题内容显示出来。

网站导航的制作除了要考虑动画的多样性以外，还要注意整个动画文件的体积，尽量控制动画的大小有助于 Flash 动画在网站中顺利播放。

30.3 制作步骤

在实例的制作过程中，主要运用了"传统补间动画"制作导航栏，关于"传统补间动画"的使用方法和技巧请参考本书第 28 章。

➡ 实例 134+ 视频：制作网站导航

本实例制作的是一个质感强烈的网站 Flash 导航，主要通过"传统补间动画"实现动画的制作。

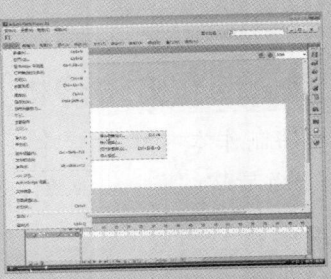

🏠 源文件：源文件 \ 第 30 章 \30-3.psd

📶 操作视频：视频 \ 第 30 章 \30-3.swf

01 ▶ 在 Photoshop 中，执行"文件 > 打开"命令，在弹出的对话框中选择"素材 \ 第 30 章 \30301.psd"。

02 ▶ 为了方便 Flash 动画的制作，通过合并调整图层，将所有 Flash 需要的元素放置在单独的图层中。

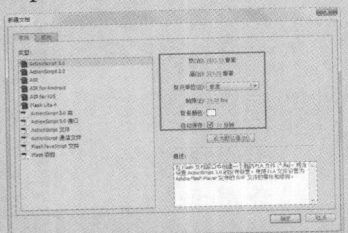

03 ▶ 打开 Flash，执行"文件 > 新建"命令，在弹出的"新建文档"对话框中进行设置。

04 ▶ 执行"文件 > 导入"命令，在对话框中选择"素材 \ 第 30 章 \30301.psd"。

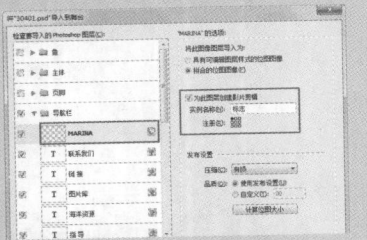

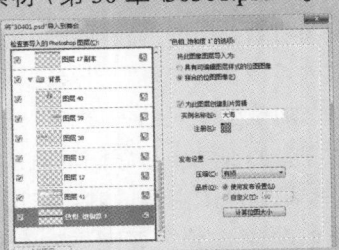

05 ▶ 在弹出的对话框中选择 MARINA 图层，在"MARINA 的选项"中进行设置。

06 ▶ 使用相同的方法，将其他图层创建"影片剪辑"，单击"确定"按钮。

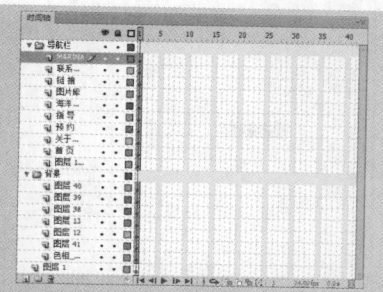

07 ▶稍等片刻，"时间轴"面板显示如图所示。在"时间轴"面板中选择大海所在图层。

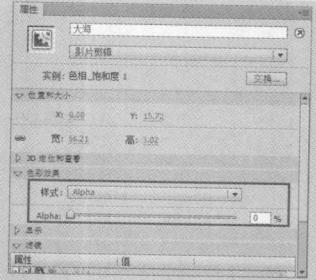

08 ▶选择大海元件，打开"属性"面板，设置Alpha值为0%，在第35帧位置按F6键，插入关键帧。

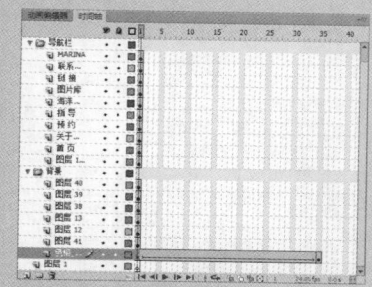

09 ▶设置第35帧位置元件的 Alpha 值为 100%，在第1帧位置创建传统补间动画。

10 ▶在第216帧位置按F5键，插入帧，使用相同的方法，完成云朵所在图层的制作。

11 ▶选择彩虹所在图层，设置其 Alpha 值为 0%。

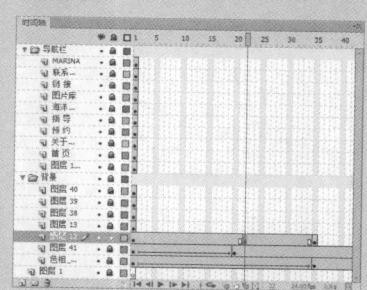

12 ▶在第 22 帧和第 35 帧位置按 F6 键，插入关键帧。

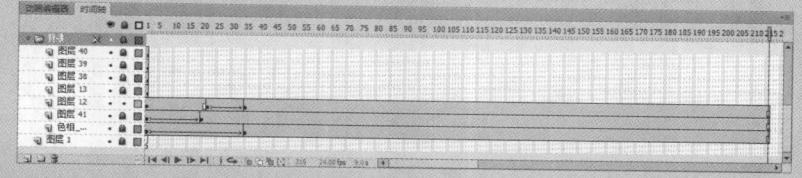

13 ▶设置第 35 帧位置元件的 Alpha 值为 100%，在第 22 帧位置创建传统补间动画。在第 216 帧位置按 F5 键，插入帧。

提示

为了方便Flash动画的制作，可以将不需要的图层锁定，以免造成误操作。

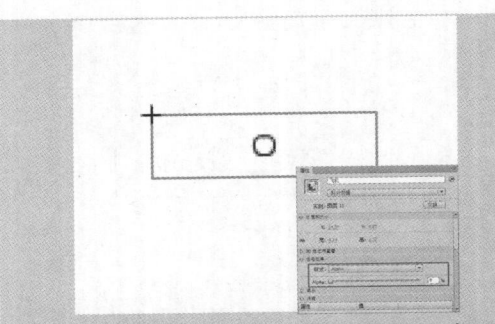

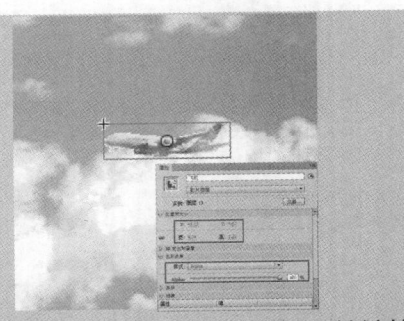

14 ▶ 使用相同的方法，设置飞机所在图层第 1 帧的 Alpha 值为 0%。

15 ▶ 在第 22 帧位置按 F6 键，插入关键帧，设置其 Alpha 值并调整其位置。

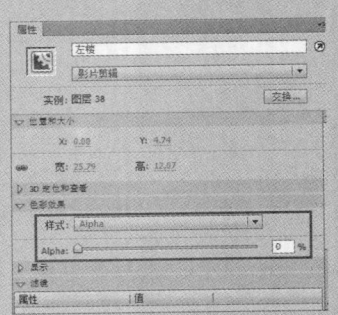

16 ▶ 在第 70 帧位置按 F6 键，插入关键帧，调整其位置，并在第 22 帧位置创建传统补间动画。

17 ▶ 在第 216 帧位置按 F5 键，插入帧，选择左楼所在图层，设置第 1 帧位置元件的 Alpha 值为 0%。

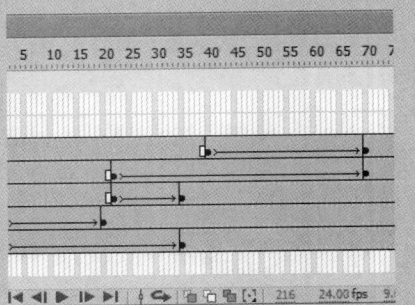

18 ▶ 在第 40 帧和第 70 帧位置按 F6 键，插入关键帧，设置第 70 帧位置的 Alpha 值为 100%。

19 ▶ 在第 40 帧位置创建传统补间动画，在第 216 帧位置按 F5 键，插入帧，"时间轴"面板如图所示。

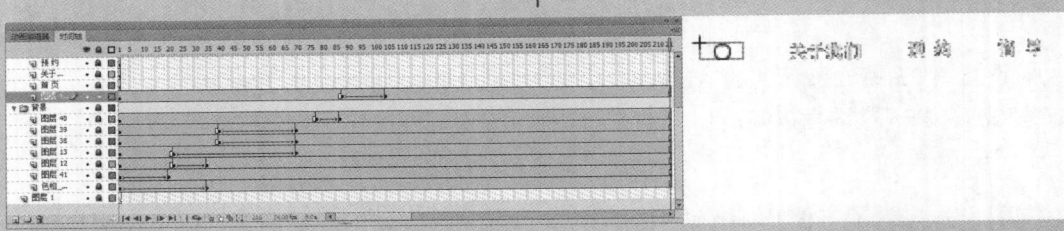

20 ▶ 使用相同的方法，完成右楼、中楼和导航栏所在图层的制作。选择首页所在图层，设置第 1 帧位置的 Alpha 值为 0%。

21 ▶在第 105 帧位置和第 110 帧位置按 F6 键，插入关键帧，使用"任意变形工具"调整第 105 帧位置元件的大小。

22 ▶设置第 110 帧位置的 Alpha 值为 100%，并在第 105 帧位置创建传统补间动画。在第 216 帧位置按 F5 键，插入帧。

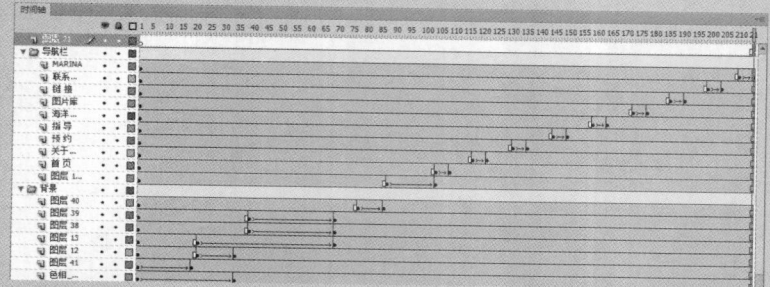

23 ▶使用相同的方法，完成其他相似内容的制作。在"时间轴"面板中"导航栏"图层组的上方新建图层，在第 216 帧位置按 F6 键，插入关键帧。

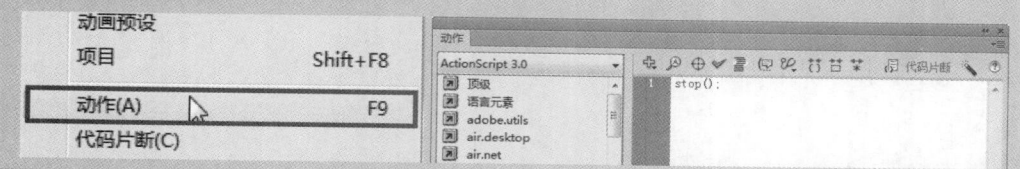

24 ▶执行"窗口 > 动作"命令，弹出"动作"面板，在弹出的"动作"面板中输入 stop(); 脚本语言。

25 ▶完成实例的制作，按快捷键 Ctrl+Enter 测试动画，执行"文件 > 保存"命令，将文件保存为 30-3.fla 文件。

30.4 本章小结

　　本章 Flash 导航的制作主要运用了"传统补间动画"，通过更改两个关键帧中元件的位置、大小等属性，实现不同的效果，最终完成实例的制作。

第 31 章　制作网页背景动画

本章中将制作一个儿童网站中的 Flash 动画效果。通过学习读者可以清楚地了解 Flash 动画制作的内容和要点，并同时对 Photoshop 与 Flash 动画制作的合作关系有全新的认识。

31.1　动画制作方法分析

本实例制作的是一个儿童教育网站背景动画，首先为一个元件创建"补间动画"，然后使用"动画预设"快速为其他元件添加动画，在制作的过程中，还使用"传统补间动画"和"遮罩动画"实现不同的效果。

1 使用传统补间动画制作背景淡出效果。

2 使用补间动画和动画预设功能制作建筑的出场动画。

3 使用淡出效果将动画中的人物元件显示出来。

4 使用遮罩动画完成标题文字的过光动画效果。

31.2　动画表现形式分析

本实例中没有使用大量补间动画制作动画，而是使用了影片剪辑的重复播放功能。将动画中的一些重要元素制作成元件，在场景中重复播放，很好地烘托了儿童网站的童趣。同时标题文字的过光动画效果，可以将浏览者的注意力吸引过去。

本章知识点

- ☑ 掌握补间动画的应用
- ☑ 掌握遮罩动画的应用
- ☑ 掌握如何自定义预设
- ☑ 掌握"动画预设"面板
- ☑ 掌握"动作"面板

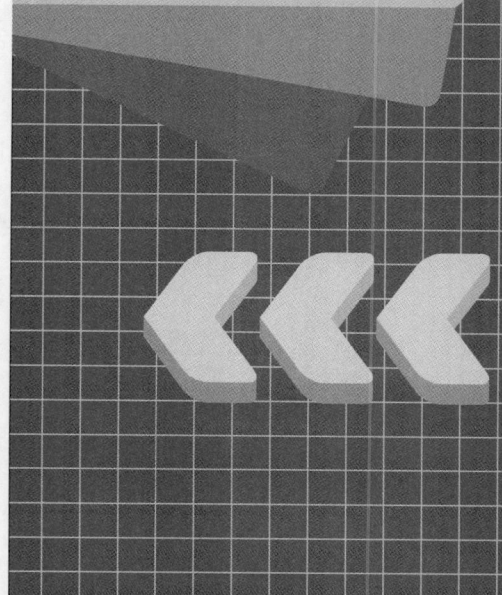

31.3 制作步骤

在实例的制作过程中，主要运用了"补间动画"、"动画预设"和"遮罩动画"等，关于这些工具的使用方法请参考本书的第 28 章。

➡ 实例 135+ 视频：制作网页背景动画

本实例制作的是一个儿童教育网站背景动画，主要通过"补间动画"制作与儿童相关事物的逐步弹入效果引人注意，最后通过文字过光效果增加背景的动感，完成实例的制作。

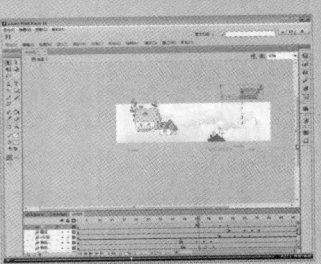

🏠 源文件：源文件 \ 第 31 章 \31-3.psd

🔊 操作视频：视频 \ 第 31 章 \31-3.swf

01 ▶ 在 Photoshop 中，打开"素材 \ 第 31 章 \31301.psd"，将与 Flash 动画无关的图层隐藏。

02 ▶ 将"背景"图层组中在 Flash 中需要的元素放置在单独的图层中。

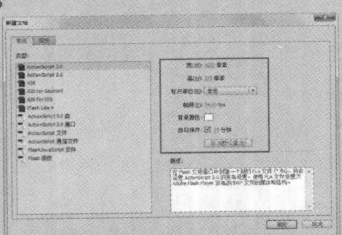

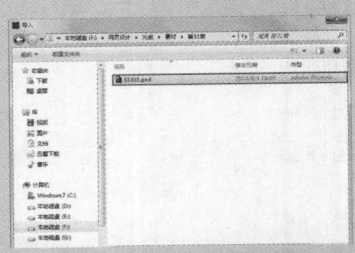

03 ▶ 打开 Flash，执行"文件 > 新建"命令，在弹出的"新建文档"对话框中进行设置。

04 ▶ 执行"文件 > 导入"命令，在对话框中选择"素材 \ 第 31 章 \31301.psd"。

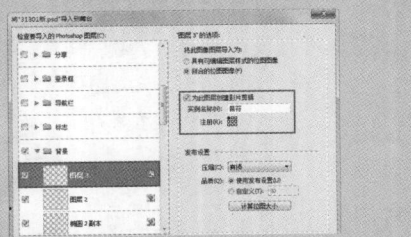

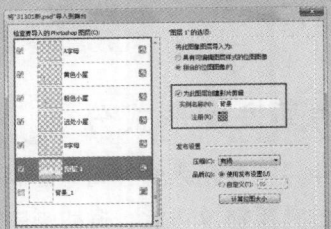

05 ▶ 在弹出的对话框中选择"图层 2"，在"图层 2 的选项"中进行设置。

06 ▶ 使用相同的方法，将其他图层创建为"影片剪辑"元件，单击"确定"按钮。

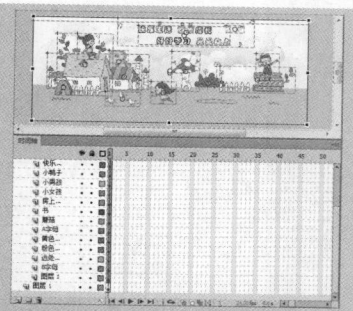

07 ▶单击"确定"按钮，调整其位置，舞台和"时间轴"面板如图所示。在"时间轴"面板中选择"图层 1"。

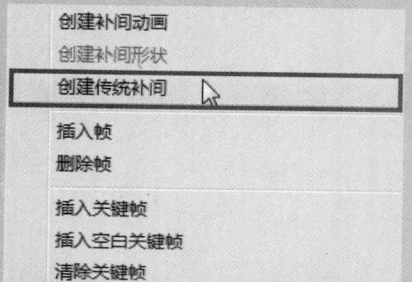

09 ▶在第 1 帧位置单击鼠标右键，在弹出的快捷菜单中选择"创建传统补间"命令，创建传统补间动画。

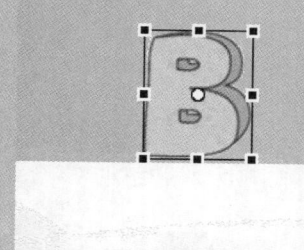

11 ▶在第 64 帧位置按 F6 键，插入关键帧，设置 Alpha 值为 100%，并调整其位置。

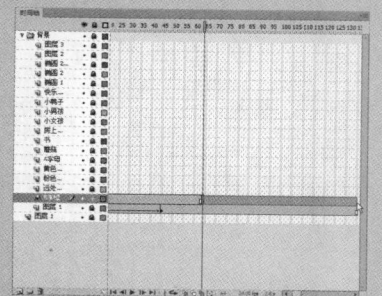

13 ▶将播放头放置在第 64 帧位置，调整补间范围。

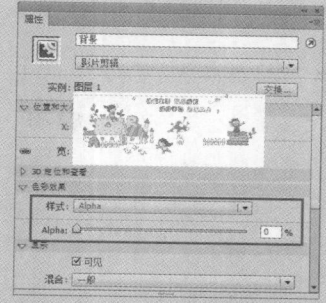

08 ▶在第 45 帧位置按 F6 键，插入关键帧，在"属性"面板中设置第 1 帧位置元件的 Alpha 值为 0%。

10 ▶在第 134 帧位置按 F5 键，插入帧，选择"B 字母"图层，设置第 1 帧位置的 Alpha 值为 0%。

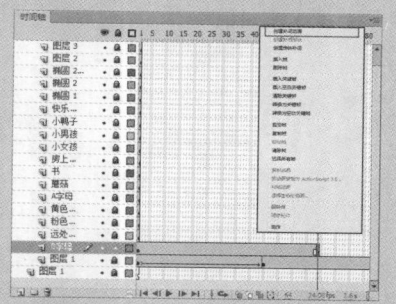

12 ▶单击鼠标右键，在弹出的快捷菜单中选择"创建补间动画"命令。

14 ▶将播放头放置在第 70 帧位置，调整元件的位置。

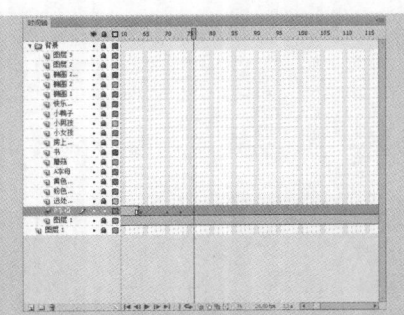

15 ▶ 使用相同的方法，调整其他帧中元件的位置。

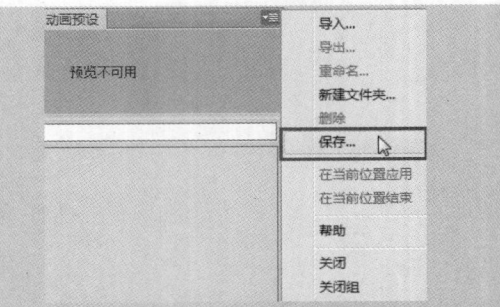

16 ▶ 选择"B字母"图层中的元件，打开"动画预设"面板，在其菜单中选择"保存"命令。

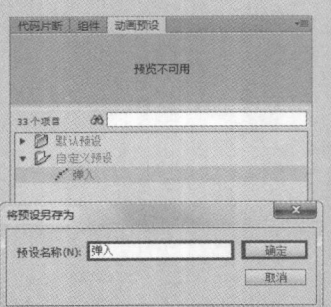

17 ▶ 在弹出的"将预设另存为"对话框中进行设置，单击"确定"按钮，选择"远处小屋"图层。

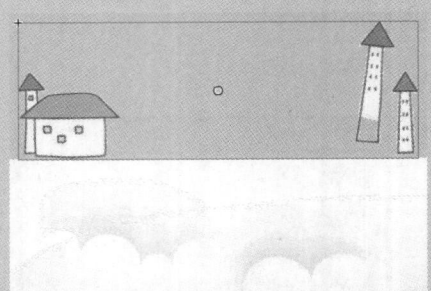

18 ▶ 设置第1帧位置元件的Alpha值为0%，在第52帧位置按F6键，插入关键帧，并调整其Alpha值和位置。

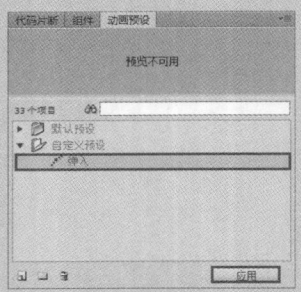

19 ▶ 打开"动画预设"面板，选择"弹入"自定义预设，单击"应用"按钮。

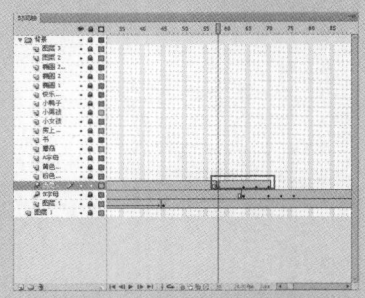

20 ▶ "时间轴"面板如图所示。在第136帧位置按F5键，插入帧。

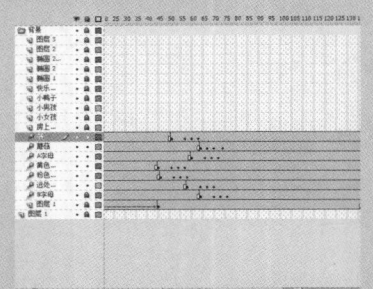

21 ▶ 使用相同的方法，完成其他相似内容的制作，"时间轴"面板如图所示。

22 ▶ 设置"房上小孩"图层第1帧位置Alpha值为0%，分别在第99帧和第114帧位置按F6键，插入关键帧。

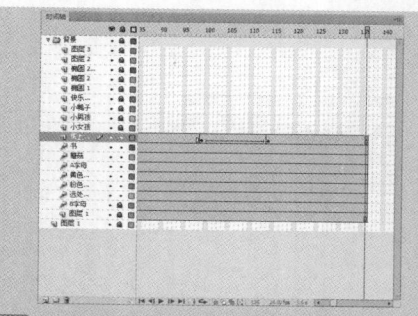

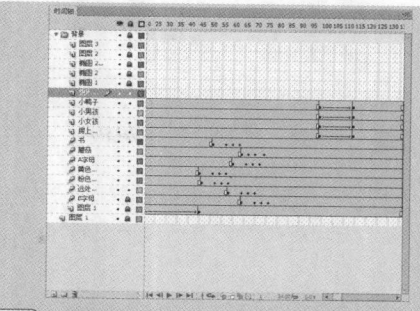

23 ▶ 设置第 114 帧位置元件的 Alpha 值为 100%，在第 99 帧位置创建传统补间动画，在第 136 帧位置按 F5 键，插入帧。

24 ▶ 使用相同的方法，完成其他相似内容的制作。选择"快乐…"图层，设置第 1 帧位置的 Alpha 值为 0%。

25 ▶ 分别在第 125 帧和第 132 帧位置按 F6 键，插入关键帧。调整第 132 帧位置的 Alpha 值为 100%。

26 ▶ 使用"任意变形工具"调整第 125 帧位置元件的大小，并创建传统补间动画，在第 136 帧位置按 F5 键，插入帧。

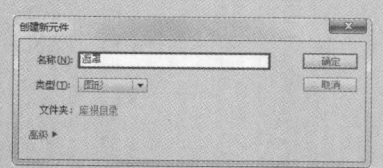

27 ▶ 执行"插入＞新建元件"命令，在弹出的"创建新元件"面板中进行设置。

28 ▶ 选择"矩形工具"，在"颜色"面板中进行设置，绘制两个矩形。

29 ▶ 返回"场景 1"编辑状态，新建图层，在第 132 帧位置插入关键帧，将"遮罩"元件拖入舞台中，并调整其旋转角度。

30 ▶ 在第 136 帧位置按 F6 键，插入关键帧，调整元件的位置，在第 132 帧位置创建传统补间动画。

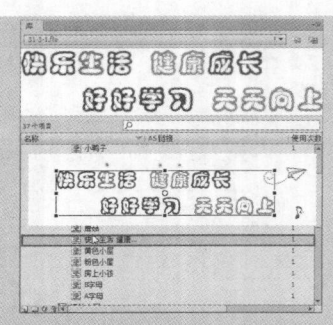

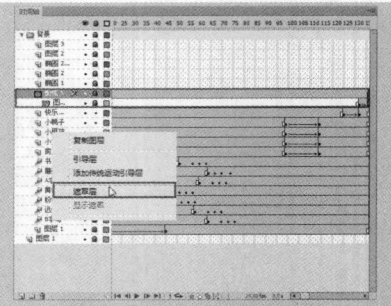

31 ▶新建图层，将"快乐…"元件从"库"面板中拖入舞台。

32 ▶单击该图层，在弹出的快捷菜单中选择"遮罩层"命令。

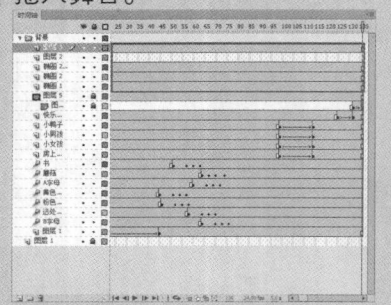

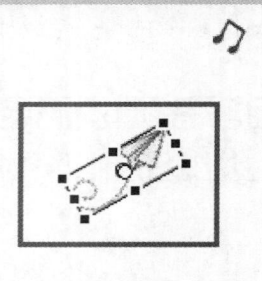

33 ▶在"椭圆 1"图层的第 136 帧位置按 F5 键，插入帧，使用相同的方法，完成其他相似内容的制作。

34 ▶选择"图层 2"，在第 1 帧位置创建补间动画，调整第 1 帧元件的位置和旋转角度。

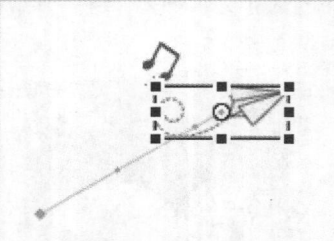

35 ▶在第 136 帧位置插入帧，将播放头放置在第 15 帧位置，调整其位置和旋转角度。

36 ▶使用相同的方法，调整其他帧中的元件，并使用"选择工具"调整其路径。

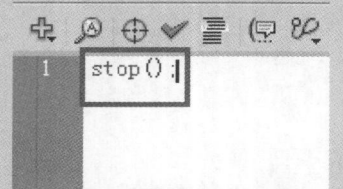

37 ▶新建图层，在"动作"面板中输入 stop(); 脚本语言。

38 ▶完成实例的制作，按快捷键 Ctrl+Enter，测试动画，并将文件保存为 31-3.fla 文件。

31.4 本章小结

　　本章带领读者完成了一个动感十足的儿童教育网站背景动画的制作，在制作的过程中，充分应用了 Flash 中的各项功能，从而对所学内容进行全面地掌握。